제3판

Introduction to Engineering Materials

재료공학 입문

김형수 · 신성호 · 박재열 공저

문운당

머리말

Introduction to Engineering Materials

무릇 공학도나 엔지니어라면 재료의 중요성을 인지하지 않을 수 없다. 각종 HW의 구상으로부터 시작하여 설계, 제작, 유지 관리, 보수, 폐기, 재생, 심지어는 환경의 문제에 이르기까지 재료와, 그것도 직접적으로 관련되지 않은 부분이 없다. 또한 SW의 개발에 관련해서도 재료의 성질을 이해해야 하는 경우가 많이 있다.

금속재료는 그 우수한 기계적 성질때문에 어느 분야든 사용량이 가장 많다. 그러나 20세기 말부터 시작된 탈금속화 경향은 21세기 초입인 지금은 더욱 가속화되고 있어서, 비금속 재료의 중요성은 날로 증대되고 있다. 이에 따라 폴리머 재료, 세라믹 재료 및 복합 재료에 관련된 사항도 많이 부가 하였다. 또한 요즘의 과학기술 발달은 눈부신 바 있어서 "새로운" 또는 "첨단의"라는 수식어를 붙이기 위해서는 과학이나 기초 기술의 영역에까지 범위를 확대하지 않으면 안 되는 실정이다. 마찬가지로 재료 분야에서도 공학보다는 재료 과학의 측면이 점차 강조되고 있으며, 각 재료별 각론의 중요성은 점차 희석되어 가고 있다. 재료공학을 30년 내외의 강의 경력을 가진 필자들 또한 이를 부정하지 않으며 오히려 그 필요성을 강조하는 입장이다. 그러나 이 책은 현직에 있는 엔지니어나 실무적인 지식이 강조되고 있는 레벨의 공학도를 주 대상으로 하고 있다. 따라서 과학의 측면보다는 공학의 측면을 더 중요시하되, 결코 재료 과학이나 기초 재료 지식의 측면을 등한시하거나 각론을 일방적으로 강조하고 있지는 않고 있다. 따라서 총론 부분의 양은 다소 늘리고 각론 부분은 비중이 다소 축소된 정도로 배분하였다.

한편 저자들은 재료 분야를 전공한 후 기계 분야의 강의를 해 온 사람들로서 융합의 측면과 시너지 효과를 거둘 수 있는 나름대로의 독특한 장점이 있다. 이러한 면은 이 책 전체를 통하여 흐르겠지만, 교재의 구성 방향에 있어서도 이 교재를 이용하여 학습을 하거나 현장에서 참고로 하고자 하는 사람들이 향후 또는 현재 재료 및 이를 사용하여 제작된 각종 기계, 기구 또는 기타 분야의 HW를 취급하고 있거나 취급하게 되는 경우를 고려하여, 개발자나 제조자의 입장보다는 사용자 및 유지 관리자의 입장에서 정확한 평가, 안전하고 적절한 활용, 건전한 유지 관리 및 사고 예방의 측면을 강조하고 있다.

이 책은 3편을 구성되어 있으며, 제1편은 재료분야 전체를 아우르는 총괄적인 측면에서 접근하여, 재료의 구조, 상태도, 기계적 성질, 강화, 파괴, 부식 등을 취급하였으며, 제2편에서는 금속재료, 제3편에서는 비금속 재료 및 복합 재료에 대하여 기술하였다. 많은 사진과 그림을 통하여 최대한 이해하기 쉽도록 기술하도록 노력했으므로 이 책을 통해서도 다양한 분야에서 많은 지식을 얻을 수 있을 것이다. 그러나 좀 더 심도 깊은 학습을 위해서는 해당 분야의 더 높은 수준의 책을 찾아봐야 하는 것은 오히려 당연하다 할 수 있다.

끝으로 좋은 사진, 그림 및 도표를 활용할 수 있도록 도움을 준 일본금속학회 및 ASM International, Elsvier를 비롯한 여러 출판사, 현대제철을 비롯한 여러 회사들, 여러 가지 좋은 조언을 해주신 라형용 서울대학교 명예교수님 및 여러 후배들, 그리고 무더위 중에서 고생하신 문운당 관계자 여러분께 감사드린다.

2022년 1월
저자 일동

목 차

Introduction to Engineering Materials

제 1 편 기계 재료 총론

제 1 장 기계재료 및 그 구조

제 2 장 평형상태도

제 3 장 재료의 기계적 성질과 그 시험법

제 4 장 풀 림

제 5 장 재료의 강화

제 6 장 재료의 파괴

제 7 장 금속재료의 부식

제 2 편 금속재료

제 8 장 탄소강의 성질과 변태

제 9 장 강재의 열처리 및 표면경화

제 10 장 강철의 용도

제 11 장 주 철

제 12 장 알루미늄과 그 합금

제 13 장 구리 및 그 합금

제 14 장 기타의 비철합금

제 3 편 비금속 및 복합재료

제 15 장 폴리머 재료

제 16 장 세라믹 재료

제 17 장 복합재료

제 18 장 전기·전자 재료

Part 1

Introduction to Engineering Materials

각종 산업용 재료들의 성능을 적절한 곳에 적용하고 충분히 활용하고 또 잘 유지하기 위해서는 그러한 각종 특성을 정확하게 이해하여 거기에 알맞은 용도나 환경에서 사용해야 한다. 따라서 그러한 특성을 나타내고 유지하는 조건이나 환경과 그 성질에 변화를 일으키는 원인과 과정에 대해 충분한 이해도와 지식을 가지고 있어야 한다. 이를 위해서는 거시적 시각에서의 현상은 물론 여기에 기여하는 원자나 분자 수준의 구조와 역학적, 물리적, 화학적 역할과 상호관계 및 그 변화 등에 대해 잘 이해하여야 한다.

이 편에서는 재료들이 공통적으로 가지고 있는 여러 가지 성질, 조직의 생성, 변형, 강화, 파괴 및 부식 등에 관련된 원인, 전개 과정, 대응책 등과 그 평가 방법 등에 대해 기초 학문적인 측면에서 고찰하고자 한다.

기계 재료 총론

제 1 장 기계재료 및 그 구조

Introduction to Engineering Materials

재료(材料, materials)는 인간이 어떤 목적을 위하여 이용하는 물질을 일컫는 말이다. 예를 들어 흙이 자연상태로 존재할 때는 재료라 할 수 없지만, 그것을 건축용으로 사용한다면 건축재료라 할 수 있을 것이고, 조소(彫塑)에 사용한다면 미술재료라 할 수 있을 것이다. 이러한 재료는 인류의 문명과 대단히 밀접한 관계를 갖고 있으며, 인류의 역사를 석기시대, 청동기 시대, 철기시대 등 그 당시 사용한 재료의 종류에 따라 나누는 것으로 보아도 그 중요성을 잘 알 수 있다. 다시 말하자면 재료의 발달이 인류 문명의 발달을 지배한다고 할 수 있으며, 그것은 오늘날에도 마찬가지이다.

어떠한 혁신적인 기술의 개발도 재료의 개발이 선도되지 않으면 결코 이루어질 수 없다 할 수 있다. 예를 들어 철을 다루는 기술의 개발이 없었더라면 이를 활용한 어떤 제품, 어떤 기술의 개발도 이루어지기 어려웠을 것이며, 반도체의 개발이 없었더라면 오늘날과 같은 IT 기술은 불가능했을 것으로 생각된다. 다시 말하자면 재료의 발전이 인류 문명의 발달을 지배한다고 할 수 있으며, 그것은 오늘날은 물론 앞으로도 마찬가지일 것이다.

인류의 문명은 금속재료의 사용 이후 급속도로 발전하기 시작하였다. 금속재료는 BC 3세기경으로부터 사용되기 시작하였으며, 점차 합금의 제조, 열처리 등에 의하여 그 성능을 향상시키는 기술이 발전되어 왔다. 특히 우리의 선조들은 낙랑시대의 청동기 예술(그림 1-1)이나 삼한시대의 철기 문화, 삼국시대의 금 공예, 고려시대의 세계 최초의 금속활자와 조선시대의 도자기 문화 등 대단히 우수한 재료기술을 가지고 있었다.

(a) (b)

[그림 1-1] (a) BC 4세기경에 제작된 청동 거울인 다뉴세문경(多紐細紋鏡, 잔무늬 거울)[1]. 국보 제 141호. 직경 21 cm 내에 13,000여개의 줄 무늬가 그려져 있음. (b) 경북 고령 지산동에서 출토된 5세기 경 가야시대의 단조 갑옷과 투구[2].

18세기 이후에는 철강재료 기술이 크게 발전하였으며, 20세기에는 알루미늄 합금, 세라믹 재료, 폴리머 재료 등 각종 신소재의 개발이 이루어져 근래의 항공, 우주, 전자, 바이오 등 첨단기술 발전의 기반이 되고 있으며, 최근의 눈부신 과학기술의 발전은 모두 재료기술의 획기적인 발전에 기반한 것이다.

오늘날은 가히 재료 혁명기라 할 만하며, 천연소재를 조합한 합성재료의 개발, 금속재료와 무기재료 및 유기재료 간의 조합에 의한 복합재료의 개발, 세라믹 재료의 특성을 이용한 각종 전자재료의 개발 등이 급속도로 이루어지고 있다. 또한 특성상으로는 극단적인 사용조건, 예를 들어 초고압, 초고온, 초저온 등에 견디거나, 중량의 경감을 위하여 비강도(比强度)가 큰 재료의 개발에 주력하고 있으며, 용도면으로 볼 때는 종래의 **구조재료**(構造材料) 일변도로부터 벗어나 **기능재료**(機能材料)의 중요성이 크게 대두되고 있다. 그림 1-2는 시대별 산업재료의 중요도 변천과정을 도시한 것으로서 금속재료의 중요성은 점차 감소 추세에 있고, 비금속재료와 복합재료의 중요성이 점차 높아지고 있음을 알 수 있다.

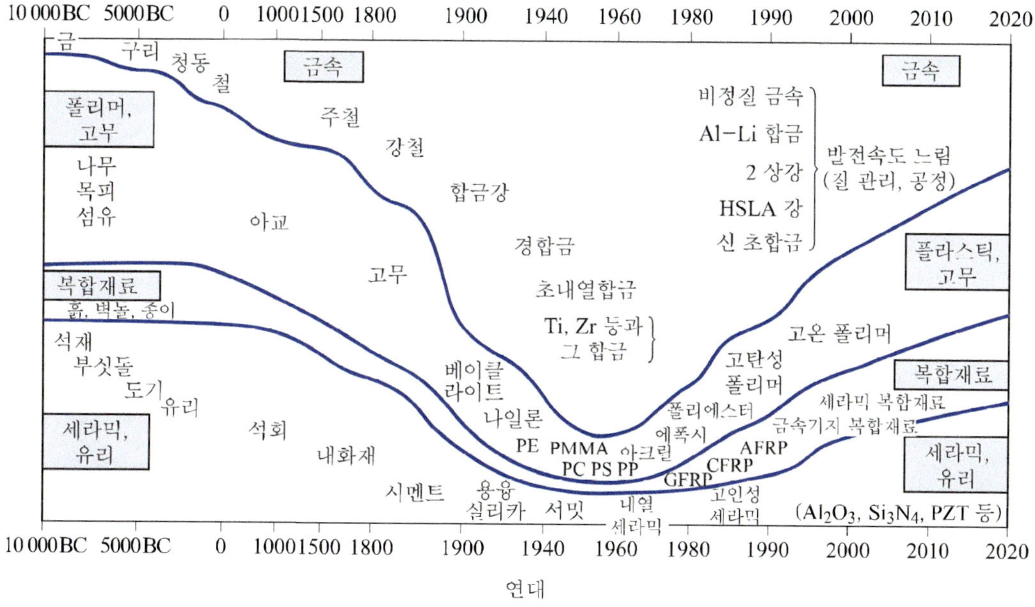

[그림 1-2] 시대별 산업재료의 중요도 변천 과정[3)]

한편 **재료**는 각종 산업용 기기를 구성하는 물질 자체를 의미하는 것이므로 성능, 수명, 신뢰성, 정밀도 등에 결정적인 영향을 주는 대단히 중요한 요소라 할 수 있다. 따라서 재료의 개발과 제조 및 가공, 설계와 제작, 재질적 평가와 신뢰성 보증, 성능 향상 등을 담당하는 기술자는 재료에 대한 충분한 지식을 갖추어야 한다. 이러한 측면에서 재료공학은 ① 재료의 제조나 개발을 위한 지식, ② 기계기구의 설계에 있어서 요구되는 강도와 기능을 보장하기 위하여 필요한 가장 적당한 재료를 선정하기 위한 지식, ③ 재료의 가공이나 제작단계에 필요한 재료의 가공성에 관한 지식, ④ 기계기구나 부품의 도입시 정확한 재질 평가를 통한 신뢰성 검토를 위한 지식, ⑤ 사용조건에 따른 수명의 예측과 안전성 평가 및 유지를 위한 지식 등을 연구 및 학습하는데 그 목적이 있다.

1-1 재료의 분류

1.1.1 재질에 의한 분류

각종 산업에 사용되고 있는 재료는 크게 금속재료, 폴리머 재료, 세라믹 재료 및 복합재료로 나눌 수 있다.

[1] 금속 재료(金屬材料)

금속 재료는 Fe, Al, Cu, Ni, Zn, Pb 등 및 그 **합금**(合金, alloy)을 말하는데, 실용상으로는 대부분 한 가지 이상의 다른 원소가 첨가된 합금의 상태로 사용된다. 이들은 대부분 상온에서 고체 결정을 이루며, 금속 특유의 은백색 광택을 갖고 있고, 열과 전기의 양도체이며, 연성(延性)과 전성(展性)이 좋다는 공통점을 갖고 있다. 금속재료는 풍부한 연성과 상당히 큰 강도를 겸비하고 있어서, 소성가공이 용이하면서도 큰 하중에 잘 견디므로 특히 구조용 재료로 많이 사용된다. 따라서 기계 재료에 있어서 금속 재료가 차지하는 비중은 대단히 크며, 그 중에서도 철강재료는 여러 가지 기계적 성질이 뛰어나 특히 많이 사용되고 있다.

지상에 존재하고 있는 금속의 광물들은 대부분 산화물의 상태로 존재하며, 이들을 이용하기 위해서는 환원시키는 한편 순도를 높여야 한다. 따라서 광석의 품위가 낮거나, 불순물 원소나 산소와의 친화력이 커서 정제하기가 어려운 금속은 일반적으로 가격이 높다.

[2] 폴리머 재료(polymers)

폴리머 재료는 유기물 중 분자량이 1만 이상인 **고분자 물질**로서 **수지**(樹脂, resin)라고도 하며, 플라스틱(plastics), 고무, 가죽, 접착제, 페인트 등이 여기에 속한다.

고분자 물질은 C와 H가 그 주성분이며, 수많은 저분자들이 연결되어 0.1~1 μm 정도 크기의 거대한 분자를 형성함으로써 만들어지며, C가 사슬(chain) 모양으로 연결되어 있다. 예를 들어 각종 필름의 제조에 많이 사용되는 폴리에틸렌(polyethylene, PE)은 에틸렌(ethylene)에 열, 압력, 빛, 촉매 등을 가하여 분자 내의 탄소원자의 이중 결합을 파괴하여, 다른 분자 중의 탄소원자와 결합하게 함으로써 하나의 고분자로 연결하여 만든 것이다. 다시 말하면 그림 1-3에 표시한 바와 같이 n개의 에틸렌 분자가 반복적으로 결합하여 1개의 거대한 폴리에틸렌 분자가 생성되며, 이러한 과정을 **중합**(重合, polymerization)이라 하고,

$$n(CH_2=CH_2) \xrightarrow[\text{열, 압력, 촉매}]{} (-CH_2-CH_2-)_n$$

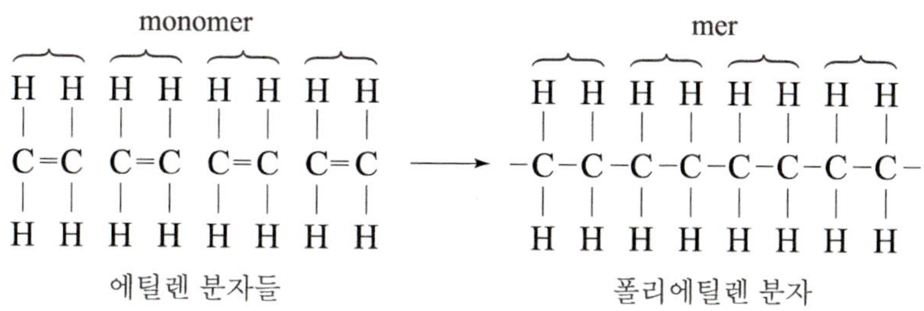

(a) 단량체 (monomer)　　　(b) 중합체 (polymer)

[그림 1-3] 폴리에틸렌의 중합

결합된 분자의 평균 개수를 **중합도**라 한다. 여기서 에틸렌과 같은 중합반응 물질을 **단량체**(單量體, monomer), 폴리에틸렌과 같은 반응 생성물을 **폴리머**(polymer) 또는 **중합체**, 그리고 중합체를 구성하는 기본 단위를 **머**(mer) 또는 **단위체**(單位體)라 한다.

한편 하나의 머 내의 원자 상호간은 공유결합을 하여 강하게 결합하나, 머와 머 간에는 서로 분자결합을 하여 그 결합력이 대단히 약하다. 따라서 고분자 물질은, 비록 중합도가 증대하면 결합력이 점차 증대하여 점성과 용융점이 다소 높아지기는 하지만, 금속이나 세라믹 재료에 비해서는 강도나 용융점 등이 상당히 낮은 편이다. 폴리머 재료를 제조하는 방법은 대단히 복잡하며 다양하지만, 그 제조에 사용되는 저분자 물질은 원유를 분류(分溜)할 때 생성하는 **나프타**(naphtha)를 열분해하여 얻는다.

[3] 세라믹 재료(ceramics)

무기질의 재료 중에서 금속재료는 여러 가지 측면에서 다른 것과는 성질이 크게 다르고 사용량도 월등하므로 별도로 분류하고, 금속을 제외한 무기질 재료를 **세라믹 재료** 또는 **비금속 무기재료**(非金屬 無機材料)라 하며, 시멘트, 도자기, 내화 벽돌, 연마재, 흑연, 유리 등이 여기에 속한다. 이들 세라믹 재료는 화학적으로 안정하여 내열성, 내식성, 내산화성 등이 대단히 우수하며, 또한 강도와 경도 및 내마모성이 우수한 특성을 가지고 있다. 그러나 그 반면에 취성이 대단히 커서 구조용 재료로는 사용하기 어려운 단점이 있다.

근래에 들어 금속의 산화물, 탄화물, 질화물, 붕화물, 황화물 등으로서 천연원료를 특별한 방법에 의해 고순도로 정제하여 제조한 인조 세라믹인 **파인 세라믹 재료**(fine ceramics)가 내열·내식재료, 전기·전자재료 등에 다양한 형태로 사용되고 있다. 이것은 종래의 **보통 세라믹 재료**(classic ceramics)에 비하여 순도, 밀도, 강도 등이 높으며, 뛰어난 전기·자기적 특성을 갖고 있어서 특별한 기능재료로서 오늘날의 획기적인 재료기술 및 이에 따른 각종 공업기술의 발전에 크게 기여하고 있다.

한편 세라믹 재료는 용융점이 높고 경도 및 취성이 매우 커서 가공성이 대단히 나쁘므로, 유리 등 몇 가지 경우를 제외하고는 대부분 **소결**(燒結, sintering)하여 성형한다. 소결은 분말재료를 고압으로 압축성형한 다음 고온으로 가열함으로써 원자의 확산에 의하여 분말들이 서로 결합하여 강도를 갖게 하는 가공법이다.

[4] 복합 재료(複合材料)

복합 재료(composite materials)는 금속, 세라믹 또는 폴리머 재료를 인위적으로 혼합 또는 접합하여 만든 것으로서, 이렇게 재료를 복합시킴으로써 단일 재료에서는 얻을 수 없는 여러 가지 특성을 얻고자 하는 것이다. 복합재료는 그 종류가 많으나 소재에 따라 금속-금속, 무기-무기, 유기-유기, 금속-무기, 금속-유기, 무기-유기의 6가지로 나눌 수 있으며, 복합 형태에 따라 **입자복합**, **섬유복합**, **적층복합**의 세 종류가 있다. 이들 복합재료는 대부분 비강도(강도/비중), 비탄성(탄성계수/비중), 내마멸성 등을 향상시키기 위한 것으로서 대체로 외력을 받는 강화재와 강화재에 힘을 전달해주는 모재로 구성되어 있다.

입자 복합의 예로는 자동차 타이어, 콘크리트, 알루미늄 분말 소결재(sintered aluminum powder, SAP) 및 초경합금 등을 들 수 있으며, 섬유 복합의 예로는 철근 콘크리트, 고무 로프, 자동차 타이어 및 각종 FRP(fiber reinforced plastics, 섬유강화 플라스틱) 등을 들 수 있다. 그리고 적층 복합의 예로는 접합유리, 골판지, 합판(plywood) 및 허니컴(honeycomb) 등이 있다. 그밖에 금속의 내식성이나 열전도성 향상을 위하여 외면에 판재를 덧붙인 각종 클래드재(clad材), 내열성 향상을 위하여 금속 재료의 표면에 세라믹 재료를 피복한 세라믹 피복재, 액체 중에 자성 분말을 분산시킨 자성 유체(磁性流體)나 자성 분말과 고무를 복합한 고무 자석 등도 복합 재료의 범주에 속한다.

그림 1-4는 입자복합 소재인 타이어 고무, 그림 1-5는 섬유복합 소재인 섬유강화 플라스틱, 그리고 그림 1-6은 적층복합 소재인 허니컴의 구조를 보여주고 있다. 그리고 표 1-1은 복합재료의 적용 사례를 표시한 것이다.

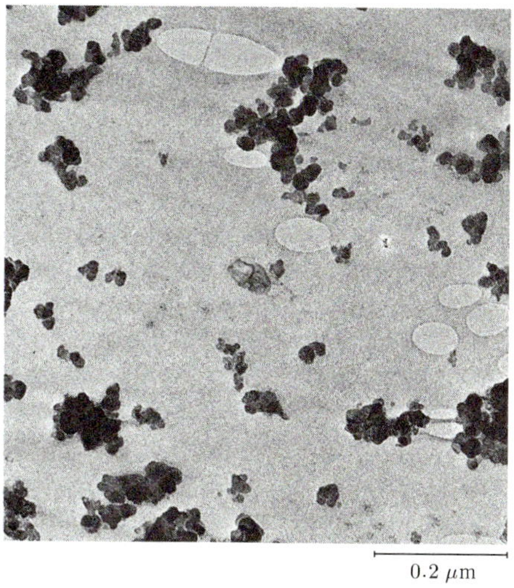

[그림 1-4] 타이어 – 고무 입자복합 사례. 연한 고무에 카본 블랙 입자를 혼합하여 강도를 높임[4)]

[그림 1-5] FRP – 섬유복합 사례. 연한 플라스틱 모재 중에 강한 유리섬유를 넣어 하중을 부담하게 함[5)]

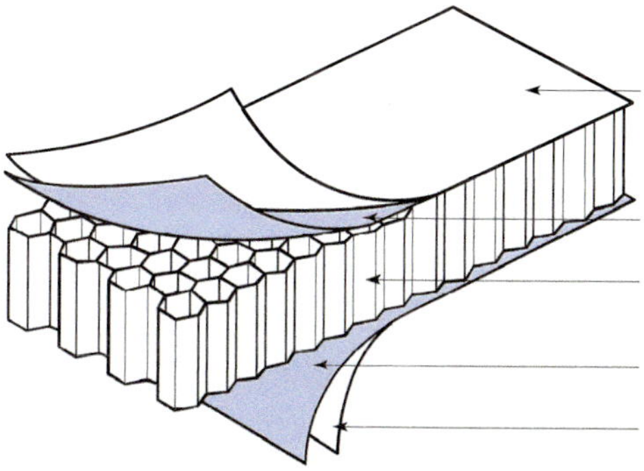

[그림 1-6] 허니컴의 구조. 얇은 판재 사이에 하중을 부담하는 허니컴 층을 넣어 전체 강도를 높임

[표 1-1] 각종 복합재료의 예

종류	재료명	바탕재	강화재/기능재	강화 성능
입자 복합	타이어	고무	카본 블랙, 산화아연 분말	강도, 내마모성
	콘크리트	시멘트	모래, 자갈	강도
	초경 합금	Co	WC, TiC, TaC	내마모성, 고온 경도
	알루미늄 분말 소결체	Al	Al_2O_3	고온강도, 내열성
	초내열 합금	Fe, Ni, Co	ThO_2, Y_2O_3 등	고온강도, 내열성
	자성 유체	유체	자분(磁粉)	자성, 기밀성, 가변성
	고무 자석	고무	자분(磁粉)	자성, 가변성
섬유 복합	타이어	고무	강철선, 실	강도, 비탄성
	고무 로프	고무	실	강도
	FRP	플라스틱	직포, 유리, 흑연, 아라미드 등의 섬유	강도, 비강도, 비탄성
	철근 콘크리트	시멘트	철근	연성, 인장강도
적층 복합	접합유리	유리	플라스틱 필름	인성
	베니어판	나왕 판재	결이 직교인 층	강도
	허니컴	판재	수직 벌집형의 층	강도, 비강도
	Al 클래드	고강도 Al 합금	내식성 Al 합금 외층	강도, 내식성
	피복 내열재	강재	세라믹 피복	고온강도, 내산화성
	법랑(琺瑯, enamel)	철판	도자기	내식성, 보온성

이상에서 금속 재료, 폴리머 재료, 세라믹 재료 및 복합 재료에 관하여 개괄적으로 살펴보았다. 표 1-2는 이들 재료의 여러 가지 특성을 표시한 것이며, 그림 1-7과 그림 1-8은 각각 이들의 인장강도와 파괴인성을 비교하여 도시한 것이다. 이들 표와 그림을 감안해 보면, 금속 재료와 복합 재료는 강도와 파괴인성이 크고, 세라믹 재료는 강도·경도가 크고 화학적으로 안정하며, 폴리머 재료는 가벼운 것을 알 수 있다. 그러나 금속은 비중이 크고, 폴리머재료는 강도·경도와 내열성이 작으며, 세라믹 재료는 파괴인성과 성형성이 나쁜 것을 알 수 있다.

[표 1-2] 각종 기계재료의 특성 비교

성질		금속 재료	플라스틱	세라믹 재료
기계적 성질	인장강도(kgf/mm^2)	300 이하	30 이하	100 이하
	항복강도(kgf/mm^2)	250 이하	25 이하	-
	연율(%)	50 이하	100 이상도 가능	0
	압축강도(kgf/mm^2)	400 이하	40 이하	600 이하
	충격치	작음~뛰어남	큼	작음
	경도(HBN)	1,000 이하	30 이하	3,500 이하 (다이어몬드 7,000)
	탄성계수(kgf/cm^2)	40×10^6	5×10^4	10×10^6
	크립 강도	큼	작음	뛰어남
	피로강도	좋음~뛰어남	나쁨	압축응력에는 괜찮음
물리적 성질	밀도	1.8~21.5	0.9~2.2	1.7~6
	용융점	3,500℃ 이하	500℃ 이하	5,000℃ 이하
	열전도도	뛰어남	나쁨	나쁨~보통
	전기전도도	뛰어남	0	0~약간
	선팽창계수	높음	매우 높음	낮음
	최고 사용온도	950℃ 이하	380℃ 이하	2,800℃ 이하
	물 흡수성	없음	약간	약간
	전기절연성	없음	좋음~뛰어남	좋음~뛰어남
화학적 성질	결정성	모두	대부분은 아님	거의 대부분
	내화학 반응성	나쁨~좋음	대부분은 없음	뛰어남
	구하기	쉬움~어려움	원유로부터 추출	쉬움~어려움
	미소조직	단일 상~다상	단일 상	단일 상~다상
성형성	판재	뛰어남	좋음	불가
	주조	뛰어남	보통	불가
	압출	뛰어남	좋음	불가
	절삭	좋음~뛰어남	좋음	불가
	몰드 가공	비철만 가능	뛰어남	보통

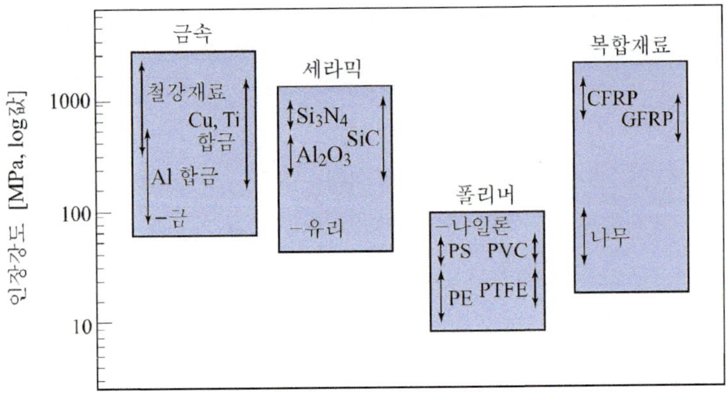

[그림 1-7] 각종 기계재료의 인장강도 비교

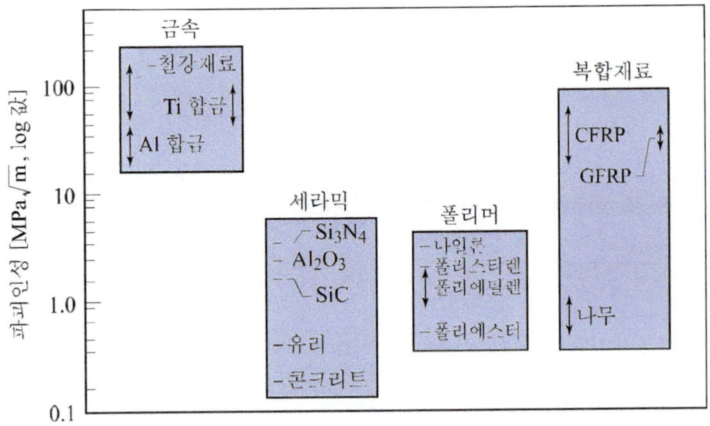

[그림 1-8] 각종 재료의 상온 파괴인성(취성파괴에 대한 저항의 정도) 비교

1.1.2 기능에 의한 분류

종래에는 기계재료라 하면 거의 예외 없이 **구조재료**(構造材料)를 의미하였으나, 최근 세라믹, 플라스틱 및 금속재료의 발전 및 개발에 의하여 고도의 기능을 가진 **기능재료**(機能材料)가 크게 발달되었다. 구조재료란 목적으로 하는 어떤 형태를 갖추며 장기간에 걸쳐 그 형상과 신뢰할 수 있는 강도를 유지하기 위한 재료로서 기계기구의 중량이나 부피의 대부분을 차지한다. 이에 비하여 기능재료는 기계의 한 요소를 이루어 어떠한 특별한 작용(또는 일)을 하는 재료로서 그 기계에 있어서 가장 핵심적인 작용을 하는 경우가 많으며, 다음과 같이 분류할 수 있다.

기능재료		
	강도기능 :	고강도 재료, 내마모 재료, 내피로 재료, 고·저온 재료 등
	경도기능 :	초경 재료, 초고압 합성재료 등
	열 기 능 :	단열재료, 내열·내산화 재료, 저열팽창 재료 등
	형상기능 :	형상기억 재료, 탄성재료, 초소성(超塑性)재료, 생체재료 등
	윤활기능 :	마찰재료, 베어링 재료, 윤활재료 등
	전기·전자 :	절연재료, 유전(誘電)재료, 접점(接点) 재료, 압전(壓電)재료, 초전도(超傳導)재료, 저항재료, 반도체, 정보기록재료 등
	자기기능 :	자석 재료, 자기기록(磁氣記錄)재료, 비자성 재료 등
	광학기능 :	발광(發光)재료, 광검출(光檢出)재료, 광학재료 등
	화학기능 :	내식 (耐蝕)재료, 촉매재료, 가스 센서, 수소저장 재료 등
	원자력 기능 :	내중성자(耐中性子) 재료, 내전자방사선(耐電磁磁放射線) 재료 등
	기타	

[그림 1-9] 기능재료의 분류

1-2 재료의 원자구조

자연계의 모든 물질은 **분자** 및 **원자**로 구성되어 있으며, 원자는 또 양자, 중성자, 전자 등 많은 소립자로 구성되어 있다. 그러나 원자의 구조를 원자핵(原子核)과 핵외 전자군(核外電子群)으로만 구분한다면 물질의 성질을 결정하는 것은 핵외 전자군이므로, 재료의 물성을 이해하기 위해서는 원자핵의 구조는 알 필요가 없고 각 원자의 구조, 이들이 결합하여 고체를 형성할 때의 결합상태, 그리고 전자의 에너지 관계만을 이해하면 충분하다.

원자번호 Z인 원자는 원자핵 내에 원자번호와 같은 수(Z개)의 양자를 갖고 있으며, 그 주위에는 같은 수의 전자가 분포하고 있어서 전기적으로 중성을 이루고 있다. 따라서 핵외 전자의 개수는 원자번호와 일치하며, 전자는 양자와의 정전기적 인력(Coulomb의 힘)에 의하여 원자핵 주위를 운동하게 된다. 그런데 이들 전자는 원자핵 주위를 무질서하게 운동하는 것이 아니라 원자핵과 전자간의 결합 에너지에 의하여 정해지는 어떤 반지름값을 가진 일정한 궤도상에 위치한다. 그림 1-10 (a)는 Na 원자의 전자궤도를 간소화하여 표현한 위성 모델로서, 원자핵으로부터 가까운 것으로부터 K각(殼, shell), L각, M각, …이라 한다. 이들 **전자각**(電子殼)은 그림 1-10 (b)에서 보는 바와 같이 전자가 들어있는 몇 개의 **에너지**

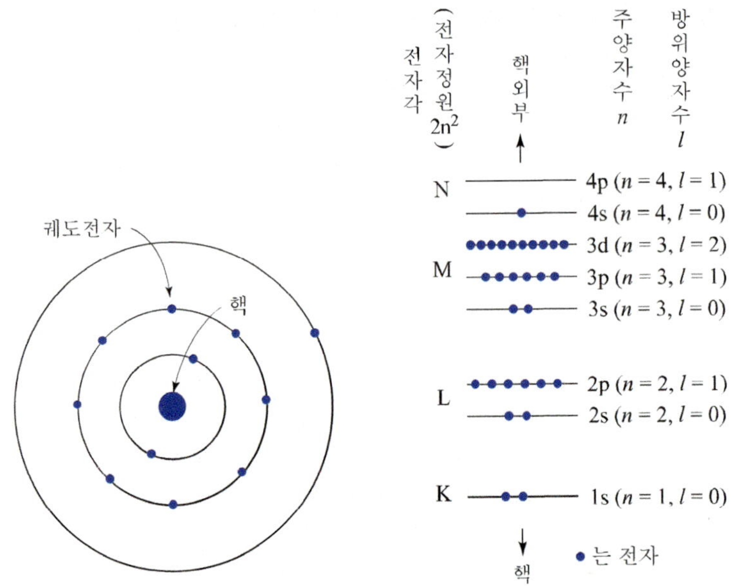

(a) Na 원자의 간소화된 위성 모델 (b) 전자 에너지 준위

[그림 1-10] 간소화된 위성 모델과 전자 에너지 준위

준위(energy level)별로 s, p, d 및 f로 표시되는 몇 개의 부각(副殼, subshell)들로 구성되어 있는데, 각 전자들은 자신이 가진 에너지 수준에 따라 각 준위별로 배치되며 어중간한 위치는 금지되어 있다. 그리고 각 준위의 에너지 값은 (−)값을 가지며 원자핵으로부터 먼 곳에 위치할수록 증대하여 0에 가까워진다.

그런데 이들 전자는 원자핵 주위를 무질서하게 운동하는 것이 아니라 양자화된 에너지 상태에 따라 정해지는 일정한 궤도를 따라 회전하고 있다(그림 1-3). 이 궤도는 주양자수 n, 부양자수 l, 자기 양자수 m, 회전 양자수 s의 네 가지 조건에 따라 정해지고, n과 l값은 표 1-3에 표시된 값을 취한다. 여기서 주양자수 n은 전자의 전에너지 및 궤도의 크기가 어떻게 양자화되는가를 나타내는 수로서 $n=1, 2, 3, 4, \cdots$에 따라 원사핵에 가까운(에너지 준위가 낮은) 궤도로부터 각각 K각, L각, M각, N각 …이라 한다. 또 부양자수 l은 전자의 각(角)운동량을 양자화하는 방법을 나타내는 것으로 $l=0, 1, 2, 3$일 때를 각각 s, p, d, f 상태라 한다. 결과적으로 전자의 궤도는 n에 의하여 결정되지만 그 세부 구조는 l에 의하여 정해진다. 따라서 각 전자궤도는 주양자수 n과 부양자수 l로써 표시할 수 있으며, 자

1

[표 1-3] 전자의 양자수의 허용범위

n	주양자수 (Principal quantum number)	$n=1, 2, 3, 4, \cdots$	모든 양의 정수
l	부양자수 (Subsidiary quantum number)	$l=1, 2, 3, 4, \cdots, n-1$	n이 l의 값을 결정
m	자기양자수 (Magnetic quantum number)	0을 포함한 $-l$부터 $+l$까지의 정수	$2l+1$
s	회전 양자수 (Spin quantum number)	$+\frac{1}{2}, -\frac{1}{2}$	2

기 양자수 m은 원자가 자장내에 위치할 때의 전자의 에너지, 그리고 회전양자수 s는 전자의 자전에 관계되는 값이다.

한편 원자의 어떤 각(殼, shell)이 전자로 가득 차서(2개 또는 8개) 소위 폐각(閉殼)을 이루면, 원자는 대단히 안정해져 불활성 상태로 된다. 그러나 그렇지 않은 경우에는 에너지 상태가 가장 높고 원자핵과의 결합력이 가장 약한 가장 바깥쪽의 최외각전자, 즉 **가전자**(價電子, valence electron)를 방출하거나 다른 원자로부터 전자를 받아들임으로써 안정된 폐각을 형성하려고 한다. 이러한 경우 전자의 수는 양자(陽子)의 수와 다르게 되므로 전기적으로 (+) 또는 (−)인 **이온**(ion) 상태로 된다. 이와 같이 원자의 화학적 성질, 전기도전성 등의 물성은 원자핵과는 거의 무관하고 가전자의 성질, 특히 그 개수에 의하여 결정된다.

1-3 고체의 결합

고체에는 분자, 원자 또는 이온이 규칙적인 공간배열을 하고 있는 **결정체**(結晶體, crystal)와 그렇지 않은 **비정질체**(非晶質體, amorphism)가 있다. 전자의 예로는 금속, 각종 광물, 세라믹 등이 있으며, 후자에 속하는 것으로는 유리, 플라스틱, 고무 등이 있다. 그밖에 폴리에틸렌을 비롯한 몇 가지 플라스틱은 분자의 배열이 부분적으로 규칙적인 반결정질(semi-crystalline) 상태를 이루고 있다. 일반적으로 고체는 액체에 비하여 큰 변형저항을 가지고 있어서 상온·상압하에서 제 형태를 장기간 보유할 수 있는 것을 의미하지만, 물질의 세 상태로서의 고체는 결정질인 것만으로 정의되고 비정질의 것은 액체로 취급하는 경우가 많다.

한편 앞에서 언급한 바와 같이 고체결합을 이루는 인력은 최외곽전자의 거동 또는 분포 상태에 따라 다르며, 이에 따라 그 결합 형태도 달라져 이온결합, 공유결합, 금속결합, 분자 결합으로 나뉜다.

[1] 이온결합(ionic bond)

이온결합은 소금 등의 화합물과 같이 (+) 및 (−) 이온간의 정전기력(Coulomb의 힘)에 의하여 결합하는 것으로서, 이들 이온이 3차원적으로 교대로 배열하여 결정을 만들기 때문에 각 이온은 안정된 폐각구조를 이루고 있다. 이온결정은 저온에서는 전기절연체이나 고온에서는 도전성으로 되며, 또 결합 강도가 커서 경하고 벽개성이 크다.

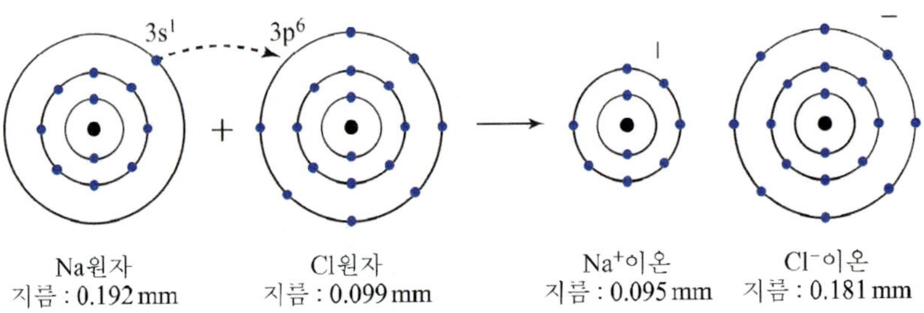

[그림 1-11] 이온결합

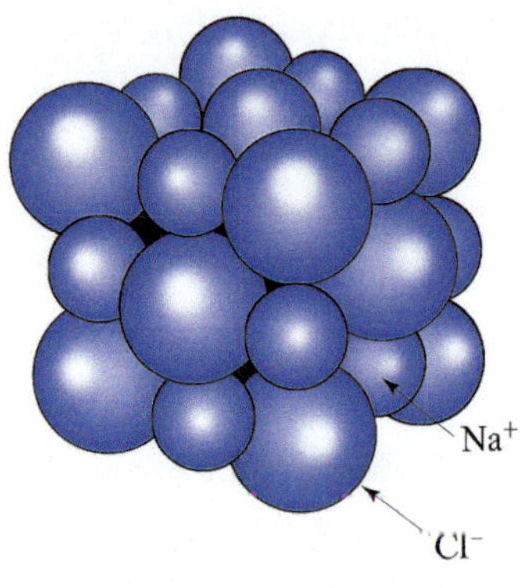

[그림 1-12] 소금의 결정구조

[2] 공유결합(共有結合, covalent bond)

공유결합은 외각이 전자로 가득 채워지지 않는 원자들이 가전자를 서로 공유하여 안정된 폐각구조를 형성함으로써 결합력을 유지하는 것으로서 다이아몬드, 카보런덤(SiC) 등이 여

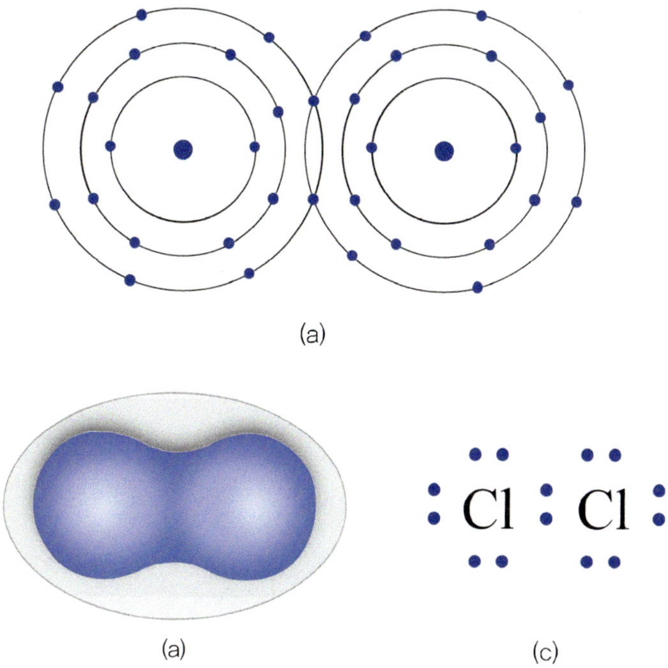

[그림 1-13] Cl_2의 공유결합

기에 속한다. 공유되는 전자들은 2개의 원자주위를 돌기 때문에 각 원자는 교대로 (+) 또는 (-)의 전하(電荷)를 가지며 인력을 유지하게 된다. 공유결합 결정은 3차원적으로 강하게 결합하고, 전기적으로 절연성이며, 경하고 용융점이 높다. 각종 세라믹 재료들은 공유결합 또는 이온결합을 하고 있으며, 경우에 따라서는 SiO_4^{4-}와 같이 공유결합과 이온결합을 시간적으로 반반씩 유지하는 것도 있다.

[3] 금속결합(金屬結合, metallic bond)

금속결정의 경우는 가전자와 핵과의 결합력이 아주 약하여 가전자가 특정 원자핵에만 구속되지 않고 떨어져 나가 결정을 구성하는 전체 핵에 공유된다. 이들 전자들은 규칙적으로 배열한 핵, 즉 양이온의 주위를 자유로이 이동하여 소위 "전자구름"을 형성하게 되는데 이러한 전자들을 **자유전자**(自由電子)라 한다. 이때 (-)전하를 갖는 전자구름과 (+)전하를 갖는 금속이온간의 인력과, 이온 또는 전자 상호간의 척력에 의하여 결합력을 갖게 되는 것이다. 이러한 **금속결합**의 특성 특히, 자유전자의 존재 때문에 금속결정은 전기 및 열의 전도성이 좋고, 결합력의 방향성이 없다. 또한 금속결정은 그림 1-15에서 보는 바와 같이 외력에 의하여 원자층이 이동하여 변형하게 되더라도 결합 상태를 그대로 유지하게 된다. 따라

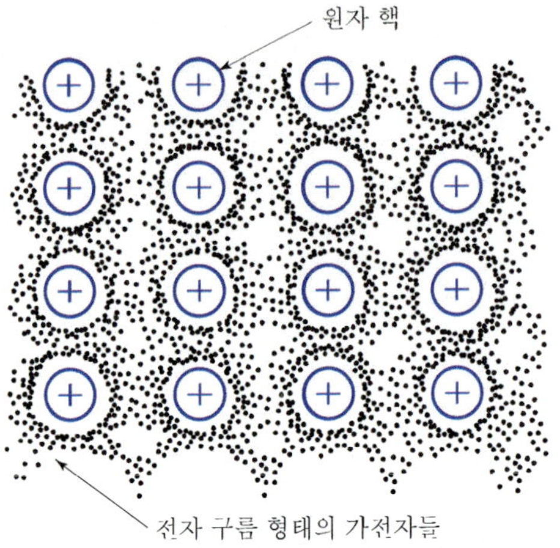

[그림 1-14] 금속결합

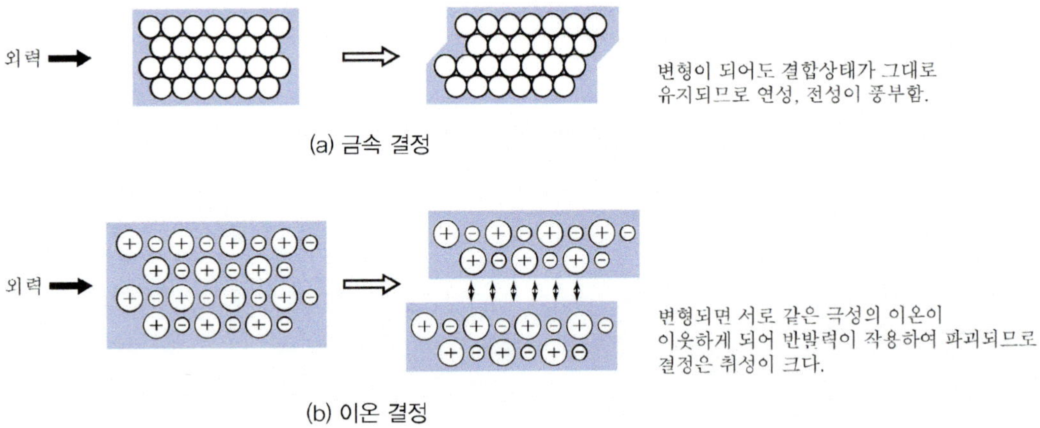

[그림 1-15] 금속결합과 이온결합의 외력에 의한 변형 비교

서 금속 재료는 연·전성이 풍부하고 강도의 범위가 크며, 반면에 이온결합 물질의 경우는 상하게 결합하기는 하지만 취성이 큰 것을 알 수 있다.

[4] 분자결합(分子結合, molecular binding)

분자간의 결합은 쌍극자(雙極子, dipole)간의 결합력에 기인하는 것으로서 분자결합 또는 2차결합이라고 한다. 이 결합에 기여하는 힘을 모두 **반 데르 발스(Van der Waals) 힘**이라 하며 원자간의 결합력에 비해 대단히 약하다. 따라서 이 결합을 하고 있는 대부분의 유기 화합물과 일부의 비금속 화합물들은 강도가 작으며, 용융점과 비등점이 낮다. 반면에 분자 내의 원자간에는 공유결합을 하며, 따라서 결합력이 강하다.

이상에서 각종 물질의 결합양식에 대하여 논하였다. 그림 1-16은 각종 재료들의 결합양식의 경향을 도식적으로 표시한 것으로서, 금속을 제외하고는 어느 한 가지 방식으로만 결합하는 것이 아님을 알 수 있으며, 세라믹 재료의 경우는 시점에 따라 이온결합과 공유결합을 오가기도 한다. 또한 표 1-4를 보면 이러한 원자 또는 분자간의 결합양식이 재료의 물성에 결정적인 영향을 미침을 알 수 있다.

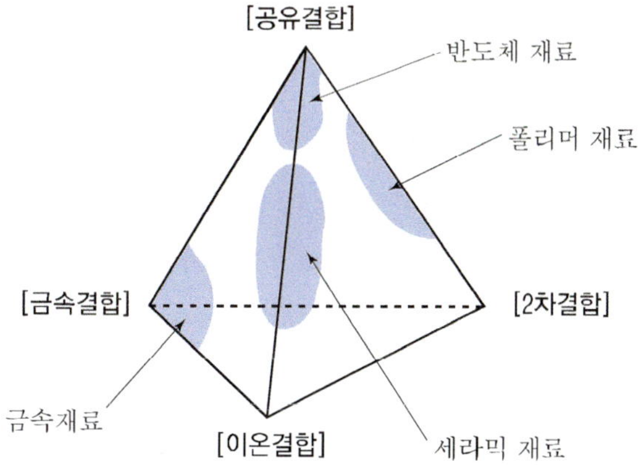

[그림 1-16] 재료 종류별 결합양식의 경향

[표 1-4] 결합양식에 따른 결정질의 물성의 비교

결합의 종류	결정의 종류	응집 에너지	용융점	비등점	수용성	전기 전도성	저항의 온도 계수	열팽창 계수	경도	인성
원자 결합	이온결합	대	고	고	양호	양호 (이온)	(−)값	소	대	소
	공유결합	대	고	고	불량	불량	(−)값	소	대	소
	금속결합	중	중	중	불량	양호 (전자)	(+)값	중	중	대
분자 결합	분자결합	소	저	저	약간良	불량	–	대	소	–

1-4 결정체의 구조

1.4.1 결정격자

결정체 내의 원자들은 규칙적인 배열을 하고 있다. 이러한 원자들의 중심을 연결해 보면 어떤 규칙적인 형태의 공간 도형을 형성하게 되는데 이것을 **결정격자**(結晶格子, crystal lattice)라 하며 3차원적으로 표시할 때는 **공간격자**라고 한다. 이것을 역으로 생각하면 결정을 구성하는 원자들은 결정격자 또는 공간격자 내의 특정한 위치, 즉 **격자점**에 위치한다고 할 수 있다. 공간격자는 기본적인 어떤 형태가 중첩된 것으로 볼 수 있는데, 이렇게 결정의 원자배열의 특징을 최소한의 원자수로 표시한 기본형태를 **단위격자**(單位格子, unit cell)라 한다. 그리고 단위격자의 각 축의 길이와 축간의 각도를 **격자상수**(格子常數, lattice parameter)라 하며, 따라서 단위격자의 크기와 형태는 이들 격자상수에 의하여 결정된다.

광물학에 있어서 결정격자는 14가지로 구분되는데 이것을 **브라베 격자**(Bravais lattice)라 한다. 표 1-5는 브라베 결정격자를 표시한 것이다.

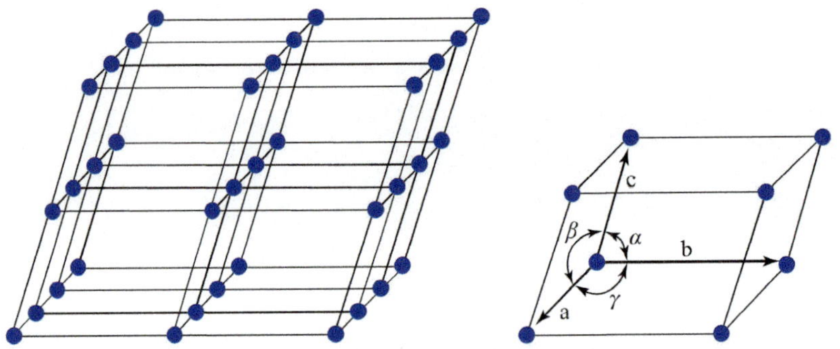

(a) 공간격자 (b) 단위격자 및 격자상수

[그림 1-17] 공간격자, 단위격자 및 격자상수

[표 1-5] 14종의 브라베 격자

결정계	특징	단순 (單純, simple)	저심(底心, base centered)	체심(體心, body centered)	면심(面心, face centered)
입방정계 (cubic)	$a=b=c$ $\alpha=\beta=\gamma=90$	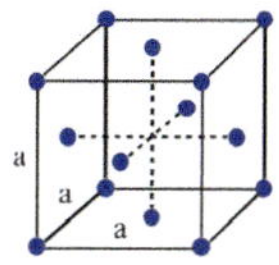		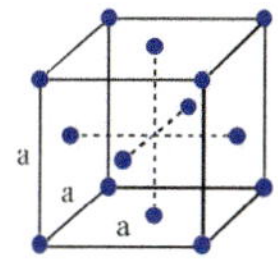	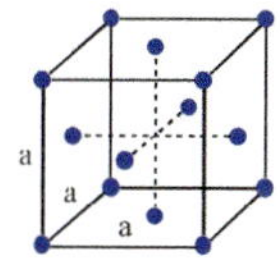
정방정계 (tetragonal)	$a=b\neq c$ $\alpha=\beta=\gamma=90$	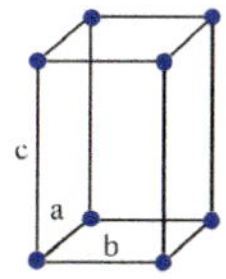		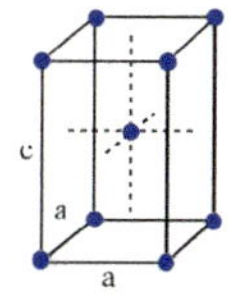	
사방정계 (orthorhombic)	$a\neq b\neq c$ $\alpha=\beta=\gamma=90$ $(c<a<b)$	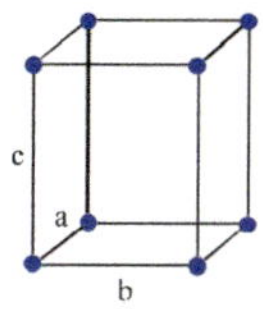	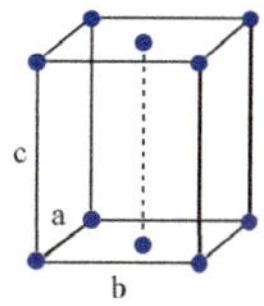	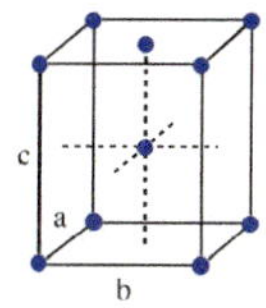	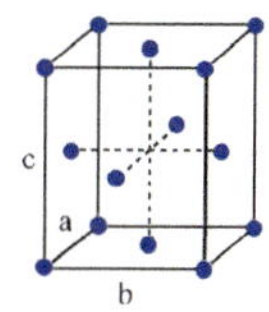
삼방정계 (trigonal)*	$a=b=c$ $\alpha=\beta=\gamma\neq 90$	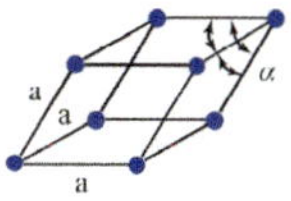			
육방정계 (hexagonal)	$a=b\neq c$ $\alpha=\beta=90,$ $\gamma=120$	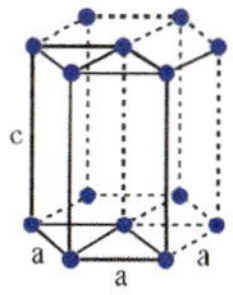			
단사정계 (monoclinic)	$a\neq b\neq c$ $\alpha=\gamma=90$ $\beta\neq 90(c<a,$ $\beta>90)$	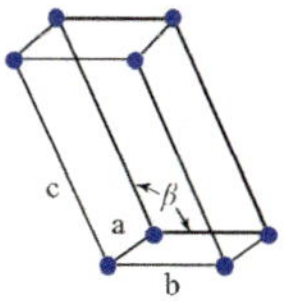	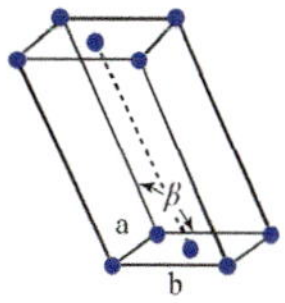		
삼사정계 (triclinic)	$a\neq b\neq c$ $\alpha\neq\beta\neq\gamma\neq 90$	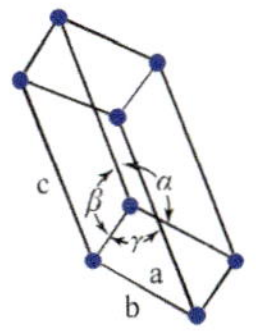			

* 능면체(rhombohedral)라고도 함.

1.4.2 금속의 결정구조

금속은 응고시부터 규칙적인 원자배열을 하게 되며, 수많은 결정립과 결정립계를 가진 다결정체(多結晶體)를 형성하는 것이 일반적이다. 이때 원자들은 결정립 내에 가능한 한 조밀하게 배열하게 될 것이므로 금속이 어떤 형태의 결정격자를 이룰 것인가를 연구하는 것은 주어진 공간 내에 탁구공과 같은 구(球)가 어떻게 배열하여야 많이 들어갈 수 있는가를 생각하는 것과 같다.

대부분의 금속결정은 **체심입방격자**(體心立方格子, body centered cubic lattice), **면심입방격자**(面心立方格子, face centered cubic lattice) 및 **조밀육방격자**(稠密六方格子, close packed hexagonal lattice) 중 한 가지를 이루는데, 이들 격자는 각각 bcc, fcc 및 hcp로 간략하게 표시하기도 한다. Cu, Au, Ag, Al, Ni, Pb 등 대부분의 금속은 면심입방격자를 이루며, α-Fe, Cr, Mo, V, β-Ti, W 등은 체심입방격자, Mg, Zn, Cd, Co, α-Ti 등은 조밀입방격자를 이룬다. 그림 1-18은 금속재료의 세 가지 결정격자를 도시한 것이고, 표 1-6은 몇 가지 금속의 결정격자와 격자상수를 표시한 것이다.

여기서 면심입방격자의 대각면 즉, (111면)과 조밀육방격자의 윗면, 즉 (0001면)은 원자 배열 방법이 서로 같으며, 평면상에 구(球)를 가장 조밀하게 배열할 수 있는 방법에 해당한다. 그러나 층을 쌓는 방법이 다른데 그림 1-19에서 보는 바와 같이 면심입방격자는 가장 조밀한 면이 그 면에 수직인 [111]방향으로 $ABCABC\cdots$의 순서로 쌓인 것이고, 조밀육방격자는 [0001]방향으로 $ABABAB\cdots$의 순서로 쌓인 것이다. 따라서 면심입방격자와 조밀육방격자는 조밀한 정도(원자충전율)가 서로 같다.

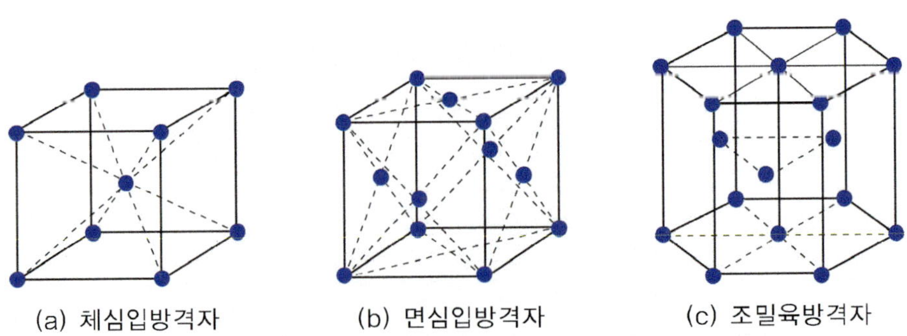

(a) 체심입방격자 (b) 면심입방격자 (c) 조밀육방격자

[그림 1-18] 금속의 결정격자

[표 1-6] 금속의 결정격자 및 격자상수

종 류	결정격자	격자상수 [nm]	원자반지름 [nm]
크롬(Cr)	bcc	0.289	0.125
철(α-Fe)	bcc	0.287	0.124
몰리브덴(Mo)	bcc	0.315	0.136
알루미늄(Al)	fcc	0.405	0.143
구리(Cu)	fcc	0.362	0.128
금(Au)	fcc	0.408	0.144
티타늄(Ti)	hcp	0.295/0.468*	0.147
아연(Zn)	hcp	0.267/0.495*	0.133

주) *는 a와 c의 값임.

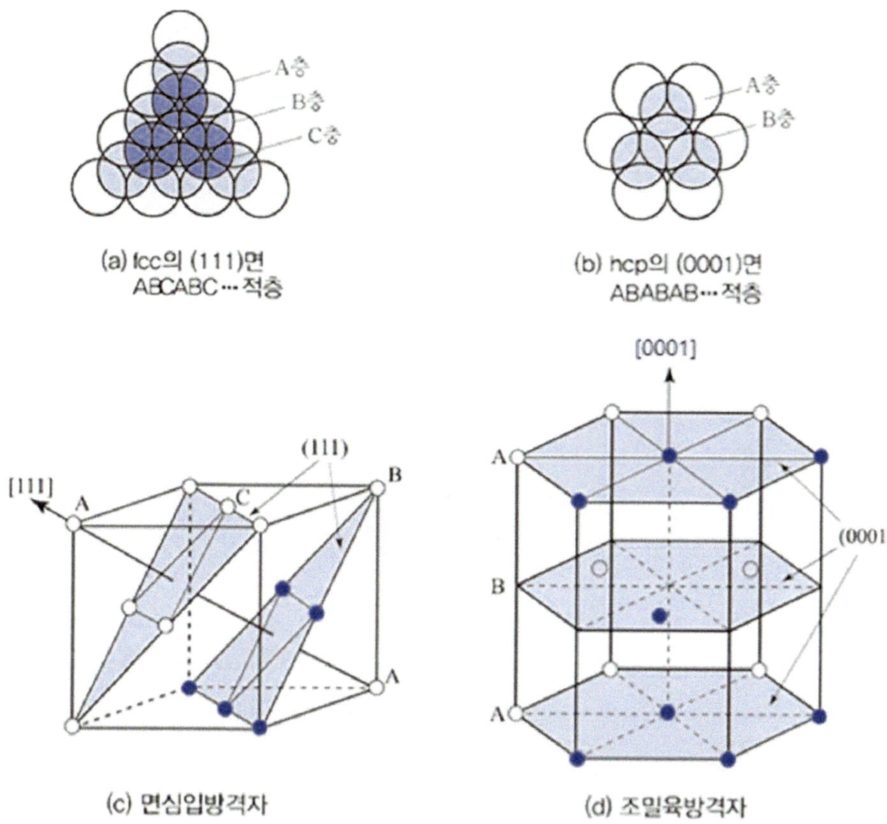

[그림 1-19] 면심입방격자(fcc)와 조밀육방격자(hcp)의 비교 – 각 층의 원자배열 방법은 같으나 적층 방법이 다름

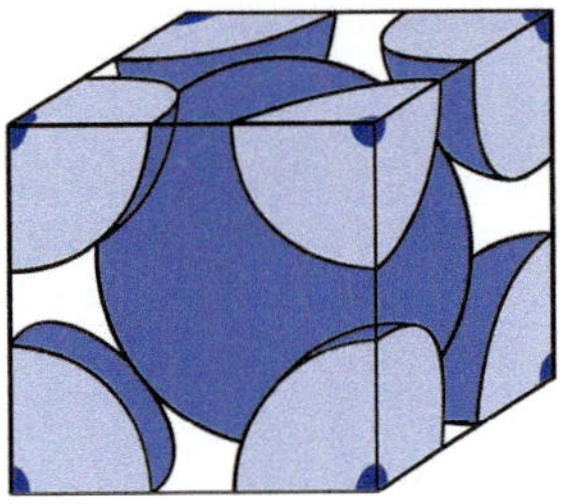

(a) 체심입방격자

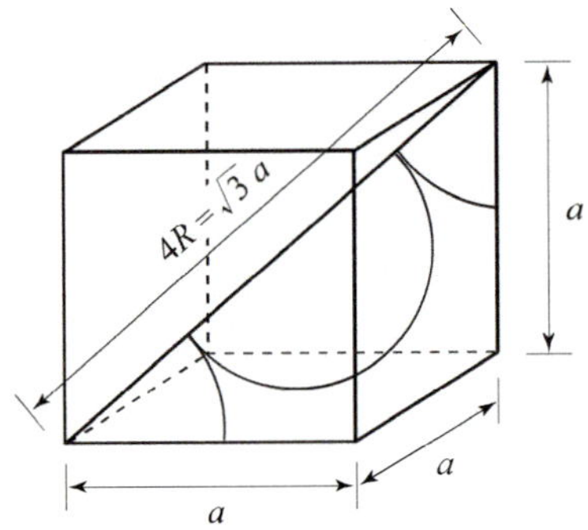

- $R = \dfrac{\sqrt{3}}{4}a$
- 원자갯수 : $1 + \dfrac{1}{8} \times 8 = 2$개
- 원자충전율 $= \dfrac{\text{원자의 부피}}{\text{격자의 부피}}$

$$= \frac{2 \times \frac{4}{3}\pi R^3}{a^3}$$

$$= 0.68$$

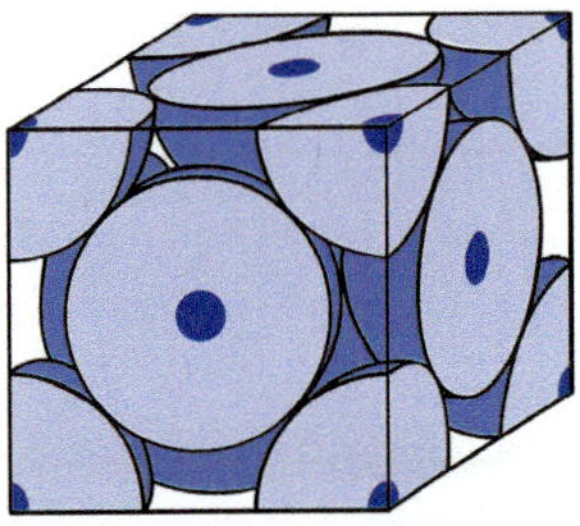

(b) 면심입방격자

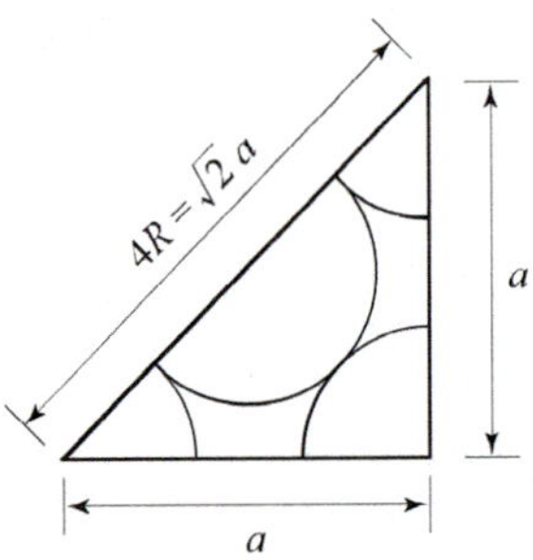

- $R = \dfrac{\sqrt{2}}{4}a$
- 원자갯수 : $\dfrac{1}{2} \times 6 + \dfrac{1}{8} \times 8 = 4$개
- 원자충전율 $= \dfrac{\text{원자의 부피}}{\text{격자의 부피}}$

$$= \frac{4 \times \frac{4}{3}\pi R^3}{a^3}$$

$$= 0.74$$

[그림 1-20] 체심 및 면심입방격자의 원자충전율

결정격자 중에서 원자가 차지하는 부피의 비율을 나타내는 **원자충전율**(原子充塡率)은 그림 1-20에서 보는 바와 같이 체심입방격자가 68%이고 면심입방격자와 조밀육방격자는 74%이다. 이렇게 면심입방격자가 체심입방격자보다 더 조밀하기 때문에 원자가 이동하여 소성변형되기 쉬우며(4-1절 참조), 따라서 일반적으로 면심입방격자 금속이 연성이 더 크다. 조밀육방격자 금속은 조밀하기는 하나 [0001]방향(그림 1-19 (d)에서의 화살표 방향)으로의 원자 이동이 어려워 전체적으로는 연성이 그다지 크지 않다.

한편 금속의 결정구조는 특정온도에서 변화하는 경우가 있는데 이러한 격자변태를 **동소변태**(同素變態)라 한다. 이때 원소는 같으나 결정구조가 다른 것을 **동소체**(同素體, allotrope)라 한다. 동소변태가 일어나면 금속의 각종 물리적, 기계적 성질이 크게 변화하며, 이에 비하여 **자기변태**(磁氣變態)는 원자배열의 변화 없이 자기적 특성만 변화한다. 표 1-7에 주요한 금속의 동소변태와 자기변태 및 그 변태온도를 표시하였다.

[표 1-7] 주요 금속의 동소변태와 자기변태

변 태	원소	결정 격자의 변화	변태온도
동소변태	Co	α-Co(hcp) ⇆ β-Co(fcc)	427℃
	Fe	α-Fe(bcc) ⇆ γ-Fe(fcc) γ-Fe(fcc) ⇆ δ-Fe(bcc)	912℃ 1394℃
	Li	α-Li(bcc) ⇆ β-Li(hcp)	-193℃
	Sn	α-Sn(다이아몬드 구조) ⇆ β-Sn(bcc)	18℃
	Ti	α-Ti(hcp) ⇆ β-Ti(bcc)	883℃
	Zr	α-Zr(hcp) ⇆ β-Zr(bcc)	872℃
자기변태	Fe	α-Fe(bcc) (강자성체 ⇆ 상자성체)	768℃
	Ni	Ni(fcc) (강자성체 ⇆ 상자성체)	358℃
	Co	Co(fcc) (강자성체 ⇆ 상자성체)	1160℃

1.4.3 결정의 면과 방향

결정의 구조에서 일련의 원자들에 의하여 이루어지는 면을 **결정면**이라 하며, 이 면은 결정격자의 세 축을 통과하는 절편 길이의 역수의 최소공배수로서 규정할 수 있다. 만일 x, y, z 세 축의 절편의 길이가 각각 격자상수의 $1/h$, $1/k$, $1/l$이라 하면 그 결정면은 (hkl)이 된다. 예를 들어 그림 1-21과 같은 경우라면 x, y 및 z축의 절편이 각각 1, 2/3, 1/3이므로 그 역수인 1, 3/2, 3의 최소 정수비를 취하여 (236)면이 된다. 이때 만일 지수가 음수라면 지수 위에 (−)부호를 붙여 $(\bar{h}\bar{k}\bar{l})$과 같이 표시한다. 이러한 결정면을 표현하는 지수를 **밀러 지수**(Miller index)라 하는데, 평행한 면의 밀러 지수는 모두 같으며 축에 평행인 면은 그 축과의 교점이 무한대이므로 그 축의 지수는 0이 된다. 그림 1-22는 입방격자에서 가장 중요한 세 가지 결정면을 표시한 것이다.

한편 결정격자에 있어서의 방향은 좌표축의 원점을 통과하고 그 방향에 평행인 선상에 있는 임의의 점의 좌표를 간단한 정수비 [uvw]로 표시한다. 예를 들어 입방격자의 대각선 방향은 [111], 각 면의 대각선 방향은 [110]이다. 그림 1-23은 입방격자에서 중요한 방향을 표시한 것으로서, 그림 1-22와 비교해 보면 입방격자에 있어서는 같은 지수를 갖는 면과 방향은 서로 직교함을 알 수 있다. 즉,

$$[100]\perp(100),\ [110]\perp(110),\ [111]\perp(111),\ \cdots\cdots$$

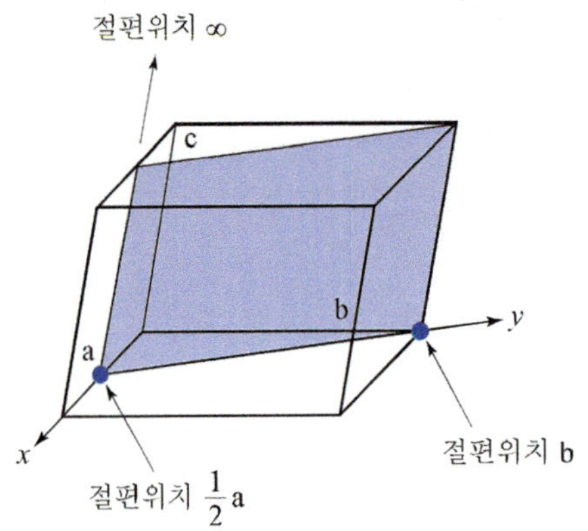

각 축의 절편	1/2, 1, ∽
역 수	2, 1, 0
최소 정수비	2, 1, 0
지 수	(210)

[그림 1-21] 결정면 표시법 – (210)면

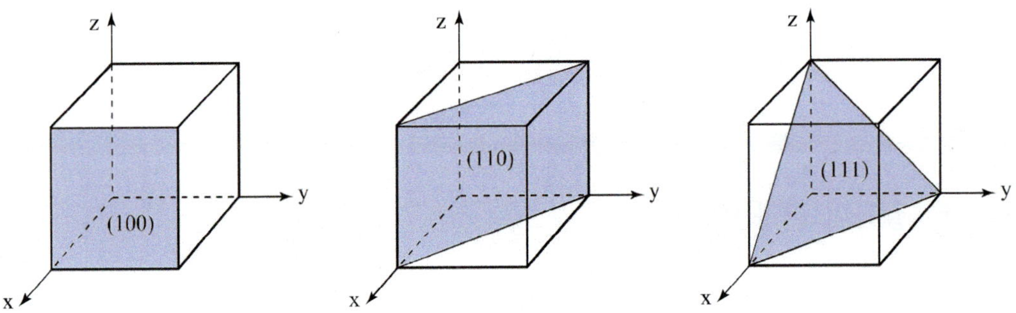

(a) (b) (c)

[그림 1-22] 입방정계의 주요 결정면. (a) (100)면, (b) (110)면, (c) (111)면

한편 결정면이나 방향의 표시에 있어서 등가(等價)인 면과 방향을 일괄하여 표시하고자 할 경우에는 지수 좌우의 괄호를 변경하여 각각 {hkl} 및 〈uvw〉로 표시한다. 예를 들면, 입방정에 있어서 하나의 좌표축과 평행인 면들인 (100), (010), (001) 등은 모두 일괄하여 {100}으로 표시하고, 육면체의 대각선 방향인 [111] 유형의 방향들은 모두 일괄하여 〈110〉으로 표시하여 각각 {100} 면족(面族, family of plane) 및 〈110〉 방향족(方向族, family of direction)이라 한다.

즉,

$$\{100\} = (100),\ (010),\ (001),\ (\bar{1}00),\ (0\bar{1}0),\ (00\bar{1})$$

$$\langle 111 \rangle = [111],\ [\bar{1}11],\ [1\bar{1}1],\ [11\bar{1}],\ [\bar{1}\bar{1}1],\ [1\bar{1}\bar{1}],\ [\bar{1}1\bar{1}],\ [\bar{1}\bar{1}\bar{1}]$$

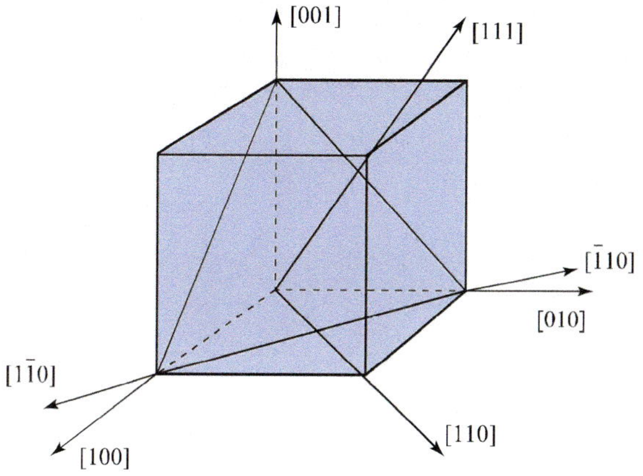

[그림 1-23] 입방정계의 주요 방향들

1.4.4 격자결함

실제의 결정에는 많든 적든 원자배열이 흐트러진 부분, 즉 **격자결함**(格子缺陷, lattice defect)이 존재하고 있어서 99.99999999% 순도의 Si 결정에도 1,000개 이상의 결함이 존재한다. 이들 결함의 종류로는 점결함, 선결함 및 면결함이 있으며, 여러 가지 측면에서 재료의 성질에 큰 영향을 미치므로 중요한 의미를 가진다.

점결함은 원자 또는 이온단위의 결함으로 그림 1-24에 표시된 바와 같이 원자 공공(空孔, vacancy), 격자간 원자(interstitial atom), 불순물 원자(impurity atom) 같은 것들이 있다. 이들은 결정체의 강도 등 여러 가지 성질에 큰 영향을 미치며, 특히 원자 공공은 원자의 확산, 반도체적 성질과 밀접한 관계가 있다.

선결함으로는 **전위**(轉位, dislocation)가 있다. 전위는 그림 1-25에서 보는 바와 같이 어떤 원자층이 결정의 끝까지 연속되지 못하고 도중에 단절되어 그 끝이 결정 내에 위치하게 된 것을 말한다. 이때 여분의 반원자면의 끝을 따라가는 선, 즉 그림 1-24에서 전위의 중심(⊥부분)을 통하여 지면(紙面)에 수직인 선을 **전위선**(轉位線)이라고 한다. 이 전위선은 반드시 일직선이지는 않으며, 소성변형이나 강도 등의 기계적 성질에 관한 연구에 있어서 대단히 중요한 개념의 하나이다.

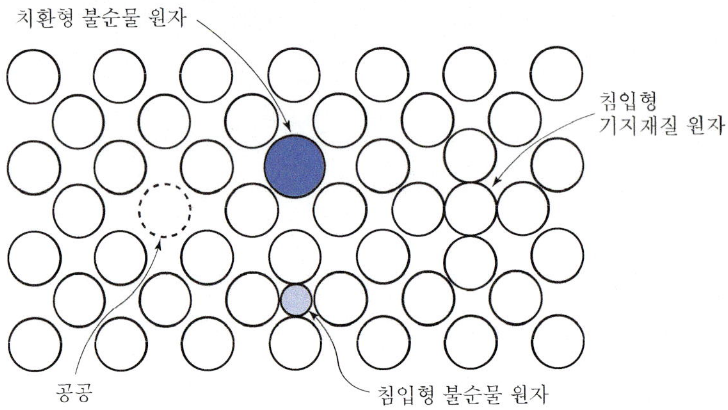

[그림 1-24] 여러 가지 점결함

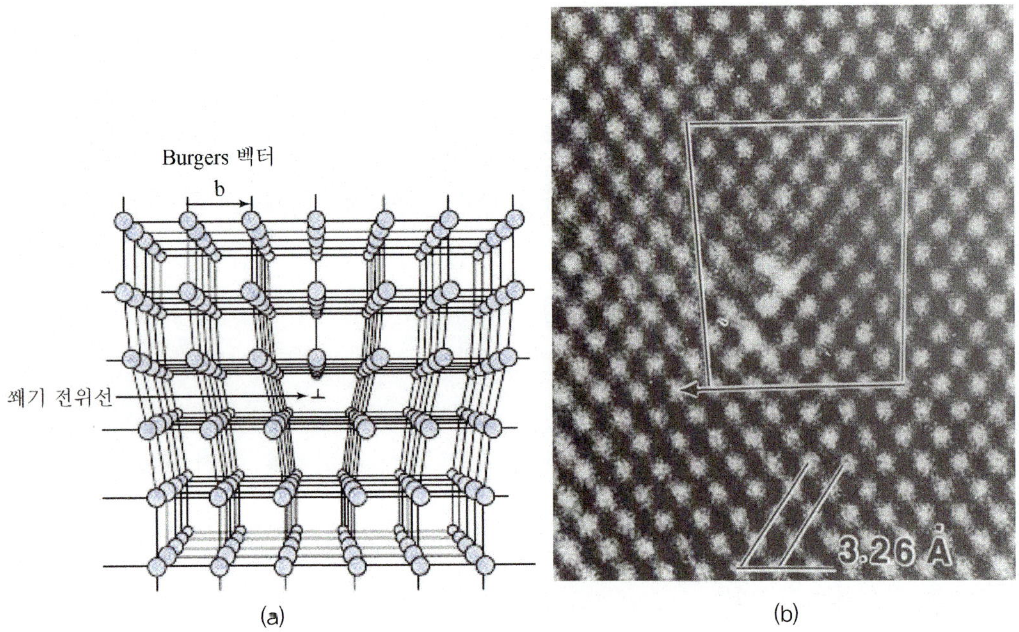

[그림 1-25] 쐐기전위. (a) 모식도. (b) 게르마늄(Ge)의 쐐기전위를 보여주는 전자현미경 사진[6]. 보이는 면은 (111)면임

전위에는 그림 1-25와 같은 형태의 **쐐기전위**(edge dislocation, 또는 칼날전위) 이외에 전단응력의 작용에 의하여 생성된 것으로 생각할 수 있는 **나사전위**(screw dislocation)가 있다. 그러나 거의 대부분의 전위는 이들의 성분이 혼합된 형태인 **복합전위**(mixed dislocation)이다. 그림 1-26은 이들 세 종류의 전위를 도시한 것이다.

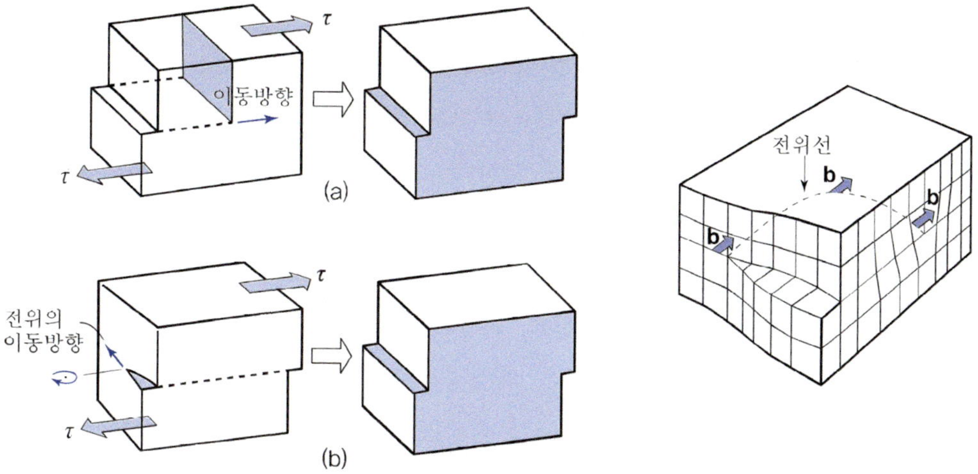

[그림 1-26] 전위의 종류. (a) 쐐기전위, (b) 나사전위, (c) 복합전위

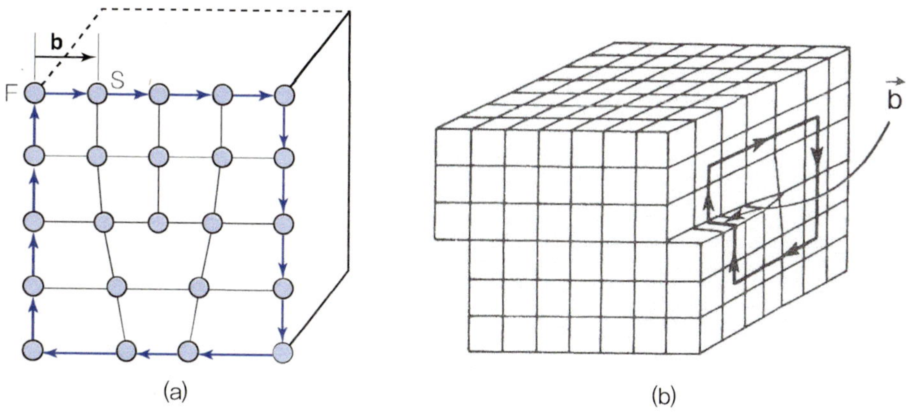

[그림 1-27] 버거 벡터 (a) 쐐기전위, (b) 나사전위

한편 전위의 양적인 표시법으로 **버거스 벡터**(Burgers vector)가 있다. 그림 1-27에서 S점을 출발하여 전위의 주변을 한 바퀴 돌면 끝점 F점과 출발점 S점은 일치하지 않게 되고, 출발점 S까지 도달하기 위해서는 벡터 $\overrightarrow{FS}$가 필요하다. 이것이 버거 벡터 $\vec{b}$로서 그 크기는 0.2 nm 정도이다. 그림 1-27에서 보는 바와 같이 쐐기전위의 버거 벡터는 전위선의 방향과 직각이고 나사전위의 경우는 평행이며, 그리고 복합전위의 경우는 0°~90° 사이이다.

전위는 결정화(금속의 경우는 응고 등)될 때 이미 도입되며 따라서 결함이 없는 완전결정은 제조하기가 불가능하다. 단, 전위밀도가 극히 낮은 것은 그 크기가 미소한 것에 한하여 제조되고 있다. 이것이 **위스커**(whisker)로서 수 십~수 백 μm 정도의 짧은 섬유 형태로 제조되며, 보통의 재료에 비해 강도가 대단히 커서 각종 복합재료의 강화재로 흔히 사용되고 있다.

전위는 아주 조심스럽게 풀림처리한 금속의 경우라도 그 밀도가 $10^6/cm^2$ 정도나 된다. 또한 소성변형이 일어나는 경우는 증식(增殖)되어 $10^{12}/cm^2$ 정도까지 그 양이 증가하며, 이 경우 길이로는 $10^4\ km/mm^3$ 정도에 달한다. 그리고 제 4 장에서 언급되지만 전위의 이동은 바로 소성변형을 의미하며, 전위는 그밖에도 결정체의 각종 기계적 성질, 파괴 등과도 밀접한 관계가 있다.

면결함의 대표적인 것으로는 결정립계, 적층결함 및 상경계 등이 있다.

결정립계(結晶粒界, grain boundary)는 다결정체에 있어서 결정의 방위가 각기 다른 결정립 사이의 경계면으로서 불과 원자 2~3개 정도의 얇은 층에 불과하지만 금속의 성질에 지대한 영향을 미친다. 즉, 원자밀도가 낮아 원자의 확산 통로 역할을 하며, 상변태의 시발점이 되기도 한다. 그리고 원자배열이 무질서하고 또 배열방향이 변화하는 중간층에 해당하므로 전위의 이동이나 균열의 진행을 방해하여 재료의 강도와 인성을 동시에 증대시키는 역할을 한다. 반대로 이 부분에는 불순물 원자들이 편석될 가능성이 많으며, 취성이 큰 조직이 석출하게 되면 재료 전체가 취약해져 입계파괴의 원인이 되기도 한다. 또 고온에서는 이 부분이 결정립 내부보다 더 약해져 크립(creep) 변형이나 파괴가 일어나는 주된 장소가 된다(제 3-5절 참조). 따라서 고온강도가 필요한 제트 엔진 블레이드에는 내부에 결정립계가 없는 단결정체(單結晶體)가 실용화되고 있다.

적층결함은 예를 들어 면심입방격자의 (111)면의 $ABCABCABC$ ··· 층배열(그림 1-19 참고)이 어떤 원인으로 인하여 그 일부가 중복되거나 빠져 나감으로써 형성된 것이다. 그밖에

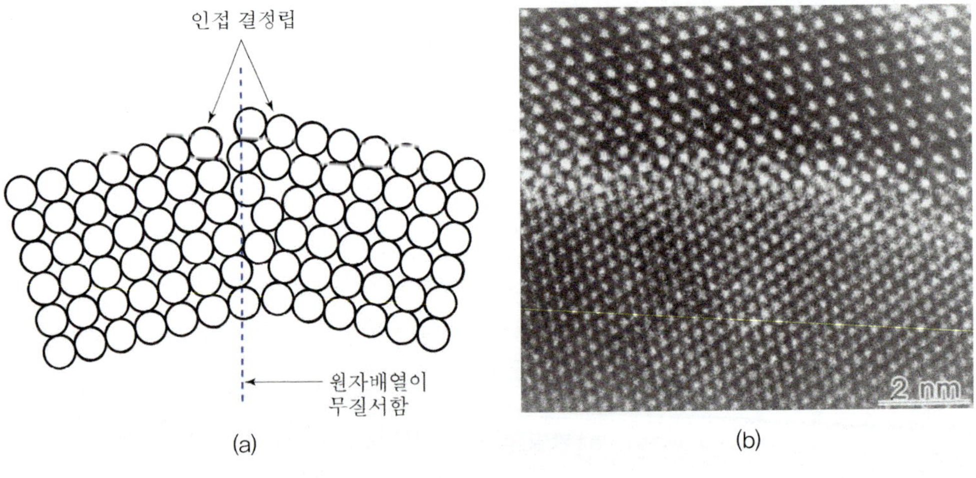

[그림 1-28] (a) 결정립계의 원자배열, (b) AIN의 결정립계를 보여주는 전자현미경(TEM) 사진[7]

상경계는 원자배열이 다른 두 상간의 계면을 말하는데 그 성질은 결정립계와 대단히 유사하다. 복합재료에 있어서의 계면도 일종의 상경계라 할 수 있다.

1.4.5 합금의 결정구조

금속은 많은 경우 그 성질을 개선하거나 특별한 성질을 부여하기 위하여 다른 원소를 첨가하여 **합금**(合金, alloy)의 상태로 사용된다. 용융상태에서는 일반적으로 성분원소가 원자단위로 혼합된 용액을 이루지만, 응고하면 결정체로 되며 거시적으로는 균일하지만 합금원소의 종류와 화학조성(化學組成) 및 온도에 따라 다음과 같은 몇 가지 결정구조로 나타난다.

[1] 고용체(固溶體)

합금은 일반적으로 고용체 형태로 나타난다. **고용체**(固溶體, solid solution)는 2종류 이상의 물질이 원자 또는 분자 단위로 서로 충분하게 혼합되어 물리적으로나 기계적인 방법으로는 구분할 수 없게 된 상태를 말한다. 이것은 물(용매)에 소금(용질)을 타면 소금물(용액)이 만들어지는 것과 같은 물리적 현상에 의하여 만들어지는 것이다. 동일 합금에서 고용체가 여러 가지인 경우에는 α, β, γ, ··· 등으로 표시한다.

고용체는 그림 1-29에서 보는 바와 같이 용질원자가 위치하는 형태에 따라 **치환형 고용체**(substitutional solid solution)와 **침입형 고용체**(interstitial solid solution)로 나뉜다. 치환형 고용체는 용질원자가 용매금속의 격자점에 위치하는 것으로서 대부분의 고용체가 여기에 속한다. 이때 Cu-Ni, Au-Ag, Au-Cu 등과 같이 결정격자가 서로 동일하고 원자크기의 차이가 14% 이내인 경우에는 용질원자가 어떠한 비율로도 고용되는 **전율고용체**를 이루기도 하며, 그렇지 않은 경우에는 어떤 한도(고용한도라 함) 이상은 고용될 수 없는 **한율고용체**를 이루게 된다. 침입형 고용체는 용질원자가 용매원자들 사이에 끼어 들어가는 형태의 고용체이다. 따라서 용질원자가 되는 것은 H, C, N, B, O 등 원자 반지름이 작은 몇 가지 원소에 한정되며, 그 고용량에도 한계가 있어 한율고용체만을 만든다.

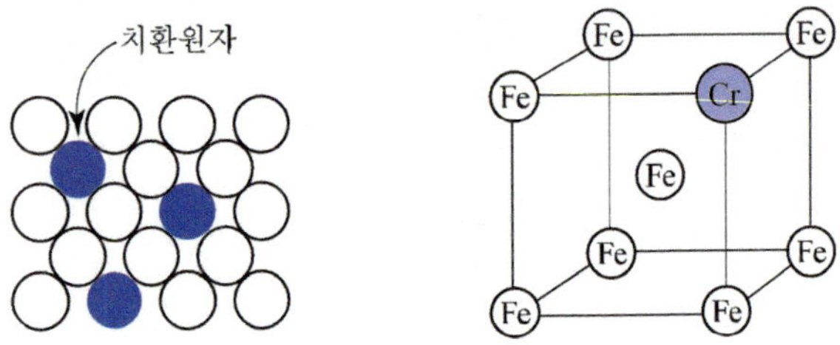

(a) 치환형 고용체

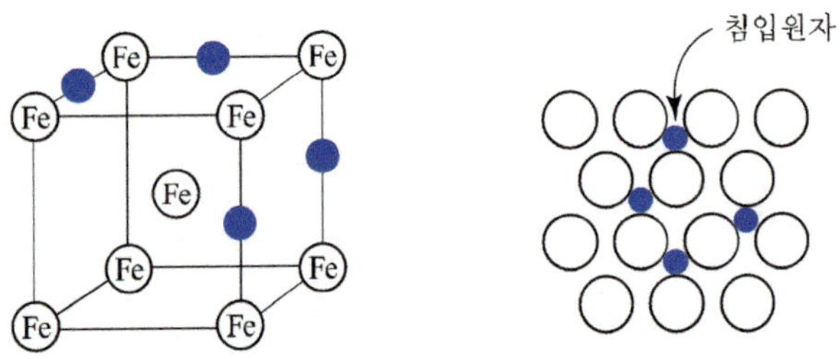

(b) 침입형 고용체

[그림 1-29] 고용체의 결정구조

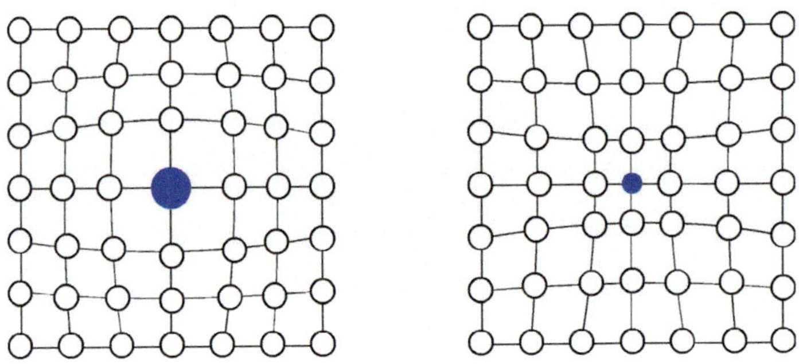

(a) (b)

[그림 1-30] 치환형 고용체에 있어서의 격자변형

한편 고용체는 용매 원자들 사이에 용질 원자가 침입하거나, 크기가 다른 원자들이 혼재함으로써 국부적으로 결정격자가 변형(그림 1-30)되어 원자층간의 슬립(slip)에 의한 변형이 어려워지게 됨으로써 금속의 강도와 경도가 증가하게 되는데, 이것을 **고용강화**(固溶强化, solution strengthening)라 한다(제 5-1절 참고). 또한 고용체는 일반적으로 용질원자의 농도가 증가하게 되면 전기저항도 함께 증가한다.

[2] 초격자

치환형 고용체는 용질원자와 용매원자가 각 격자점에 무질서하게 분포하지만, 이들 중에는 냉각 도중 어느 일정한 온도에서 두 성분 원자가 규칙 바른 배열로 변화하여 규칙적인 배열*1)을 이루는 경우가 있다. 초격자는 그 성분의 원자비(原子比)가 간단한 정수비(定數比)로 구성되며, 원래의 고용체와 구조는 같으나 크기가 다소 크므로 **초격자**(超格子, super lattice)라고 한다. 초격자는 고온에서 서서히 냉각해야 생성되고 냉각속도가 빠르면 생성되지 않는 경우가 많다. 그리고 합금이 초격자를 이루게 되면 경도가 증가하고 인성이 크게 감소하며 또한 전기저항이 급격히 증가한다.

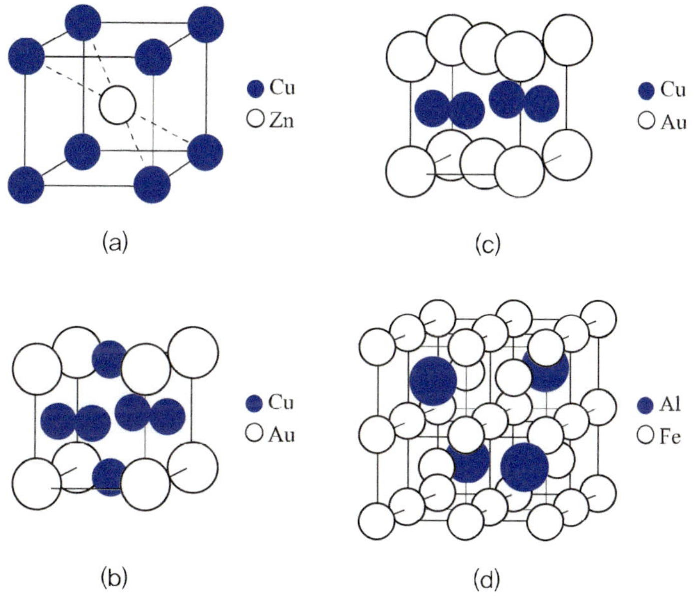

[그림 1-31] 초격자의 결정구조 예시. (a) CuZn, (b) Cu_3Au, (c) CuAu, (d) Fe_3Al

[3] 금속간 화합물

어떤 금속이 다른 합금 원소와 화합물을 이루어 금속의 결정격자와는 전혀 다른 형태의 비금속 결정격자를 이루는 경우가 있다. 이때 합금 성분의 원자비는 비교적 간단한 정수비로 표시되며, 또 각 성분 원자는 규칙적인 격자점을 보유하게 되는데 이러한 것을 **금속간 화합물**(金屬間化合物, intermetallic compound)이라고 한다. 금속간 화합물은 규칙격자와는

1) 이 때문에 종래는 **규칙격자**(規則格子)라고 표현하기도 했음.

달리 규칙-불규칙 변태가 없으며, 규칙격자나 보통의 화합물과는 달리 정해진 성분비 이외에 용질원자를 어느 정도까지 더 고용하여 금속간 화합물을 근간으로 하는 고용체를 만들 수도 있다.

대표적인 금속간 화합물로는 Fe_3C, Fe_3P, $CuAl_2$, $CuSn_4$, Mg_2Si, $MgZn_2$ 등이 있으며, 일반적으로 경도, 내열성, 취성이 크고 전기저항이 큰 점 등 비금속적인 특징을 많이 갖고 있다. 또한 이들이 연한 고용체 중에 균일 미세하게 혼재하게 되면 합금의 강도, 경도, 내마모성, 내열성 등이 크게 향상된다. 한편 금속간 화합물과 초격자를 총칭하여 **중간상**(中間相, intermediate phase)이라고 한다.

[4] 성분 원소의 결정

같은 종류의 원자간의 인력이 다른 종류의 원자간의 인력이 보다 강하여 같은 원자들만으로 별도의 결정을 형성하는 경우로서, 예를 들어 Cd-Bi 합금의 현미경조직을 보면 Cd 또는 Bi 원자들끼리로만 이루어진 순금속의 상(相)들이 혼합된 조직으로 되어 있다. 그러나 엄밀히 말하자면 고용체 중에서 고용한도가 극히 작은 것에 해당한다. 따라서 고용체를 소금물에 비유한다면 이것은 물과 기름의 미세한 방울들이 혼합된(원자, 분자 단위로는 혼합되지 않음) 절삭유와 같은 형태라 할 수 있다.

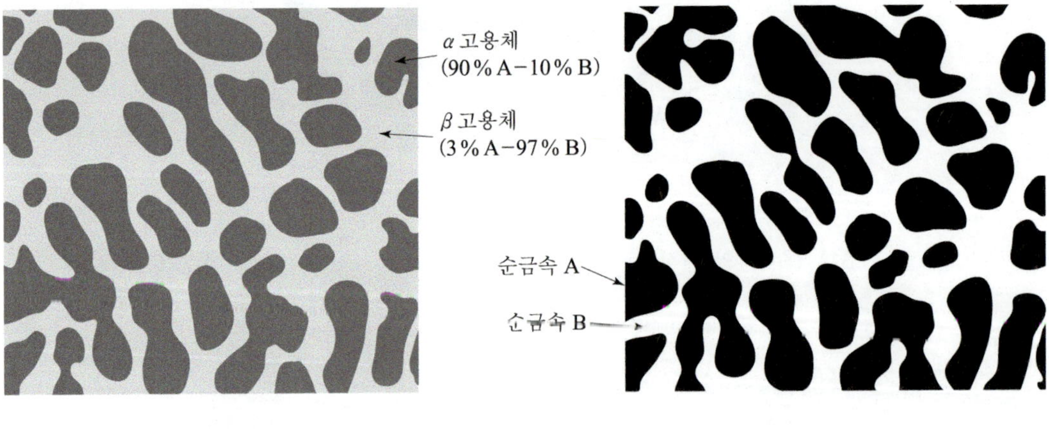

[그림 1-32] A-B 합금이 고용체를 이룰 때와 성분 원소 합금을 이룰 때의 현미경 조직 상의 비교. 전자의 경우는 고용체의 경우는 A금속과 B금속 원자들이 상호 혼합되어 상을 이루고 있으나, 그림 (b)의 경우는 같은 종류의 원자끼리만 모여 순금속으로 된 상을 이룬다.

참고문헌

1) 숭실대학교 박물관 소장, 문화재청 제공

2) 국립중앙박물관

3) Michael F. Ashby, Materials Science and Technology, vol5, 1989, pp517-525

4) Goodyear Tire & Rubber Company

5) Owens-Coring Fiberglass Corporation

6) A. Bourret and Desseaux, Journal de Physique C6, 7, (1979)

7) J. R. Groza, University of California, Davis

제 2 장 평형상태도

Introduction to Engineering Materials

합금이나 화합물의 물질계(物質系)가 열역학적(熱力學的)으로 가장 안정한 상태, 즉 평형상태에 있을 때, 그 농도, 온도, 압력과 존재하는 물질의 상태와의 관계를 나타내는 도표를 **평형상태도**(平衡狀態圖, equilibrium phase diagram) 또는 줄여서 **상태도**(phase diagram)라고 한다. 이 상태도는 온도의 변화에 따른 재료의 조직이나 성질의 변화, 열처리의 방법 및 그 효과 등을 이해하는데 대단히 유용하다.

어떤 한 무리의 물질이 외부와는 관계없이 독립된 어떤 상태를 이룰 때 이것을 물질의 **계**(系, system)라 하며, 계를 구성하는 각 성분의 %비를 **조성**(組成, composition)이라 한다. 이때 **성분**(成分, component)은 원소의 종류가 아니라 화학적인 종별로서 구분하며, 따라서 예를 들어 $Fe-Fe_3C$, $Al_2O_3-Cr_2O_3$계와 같이 화합물도 성분이 될 수 있다. 그리고 하나의 계에서 물리적으로 다른 부분과 명확하게 구분되고 그 내부적으로는 화학적으로 균일한 어떤 부분을 **상**(相, phase)이라 한다. 물질에는 기상, 액상, 고상의 세 가지 기본적인 상이 있으며, 같은 고상이라 할지라도 동소체와 같이 결정구조가 다르면 서로 다른 상이 된다.

2-1 평형상태도

평형상태도(平衡狀態圖)는 이론적인 계산이 아니라 실험적 방법에 의하여 작성된다. 즉, 각종의 조성 시료에 대하여 가열이나 냉각과정에 있어서의 열적, 자기적, 전기적 성질 등의 변화를 측정하여 상변태의 개시 온도나 완료 온도를 구한 다음, 이들 점을 온도-조성 도표에 기입하고 같은 성질의 점들을 연결하면 각 상(相)이 존재하는 영역을 나누는 선이 얻어져 평형상태도가 작성된다. 또 현미경 조직의 관찰이나 경도 측정 등에 의하여 상의 상태와 양을 조사하고, 그밖에 각종 분석법이나 X선 회절법 등에 의하여 상의 조성이나 결정구조를 결정한다.

상태도는 평형상태 하에서 존재하는 상의 양과 온도와 조성간의 상관관계를 표시하며, 그 형태는 합금이나 화합물의 종류에 따라 단순한 것으로부터 복잡한 것에 이르기까지 다양하지만, 모두 기본적인 몇 가지 형태에 의하여 구성된다.

2.1.1 전율고용체의 상태도

그림 2-1 (b)는 성분 A, B가 서로 어떠한 비율로도 고용체를 이룰 수 있는 **전율고용체**의 평형상태도로서 Cu-Ni계, Co-Ni계, Au-Ag계, Cu-Si계, NiO-MgO계, Al_2O_3-Cr_2O_3계 등이 여기에 속한다. 그림 2-1 (a)는 이들 합금계에 있어서 순금속 A, B 및 합금 P, Q를 각각 액상으로부터 일정한 속도로 냉각시킬 때 온도-시간의 관계를 나타내는 **열분석 곡선**이다. 이 그림은 순금속 A와 B는 각각 온도 T_A, T_B에서 응고되며, P와 Q 조성의 합금은 각각 p_1 및 q_1 점에서 응고가 시작되고 p_2 및 q_2 점에서 응고가 완료된다는 것을 나타내고 있다. 따라서 이들 응고 개시점과 응고 완료점의 온도를 각 조성의 온도축 위에 위치시킨 다음 서로를 연결시키면 그림 2-2 (b)와 같은 상태도가 작성된다. 이때 응고 개시점을 연결한 위의 곡선은 균일한 액상(L) 영역의 하한선을 표시하므로 **액상선**(液相線, liquidus line)이라 하고, 응고 완료점을 연결한 아래 곡선은 완전한 고상(S)영역의 상한선을 나타내므로 **고상선**(固相線, solidus line)이라 한다. 고상선은 각 온도에서 고상이 고용할 수 있는 용질원자 B의 최대량, 즉 고용한도를 나타낸다. 액상선과 고상선의 중간 영역은 고상과 액상이 공존한다.

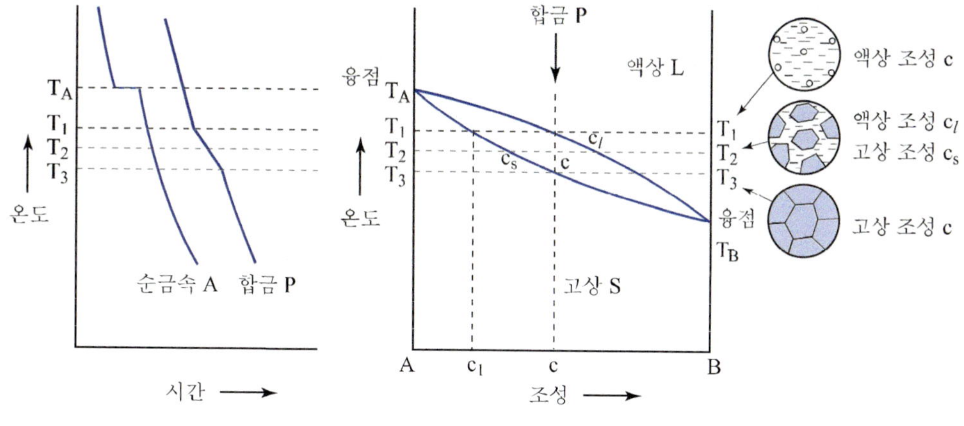

(a) 냉각곡선 (b) 상태도

[그림 2-1] 전율고용체의 열분석곡선과 상태도

평형상태도에서는 임의의 조성의 계에 대하여 온도에 따른 상의 변화과정을 알 수 있다. 예를 들어, 그림 2-1 (b)에서 c 조성인 합금 P가 응고될 때의 상변화는 다음과 같다.

우선 액상이 냉각되어 온도 T_1에서 도달하면 c_1조성의 고상이 액상으로부터 정출(晶出)하기 시작한다. 이 고용체의 조성은 온도가 저하됨에 따라 고상선을 따라 변화하고 액상의 조성은 액상선을 따라 변화한다. 온도가 T_3에 도달하면 액상이 소멸되면서 응고가 완료되며, 이때 고상의 조성은 c, 즉 P 조성으로 된다. 역으로 이 계가 가열될 때는 응고과정과 반대로 상의 변화가 진행되어 용해한다.

온도 T_2에서는 액상과 고상이 공존하는데 이들의 조성은 각각 c_l 및 c_s이며 그 양의 비는 (고상) : (액상) = $(c_l - c) : (c - c_s)$가 된다. 상태도에서의 모든 성분이나 상의 양의 비는 이러한 관계를 유지하는데 이것을 지렛대의 원리와 연관지어 **지렛대 관계**(lever relation)라 한다.

이 과정에 있어서 유의할 점은 원래 P 조성의 합금이라 할지라도 정출하는 고상은 P 조성이 되지 못하고 응고가 완료되는 시점이라야 원래 조성으로 된다는 점이다. 예를 들어 그림 2-2의 50Ni-50Cu 합금의 경우 1313℃에서 정출하는 고상은 37%의 Cu만 고용하고 있다. 그 후 냉각이 진행됨에 따라 고용한도가 차츰 증대하여 1300℃에서는 43%로 되며, 응고가 완료되는 1249℃가 되어야 비로소 50%로 된다. 이때, 고상과 액상이 공존하는 온도인 1288℃에서의 고상과 액상의 양의 비는 지렛대 관계에 의하여 (59-50) : (50-42) 즉, 53 : 47이 된다.

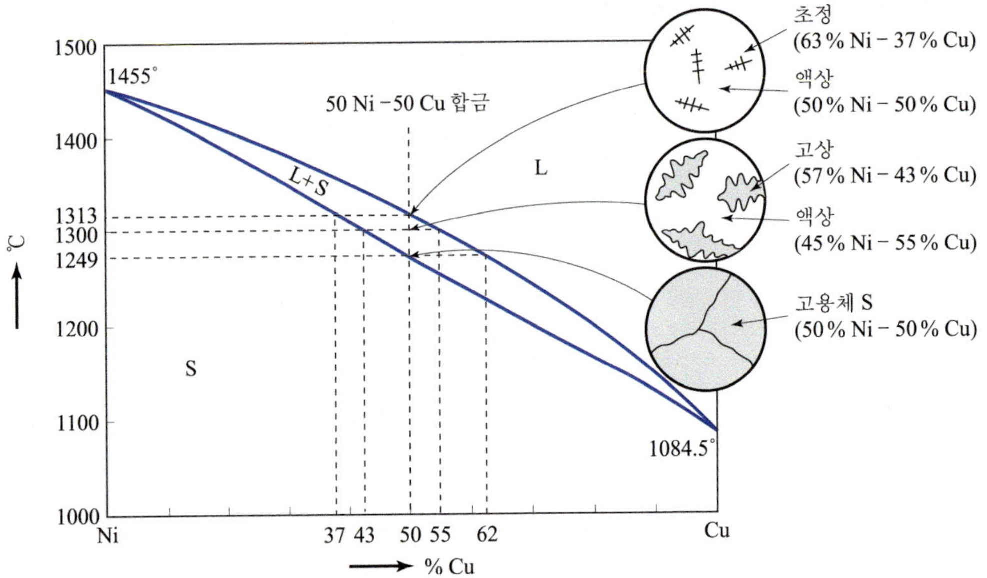

[그림 2-2] 50Ni – 50Cu 합금의 응고 과정

2.1.2 공정계 상태도

그림 2-3은 Fe-C계, Ag-Cu계, Al-Si계, Pb-Sn계, MgO-CaO계, SiO_2-Al_2O_3계 등에서 나타나는 형태의 상태도이다. 그림에서 α와 β는 각각 A와 B를 용매로 하는 **한율고용체**(限率固溶體)로서 그 고용한도는 각각 곡선 CFH와 BGI로써 표시된다. 또 α와 β의 액상선 CE와 DE는 E점에서 서로 만나는데 이 E점 조성의 액상이 냉각되면 T_E온도에서

$$L \rightarrow \alpha + \beta \tag{2.1}$$

의 변화가 일어난다. 이와 같이 액상이 냉각되어 응고될 때 어떤 온도에서 두 가지 고상(固相)이 함께 정출하는, 액상→고상 I + 고상 II의 반응을 **공정반응**(共晶反應, eutectic reaction)이라 한다. 이때 E점을 **공정점**, 선 FGE를 공정선, 그리고 온도 T_E를 **공정온도**라 한다. 공정반응에 의하여 생성된 공정조직은 두 가지의 상이 기계적으로 혼합된 형태의 조직으로서 그림 2-4에 표시한 바와 같이 나타나는 형태가 다양하다.

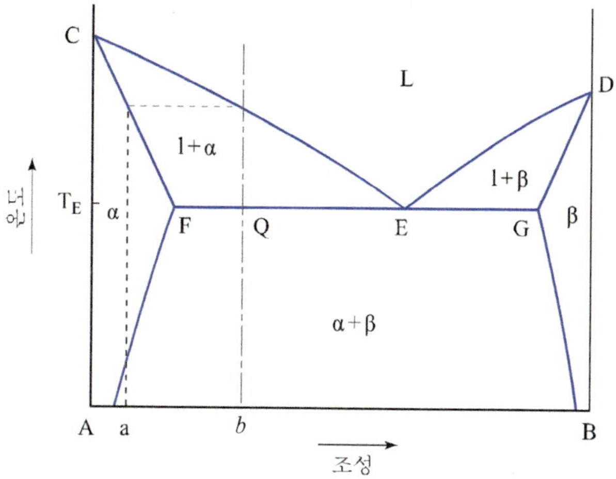

[그림 2-3] 공정계 상태도

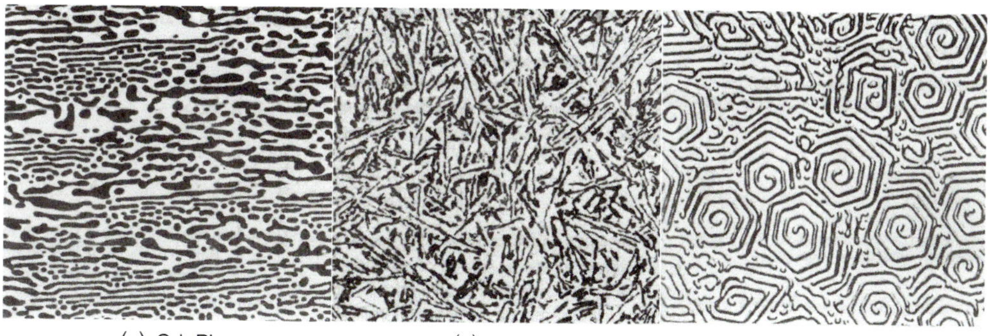

(a) Cd–Bi (b) Al–Si (c) Zn–$MgZn_2$

[그림 2-4] 공정조직의 예[1)]

한편 공정반응은 E조성의 합금에서만 일어나는 것이 아니라 F와 G 사이의 조성을 갖는 합금은 모두 T_E 온도에서 공정반응을 일으킨다. 이것은 공정온도에서 남아 있는 모든 액상의 조성이 공정조성 E로 되기 때문이다. 예를 들어 Pb−40%Sn 합금의 경우 그림 2-5에서 보는 바와 같이 응고시 우선 액상선 상에서 초정(初晶) α가 정출하여 $\alpha + L$의 상태로 되며, 온도가 저하됨에 따라 α상은 점차 성장하게 된다. 공정온도인 182℃에 도달하면 α상의 조성은 80.8Pb−19.2Sn, 액상 L의 조성은 공정조성인 38.1Pb−61.9Sn으로 되며, 이 때의 α상과 액상의 중량 비는 (60−40) : (40−20)이 된다. 그리고 이 온도에서 액상 L이 공정반응을 일으켜 α + 공정 조직으로 되어, 상온에서의 현미경 조직은 그림 2-6의 (a)와 같다.

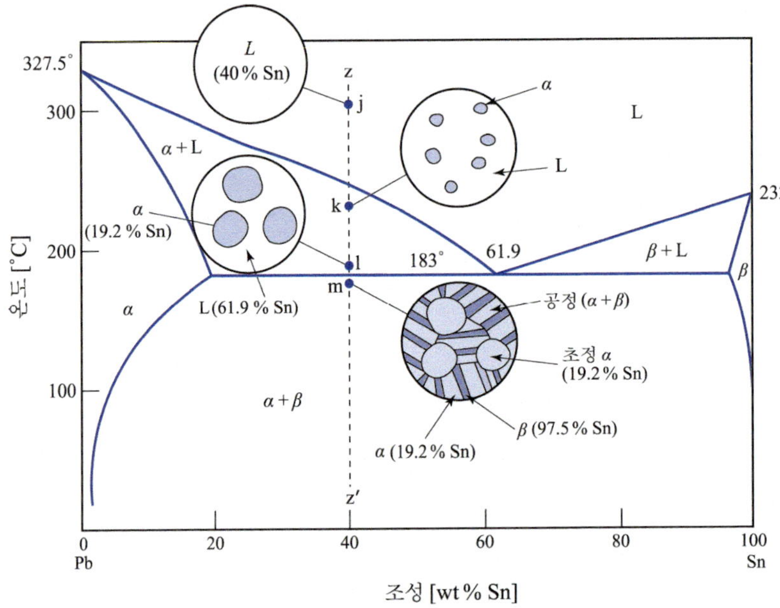

[그림 2-5] Pb-40Sn 합금의 응고과정

그림 2-5에서 보는 바와 같이 공정 조성의 합금은 그 합금계 내에서 용융점이 가장 낮으며, 땜납은 이를 이용하여 용융점을 저하시키는 대표적인 합금이다. 이 상태도를 보면 Sn 조성에 따른 용융점을 알 수 있으며, Sn의 함량에 따라 가격의 차이가 대단히 크므로 땜납의 용도에 따라 적절한 조성의 합금을 선택해야 한다.

그림 2-6은 Pb-Sn 합금의 현미경조직 사진으로서 그림 (a)는 앞서 고찰한 Sn 40%인 **아공정**(亞共晶, hypoeutectic) 조성 합금의 조직으로서 초정 α와 공정 조직 $\alpha+\beta$의 혼합조직이다. 그리고 그림 (b)는 공정 조성에 가까운 Sn 63%인 합금으로서 거의 대부분 공정 조직인 $\alpha+\beta$이고, 그림 (c)는 Sn 70%인 **과공정**(過共晶, hypereutectic) 조성 합금으로서 초정 β와 공정조직 $\alpha+\beta$의 혼합조직이며, 그림 (d)는 Sn 90%의 합금으로서 거의 대부분이 β 조직이다.

한편 앞에서 언급한 형태 이 외에 그림 2-7과 같은 상태도를 갖는 공정계 합금도 있다. 그림 2-7 (a)는 성분 A와 B가 서로 고용체를 만들지 않거나 거의 고용하지 않는 경우로서 Cd-Bi계, Al-Sn계 등이 그 예이다. 그림 (b)는 A 성분은 고용체를 만드나 B 성분은 A 원자를 거의 고용하지 못하는 경우의 상태도이다. 그림 (c)는 금속간 화합물 A_mB_n이 존재하는 경우의 상태도이다.

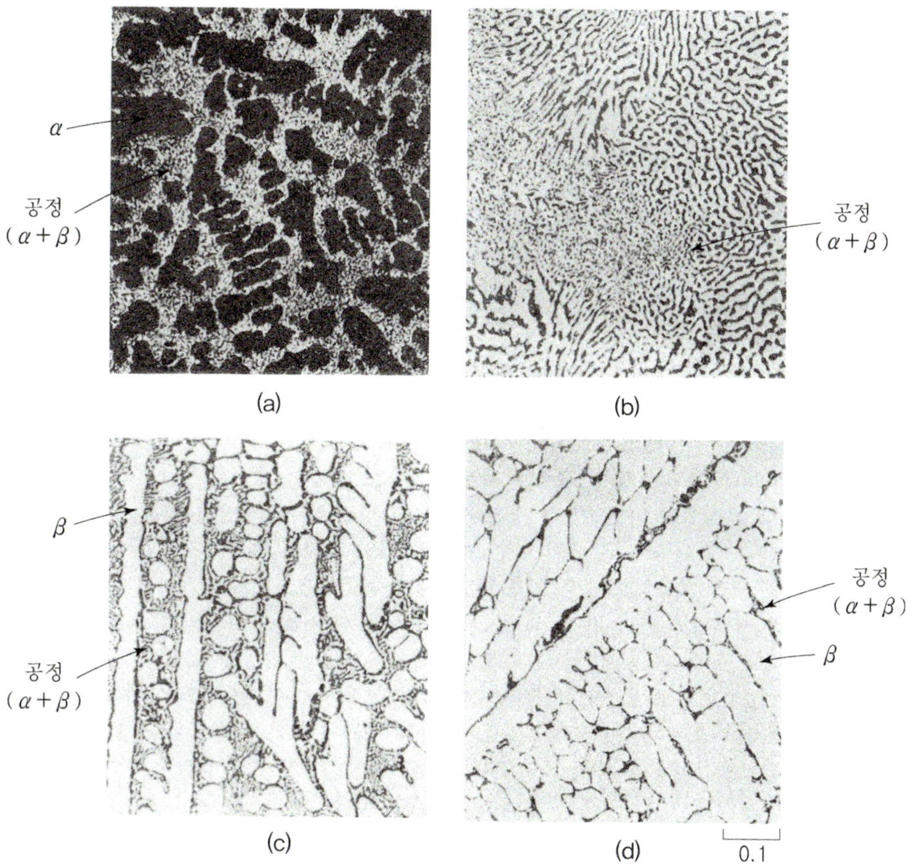

[그림 2-6] Pb-Sn 합금을 서랭한 후의 미세 조직[2]. (a) 공정 조성(37Pb-63Sn), (b) 60Pb-40Sn, (c) 30Pb-70Sn, (d) 10Pb-90Sn. 흰 부분은 초정 β, 나머지 부분은 공정 조직($\alpha + \beta$)

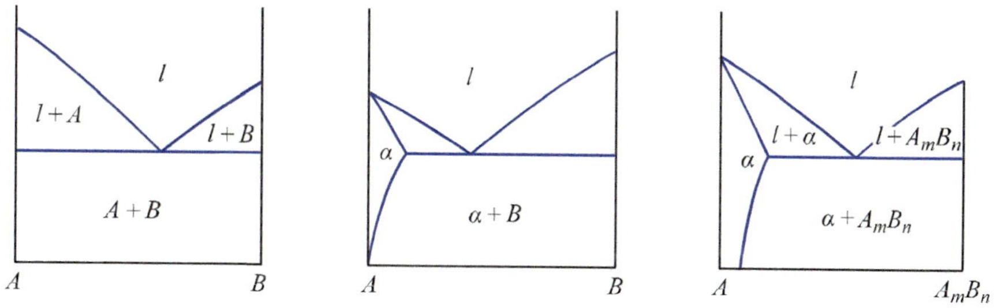

(a) 고용체를 만들지 않는 경우　(b) 한쪽 금속만 고용체를 만드는 경우　(c) 금속간 화합물을 만드는 경우

[그림 2-7] 공정계 상태도의 예

2.1.3 포정계 상태도

그림 2-8과 같은 유형의 상태도를 나타내는 합금의 경우는 P 조성의 합금이 액상으로부터 냉각되어 온도 T_p에 이르면 다음과 같은 반응이 일어난다.

$$\alpha + L \rightarrow \beta \tag{2.2}$$

이 반응에 관여하는 두 상의 양의 비는 $\alpha : L = \overline{FP} : \overline{PD}$ 즉, $(c_f - c_p) : (c_p - c_d)$이다. 이렇게 액상 및 이와 공존하는 고상이 서로 반응하여 다른 고상을 생성하는 반응, 즉 고상 I + 액상→고상II의 반응을 **포정반응**(包晶反應, peritectic reaction)이라 하며, P점을 **포정점**이라 한다.

포정반응 후의 조직은 조성에 따라, F~P 사이 조성의 경우인 합금 1의 경우는 $\alpha + \beta$, P 조성인 포정합금의 경우는 은 β, P~G 사이의 조성인 합금 2의 경우는 $\beta + L$이 된다. 여기서 합금 1의 경우는 새로이 생성되는 β상이 원래부터 고상이던 α상을 둘러싸면서 정출하기 때문에 "포정"이라는 이름이 붙여진 것이며, 그림 2-9는 그 사례 중의 하나이다. 포정반응이 일어나는 합금으로는 Fe-C계, Pt-Re계, Ag-Cd계, Ag-Pt계, Zr-Ca_2O_3계 등이 있으며, 포정반응의 결과로 고용체 이외에 금속간 화합물이 생성되는 경우도 있다.

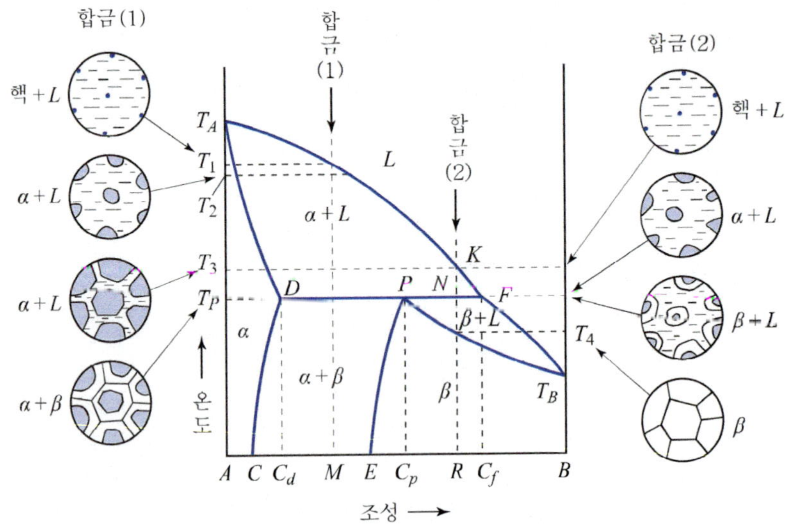

[그림 2-8] 포정계 상태도

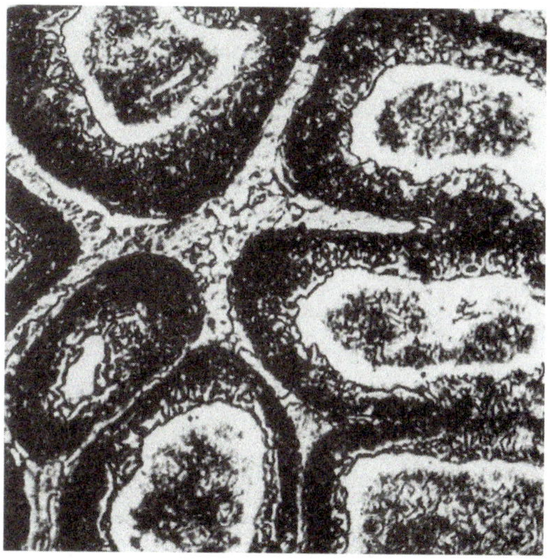

[그림 2-9] 그림 2-9 Fe-20%W-0.3%C 합금의 응고 조직[3]. 가장 진한 부분이 γ상으로서 $L + \alpha \rightarrow \gamma$의 포정반응에 의해 먼저 생성된 α상(흰색)을 둘러싸면서 정출되었음. γ상은 그 후 조직으로 그 후 공정반응에 의해 $\alpha + \eta$으로 바뀐 상태임(X750).

2.1.4 편정계 상태도

합금 중에는 액체 상태에서 서로 융합되지 않는 서로 조성이 다른 두 가지 액상이 존재하는 경우가 있다. 그림 2-10이 그 전형적인 상태도로서 Cu-Pb계, Ag-Ni계, Bi-Zn계가 여기에 속한다. 이 합금에서 N~O 사이 조성인 경우는 FMG 온도에서 다음과 같은 변화를 일으킨다.

$$L_1 \rightarrow \alpha + L_2 \tag{2.3}$$

이와 같이 하나의 액상으로부터 다른 조성의 액상과 고상이 함께 생성되는 반응, 즉 액상 I → 고상 + 액상 II의 반응을 **편정반응**(偏晶反應, monotectic reaction)이라 하며, 이때 M 점을 **편정점**이라 한다. 그림 2-10에서 M~O 사이 조성(합금 2)의 경우는 액상이 $L \rightarrow L_1 + L_2$로 나누어져 두 가지 액상이 공존하게 되는 것이 편정반응계의 특징이다. 편정계 합금의 대표적인 재료는 Cu-Pb계 합금인 **켈멧**(kelmet)으로서 베어링용으로 실용화되고 있다.

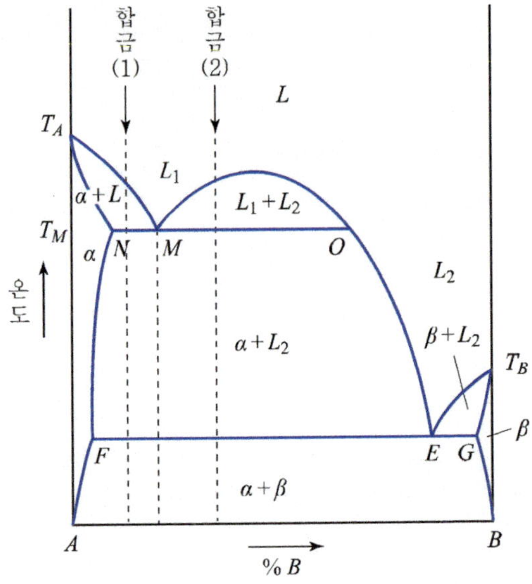

[그림 2-10] 편정계 상태도

2.1.5 고상에서의 상변태(相變態)

고체 상태에서 일어나는 상변태에 대한 상태도는 액상 영역이 고상 영역으로 표시된다는 점 이외에는 액상-고상간의 상변태와 마찬가지로 해석할 수 있다. 그림 2-11에는 공정점 H와 이와 비슷한 점 E가 있는데, 이 두 점의 가장 큰 차이점은 E점 위의 고온영역이 액상이 아니고 고상 γ라는 점이다. 따라서 H 점에서의 반응(공정반응)이 $L \rightarrow \gamma + \beta$라면 E 점에서의 반응은 $\gamma \rightarrow \alpha + \beta$로 될 것이다. 이와 같이 냉각시 어떤 고상으로부터 두 가지의 다른 종류의 고상이 함께 **석출**(析出, precipitation)하는 반응, 즉 고상 I → 고상 II + 고상 III의 반응을 **공석반응**(共析反應, eutectoid reaction)이라 한다. 마찬가지로 포정반응에 해당하는 반응이 고상에서 일어나는 것을 **포석반응**(包析反應, peritectoid reaction)한다. 그리고 평형상태도 상에서는 보기 어렵지만 농도가 서로 다른 액상이 존재할 때 편정반응이 일어나는 것처럼 같은 고상 중에 농도가 부분적으로 다르게 나타났다면 이것을 **편석**(偏析, segregation)이라 한다.

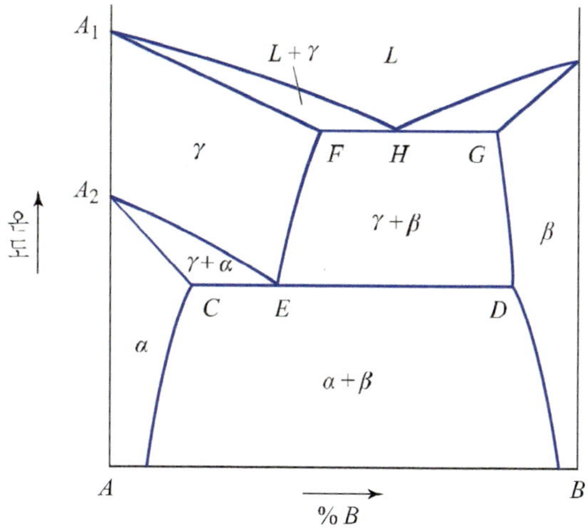

[그림 2-11] 공정·공석계 상태도

2.1.6 Fe-Fe_3C 계 평형상태도

앞에서 배운 것을 토대로 가장 사용량이 많은 기계재료인 철강재료의 상태도인 Fe-Fe_3C계 상태도에 대하여 검토해 보기로 한다.

철강재료는 기본적으로는 철(Fe)에 탄소(C)가 첨가된 합금으로서 탄소는 우선적으로 Fe 중에 고용된다. 그리고 고용한도를 초과하는 탄소는 주철 등 특수한 경우가 아니면 순수한 C(흑연)이 아니라 금속간 화합물인 Fe_3C(시멘타이트)의 형태로 나타난다. 따라서 주철의 경우가 아니라면 Fe-C계 상태도는 효용성이 거의 없으며, 일반적으로는 Fe-Fe_3C계 상태도가 훨씬 더 중요하다. 그림 2-12의 Fe-Fe_3C계 상태도를 보면 우선 Fe-Fe_3C계에는 α, γ 및 δ의 세 가지 고용체와 금속간 화합물인 Fe_3C의 네 가지의 상이 존재함을 알 수 있는데, 이들 조직을 각각 **페라이트**(ferrite), **오스테나이트**(austenite), **δ철**(δ-ferrite) 및 **시멘타이트**(cementite)라 칭한다.

한편 철강재료를 분류할 때 탄소량 0.02% 이하인 합금을 **순철**(純鐵, pure iron), 탄소량 0.02%~2.11%의 것은 **강철**(鋼鐵, steel), 그리고 탄소량 2.11%~6.67%의 것은 **주철**(鑄鐵, cast iron)이라 한다. 그리고 S점은 공석점, E점은 공정점이므로, 탄소량 0.77%인 강철을 **공석강**(共析鋼), 그 이하의 것을 **아공석강**(亞共析鋼), 그 이상인 것을 **과공석강**(過共析鋼)이라 하며, 주철의 경우는 탄소량 4.3%인 것을 **공정주철**(共晶鑄鐵), 그 이하의 것을 **아공정주철**(亞共晶鑄鐵), 그 이상의 것을 **과공정주철**(過共晶鑄鐵)이라 한다.

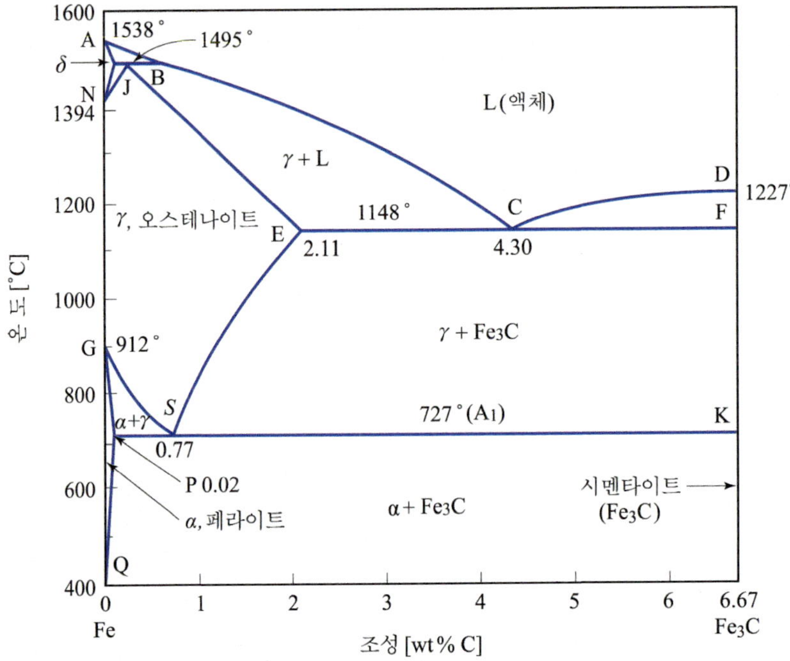

[그림 2-12] $Fe-Fe_3C$ 계 평형 상태도[4)]

이 상태도를 보면 오스테나이트 및 페라이트 조직에는 각각 2.11% 및 0.02% 이하의 탄소가 고용될 수 있음을 알 수 있으며, 시멘타이트는 철과 탄소가 3 : 1의 원자비(중량비는 탄소 6.69%)로 화합된 금속간화합물임을 알 수 있다. 그리고 순철의 용융점은 1535℃, 그리고 시멘타이트의 용융점은 1227℃임을 알 수 있다.

또한 이 상태도에서는 J, C 및 S점에서의 포정반응, 공정반응 및 공석반응의 세 가지 불변계반응이 있음을 알 수 있는데, 이들 반응은 각각 다음과 같다.

$$\text{포정 반응 : 1495℃에서} \quad \delta + L \rightleftharpoons \gamma \tag{2.4}$$

$$\text{공정 반응 : 1145℃에서} \quad L \rightleftharpoons \gamma + Fe_3C \tag{2.5}$$

$$\text{공석 반응 : 727℃에서} \quad \gamma \rightleftharpoons \alpha + Fe_3C \tag{2.6}$$

이들 중 특히 공석반응의 경우는 조직과 재질 및 열처리에 큰 영향을 미치므로 그 중요성이 대단히 크다. 공석반응의 결과로 얻어지는 조직은 α와 Fe_3C가 층상으로 혼합된 형태로서 이것을 **펄라이트**(pearlite)라고 한다. 그림 2-13은 펄라이트 조직의 전자현미경 사진으로서 바탕조직이 페라이트, 긴 알갱이처럼 생긴 부분이 시멘타이트이다. 펄라이트는 탄소강

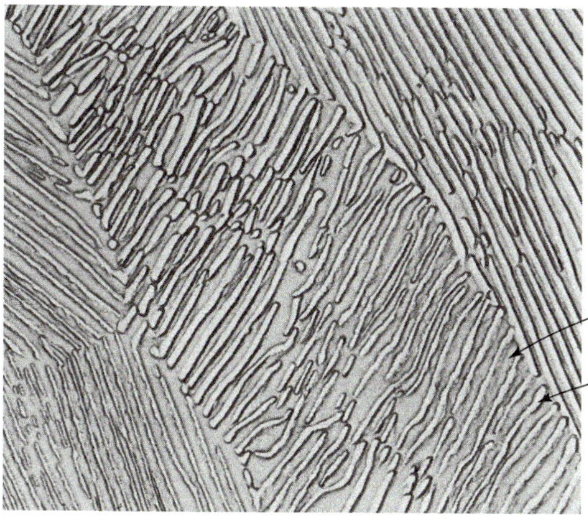

[그림 2-13] 펄라이트 조직의 전자현미경 사진(알갱이 부분이 Fe_3C, 나머지 부분은 α상임)[5)]

에 있어서 가장 중요한 조직이라 할 수 있으며, 연한 페라이트와 경한 시멘타이트가 적절하게 혼합되어 기계적 성질이 대단히 우수하다.

2-2 비평형상태

앞에서 살펴 본 바와 같이 어떤 물질계가 상의 변화를 일으키기 위해서는 온도의 변화와 함께 확산에 의한 용질원자의 농도변화도 이루어져야 한다. 그러나 이러한 변화중에서도 평형을 계속 유지하기 위해서는 온도의 변화와 원자의 확산은 그 속도가 무한히 느려야 한다. 그러나 실험실 환경이 아닌 상황에서는 그러한 속도의 온도 조절은 기대하기가 어려우므로 실제상의 재료의 제조나 상변태 과정은 평형상태 하에서는 이루어지기가 사실상 불가능하다.

원자의 확산, 상변태에 있어서의 핵 생성과 성장, 산화와 부식 등은 평형상태에 도달하기까지의 과정에 해당하는 **비평형 상태**에서의 현상이며, 재료의 변화와 관련되어 대단히 중요한 현상이다.

2.2.1 확산

고상(固相)에서 일어나는 여러 가지 반응은 고상 자체 내에서, 또는 액상이나 기상으로부터, 또는 다른 고상과 상호간의 어떤 물질이동에 의하여 일어난다. 이렇게 분자, 원자 또는 이온단위의 움직임에 의하여 어떠한 물질이동이 일어나는 것을 **확산**(擴散, diffusion)이라 한다. 쉬운 예로서 물속에 잉크가 퍼지거나 공기 중에 냄새가 퍼지는 것도 일종의 확산이라 할 수 있다. 확산은 각종 상변태의 기초가 되는 과정의 하나로서 공업상 대단히 중요하며, 각종 금속의 열처리, 강재의 표면경화, 고상 용접, 금속이나 세라믹 재료의 소결 등에 널리 응용되고 있다.

[1] 확산의 기구

고체 확산에 있어서 원자의 이동방법으로는 몇 가지가 거론되어 있으나 다음 두 가지가 대표적이다. **치환형 확산**은 그림 2-14 (a)와 같이 원자 공공(空孔, vacancy)을 매개로 한 것으로서 순금속, 화합물 및 치환형 고용체에서 일어난다. 그리고 **침입형 확산**은 주로 침입형 고용체에 있어서 그림 2-14 (b)에서 보는 바와 같이 용질원자가 용매원자 사이를 이동하는 형태이다. 따라서 이러한 용질원자들은 C, N, O, H 등과 같이 주로 크기가 작은 원자들이며, 치환형 확산에 비하여 확산속도가 훨씬 빠르다.

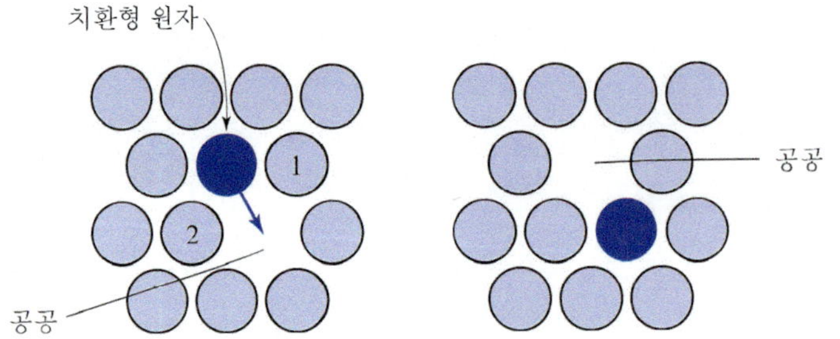

(a) 공공을 통한 치환형 확산

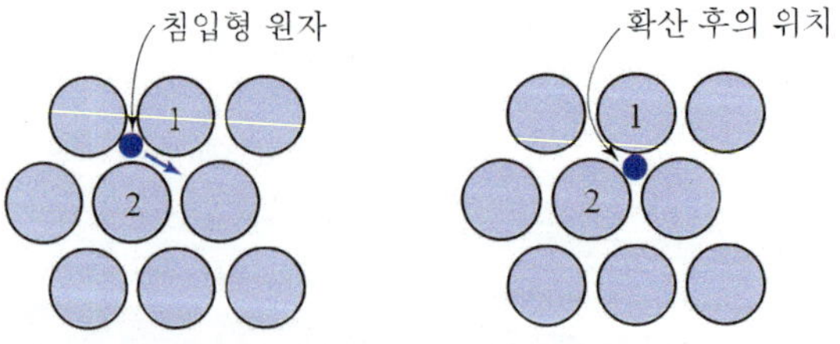

(b) 격자간 이동에 의한 침입형 확산

[그림 2-14] 원자의 확산 모식도

[2] 확산의 법칙

그림 2-13은 순금속 A와 B간의 상호 확산을 도식적으로 표시한 것으로서 A 및 B 원자 모두 확률적으로는 아무 방향으로나 무질서하게 움직이지만 자기 방향으로의 움직임은 양쪽 금속 내에 아무런 농도변화를 일으키지 못하므로 전체적으로는 상대 방향으로의 흐름을 나타내어 농도변화를 일으키게 된다.

A 원자가 B 금속쪽으로 확산하는 경우 그림에서 오른쪽인 x 방향으로의 농도 기울기가 시간에 따라 변하지 않는다면, x 방향에 수직인 단위면적을 통하여 단위시간에 통과하여 확산하는 물질의 양 J는 농도 기울기 dc/dx에 비례하며

$$J = -D \cdot dC/dx \tag{2.7}$$

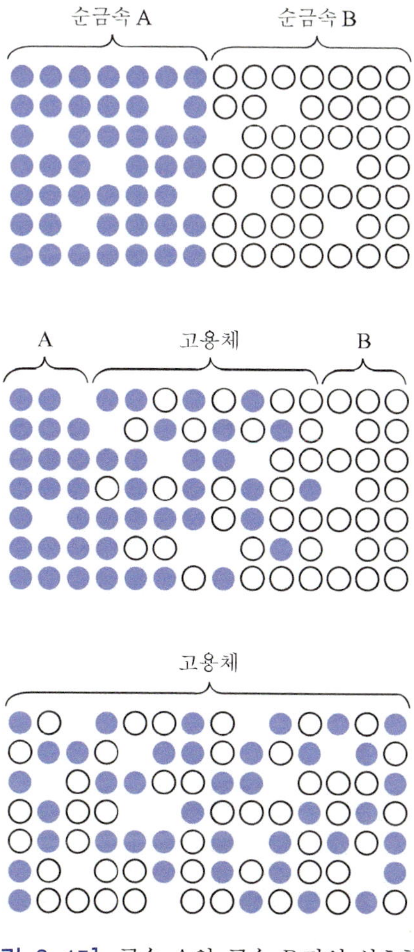

[그림 2-15] 금속 A와 금속 B간의 상호확산

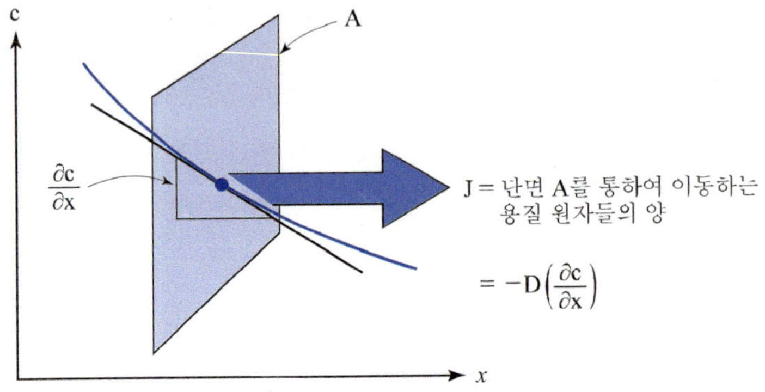

[그림 2-16] Fick 제 1 법칙을 보여주는 모식도

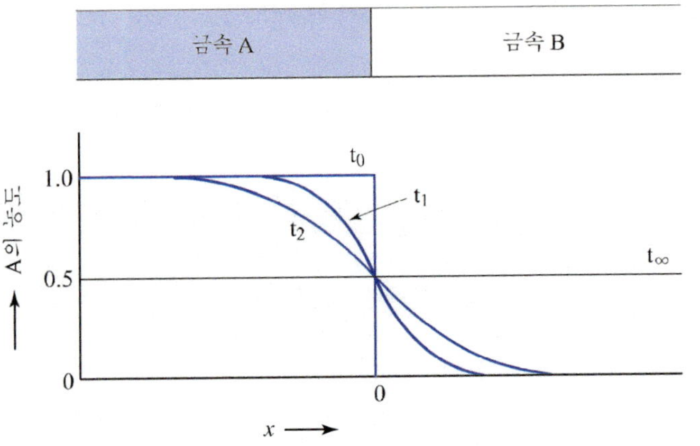

[그림 2-17] *A*, *B* 두 금속의 상호확산에 있어서 시간에 따른 *A* 원자 농도의 변화

로 표시할 수 있다. 즉, 확산속도는 확산계수와 농도 기울기에 비례한다. 이것을 **Fick의 확산 제 1 법칙**이라 하며, 그 비례상수 D는 **확산계수**(diffusivity)라 한다.

그러나 일반적으로 확산이 진행되면 그림 2-17에 표시된 바와 같이 농도가 시간의 경과에 따라 변화하게 되는데, 이러한 경우 농도의 시간에 따른 변화 dC/dt와 농도 기울기 dC/dt의 관계는

$$dC/dt = D \cdot d^2C/dx^2 \tag{2.8}$$

으로 나타낼 수 있으며, 이것을 **Fick의 확산 제 2 법칙**이라 한다.

한편 이들 식에서 확산계수 D는 원자가 이동하기 쉬운 정도를 나타내는 것이므로 온도와 물질의 특성에 의하여 결정되며, 다음 식으로 표시된다.

$$D = D_o \cdot e^{-Q/kT} \tag{2.9}$$

단, 여기서 D_o는 빈도계수(원자의 진동수 인자), k는 Boltzmann 상수(= 1.987 cal/mol·K), T는 절대온도(°K)이다. 또 Q는 그림 2-14에서 용질원자가 용매원자 사이(원자 1과 2사이)를 통과하는데 필요로 하는 에너지로서 **활성화 에너지**(activation energy)라 한다. 표 2-1은 몇 가지 주요 금속계에서의 확산 관련 데이터 값을 표시한 것이다.

식 (2.9)와 그림 2-16을 보면 확산계수는 온도가 높을수록 커진다는 것을 알 수 있다. 이 결과를 식 (2.7)에 적용해 보면 결론적으로 확산속도는 온도와 농도기울기의 함수로서 온도가 높을수록 그리고 농도 기울기가 심할수록 확산속도가 큰 것을 알 수 있다.

확산은 물체의 표면, 결정립계 또는 결정격자 내부를 통해 진행되며, 확산속도는 이 순서대로 점차 느려진다. 그러나 입계나 표면은 그 면적이 매우 작으므로 실제에 있어서의 확산은 대부분 결정립 내부를 통하는 **입내확산**에 의해 이루어진다. 단지 결정립이 매우 미세하여 결정립계의 면적이 큰 경우는 **입계확산**이 주로 일어나며, 미세한 분말을 소결하는 경우에는 그 표면적이 크므로 **표면확산**이 지배적이다.

[표 2-1] 금속계에서의 확산 데이터 값

용질	용매	D_o [m^2/s]	Q [kJ/mol]	Q [kcal/mol]
C	fcc Fe	20×10^{-6}	142	34.0
C	bcc Fe	220×10^{-6}	122	29.3
Fe	fcc Fe	22×10^{-6}	268	64.0
Fe	bcc Fe	200×10^{-6}	240	57.5
Ni	fcc Fe	77×10^{-6}	280	67.0
Mn	fcc Fe	35×10^{-6}	282	67.5
Zn	Cu	34×10^{-6}	191	45.6
Cu	Al	15×10^{-6}	126	30.2
Cu	Cu	20×10^{-6}	197	47.1
Ag	Ag	40×10^{-6}	184	44.1
C	hcp Ti	511×10^{-6}	182	43.5

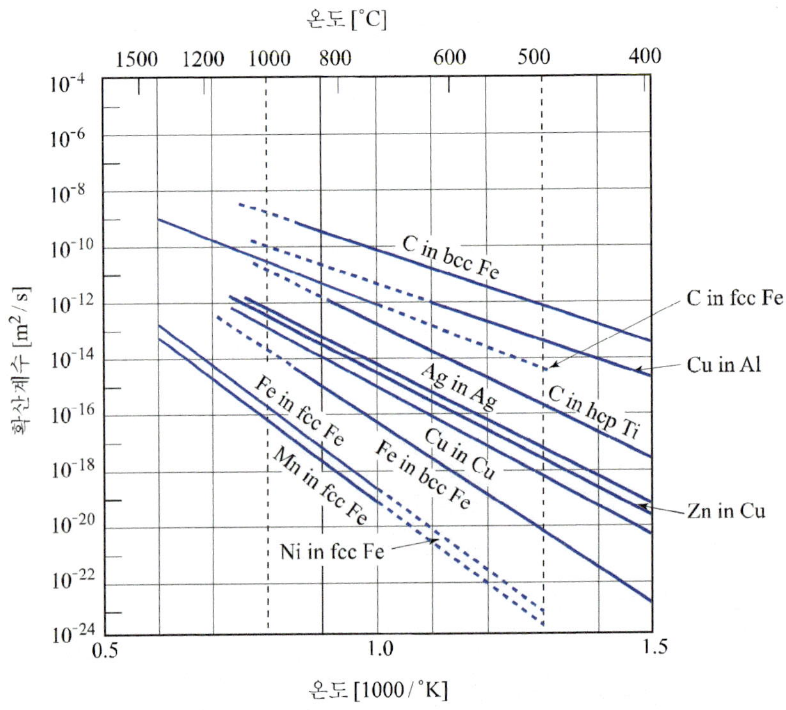

[그림 2-18] 몇 가지 금속계에서의 온도와 확산계수의 관계[6)]

2.2.2 상변태

응고, 석출 등의 **상변태**(相變態, phase transformation)는 모상(母相)으로부터 새로운 상의 생성되어 대체되어 가는 과정으로서, 이러한 변태의 시발점이 되는 미소한 핵이 만들어지는 **핵생성**(核生成, nucleation)과 그것이 점차 커져 가는 **성장**(成長, growth)과정에 의하여 이루어진다. 핵생성은 핵이 균일한 모상(母相)으로부터 전체적으로 고르게 일어나는 **균일 핵생성**과 어떤 특정한 영역에서 우선적으로 일어나는 **불균일 핵생성**으로 나눌 수 있는데, 후자의 경우가 핵생성에 필요한 에너지가 작다. 따라서 응고과정에서는 주형의 벽면이나 이물질 주위에서, 순금속보다는 불순물이 있는 경우가 핵생성이 용이하다. 그리고 고상변태에서는 결정립계나 전위 등의 격자결함 또는 개재물 주위에서 핵생성이 일어나기 쉽게 된다. 그런데 고상의 경우는 이들 부분이 다른 부분보다 확산이 일어나기 쉬운 영향도 크다.

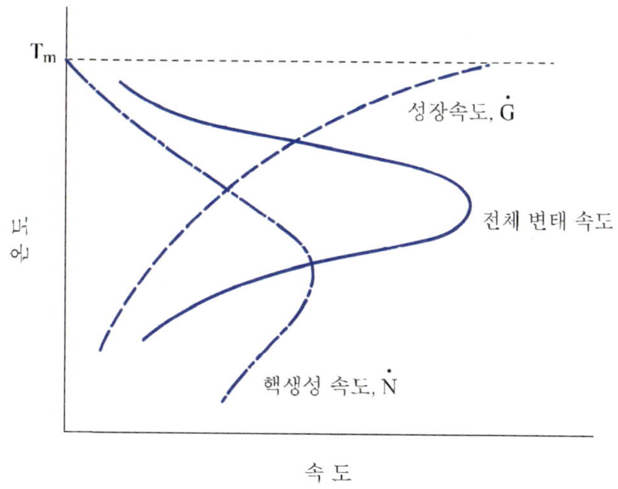

[그림 2-19] 핵생성 성장 및 상변태의 속도에 미치는 온도 및 과랭도의 영향

상변태의 양상은 핵생성 및 성장에 의하여 지배되며, 이들의 속도는 온도의 영향을 크게 받는다. 일반적으로 상태도에 표시된 평형온도에서는 활성화 에너지가 무한히 크므로 핵생성이 일어나기 어렵다. 따라서 평형온도보다 다소 낮은 온도로 **과랭**(過冷, super cooling)되어야 활발하게 진행된다. 한편 생성된 핵은 그 중에서 크기가 어떤 한계값 이상인 것만 계속 성장하고 그 나머지는 소멸된다. 이때 핵의 성장과정은 핵생성과정에 비하여 원자의 확산속도의 영향을 훨씬 더 크게 받으므로 온도가 어느 정도 높아야 성장속도가 크며, 과랭도가 커지면 성장속도는 작아지게 된다. 그리고 상변태 전체의 속도는 핵생성 속도와 성장속도의 곱에 비례하므로 그림 2-19에서 보는 바와 같이 상변태 속도에는 극대점이 존재하게 된다.

그림 2-19를 보면 냉각속도와 새로 생성되는 상의 결정립의 크기와의 관계를 알 수 있다. 즉, 냉각속도가 커서 과랭도가 큰 경우에는 $\dot{N} > \dot{G}$ 상태로 되어 생성되는 핵의 수는 많으나 그 성장속도는 느리므로 결정립은 미세화되고, 반대로 냉각속도가 작아 $\dot{N} < \dot{G}$ 상태로 되면 적은 수의 핵이 빨리 성장하게 되므로 결정립은 크게 나타난다. 이것을 이용하여 냉각속도를 극단적으로 느리게 하고 응고과정을 잘 제어하여 하나의 응고핵만 성장되게 하면 재료 전체가 하나의 결정립으로 된 **단결정체**를 만들 수 있다. 이와 반대로 냉각속도를 아주 크게 하면 **초미립 금속**을 제조할 수 있다. 더 나아가 변태 자체를 저지시킬 수도 있는데, 이것은 고상 변태에서는 각종 열처리, 응고 과정에서는 **비정질금속**(非晶質金屬, amorphous metal) 제조에 응용되고 있다.

2-3 금속의 응고와 비평형응고

2.3.1 금속의 응고과정

용융금속의 **응고**(凝固, solidification) 현상도 상변태의 일종이므로 평형응고점보다 낮은 온도까지 과랭되어야 고체 결정의 핵생성과 성장이 일어남으로써 진행된다. 이때 응고핵의 발생장소는 대개 주형의 벽이나 용융금속 중에 함유된 미세한 불순물과 같은 곳이며, 생성된 응고핵은 이미 그 금속의 결정격자를 형성하고 있다. 응고가 진행되면 응고핵은 그림 2-20 및 그림 2-21에 표시된 바와 같이 그 결정 특유의 우선 성장 방향(입방정의 경우는 [100] 방향)으로 나뭇가지가 뻗어 나가듯이 성장하여 **수지상정**(樹枝狀晶, dendrite)을 형성하게 된다. 응고의 최종 단계에서는 이 수지상정이 성장하여 다른 것들과 만나게 되며, 마지막으로 그 경계 부분이 응고되므로 전체 금속의 응고가 완료된다. 이때 하나의 응고핵이

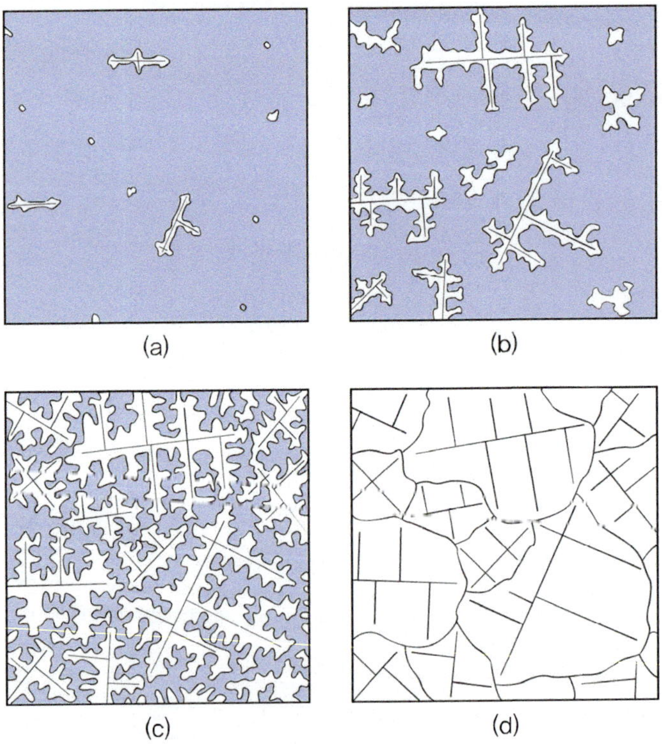

[그림 2-20] 금속의 응고과정 모식도

[그림 2-21] 순동의 수지상정[7]. 순동을 대단히 느리게 응고시켰을 때 맨 위의 최종 응고부분에 나타난 모습임

[그림 2-22] 통조림 캔에서 볼 수 있는 주석의 결정립

수지상정을 거쳐 생성되는 알갱이를 **결정립**(結晶粒, grain)이라 하고 그 경계를 **결정립계**라고 한다. 각 결정립들은 각기 다른 응고핵으로부터 성장한 것이므로 인접한 결정립들은 보통 서로 다른 결정방위(結晶方位)를 가지며 결정립계는 그 중간층이 된다.

그림 2-22는 통조림 캔에 나타난 결정립의 모습을 보여주는 사진으로서, 용융침지법(hot dipping)[2]에 의하여 주석(Sn)을 도금할 때 주석이 강철판 위에 응고하면서 생성된 것이다. 사진에서 결정립마다 밝기가 다른 것은 원자배열 방향이 각기 달라 햇빛을 반사하는 정도가 다르기 때문이다. 사진에서 보이는 결정립의 크기는 직경 2~5 mm 정도이지만 아연

2) 도금 대상인 모재 금속을 용융상태의 도금 금속중에 담갔다가 꺼내어 모재의 표면에서 응고되도록 하여 도금하는 방법. 용융도금법이라고도 함.

(Zn) 도금의 경우(예 : 길가의 가드레일이나 가로등 기둥 등)는 5 cm 정도의 것도 쉽게 볼 수 있다. 그러나 보통의 경우는 금속 현미경으로 백배 이상 확대해야 볼 수 있는 정도이다.

2.3.2 금속의 비평형응고

액상으로부터 응고가 진행될 때는 온도강하와 함께 액상과 고용체의 평형조성이 변화하므로 평형상태가 계속 유지되기 위해서는 두 상 사이의 원자의 확산이 충분히 빠른 속도로 진행되어야 한다. 그러나 실제로는 냉각속도가 평형조건에 비하여 대단히 빠르고, 더구나 고상 내부에서는 확산속도가 느리므로 새로이 생성되는 고상 내부의 농도가 균일하게 유지되기는 불가능에 가깝다. 따라서 그림 2-2의 Cu-40Ni의 경우를 예를 들자면 새로이 생성되는 고상의 내부는 용질인 Ni의 함량이 액상선보다 부족하게 되고 최종 응고부분인 결정립계 부근은 Ni의 함량이 40%에 비하여 훨씬 더 높게 된다. 결과적으로 고상 내의 성분조성은 평균적으로는 40%가 되기는 하나, 결정립의 중심부의 조성은 이보다 낮고 바깥쪽으로 갈수록 점점 높아지게 된다.

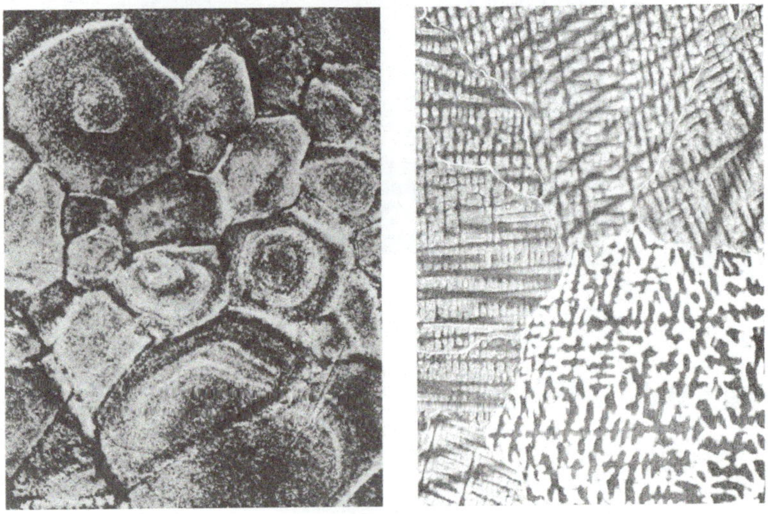

(a) Zn-Zr (b) 70Cu-30Zn

[그림 2-23] 비평형응고에 의한 편석. (a) Zn-Zr합금[8]. 내부는 용질의 양이 적고 외부로 갈수록 용질원자의 양이 많아짐(x200). (b) 70Cu-30Zn 합금[9]. 원래의 하나의 상만 나타나야 하는데 비평형응고에 의해 수지상정과 그 사이 부분에 서로 다른 상이 나타남

그림 2-23의 (a)는 Zn-Zr은 하나의 결정립에서도 먼저 응고된 안쪽 부분과 나중에 응고된 바깥 부분의 농도 차이가 있음을 보여주고 있다. 그리고 그림 2-23의 (b)는 70Cu-30Zn 합금(7·3 황동)의 주조 조직으로서 원래는 단일한 상으로 생성되어야 함에도 불구하고 비평형 응고에 의하여 두 가지 이상의 상이 나타난 경우이다. 여기서 응고된 수지상정 부분(밝은 부분)은 Cu 함량은 70%보다 많고 Zn은 30%보다 더 적으며, 나중에 응고된 틈새 부분(검은 색)은 그 반대이다. 이렇게 금속 내부에 합금 성분이 불균일하게 분포된 것을 **편석**(偏析, segregation)이라 하는데, 앞서 설명한 바와 같은 비평형 응고에 의하여 결정립 내에 일어난 편석을 **핵편석**(核偏析, coring)이라 한다.

2.3.3 비정질금속

기상 또는 액상의 금속을 결정이 성장할 시간적 여유가 없을 정도로 빠른 속도로 급랭시키면 원자들이 미처 규칙적으로 배열하지 못한 상태로 응고되는 경우가 있는데 이것을 **비정질금속** 또는 금속유리(metallic glass)라 한다. Fe, Co, Ni, Cu, Ag, Au 등과 P, C, B, N, Si, Ti, Zr 등과의 합금에 이러한 것이 많은데, 액상상태에서 10^6~10^7℃/s 정도의 냉각속도로 초급랭하여 비정질화시킨다. 이들 비정질금속은 극도로 혼란된 원자배열을 하고 있다. 따라서 균질 등방성(均質等方性)이고 전위나 결정립계와 같은 격자결함이 없다는 특성을 갖고 있어서, 근래 고강도(Fe계 합금의 경우 인장강도 약 300~500 kgf/mm^2, 고경도 Hv 700~1,200) 및 고인성 재료, 초내식성 재료, 고투자율의 연자성 재료, 초전도 재료, 전자(電磁) 재료 등으로의 실용화 및 연구가 진행되고 있다. 그러나 이것은 초급랭에 의하여 제조되므로 아직까지는 부피가 큰 물건을 만들기가 극히 어려워 분말, 선 또는 띠의 형태로만 얻어지며, 또한 열에 대하여 불안정하여 어느 특정 온도(Fe계 합금의 경우 약 400℃) 이상으로 가열되면 쉽게 결정화되는 단점이 있다.

참고문헌

1) G. A. Chadwick, Metallography of Phase Transformation, Butterworths & Co. 1972, p.109 발췌

2) J. Nutting and R.G.Baker, "Microstructure of Metals", Institute of Metals, London, p.10, 1965

3) 西沢泰二, 佐久間健人(編), 金屬工學シリズ9, 金屬組織寫眞集鐵鋼材料編, p.8, (1979), 日本金屬學會(일본 금속학회의 게재 허가를 득함)

4) "Atlas of Microstructures", Metals Handbook, 8th ed., vol.7, p.275, 1972, American Society for Metals, Metals Park, Ohio (ASM International의 게재 허가를 득함)

5) "Atlas of Microstructures", Metals Handbook, 8th ed., vol. 7, p.46, 1972, American Society for Metals, Metals Park, Ohio (ASM International의 게재 허가를 득함)

6) L. H. Van Vlack, Elements of Materials Science and Engineering, 4th ed., Addison Wesley Publishing Co. Inc, 1980

7) 김성균 교수(군산대학교 신소재공학과) 제공

8) G. A. Chadwick, Metallography of Phase Transformation, Butterworths & Co. p.91, 1972,

9) "Copper and Copper Alloys", publ. 64, p.27, Copper Development Assoc., London

제 3 장 재료의 기계적 성질과 그 시험법

Introduction to Engineering Materials

여러 가지 다양한 용도와 사용환경에 적용되는 재료의 성질에는 수많은 종류가 있으며, 이러한 성질을 시험하여 그 결과값을 아는 것은 그 재료가 사용하고자 하는 용도에 합당한가를 판단하는 기초자료, 다른 소재로의 대체 가능성 검토, 생산품의 품질 관리, 신소재 개발의 기초자료 등으로 이용할 수 있으므로 대단히 중요하다.

이러한 성질 중에서 구조용 재료에 있어서 가장 중요한 것은 기계적 성질이다. 따라서 이 장에서는 우선 기계적 성질을 중심으로 알아보기로 한다.

3-1 인장성질과 그 시험법

인장시험(引張試驗, tensile test)은 재료시험 중 가장 유용하고 또한 가장 널리 사용되고 있는 재료시험법으로서, 일정한 크기 및 형상의 시험편의 양 끝을 그림 3-1과 같은 만능시험기로써 축방향으로 당기면서 시험편이 파단될 때까지의 변형량과 가해진 응력을 측정하여 재료의 여러 가지 물성을 측정하는 시험법이다. 이 시험법에서는 인장강도, 항복강도, 연율, 단면 수축률, 비례한도, 탄성한도, 탄성계수, 푸아송 비(Poisson's ratio) 등을 측정할 수 있다.

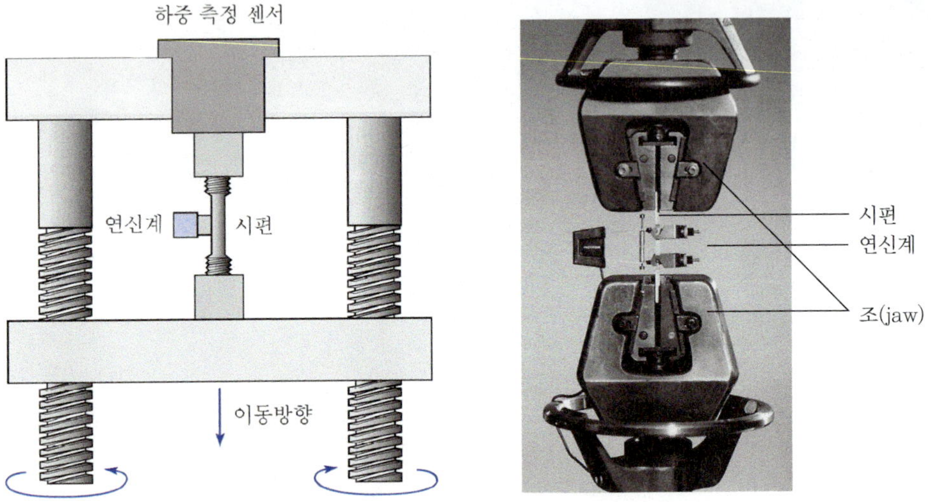

[그림 3-1] 인장시험기의 모식도(a)와 연신계(b)

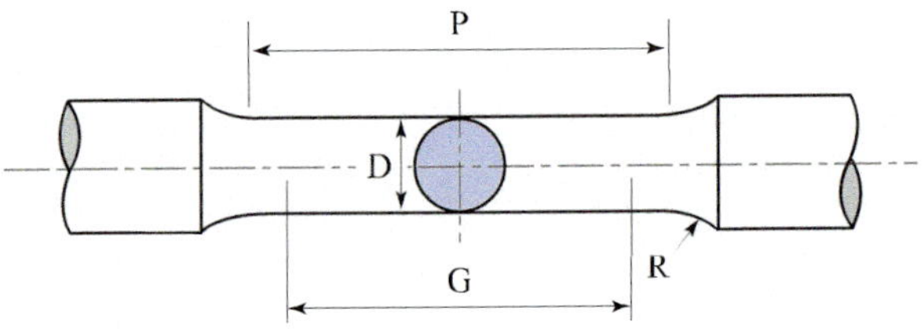

표점거리 G = 50, 평행부의 길이 P = 약60
시험편의 지름 D = 14, 턱의 반지름 R > 15

[그림 3-2] 환봉형 표준 인장시편의 형상과 치수

금속재료의 인장시험편과 시험방법은 KS B 0801 및 KS B 0802에 각각 규정되어 있으며, 그림 3-2는 인장시험편의 한 예이다. 여기서 표점거리는 시편길이의 변형량을 측정하기 위한 기준길이로서, 그 양 끝을 적당한 방법으로 표시해 두거나 그림 3-1 (b)와 같은 **연신계**(延伸計, extensometer)를 부착하여 측정한다.

비금속재료의 인장시험도 이와 마찬가지이며 플라스틱에 대해서는 KS M 3006에 규정되어 있다. 그러나 세라믹 재료의 경우는 시편 제작의 어려움과 높은 취성(脆性, brittleness) 때문에 인장시험보다는 압축시험이나 굽힘시험이 주로 이용된다.

[1] 금속재료의 인장-변형 성질

인장시험에 있어서 작용된 인장응력과 시편의 변형률의 관계를 도시하면 그림 3-3과 같은 **응력-변형률 곡선**(stress-strain curve)이 얻어진다. 그림 3-3의 곡선 ①은 연강(軟鋼),

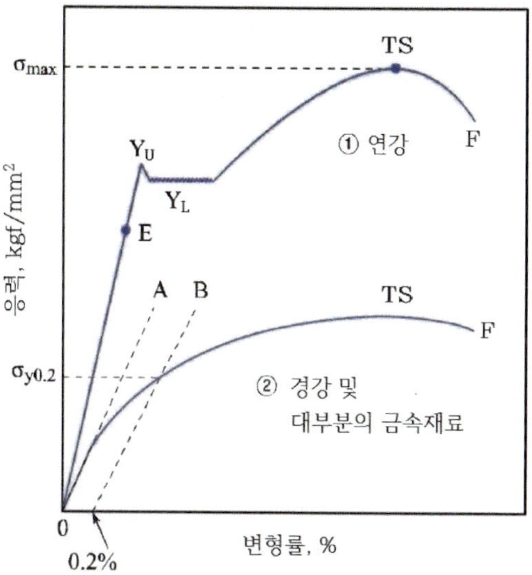

[그림 3-3] 금속재료의 응력-변형률 곡선

Al-Mg 합금, Mo, 폴리에틸렌 등 몇 가지 재료에서만 얻어지는 형태이며, 곡선 ②는 경강(硬鋼)을 비롯한 대부분의 금속 및 폴리머 재료에서 얻어지는 일반적인 형태이다. 여기서는 연강을 중심으로 인장성질을 설명한다.

(1) 후크(Hooke)의 법칙

어떤 물체에 하중을 가하는데도 불구하고 재료가 파단되지 않는다는 것은 재료 내부의 단면에 이 하중에 대응하여 단면 상호간에 서로 끌어당기는 힘이 있다는 것을 의미한다. 이 힘의 단위면적당의 크기를 **응력**(應力, stress)이라 한다. 이 응력은 외력이 작용해야만 생기는 것이므로 재료의 고유값인 강도와는 의미가 크게 다르다. 예를 들어 강도는 클수록 파괴되기가 어렵지만, 응력이 크다는 것은 외력이 크게 작용하고 있어서 위험하다는 것을 의미한다.

물체가 외력을 받으면 응력이 생기고 변형을 하게 될 것이다. 이때 작은 하중이 가해졌다면 하중을 제거한 후에는 원래의 길이로 돌아갈 것이다. 이것을 **탄성변형**(彈性變形, elastic deformation)이라 하고, 그렇지 못하는 경우는 **소성변형**(塑性變形, plastic deformation)이라 한다. 탄성변형을 하는 동안 길이 변형률은 응력의 크기에 비례하는 **후크(Hooke)의 법칙**이 성립한다. 즉,

$$\sigma = E \cdot \varepsilon \qquad (3.1)$$

여기서 σ는 응력, ε은 변형률이다. 비례상수 E는 **영률**(Young's modulus) 또는 **종탄성계수**(縱彈性係數)라 하며, 직선 OE의 기울기에 해당한다. 한편 인장력이 작용되면 시편의 직경 방향으로도 전단응력이 작용된다. 이 방향으로 탄성계수 즉, 전단응력과 가로변형률의 비를 **횡탄성계수**라 한다.

한편 E점은 탄성변형을 하는 한계점, 즉 탄성한도 점으로서 이 이상의 큰 응력이 가해지면 소성변형이 일어나기 시작한다. 한편 이 점까지의 곡선 아래의 면적은 재료가 탄성변형 이내에서 소성변형 없이 견뎌 낼 수 있는(또는 저장할 수 있는) 최대 에너지량을 의미하는데, 이것을 **최대 탄성변형 에너지**라 한다. 단위체적당의 최대 탄성변형 에너지는 다음과 같이 계산된다.

$$u = \frac{1}{2\sigma_E E} = \frac{\sigma_E^2}{2E} \qquad (3.2)$$

(2) 항복강도(降伏強度, yield strength)

하중이 더욱 증가하여 응력이 Y_U점에 도달하면 응력이 급격히 감소되면서 하중을 증가시키지 않아도 시편이 쭉 늘어난다. 이 현상을 **항복현상**(降伏現狀, yielding)이라 하며, Y_U점을 상항복점, Y_L점을 하항복점이라 한다. 그런데 공업적으로 금속재료를 소성가공하기 위해서는 상당량의 변형이 일어나야 하므로 최소한 상항복점 이상의 응력이 필요하며, 따라서 상항복점은 공업적인 의미에서의 소성변형이 시작되는 점이라 할 수 있다. 또한 대부분의 기계나 구조물은 탄성영역에서 작동되므로 연성이 큰 재료의 경우는 하항복점의 응력값인 **항복강도**를 설계기준 강도로 삼고 있다. 항복강도는 곧 거시적인 소성변형 없이 외력에 대하여 발휘하는 최대 응력 값이라 할 수 있다.

그런데 실제로는 앞에서 언급한 바와 같이 대부분의 금속재료의 응력-변형률 곡선은 그림 3-3의 곡선 ②와 같이 항복점이 명확하게 나타나지 않는다. 이때는 변형률 0.2%(재료나 사용조건에 따라 0.02~0.2%)인 점으로부터 직선 B를 그어 곡선과 만나는 점을 항복점으로 삼으며 이 점의 응력값을 **0.2% 업셋 항복강도** 또는 **내력**(耐力, proof stress)이라고 한다. 여기서 직선 B의 기울기는 응력-변형률 곡선의 초기 부분과 평행해야 하는데, 황동과 같이 기울기가 작은 경우는 변형률 0.5%를 기준으로 하여 항복강도를 정하기도 한다.

(3) 인장강도(引張強度, tensile strength)

항복점 이후에도 시편의 단면은 전체 길이를 통하여 균일하게 감소하나 금속재료의 경우는 소성변형에 따른 가공경화(加工硬化)에 의하여 응력은 T_S점까지 증가한다. 이 점은 재료가 소성변형의 유무와 관계없이 공업적으로 발휘할 수 있는 최대 인장응력을 나타내는 것으로서 **인장강도** 또는 **극한강도**(ultimate strength)라 하며, 연성이 작고 강도가 큰 재료에서는 이것이 설계 기준강도가 된다.

$$\text{인장강도} = \frac{P_{max}}{A_o} \tag{3.3}$$

여기서 P_{max}는 최대하중, A_o는 시험편의 초기 단면적 값이다. T_S점을 지나면 재료의 가공경화 정도가 단면 감소에 의한 하중 부담능력의 감소율보다 작기 때문에 시편의 중앙부가 국부적으로 감소되어 잘록하게 되는 네킹(necking)이 일어나며[그림 3-4 (a)], F점에 도달하게 되면 결국 파단된다. 파단점 F점의 응력값을 **파단강도**(破斷强度, frature strength)라 한다.

그런데 이 때 시편의 단면적이 점차 감소하므로 시편에 작용하는 실제 응력은 그림 3-4(b)에서 점선으로 표시한 바와 같이 계속 증가할 것이다. 그러나 실제로는 단면적의 연속적인 변화를 측정하기는 어려우므로 편의상 초기 단면적 값으로 응력을 계산하며, 이 값은 그림에서 실선과 같이 표시된다. 실용적으로는 이러한 **공칭응력**(公稱應力, nominal stress)을 주로 사용하는데, 따라서 인장강도는 공칭응력의 최대치를 의미한다. 이에 대하여 점선으로 표시된 이론적인 실제 응력을 **진응력**(眞應力, true stress)이라 한다.

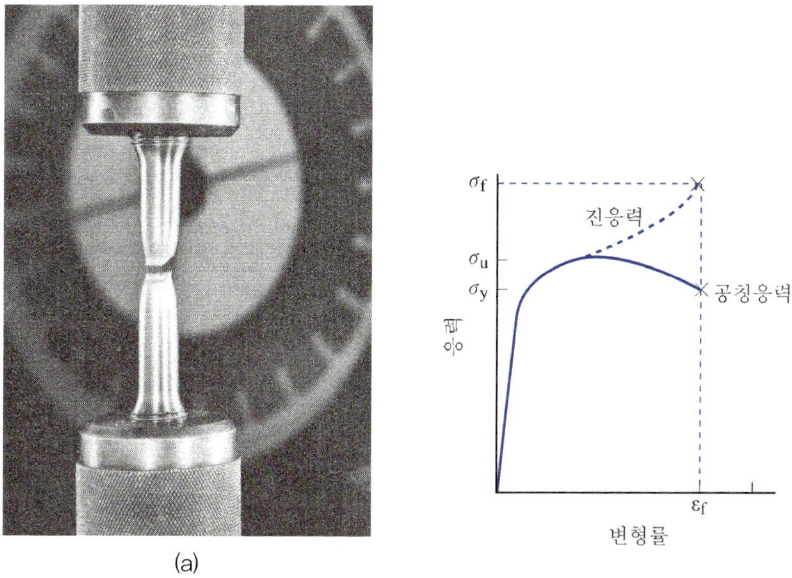

[그림 3-4] 연성재료 인장시편의 네킹. (a) 파단되기 전에 단면이 축소됨[1]. (b) 진응력은 계속 증가하나 공칭응력은 감소됨.

(4) 연성(延性, ductility)

연성은 재료의 변형능력에 대한 척도로서 재료의 가공성(加工性)과도 밀접한 관계가 있다. 연성을 표시하는 척도로서는 재료가 파괴에 이르기까지의 시편의 길이 변화율을 나타내는 **연율**(延率, elongation)과 단면적의 변화율을 나타내는 **단면 수축률**(斷面收縮率, reduction of area)이 있으며 각각 다음 식에 의하여 산출된다.

$$연율(\varepsilon) = \frac{L_f - L_o}{l_o} \times 100\ [\%] \tag{3.4}$$

$$단면\ 수축률(\phi) = \frac{A_o - A_f}{A_o} \times 100\ [\%] \tag{3.5}$$

단, 여기서 L_o : 원래의 표점거리

L_f : 파단된 후의 표점거리

A_o : 원래의 단면적

A_f : 파단된 후의 단면적

여기서 주의할 점은 연성은 소성변형에 관계되므로 탄성변형분을 제외하기 위하여 L_f 및 A_f는 시편이 파단되기 직전의 치수가 아니라 파단된 후의 치수를 측정해야 한다는 점이

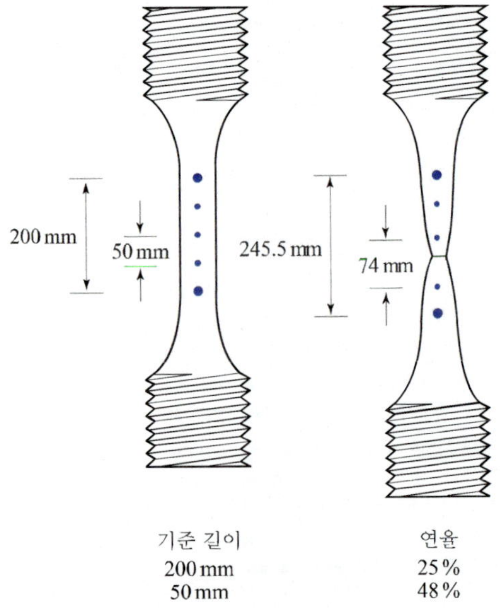

[그림 3-5] 측정 기준길이(표점거리)에 따라 연율 값이 달라질 수 있음.

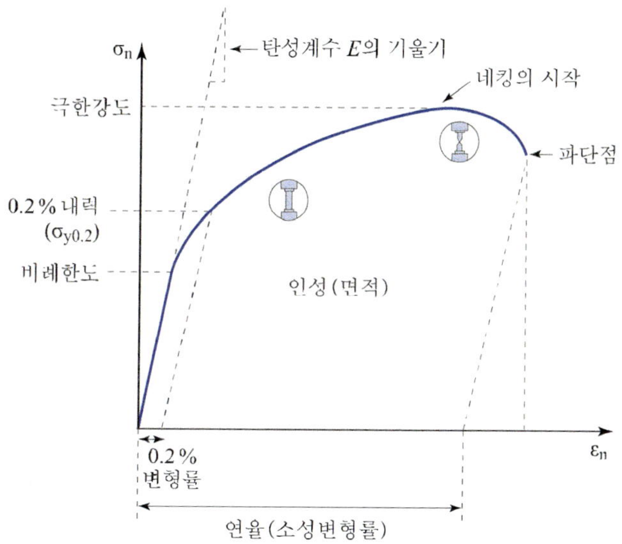

[그림 3-6] 응력-변형률 곡선에 나타나는 각종 물성값

다. 한편 연율은 그림 3-5에 표시한 바와 같이 측정 기준 길이에 따라 달라질 수 있으므로 유의해야 한다.

연성에 상대되는 성질로서 **취성**(脆性, brittleness)이 있다. 어떤 재료가 "취성이 크다", "취약(脆弱, brittle)하다" 또는 "메지다"는 것은 연율이나 단면 수축률이 작다는 것을 의미하며, 따라서 소성가공하기가 어렵다거나 소성변형이 그다지 진행되지 않은 상태에서 파괴가 일어난다는 것을 의미한다.

(5) 인성(靭性, toughness)

인성은 재료의 파괴에 대한 저항의 정도를 나타내는 것으로서, 시험편을 파괴시키는데 소모되는 에너지양으로 표시할 수 있으며, 인장시험의 경우는 응력-변형률 곡선 아래의 면적(그림 3-6 참고)에 해당된다. 따라서 인성이 크려면 높은 강도와 높은 연성이 잘 조화되어야 하며, 대부분의 고강도 금속재료는 연성이 작아 인성이 작고 취성파괴를 일으키기 쉽다. 금속재료의 경우는 일반적으로 연성이 크면 인성도 크다. 그러나 인성은 실제로 파괴가 일어나는 상황에 따라 그 정도가 크게 다르므로 단순하게 인장시험에 의해서 설계기준으로 삼을 수 있는 인성 값을 측정할 수는 없다. 일반적인 의미에서 이상적인 기계재료는 높은 강도와 큰 인성을 가진 재료라 할 수 있다.

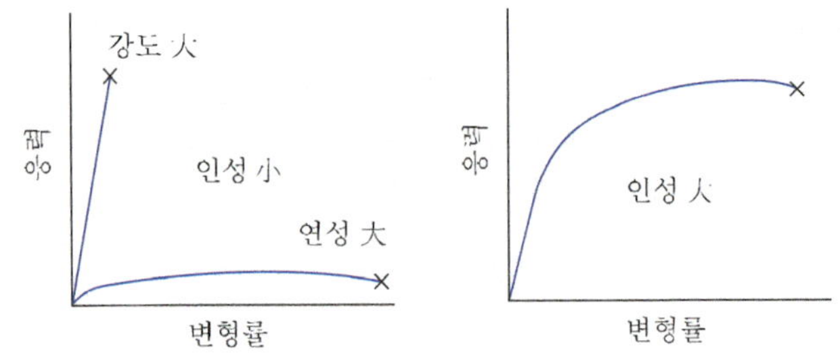

[그림 3-7] 응력-변형률 곡선의 형태와 기계적 성질과의 관계

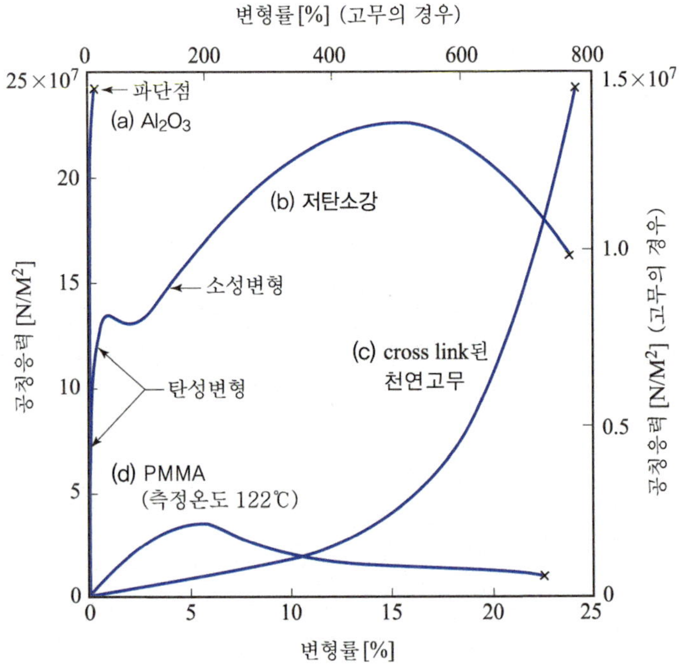

[그림 3-8] 네 가지 유형의 소성거동을 보여주는 응력-변형률 곡선

그림 3-7은 응력-변형률 곡선의 모양과 기계적 성질과의 관계를 표시한 것으로서 응력-변형률 곡선의 형태로서 강도, 연성 및 인성 등의 상대적인 특징을 알 수 있다. 그림 3-8은 응력에 의하여 나타내는 네 가지의 유형별 응력-변형률 곡선을 표시한 것이다. (a)는 알루미나(Al_2O_3)의 곡선으로서 강도와 탄성계수가 크며, 연성은 극히 작다. (b)는 탄소강의 경우로서 강도, 연성 및 인성이 모두 풍부하여 구조재료로서의 특성이 매우 뛰어남을 알 수 있다. (c)는 천연고무의 경우로서 탄성변형이 매우 크다. 그러나 탄성계수는 그다지 크지 않음을 알 수 있다. 그리고 (d)는 폴리머의 한 종류인 PMMA의 곡선으로서 연성은 크지만 강도와 인성은 작은 것을 알 수 있다.

3-2 굽힘강도 시험

세라믹 재료의 경우는 경도가 매우 커서 인장시편을 만들기가 매우 어려우며, 또한 압축강도와 인장강도 값에는 큰 차이가 있어서 굽힘강도시험을 흔히 적용한다. 그러나 금속재료의 경우는 그다지 크게 활용되지는 않는다. 굽힘강도 시험 시편의 형상은 그림 3-9에서 보는 바와 같이 사각형 각재나 환봉형이며, 시험방식으로는 그림과 같이 한 점에 하중을 가하는 3점식이나 두 위치에서 하중을 가하는 4점식이 있다.

굽힘시험에 적용된 최대 응력, 즉 파단시점에서의 응력을 파단계수(modulus of rupture) 또는 굽힘강도(bend strength)라 하며, 취성이 큰 세라믹 재료에 있어서는 중요한 변수로서 다음 식에 의하여 산출된다.

$$\text{사각형 각재의 경우} : \sigma_{mr} = \frac{3FL}{2bd^2} \tag{3.6}$$

$$\text{환봉재인 경우} : \sigma_{mr} = \frac{FL}{\pi R^3} \tag{3.7}$$

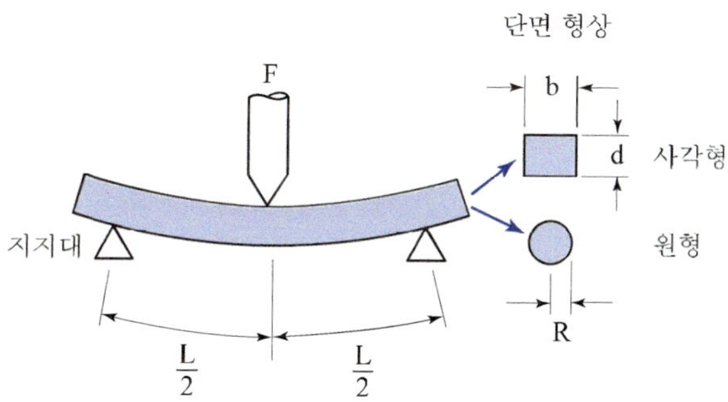

여기서, M = 최대굽힘 모멘트
c = 단면 중심거리
I = 단면 관성 모멘트
F = 하중

	M	c	I	σ
사각봉	$\frac{FL}{4}$	$\frac{d}{2}$	$\frac{bd^3}{12}$	$\frac{3FL}{2bd^2}$
환 봉	$\frac{FL}{4}$	R	$\frac{\pi R^4}{4}$	$\frac{FL}{\pi R^3}$

[그림 3-9] 각재 및 환봉재의 3점 굽힘시험 모식도

단, 여기서 F_f는 파단 하중, L은 지지점간의 거리, b와 d는 각재의 가로와 세로, 그리고 R은 환봉의 반지름이다.

3-3 경도(硬度) 및 경도 시험

경도(硬度, hardness)는 기계재료가 갖추어야 할 중요한 성질의 하나로서 다른 성질과 밀접한 관계를 갖고 있다. 예를 들어 같은 종류의 금속재료라면 경도는 강도에 비례한다. 그러나 재료의 종류가 다르면 이런 관계는 성립한다 할 수 없다. 또한 경도값은 측정방법에 따라 달라서 재료 고유의 보편적인 값을 나타내지는 않는다. 그러나 경도는 그 측정이 간편하고 또 다른 기계적 성질을 대략적으로 유추할 수 있으므로, 경도시험은 공업적으로 널리 활용되고 있다.

경도시험법에는 압입(壓入) 경도시험, 반발 경도시험, 긋기 경도시험 등 여러 가지 유형이 있으며, KS에는 다음의 네 가지가 규정되어 있다.

[1] 브리넬 경도(Brinell hardness)

브리넬 경도시험법은 로크웰 경도, 비커스 경도, 누프 경도 등과 마찬가지로 어떠한 형상의 누름촉[*3)]으로써 재료를 눌렀을 때 생기는 누름자국[*4)]의 크기에 의하여 경도를 측정하는 압입 경도시험의 일종이다. 누름촉으로는 지름 10 또는 5 mm의 강철 또는 WC구(球)를 사용하며, 누름자국의 표면적(실제로는 지름을 측정)으로 하중을 나눈 값을 경도값으로 취한다. 즉,

$$\mathrm{HB} = \frac{P}{\pi DT} = \frac{2P}{\pi D(D - \sqrt{D^4 - d^2})} \tag{3.8}$$

여기서 P는 하중, t는 누름자국의 깊이, D와 d는 각각 누름촉과 누름자국의 지름이다. 이때 단위는 $\mathrm{kgf/mm^2}$로 되나 경도 자체가 약속에 의한 정의이므로 아무런 의미를 가지 못하게 되며, 따라서 경도는 단위를 사용하지 않는다. 하중은 대개 철강재료에 대해서는 3,000 kg을 15초 정도, 비철금속 재료에 대해서는 500 kg을 30초 정도 가하며, 누름자국의 지름은 보통

3) 경도 측정시 시료를 눌러 찌르는 날끝을 말하며, 시중에서는 흔히 일본말인 "압자(壓子)" 또는 영어인 "인덴터(indenter)"로 부르고 있다.

4) 누름촉으로 눌러 시료에 생긴 자국으로서 "압흔(壓痕)"이라는 일본말이 흔히 사용되고 있다.

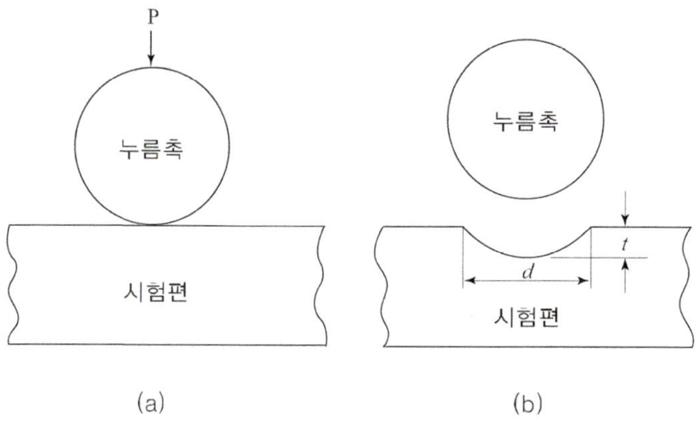

[그림 3-10] 누름축과 누름 자국. 브리넬 경도는 자국의 지름 d를 측정하고, 로크웰 경도는 자국의 깊이 t를 측정한다.

시험기에 부착된 계측 현미경을 이용하여 서로 90°가 되는 두 방향으로 측정하여 그 평균값을 구한다. 그리고 누름자국의 크기가 너무 작으면 측정오차가 커지고, 너무 크면 경도 변화율만큼 지름이 변화하지 못하기 때문에 누름자국과 누름축의 지름비가 $0.20 < d/D < 0.60$의 조건을 만족해야 유효하다. 브리넬 경도 시험법은 누름축의 지름이 크고 큰 하중을 가하므로, 취성이 큰 재료에는 적용하기 어렵고 큰 소성변형에 의해 가공경화 효과가 나타나는 등의 단점이 있으나, 주철과 같이 조직이 불균일한 재료의 평균적인 경도를 측정하는 데는 유리하다.

[2] 로크웰 경도(Rockwell hardness)

로크웰 경도시험법에서는 브리넬 경도와는 달리 누름자국의 깊이를 경도의 척도로 삼는다. 측정시에는 먼저 10 kg의 기준하중을 가한 다음, 규정된 시험하중(150, 100 또는 60 kg)까지 증가시켜 소정 시간(보통 30초) 유지한 후 다시 10 kg까지 하중을 감소시킨다. 그러면 그림 3-11에서 보는 바와 같이 누름자국에는 탄성변형분은 제거되고 소성변형분만 남게 되는데, 경도는 이 깊이의 차이, 즉 기준하중만 가할 때와 시험하중까지 하중을 증가시킨 후 다시 기준하중까지 감소시킨 다음의 위치와의 차이에 의하여 표시된다.

로크웰 경도시험에는 사용하는 누름축의 종류와 하중에 따라 여러 가지 형태가 있다. 일반적으로는 연한 금속재료에는 누름축으로 지름 1/16″인 담금질한 강철구를 사용하는 B 스케일(scale)을 사용하고, 경한 금속재료에는 꼭지각 120°, 꼭지 반지름 0.2 mm인 원추형 다이아몬드를 사용하는 C 스케일이 주로 사용된다. 이들 두 가지의 경도는 각각 다음과 같이 계산된다.

$$HRB = 130 - 500h \tag{3.9}$$

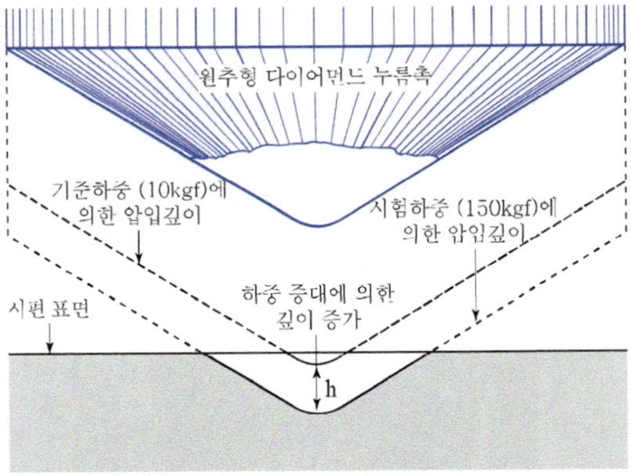

[그림 3-11] 로크웰 경도 측정의 원리

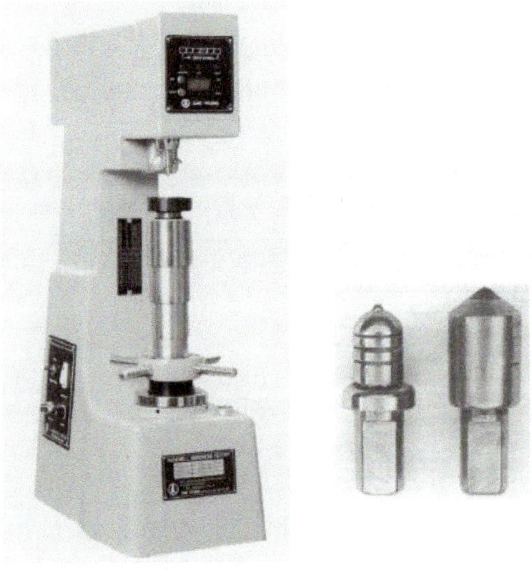

[그림 3-12] 로크웰 경도계 및 누름축(왼편 : HRB, 오른편 : HRC)

$$HRC = 100 - 500h \tag{3.10}$$

로크웰 경도는 브리넬 경도에 비하여 정밀도가 높고 측정이 신속 간편한 장점이 있으며, 특히 산업현장에서는 열처리 강화한 강재의 경우 대부분 로크웰 경도 C 스케일(HRC)를 사용하므로 실무적으로 중요한 경도 측정법이다.

[3] 비커스 경도(Vickers hardness)

비커스 경도계에는 대면각 136°인 피라미드형 다이아몬드가 누름축으로 사용된다. 그리고 가한 하중을 누름자국의 표면적(실제로는 대각선의 길이를 측정)으로 나눈값을 경도값으로 취한다. 따라서 누름자국의 대각선의 길이가 d일 때

$$\mathrm{HV} = 2\sin\frac{132^\circ}{2}\cdot\frac{P}{d^2} = 1.854\frac{P}{d^2} \tag{3.11}$$

로 표시된다. 보통 비커스 경도시험기는 1~120 kg의 추를 갖추고 있어서 하중을 자유로이 선택할 수 있으며, 많은 경우 30 kg 또는 50 kg의 하중을 20초 정도 가한다. 비커스 경도는 시험하중이 아주 작은 경우(100 g 이하)를 제외하고는 시험하중에 관계 없이 동일 재질에 대해서는 일정한 값을 얻을 수 있으며, 경도가 매우 낮은 재료로부터 매우 높은 재료에 이르기까지 적용할 수 있다. 또한 누름자국이 1 mm 이하(보통 0.5~0.05 mm 정도)로 작기 때문에 완제품이나 작은 부품, 표면층의 경도 측정에 적용할 수 있는 장점이 있으며, 반면에 측정오차를 줄이기 위해서는 시험면을 잘 연마해야 하는 단점이 있다.

[표 3-1] 여러 가지 경도 측정법[2)]

시험	누름촉	누름촉의 모양		하중	경도값 계산식
		측면도	밑면도		
브리넬	$\phi 10\,\mathrm{mm}$	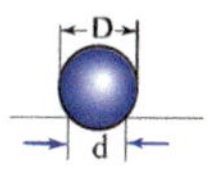	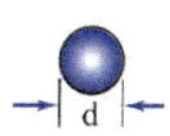	P	$\mathrm{BHN} = \dfrac{2P}{\phi D\left(D-\sqrt{D^2-d^2}\right)}$
비커스	마름모형 다이아몬드		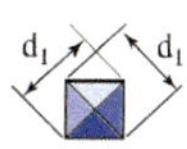	P	$\mathrm{VHN} = 1.72\,P/d_1^2$
누프	긴 마름모형 다이아몬드	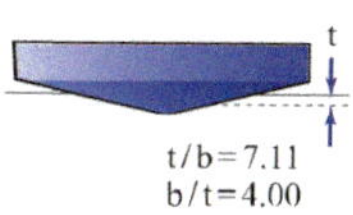	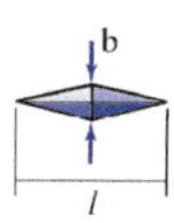	P	$\mathrm{KHN} = 14.2\,P/l^2$
로크웰					
A C D	원추형 다이아몬드	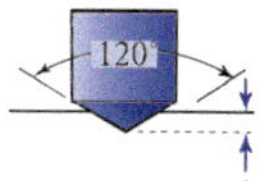		60 kg 150 kg 100 kg	HRA = HRC = HRD = } 100~500t
B F G	$\phi\dfrac{1}{16}''$ 강철구	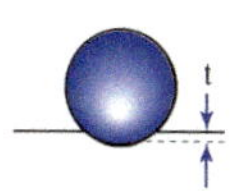		100 kg 60 kg 150 kg	HRB = HRF = HRG = } 130~500t
E	$\phi\dfrac{1}{8}''$ 강철구			100 kg	HRE = } 130~500t

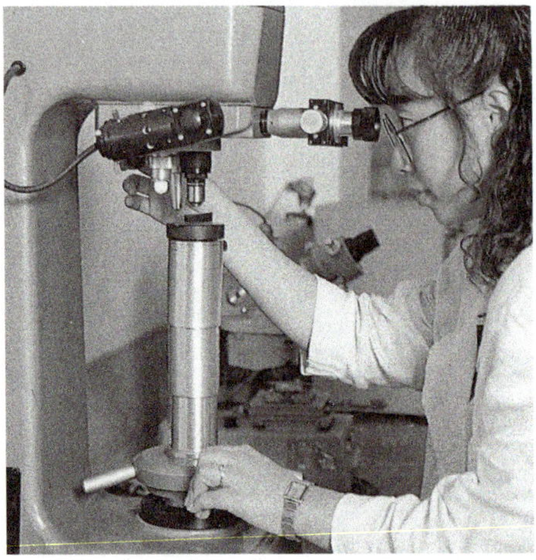

[그림 3-13] 비커스 경도계와 누름자국 크기의 측정법

[4] 쇼어 경도(Shore hardness)

쇼어 경도는 앞에서 기술한 것들과는 달리 낙하체를 시료에 떨어뜨려 시료의 탄성에 의하여 튀어오르는 높이로써 측정한다. 즉, 시편을 관모양의 계측통 아래에 위치시킨 다음, 구형에 가까운 다이아몬드를 앞 끝에 붙인 해머(무게 약 25 gr)를 일정한 높이(약 10인치)로부터 자유낙하시켜 그 튀어오르는 높이를 측정하는 것이다.

쇼어 경도는 그림 3-14에서 보는 바와 같이 소형으로 휴대가 가능하며, 또한 시료의 표면에 자국을 거의 남기지 않으며 측정이 신속한 등의 장점이 있다. 그러나 시험의 특성상

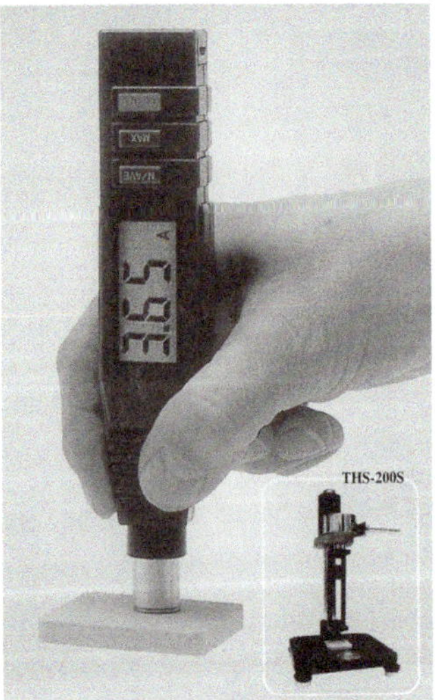

[그림 3-14] 쇼어 경도계

오차가 크며, 금속과 고무처럼 탄성계수가 다른 종류의 재료간의 경도 비교는 무의미하다는 단점이 있다.

[5] 미소 경도(微小硬度)

아주 미소하거나 얇거나 또는 취성이 큰 시료의 경도 시험에서는 작은 하중에 의하여 아주 작은 자국만 나타나게 해야 한다. 측정에는 마이크로 비커스 경도계와 누프 경도계가 주로 사용되는데, 전자는 비커스 경도계와 원리와 구조가 같으며 다만 누름촉이 작고 50~1,000 gr 정도로 작은 하중을 적용한다. 일반적으로는 두 가지를 겸용할 수 있도록 누름촉을 교환하여 사용할 수 있게 제조되고 있다.

누프(knoop) 경도계의 누름촉은 대각선 길이의 비가 7.11 : 1인 피라밋형 다이아몬드이며, 경도값은 누름자국의 투사(投射) 면적으로써 하중을 나눈 값으로 정의된다. 따라서 누름자국의 긴 대각선의 길이가 l_2라면 다음과 같이 표현된다.

$$\mathrm{HK} = 14.22\frac{P}{l_2} \tag{3.12}$$

누프 경도(HK)는 마이크로 비커스 경도(MVH)에 비해 누름자국의 깊이가 얕아서 시편의 표면상태에 민감하며, 얇은 층의 경도 측정이나 재료 성질의 이방성(異方性)을 측정하는데 유리하다.

[6] 각종 경도값간의 관계 및 인장강도와의 관계

그림 3-15는 누프 경도, 브리넬 경도, 로크웰 B스케일, 모스 경도간의 연관성을 표시한 것으로써 이를 바탕으로 경도값을 서로 변환할 수가 있다. 상세한 경도값 전환은 ASTM 표준 E140 「금속의 표준 경도값 전환 도표(Standard Hardness Conversion Table)」를 참고하면 된다.

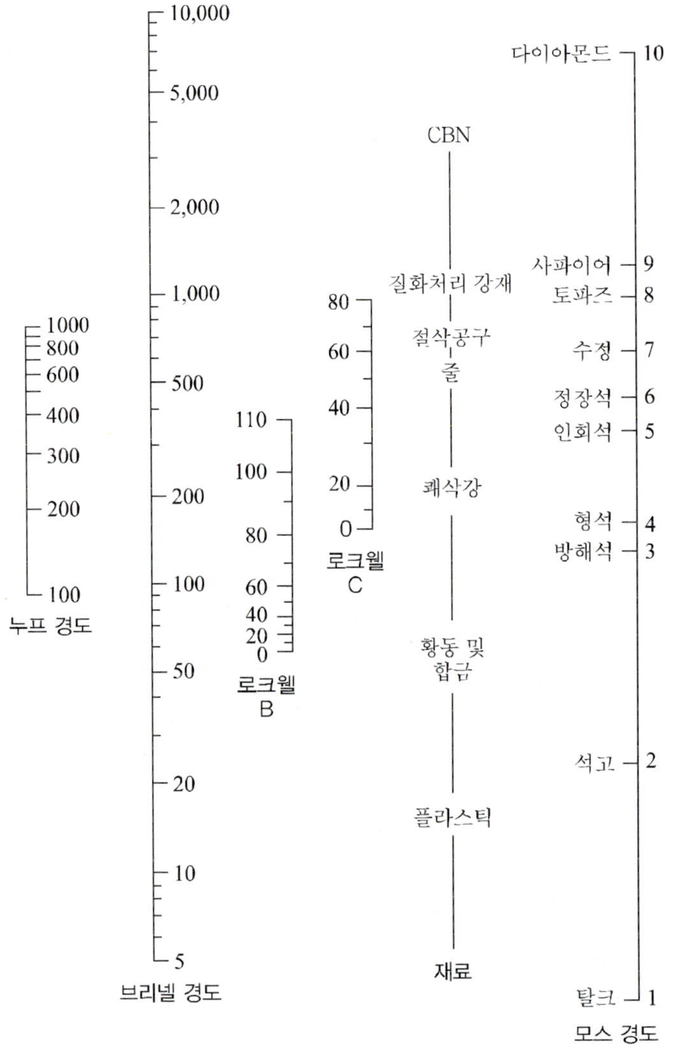

[그림 3-15] 여러 가지 경도값의 비교

한편 그림 3-16은 브리넬 경도와 금속의 인장강도와의 관계를 표시한 것으로서 브리넬 경도 값과 인장강도는 비례관계에 있음과 재료의 종류별로 그 비례관계가 다름을 잘 보여 주고 있다. 강철의 인장강도와 브리넬 경도와 식 (6-1)과 같은 관계가 성립한다.

$$\text{인장강도(MPa)} = 3.45 \times \text{HB} \tag{3.13}$$

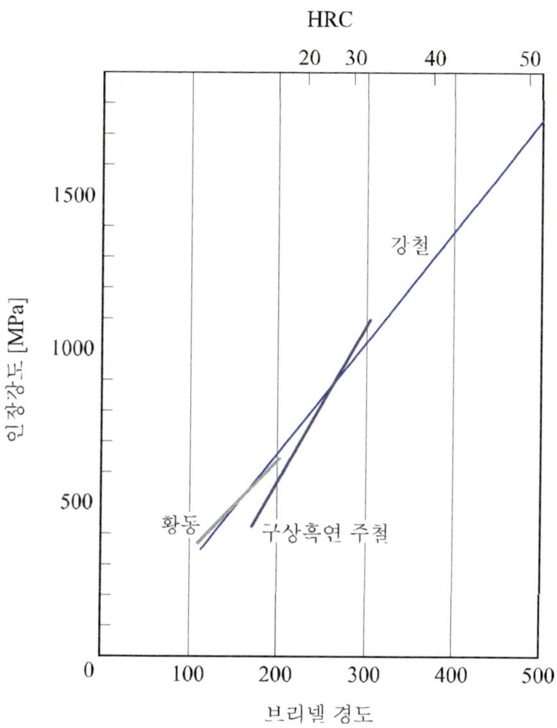

[그림 3-16] 강철, 주철 및 황동의 강도와 경도와의 관계[3]. 강도와 경도는 서로 비례하지만, 재질이 다르면 비례관계가 성립하지 않음.

3-4 충격시험(衝擊試驗, impact test)

3-1절에서 언급한 인성의 정의는 정적 하중에 대한 것으로서 고온을 제외하고는 실제 기계부재가 정적 하중에 의해 파괴되는 경우는 거의 없다. 또한 균열이 이미 존재하고 있는 재료나 또는 하중이 동적으로 가해지는 경우 등에는 실제적인 값을 제공하지 못한다. 충격시험은 충격하중에 의한 파괴에 대한 재료의 저항의 정도를 측정하기 위한 것으로, 시편을 충격적으로 파괴시킬 때 소모되는 단위 단면적당 에너지량을 측정하는데 이 값을 **충격치**(衝擊值, impact energy)라 한다.

그림 3-17에서 해머의 무게를 W, 그 회전 반지름을 R이라 하면 시편을 파괴시키는데 필요로 하는 에너지량은

$$E = W(h - h') = WR(\cos\beta - \cos\alpha)\ [\mathrm{J}] \tag{3.14}$$

이므로 시편의 노치(notch)부의 단면적을 A라 하면 충격치는

$$U=\frac{E}{A}=\frac{WR}{A}(\cos\beta-\cos\alpha)\ [\mathrm{J/cm^2}] \tag{3.15}$$

와 같이 표시할 수 있다. 이때 시편파단 후 해머가 올라간 각도인 β값을 제외하고는 모두 정해져 있으므로 실제 실험에 있어서는 이 β값을 구하게 된다. 충격시험에는 **샤피(Charpy) 충격시험법**이 주로 사용되며, 그 이외에 **아이조드(Izod) 충격시험법**이 있는데, 이것은 해머의 모양과 시편을 외팔보 형태로 세워 고정한다는 점만 다르고 원리는 같다. 그러나 후자는 고온 및 저온에서의 시험이 어렵기 때문에 사용 빈도가 낮다. 충격시편은 노치의 모양에 따라

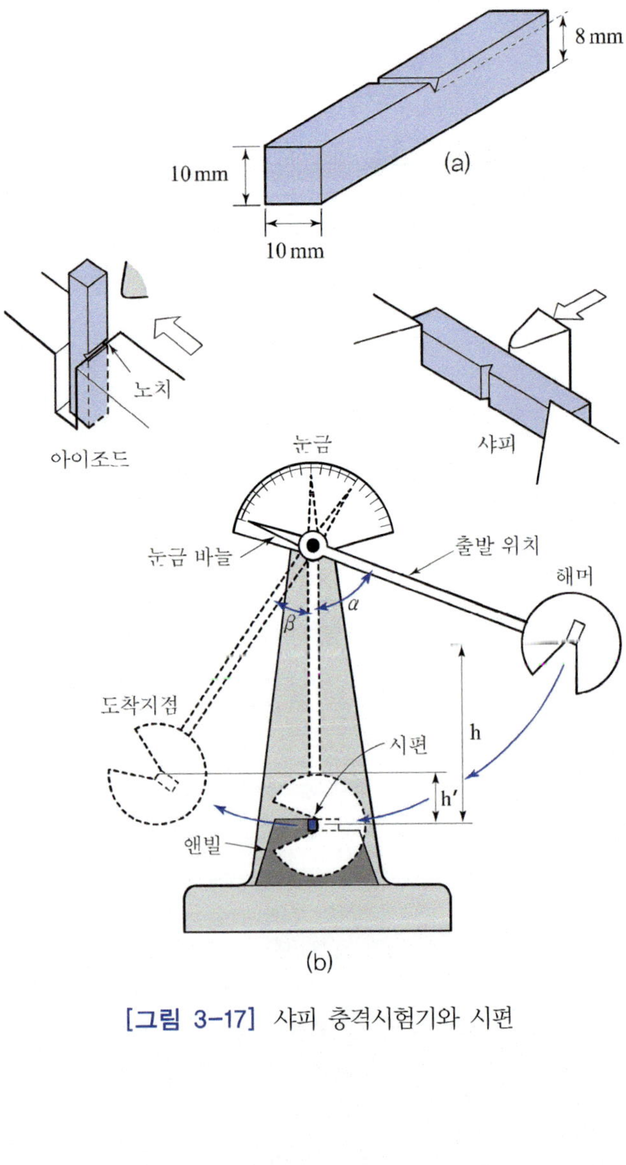

[그림 3-17] 샤피 충격시험기와 시편

[그림 3-18] 샤피충격시편의 시험 후의 모습. (a) 연성재료(불림 처리한 탄소강)-소성 변형이 심하고 충격치가 큼. (b) 취성재료(변형시효 처리한 탄소강)-소성 변형이 아주 작고 충격치가 작음.

V노치, U노치 등 그 모양과 치수가 다양하며, 다이캐스팅재나 주철, 소결재 등의 경우는 노치가 없는 시편이 사용된다.

그림 3-18은 파단된 시편의 모습을 보여주는 사진이다. 이 사진에서 왼편은 연성이 큰 재료로서 파단되기 전에 소성변형이 심하게 진행된 것을 볼 수 있으며, 따라서 파단에 소모된 에너지의 크기(즉, 충격치)도 크다(연성파괴). 반면에 오른편은 취성이 큰 재료로서 소성변형이 작게 일어났으며 측정된 충격치도 훨씬 작다(취성파괴).

한편 충격치는 시편의 상태의 영향을 많이 받아, 예를 들어 시편의 단면적이 클수록, 하중속도가 빠를수록, 그리고 노치가 예리할수록 그 값이 작아지며, 또한 온도에 따라서도 그 값이 다르게 나타난다. 따라서 재료 고유의 보편적인 수치는 되지 못하며, 그 값은 유용하지만 비교의 목적에만 이용될 수 있다는데 유의해야 한다.

3-5 피로시험(疲勞試驗, fatigue test)

각종 회전축, 액슬, 스프링, 자동차, 항공기, 터빈, 철교, 초고층 건물 등은 동적 하중이나 진동을 장기간 받게 되며, 이 경우는 인장강도나 항복강도에 비하여 훨씬 작은 응력에서도 파괴가 일어난다. 이러한 **피로파괴**(疲勞破壞, fatigue fracture)는 각종 기계부재의 사용 중에 일어나는 파괴의 90% 이상을 차지하므로 각종 기계설계에 있어서 각별히 신경을 쓰지 않으면 안된다. 또한 피로파괴는 금속뿐만 아니라 플라스틱이나 세라믹 재료에서도 일어난다.

그림 3-20은 주기적인 하중의 작용에 의하여 피로파괴가 일어날 수 있는 예를 표시한 것으로서 (a)의 경우는 회전굽힘에 의하여, (b)의 경우는 출발과 정지의 반복에 의하여, 그리고 (c)의 경우는 가압과 감압의 반복에 의하여 주기적인 응력이 작용되는 경우이다. (c)의 경우는 응력이 가해지는 횟수가 수천번 정도에 불과하지만 큰 하중이 가해지는 저주기 피로가 일어나므로 항복강도를 사용하여 설계해서는 안된다.

피로파괴에는 비교적 작은 응력에 의한 작은 변형만 수많은 횟수로 일어나는 **고주기 피로**(high-cycle fatigue)와 상당히 큰 응력이 비교적 느린 주기로 작용되는 **저주기 피로**(low-cycle fatigue)가 있다. 그림 3-18 (a)의 전동차의 차축이나 (b)의 발전기의 회전자 등의 경우는 전자에 해당되며, (c)의 비행기 동체의 경우는 큰 응력이 작용되지만 그 주기가 느린 편이므로 후자에 해당한다. 이 구분은 수명기간 중의 응력 작용횟수 10^4회를 기준으로 나누기도 한다.

피로파괴는 그림 3-21에 표시된 바와 같이 압축 및 인장하중이 번갈아 작용되는 교번응력(交番應力, reversed stress)뿐만 아니라, 같은 방향의 하중일지라도 크고 작은 하중이 반복적으로 작용되는 반복응력(反復應力, repeated stress)에 의해서도 일어난다. 또한 비행기가 돌풍을 만나 예기치 않은 과부하를 받는 것과 같이 주기적인 불규칙 응력이 작용되는 경우에는 그 평균값에 해당하는 하중이 일정하게 작용되는 경우에 비하여 파괴되기가 더 쉽다.

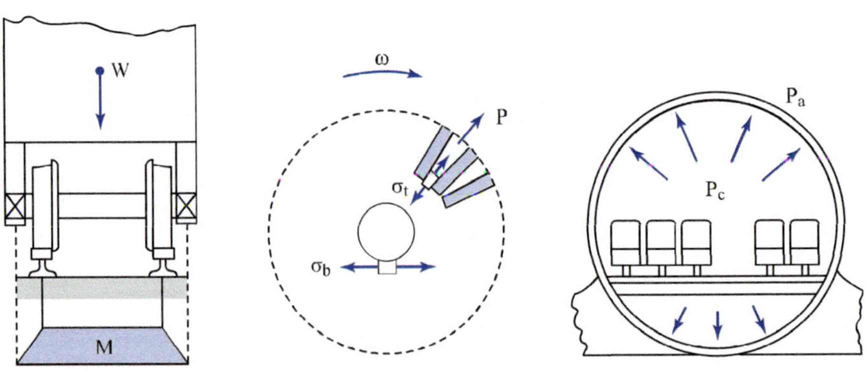

(a) 전동차 차축 (b) 발전기 모터 (c) 비행기 동체

[그림 3-19] 피로파괴를 일으키는 대표적인 사례

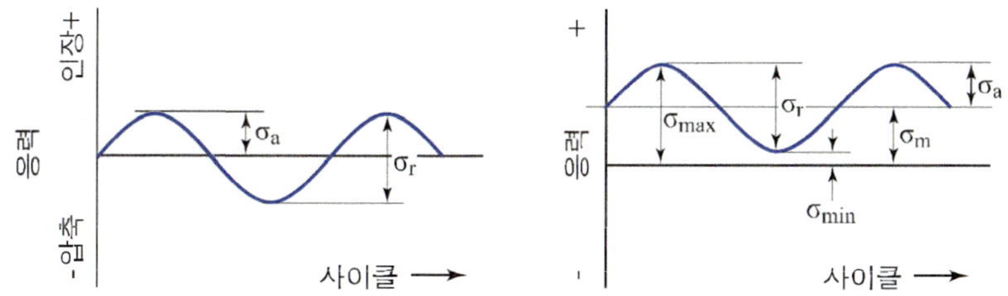

(a) 교번응력 (b) 반복응력

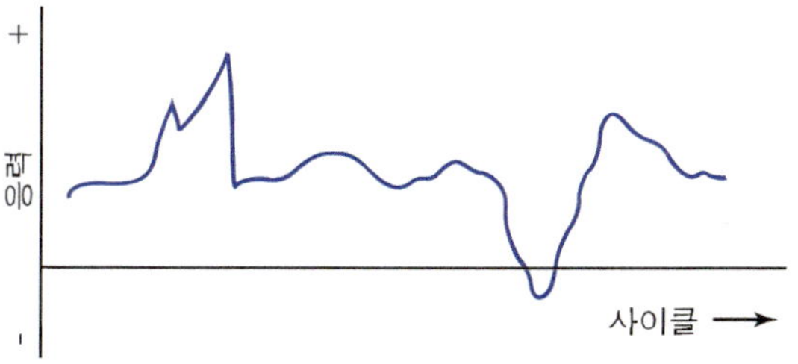

(c) 불규칙응력

[그림 3-20] 피로응력 사이클

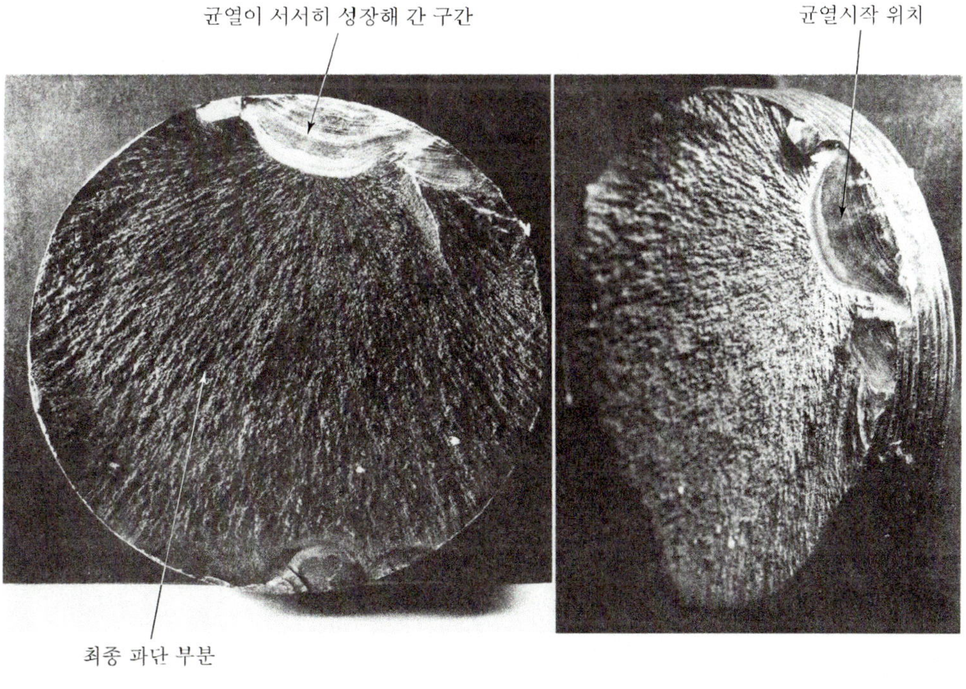

[그림 3-21] 나사가 있는 AISI4340 강제 피스턴 로드에 발생된 전형적인 피로 파단면[4]. 균열은 나사의 골에서 출발하였으며, 밝은 부분은 균열이 서서히 성장해 가는 과정에 해당하는데 조가비 문양이 선명하다. 그 아래의 방사선 방향의 섬유상의 파면은 최종 순간에 한꺼번에 파단된 부분이다. 왼편 ×0.5, 오른편 ×0.67

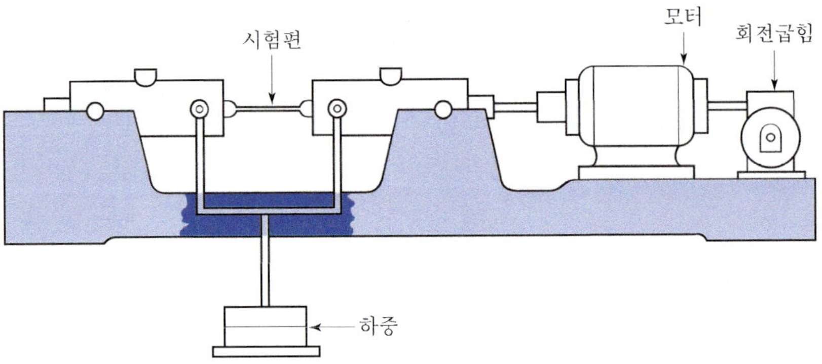

[그림 3-22] 피로시험기 기구도

피로균열은 주로 재료 내외부의 각종 결함, 필렛(fillet), 키 홈(key way), 나사, 노치 등과 같이 응력이 집중되는 부위에서 시작된다. 그림 3-22는 피스턴 로드의 피로파단면을 보여주는 사진으로서 나사부분에서 균열이 시작된 사례이다. 사진에서 위쪽의 밝은 부분은 피로균열이 서서히 성장해가는 과정에 해당하고, 그 아래 부분은 최종 순간에 한꺼번에 파단된 부분이다. 밝은 부분에는 피로파단면의 특징인 조가비 모양의 무늬(shell pattern)가 나타나 있고 대체적으로 매끈하며, 나머지 부분은 취성 파단면의 특징인 섬유상 파면이다.

피로파괴는 축방향으로의 인장-압축 하중, 회전굽힘 하중, 비틀림 하중의 세 가지에 의하여 일어날 수 있으며, 사용 상태에 맞는 피로시험을 한다. 그림 3-23은 가장 전형적인 피로시험법인 회전굽힘 피로시험기의 기구도이다. 피로시험의 결과는 **SN곡선**으로 표시된다. *SN*곡선의 세로축은 응력축으로서 응력진폭 $1/2(\sigma_{max}-\sigma_{min})$이 표시된다. 또 가로축은 피로파괴가 일어나기까지 하중을 작용한 횟수를 나타내며 log값으로 표시한다.

그림 3-24를 보면 작용 응력이 커지면 파괴에 이르기까지의 응력 작용횟수가 감소되며, 작용응력의 크기가 감소되면 그 수명(응력작용횟수)은 증대하게 되는 경향을 보이고 있다. 그런데 철강재료나 Ti 합금의 경우는 어떤 한계응력에서 곡선이 수평을 이루게 된다. 이것은 이 응력 미만의 응력이 작용한다면 아무리 많은 횟수가 작용되더라도 파단되지 않는다는 것을 의미하며, 이 응력값을 **피로한도**(疲勞限度, fatigue limit)라 한다. 따라서 철강재료와 Ti 합금의 경우는 이것을 설계기준으로 삼으면 된다. 이에 비해 Al, Cu, Mg 등의 비철 합금에서는 피로한도가 없다. 따라서 작은 응력이라도 수많은 횟수가 작용하게 되면 언젠가는 파괴가 일어난다는 것을 의미한다. 따라서 이 경우는 용도에 따라 일정한 기준 횟수(보통 $10^7 \sim 10^8$번, 재질이나 파괴시에 일어날 수 있는 피해의 정도 등을 감안하여 결정)까지 파괴를 일으키지 않고 견딜 수 있는 최대 응력을 측정하여 설계의 기준으로 삼는데, 이것을 **피로강도**(疲勞强度, fatigue strength)라고 한다.

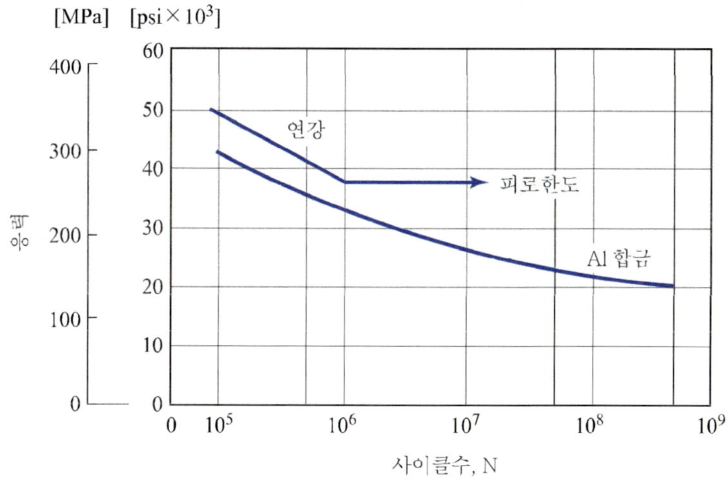

[그림 3-23] 연강과 Al 합금의 SN 곡선

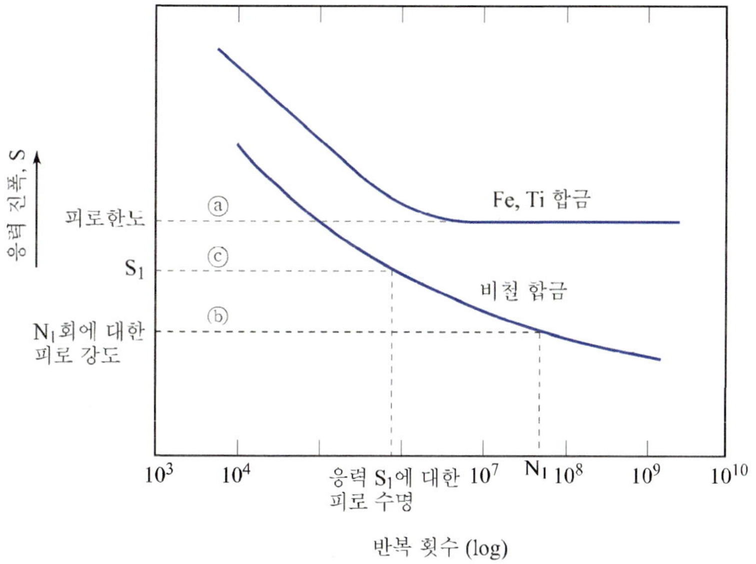

[그림 3-24] 금속재료의 피로강도를 정하는 방법

그림 3-25에는 피로강도를 정하는 방법이 함께 표시되어 있다. 철강재료나 Ti 합금의 경우는 피로한도 값을 피로강도 값으로 삼으면 된다(ⓐ). 그러나 Ti 이외의 비철금속의 경우는 피로한도 값이 없으므로 설계기준 횟수인 N_1번까지 사용할 수 있는 응력 값인 설계기준 응력으로 정하여 설계한다(ⓑ). 그밖에 이와는 반대로 이 SN 곡선에서는 사용 응력(S_1)이 한정되는 경우의 재료의 수명 횟수를 알 수 있다(ⓒ).

그림 3-26은 플라스틱 재료의 SN 곡선을 보여주고 있는데, PMMA의 경우는 철강재료와 마찬가지로 피로한도가 있으며, 나일론 6의 경우는 그렇지 않음을 알 수 있다.

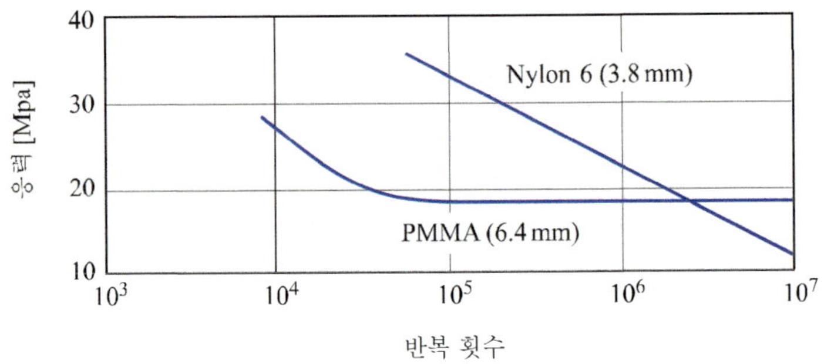

[그림 3-25] 플라스틱 재료의 *SN* 곡선

3-6 크립(creep) 시험

3.6.1 크립과 크립파괴

실온에서는 대부분의 금속의 인장성질은 시험시간과는 관계가 거의 없다고 보아도 무방하다. 그러나 0.4 Tm 이상의 고온에서는 인장성질이 변형속도와 시험시간에 따라 크게 달라지며, 항복강도보다 훨씬 작은 하중에서도 시간의 경과에 따라 상당한 속도로 변형이 진행되어 장시간이 지나면 결국은 파괴된다. 이와 같이 일정한 응력을 받아 소성변형이 시간의 경과에 따라 서서히 진행하는 현상, 즉 시간의존성 소성변형(time dependant plastic deformation)을 **크립**(creep)이라 하는데, 이러한 현상은 온도가 높을수록 현저하다. 그림 3-26은 크립 파괴를 일으킨 제트엔진 터빈 블레이드의 모습을 보여주는 사진이다.

크립 시험은 일정한 온도로 유지되고 있는 인장시편에 일정한 하중을 가하여 시간의 경과에 따른 시편의 변형 양상을 측정하는 것이다. 크립 시험의 결과는 시간의 경과에 따른 시편길이의 변형률을 표시하는 크립 곡선으로 나타내며 이 곡선의 기울기를 **크립 속도**(creep rate)라고 한다.

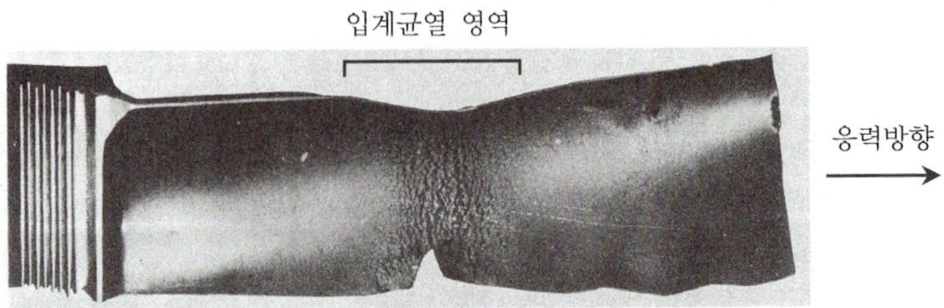

[그림 3-26] 제트엔진 터빈 블레이드의 크립 파괴[5)]

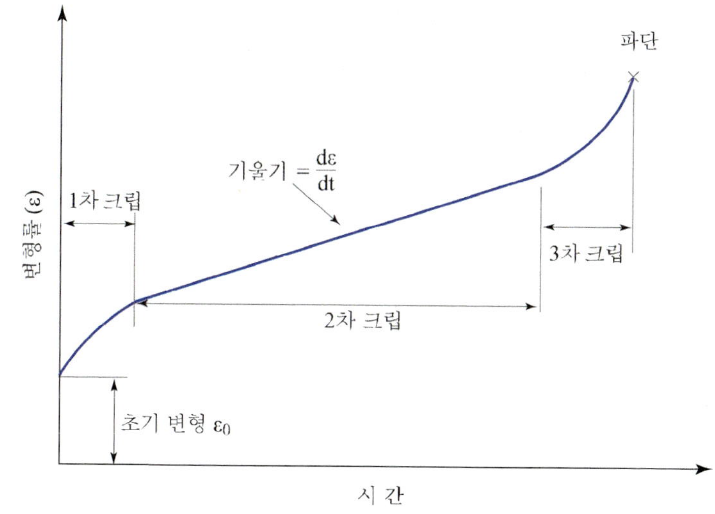

[그림 3-27] 전형적인 크립곡선

그림 3-27의 크립 곡선을 보면 보는 바와 같이 하중이 가해지는 순간 주로 탄성변형에 의한 초기 신장(伸張)이 일어나게 되며, 그 이후 다음과 같은 세 단계의 크립 변형이 진행된다.

제 1 기의 **천이 크립**(transient creep)은 초기의 큰 크립 변형속도가 가공경화로 인해 점차 작아져 마침내 일정한 속도를 유지하게 되기까지의 과정이다. 제 2 기의 **정상 크립**(steady state creep)은 크립 속도가 일정해지므로 이 구간의 곡선의 기울기를 **정상 크립 속도**라 한다. 정상 크립 속도는 실제 사용 구간에서의 크립 속도를 나타내므로 고온용 재료의 설계시 중요한 기준 자료가 된다. 제 3 기는 **가속 크립**(accelerated creep) 단계로서 변형속도가 다시 증가하여 파단에 도달할 때까지 기간을 말하며, 위험 구간이므로 재료의 수명에는 포함할 수 없다.

한편 작용 응력과 사용온도가 높을수록 크립 속도가 큰 것은 당연하다 할 것이다. 실제로 응력이 2배로 증대할 때 크립 속도는 수 배로 커지는 경우도 있으며, 재료의 종류, 온도 및 응력에 따라서는 천이 크립으로부터 곧 바로 가속 크립 단계로 이동하거나 또는 천이 크립이 나타나지 않고 정상 크립과 가속 크립만 나타나는 경우도 있다. 금속의 경우 온도가 0.4Tm 즉, 절대온도로 용융점의 0.4배 이하인 온도에서는 크립변형이 거의 일어나지 않으며, 그 이상의 온도에서는 그림 3-28에서 보는 바와 같이 작용 응력이나 온도가 상승하면, 최기 변형량이 증대하고 정상 크립 속도가 증대하며, 파단 수명이 짧아진다. 그림 3-29는 S590 합금(20Cr-19, 4Ni, 19.3Co, 4W, 4Nb, 3.8Mo, 0.4C 나머지 Fe)에 관하여 도시한 것으로서 정상 크립 속도에 미치는 응력과 온도의 이러한 영향을 잘 보여주고 있다.

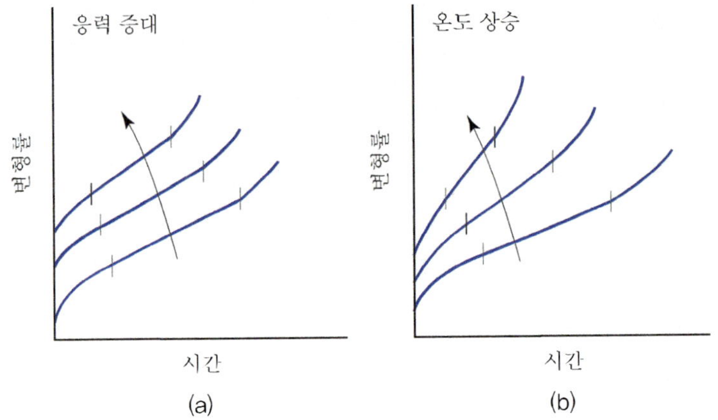

[그림 3-28] 정상 크립 속도에 미치는 응력과 온도의 영향. 정상 크립 속도는 응력이나 온도의 상승에 따라 급격히 커짐.

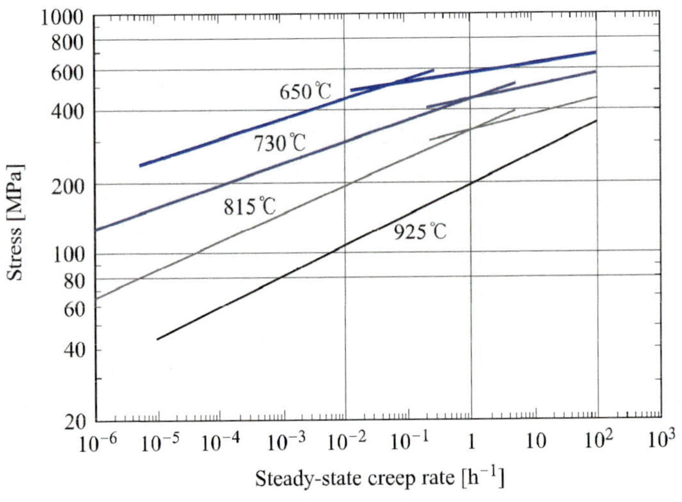

[그림 3-29] S590 합금에 정상 크립 속도에 미치는 응력과 온도의 영향(S590 합금 : 20Cr, 19.4Ni, 19.3Co, 4W, 4Nb, 3.8Mo, 1.35Mn, 0.43C 나머지 Fe)[6)]

3.6.2 크립 강도 및 크립 파단강도

크립 시험은 그림 3-30에서 보는 바와 같이 시험편을 가열하여 일정한 온도를 유지하면서 정해진 하중을 작용하여 시간의 경과에 따른 변형률 변화를 기록하면 된다.

사용 온도와 기준 수명이 주어지면 이 시험의 결과물인 크립 곡선으로부터 재료의 **크립 강도**를 구할 수 있으며, 반대로 사용 온도와 작용 응력이 주어지면 수명을 구할 수 있다. 물론 작용 응력과 기준 수명이 주어지면 사용 가능 온도를 정할 수도 있다. 예를 들어 그림

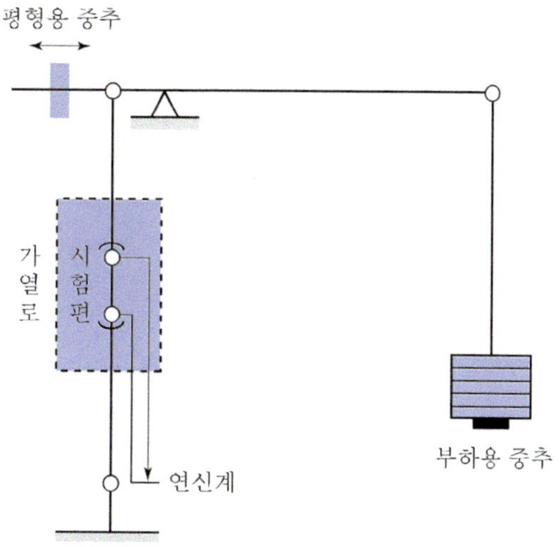

[그림 3-30] 단일 레버식 크립 시험기

3-31과 같은 크립 곡선에 있어서, 민간 항공기의 터보엔진 블레이드의 경우처럼 어떤 사용 온도에서 1,000시간/0.1% 변형률이 기준이라면 크립 강도는 σ_3이 될 것이며, 군용 비행기처럼 100시간/0.1% 변형률이 기준이라면 크립 강도는 σ_1이 될 것이다. 이를 역으로 생각해 본다면 이 재료를 군용 비행기에 적용하는 경우 같은 온도에서 σ_1의 응력이 작용한다면 설계기준 변형률까지의 사용수명이 100시간이라는 의미가 되며, 따라서 이 부품의 정비 기준 시간은 100시간으로 정해질 것이다(그러나 평시에는 최대 추력을 사용하는 경우가 드물기 때문에 실제로는 이 보다 훨씬 더 길게 정하는 경우가 대부분이다).

한편 예를 들어 항공기 엔진의 블레이드나 로켓 모터 노즐과 같이 사용기간이 짧고 일정한 정도 이상 변형이 되면 제 성능을 보장할 수 없게 되는 경우는 크립 강도가 중요한 설계기준이 된다. 그러나 변형이 어느 정도 허용되더라도 파단되지 않고 사용할 수 있는 기간이 중요한 경우에는 비교적 큰 응력에 의하여 시편이 파단될 때까지의 시간을 측정하게 되는데 이것을 **크립 파단시험**(creep rupture test)이라 한다. 이 시험에서 얻어지는 **크립 파단강도**(creep-rupture strength)는 예를 들어, "700℃ 1,000시간 크립 파단강도 20 kgf/mm^2"와 같이 표시하는데, 이것은 700℃에서 1,000시간까지 파단되지 않고 사용할 수 있도록 설계하고자 한다면 기준 응력값이 20 kgf/mm^2이라는 것을 의미한다.

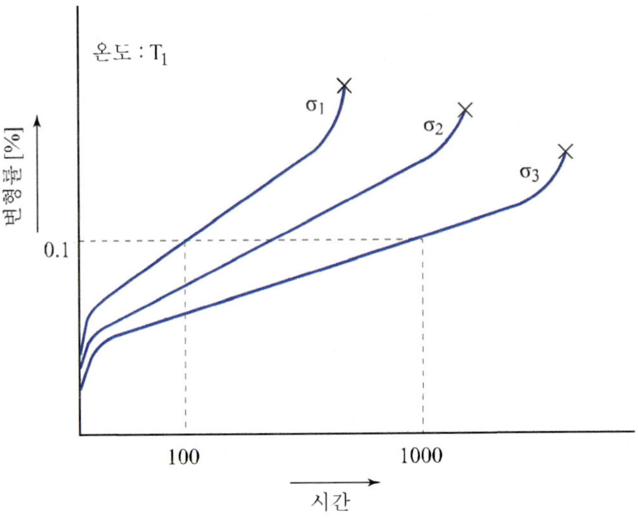

[그림 3-31] 크립 강도 결정법

그림 3-32는 S590합금에 대한 크립파단 시험 결과를 표시한 것으로서 크립파단 수명이 작용되는 응력이 클수록, 사용 온도가 높을수록 감소됨을 알 수 있다.

한편 크립 파단 시험은 비교적 짧은 시간에 이루어지지만, 증기 터빈이나 원자력 플랜트와 같이 수 십년 이상의 장기간 사용하는 경우는 실험을 수행하기가 어렵다. 이런 경우는 단시간의 크립 파단 시험 결과를 활용하여 라슨-밀러법[7]에 의해 추정할 수 있다.

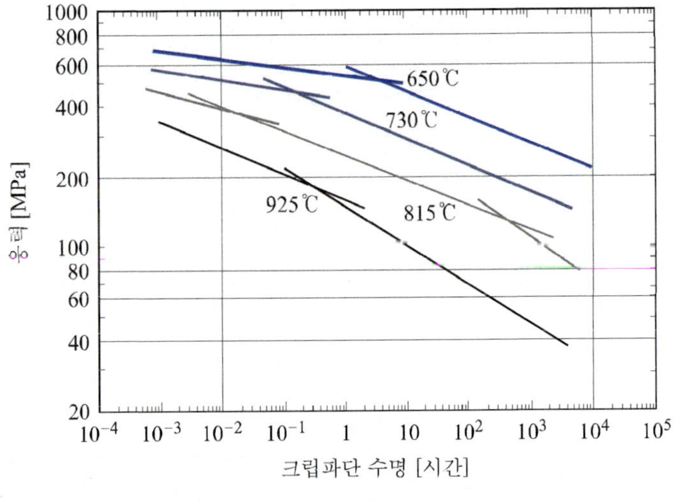

[그림 3-32] S590 합금의 크립파단 시간에 미치는 응력과 온도의 영향(S590 합금 : 20Cr, 19.4Ni, 19.3Co, 4W, 4Nb, 3.8Mo, 1.35Mn, 0.43C 나머지 Fe)[6]

$$\text{Larson-Miller 파라미터} = T(C + \log t_r) \tag{3.16}$$

단, 여기서 C는 상수(금속의 경우 대개 20-22), T는 절대온도(°K), t_r은 파단시간이며, 라슨-밀러 파라미터는 그림 3-33과 같은 응력과 라슨-밀러 파라미터의 관계도[6)7)]에서 구할 수 있다.

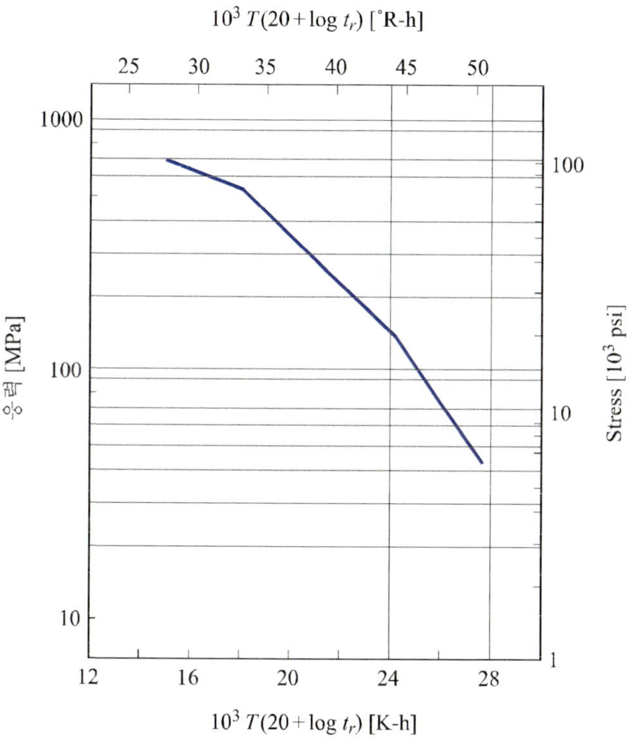

[그림 3-33] S-590 합금의 응력과 Larson-Miller 파라미터의 관계[7)]

3-7 재료의 특성에 대응한 설계 및 관리

여러 가지 용도의 재료에서 요구되는 성질에는 앞에서 설명한 것 이 외에도 대단히 많은 종류가 있으며, 용도나 사용환경에 따라 이러한 성질들이 기계적 성질보다 훨씬 더 중요하게 작용하는 경우도 있다.

내외부 기계 구조물을 조립하는 방법 중에 **열박음**이라는 것이 있다. 이것은 먼저 서로 삽입할 수 없을 정도의 크기로 가공한 다음, 외부 구조물을 가열한 후 내부 구조물을 끼워 넣은 다음 냉각하여 수축에 의해 억지 끼워맞춤하는 방법이다. 그림 3-34에 표시된 머시닝센터용 엔드밀의 경우는 열박음하면 공구날의 편심을 최소화하여 가공 공차를 저감할 수 있다. 열박음은 베어링, 자동차 엔진의 실린더 라이너 등 각종 기계 부품의 조립 과정에서 대단히 많이 사용되고 있으며, 정반대의 원리로 조립하는 **냉박음**도 있다. 이들의 경우 너무 헐거워도 안되겠지만, 너무 강하게 결합해도 큰 잔류응력이 발생하여 사용 중 변형이나 균열이 일어나게 된다. 따라서 엔지니어는 공차는 물론 각 재질의 열팽창이나 강도 등 재료의 제반 성질에 대해서도 정확한 지식을 갖추어야 한다. 또 다른 예를 들어보자. 가정용 냄비의 재료로 알루미늄과 스테인리스강이 주로 사용되는데, 전자는 일반적인 금속재료 중 열전도도가 대단히 우수한 편에 속하고 후자는 가장 나쁜 편에 속한다. 동일한 제품에 이렇게 상반된 성질의 재료를 모두 사용되고 있는 것은 이들의 특성에 따라 용도가 다르기 때문이다. 즉, 전자는 빠르게 가열하는 것을 목적으로 사용하고, 후자는 조리후 보온이 중요한 경우에 주로 사용한다. 또한 이들을 잘 관리하기 위해서는 부식 특성에 대해서도 잘 이해하고 있어야 한다.

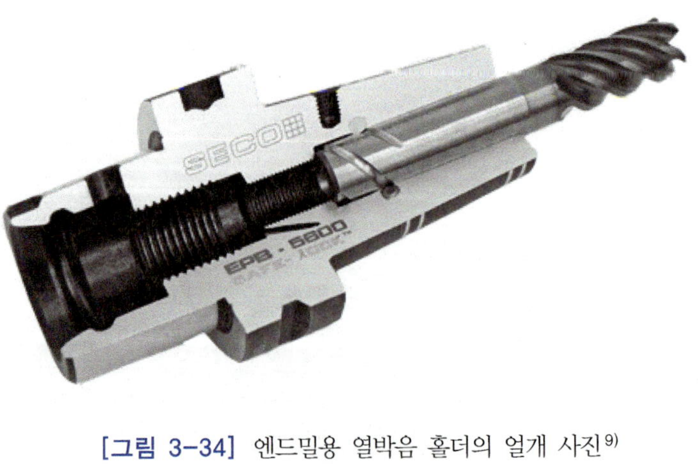

[그림 3-34] 엔드밀용 열박음 홀더의 얼개 사진[9)]

이와 같이 재료의 설계, 제조, 관리 및 유지 보수 등의 측면에 있어서는 재료의 사용 용도와 사용 환경 등에 따라 그림 3-35에 표시한 바와 같은 재료의 각종 특성들을 적절히 감안해야 한다. 이러한 재료의 특성으로는 다음에 열거한 것들이 있으며, 이 책에서는 이들 중 많은 것들에 대하여 고찰하게 될 것이다.

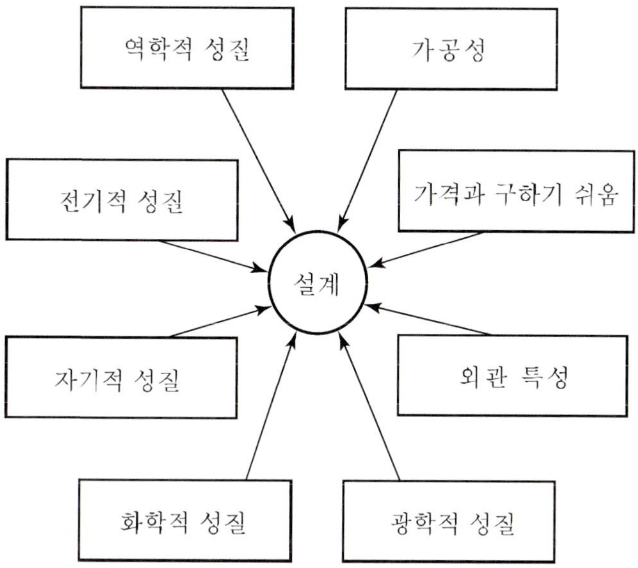

[그림 3-35] 제품의 설계, 제조, 관리 등에 영향을 미치는 엔지니어링 재료의 특성들

참고문헌

1) U. S. Steel Corporation

2) H. W. Hayden and J. Wulff, The Structure and Properties of Materials, vol. Ⅲ, Mechanical Behavior, 1965, John Wiley and Sons, NY

3) Metals Handbook, 9th ed., vol.1, 1978, p36, p461, American Society for Metals 및 Metals Handbook, 9th ed., vol.2, 1979, p.327, American Society for Metals의 데이터를 조합하여 재작성함

4) H. E. Boyer(ed.), "Fractography and Atlas of Fractographs", Metals Handbook, vol. 9, 8th ed., p.132, 1974, American Society for Metals (ASM International의 게재 허가를 득함)

5) Kathleen Mills(ed.), "Failure Analysis and Prevention", Metals Handbook vol.11, 9th ed., p. 29, 1986, American Society for Metals (ASM International의 게재 허가를 득함)

6) www.asminternational.org

7) F. R. Larson, Frank R. and J. Miller, Trans ASME, vol.74, pp.765-775, 1952

8) 세코툴스 제공

제 4 장 금속의 소성가공과 풀림

Introduction to Engineering Materials

금속재료의 장점 중의 하나로 소성가공이 가능하다는 점을 들 수 있다. 소성가공(塑性加工)에는 프레스(press), 압연(壓延, rolling), 단조(鍛造, forging), 인발(引拔, drawing), 압출(壓出, extrusion) 등이 있으며, 가공온도에 따라 **열간가공**과 **냉간가공**으로 나눌 수 있다.

재료의 변형은 외력(外力)에 의하여 재료에 작용되는 전단응력(剪斷應力, shear stress)에 의하여, 원자가 이동한 결과라 할 수 있다. 이때 가해진 외력이 제거되어도 변형이 계속 남아 있게 되는 경우를 **소성변형**(塑性變形, plastic deformation)이라 하고, 이와 반대로 원형으로 복구되는 경우를 **탄성변형**(彈性變形, elastic deformation)이라 한다.

소성변형의 기구(機構)는 전위의 이동, 쌍정의 발생 등에 의하여 설명된다. 전위는 재료의 소성변형, 가공경화, 풀림, 재료의 강화, 재료의 파괴 등에 관여되어, 각종 기계적 성질에 결정적인 영향을 미친다. 이 장에서는 전위의 거동을 중심으로 소성변형, 가공경화, 재결정 등의 현상에 대하여 알아보기로 한다.

4-1 소성변형

4.1.1 슬립(slip)

결정체에 외력이 가해지면 그 분력(分力)은 여러 원자층에 대하여 전단응력이 작용하게 하며, 이때 원자면의 변형에 대한 저항력(항복강도)이 원자간 결합력(강도)보다 작을 경우

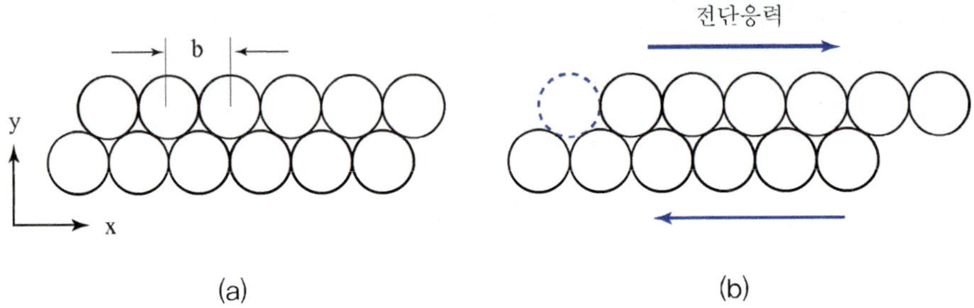

[그림 4-1] 전단력에 의한 원자층의 미끄럼변형

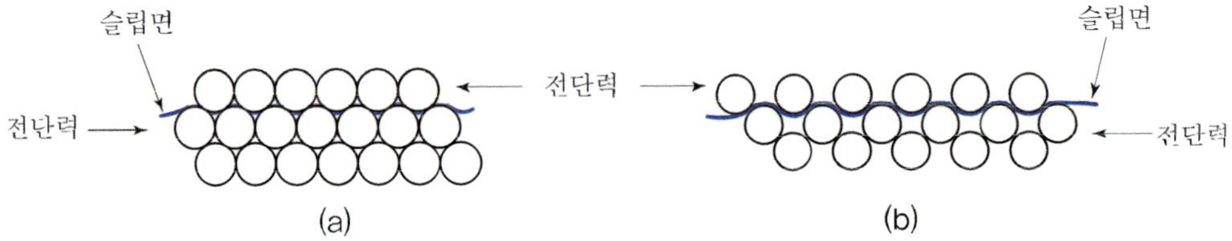

[그림 4-2] 조밀한 면과 성긴 면의 슬립의 비교

는 재료가 파단되기 전에 변형이 먼저 일어난다. 이때 작용되는 전단응력이 어떤 한도 이상으로 되면 원자층은 그림 4-1에서 보는 바와 같이 미끄러져 이동하게 되는데, 이러한 **슬립**(slip) 또는 **미끄럼 변형**이 일어나는 면과 방향을 각각 **슬립면**과 **슬립방향**이라 한다.

이때 원자의 이동은 에너지가 적게 소요되는 쪽으로 진행될 것이므로 슬립면과 슬립방향은 그림 4-2에서 보는 바와 같이 결정 내에서 가장 원자밀도가 높은 면과 그 면 중에서 가장 원자 밀도가 높은 방향이 된다. 따라서 표 4-1에 표시한 바와 면심입방격자의 경우는 {111}면과 〈110〉방향이 대표적인 슬립면과 슬립방향이다. 체심입방격자의 경우는 {110}면, {112}면, {123}면이 모두 가장 조밀한 면으로서 〈111〉방향으로 슬립이 일어나기는 하나 슬립면은 온도에 따라 다르다. 조밀육방격자의 경우는 주로 {0001}면 내의 〈1120〉방향으로 슬립이 일어나나 그렇지 않은 경우도 있다.

슬립면과 슬립방향을 합하여 **슬립계**(slip system)라 하는데, 결정 내에 이러한 슬립계의 개수가 많을수록 소성변형이 잘 일어난다. 표 4-1에서 보는 바와 같이 면심입방격자 금속은 슬립계가 12개이고, 조밀육방격자 금속의 경우는 3개이다. 따라서 일반적으로 전자가 후자에 비하여 연성이 더 크며, 체심입방격자 금속은 경우에 따라 다르다. 세라믹 재료의 경우는 버거스 벡터가 크고(그림 4-1의 (a)에서 $\vec{b}$로 표시) 슬립계의 갯수가 적기 때문에 상온에서는 소성변형이 잘 일어나지 않으며 경도와 취성이 크다. 그러나 이들의 경우도 고온(용융점의 1/2 정도)에서는 작용할 수 있는 슬립계의 개수가 증가하므로 연성이 어느 정도 증대된다.

[표 4-1] 일반 금속의 주된 슬립계

결정격자	슬립면	슬립방향	슬립계의 개수	단위격자 도시	예
bcc	{110}	$\langle \bar{1}11 \rangle$	$6 \times 2 = 12$	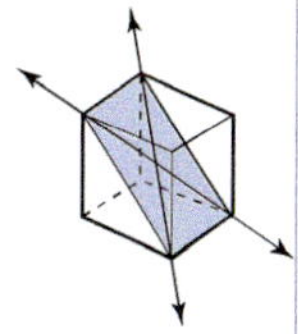	α-Fe, Mo, W
fcc	{111}	$\langle 1\bar{1}0 \rangle$	$4 \times 3 = 12$	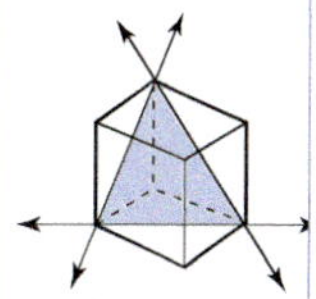	Al, Cu, γ-Fe, Ni
hcp	(0001)	$\langle 11\bar{2}0 \rangle$	$1 \times 3 = 3$	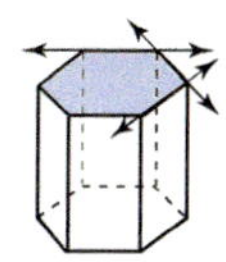	Cd, Mg, α-Ti, Zn

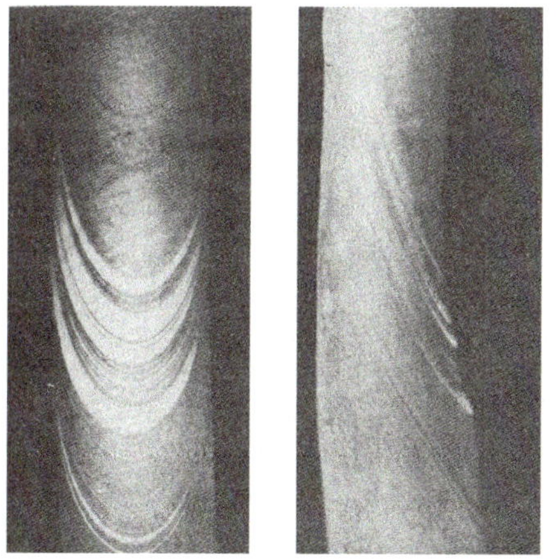

(a) (b)

[그림 4-3] Zn 단결정의 미끄럼변형[1)]

그림 4-3과 그림 4-4는 각각 단결정체와 다결정체의 슬립 현상을 관찰한 것으로서 단결정체 경우는 마치 가래떡을 썰어 놓은 것과 같은 모양으로 변형되며, 다결정체의 경우는 현미경으로 관찰하면 수많은 **슬립선**(slip line)이 나타난다.

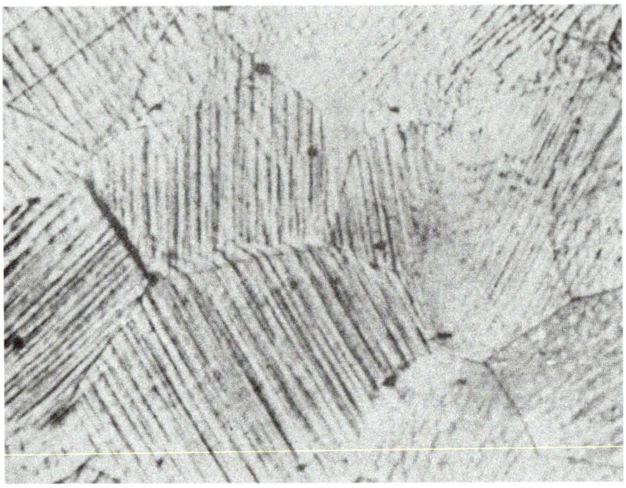

[그림 4-4] 소성가공한 다결정 알루미늄에 나타난 슬립선[2)]

4.1.2 쌍정 변형(雙晶變形, twinning)

소성변형은 주로 슬립에 의하여 진행되지만 특수한 재료나 조건하에서는 쌍정 변형에 의해 진행되기도 한다. 쌍정 변형이란 그림 4-5에 표시된 바와 같이 전단응력에 의하여 결정체가 변형될 때 변형된 부분과 변형되지 않은 부분의 결정들이 어떤 결정면을 중심으로 서로 대칭을 이루게 되는 것을 말한다. 그리고 쌍정변형의 결과 서로 대칭을 이루게 형성된 결정을 **쌍정**(雙晶, twin), 그 대칭면을 **쌍정면**(雙晶面, twin plane)이라 한다.

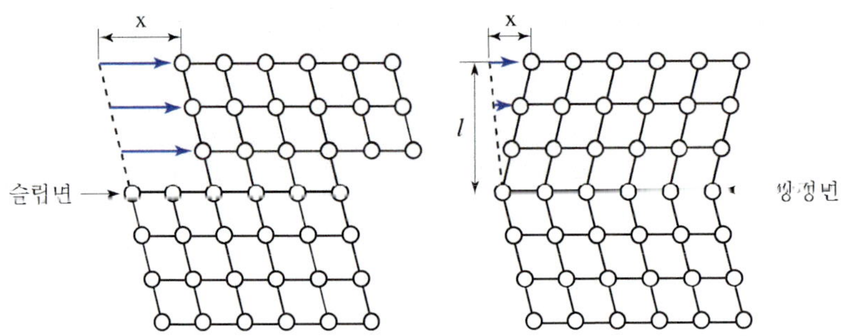

(a) 슬립 (b) 쌍정

[그림 4-5] 슬립과 쌍정변형의 비교

[그림 4-6] 쌍정과 전위선을 보여주는 전자현미경 사진[3)]

쌍정면은 전위의 이동에 대하여 대단히 우수한 장애물 역할을 한다. 그림 4-6은 먼저 슬립이 일어난 후 쌍정변형을 일으킨 경우를 관찰할 수 있는데 쌍정면 좌우의 슬립선이 서로 대칭으로 나타나 있어서 그 양쪽의 원자배열 방향이 서로 대칭임을 알 수 있다.

어떤 재료가 변형될 때 슬립변형과 쌍정변형 중 어느 쪽이 진행되느냐 하는 것은 외력이 가해지는 상황에서 어느 쪽이 더 작은 응력을 필요로 하는가에 따라서 결정되며, 여기에는 결정구조, 온도, 변형속도, 합금원소의 양 등이 큰 영향을 미친다.

4.1.3 전위의 이동에 의한 소성변형

소성변형이 슬립에 의하여 일어난다고 하지만, 그림 4-1에 표시한 바와 같이 슬립면에 접해 있는 모든 원자가 동시에 이동하여 슬립이 진행된다는 생각은 무리이다. 왜냐하면 결함이 없는 완벽한 결정에서 슬립이 일어나려면 이론상으로 $\tau \doteqdot G/2\pi$ 즉, 횡탄성계수 G의 약 1/6이라는 대단히 큰 전단응력[4)5)]을 극복하여야 하기 때문이다. 이 값은 실제의 소성가공에 필요한 전단력에 비하여 수백 내지 수천배 큰 값이며, 이것은 결정 내의 어떤 결정결함이 슬립에 관여하거나 또는 슬립이 전체 슬립면에서 동시에 진행되지 않기 때문에 재료의 실제 강도가 이론값에 비하여 그 만큼 작다는 것을 의미한다. 이러한 현상을 설명하기 위하여 도입된 것이 **전위**(轉位, dislocation)이며, 슬립이 결정면 전체가 아니라 어느 부분에서 제한적으로 발생하고 그것이 점차 파급되어 간다는 가정으로부터 출발한 것이다.

그림 4-7과 같이 어떤 쐐기 전위에 전위선에 수직방향인 전단력이 작용하게 되면 슬립

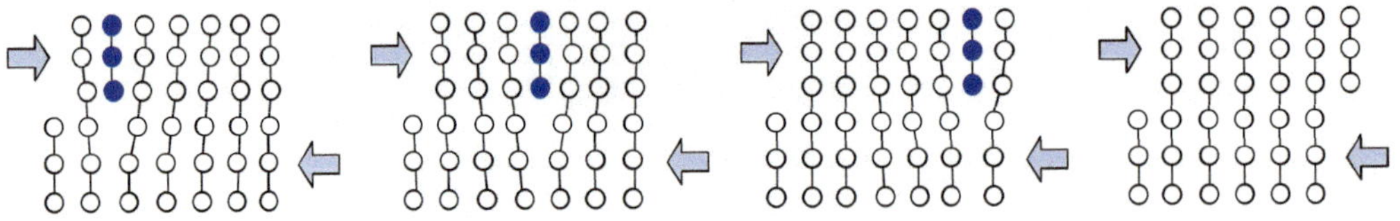

[그림 4-7] 슬립 변형시 전위의 움직임을 보여주는 모식도

면 윗부분은 오른쪽으로 밀리게 될 것이다. 이때 전단력이 어느 정도 이상 커지면 원자간 결합이 파괴되어 전위는 한 칸 이동하게 되며, 이런 과정이 반복되면 전위는 오른쪽 끝까지 나오게 되며 그 만큼의 소성변형이 이루어진다.

이러한 과정은 마치 그림 4-8에 표시된 당구공의 움직임과 유사하다. 즉, 그림 4-8(a)에서 보는 바와 같이 서로 붙어 있는 당구공에 다른 공이 뒤로 부터 와서 부딪힌다면 그림 (b)와 같이 원래의 두 공이 동시에 이동하는 것이 아니라 앞의 공만이 튀어나가게 된다.

원자의 경우도 마찬가지로 만일 전위가 없다면 층의 원자들은 한꺼번에 이동하여야 한다. 그러나 전위가 있다면 그 아래면의 원자 중 맨 앞쪽 원자가 먼저 전위 아래 위치로 이동하게 되고 그 다음에는 차례로 하나씩 이동하게 될 것이다. 이렇게 되면 원자들이 한꺼번에 이동하는데 비하여 훨씬 작은 전단력에 의해서도 슬립이 가능해진다. 즉, 슬립은 전위의 이동에 의하여 진행된다는 것이다. 이것은 마치 카펫을 옮길 때 카펫 전체를 끌어당기는 것보다 카펫의 일부를 약간 들어 올린 후 이 부분을 밀어가는 것이 훨씬 쉬운 것과 같이, 슬립은 결정면 전체가 아니라 어느 부분에서 제한적으로 발생하고 그것이 점차 파급되어 간다는 것을 말해 주고 있다. 결과적으로 결정체는 전위의 존재로 인하여 완전 결정체에 비하여 훨씬 작은 전단응력에서도 소성변형이 일어나게 되고 강도도 그만큼 작아지는 것이다.

이상에서 우리는 다음과 같이 정리할 수 있다.

- 소성변형 = 슬립면 상에서의 전위의 이동
- 강도가 높다 = 전위의 이동이 어려운 조건하에 있다.

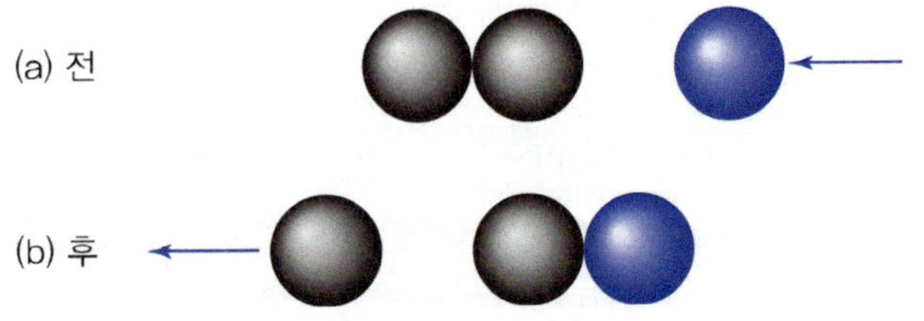

[그림 4-8] 당구공의 충돌이동 양상

한편 이상의 관점에서 본다면 앞에서 언급한 바와 같이 원자밀도가 가장 높은 방향으로 슬립이 일어난다는 것은 당연하다 할 것이다. 왜냐하면 원자밀도가 낮아 원자간의 거리가 멀어 버거스 벡터가 더 커지면 그림 4-2에서 보는 바와 같이 전위의 이동에 그 만큼 더 많은 에너지가 필요할 것이기 때문이다.

4.1.4 전위의 특성

전위는 슬립면상을 이동하며 이 슬립면은 전위선과 버거스 벡터를 포함하는 면이어야 한다. 그리고 이 조건이 만족되면 경우에 따라서는 다른 면으로의 이동이 가능하다. 쐐기전위의 경우는 단지 하나의 슬립면에만 한정되어 이동하지만, 그림 4-9 (a)에서 보는 바와 같이 원자 공공이 전위의 중심 부위로 이동해 가면 **상승**(climb)하여 슬립면을 변경할 수 있다. 이에 비해 나사전위의 경우는 하나의 슬립면에 국한되지 않고 그림 4-9 (b)에서 보는 바와 같이 처음의 슬립면과 같은 방향의 다른 슬립면으로 이동하는 **교차**(交差) **슬립**을 쉽게 일으킬 수 있다. 전위의 상승과 교차 슬립은 슬립면에 장애물이 있을 때 다른 슬립면으로 이동할 수 있는 방법이 되므로 다음 절에 설명하는 가공경화나 회복 현상과 밀접한 관계가 있다.

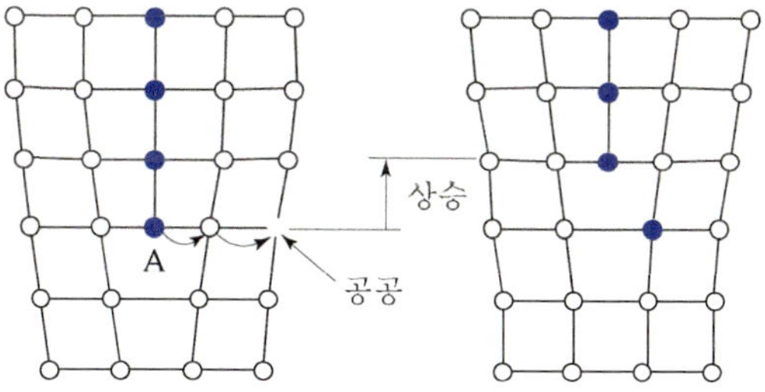

(a) 쐐기전위의 상승

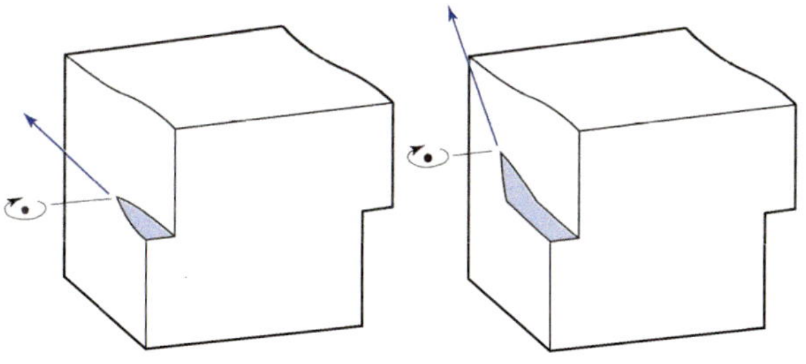

(b) 나사전위에 교차 슬립

[그림 4-9] 전위 이동면의 변경

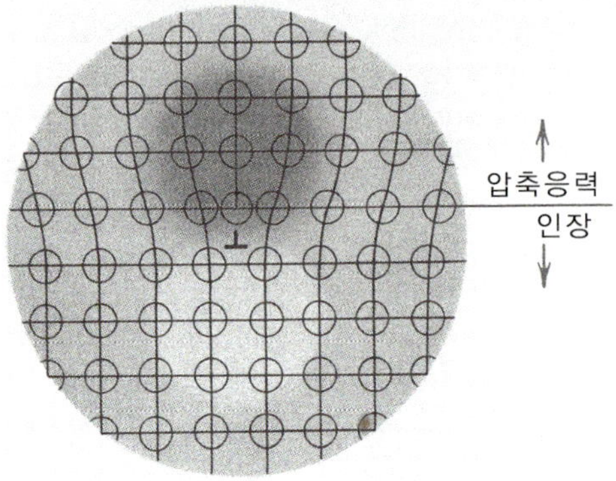

[그림 4-10] 전위 주변의 응력장

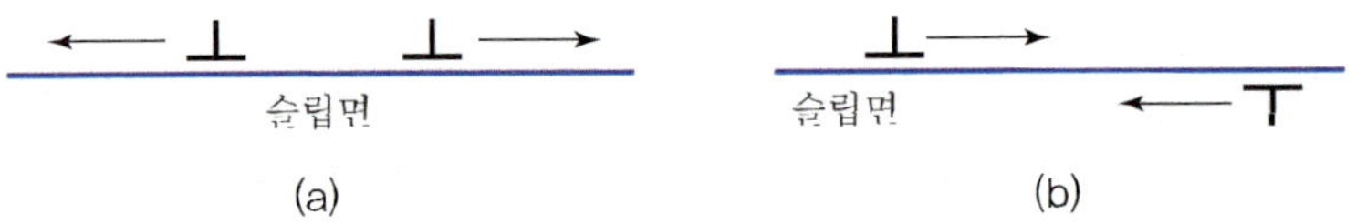

[그림 4-11] 같은 부호 전위간의 상호 배척(a)과 다른 부호 전위간의 합체 소멸(b)

전위의 주위에는 응력장(應力場)이 형성되어 쐐기전위의 주변에는 전단응력도 존재하며, 나사전위의 주변에는 순수한 전단응력만이 존재한다. 쐐기전위의 경우는 그림 4-10에 표시한 바와 같이 여분의 반원자면이 있는 쪽에는 압축응력이, 그리고 그 반대쪽에는 인장응력이 작용하여 주변의 결정에 약간의 격자변형을 일으킨다. 이러한 응력장은 동일 슬립면상에 있는 같은 부호의 전위끼리 서로 반발하게 하여, 어떤 전위 주변을 다른 전위가 이동해 갈 때 큰 저항을 받게 한다. 결과적으로 전위는 소성변형이 일어나기 쉽게 하는 요인이 되지만 그 밀도가 높아지면 소성변형을 방해하는 인자로도 작용하는 것이다. 한편 이와는 달리 서로 다른 부호의 전위의 경우는 서로 끌어당겨 합체하여 소멸되기도 한다. 그러나 이것은 온도가 어느 정도 이상 높아야 가능하며, 다음 절에서 설명하는 풀림연화 과정과 밀접한 관계가 있다.

전위는 완전히 풀림처리하거나, 대단히 조심스럽게 응고시킨 금속 결정에도 상당히 많이 존재하며, 전자의 경우 10^6~10^8개/cm^2 정도가 존재하는 것으로 알려져 있다. 또한 그림 4-7의 슬립 기구에 따르면 소성변형이 진행되면 전위의 개수는 감소되어야 하지만 실제로는 전위가 **증식**(增殖)되어 수% 정도, 소성가공 시는 10^8/cm^2~10^9개/cm^2 정도, 심하게 가공된 경우는 10^{11}/cm^2~10^{12}개/cm^2 정도에 이른다고 한다. 이러한 전위의 증식이 일어나는 전위원(轉位源)으로는 Frank-Read원[6)7)8)]이 가장 널리 알려져 있다. 이것은 양 끝이 고정되어 움직일 수 없는 전위로서, 외력이 작용하면 휘어지면서 전위선의 길이를 확장하거나 새로운 전위를 만든다.

그림 4-12는 실리콘 결정에서 관찰된 전위원을 표시한 것으로서, 해설도 (b)에 표시된 것처럼 아래쪽으로부터 작용되는 외력에 의해 휘어지는 과정에서 전위의 길이가 연장될 뿐 아니라 휘어진 전위가 서로 만나게 되면 새로운 전위가 형성되는 등 마치 물 위에 파문이 일듯이 번져가면서 전위가 증식된다.

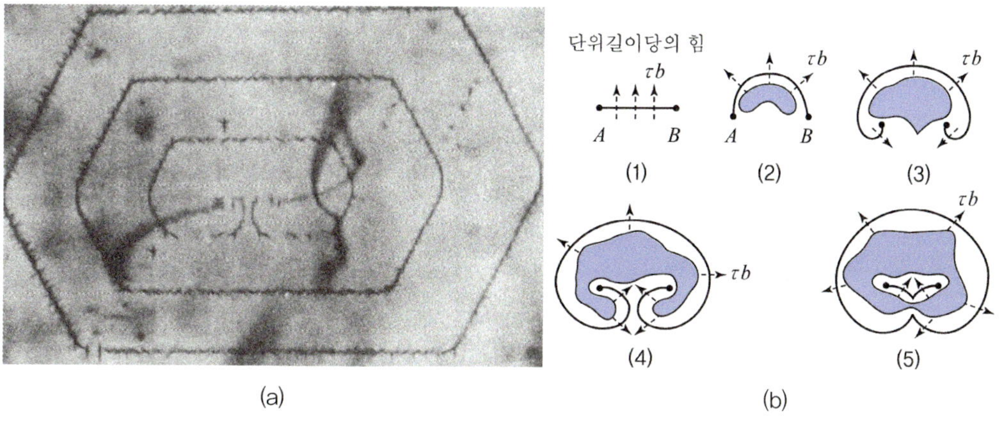

[그림 4-12] 전위의 증식. (a) 실리콘에 나타난 Frank-Read 전위원[8]. (b) (a)에 대한 해설도. 선형의 전위 $\overline{AB}$가 외력에 의해 휘어지고 증식되는 과정

소성변형에 의해 이렇게 전위밀도가 높아지면 앞서 언급한 바와 같이 전위간의 상호 작용에 의해 전위의 이동이 어려워진다. 또한 두 가지 슬립계의 전위들이 결합하여 그 진행방향(두 전위 벡터의 합 방향)이 슬립이 일어나기 어려운 방향으로 된 **부동전위**(不動轉位, sessile dislocation)를 형성하거나, 서로 엉키어 움직일 수 없게 된 **엉킨 전위**(tangled dislocation)를 형성하기도 한다. 이들은 자체도 이동하기 어려울 뿐 아니라 다른 전위의 이동을 방해하는 역할을 하기도 한다. 그 밖에 금속과 불순물 원자간의 반응에 의하여 생성된 미소한 비금속 개재물(非金屬介在物)*1) 입자, 각종 석출물 입자, 결정립계, 상 경계(相境界) 등도 전위의 이동에 대한 장애물로 작용한다. 전위가 이동 중에 이러한 장애물을 만나면 더 이상 전진하지 못하고 모여(집적) 있다가 어느 정도 이상의 큰 응력장이 형성되어야 통과할 수 있게 되며, 이러한 **집적전위**(集積轉位, piled-up dislocation)도 다른 전위의 이동에 대한 장애물이 되기도 한다. 이렇게 높은 전위 밀도나 결정립, 미세 균일한 석출물 등에 의해 전위의 이동이 어려워지면 금속 재료의 강도와 경도가 증대되며, 이들은 각각 금속재료의 가공경화, 입계강화, 석출강화에 상응한다(제 5장 참고).

1) 금속 성분과 각종 불순물간의 화학 반응에 의해 생성된 미소한 화합물 입자.

4-2 소성가공과 풀림

금속의 소성가공은 재결정온도(再結晶溫度)를 중심으로 그 이상에서 실시하는 **열간가공**(熱間加工, hot work)과 그 이하에서 실시하는 **냉간가공**(冷間加工, cold work)으로 나뉜다. 냉간가공시 변형저항을 저감하기 위하여 재결정온도 이하로 가열하여 가공하기도 하는데 이것을 **온간가공**(溫間加工, warm work)이라 한다. 또 7·3 황동*2)과 같이 열간가공이 불가능하여 냉간가공만 시행하는 경우도 있다.

일반적으로 열간가공은 변형이 잘 되어 사용 동력이 작아 가공비나 시설비가 적게 들어 경제적이다. 그러나 산화에 의하여 표면이 깨끗하지 않거나 치수가 정확하지 않게 되는 단점이 있다. 그 반면에 냉간가공은 가공경화로 인해 여러 가지 측면에서 비용이 많이 들지만, 표면이 깨끗하고 치수가 정밀한 제품을 얻을 수 있으며 열간가공 제품에 비해 강도가 높은 장점이 있다.

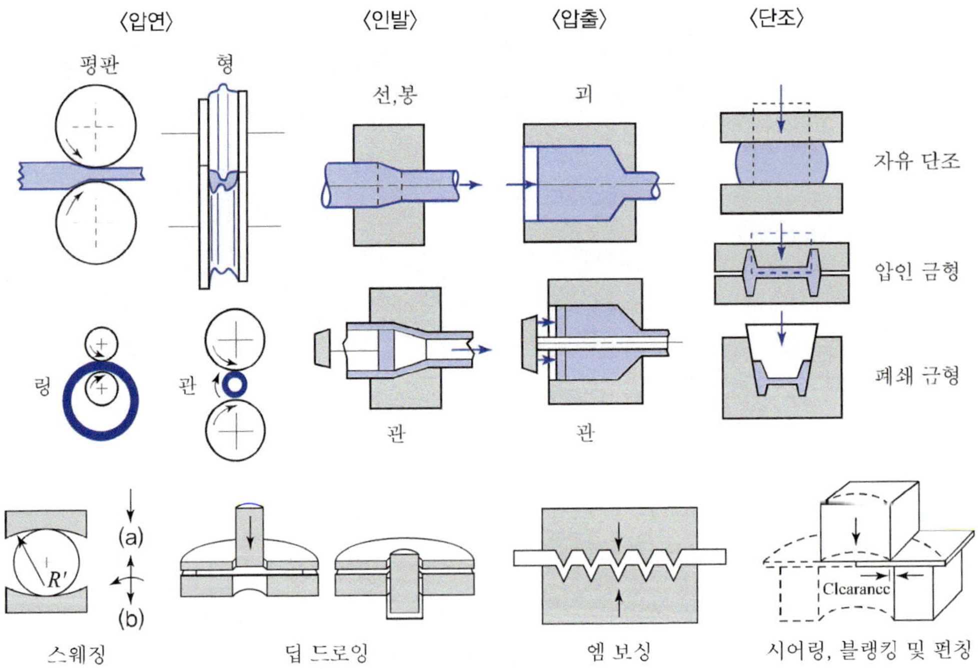

[그림 4-13] 소성가공의 예

2) Cu 70%, Zn 30%가 합금된 황동

4.2.1 냉간가공 및 가공경화

금속재료가 냉간가공(冷間加工)을 받으면 여러 가지 성질에 변화가 크게 일어난다. 그림 4-14는 냉간가공에 따른 극연강의 기계적 성질의 변화를 나타낸 것이다. 이 그림에서 보는 바와 같이 냉간가공도*[3)]가 증가함에 따라 금속재료의 강도, 경도는 증가하고 연율, 단면 수축률은 감소하게 되는데, 이러한 현상을 **가공경화**(加工硬化, work hardening)라 한다. 이때 재료 내부에는 **잔류응력**(residual stress, 또는 내부응력)도 점차 증대하게 되며, 전기전도도와 내식성의 저하도 중요한 성질 변화 중의 하나이다.

가공경화 현상은 주로 소성가공에 따른 전위밀도의 증가에 기인한다. 앞 절에서 언급한 바와 같이 전위는 그 주변의 응력장에 의해 같은 슬립계의 전위끼리는 서로 반발하여 다른 전위의 이동을 방해하게 되며, 따라서 전위밀도가 증가되면 전위의 이동이 어려워지게 되는 것이다. 그리고 전위밀도가 높아지면 집적전위나 서로 엉킨전위, 부동전위 등이 형성될 가능성도 높아져 전위의 이동은 더욱 어렵게 되는 것이다. 그림 4-15는 소성가공에 의한 전위밀도의 증가 양상을 보여주는 것으로서 전위밀도가 어느 정도 이상 높아지면 전위가 결정립내의 특정 부분에 집중분포하여 그림 4-15 (b)에서 보는 바와 같이 전위밀도가 낮은 부분이 전위밀도가 큰 부분으로 둘러싸인 형태를 이루게 된다.

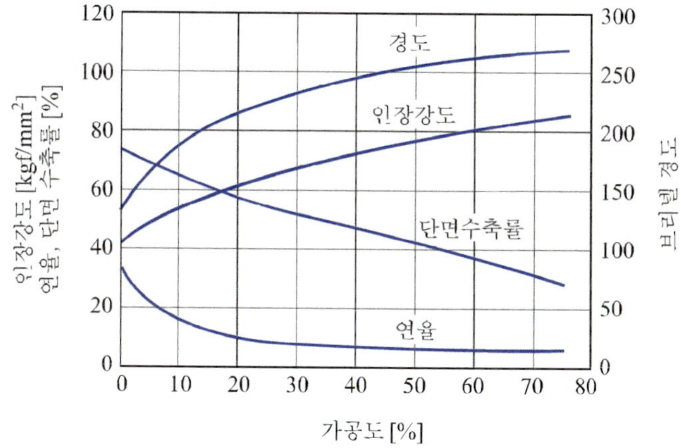

[그림 4-14] 극연강의 냉간가공에 따른 기계적 성질의 변화

3) 소성가공도는 가공 후의 단면적의 감소율로 표시함

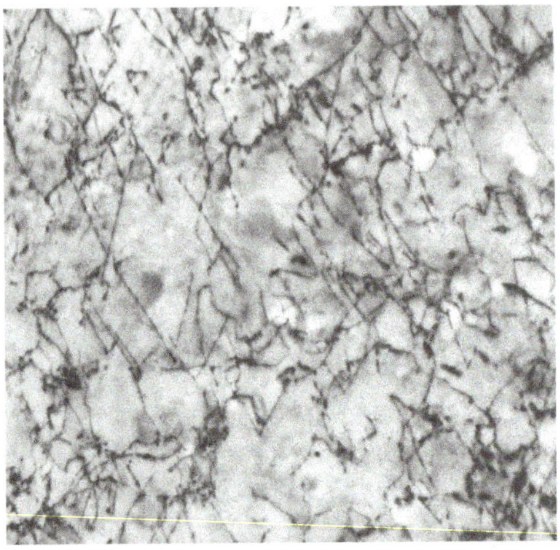

1 μm

(a) 5% 압연시

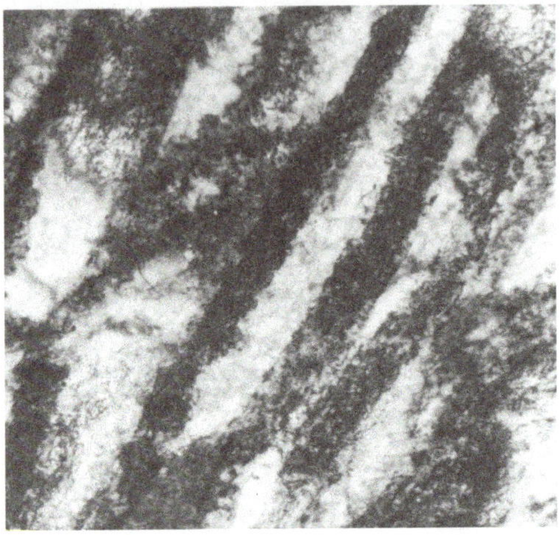

1 μm

(b) 54% 압연시

[그림 4-15] 순철을 소성가공할 때의 전위밀도의 증가를 보여주는 전자현미경 사진[9)]

한편 소성가공을 받은 재료에는 잔류응력이 남아 있게 되며 그 정도는 위치에 따라 다르다. 이때 압축 잔류응력은 인장응력이 작용하는 부분에 대하여 유리한 작용을 하나 인장 잔류응력은 흔히 사용 중에 발생하는 균열의 원인이 되는 경우가 많다.

4.2.2 풀림

냉간가공에 의하여 가공경화된 재료를 가열하면 가공에 의해 변화된 여러 가지 성질이나 조직 등이 가공 전에 가까운 상태로 되돌아간다. 이러한 것을 목적으로 실시하는 열적(熱的) 조작을 **풀림**(annealing)이라 한다. 소성가공을 받은 금속재료를 어떤 온도 이상으로 가열하면 가공 중에 도입된 여러 가지 결정결함들은 내부 에너지를 감소시키는 방향으로 이동하여 보다 안정한 새로운 배열을 하게 되거나 소멸되어 간다. 이에 따라 금속의 물리적·기계적 성질에 변화가 일어나게 되는데, 그림 4-16은 가열온도에 따른 이러한 각종 성질의 변화를 표시한 것이다. 그리고 그림 4-17은 33.3% 냉간가공한 황동의 가열온도 및 시간에 따른 현미경조직의 변화를 보여주는 사진으로서, 가공 받은 구결정립의 재결정과 새 결정립의 성장 과정을 잘 보여 주고 있다.

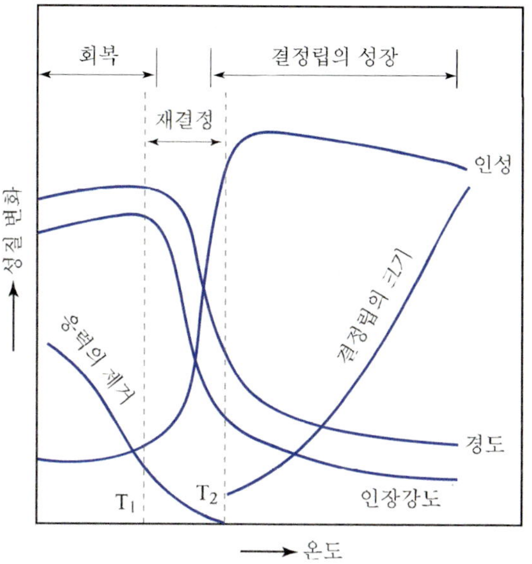

[그림 4-16] 냉간가공재의 가열에 의한 기계적 성질과 조직 변화 모식도

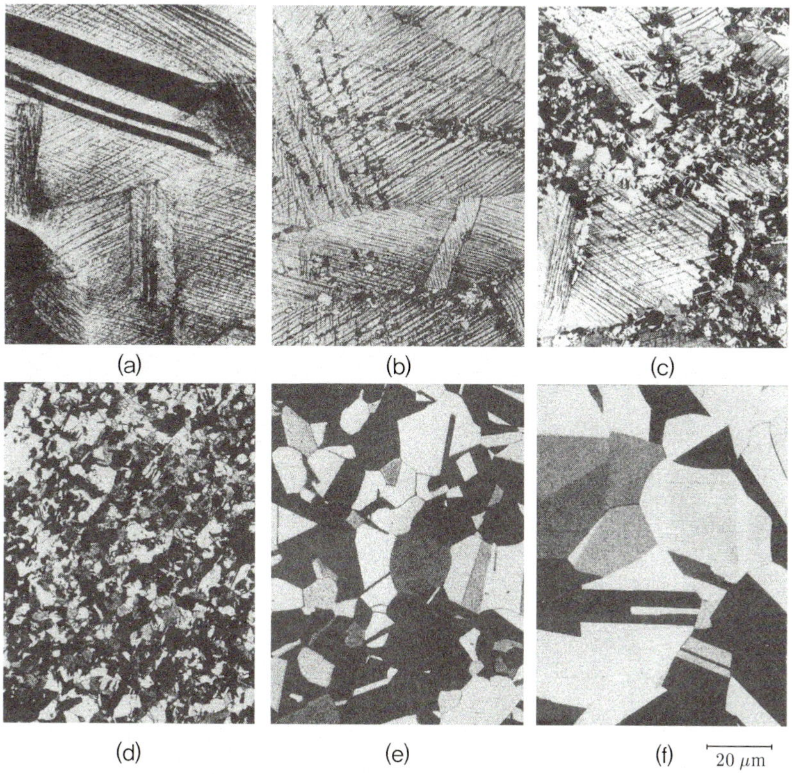

[그림 4-17] 33.3% 냉간압연한 황동의 풀림처리에 의한 재결정과 결정립 성장[10] (a) 냉간압연 상태 (b) 580℃, 3초 유지, (c) 580℃, 4초 유지, (d) 580℃, 8초 유지, (e) 580℃, 1시간 유지 (f) 700℃, 10분간 유지한 경우의 조직

냉간가공을 받은 금속을 풀림처리하면 재료에는 **회복**, **재결정**, **결정립 성장**의 세 가지 현상이 가열온도 및 시간에 따라 순차적으로 일어난다. 그러나 이들 과정은 서로 중복되는 것이 일반적이며 명확하게 구분되어 일어나는 것은 아니다.

회복(回復, recovery)은 현미경 조직상의 변화는 별로 없이 재료의 물리적·기계적 성질이 원래대로 되돌아가는 현상으로서 이 과정에서는 잔류응력이 제거되고 전기저항이 저하되며 내식성도 원상복구된다. 그러나 기계적 성질은 그다지 크게 변화하지 못하며 강도는 다소 더 증가하는 경우도 있다. 회복 과정에서는 각종 점결함이 대폭 소멸되며, 전위는 안정한 형태로 재배열하거나 일부는 소멸된다.

이 과정에서는 강도의 저하는 현저하지 않으며, 오히려 다소 상승하는 경우도 있다. 이를 이용하여 잔류응력만 제거하고 강도는 저하시키고 싶지 않을 때에는 회복 단계까지만 가열하거나 재결정 온도 직상의 온도라도 짧은 시간 동안만 가열하면 되는데 이것을 **응력제거풀림**(stress relieving annealing)이라 한다.

한편 저온에서는 전위가 슬립면상의 장애물을 피하여 움직이거나 소멸되기 위해서는 교차슬립이 유일한 방법이지만, 고온에서는 원자 공공의 농도가 증가하여 원자의 확산이 빠르기 때문에 전위의 상승운동에 의한 회복이 지배적이다. 전위의 소멸은 전위가 이동하여 결정 밖으로 이동해 나가거나, 그림 4-12 (b)에 표시된 바와 같이 다른 부호의 전위를 서로 끌어당김으로써 이루어진다.

재결정(再結晶, recrystalization)은 냉간가공을 받은 금속이 어떤 온도 이상으로 가열되었을 때 가공변형된 구결정립으로부터 새로운 결정의 핵이 생성 및 성장하여 전체 조직이 변형이나 내부응력이 없는 새로운 결정립으로 대체되어 가는 과정이다. 이 과정에서는 소성가공시 도입된 많은 전위들이 소멸되며, 따라서 기계적 성질이 빠른 속도로 원상회복된다.

그림 4-18은 새 결정립이 구결정립 중에서 성장해 가는 모습을 보여주는 사진으로서 새 결정립에는 전위밀도가 대단히 낮음을 알 수 있다.

재결정이 일어나는 온도를 **재결정온도**라 하는데 그림 4-19에서 보는 바와 같이 대체로 절대온도로써 용융점의 1/2~1/3 정도의 범위이다. 그리고 재결정온도는 불순물이나 합금원소의 함량이 많을수록 높아지며, 같은 재료라 하더라도 가공 전의 조직의 결정립이 미세할수록, 그리고 소성 가공도가 클수록 낮아진다. 또한 당연한 것이라고 할 수 있겠지만 재결정온도 이상이라면 낮은 온도로 가열할수록 재결정에 소요되는 시간은 길어진다.

[그림 4-18] 80% 냉간가공 후 600℃에서 125분 풀림처리한 Fe-3Si 단결정의 전자현미경 사진. 새 결정립은 전위밀도가 아주 낮음[11)]

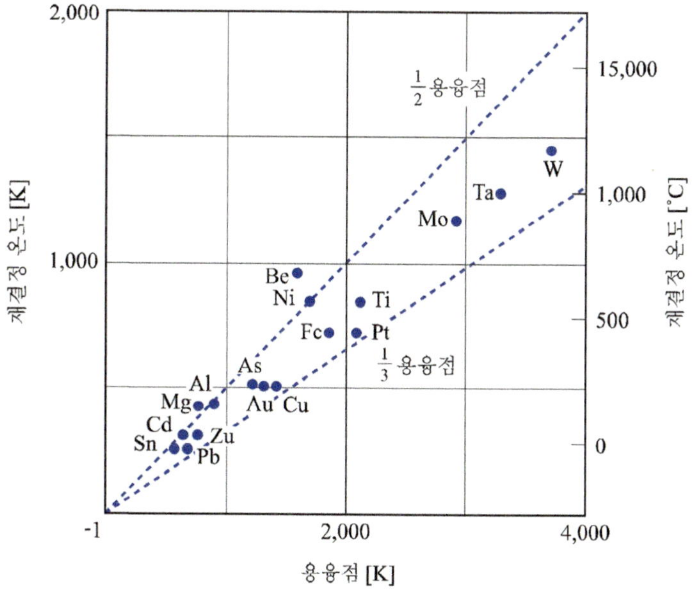

[그림 4-19] 재결정온도와 용융점과의 관계. 재결정온도는 대개 절대온도로서 용융점의 1/2~1/3 사이임을 알 수 있음[12)]

재결정은 소성가공도와 밀접한 관계가 있어서 **임계가공도**(臨界加工度) 이상 소성가공을 받은 결정이어야 재결정이 일어난다. 또한 재결정은 원자의 확산과 관계가 깊어서 원자 공공이나 전위밀도가 높을수록 빨리 진행된다. 따라서 냉간가공도가 클수록 재결정온도는 낮아지며, 재결정 속도는 빨라진다. 또한 같은 결정립 내에서도 가공변형이 심하게 일어나 전위밀도가 높은 부분으로부터 시작되는데 이러한 곳은 보통 결정립계 부분이다. 그리고 가공도가 클수록 새 결정립의 크기는 미세해지고 가열온도가 높으면 결정립이 빨리 성장하므로, 작은 결정립을 얻기 위해서는 가공도가 크고 저온 가열하는 것이 유리하다. 그밖에 원래의 결정립이 작은 것도 새 결정립의 크기를 작게 하는 요인이 된다.

한편 재결정에 의하여 생성된 새 결정립은 풀림온도가 높아지면 주변의 결정립과 병합하여 그림 4-17에서 보는 바와 같이 점차 그 크기가 증대하는데, 이와 같이 결정립이 풀림시간의 경과나 풀림온도의 상승에 따라 점점 커지는 현상을 **결정립 성장**(結晶粒成長, grain growth)이라 한다. 그리고 이러한 현상은 결정립계의 면적을 될수록 작게 하여 에너지 상태를 감소시킴으로써 보다 안정한 상태로 되기 위하여 일어나는 것이다. 결정립이 크게 되면 여러 가지 기계적 성질이 저하되므로 필요 이상으로 풀림온도를 상승시키는 것은 바람직하지 않다.

4.2.3 열간가공

열간가공(熱間加工)은 금속이 고온에서는 연화되어 연성이 커지는 것을 이용하는 것으로 이 과정에서는 가공 변형과 재결정이 동시에 일어난다. 또 가공이 재결정온도 이상에서 진행되며, 따라서 재결정으로 인한 연화 속도가 가공경화 속도보다 크다는 점에서 냉간가공과 구별된다.

일반적으로 금속재료를 열간가공하면 다음과 같은 효과를 얻을 수 있다.

① 결정립의 미세화
② 이로 인한 기계적 성질 특히 연율, 단면 수축률 및 충격치 등의 개선
③ 확산으로 인한 조직 및 재질의 균일화
④ 재료 내부의 작은 균열이나 산화되지 않은 기공의 단접(鍛接) 효과

그러나 섬유조직이나 방향성과 같은 가공성질이 나타나기 쉬운 단점이 있다. 또한 가공이 완료된 후 냉각하는 동안에 결정립이 커질 우려가 있으므로 열간가공의 완료 온도는 재결정온도보다 너무 높지 않도록 해야 한다.

한편 열간가공은 변형 저항이 작으므로 생산 설비비나 생산 원가가 적게 드는 장점이 있으며, 반면에 치수 정밀도나 가공 표면의 깨끗함, 가공 후의 강도 향상 측면에서는 냉간가공에 비하여 불리하다.

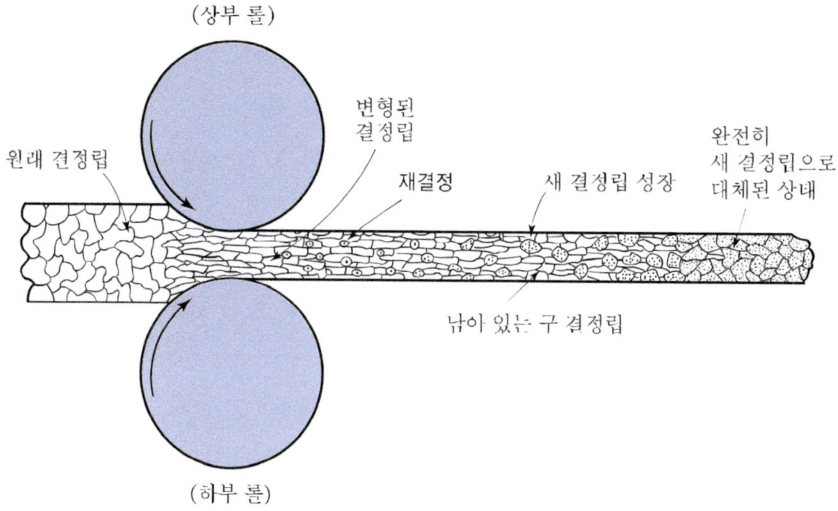

[그림 4-20] 열간 압연시의 조직변화를 보여주는 모식도

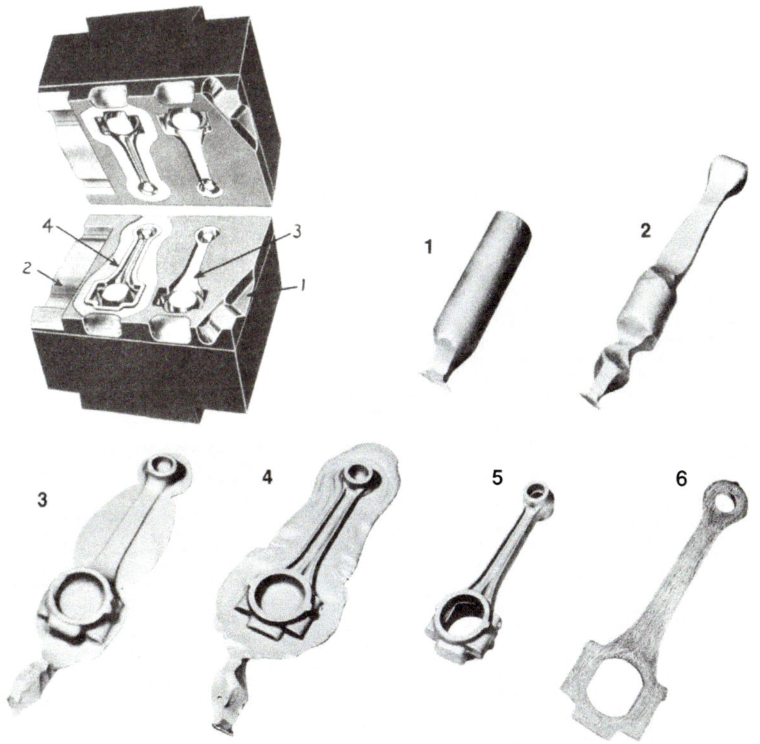

[그림 4-21] 열간 단조에 의한 컨넥팅 로드의 제조 과정[13]. 하나의 단조 금형내에서 1~4의 공정을 수행하며, 4를 별도의 금형에서 트리밍하여 최종 형태인 5로 성형. 6은 단면 내부의 섬유조직을 보여주고 있음.

4.2.4 소성가공재의 이방성(異方性)

소성가공이 진행되면 그림 4-22 (a)에 표시한 바와 같이 결정립, 비금속 개재물이나 각종 석출물(析出物) 입자, 기공 등의 미세 조직이 외력에 적응할 수 있도록 얇거나 가늘고 길게 배열하게 되어 조직상으로 **결**(texture)이 형성된다. 이러한 소성가공 제품의 이방성은 기계적 성질과 물리적 성질에 영향을 미쳐 압연강판의 충격치는 그림 4-22 (b)에 표시한 바와 같이 서로 다르게 나타나는데, 노치가 L-S 방향일 때 충격치가 가장 크다. 연성도 같은 경향으로 보여 L-S 방향으로 절곡하기는 용이하나 T-L방향으로 절곡할 때는 균열이 일어나기 쉽다. 이러한 경향은 자동차의 범퍼와 같은 형태의 제품을 가공할 때는 유용하게 활용된다.

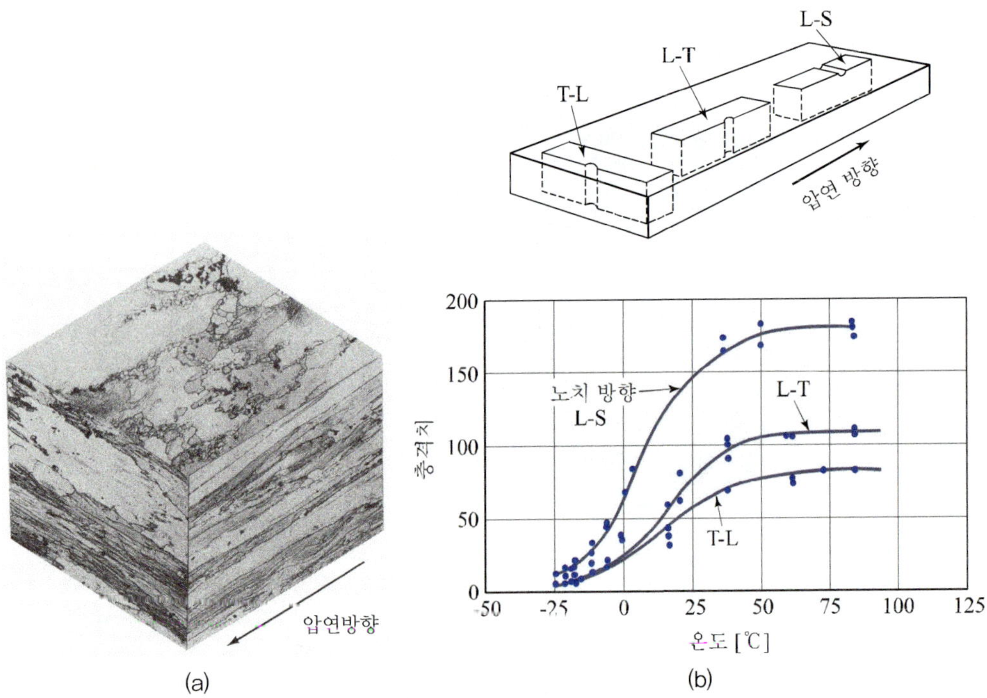

[그림 4-22] 압연에 의한 조직의 이방성. (a) 조직상의 이방성. (b) 0.012% C 강판의 노치 방향과 온도에 따른 샤피 충격치(V노치)의 변화[14]. 노치가 L-S 방향일 때 충격치가 가장 크다.

한편 결정격자내의 원자들도 소성가공시 외력에 의해 어떤 특정한 방향, 예를 들어 철강재료의 경우는 결정격자가 (100)면 및 [110] 방향으로 배열하게 되기 쉽다. 이러한 **선택방**

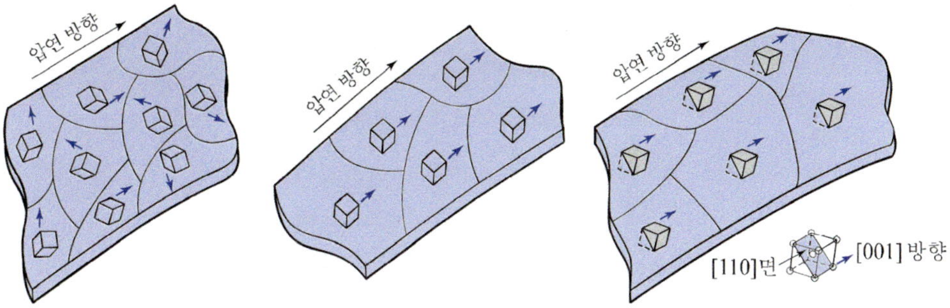

(a) 압연 전–무질서 (b) 선택방위 형성–(100)면, [110]방향 (c) 규소 강판–(110)면, [001]방향

[그림 4-23] 강판을 냉간압연할 때의 선택방위의 형성

위(preferred orientation)는 금속 재료의 물리적·기계적 특성에 있어서 공업적으로 유용한 측면과 불리한 측면이 있다. 예를 들어 강철에 Si를 합금한 규소 강판은 [100] 방향으로 투자율(透磁率)이 높기 때문에, 냉간압연 및 풀림처리하여 결정격자가 (110) 면 및 [100] 방향으로 배열하게 하면 자기손실(磁氣損失)을 최소화할 수 있으며, 따라서 **전기강**(電氣鋼)으로서 변압기, 발전기, 모터 등의 철심 등에 널리 사용되고 있다(그림 4-23의 (c)).

소성가공 제품의 이러한 이방성은 재결정 후에도 남아 있으므로, 이를 제거하기 위해서는 재결정온도보다 높은 온도로 가열해야 한다. 그리고 이것을 피하는 가장 확실한 방법은 이방성이 형성되기 전에 풀림처리하는 것으로서 보통 50% 이하 가공한 후 처리한다.

4-3 초소성(超塑性, super plastisity)

다결정 금속재료에 인장하중을, 가하면 어떤 조건하에서는 1,000% 이상의 비상하게 큰 변형이 가능하게 되는데 이것을 **초소성**이라 한다. 이러한 이상 변형은 고속회전하는 터빈 블레이드의 변형, 고온 조업 중의 증류탑 기초 부분에서의 사고 등으로 나타나 그 대책이 검토되어 왔다. 근래 그 원인이 규명됨에 따라 이것을 역으로 새로운 가공기술로서 이용하게 되었다. 그림 4-24는 Al-Zn-Mg 합금의 초소성 변형을 보여주는 것으로서 450~500℃에서 변형할 때 최대 연율이 1,500%에 달한다. 그리고 그림 4-25는 초소성을 이용한 제조품의 예를 표시한 것이다.

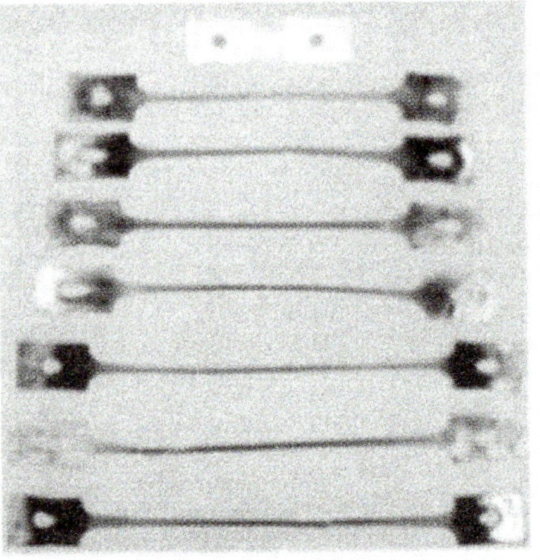

[그림 4-24] Al-Zn-Mg 합금의 초소성 변형[15]. 450~500℃에서 실험, 최대 연율 1,500%

[그림 4-25] 초소성을 이용한 제조품[16]

초소성은 일정한 조건 하에서만 나타난다. 즉, 결정립이 대단히 미세하여 10μm 정도 이하라야 하며, 어느 정도 높은 온도(절대온도 용융점의 0.5배 이상)에서, 그 온도에 따라 정해지는 어떤 범위 내의 변형속도로 가공해야 한다.

대표적인 초소성 재료로는 Zn-22Al의 공석 조성의 합금을 들 수 있는데, 급랭응고에 의해 초미세 결정립으로 만든 다음, 250℃ 정도의 온도에서 서서히 인장변형하면 원래 길이의 약 15배까지 늘일 수 있다. 따라서 다이캐스팅(die casting) 대신 소성 가공에 의해 모양이 복잡한 제품을 제조할 수 있을 것으로 기대되고 있다. 그 밖의 초소성 재료로는 Al-6 Cu-0.4Zr, Ti-6Al-4V, Bi-43Cd, Cd-27Zn, Pb-38Sn, Sn-5Bi 등이 있다. 또한 세라믹 재료인 Si_3N_4도 초소성을 가지고 있는 것으로 보고[17)]되고 있는데, 초소성을 이용하여 가공하면 소결에 의해서는 불가능한 우수한 치수 정밀도와 표면 조도를 얻을 수 있다. 최근에는 초소성을 이용한 세라믹과 금속간의 접합기술도 연구개발되고 있다.

참고문헌

1) Prof. Earl Parker of University of California at Berkely

2) G. C. Smith, S. Charter and S. Chiderley of Cambridge University

3) 西沢泰二, 佐久間健人(編), 金屬工學シリズ9, 金屬組織寫眞集非鐵材料編, p.40(1979) 日本金屬學會(일본금속학회의 게재 허가를 득함)

4) 이동녕, 금속강도학, p.101, 문운당 (1983)

5) 김정규, 최낙삼, 김태원, 기계재료학, 2nd ed., p.41, 문운당 (2005)

6) F. C. Frank and W. T. Read, Physics Rev., vol.140, pp722-723, (1950)

7) W. T. Read, Jr., "Dislocation in Crystals", McGraw-Hill Book Co. Inc, N.Y.(1953)

8) W. C. Dash, "Dislocations and Mechanical Properties of Metals", John Wiley and Sons, Inc., N.Y. (1957)

9) 西沢泰二, 佐久間健人(編), 金屬工學シリズ9, 金屬組織寫眞集非鐵材料編, p.41(1979) 日本金屬學會(일본금속학회의 게재 허가를 득함)

10) J. E. Burke, General Electric Company, N.Y.

11) "Metallography and Microstructures", Metals Handbook, 9th ed. vol. 9, p.695 (1985) American Society for Metals (ASM International의 게재 허가를 득함)

12) L. H. Van Vlack, Elements of Materials Science and Engineering, Addison-Wesley Publishing Co., Inc., Reading, Massachusetts (1964)

13) Forging Industry Association, Cleveland

14) P. P. Puzak, E. W. Eschbacher, W.S.Pellini, Initiation and Propagation of Brittle Fracture in Structural Steels, Welding Research Supplement, Dec 1952, p569s

15) J.C.Huang and T.H. Chuang, "Materials Chemistry and Physics", vol.57(1999), p.195-206

16) "초소성을 이용한 제조품", 새기술 통권 제 3호, p.28, 한국과학기술연구원(1992)

17) F.Waka', Current Opinion in Solid State and Materials Science, vol. 4, (1999), p.461

제 5 장 재료의 강화

Introduction to Engineering Materials

재료의 강화(强化)는 구조물을 더 강하게 하고 더 적은 양의 재료로써, 따라서 덜 무겁고 값싸게 공산품을 생산할 수 있게 하며, 자동차, 항공기, 선박 등의 경우는 연비를 향상할 수 있게 한다. 그러나 제품의 신뢰도와 수명을 증가시키는 것은 강도보다는 인성에 관계된다. 같은 종류의 재료 특히 금속의 경우에 있어서는 강화는 경화와 같은 의미를 갖는다. 따라서 재료의 강화는 대부분의 경우 취성을 크게 하여 파괴의 가능성을 높이며, 파괴는 재료의 신뢰성 및 수명, 그리고 인명과 재산상의 피해와 직결된다. 따라서 일반적인 의미에서 가장 이상적인 재료는 강도와 인성이 동시에 큰 것이라 할 수 있으며, 구조용 재료의 개발은 가능한 한 이러한 방향으로 진행되고 있다.

금속 재료의 강화는 소성변형에 대한 재료의 저항력을 증가시키는 것을 의미하므로 ① 재료 내부에 전위원(轉位源)이나 전위 자체를 거의 또는 전혀 없게 하거나, ② 전위의 이동을 억제하면 된다. 그러나 전자의 경우는 대단히 미소한 위스커(whisker)를 제외하고는 완전결정체를 실제로 제조하기가 불가능하므로 금속재료의 강화법은 거의 대부분 후자를 기본으로 하고 있다. 반면에 비금속 재료의 강화법은 거의 대부분 전위와는 무관하다. 플라스틱은 주로 복합강화를 응용하며, 세라믹의 강화에는 압축 잔류응력에 의한 강화가 유효하다.

이 장에서는 고용강화, 가공경화, 분산강화, 시효경화, 마르텐사이트 강화 등 주로 금속재료에 있어서의 전위의 거동과 관련된 강화법과 압축 잔류응력에 의한 강화에 대하여 기술하며, 복합강화에 대해서는 복합재료(제 17 장)에서 취급하기로 한다.

5-1 고용강화(固溶强化)

그림 5-1에서 보는 바와 같이 고용체는 순금속에 비해 항상 더 강하다. 이러한 현상을 이것을 **고용강화**(固溶强化, solution strengthening)라 한다.

용질원자와 용매원자의 크기가 비슷하면 결정격자의 격자점에 원자들이 위치하여 치환형 고용체를 만들 것이고, 용질원자의 크기가 용매원자보다 훨씬 작다면 침입형 고용체를 만들 것이다. Hume-Rothery는 고용체에 대하여 다음과 같이 주장하였다.

① 두 가지 원자의 크기 차이가 15% 미만이면 고용체를 형성하려는 경향이 있으며, 만일 15% 이상이면 고용한도가 1% 미만으로 제한되는 것이 보통이다.

② 전율고용체는 용질원자와 용매원자가 결정구조가 같아야 한다.

③ 용질 및 용매 원소간의 전기음성도의 차이가 크면 고용체보다는 금속간화합물을 형성하려는 경향이 있다.

그림 5-2는 Cu의 전단 항복강도가 각종 원소의 첨가량에 비례 증가함을 보여주고 있다. 이렇게 고용체를 만듦으로써 강도가 증대하는 원인으로는 상대적 크기 차이, 전기적 작용, 화학적 작용, 배위 상호작용 등 여러 가지가 있다. 그러나 가장 현저한 요인은 용질 및 용매원자간의 상대적 크기 차이이다. 실험에 의하면 경도의 증가는 용질원자와 용매원자의 크기의 차이 또는 용질원자의 첨가로 인해 생기는 격자상수의 변화에 비례한다[3)4)]. 이것은 고용강화에는 용질원자가 전위의 이동을 방해하는 요인이 아니라 전위의 이동에 대한 마찰 저항이 더 큰 영향을 미치는 것으로 볼 수 있다.

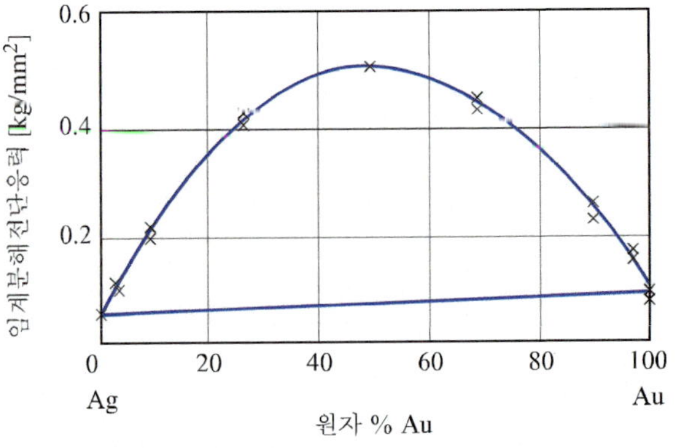

[그림 5-1] Ag-Au 합금 단결정의 임계분해전단응력[1)]

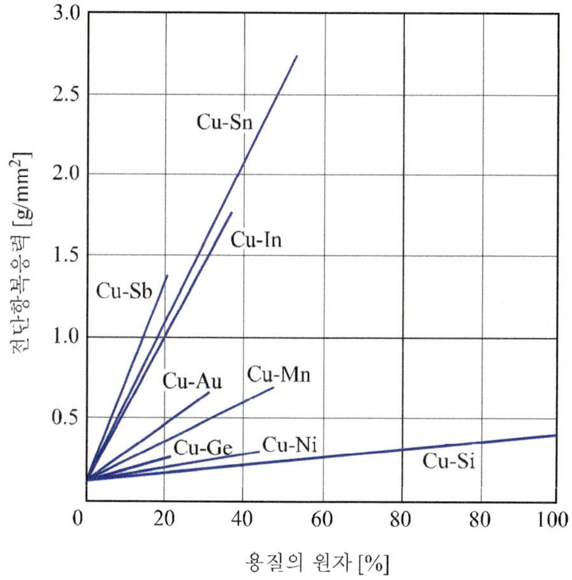

[그림 5-2] Cu의 항복강도에 미치는 각종 원소 첨가량의 영향[2)]

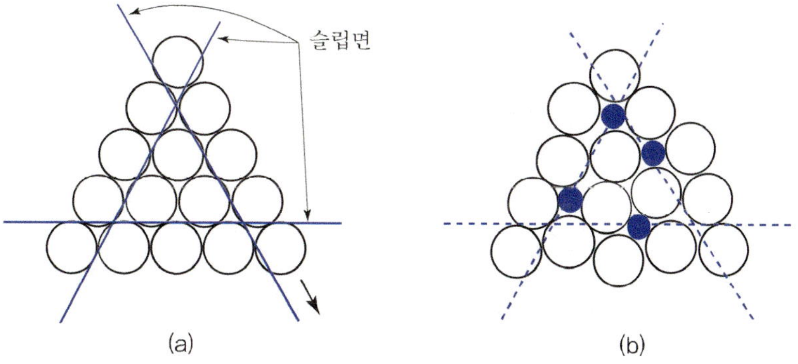

[그림 5-3] 순금속(a)과 고용체(b)의 슬립면의 비교 모식도. 고용체의 경우 용질원자에 의하여 결정격자가 변형되어 슬립면이 평활하지 못함[2)]

고용체에서는 크기가 다른 용질원자가 혼합되므로 결정격자의 변형(그림 1-26 참고)이 일어나게 되며 결과적으로 그림 5-3에서 보는 바와 같이 전위가 이동하는 슬립면이 불규칙해진다.

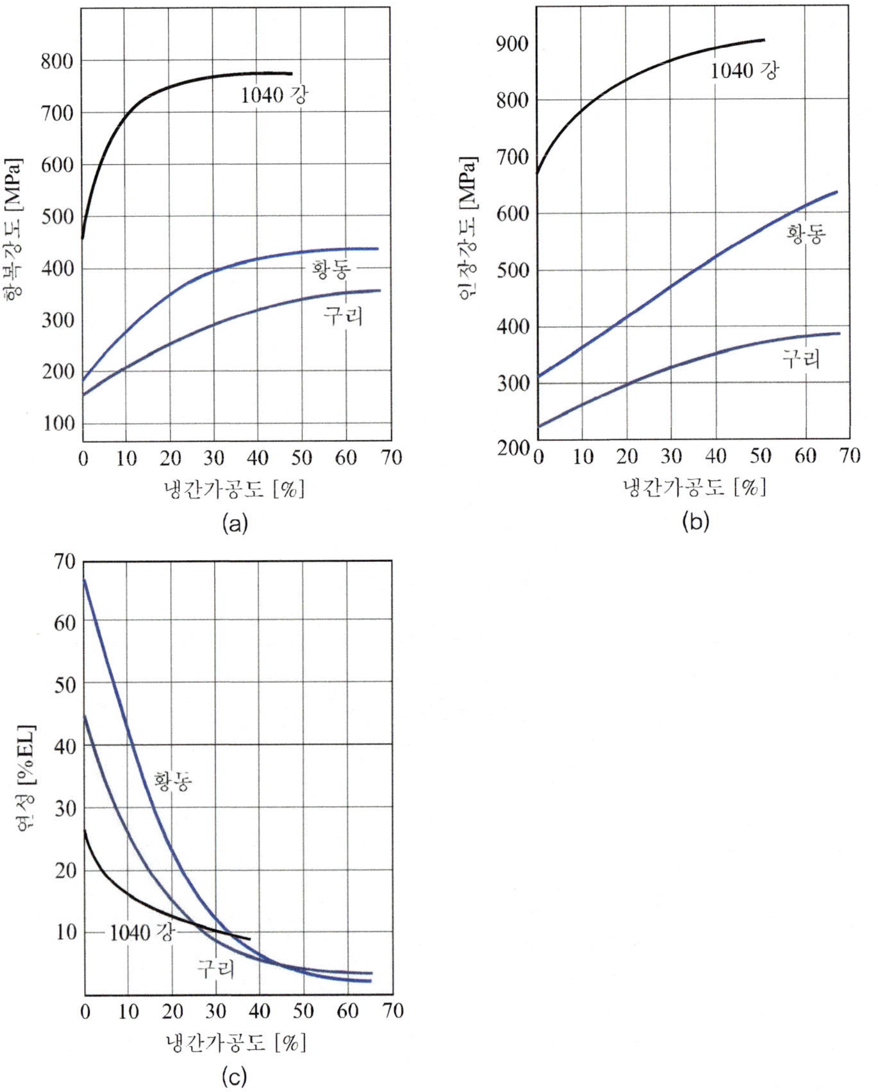

[그림 5-4] 1040강재, 황동 및 구리의 냉간가공도에 따른 기계적 성질의 변화[5]. (a) 항복강도의 증대 (b) 인장강도의 증대 (c) 연율의 감소

5-2 가공경화(加工硬化)

가공경화에 대해서는 4-2절에서 언급한 바 있다. 철사 줄을 맨손으로 끊고자 할 때 여러 번 굽혔다 폈다 반복하면 변형 부분이 점차 딱딱해져 결국은 끊어지는 것도 가공경화에 기

인한다. 이러한 현상은 4-2절에서 언급한 바와 같이 소성가공에 의해 증가된 전위들간의 상호작용이나 전위와 다른 장애물(예를 들어 결정립계, 석출물, 부동전위 등)과의 상호작용에 의하여 일어나며, 따라서 전위밀도와 일정한 관계가 있다. 여러 연구결과에 의하면 금속재료를 소성변형하는데 필요한 전단력은 다음 식에 표시된 바와 같이 전위밀도의 제곱근에 비례한다고 한다. 즉,

$$\tau_{max} \propto Gb\sqrt{\rho} \tag{5.1}$$

단, 여기서 G : 횡탄성계수

b : 전위의 버거스 벡터

ρ : 전위의 밀도

한편 가공경화는 내식용 알루미늄 합금이나 황동 등 열처리를 하여도 아무런 효과가 없는 금속이나 합금을 강화시키는데 이용할 수 있으므로 중요성을 가진다. 그림 5-4는 1040 강재, 황동, 구리의 냉간가공시의 경도, 강도 및 연성의 변화를 보여주는 그림이다.

5-3 입계강화(粒界强化)

다결정체에 있어서의 결정립계는 전위의 이동에 대한 장애물로서 작용한다. 이것은 결정립계 부분은 원자밀도가 낮고, 불순물 원자들이 존재하거나, 원자배열이 불규칙적(그림 1-24)이어서 이 자체가 전위의 이동을 어렵게 할 뿐 아니라, 결정립계를 사이에 둔 양쪽 결정립의 원자 배열방향이 서로 달라서 슬립이 결정립계를 통과할 때마다 그 진행방향이 변화함으로써 결정립계를 통과할 때마다 전달되는 외력의 감소가 일어나기 때문이다. 따라서 결정립계까지 이동해 온 전위는 결정립계를 통과하지 못하고 그 곳에 **집적**(pile-up)하고 있다가 많은 수의 전위가 모여 응력이 어느 한도 이상이 되어야 비로소 통과하게 된다(그림 5-5). 따라서 소성가공을 많이 받은 금속재료는 결정립 내에 전위밀도가 높아지며, 특히 결정립계 주변에 많은 전위들이 분포되어 있게 된다.

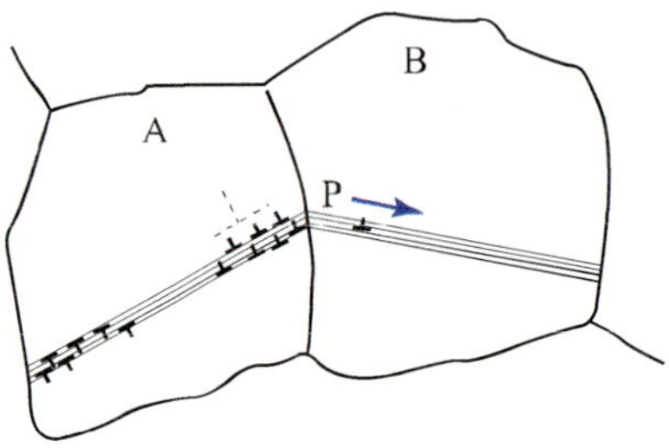

(a)

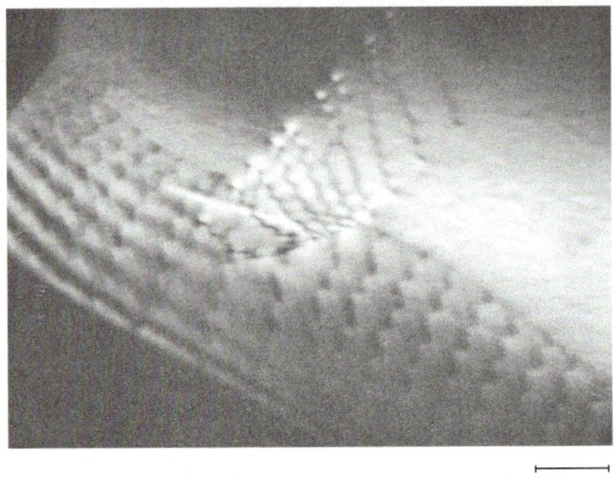

(b)

[그림 5-5] 전위가 결정립계 앞에 많이 집적한 후 결정립계를 통과하는 과정. (a) 전위의 집적과 결정립 통과후의 슬립방향의 변화를 보여주는 모식도. (b) Ni기 초합금의 결정립계을 통과하고 있거나 집적하고 있는 전위의 모습을 보여주는 전자현미경 사진[6)]

결과적으로 결정립이 미세할수록 재료의 강도나 경도가 커지게 되며, 이러한 재료의 강화효과를 **입계강화**(粒界强化, grain boundary strengthening)이라 한다. Hall[7)]과 Petch[8)]에 의하면 다결정체의 항복강도는 결정립의 지름의 제곱근에 반비례한다고 한다. 즉,

$$\sigma_y = \sigma_i + kD^{-1/2} \tag{5.2}$$

여기서 σ_y : 항복강도

k : 비례상수

D : 결정립의 평균 지름

σ_i : 전위의 이동을 방해하는 재료 고유의 마찰응력

그림 5-6은 -196℃에서의 저탄소강의 결정립 크기에 따른 항복강도, 파단강도, 파단 변형률과 연성-취성 천이온도의 변화를 보여주는 것으로서 극저온에서도 결정립이 미세해지면 강도와 함께 연성이 향상됨을 알 수 있다. 또한 연성-취성 천이온도도 낮아져서 결정립 미세화는 저온용 재료에도 크게 유효함을 알 수 있다. 이와 같이 결정립의 미세화는 재료의 강화는 물론 파괴인성도 크게 증가시키는 효과도 가져 오는데, 이것은 재료에 파괴가 일어날 때 균열이 일정한 결정방향, 예를 들어 입방격자 금속의 경우는 〈100〉방향으로 진행하므로 결정립계를 통과할 때 마다 그 진로방향이 바뀌게 되기 때문이다(그림 5-7). 따라서 입계강화는 금속재료의 강도와 인성을 동시에 증가시키는 방법으로서 근래에 크게 관심을 끌어 각종 고강도 고인성 재료, 특히 저온 강인재료의 개발 및 제조에 적용되고 있다.

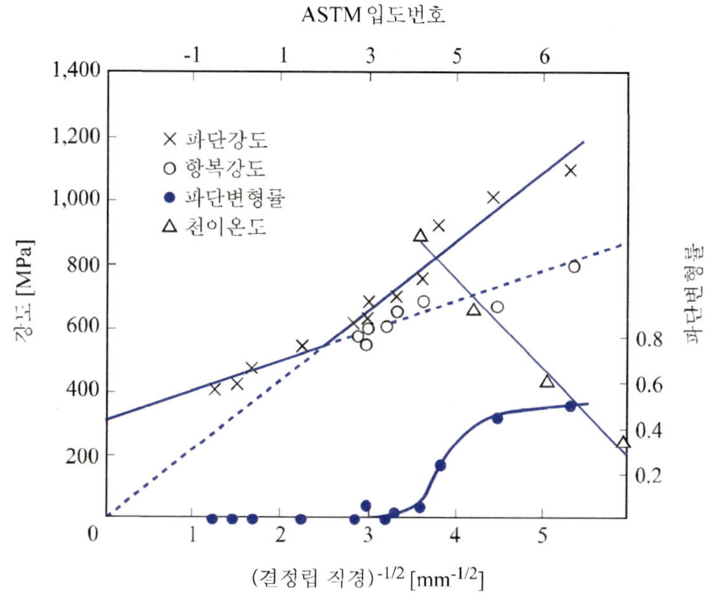

[그림 5-6] 저탄소강의 결정립 크기에 따른 항복강도, 파단강도 및 파단변형률의 변화(시험온도 −196℃)[9]와 연성-취성 천이온도의 변화[10]

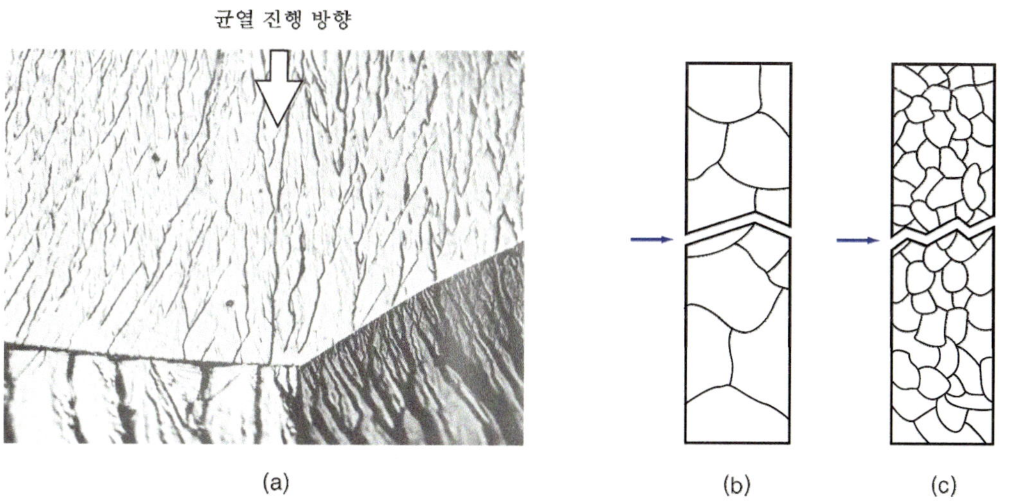

[그림 5-7] 결정립계가 균열의 진전에 미치는 영향. (a) Fe-3Si 합금(73°K)에서의 벽개균열이 결정립계를 통과할 때 진행방향이 바뀌는 모습을 보여주는 전자현미경 사진(×250×0.6)[11]. (b) 결정립이 조대할 때. (c) 결정립이 미세할 때

5-4 분산강화

분산강화(分散强化, dispersion strengthening)는 금속의 기지조직(matrix) 중에 미세하고 경한 입자를 분산 분포시켜 강도 및 경도를 증가시키는 방법으로서 **입자강화**의 일종이다. 그런데 입자강화는 입자가 충분히 미세하여 전위의 거동과 관련하여 재료의 강화에 기여할 때만을 **분산강화**라 하고, 입자의 크기가 커서 강화의 주된 기구가 이종 재료의 조합에 의한 거시적인 복합강화일 때는 **큰 입자강화**(large particle reinforcement)로 분류한다. 이에 대해서는 제 17장에서 다시 한 번 언급된다.

분산강화에 적용되는 입자들은 대개 금속의 산화물, 탄화물, 질화물, 붕화물 등으로서 대단히 미세(직경 0.01~0.1 μm 정도)하여 원자나 분자 수준의 강화에 기여한다. 분산강화는 석출강화와 마찬가지로 하중은 기지조직이 부담하고 미소한 분산 입자들은 전위의 이동을 방해함으로써 강도를 높인다.

분산강화 입자들은 전위의 이동을 방해하며(그림 5-8), 이에 의한 강도의 증가는 분산입자간의 평균간격에 반비례한다. 즉,

$$\tau_{\max} \doteqdot \frac{2Gb}{l} \tag{5.3}$$

단, 여기서 G : 횡탄성계수, b : 버거스 벡터, l : 입자간의 평균거리이다.

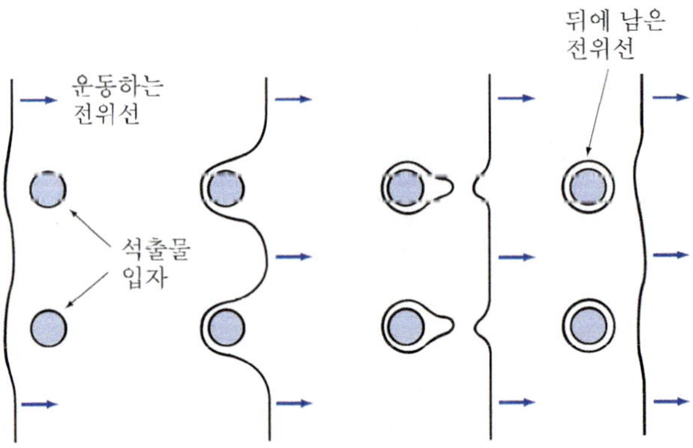

[그림 5-8] 전위선이 입자 사이를 빠져나가는 방법 모식도. 입자간의 간격이 넓으면 빠져 나가기 쉽다.

이들 분산입자들은 용융점이 높고 고온경도가 커서 고온에서도 이러한 작용을 계속 유지하게 되어, 고온에서의 결정립의 성장 및 이로 인한 강도 저하를 방지하는 효과도 있다. 따라서 분산강화법은 강도, 경도, 내마모성 향상 뿐만 아니라, 그림 5-10에서 보는 바와 같이 고온강도 및 크립 강도를 높이는 데 특히 유효하다.

분산강화 합금의 대표적인 것으로 **알루미늄 분말소결체**(sintered aluminium powder, SAP)와 TD-Ni(Thoria dispersed Ni)이 있다. 전자는 내부에 0.1~0.2 μm 두께의 극히 미소한 Al_2O_3입자가 8~15% 정도 균일하게 분산분포된 알루미늄 분말을 소결하여 제조한다. 이 분말은 알루미늄 분말을 고에너지 혼련을 하는 동안 표면에 산화물이 생기고, 이것이 으깨져

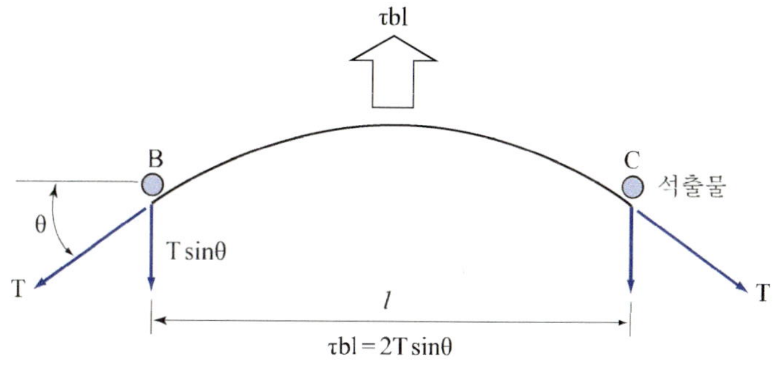

[그림 5-9] 전위선 장력과 전단응력과의 관계

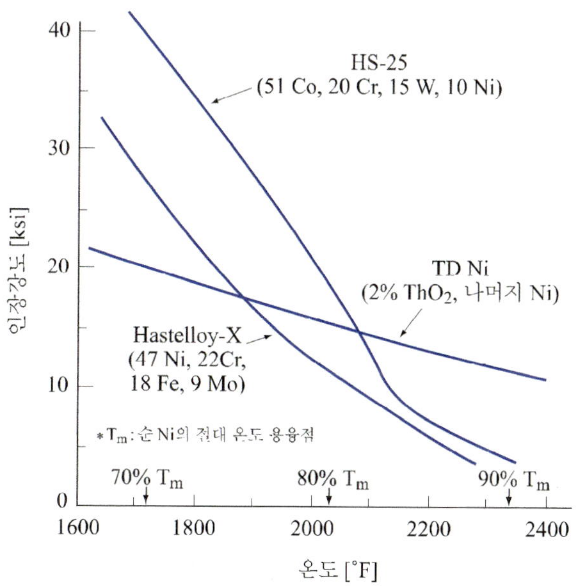

[그림 5-10] 분산강화 효과[12]. TD-Ni이 상온 강도는 작으나 고온 강도가 더 우수함. (ksi값에 6.9×10^{-3}을 곱하면 MPa값을 구할 수 있음)

다가 다시 결합하는 등의 과정을 반복함으로써 얻어진다. 그리고 TD－Ni은 Ni에 3% 정도의 미세한 ThO_2 분말을 잘 혼련 및 성형한 후 소결하여 만든 것으로서 그림 5-10에서 보는 바와 같이 고온강도가 크며, 내열성과 고온 크립 강도도 좋다. 알루미늄 분말 소결체와 TD－Ni 등은 기계적인 방법에 의하여 인위적으로 합금화하기 때문에 **기계적 합금**(機械的合金, mechanical alloy)이라 한다.

한편 **내부 산화**(內部酸化, internal oxidation)를 이용한 강화법도 분산강화의 일종에 속한다. 산화되기 어려운 금속에 산화되기 쉬운 원소가 합금되어 있다면 표면에 산화물 층을 형성하기 보다는 금속 내부에서 먼저 산화가 진행되는데, 이것을 내부 산화라 한다. Ag－Cd, Ag－Mg, Ag－Sn 등의 합금을 내부 산화처리하면 재료 내부에 경하고 미세한 산화물 입자들이 생성되어 강도와 고온강도가 향상되는 한편 바탕은 순은으로 변하여 전기전도도가 좋게 되므로 내열성의 전기접점 재료로서 널리 이용되고 있다.

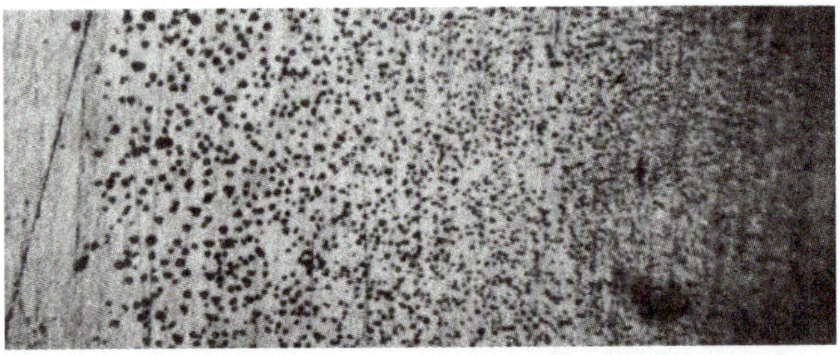

[그림 5-11] 903℃에서 3시간 내부산화시킨 Ag-9%Cd 합금의 현미경조직 사진. 바탕재질은 순은, 검은 점이 CdO로서 재료의 내부(왼편)로 갈수록 입자가 더 커지고 있다 (X250)[13]

5-5 석출경화

석출경화(析出硬化, precipitation hardening)는 열처리에 의하여 과포화 고용체(過飽和固溶體)로 부터 경하고 미세한 제 2 상 입자들이 석출하는 과정에서 재료의 강도 및 경도가 증가하는 현상을 말한다. 경도의 증가는 입자 자체로 인한 분산강화 효과뿐만 아니라, 석출시에 일어나는 바탕조직(matrix)의 격자변형에 의해서도 전위의 이동이 방해를 받아 일어난다. 그리고 석출경화 금속을 가공경화하면 더욱 큰 강도를 얻을 수 있다.

Al－4.5% Cu 합금은 석출경화형 합금의 전형적인 것으로서 그림 5-9의 왼편 부분은 그

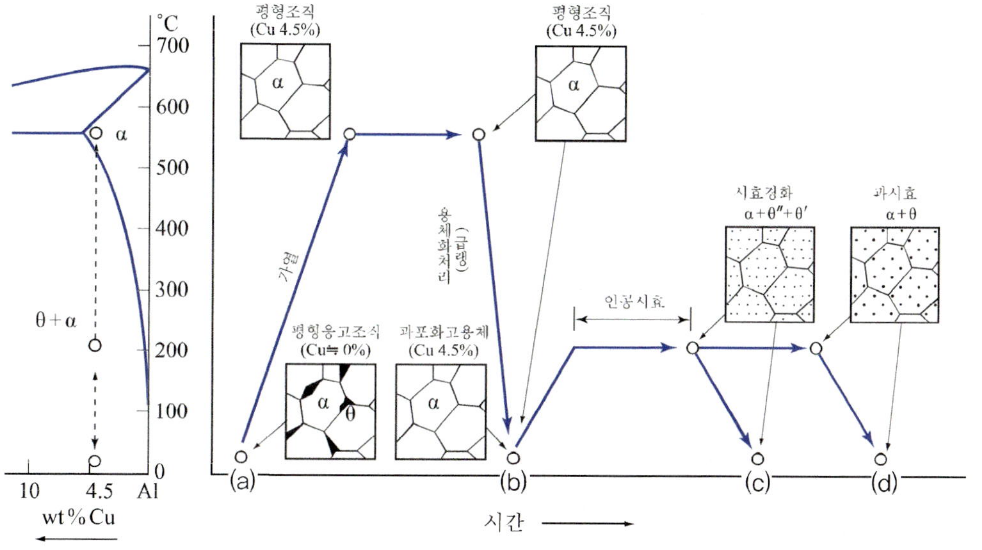

(a) 일반적인 냉각 (b) 용체화처리 상태 (c) 시효경화 상태 (d) 과시효 상태

[그림 5-12] Al-4.5Cu 합금의 시효처리과정

상태도 중 Al측 일부이다. 이 합금을 고온의 α구역으로부터 서랭하면 θ상($CuAl_2$)이 석출하여 $\sigma+\theta$조직으로 된다. 그러나 이를 다시 520℃ 부근까지 가열하여 α 단일상으로 만든 후 급랭하면 θ상이 석출되지 못하고 용질인 Cu 원자가 과포화된 상태의 고용체 α만의 단일상 조직으로 된다. 이 과포화 고용체는 불안정하므로 재료의 종류에 따라 상온에서 장시간 방치(자연시효)하거나, 상온보다 다소 높은 온도(Al 합금의 경우는 160~320℃)로 가열(인공시효)하면 θ상이 α조직 중에 미세하게 분산 석출된다. 이와 같이 급랭에 의하여 제 2상의 석출을 저지하여 과포화 고용체를 만드는 처리과정을 **용체화처리**(容體化處理, solution treatment), 과포화 고용체로 부터 미세한 제 2상 입자가 석출되게 하는 처리를 **시효처리**(aging)라 한다. 그림 5-12는 이러한 과정을 도식적으로 표시한 것이며, 처리과정별 현미경 조직의 변화는 그림 5-13과 같다.

여기서 θ상의 석출은 그림 5-14에서 보는 바와 같이 우선 GP 영역(Guinier-Preston zone)이 생성된 후 중간적 형태인 θ''상, θ'상으로 변천된 다음 완전한 평형상(平衡相)인 θ상(그림 5-13의 (d))으로 변화하는 과정을 거쳐 완료된다. 그리고 이렇게 시간의 경과에 함께 석출상이 변천(실제로는 시간의 경과에 의한 효과는 작으며, 온도 상승에 의한 효과가 훨씬 더 큼)하며, 이에 따라 기계적 성질도 그림 5-14에서 보는 바와 같이 변화한다. 이와 같이 시효처리에 의하여 경도가 증대되므로 석출경화를 **시효경화**(時效硬化, age hardening)라고도 한다. 이 그림에서 보는 바와 같이 가열온도가 높으면 석출 및 경화속도가 빠르며,

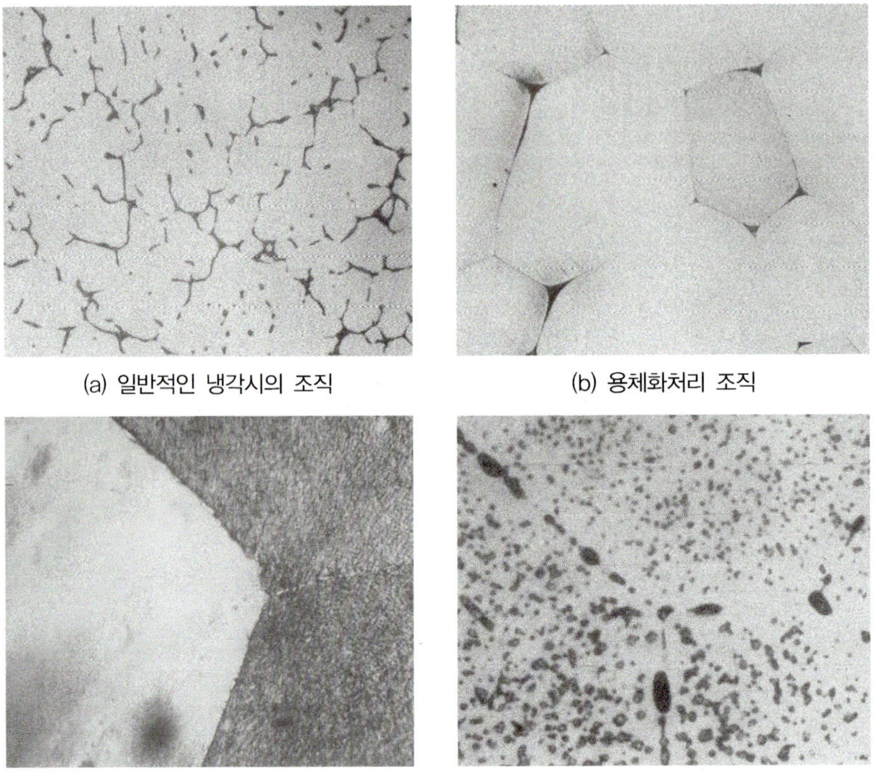

(a) 일반적인 냉각시의 조직 (b) 용체화처리 조직

(c) 시효처리 조직 (d) 과시효 상태의 조직

[그림 5-13] 시효처리 과정 중의 현미경조직의 변화[14]. 각각 그림 5-12의 (a)~(d)상태의 조직에 해당함.

반대로 저온으로 가열하면 경화는 느리지만 최고 경도가 높다. 그리고 용질원자의 양 및 석출입자의 양이 많을수록 최고 경도가 높음을 알 수 있다.

여기서 GP 영역이란 α 고용체 중에 용질인 Cu 원자가 (100)면을 따라 부분적으로 집합하여 그 농도가 높아진 작은(원자 1-2개의 두께 및 원자 25개 정도의 지름) 영역(석출 입자로 볼 수 없는 단계)을 말한다. 이때 크기가 다른 Cu 원자가 Al 원자들과 연계성을 유지하면서 배열*1)함으로써 그림 5-15의 (a)에서 보는 바와 같이 바탕조직인 α상의 결정격자에 큰 변형이 일어나게 되며, 따라서 전위의 이동이 어려워져 강도 및 경도가 증대된다. 이러한 원자배열의 연계성은 시효가 진행됨에 따라 점점 감소되어 평형상인 θ상의 경우는 그림 5-15의 (b)에서 보는 바와 같이 α상의 원자배열과는 완전히 결별하여 독립적으로 배열*2)하게 되며, 이때는 경화 효과가 감소되는 **과시효**(過時効, overaging)가 일어난다.

1) 이 상태를 정합(整合, coherency)이라 함.
2) 이 상태를 부정합(不整合, incoherency)이라 함.

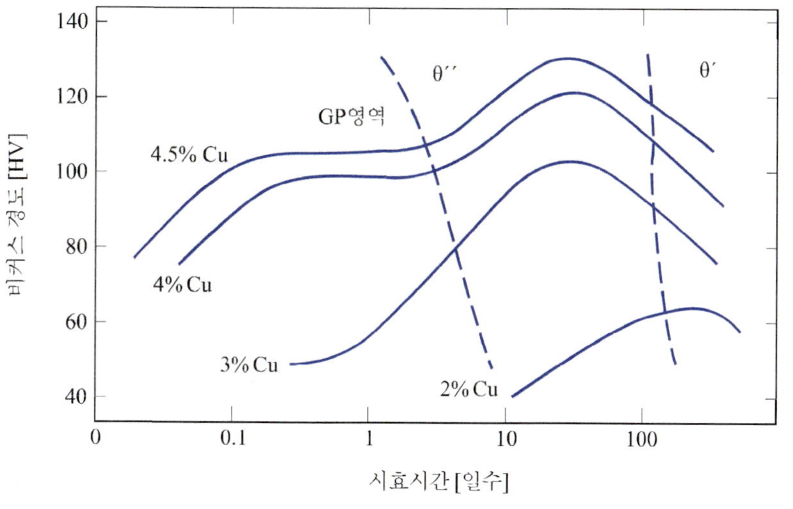

[그림 5-14] Al-Cu 합금을 130℃에서 인공시효처리할 때의 경도의 변화[15)]

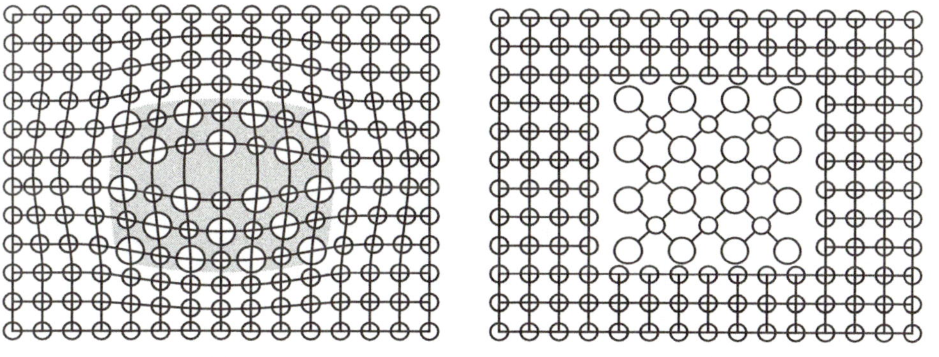

[그림 5-15] GP-zone의 결정구조(정합)와 과시효 상태의 결정구조(부정합)

한편 석출경화에는 이상과 같은 고용강화 효과 외에 석출입자에 의한 분산강화 효과도 기여한다. 따라서 입자들이 어느 정도의 크기를 가져야 효과적이며[16)], 반대로 입자의 크기가 증대하면 개수는 감소되어 입자간의 간격이 넓어져 분산강화 효과는 감소하게 된다. 그 결과 그림 5-14에 표시된 바와 같이 중간상(中間相)인 θ'' 및 θ'상이 함께 석출되었을 때 강도가 최대로 된다. 시효가 더욱 진행하여 평형상(平衡相)인 θ상이 석출하게 되면 입자 간격이 더욱 넓어져 원자배열의 부정합과 함께 경도 저하 즉, 과시효의 원인이 된다. 이 때문에 초음속 비행기 날개의 앞 부분은 운행시 공기와의 마찰열로 인해 과시효가 진행되므로 알루미늄 합금을 사용하지 않는다.

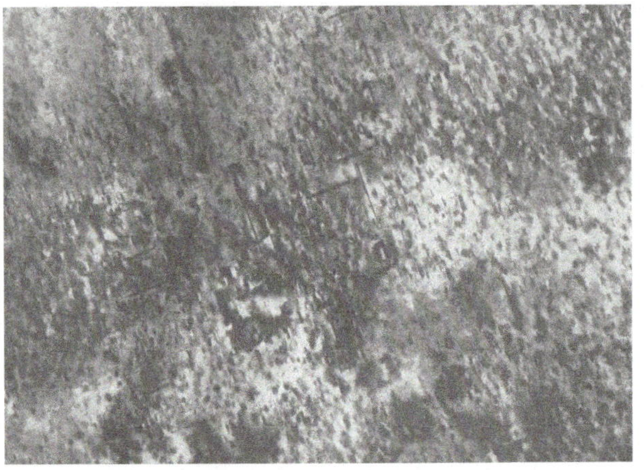

[그림 5-16] 540℃에서 용체화처리 후 130℃에서 10일간 시효처리한 Al-4Cu 합금의 전자현미경 조직 사진[17]. 길이 100~250Å 정도의 미세한 침상 석출물은 θ'' 상이고, 지름 1.5μm 정도인 판상 석출물은 θ' 상임

이상에서 시효나 석출 등의 과정이 마치 시간의 경과에 따라 진행되는 것처럼 설명했지만, 실제로는 시간의 경과보다는 온도의 상승에 의하여 훨씬 더 큰 변화를 가져오며 시간의 경과는 그다지 큰 변화를 가져오지 못한다. 한편 석출이 진행되는 온도가 낮아서 가열하지 않아도 저절로 시효가 진행되는 경우가 있는데 이것을 **자연시효**(自然時效, natural aging)라 하고, 이에 반하여 가열하여 처리하는 것으로 **인공시효**(人工時效, artificial aging)라 한다.

석출경화를 이용하는 합금으로는 두랄루민(duralumin)을 비롯한 각종 고강도 알루미늄 합금, 베릴리움(Be) 청동, 머레이징강(maraging steel), 석출 경화계 스테인리스강, 각종 초합금(超合金, super alloy, 제 10.6.2.절 참고) 등이 있으며, 그밖에 세라믹 재료로는 MgO -1% Fe_2O_3, Al_2O_3-25% MgO 등이 있다. 이들 재료의 석출 및 경화과정은 Al-Cu 합금과 반드시 일치하지는 않지만 대체로 GP집합체 → 중간상 → 평형상의 과정을 거치며, 어떤 상이 생성되었을 때 강도가 최대로 되는가는 재료에 따라 다르나 일반적으로는 중간상이 생성되었을 때 최대치를 나타낸다.

5-6 마르텐사이트 강화

어떤 상이 다른 종류의 상으로 변화하는 상변태는 일반적으로 제 2.3.2절에서 언급한 바와 같이 핵생성과 성장에 의하여 진행되며, 성장은 원자의 확산에 의하여 이루어진다. 이때 급랭에 의하여 확산을 저지하면 확산을 동반하지 않는 무확산 변태(無擴散變態)가 진행되게 되는데 이것을 **마르텐사이트 변태**(martensite transformation)라 하며, 그 결과로 생성되는 조직을 **마르텐사이트**(martensite)라 한다. 마르텐사이트 변태는 Al 청동, Ti 합금, Co 합금 등에서도 일어나지만, 여기서는 철강재료를 중심으로 설명한다.

탄소강을 오스테나이트 영역으로부터 서랭하면 오스테나이트 조직은 페라이트로 변태하게 된다. 이 때 페라이트의 탄소 고용한도가 오스테나이트에 비하여 매우 낮으므로 고용된 탄소의 양은 크게 감소되고 그 나머지 탄소는 시멘타이트로서 석출되어야 한다. 이 과정은 아공석강의 경우는 A_3선(GS선)에서 시작되어 조금 더 복잡하지만 편의상 공석강을 예로서 설명해 보기로 한다.

5

그림 2-12의 Fe-Fe_3C 상태도에서 보는 바와 같이 공석강을 오스테나이트 영역으로부터 서랭하면 727℃에서 공석변태를 일으켜 α와 Fe_3C의 층상 혼합조직인 펄라이트가 석출한다. 이때 오스테나이트는 결정격자가 면심입방격자이고 고용 탄소량은 0.77%이며, 페라이트는 체심입방격자로서 탄소 고용한도는 0.02%이다. 따라서 이 공석변태에서는 결정격자가 변화함과 동시에 페라이트에 과포화된 탄소는 확산에 의하여 이동하여 시멘타이트로서 석출하는 두 가지 변화가 일어난다. 이 과정은 그림 5-17에 표시된 바와 같이 오스테나이트의 결정립계로부터 시작되며, 탄소는 γ속, $\gamma-\alpha$ 계면, α속을 통하여 탄화물(시멘타이트) 쪽으로 확산된다.

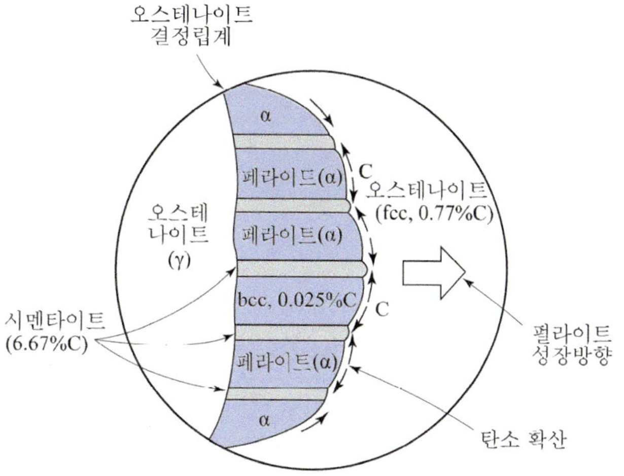

[그림 5-17] 오스테나이트로부터 펄라이트가 성장해가는 과정을 보여주는 모식도. 이 과정에서는 결정격자가 fcc에서 bcc로의 변화하며, 이와 동시에 탄소가 탄화물 쪽으로 확산 이동해 감

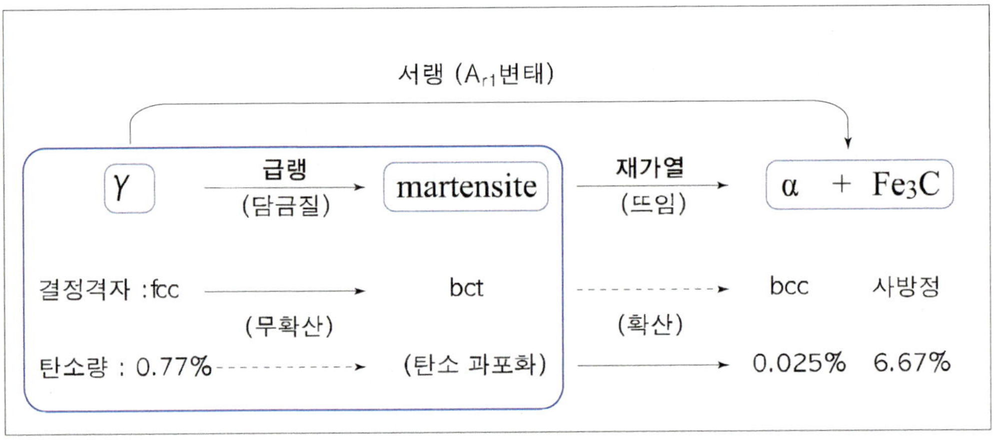

[그림 5-18] 공석강의 마르텐사이트 생성과정. 서랭하면 Ar_1 변태가 진행되어 펄라이트가 석출하지만, 급랭하면 결정격자는 변화하지만 탄소는 확산 및 감소되지 못하여 무확산변태가 진행됨으로써 마르텐사이트가 생성됨.

이렇게 공석 변태는 핵의 생성 및 성장에 의하여 진행되는 확산변태로서 고상에서의 변태이므로 냉각속도를 조금만 빠르게 하여도 쉽게 과랭되어 변태온도가 낮아지며, 만약 냉각속도가 어느 한도 이상 커지면 탄소의 확산 및 시멘타이트(Fe_3C)의 석출이 완전히 저지되어 오스테나이트 상태에서 갖고 있던 탄소 원자를 그대로 고용한 채 결정격자만 변화하는 무확산변태가 일어난다. 이에 비해 결정격자는 훨씬 쉽게 체심입방격자로 변화할 수 있지만 과포화 고용된 탄소 원자들로 인하여 면심입방격자와 체심입방격자의 중간 상태로 남아 있게 된다. 따라서 철강재료의 마르텐사이트는 탄소를 과포화 고용한 상태의 페라이트라 할 수 있다. 이와 같이 마르텐사이트 변태는 원자의 확산과는 무관하므로 어떤 일정한 온도에서는 아무리 시간이 경과해도 변태가 진행 또는 완료되지 않으며, 온도가 강하되어야만 변태가 진행된다. 그리고 아무리 급랭하여도 이 변태를 저지시킬 수는 없다.

한편 마르텐사이트의 결정격자는 면심입방격자가 체심입방격자로 변태해가는 중간적인 상태인 **체심정방격자**(體心正方格子, bodycentered tetragonal lattice ; bct)이다. 그림 5-19에 표시한 바와 같이 오스테나이트는 면심입방격자로서 이것을 달리 보면 가로 또는 세로의 크기와 높이의 비가 1 : $\sqrt{2}$ 인 체심정방격자와 같다. 그런데 페라이트는 체심입방격자로서 가로, 세로, 높이가 모두 같다. 따라서 오스테나이트가 페라이트로 변태하는 것은 결정격자의 측면에서만 본다면 높이가 감소하고 가로, 세로는 커져서 세 모서리의 크기가 같게 되는 과정이라 할 수 있다. 그런데 마르텐사이트 변태시 탄소가 석출되지 못하고 과포화 고용된 상태로 남아 있게 됨으로써(탄소 원자는 그림에서 파란색으로 표시된 곳에 위치) 높이가 가

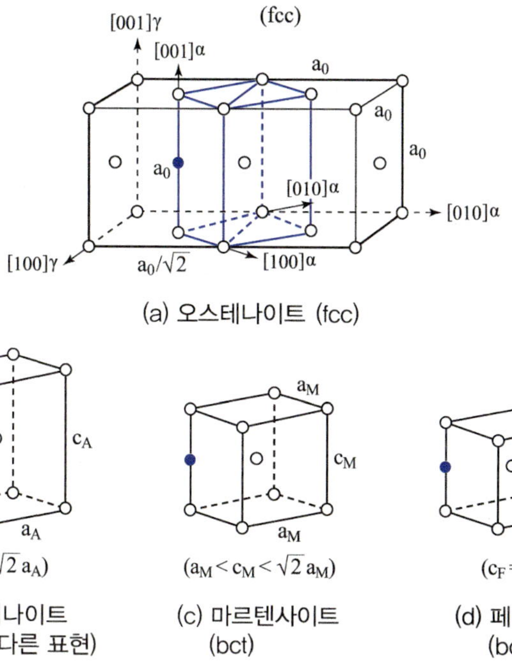

[그림 5-19] 마르텐사이트 변태시의 결정격자 변화. 오스테나이트가 페라이트로 변태할 때는 결정격자 높이는 감소하고 가로와 세로는 증대되어 세 모서리의 길이가 같아짐. 마르텐사이트의 격자상수는 그 중간 상태임.

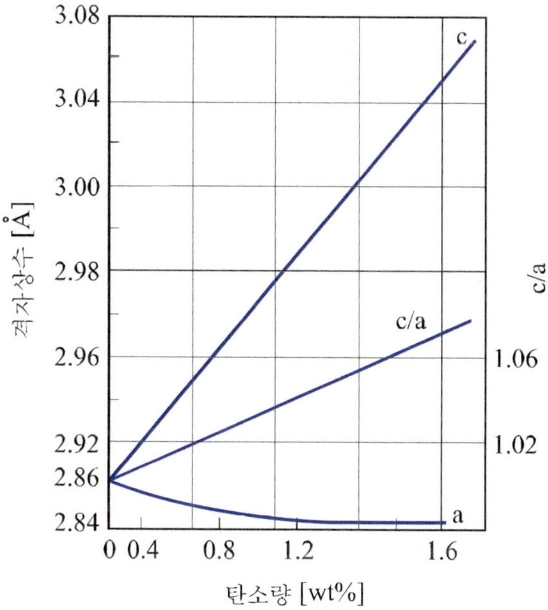

[그림 5-20] 마르텐사이트의 격자상수에 미치는 탄소 함량의 영향

로나 세로만큼 축소되지 못한 상태로 있게 되는데 이런 상태가 마르텐사이트 조직이다. 따라서 마르텐사이트의 결정격자의 높이와 가로 또는 세로 크기의 비(c/a)는 그림 5-19에서 보는 바와 같이 탄소량에 비례 증가한다. 그리고 이와 같이 마르텐사이트의 격자상수 c가 크기 때문에 마르텐사이트 변태시 부피가 팽창한다.

한편 마르텐사이트 조직의 경도는 그림 5-21에서 보는 바와 같이 탄소의 함유량과 밀접한 관계가 있으며, 다른 합금원소는 마르텐사이트 조직의 경도에 그다지 영향을 주지 못한다. 철강재료의 마르텐사이트 변태에서는 γ상의 Fe 원자의 일부가 특정한 결정면을 따라 서로 연관성을 유지하면서 질서 있게 새로운 상의 위치로 이동하여 전단적(剪斷的)인 변위를 일으킨다. 따라서 이 변태에서는 수많은 전위나 쌍정이 생성 및 이동하게 되며, 이러한 전위와 쌍정은 탄소 원자의 과포화와 함께 마르텐사이트 조직의 강도와 경도를 현저하게 높이는 역할을 할 것이다. 따라서 마르텐사이트 강화는 가공경화와 고용강화의 요소가 가장 강하게 작용하는 것으로 볼 수 있다. 그밖에 인공시효로는 상상도 할 수 없을 정도의 초미립의 탄화물이 생성되어 마르텐사이트 중에 분산분포하여 전위를 고착하는 분산강화 효과도 대단히 크게 기여하는 것으로 알려져 있다.

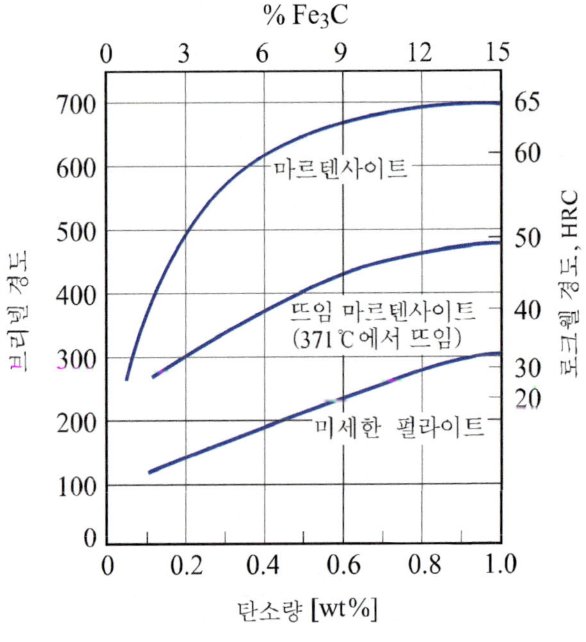

[그림 5-21] 탄소량에 따른 마르텐사이트, 뜨임 마르텐사이트 및 미세한 펄라이트의 경도의 변화

그림 5-22 (a)는 탄소량이 비교적 적은(0.5% C 이하) 강재에 나타나는 괴상(塊狀, lath)의 저탄소 마르텐사이트, (b)는 탄소량이 많은(1.0% 이상) 경우에 얻어지는 판상(板狀, lens)의 고탄소 마르텐사이트를 보여주는 전자현미경 조직사진으로서 전자에는 전위가, 후자에는 쌍정이 수많이 존재하는 것을 볼 수 있다.

철강재료의 마르텐사이트 조직은 고온(탄소강의 경우는 그림 2-10의 GSK선보다 30~50 ℃ 정도 높은 온도)으로 가열한 후 물이나 기름 등에 급랭함으로써 얻어지는데 이러한 열처리법을 **담금질**(燒入, quenching)이라 한다. 담금질에 의하여 생성된 마르텐사이트 조직은, 상온에서는 탄소 원자의 확산이 일어나기 어려우므로 비교적 안정하다. 그러나 온도가 상승하면 탄소 원자의 확산이 일어나 미세한 구형(球形)의 탄화물로서 석출되어 경도가 저하되고 인성과 연성이 증가된다. 강재의 마르텐사이트 조직은 강도, 경도 및 내마모성이 커서 고강도용으로 대단히 유용하나 취성이 크며 급랭시 불균일한 냉각속도로 인하여 발생된 내부응력이 크게 남아있게 된다. 이러한 단점을 제거하기 위하여, 담금질한 강재를 공석온도, 즉 A_1 변태온도(727℃) 이하의 적당한 온도로 재가열함으로써 내부응력을 제거하고 인성과 연성을 향상시키는 열처리 법을 **뜨임**(燒戾, tempering)이라 한다.

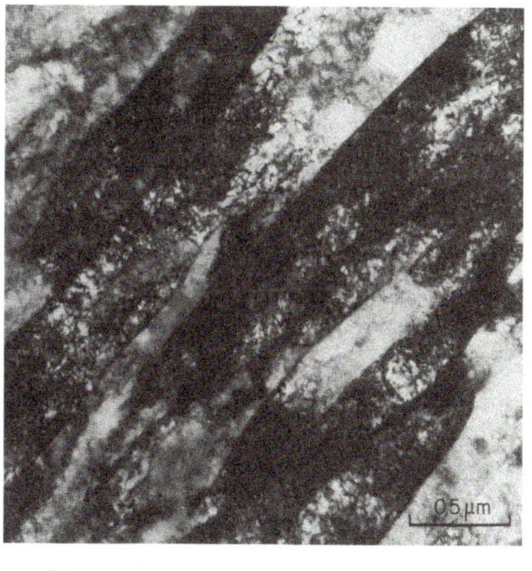

(a) 0.3% C 탄소강의 괴상 마르텐사이트

(b) 1.2% C 탄소강의 판상 마르텐사이트

[그림 5-22] 마르텐사이트 조직의 전자현미경 조직 사진[18]. 저탄소강의 경우(a)는 전위 밀도가 고탄소강의 경우(b)는 쌍정의 밀도가 대단히 높음을 알 수 있다.

5-7 표면 압축잔류응력에 의한 강화법

이상에서 설명한 강화법은 모두 전위의 움직임을 억제하는데 기반을 두고 있으며, 대부분 금속에 한정되는 방법이다. 그밖의 강화법으로 대표적인 것이 복합강화와 표면 압축잔류응력에 의한 강화법이 있으며, 이들은 전위의 움직임과는 관련성이 매우 작다. 복합강화에 대해서는 제 1장에서 이미 언급한 바가 있으며, 또한 제 17 장에서 좀 더 심층적으로 다루게 될 것이므로 여기서는 **표면 압축잔류응력에 의한 강화법**의 대표적인 사례인 숏피닝과 강화유리에 대하여 기술하기로 하다.

[1] 숏피닝

숏피닝(shot peening)은 그림 5-23에 표시한 바와 같이 직경 2~3 mm의 작은 강철이나 세라믹 구(shot)를 재료의 표면부에 강하게 충돌하게 하는 처리법이다. 이 때 재료의 표면층에는 소성변형이 일어남과 동시에 압축 잔류응력이 형성되며(그림 5-24 (a)), 이로 인하여 외력이 작용할 때 인장응력을 상쇄하여(그림 5-24 (b)) 그만큼 강도가 커지게 된다. 숏피닝은 특히 피로강도, 굽힘강도, 비틀림강도 등의 향상에 크게 도움이 되며, 그 밖에 응력부식균열, 미동마멸 부식(fretting corrosion)의 방지에도 효과적인 것으로 알려져 있다[17)18)].

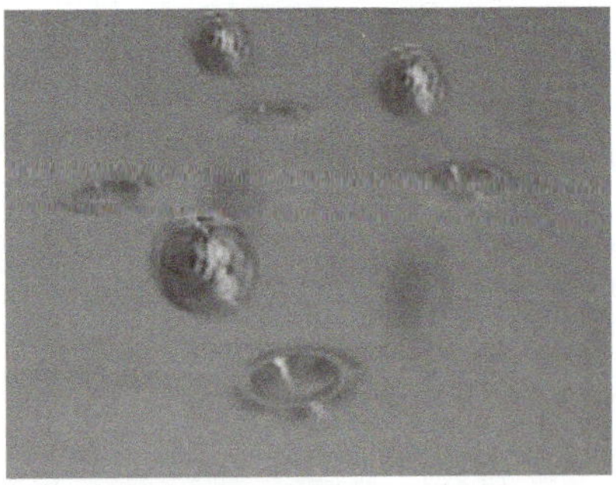

(a)

(b)

[그림 5-23] 숏 피닝. (a) 강철/세라믹 구의 충돌에 의한 소성변형 모식도. (b) 숏피닝 후의 표면 상태(좌측)[19)]

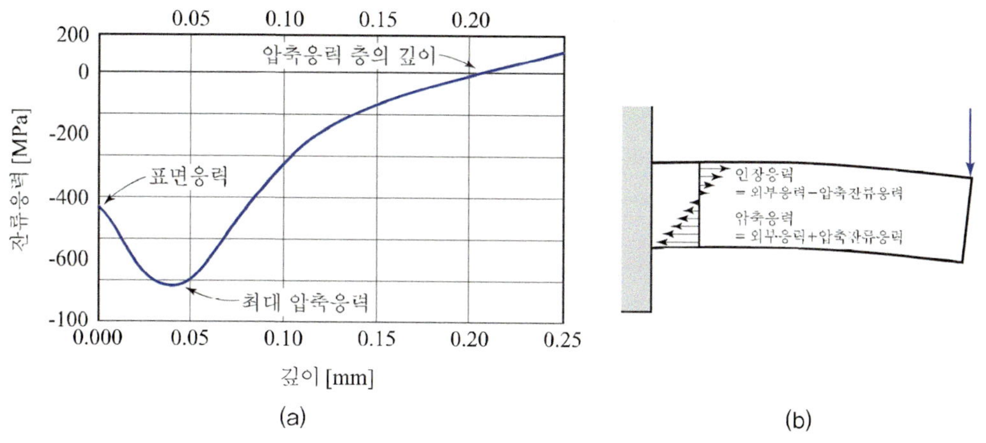

[그림 5-24] 숏 피닝에 의한 응력상태 변화[20]. (a) 숏피닝 후의 압축잔류응력의 분포. (b) 굽힘응력 작용시 압축잔류응력에 의해 인장응력이 상쇄되며, 결과적으로 파단강도가 커지는 효과를 가져 옴.

[2] 강화유리

유리 등 세라믹 재료의 강화에는 **표면 압축 잔류응력에 의한 강화법**이 사용되고 있다. 이것은 물체의 표면에 압축 잔류응력이 형성되게 함으로써 인장응력에 의해 파손될 때 압축 잔류응력만큼 더 큰 응력이 작용되어야 파단응력을 초과할 수 있도록 만드는 방법이다.

그 대표적인 사례가 **강화유리**(tempered glass)*[3]로서 그림 5-25에 표시된 바와 같이 유리의 냉각속도를 조절함으로써 표면에 압축 잔류응력이 남아있게 한 것이다. 유리를 고온(650℃ 내외) 가열한 후 적당하게 빠른 속도로 냉각하면 표면 부위가 먼저 냉각된 후 내부가 냉각 및 수축하게 되는데, 이 때 외부는 이미 강해져서 수축하기가 어려운 상태라 그림 (d)와 같이 압축응력이 남아 있게 된다. 그런데 유리는 다른 세라믹 재료와 마찬가지로 압축강도보다 인장강도가 훨씬 더 커서 파손은 주로 인장응력에 의하여 일어난다. 그러나 강화유리의 경우는 그림의 (e)에서 보는 바와 같이 외층에 상당한 정도의 압축 잔류응력(σ_r)이 존재하므로 외부로부터 큰 인장응력이 작용하더라도 실제적으로 작용되는 인장응력의 크기는 파단강도에 훨씬 못 미치게 되어 파손되지 않게 된다. 다시 말하자면 파단강도가 압축 잔류응력만큼 더 커지는 효과가 있게 되는 것이다.

그런데 이 경우 표면 바로 아래에는 작용되는 외부 응력보다 더 큰 인장응력이 형성되므로, 일단 부분적으로라도 파손이 일어나면 균열이 급속도로 파급되어 유리 전면에 걸쳐 아주 작고 둥근형의 파편이 형성되게 되며, 이에 따라 사고시 날카로운 유리조각에 의한 2차

3) 조질(調質) 유리라고도 함.

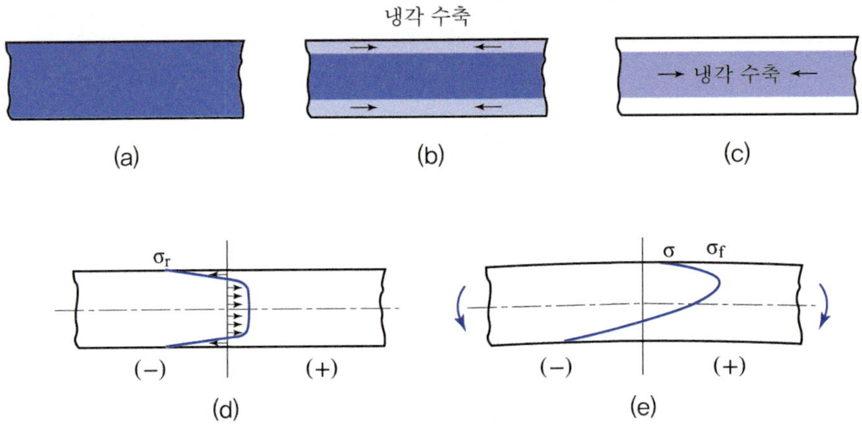

[그림 5-25] 강화유리의 제조과정 중 응력 분포 상태의 변화. (a) 고온 가열. (b) 적당한 속도로 냉각-외부 냉각 수축. (c) 내부 냉각 및 수축 – 외부는 수축되기 어려워 압축응력 발생, 내부에는 인장응력 발생. (d) 냉각 후의 잔류응력 상태. (e) 외력 작용시 – 파단강도를 초과하기 위해서는 압축잔류응력(σ_r)만큼 더 큰 응력이 요구됨

적인 인명 손실을 피할 수 있어서 각종 차량의 창유리, 진열장, 출입문 등에 널리 사용되고 있다.

유리의 표면 부위에 압축 잔류응력이 형성되게 하는 방법으로는 이러한 열처리 외에 화학적인 방법도 있다. 유리를 용융 상태의 KNO_3, K_2SO_4 또는 $NaNO_3$ 중에서 가열하면 유리의 표면 부위에 있는 작은 이온들이 큰 이온으로 대체됨으로써 결과적으로 압축 잔류응력이 생성된다. 이 방법에 의한 강화유리는 처리 시간이 길고(1시간 정도), 파괴시 산산조각 나지 않지만 복잡한 모양에 적용이 가능하고 보다 고온에서도 사용할 수 있는 장점이 있다.

한편 앞서 언급한 바와 같이 강화유리는 파괴될 때 파편이 작고 둥근 형으로 되어 2차 사고의 위험이 크게 감소되지만, 그 대신 무수한 균열로 인하여 시야가 확보되지 못하는 약점이 있으므로, 자동차의 앞유리의 경우는 두 장의 유리 사이에 대단히 질기고 투명한 PVB (poly vinyl butyrate) 필름을 끼워 접합한 **접합유리**(laminated glass)*4)를 사용한다(그림 5-26). 이 유리는 깨지더라도 유리조각이 PVB에 붙은 채로 있어서 상해를 입힐 위험성이 없으며, 시야 확보에도 문제가 없다. 이에 비해 강화유리는 사고시 탈출에는 유리하므로 측면 유리나 뒷 유리에 적용된다.

---

4) 적층유리, 라미네이티드 유리, 합판유리 등으로도 불리며, 강화유리, 철망유리, 유기유리(organic glass)와 함께 **안전유리**(safety glass)로 분류된다.

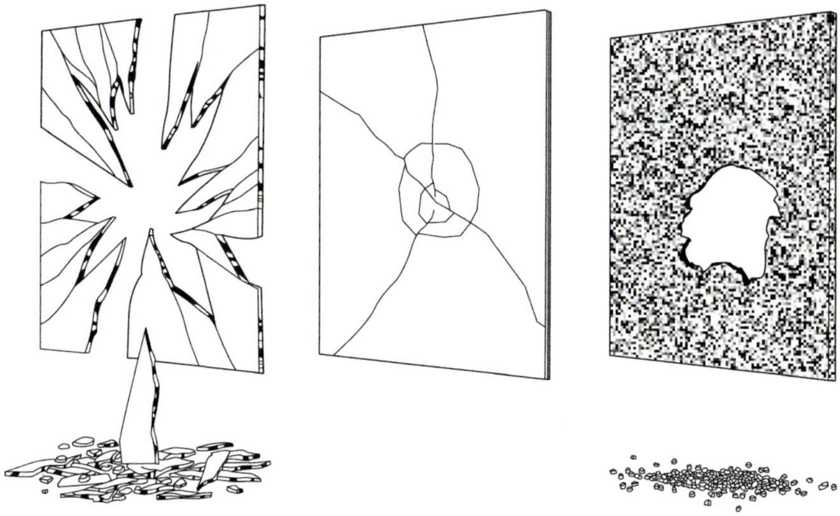

(a) 일반 유리 (b) 접층 유리 (c) 강좌 유리

[그림 5-26] 세 가지 상용 유리의 파괴형태

한편 **방탄유리**는 그 구조와 제법상 접합유리와 비슷하지만, 좀더 두꺼운 유리와 특수한 필름을 사용하여 강도를 더욱 강화시킨다. 방탄유리 한 장은 약 10~12 mm 정도이며, 필름으로는 특수한 관통 저항필름(HPR 필름, high penetration resistant film)을 넣어 여러 장의 유리와 함께 다층으로 접합하여 만든다.

표 5-1은 이제까지 서술한 재료의 각종 강화법을 비교 표시한 것이다.

[표 5-1] 각종 재료 강화법의 비교

종 류	처리 방법	주된 강화 원리	주된 강도 결정 인자
고용강화	합금(제 2의 원소 합금에 의한 고용체의 생성)	원자크기 차이로 인한 격자변형 때문에 전위의 이동 저해	용질 원자의 농도와 이로 인한 결정격자의 변형 정도
가공경화	냉간 가공	가공에 의해 전위밀도가 높아져 다른 전위의 이동을 저해	전위와 쌍정의 밀도
입계강화	급랭 등에 의한 결정립 미세화	결정립계가 전위의 이동을 저해	결정립의 크기 (결정립계의 면적)
분산강화	기계적 합금, 내부 산화 등	강화 입자들에 의한 전위 이동 저해	강화 입자간의 간격, 입자의 크기
석출강화	용체화처리(급랭하여 용질 원자의 확산 및 석출을 저지, 과포화 고용체 생성) → 시효처리(경하고 미세한 제 3상 입자 석출)	분산강화 + 고용강화 효과	석출입자간의 간격 + 바탕 조직의 결정격자의 변형 정도
마르텐사이트 강화	담금질(상변태시 급랭하여 용질원자의 확산 및 석출을 저지, 새로운 상이 과포화 고용체 상태로 석출되게 함)	고용강화 + 가공경화 + 분산강화 효과	용질원자(철강의 경우는 탄소)의 과포화 정도 +전위나 쌍정의 밀도+초미립 석출물(철강의 경우는 탄화물)의 분포도
표면압축잔류응력에 의한 강화	표면경화(숏피닝 포함), 열처리(유리 등) 등에 의해 표면부위에 압축잔류 응력이 생성되게 함.	표면 압축잔류 응력에 의한 파단강도 상승 효과	표면 압축 잔류응력의 크기

※ 금속재료의 강화를 중심으로 정리하여, 복합강화는 제외하였음(제17장 참고).

참고문헌

1) G. Sachs and J. Weerts, Z. Physik, vol. 62, p.473 (1930)

2) 이동녕, 금속강도학, 문운당, p.182 (1987)

3) R. M. Brick, D. I. Martin and R. P. Angier, Trans. ASM, vol. 31, p.675(1943)

4) H. Frye and W. Hume-Rothery, Proc. Roy. Soc., vol.181, p.1, (1942)

5) B. Bardes(ed.), Properties and Selection : Iron and Steels, Metals Handbook 9th ed.(1978), vol.1, ASM, p.226과 H. Baker(ed.), Properties and Selection : Nonferrous Alloys and Pure Metals, Metals Handbook 9th ed.(1979), vol.2, ASM, p.276과 p.327을 재구성함

6) 사진 (b) 원전 불상

7) E. O. Hall, The Deformation and Aging of Mild Steel, Dicussion of Results, Proce. Phys. Soc.(London) B, vol.64, No1. p.747 (1951)

8) N. J. Petch, The Cleavage Strength of Polycrystals, J. Iron Steel Inst., vol.173, p.25 (1953)

9) J. R. Low, "Relation of Properties to Microstructure", American Society for Metals, 1954

10) N. J. Petch, Fracture, The Technology Press, MIT, Cambridge. MA, John and Wiley, NewYork (1959)

11) J. R. Low, Frature, P.68, The Technology Press and John and Sons, Inc., New York (1959)

12) H. P. Cheskis and R. W. Heckel, Metall. Trans, vol. 1, p.1931 (1970)

13) 이동녕, 대한금속학회지, vol.14, p.20, (1975)

14) 和泉修, 諸住正太郎, 寺沢正式(編), 日本金屬學會, 金屬工學シリズ3, 金屬組織 寫眞集非鐵材料編, 日本金屬學會, p.23, p.89, 및 p.90, (1972)

15) Silcock, T. Heal and H. Hardy, J. Inst. Materials, vol.82, p.239(1953)

16) 이동녕, 금속강도학, 문운당, p.194 (1987)

17) 和泉修, 諸住正太郎, 寺沢正式(編), 日本金屬學會, 金屬工學シリズ3, 金屬組織 寫眞集非鐵材料編, 日本金屬學會, p.89 (1972)

18) 西沢泰二, 佐久間健人(編), 日本金屬學會, 金屬工學シリズ9, 金屬組織寫眞集 非鐵材料編, 日本金屬學會, p.28-p.29 (1979)

19) Shot Peening Application(PDF), 9th ed., Metal Improvement Company, 2005 (http : //www.metalimprovement.com//premium/PDF/greenbook_v9/english)

20) http : //pbadupws.nrc.gov/docs/ML1116/ML11167A243.pdf

제 6 장 재료의 파괴

Introduction to Engineering Materials

재료의 **파괴**(破壞, fracture)는 하나의 물체가 어떤 힘의 작용에 의해 2개 또는 그 이상의 파면을 형성하면서 분리되어 하중 부담능력이 0으로 되는 현상이며, 궁극적으로는 원자간의 결합이 끊어져 거리가 무한히 멀어지게 되는 현상이라 할 수 있다. 그리고 파괴는 전반적으로 동시에 진행되는 것이 아니라 미소 균열, 내부응력 등의 선천적인 결함, 소성변형에 의해 생긴 후천적인 결함으로부터의 균열 발생과 이들의 성장 및 합체에 의해 진행되는 것으로 그 기구 및 현상은 대단히 복잡다양하다. 한편 재료의 파괴기동은 재료의 최종 형상을 결정하기 위한 제조 가공상의 관점이나 구조물의 안전성 또는 신뢰성의 관점에서 대단히 큰 중요성을 갖는다.

6-1 파괴의 응식

재료에 응력이 가해지면, 탄성한도 이하의 작은 응력이 작용되는 경우에는 탄성변형만 일어나서 그림 (a)에 표시한 바와 같이 응력이 제거되면 원상복귀된다. 그러나 응력이 충분히 큰 경우에는 연성재료의 경우에는 항복강도가 파단강도에 비해 작으므로 소성변형이 먼저 일어나게 되며, 응력이 더욱 증대되더라도 소성변형이 충분히 진행된 다음에라야 파괴에 이르게 된다. 반면에 유리와 같은 취성재료인 경우는 파단강도가 항복강도보다 작으므로 소성변형에 앞서 파단이 먼저 일어나게 된다.

재료의 파괴는 이와 같이 소성변형의 선행 여부와 그 정도에 따라 **연성파괴**(延性破壞)와

취성파괴(脆性破壞)로 나눌 수 있다. 또한 부하(負荷)나 환경 등의 외적 요인에 따라, 정적 하중에 의한 **정적파괴**(靜的破壞), 충격적으로 가해지는 하중에 의한 **충격파괴**(衝擊破壞), 반복응력을 장시간 가할 때 일어나는 **피로파괴**(疲勞破壞), 주로 고온에서 일정 응력이 장시간 가해질 때 일어나는 **크립 파괴**(creep破壞) 등으로 분류할 수도 있다.

[1] 연성파괴(延性破壞, ductile fracture)

연강(軟鋼)의 경우는 항복강도와 인장강도의 차이가 크므로 상당한 정도의 소성변형이 진행된 후에야 응력이 인장강도에 이르게 되어 파괴가 진행되기 시작한다. 이렇게 상당량의 소성변형이 진행된 후에 일어나는 파괴를 **연성파괴**라고 한다. 연성파괴에서는 균열의 성장에 커다란 소성변형 에너지를 필요로 하므로 외력을 증가하지 않는 한 균열은 성장하지 않는다. 따라서 연성파괴는 대단히 서서히 진행되므로 소성변형을 거의 동반하지 않는 취성파괴에 비하여 실용상 안전하다고 할 수 있다.

인장하중에 의한 연성파괴는 먼저 재료 내부에 공동(空洞, void)이 발생하고 이것이 여러 개 합쳐져 성장하여 재료의 단면적이 점차 감소됨으로써 진행된다. 파괴는 시험편의 중앙부분에서 시작하여 최초에는 인장 축에 거의 수직방향으로 진전하나, 시편의 바깥쪽 부분에서는 축에 약 45° 방향으로 진전하여, 그림 6-1의 (a)에서 보는 바와 같이 파단면의 한쪽은 컵 모양으로 오목하고, 다른 쪽은 원뿔처럼 볼록한 모양을 이루게 된다. 이러한 cup-cone형 파괴에 있어서의 파단면은 컵의 맨 안 쪽 즉, 파단의 시작점 인근 부분은 울퉁불퉁한 섬유상(纖維狀)으로 나타나고, 중간 부분은 방사상(放射狀)의 결이 나타나며, 그리고 가장자리 부분은 비교적 매끈한 전단(剪斷) 파단면을 이룬다. 이 때, 연성파괴의 경향이 크면 섬유상

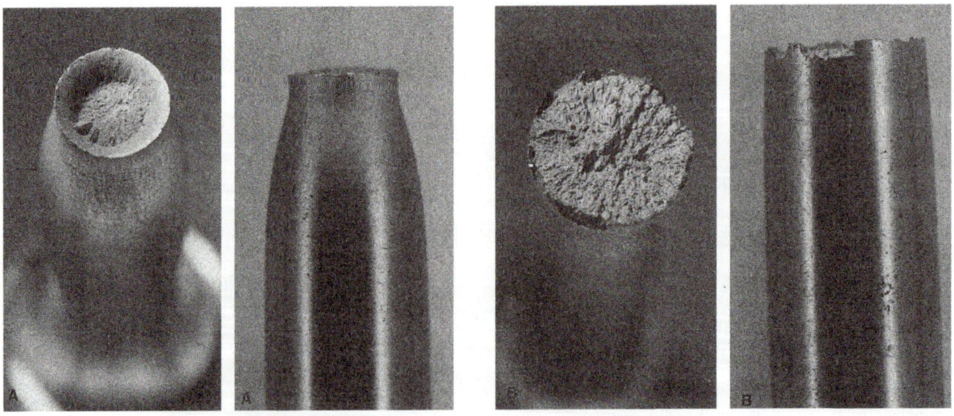

(a) 연강의 연성 파단　　(b) 강재의 취성 파단

[그림 6-1] 강재의 인장 파단면 사진[1]

및 전단 파단면의 면적이 넓어지며, 만일 연성이 대단히 커서 소성변형이 충분히 진행되었다면 전체가 전단 파단면으로 나타날 수도 있다. 반면에 취성파괴에 있어서는 그림 6-1의 (b)에서 보듯이 대부분의 파단면이 방사상(放射狀)을 이루고 있고 전단 파단면은 가장자리에만 조금 나타난다.

한편 파괴의 시발점이 되는 각종 결함이나 균열은 응고나 소성가공 등의 각종 가공 중에 선천적으로 생성되어 있는 경우도 있다. 그러나 건전한 재료라 할지라도 그림 6-2에서 보는 바와 같이 전위의 집적에 의해 후천적인 균열이 핵생성될 수도 있다. 그런데 연성파괴에 있어서는 기존 균열의 선단 부분이나 집적된 쐐기전위 주변에 집중된 응력이 소성변형에 의해 쉽게 완화되어 균열의 발생이나 성장이 어려워진다. 따라서 연성파괴 균열의 핵생성은 이런 기존의 균열이 아니라, 전위의 이동 즉, 소성변형을 어렵게 하는 결정립계나 비금속 개재물 입자 주변에서 주로 이루어지는 것으로 볼 수 있다. 또한 날카로운 균열이 생성되었다 하더라도 성장중에 개재물을 만나면 균열의 끝이 뭉툭해지게 되어 균열의 성장은 더욱 어렵게 되며, 소성변형이 진행되면 개재물 주변의 공동(void)이 길게 늘어나 서로 연결되면서 균열이 성장해 간다.

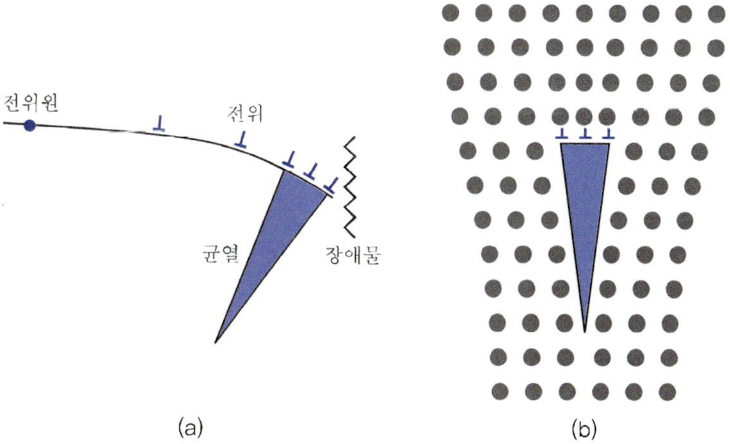

[그림 6-2] 전위의 집적에 의한 미소균열의 발생 기구. (a) 칼날전위가 장애물을 만나 집적되는 모습. (b) 집적된 세 개의 전위가 결정격자내에서 초기 균열을 형성하는 모습

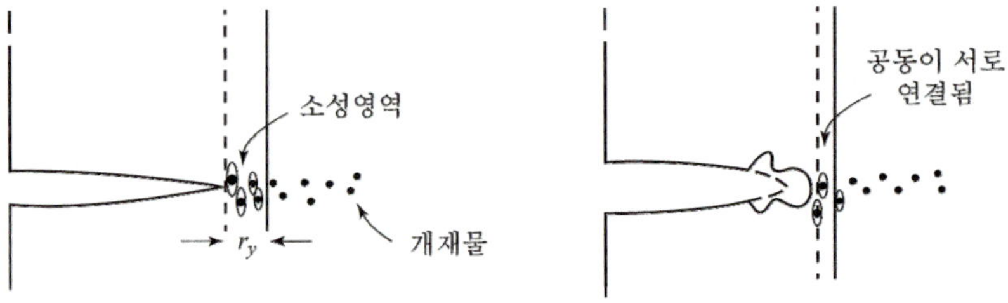

[그림 6-3] 연성 파괴(찢김) 균열의 전파. 균열이 개재물을 만나면 끝이 뭉툭해짐. 개재물 주변으로 소성변형이 일어나 주위의 공동이 길게 늘어나서 서로 연결됨으로써 균열이 전파됨.

균열의 핵생성과 성장에 있어서의 이러한 개재물 입자들의 역할은 연성 파단면을 전자현미경으로 관찰해 보면 쉽게 확인할 수 있다. 연성 파단면에서는 그림 6-4 (a)에서 보는 바와 같이 특유의 딤플(dimple)이 관찰되며 그 내부에는 미소한 개재물 입자들이 흔히 발견된다. 그리고 순동이나 순 알루미늄과 같이 이러한 개재물이 아주 적은 경우는 단면이 거의 0이 될 때까지 길게 변형된 후 파단된다.

이상에서 살펴본 바와 같이 연성파괴에 있어서는 소성변형과 균열 끝의 변형에 의해 균열의 생성과 성장에는 큰 에너지가 소모되며, 이것은 파괴인성과 충격치를 크게 한다. 이에 따라 금속에 있어서는 연성이 크면 인성도 커진다.

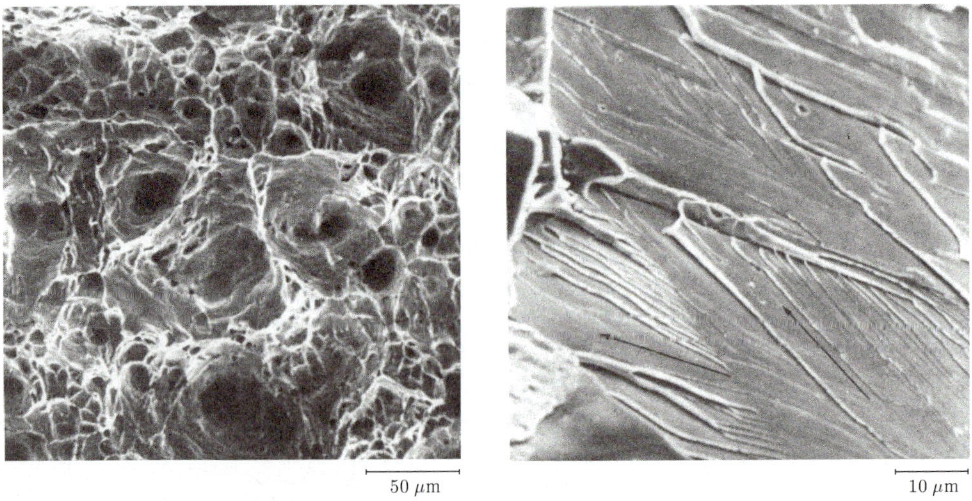

(a) 연성 파단면　　(b) 취성 파단면

[그림 6-4] 순철 파단면의 전자현미경 사진[2]. (a) 상온에서의 인장 파단면. 움푹 들어간 곳은 미소한 개재물 입자들이 있던 곳으로서 이들 주변에서 균열이 생성됨을 보여주고 있음. (b) −196℃에서의 충격 파단면. 취성파괴의 특징인 벽개파괴로서 화살표 방향이 결정립 내에서의 균열진행 방향인 [100] 방향이며, 결정립마다 균열진행 방향이 다름을 알 수 있다.

[2] 취성파괴(脆性破壞, brittle fracture)

유리나 석영 등의 경우는 연성재료와는 반대로 항복강도와 인장강도의 차이가 거의 없어 소성변형을 거의 동반하지 않는 파괴가 일어나게 된다. 이러한 **취성파괴**는 균열이 별안간 발생하며 탄성파와 같은 대단히 빠른 속도로 전파되므로 기계나 구조물에 있어서 대단히 위험하다. 금속의 경우도 환경조건에 따라 취약하게 되어 조업 중인 선박, 압력용기, 다리, 파이프라인 등이, 특히 저온에서 취성파괴를 일으키는 경우가 흔히 있다. 그러나 금속의 경우는 각종 세라믹 재료의 경우처럼 완전한 취성파괴는 아니고 파면 부근에는 약간의 미시적인 소성변형은 일어난다.

금속재료에의 취성파괴는 **벽개파괴**(劈開破壞, cleavage fracture)의 양상을 띤다. 벽개파괴는 특정한 결정면이 그 면에 수직방향으로 작용하는 인장응력에 의해 분리되어 쪼개져 나가는 형태의 파괴를 말하며, 따라서 균열은 특정한 결정면을 따라 전파된다. 이 과정에서는 소성변형이 매우 작으므로 연성파괴의 경우처럼 균열 앞 끝이 무디어지는 일이 거의 일어나지 않으며, 따라서 균열 끝은 응력집중이 심한 상태를 유지하며 그림 6-2에 표시한 전위의 집적에 의한 핵생성도 쉽게 이루어진다.

그림 6-4 (b)는 벽개파괴가 일어난 단면을 관찰한 전자현미경 사진으로서 균열의 시점과 방향을 추정할 수 있는 물결무늬(river pattern)를 볼 수 있으며, 화살표로 표시한 바와 같이 결정립마다 균열의 진행 방향이 변화하는 것을 알 수 있다. 취성파괴 균열이 일어나는 벽개면은 체심입방격자나 면심입방격자 금속의 경우는 {100}면, 조밀육방격자 금속의 경우는 {0001}면이다. 다결정체 금속의 경우는 원칙적으로 결정립마다 원자배열 방향이 다르므로 균열이 결정립계를 지날 때마다 진행방향이 바뀌게 되며, 따라서 결정립이 미세하면 균열의 진행이 더 어려워져 결과적으로 파괴인성이 좋아진다(제 5.3절 참고). 금속재료의 벽개파괴(즉, 취성파괴)는 고속의 큰 충격하중을 받거나 저온에서 파단될 때 흔히 일어나지만, 면심입방격자 금속에서는 응력부식균열이나 부식 피로의 경우가 아닌 한 잘 일어나지 않는다.

한편 취성파단면에는 그림 6-1 (b)의 왼편 사진에서 보는 바와 같이 방사상의 무늬가 잘 발달되어 나타나며, 단면이 사각형인 경우에도 이와 비슷한 양상을 띤다. 연성파괴와 취성파괴의 중간 정도일 때는 갈매기 무늬(chevron pattern)의 파면도 나타나며, 취성파괴의 경향이 클 때는 방사상 파단면의 모양이 더 잘 발달되어 나타난다. 이 때 갈매기 무늬의 꼭지점은 균열의 시발점을 향하며, 방사상 파단면의 경우 그 중심점은 균열의 시발점을 의미하며 펼쳐져 나가는 방향은 균열이 전파된 방향을 가리킨다.

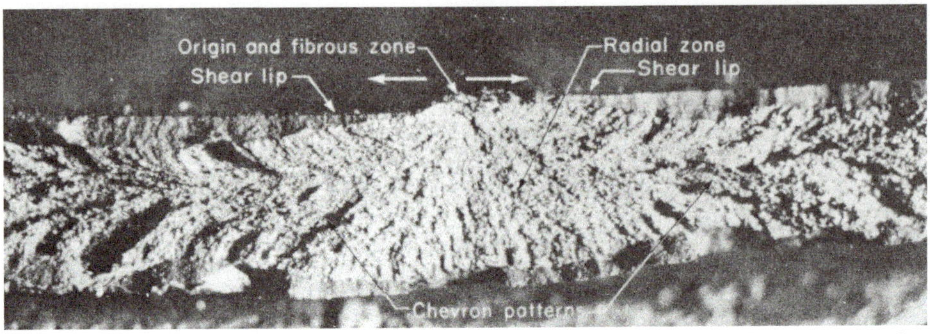

[그림 6-5] 용접 제조한 4340강제 압력용기의 파단면 사진[3]. 취성 파단면의 특징인 갈매기 모양과 방사선 모양의 파면이 잘 나타나 있으며, 재료 표면부에는 약간의 전단파면이 형성되어 있다. 파괴는 방사상 파면의 중심부인 위 중앙에서 시작되어 좌우 아래 방향으로 전파되었음.

그림 6-5는 용접 제조한 4340강제 압력용기의 파단면 사진으로서 취성 파단면의 특징인 갈매기 모양과 방사선 모양의 파면이 잘 나타나 있으며, 재료 표면부에는 약간의 전단파면이 형성되어 있음을 잘 보여 주고 있다. 그리고 파괴의 시발점 아래에 나타난 방사선 모양과 좌우 방향의 갈매기 형태가, 균열이 위에서 아래로, 그리고 중앙에서 좌우 양쪽 방향으로 진행되었음을 말해주고 있다. 한편 이렇게 얇은 관재와는 달리 재료의 두께가 상당히 두꺼운 경우는 갈매기 모양은 안 나타나고 방사상의 파면만 나타나며, 아주 얇은 경우는 방사상 파면도 없이 균열 시작점 인근을 제외한 대부분의 파면이 전단파면으로 나타난다[3].

앞에서 언급한 바와 같이 금속재료의 벽개파괴에서는 균열이 결정립을 가로질러 성장하므로 **입내균열**(粒內龜裂, transgranular cracking)의 양상을 띤다. 그러나 고온에서는 결정립계가 결정립 내부보다 약화되어 균열이 결정립계를 따라 진행되는 **입계파괴**(粒間破壞, intergranular fracture)가 일어나기 쉬워진다. 입계파괴는 결정립계에 취약한 석출물이 존재하게 되면 상온에서도 일어나기 쉬워진다. 그림 6-6은 Cr 18%, Ni 8% 함금된 STS304 스테인리스강의 입계파단면을 보여주는 전자현미경 사진으로서 결정립계에 Cr 탄화물이 석출되어 취약한 상태이다. 입계파괴도 취성파괴의 한 형태로 볼 수 있다.

그 밖에 취성파괴의 양상을 띠는 파괴로는 **수소취성**(水素脆性, hydrogen embrittlement)으로 인한 파괴와 **응력부식균열**(應力腐蝕龜裂, stress corrosion cracking) 등이 있는데 이들은 역학적인 인자 보다는 금속학적인 인자에 기인한다. 이들에 관해서는 제 7장에서 좀 더 자세히 기술하기로 한다.

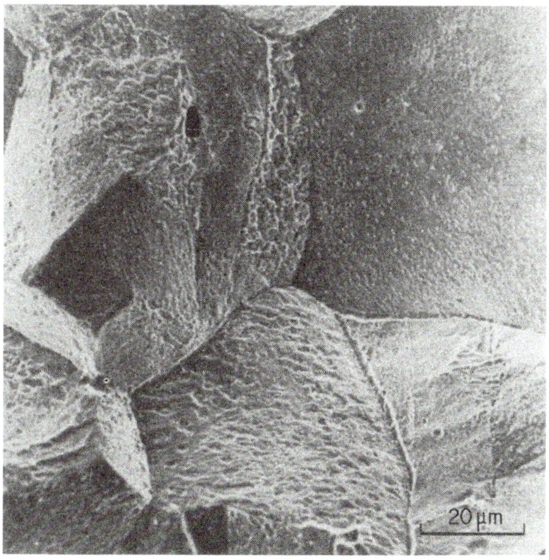

[그림 6-6] 예민화된 스테인리스강의 입계파단면 전자현미경 사진[4]. STS304 스테인리스강을 1100℃에서 1시간 가열 및 용체화처리한 후 700℃에서 15시간 가열한 시료를 상온에서 충격파괴한 파단면

6-2 연성-취성 천이거동

제 3-4절에서 언급한 바와 같이 충격치는 온도, 시편의 단면적, 하중속도, 노치의 크기와 형상, 미시조직의 특성, 분포, 형상 및 크기 등도 크게 영향을 미친다. 이것은 상온 등 일반적인 조건하에서는 연성파괴가 진행되는 연성재료라 할지라도 이들 인자의 변화에 의해 취성파괴를 일으키는 경우가 많다는 것을 의미한다. 이렇게 연성파괴 모드를 유지하던 재료가 어떤 인자의 변화에 의해 갑자기 취성파괴 모드로 전환되어 돌발적인 사고를 일으킬 수도 있는데, 이러한 것을 **연성-취성 천이현상**(延性-脆性遷移現狀)이라 한다. 종전에는 이러한 현상에 대한 이해의 부족으로 인하여 가동 중인 기계·구조물에서 취성파괴가 일어나는 사고가 많이 발생하여 많은 인적·물적 피해를 입는 한편 그 대응 방안의 하나로 **파괴역학**(破壞力學, fracture mechanics)이 발전하는 계기가 되기도 하였다.

그러한 사례로는 1919년 보스톤에서의 당밀 탱크 폭발, 1944년 오하이오주 클리블랜드에서의 메탄 저장탱크 폭발 등으로 많은 인명이 피해를 입은 사건이 있으며, 더욱 심각했던 것은 제 2 차 세계대전 중 미국에서 건조된 liberty형 전용접선(全鎔接船)의 약 25%가 선체가 파손된 일이었다. 또한 2차 세계대전 기간 중 건조된 5,000여척의 용접선 상선 중 12척은 반동강이 나고 1,000여척은 다양한 정도의 균열 손상을 입었으며, 심지어는 그 중 많은 수가 부두에 정박 중에 일어나기도 했다(그림 6-7).

연성-취성 천이거동에 있어서 가장 현저한 영향 인자로는 온도를 들 수 있다. 금속재료에 대하여 충격시험을 해보면 충격치는 온도에 따라 그림 6-8에 표시한 바와 같은 변화 양상을 나타낸다. 이 그림에서 보는 바와 같이 면심입방격자 금속의 경우는 특별한 환경하에서 사용하는 경우를 제외하고는 충격치가 온도에 따라 급격하게 변화하지는 않는다. 그러나 체심입방격자 금속의 경우는 상온에서는 높은 충격치를 가져 연성파괴 조건을 유지하는 재료라 할지도 온도가 저하되면 어느 특정 온도 구간에서 충격치가 급격히 저하하여 취성파괴를 일으키게 됨을 알 수 있다. 예를 들어 그림 6-4의 (a)와 (b)를 비교해보면 순철은 상온에서는 그림 (a)에서 보는 바와 같이 연성파괴를 일으킴에도 불구하고 저온이 되면 그림 (b)에 표시한 바와 같이 취성파괴를 일으킨다. 따라서 특히 저온에서 사용되는 금속재료에 대해서는 **연성-취성 천이온도**(ductile-brittle transition temperature)가 재료 선정에 있어서 중요한 기준의 하나가 된다. 연성-취성 천이온도는 **무연성 천이온도**(nil ductility transtion temperature, NDT)라고도 한다.

[그림 6-7] 항구에 정박중 균열 전파에 의한 취성파괴가 일어난 유조선(1972년)[5)]

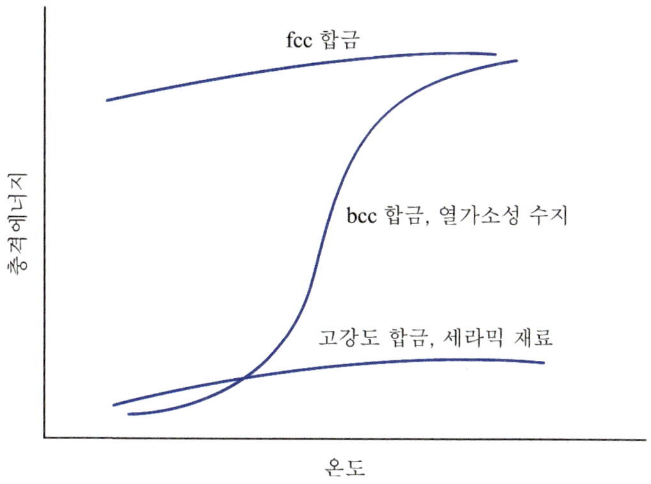

[그림 6-8] 금속 재료의 온도에 따른 충격치의 변화 양상

한편 그림 6-9는 뜨임 마르텐사이트(tempered martensite) 조직의 강재에 대하여 시험한 것으로서 시험온도가 특정 온도 이하일 때 충격치가 크게 저하됨을 알 수 있으며, 이와 함께 취성 파단면(파면 사진중 내부의 입상 부분, 연성 파단면은 좀 더 진하게 나타난 바깥쪽의 전단파면 부분임)의 면적도 크게 증대됨을 알 수 있다.

연성-취성 천이온도는 다음의 네 가지 중 하나를 기준으로 정하는데, 일반적으로 기준 ①에 의한 금속재료의 연성-취성 천이온도는 0.1~0.2 T_m 즉, 절대온도로써 용융점의 10-20% 정도이며, 세라믹재료의 경우는 0.5~0.7 T_m의 높은 온도에 해당한다.

① 에너지 천이온도(흡수에너지 최대치와 최소치의 평균값에 해당하는 온도)
② 20J 천이온도(V노치 샤피충격치가 20joule인 온도)
③ 파면 천이온도(취성파면의 면적이 50%로 되는 온도)
④ 무연성 천이온도(취성파면의 면적이 100%로 되는 온도)

연성-취성 천이온도에 영향을 미치는 인자로는 노치의 유무와 예리한 정도, 하중이 가해지는 속도, 치수, 화학성분, 미시조직 등이 있다. 시편의 형상에 따라서도 다르며, 재료에 따라서는 범위가 넓어 명확하지 않은 경우도 있다. 또한 이 온도는 충격시편에 노치가 없는 경우에 비해 노치가 있을 때, 그리고 노치가 예리할수록 고온 측으로 이동하는 한편 충격치 자체도 저하된다. 또 제 5-3절에서 언급한 바와 같이 결정립이 미세할수록 연성-취성 천이온도는 낮아지며, 각종 화학성분도 천이온도에 영향을 미친다. 예를 들어 강재의 경우 C, P, O, N, H 등은 연성-취성 천이온도를 높이며, 그 중에서도 탄소는 가장 큰 영향을 미쳐

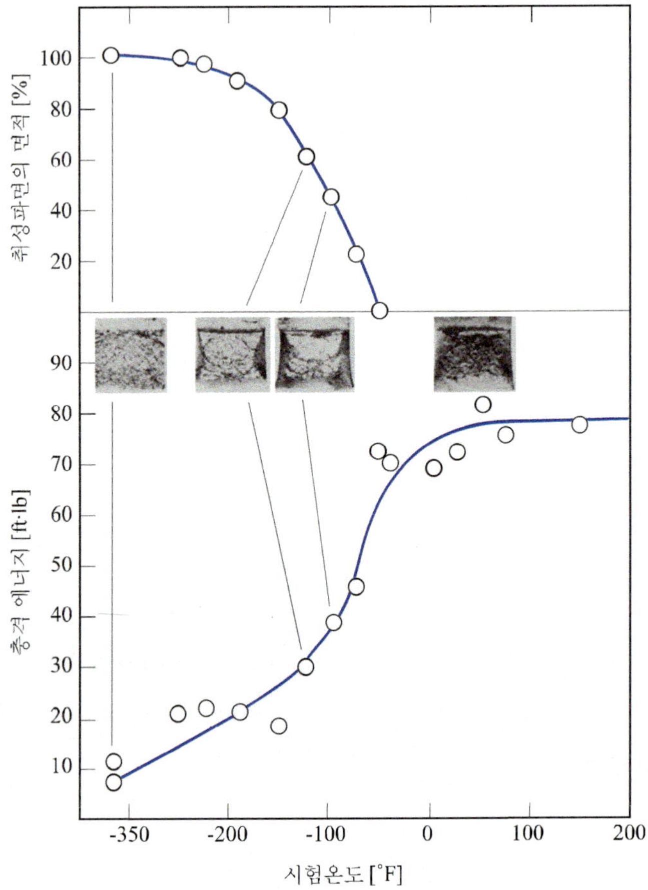

[그림 6-9] 뜨임 마르텐사이트 조직 강재의 시험온도에 따른 샤피 충격치와 파면의 변화[6)]

그림 6-10에서 보는 바와 같이 탄소 함량이 높아지면 연성-취성 천이온도가 급격히 높아지는 한편 충격치 자체도 낮아진다. 따라서 구조용으로는 저탄소강을 사용하며, 저온용일 때는 탄소량이 아주 적은 강재를 사용한다. 반면에 Mn, Ni 등은 연성-취성 천이온도를 낮추므로 액화가스 용기 등의 저온용 강재로는 이들의 합금강이 사용되나, 극지온용으로는 면심입방격자인 오스테나이트계 스테인리스강이나 고망간강이 사용된다.

연성-취성 천이온도와 관련이 깊은 역사적으로 가장 유명한 사건 중의 하나가 1912년 4월 12일 밤에 있었던 타이타닉호의 침몰이다. 이 배는 잘 알려진 바와 같이 큰 빙산과의 충돌에 의하여 세 시간도 안 되어 1,500명 이상의 생명과 함께 침몰되었다. 이 배의 소재는 0.2%C 탄소강으로서 비록 당시 제강 기술로서는 가장 좋은 강재를 사용했을 것으로 추정되지만, 지금의 관점에서는 문제점이 많다. 이 선박에 사용된 강재는 현대의 조선용 강재에 비하여 평균 결정립 크기가 2배 정도로 큰(50 μm 내외) 한편, 망간(Mn) 함량은 크게 낮고

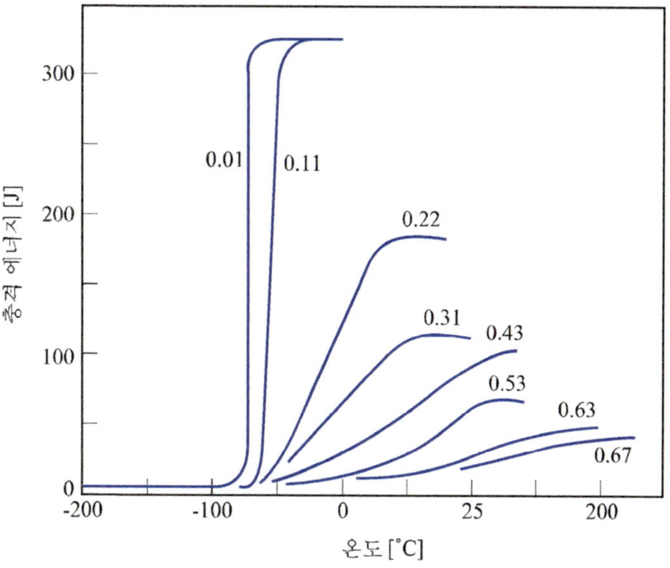

[그림 6-10] 탄소강의 탄소량과 온도에 따른 샤피 V노치 충격치의 변화[7)]

유황(S)의 함량은 높다. 그 결과 충격 에너지 20 J을 기준으로 한 연성-취성 천이온도는 압연 방향으로는 30℃, 가로 방향으로는 50℃이었다. 사건 당일 바닷물의 온도가 -2℃이었으므로 연성-취성 천이온도 보다 훨씬 높은 온도에서 충돌이 일어난 것임을 알 수 있다. 현대의 조선용 강재의 기준 사용온도는 -25℃이다.

6-3 파괴인성(破壞靭性)

재료의 파괴에 대한 저항의 정도 즉, 인성(靭性)의 정도를 나타내는 것으로 응력-변형률 곡선 아래의 면적과 충격치가 있다. 그러나 이들은 온도, 시편의 두께, 하중속도, 노치의 형상 및 크기 등에 따라 큰 차이를 보여 비교를 위한 수치는 될지라도 인장강도와 같은 재료 고유의 값이 되지 못하여 기계설계에 있어서는 그다지 도움을 주지 못한다. 앞 절에서 언급한 바와 같이 연성-취성 천이거동에 미치는 온도의 영향에 대하여 알아보았다. 이 절에서는 이 거동에 미치는 역학적인 인자에 대하여 알아보기로 한다.

그림 3-22의 피로 파단면에서 위 쪽의 밝은 부분은 균열이 조금씩 성장해 간 곳이고, 그 아래의 회색 부분은 균열이 한꺼번에 돌발적으로 성장하여 일시에 파단된 곳이다. 따라서 그 경계선은 연성파괴 조건으로부터 취성파괴 조건으로 천이되는 임계점으로 볼 수 있다.

그런데 재료역학적 관점에서는 파괴를 강도의 측면에서만 보기(즉, 파괴는 강도보다 큰 응력이 작용되면 일어난다고 생각) 때문에 이곳이 어떤 조건의 지점인지를 알 수가 없으며, 따라서 파괴가 일어나는 시점을 예측할 수가 없다. 심지어는 이 파단에 있어서 작용되는 응력은 측정된 강도 값에 비해 훨씬 작은 데도 불구하고 파괴가 진행된 것이다. 그렇다면 과연 어떠한 조건일 때 이렇게 천이되어 돌발적인 취성파괴가 진행되는가가 엔지니어들의 관심의 초점이 될 수밖에 없을 것이다.

기계나 구조물의 부재로 사용하는 각종 재료에는 제조 중에 도입된 기공이나 비금속 개재물, 용접부에 있어서의 재질의 불균일, 구조물 형상에 따른 응력 집중부, 사용 중에 생긴 균열 등 이미 균열의 핵으로서 활동할 수 있는 결함이 존재하고 있는 경우가 많다. 이렇게 재료 내에 이미 어떠한 결함이 존재하고 있다고 가정하여 그 결함이 파괴에 어떠한 영향을 미칠 것인가에 대하여 해석하는 것이 **파괴역학**이다. 그리고 이때 균열의 크기의 확대 또는 전파에 대한 재료의 저항의 정도를 **파괴인성**(破壞靭性, fracture toughness)이라 하며, Griffith, Orowan, Irwin 등 많은 학자들의 연구 결과 재료의 파괴를 예측할 수 있게 하는 중요한 변수로 자리 잡게 되었다.

이상적인 재료의 이상적 파괴강도와 실제 재료의 파괴강도와의 차이를 최초로 설명한 것은 Griffith의 이론으로서 다음과 같은 가정에 기반하고 있다.

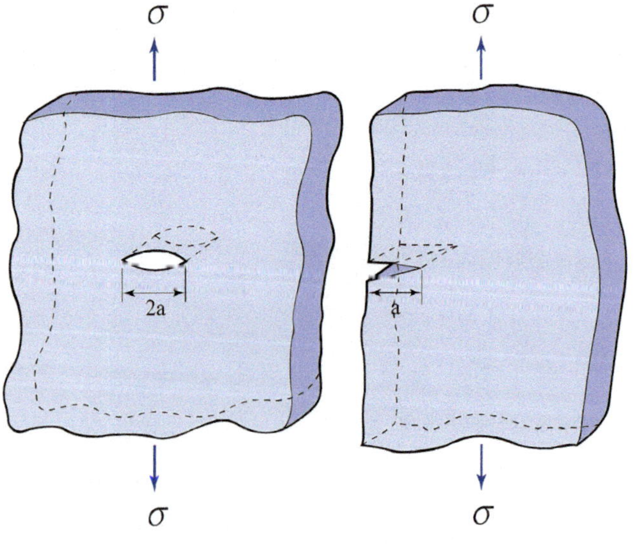

(a) 내부 균열 (b) 외부 균열

[그림 6-11] Griffith 균열

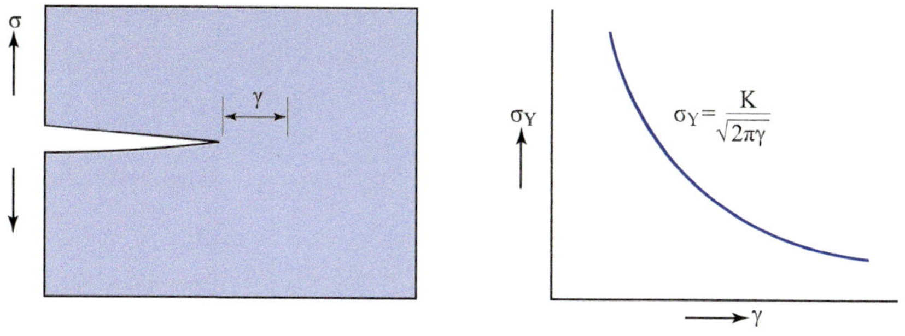

[그림 6-12] 균열 끝에서의 응력분포 (mode I)

① 모든 재료에는 고유의 미소균열이 이미 존재하고 있으며, 파괴는 이들 균열을 기점으로 일어난다.

② 파괴가 일어나는 조건은 균열이 확대 또는 성장할 때 필요로 하는 표면 에너지와 감소되는 탄성변형 에너지와의 대소 관계에 의해 결정된다.

그런데 이 이론은 유리와 같은 완전 취성파괴에 대해서는 이론값과 실제값이 매우 잘 일치하지만, 금속의 파괴기구를 이해하는데 큰 도움이 되기도 한다. 그러나 금속의 경우는 파괴시 소성변형을 동반하므로 약간의 수정이 필요하다.

Orowan, Irwin 등은 균열 끝부분에는 가장 큰 응력이 작용한다는 점을 고려하여 다음과 같이 균열 끝에서 거리 r 떨어진 곳의 응력의 크기(그림 6-12)는 r의 제곱근에 반비례한다는 비례식을 유도하였다. 즉,

$$\sigma_y = \frac{K}{\sqrt{2\pi r}} \tag{6.1}$$

여기서 K는 균열 끝부분에 작용하고 있는 응력의 크기의 정도를 나타내는 양으로서 **응력확대계수**(stress intensity factor)*1)로서 부하응력, 시험편 및 균열의 크기와 모양에 관련된 함수로서 다음 식에 의하여 규정된다.

$$K = Y\sigma\sqrt{\pi a} \tag{6.2}$$

단, 여기서 σ는 부하 응력, a는 균열의 길이(내부 균열의 경우는 그 크기의 1/2값)이다. 그리고 Y는 형상계수로서 시편과 균열의 형상에 관련된 계수로서 균열 크기에 비해 무한히 넓은 판재에 두께가 없는 작은 내부 균열이 존재하는 경우는 1이며, 같은 조건의 외부 균열

1) 응력확대계수, 응력확장계수, 응력세기계수, 응력강도계수 등으로 번역되고 있음.

이 존재하는 경우는 1.12이다. 형상계수 관해서는 이미 많은 연구가 진행되어 있으므로 자료를 찾아 합당한 값을 정하면 된다.

응력확대계수는 **응력집중계수**(應力集中係數, stress concentration factor)*2)와는 달리 균열 선단부의 최대응력 하나만을 표시하는 것이 아니라 균열의 끝부분의 응력의 크기와 분포 양상에 관계되는 값이다. 예를 들어 재료에 어떤 노치가 존재한다면 재료역학에서는 응력 집중만을 감안하여 강도가 응력집중계수만큼 작아지는 것으로 계산한다. 그러나 이 노치의 존재는 단순히 응력집중만 일어나게 하는 것이 아니라, 균열 끝 부분의 응력상태에 변화를 가져와 이 부분이 소성변형되는 것을 좀 더 어렵게 함으로써 균열의 진전이 더욱 용이하게 하는[8] 효과도 가져온다.

식 (6.2)로부터 응력이 증가하거나 균열이 성장하면 응력확대계수 K값이 증대하는 것을 알 수 있으며, 이 값에는 재료별로 고유의 임계값이 있다. 이 응력확대계수의 임계값 K_c가 **파괴인성**으로서 균열의 진행에 대한 재료의 저항의 정도, 또는 균열이 이미 존재하고 있는 재료의 취성파괴에 대한 저항의 정도를 나타낸다. 응력확대계수와 파괴인성과의 관계는 인장시험에 있어서의 응력과 인장강도의 관계와 마찬가지로 이해할 수 있다. 즉, 응력 σ가 증대하여 σ_{max}값인 인장강도에 도달하면 파괴가 일어나는 것과 마찬가지로 응력확대계수 K 값이 증대하여 파괴인성 값 K_c에 도달하여

$$K \geq K_c \tag{6.3}$$

의 조건이 만족되면 균열이 탄성파에 가까운 속도로 진행하는 돌발적인 취성파괴가 일어나게 되는 것이다. 따라서 어떤 재료의 파괴인성 값을 미리 측정해두면 취성파괴에 대한 예측이 가능하며, $K_c > K = Y\sigma\sqrt{\pi a}$의 상태가 유지되게 하면 안전하다 할 수 있으므로 이것이 파괴에 대한 설계기준이 된다.

풍선을 불면 응력 σ와 구멍의 크기 2a의 값이 점점 커질 것이며, 이에 따라 파괴인성 값도 점점 커질 것이다.

파괴인성의 개념은 아주 미세한 구멍이 있는 풍선을 부는 경우를 생각해 보면 가장 쉽게 이해할 수 있다. 파괴인성 값을 알고 있다면 이 풍선이 어느 정도 불었을 때(즉, 풍선을 불 때 작용되는 응력 σ와 구멍의 지름 $2a$가 어떠한 값일 때) 터질 것인가를 예측할 수 있을 것이다. 그림 3-22의 피로 파단면 사진에서도 위의 흰 부분은 피로균열이 서서히 성장(식

---

2) 응력집중계수 : 구멍, 홈, 노치 및 필렛 부 등에는 국부적인 큰 응력이 발생하는 하는데, 이 때 단면에 작용하는 평균응력과 최대응력과의 비로써 표시된다. 기존의 각종 역학에서는 이 값을 사용.

[그림 6-13] 응력확대계수와 파괴인성의 개념 설명도. 풍선을 불어 응력 σ가 커지거나 구멍의 크기가 커져서 K_1값 $Y\sigma\sqrt{\pi a}$가 풍선의 파괴인성 값 K_{1c}에 도달했을 때 터짐

(6.2)에서 a값의 증대)해가는 과정에 해당하고, 그 나머지의 섬유 형태의 부분은 이 균열이 어느 크기(흰 부분의 맨 끝)에 도달하여 취성파괴 균열 진행조건($K \geq K_{1c}$)을 만족시킴으로써 취성파괴가 순식간에 진행된 부분이다.

한편 재료 내부에 이미 존재하고 있는 균열이 더 커지도록 응력이 작용하는 형태로는 그림 6-14에 표시한 바와 같이 벌리기(mode Ⅰ), 밀기(mode Ⅱ) 및 찢기(mode Ⅲ)의 세 가지 양식이 있다. 그리고 그 중에서 주로 어느 방식에 의하여 균열이 성장하느냐는 균열에 횡방향(그림에서 z방향)으로의 두께와 관계 깊다. 이 두께가 얇으면 이 방향으로의 변형이 일어나며, 이 방향으로의 응력은 0이 되며, 이것을 **평면응력**(平面應力, plane stress) 상태라고 한다. 반면에 두께가 균열의 크기에 비하여 훨씬 더 크면 z방향으로의 변형은 일어나지 않게 되는 **평면변형**(平面變形, plane strain) 상태가 되면서 균열의 성장은 주로 mode Ⅰ에 의존하게 된다. 이를 파괴인성에 관하여 말하자면 z방향으로의 두께가 얇을 때는 파괴인성

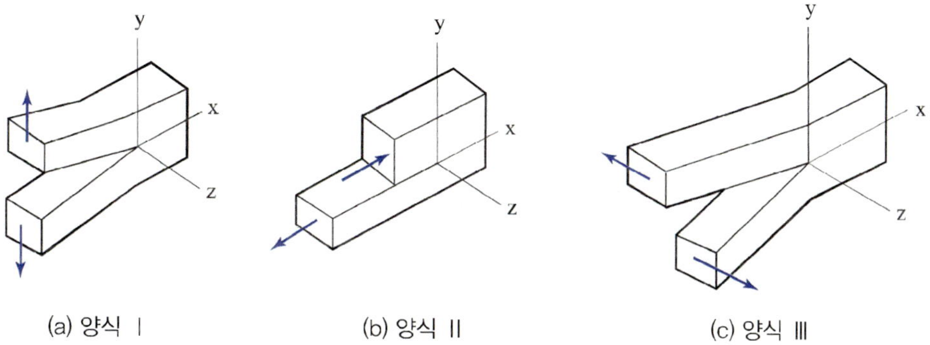

[그림 6-14] 응력방향에 따른 균열 진전 모드

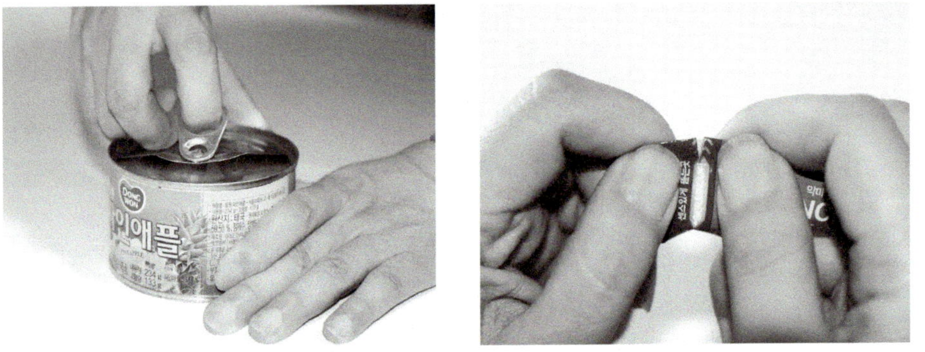

(a) 평면변형 상태 (b) 평면응력 상태

[그림 6-15] 평면변형 상태와 평면응력 상태의 비교. (a) 평면변형 상태-균열의 횡방향으로 두께가 두꺼워 이 방향으로 변형이 일어나지 않음. (b) 평면응력 상태-균열의 횡방향으로의 응력이 0으로서 이 방향으로 변형이 일어나기 쉬움.

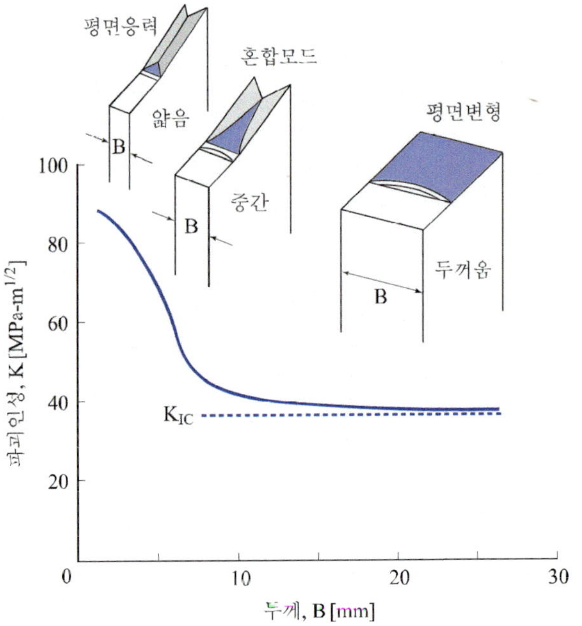

[그림 6-16] 시편의 두께에 따른 파괴인성의 변화. 두께 B가 $2.5(K_{1c}/\delta_y)^2$를 초과해야 평면변형 상태가 되어 K_c값 대신 K_{1c}값으로 대체할 수 있음을 보여 주고 있다[9].

값 K_c가 두께에 따라 변화하지만, 두께가 두꺼울 때는 K_c값은 두께와 무관하게 모드 I 에서의 파괴인성 값 K_{1c}와 같아진다(즉, $K_c = K_{1c}$). 이 K_{1c}를 **평면변형 파괴인성**(plain strain fracture toughness)이라 하며, 이 경우 식 (6.2)는 식 (6.4)로 대체할 수 있다. 즉,

$$K_1 = Y\sigma\sqrt{\pi a} \tag{6.4}$$

앞서 언급한 바와 같이 평면변형 상태가 되기 위해서는 시편의 두께가 어느 정도 이상이 되어야 한다. 그림 6-16을 보면 시편의 두께가 얇으면 연성파면의 특징인 전단파면이 많은 평면응력 상태가 되며, 두께가 어느 정도 이상 두꺼워야 평면변형 상태가 되는 것을 알 수 있다. 많은 연구결과에 따르면 평면변형 상태가 되기 위해서는, 그래서 파괴인성 값 Kc를 평면변형 파괴인성 값 K_{1c}로 대체할 수 있기 위해서는 시편의 두께 B는 다음의 조건을 만족해야 한다.

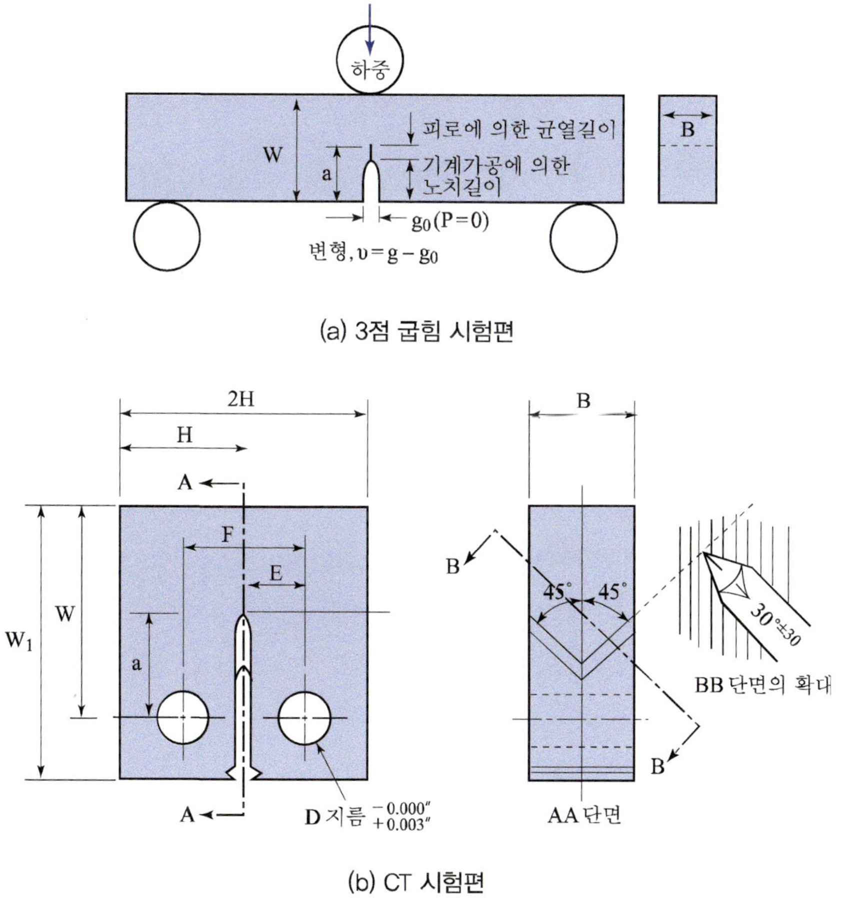

[그림 6-17] 파괴인성 측정용 표준 시험편

$$B \geq 2.5\left(\frac{K_{1c}}{\sigma_y}\right)^2 \qquad (6\text{-}5)$$

여기서 B는 시편의 두께, σ_y는 0.2% 옵셋 항복강도이다.

파괴인성 K_{1c} 값의 측정법은 ASTM W 1820-99[13]에 규정되어 있으며, 그림 6-17에 표시된 3점 굽힘 시험법과 컴팩트 인장시험(compact tension test, **CT 시험**)이 적용된다. 그림 6-18의 (a)와 (b)는 각각 CT 시험 모습과 파단된 후의 시편의 모습을 보여주고 있다.

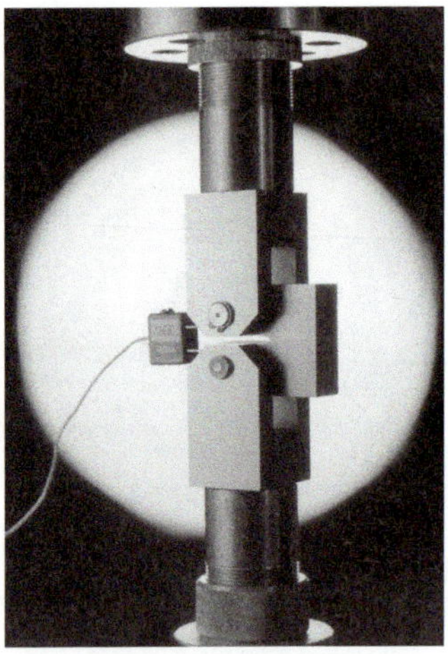

(a) CT 시험[13]

(b) 파단된 시편의 모습[14]

[그림 6-18] CT 시험 모습과 시험 후의 시편의 모습

한편 그림 6-19를 보면 항복강도가 클수록 파괴인성이 작아짐을 알 수 있다. 이러한 경향은 고강도 재료일수록 취성파괴를 일으키는 임계 균열의 크기가 작다는 것을 의미한다(식 6.4). 이것은 응력이 항복강도에 도달하기 전에 파괴가 먼저 일어난다는 것을 의미하며, 따라서 고강도의 이점을 제대로 살릴 수 없다는 것을 의미한다. 결론적으로 파괴문제에 관한 한 강도나 연성보다 파괴인성이 더 큰 중요성을 가지며, 따라서 각종 기계 기구 및 시설 설비의 설계자는 반드시 강도와 파괴인성을 동시에 고려하여야 한다.

표 6-1은 몇 가지 재료의 상온 항복강도와 평면변형 파괴인성 값을 표시한 것이다.

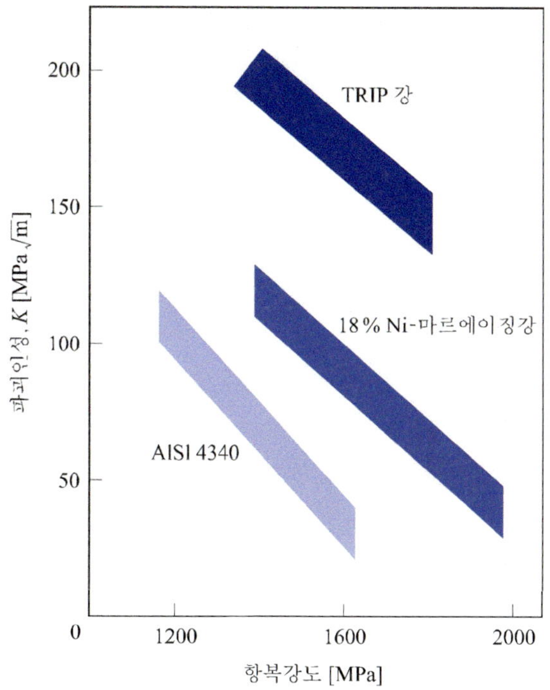

[그림 6-19] 파괴인성과 항복강도와의 관계[13]. (4340강 : 0.4%C, 1.85Ni-0.80Cr - 0.25Mo. TRIP강, 마르에이징강 : 제 10.4절 참고)

[표 6-1] 몇 가지 공업재료의 상온에서의 항복강도와 평면변형 파괴인성 값[14]

분류	재료	항복강도(MPa)	K_{IC}(MPa$\sqrt{\text{m}}$)
금속 재료	Al 합금 (7075-T651)	495	24
	Al 합금 (2024-T3)	345	44
	Ti 합금 (Ti-6Al-4V)	910	55
	합금강 (4340, 260℃ 뜨임)	1640	50.0
	합금강 (4340, 425℃ 뜨임)	1420	87.4
세라믹 재료	콘크리트	-	0.2~1.4
	소다석회유리	-	2.7~5.0
	Al_2O_3	-	2.7~5.0
폴리머 재료	폴리스티렌(PS)	25.0~69.0	0.7~1.1
	폴리메타트릴아세테이트 (PMMA)	53.8~73.1	0.7~1.6
	폴리카보네이트(PC)	62.1	2.2

예제 6-1

알루미늄 합금 2014-T651의 구조용 판재의 파괴인성 값 K_{1C}는 $24\ \mathrm{MPa}\sqrt{m}$, 파괴강도 σ_f는 425 MPa이다. 인장하중에서 이 재료의 임계균열 길이를 구하라. 단, 판재는 왼편 그림에 표시한 바와 같이 무한 크기의 판재에 두께가 없는 미소한 내부 균열이 존재(형상계수 Y는 1)한다고 가정한다.

[풀이]

식 (6.2)로부터 임계균열길이는 다음과 같이 계산된다.

$K_1 = Y\sigma\sqrt{\pi a}$ 로부터

$$a_c = \frac{1}{\pi}\cdot\left(\frac{K_{1c}}{\sigma_f}\right)^2 = \frac{1}{\pi}\cdot\left(\frac{24\ \mathrm{MPa}\sqrt{\mathrm{m}}}{425\ \mathrm{MPa}}\right)^2 = 1.015\ \mathrm{mm}$$

따라서 임계균열 길이는 내부 균열이므로 2배를 하면 2.030 mm이다.

6-4 피로파괴

제 3 장에서 이미 언급한 바와 같이 **피로파괴**(疲勞破壞, fatigue fracture)는 각종 기계부재의 사용 중에 일어나는 파괴의 90% 이상을 차지하며, 금속뿐만 아니라 플라스틱이나 세라믹에서도 일어난다. 그리고 대단히 시시히 진행되어 평소 안전하게 여겨지던 상태에서 갑작스럽게 나타나 극히 위험하므로 기계설계에 있어서는 대단히 중요한 고려사항이다. 또 연성재료라 할지라도 피로파괴에서는 소성변형이 극히 적게 진행되며, 파면이 주 인장축(主引張軸)에 수직으로 나타나므로 외견상 취성파괴 형태를 나타낸다.

그림 6-20은 1994년 10월 21일 오전 7시 30분경 일어난 성수대교 붕괴사건 현장 사진으로서 불량시공으로 인한 용접결함부에서 시작된 피로균열이 장기간에 걸쳐 성장하여 발생된 사건이다. 교량은 피로하중이 가장 현저하게 작용되는 구조물로서 설계 및 제작이나 관리에 있어서 이 점에 특히 유념하여야 한다. 또한 규정된 중량 이상의 차량이 통과하는 것

[그림 6-20] 전형적인 피로파괴의 하나인 성수대교 붕괴사건 현장 사진[15)]

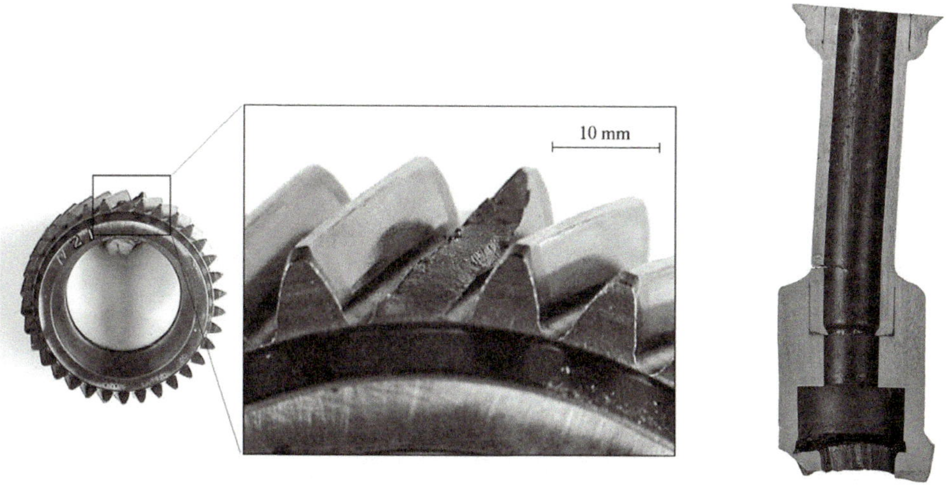

(a) (b)

[그림 6-21] 피로파괴의 사례. (a) 기어 이의 파손[16)] (b) 노즐의 파손[17)]

은 그림 3-21 (c)의 불규칙 응력이 작용되는 경우에 해당되며, 응력이 일정하게 작용되는 경우에 비하여 훨씬 더 큰 손상을 입힌다. 피로파괴에 의한 항공기 사고의 사례로는 1953~1954년에 있었던 최초의 제트 여객기인 de Havilland Comet MK1기의 연쇄 추락사고를 들 수 있는데, 고공 비행시 동체에 작용하는 큰 팽창 압력과 착륙시의 복귀의 반복(그림 3-20 (c) 참고)에 의한 저주기 피로에 기인한 사고이다. 철저한 조사 결과 항공기가 처음으로 고공 비행을 시작한 당시로서의 전혀 미지의 문제에 대하여 알게 되었다. 그리고 그림 6-19 (a)와 (b)는 각각 기어와 노즐에서 피로파괴가 일어난 사례이다. 이렇게 피로파괴는 대부분의 기계기구에 있어서 다양한 형태로, 그리고 급작스럽게 일어나기 때문에 그 설계나 제작 및 관리에 있어서 대단히 중요하고 각별한 신경을 써야 한다.

6.4.1 피로균열의 생성과 전파

피로파괴는 거시적으로는 취성파괴에 속하며, 그림 6-20에 표시한 바와 같이 ① 응력이 높은 부위에서의 미소균열의 생성 및 재료 내부 얕은 깊이까지의 진전하는 균열생성 단계, ② 각 응력 주기마다 균열이 점차 진전하는 균열전파 단계, ③ 균열이 임계크기에 도달하였을 때 대단히 급속도로 일어나는 최종 파괴의 3단계 과정을 거쳐 일어난다. 이때 최종 단계는 대단히 급속도로 일어나므로, 피로수명 N_f는 균열생성 기간(1단계)의 횟수 N_i와 균열전파 기간(2단계)의 횟수 N_p를 합한 것과 같다. 즉,

$$N_f = N_i + N_p \tag{6.5}$$

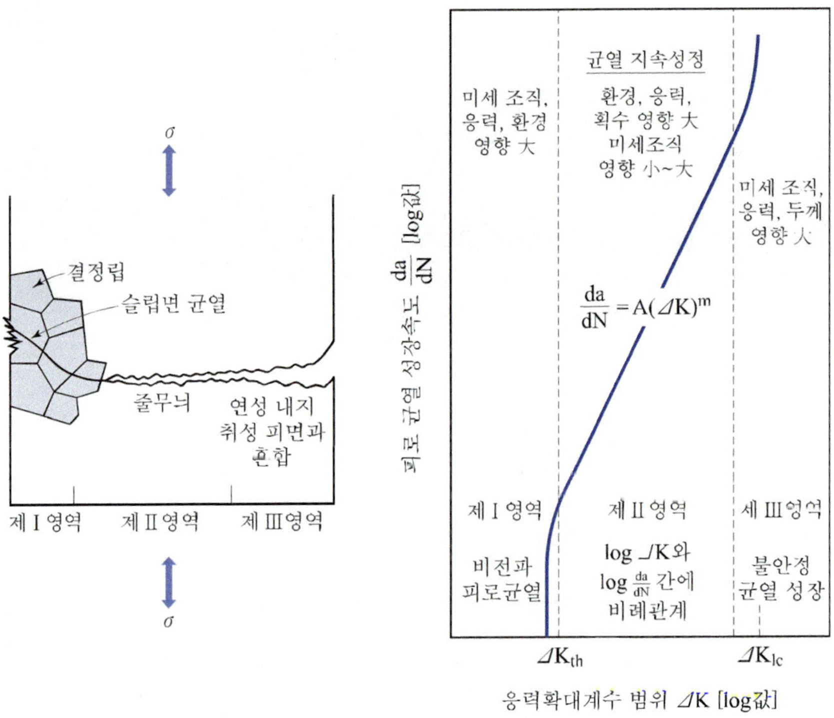

(a) (b)

[그림 6-22] 피로균열의 성장 과정. (a) 피로균열의 발달과정 모식도. (b) 피로균열의 성장속도 특성 및 영향인자

식 (6.5)에서 N_i와 N_p의 기여도는 재료와 응력조건, 분위기 등에 의존하며, 고주기 피로의 경우는 작은 응력이 작용하므로 균열의 생성에 오랜 시간이 소요된다. 응력이 증대함에 따라 Ni가 감소되어 균열 생성이 빨라지며, 따라서 비교적 큰 응력이 작용되는 저주기 피로에서는 균열전파 과정이 더 중요성을 가진다(즉, $N_p > N_i$). 또한 노치가 있는 경우에는 피로균열의 생성기간이 보다 짧아진다.

피로파괴의 제 1 단계에서는 표면 흠집, 필렛, 키 홈(key way), 나사, 노치 등과 같이 응력이 집중되는 표면부위에서 균열이 핵생성된다. 미시적으로는 주로 슬립띠에서 일어나며, 개재물, 결정립계(또는 쌍정면) 등에서도 발생된다. 슬립띠에 의한 경우는 수많은 횟수의 하중을 받아 재료의 표면에 요철부(凹凸部)가 형성됨으로써 이들이 응력집중을 유발하여 균열의 생성장소로 작용하게 되는 것이다. 그림 6-23은 회전축의 피로 파단면 사진으로서 피로균열이 키(key) 홈에서부터 시작된 사례로서 피로 파단면에서 흔히 볼 수 있는 조가비 무늬(clamshell pattern)가 잘 나타나 있다. 그리고 최종 파단 부분이 작다는 것은 최대 응력이 그다지 크지 않다는 것을 말하고 있다.

[그림 6-23] 회전축의 피로파괴 사례. 키(key) 홈에서부터 시작되었음[18]

일단 안정된 균열이 핵생성되면 다결정체의 경우는 전단응력이 높은 결정면을 따라 매우 서서히 전파된다. 이 제 1 단계의 단초가 되는 초기 피로균열은 재료의 전체 피로수명 중 초기의 3~10% 이내에서 발생하며[19], 재료의 성질에 따라 다르지만 응력이 높거나 노치가 있으면 이 기간은 짧아진다. 이 단계에서는 균열이 재료표면과 45° 각도로 진전하며 다결정체의 경우는 단지 몇 개의 결정립만을 통과하게 되는데, 그 파면은 편평하며 특색이 없다.

제 2 단계에서는 균열전파 속도가 대단히 빨라지며, 진행방향이 주된 인장응력과 대략 수직인 방향으로 변화된다. 이 단계에서는 반복하중이 작용되면 인장시에는 균열이 벌어져 그 끝이 무뎌지면서 진전하게 된다. 반대로 압축시에는 다시 좁혀져 예리해지며, 이러한 과정을 반복함으로써 한 주기당 일정 간격만큼 균열이 진전하게 된다.

그리고 제 3 단계에서는 균열이 급속히 불안정 성장을 하다가 임계크기에 도달하게 되면 피로파괴의 마지막 단계인 돌발적인 파단이 재료의 나머지 부분 전체에 걸쳐 일어나게 된다.

그림 6-24는 제 2 단계에서 인장-압축 응력이 반복될 때마다 균열이 벌어졌다 좁혀졌다를 반복하면서 성장해가는 과정을 보여주는 줄무늬(striation)로서 매 주기마다 한 칸씩 성장해 나간 것으로 생각할 수 있다. 한편 제 2 단계에서는 균열이 응력확대계수로서 표현되는 안정된 속도로 성장하는데 그 속도는 식 (6.6)과 같이 표현할 수 있으며, 이것을 N에 관하여 적분하면 파괴가 일어나는 반복횟수 즉, 피로수명 N_f를 예측할 수 있다.

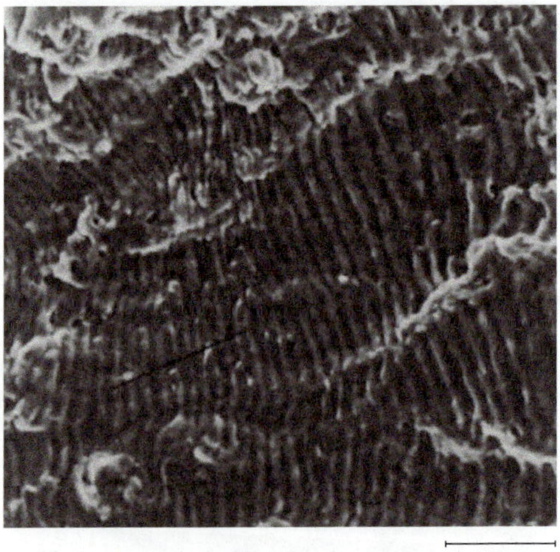

[그림 6-24] 30%Ni-0.2%C 강재의 피로파단면에 생성된 줄무늬를 보여주는 전자현미경 사진[20]. 미시적인 관찰로서 그림 6-21 등에 나타난 조가비 무늬와는 다름

$$da/dN = C \cdot \Delta K^m \tag{6.6}$$

단, 여기서 a : 균열길이
N : 반복횟수
$C,\ m$: 재료의 정수
ΔK : 응력확대계수의 범위 $(K_{max} - K_{min})$

여기서 응력확대계수의 범위 ΔK는 피로주기 중 최대 응력이 작용할 때와 최소응력이 작용할 때의 응력확대계수의 차이로서 다음과 같이 표현할 수 있다.

$$\begin{aligned}\Delta K &= K_{max} - K_{min} \\ &= Y(\sigma_{max} - \sigma_{min})\sqrt{\pi a}\end{aligned} \tag{6.8}$$

이 식에서 Y, π는 물론 σ_{max} 값과 σ_{min} 값도 상수임을 염두에 두어야 한다. 그리고 그림 6-16에 표시된 바와 같이 균열의 초기 크기와 작용 응력에 따른 응력확대계수의 범위 ΔK가 임계치인 ΔK_{th}보다 작다면(즉, $\Delta K < \Delta K_{th}$) 균열은 더 커지지가 않고 피로파괴도 일어나지 않을 것이다. 그리고 제 3단계에서 균열이 커져 ΔK가 ΔK_{1c}에 도달하는 순간 돌발적인 취성파괴가 진행될 것이다.

6.4.2 피로파괴에 미치는 영향인자

피로강도는 대체로 인장강도에 비례한다. 그림 6-25에서 보는 바와 같이 노치가 없는 경우 Fe 합금과 Ti 합금의 피로강도는 인장강도의 약 1/2에 해당하고 Al과 그 합금, Cu와 그 합금의 피로강도(10^8 사이클)는 인장강도의 1/4~1/3 정도이다. 그러나 노치가 있는 강재의 경우는 약 0.2~0.3 정도로 떨어진다.

피로파괴는 응력집중부에서 시작되므로 피로강도에 미치는 노치 효과는 절대적이며, 재료의 강도나 경도가 클수록 증대한다. 따라서 인장강도가 높은 재료일수록 노치 효과에 주의하여 응력집중을 피할 수 있는 형상으로 설계하지 않으면 고급재료를 사용한 효과가 없어진다. 어쩔 수 없이 각종 노치나 필렛 등과 같은 응력 집중부가 있어야 하는 경우에는 그림 6-26에서 보는 바와 같이 이 부분의 곡률 반지름을 크게 하면 피로강도를 높일 수 있다. 노치는 재료의 조직으로부터 파생되기도 하는데, 예를 들어 강철의 경우 인장강도가 비슷하다 하더라도 조직이 조대한 층상 펄라이트인 경우는 구상 펄라이트인 경우에 비해 노치 효과로 인하여 피로강도가 더 작다. 그밖에 각종 개재물도 노치 역할을 하므로 재료의

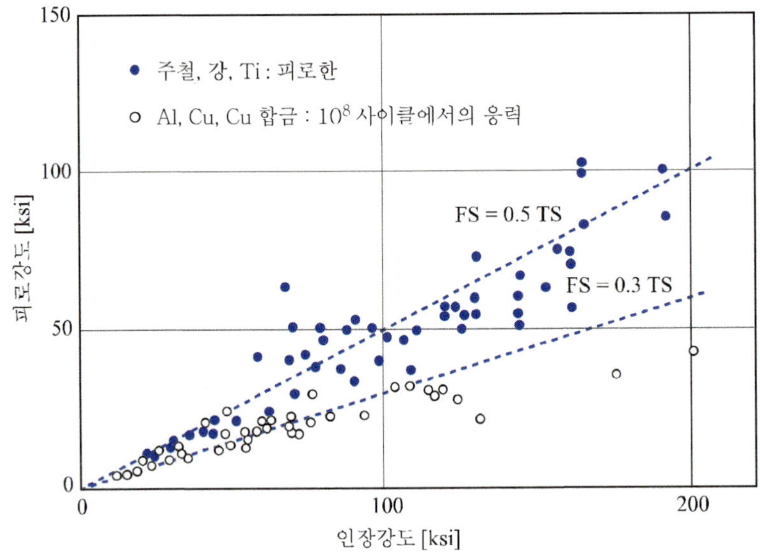

[그림 6-25] 피로강도와 인장강도와의 상관관계

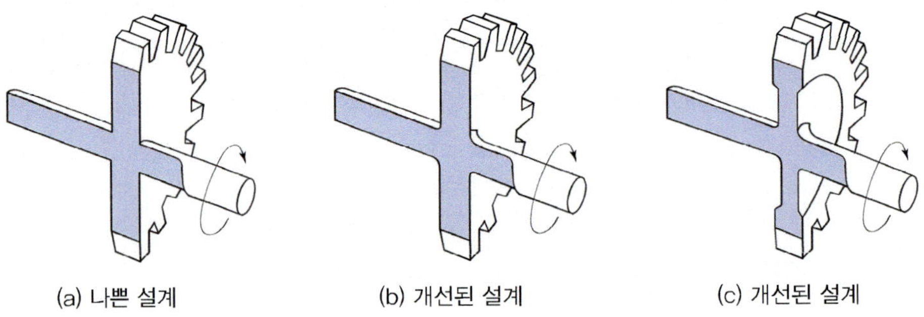

[그림 6-26] 피로파괴를 감안한 필렛 설계

순도를 높이면 피로강도 향상에 도움이 된다. 또한 피로강도는 노치의 유무에 관계없이 지름의 크기에 의해서도 변화한다.

피로균열은 주로 표면에서 시작하므로 표면상태에 대단히 민감하다. 피로응력 작용과 동시에 부식이 진행되는 부식피로의 경우에는 부식에 의해 피로균열의 전파속도가 가속되어 피로수명이 크게 감소된다. 부식이 일어나기 어려운 진공 상태에서 구리의 피로강도를 측정하면 공기중에서 시험한 것에 비해 더 크게 나타난다는 연구 결과도 있다[21]. 그림 6-27은 재료의 표면이 거울면 상태일 때를 기준으로 각종 표면 상태에서의 강도 값을 산정하기 위한 수정 계수를 표시한 것이다. 피로강도는 그림 6-25에 표시한 바와 같이 인장강도에 비례하므로 표면 조도가 좋지 못하거나 특히 부식 환경에서는 피로강도가 크게 감소됨을

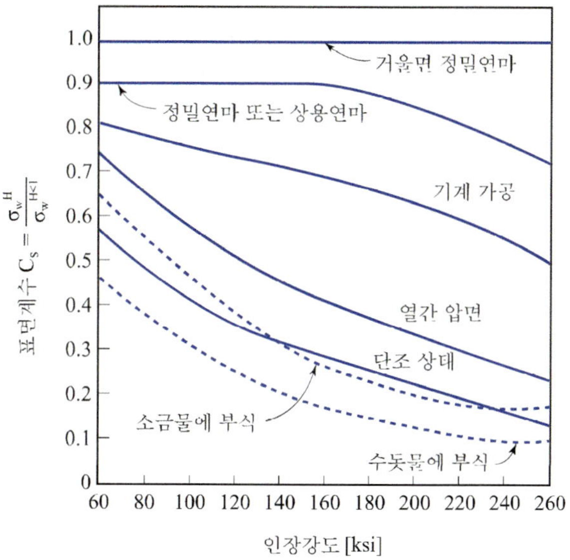

[그림 6-27] 강재의 피로수명에 미치는 표면 상태의영향[22).]

알 수 있다. 따라서 회전축과 같이 피로하중을 수많이 받는 기계요소는 Cr강, Ni-Cr강, Ni-Cr-Mo강 등과 같이 내식성이 우수한 재질을 사용하되 표면을 거울면으로 매끈하게 다듬질해야 한다.

그 밖에 숏피닝 등에 의하여 표면부위에 압축잔류응력을 형성시키거나 표면경도를 높이는 것은 피로강도 향상에 효과가 크다. 반면에 표면을 도금하거나 탈탄이 일어난 강재의 경우는 피로한도가 감소한다.

한편 온도가 높아지면 피로강도는 대체로 감소한다. 그러나 연강의 경우는 예외적으로 200~320℃에서 최대값을 나타낸다. 이것은 변형시효[*3)]로 인해 이 온도범위에서 인장강도에 극대값이 존재하기 때문이다.

피로파괴는 열팽창의 억제로 인한 열응력에 의해서도 일어날 수 있다. 이때 작은 열응력이 많은 횟수 작용하여 파괴가 일어나는 경우를 **열피로**(熱疲勞)라 하며, 열응력이 커서 한두 번의 작용에 의하여 파괴되는 경우는 **열충격**(熱衝擊)이라 한다. 예를 들어 핵반응로의 압력용기, 열교환관, 증기 및 가스 터빈 로터와 날개, 열간금형(熱間金型) 등의 경우는 주기적인 가열과 냉각에 의한 열팽창과 수축으로 인하여 큰 응력을 받으므로 저주기 열피로를 고려하여야 한다. 또한 오스테나이트계 스테인리스강과 같이 열전도도가 작고 선팽창계수는

3) 변형시효(變形時效, strain aging) : 연강에 항복강도 이상의 응력을 가하여 항복현상 및 소성변형이 일어나게 한 다음, 일정 시간 유지한 후 다시 응력을 가하면 항복현상을 일으키는 데 더 큰 응력이 소요되는(즉, 항복강도가 더 커지는) 현상

큰 경우에는 열피로가 일어나기 쉬우며, 각종 세라믹 재료는 열전도도가 작고 취성이 커서 열충격에 의해 파괴되기가 쉽다. 참고로 석영(石英, quartz)은 열전도도가 크고 선팽창계수는 작아서 열충격에 대단히 강하다.

6-5 크립 파괴

크립은 제 3장에 기술한 바와 같이 시간의존성 소성변형이라 할 수 있다. 따라서 외력 이외에 소성변형, 전위, 가공경화, 회복 등과 밀접한 관계가 있으며, 온도가 높은 상태에서의 현상이므로 온도, 확산 등과도 관련성이 크다.

제 1 기인 천이 크립 과정에서는 가공경화에 의해 변형속도가 점점 작아져 그 속도가 점차 일정해져 가는 과정으로서 기간이 짧으므로 그다지 큰 중요성을 가지지 못한다.

실제 사용 구간인 정상 크립의 속도는 주로 회복속도에 의해 결정되는데 가공경화에 과정에서 움직이기 어렵게 된 전위들이 다른 슬립면상 이동하여 소멸하거나 또는 재배열하게 된다. 이 구간에서는 가공에 의한 경화 속도와 회복에 의한 연화 속도가 균형을 이루어 변형속도가 거의 일정하게 된다.

마지막인 가속 크립 단계에서는 원자공공(vacancy)이 확산되어 결정립계에 모여들어 공동(空洞)을 형성하고 이들이 서로 결합하여 미세한 균열을 형성함으로써 결국 파단에 이르게 된다. 따라서 크립 파괴는 대부분 **입계파괴**(粒界破壞)의 양상을 띠게 된다(그림 6-28).

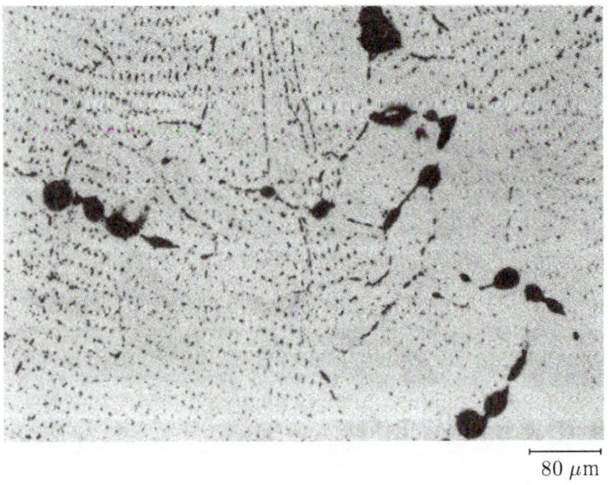

80 μm

[그림 6-28] 크립 파손된 316 L 용접재의 결정립에 형성된 공동. 원자 공공이 확산되어 결정립계에 모여 이루어진 것으로 입계파괴의 원인이 됨[24)]

(a) (b) (c)

[그림 6-29] 항공기 엔진 터빈 블레이드의 응고조직 비교[26] (a) 일반 주조에 의한 다결정 조직, (b) 일방향 응고에 의한 주상정, (c) 단결정

결과적으로 고온에서의 재료의 강도는 결정립 크기가 큰 것, 나아가서는 결정립계가 없는 것이 더 유리하다 할 수 있다. 그러므로 항공기 엔진의 터빈 블레이드는 크립 강도를 높이기 위하여 그림 6-29에 표시한 것처럼 **일방향 응고**(一方向凝固)*[4]에 의하여 **주상정**(柱狀晶, columnar grain)*[5]으로 만들거나 결정립계가 없는 **단결정**(單結晶, single crystal)*[6]으로 만든다. 전자는 결정립의 길이방향에 수직으로 작용되는 응력에 대한 저항력을 크게 할 수 있는 한편 이 방향으로서의 결정립계가 없으므로 크립 강도가 커진다. 후사의 경우는 아예 결정립계가 없으므로 크립파괴의 시발점이 없어짐으로써 크립 강도가 커지게 되는 것이다.

그림 6-30은 MAR-M200 합금을 다결정체(일반적인 주조), 주상정(columnar grain), 단결정체의 3가지 형태로 만들었을 때 합금 각각의 크립 특성을 비교한 것으로서 단결정체가 크립 강도와 수명이 가장 긴 것을 알 수 있다. 한편 실용 내열합금(耐熱合金)에는 크립 변형에 대한 저항력을 향상시키기 위해 원자 또는 공공(vacancy)의 확산을 느리게 하거나 결정립계를 강화시킬 수 있는 성분을 많이 첨가하고 있다.

---

4) 금속을 주조할 때 응고가 한 쪽 방향으로만 진행되도록 하는 방법
5) 일방향응고에 의해 결정립이 기둥 모양으로 길게 형성된 것
6) 금속의 응고과정을 잘 조절하여 하나의 결정립만 성장하게 함으로써 제품 전체가 하나의 결정립으로만 이루어지도록 한 것. 제품 전체에 걸쳐 원자배열 방향이 일정하며 결정립계가 없음.

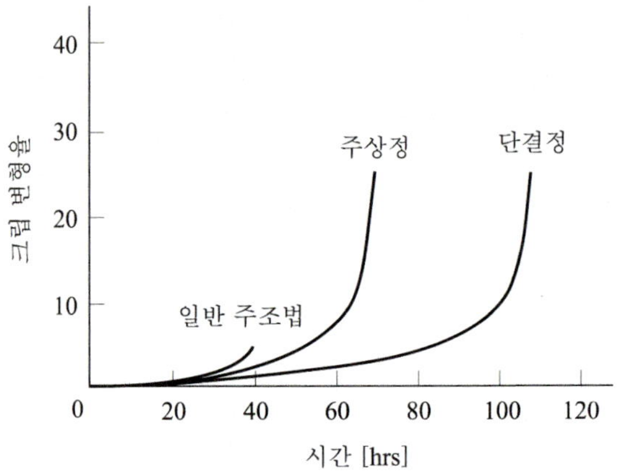

[그림 6-30] MAR-M200 합금의 결정립 형태에 따른 크립 특성의 비교 (응력 207MN/m^2, 온도 1255°K)[24)]

6-6 파괴에 대한 대응 설계

재료의 파괴는 다음과 같은 여러 가지 인자들의 영향을 받는다.

① 현미경 조직의 영향 : 결정립이 미세할수록 강도와 인성이 큼. 결정립계에 취성이 큰 조직이 나타나지 않아야 함

② 화학성분의 영향 : 예를 들어 탄소강의 경우 탄소함량이 많으면 취성이 커지며, 결정립도 더 크며, 취약한 개재물도 더 많아진다. 제강시 알루미늄을 첨가하여 탈산처리하면(Al 킬드강) 결정립이 미세해지고 파괴인성도 커진다.

③ 제조 방법의 영향 : 많은 취성파괴가 용접부나 그 주변에서 일어난다. 산세(酸洗, picking), 표면처리 등의 작업시 수소 가스가 침투되어 취성의 원인이 됨. 인장 잔류응력이 남아 있으면 파괴나 부식이 진행되기가 쉽다. 표면 조도가 크거나 내외부 결함이 있으면 응력집중이 일어나 파괴가 일어나기 쉽다.

④ 하중이 작용하는 방법 : 속도가 빠르면 취성파괴 경향 큼. 하중이 반복적으로 작용하면 훨씬 작은 응력에서도 파괴가 진행된다. 플라스틱의 경우는 하중속도의 영향이 대단히 큼(제 15-4절 참고)

⑤ 사용 온도 : 고온에서의 크립 파괴, 저온에서의 연성-취성 천이 현상 등. 플라스틱의 경우 고온에서 분해가 일어나는 등 영향이 지대함(제 15장 참고)

⑥ 사용 분위기 영향 : 부식성 분위기일 때 피로(부식 피로) 현상이 가속화. 파괴인성이 매우 크게 저감됨(제 7장 참고)

표 6-2는 금속재료의 사용조건별로 일어나기 쉬운 파괴의 유형과 이에 대비하여 재료를 선정하는 방법에 대하여 표시한 것이다.

[표 6-2] 금속재료의 사용조건별 파괴의 유형과 재료 선정법

성분	하중			응력			온도			일반적인 재료 선택 기준
	정적	반복	충격	인장	압축	전단	저온	상온	고온	
취성파괴	○	○	○	○			○	○		연성-취성 천이온도. 충격치. 파괴인성.
연성파괴	○			○		○		○	○	인장강도. 전단 항복강도
고주기 피로파괴		○		○		○	○	○	○	전형적인 응력 인자 작용하에서 정해진 수명에 해당하는 피로강도
저주기 피로파괴		○		○		○	○	○	○	정적 연성. 규정된 수명 동안 응력 상승인자에 의해 유발될 것으로 예상되는 최대 반복 변형률
부식 피로		○		○		○		○	○	사용 환경 중에서의 내식성, 피로강도
좌굴(buckling)	○		○		○		○	○	○	탄성계수. 압축 항복강도
총체적 변형	○			○	○	○	○	○	○	항복강도
크립 파괴	○			○	○	○			○	사용조건에서의 크립속도. 크립파단강도. 크립 수명
수소취성/가성취성	○			○				○	○	HRC 41이하 유지. 제조 공정/사용 환경
응력부식 균열	○			○		○		○	○	잔류/외부 작용 인장응력. 사용 환경에 대한 내식성. K_{Iscc} 측정치

그렇다면 이러한 파괴에 대한 저항성을 향상시키기 위해서는 각종 제품이나 기계 기구를 어떻게 설계하는 것이 좋은가? 기계기구에 대한 기본적인 설계 지침은 다음과 같다.

① 부재중 응력을 많이 받는 모든 코너는 가능한 한 반경을 크게 하여 필렛(fillet)을 준다.

② 응력을 적게 받는 영역중 부분 담금질이나 표면경화를 한 경우는 조직이나 경도가 급변하지 않게 중간 영역을 두는 것이 좋다. 이렇게 조직이나 경도가 급변하는 부분도 노치 작용을 한다.

③ 표면을 매끈하게 다듬는다. 특히 절삭공구에 의한 표면 홈은 축에 있어서 가장 큰 사고 원인이 된다.

④ 재료 내부의 균열이나 기공 등의 결함도 응력집중부를 형성하므로 피해야 한다.

⑤ 스냅 링(snap ring)은 축의 끝이나 응력이 작게 작용하는 영역에 설치해야 한다. 스냅 링에 의한 노치 효과는 R을 크게 해도 해소되지 않는다.

⑥ 부재에 유연성을 주면 응력집중을 해소할 수 있다. 표면이 매끈한 직선 구간에 굴곡을 준다.

⑦ 나사는 응력이 작은 곳에 설치하되, 나사부의 지름을 더 크게 한다.

⑧ 용입 용접(penetration welding)시 피로가 작용하는 곳에서 중단하지 않아야 한다. 용접부위는 HiFIT(그림 6-31) 등으로 처리를 하면 피로수명과 응력부식균열 저항성 등을 향상시킬 수 있다.

⑨ 플라스틱은 대부분 노치 감도가 크므로 노치(표면 흠집 포함)를 피해야 한다.

⑩ 사출성형시(그림 15-32) 플라스틱 용액이 서로 만나서 형성된 연결선은 응력집

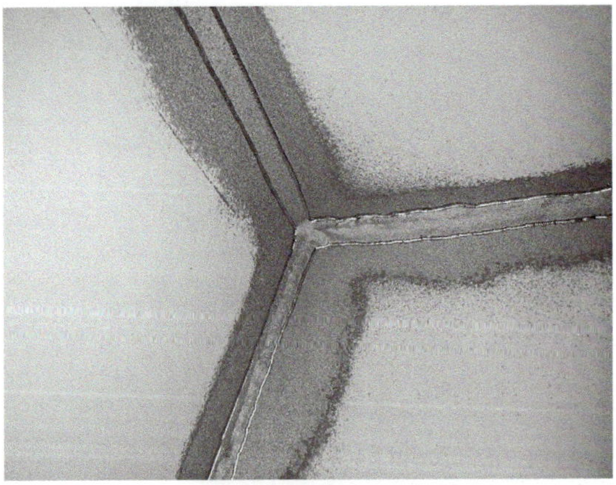

(a) 처리후의 용접 비드(bead)의 모습

(b) HiFIT 건

[그림 6-31] HiFIT(high frequency impact treatment) 처리에 의한 용접부의 강화[25]. 용접부를 햄머링하는 대신 직경 3mm 정도의 볼을 고속충돌시켜 압축잔류응력이 생성되게 하면 피로강도는 80-100%, 용접부의 수명은 5-15배 증가시킬 수 있다(숏피닝과 같은 원리).

중부로 작용하므로, 게이트(gate) 시스템*7)을 변경하여 이를 제거하거나 적어도 고응력부에 형성되지 않도록 해야 한다.

⑪ 플라스틱에 정적 하중이 작용하는 경우는 응력 파단이나 크립 특성에 대하여 연구하여, 설계시 항복강도나 굽힘강도보다는 파단강도나 크립 데이터를 적용해야 한다.

한편 그림 6-32는 구조물에 있어서 응력집중과 피로파괴를 저감하기 위한 설계 개선방안의 예를 표시한 것이며, 그림 6-33은 피로수명을 향상의 관점에서 축의 형상을 개선하는 방안의 예를 표시한 것이다. 이와 같이 역학적인 측면에서는 응력집중이나 반복응력의 작용을 피하는 것이 우선적으로 중요하다. 그 밖에 부식에 대비한 설계는 제 7장에 기술한다.

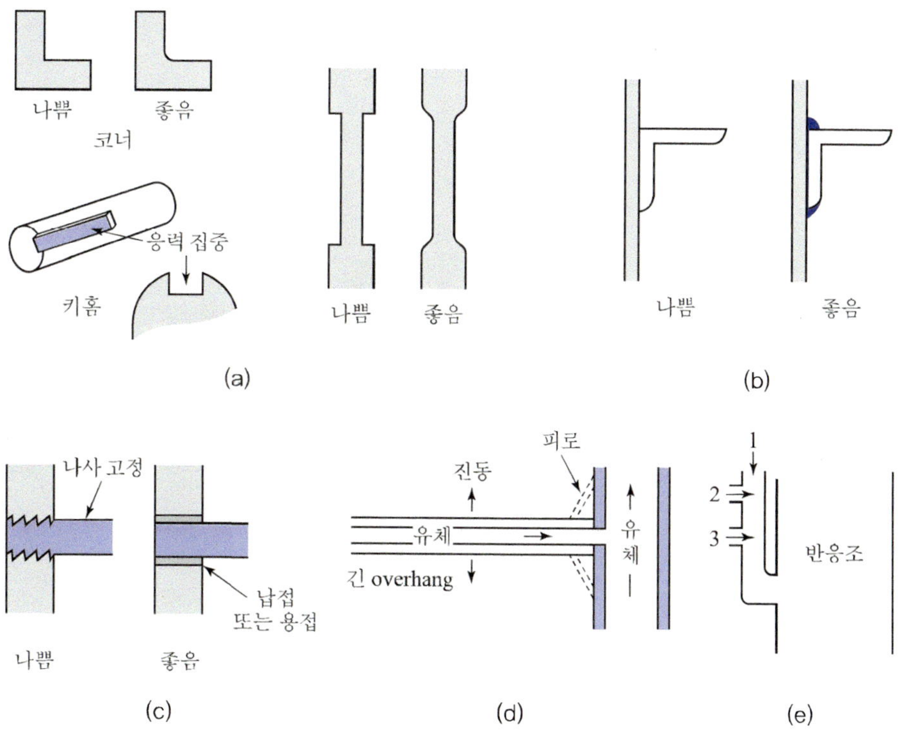

[그림 6-32] 응력집중과 피로파괴를 최소화하기 위한 구조물 설계 개선 방안[26]. (a) 코너부를 필렛함. (b) 용접부에서의 예각을 피하고, 용접부가 연속되게 함. (c) 예리한 형상을 피하고 다른 고정법을 채택한다. (d) 연결부에 진동이나 피로를 유발하는 긴 외팔보 형태를 피한다. (e) 측면 공급 배관 구조로 하여 압축공기(1), 증기(2) 및 찬 물(3)에 의한 열충격을 피한다.

---

7) 플라스틱 사출용 금형에 있어서 실린더로부터 나온 용융 플라스틱이 금형 공간으로 들어가는 부분

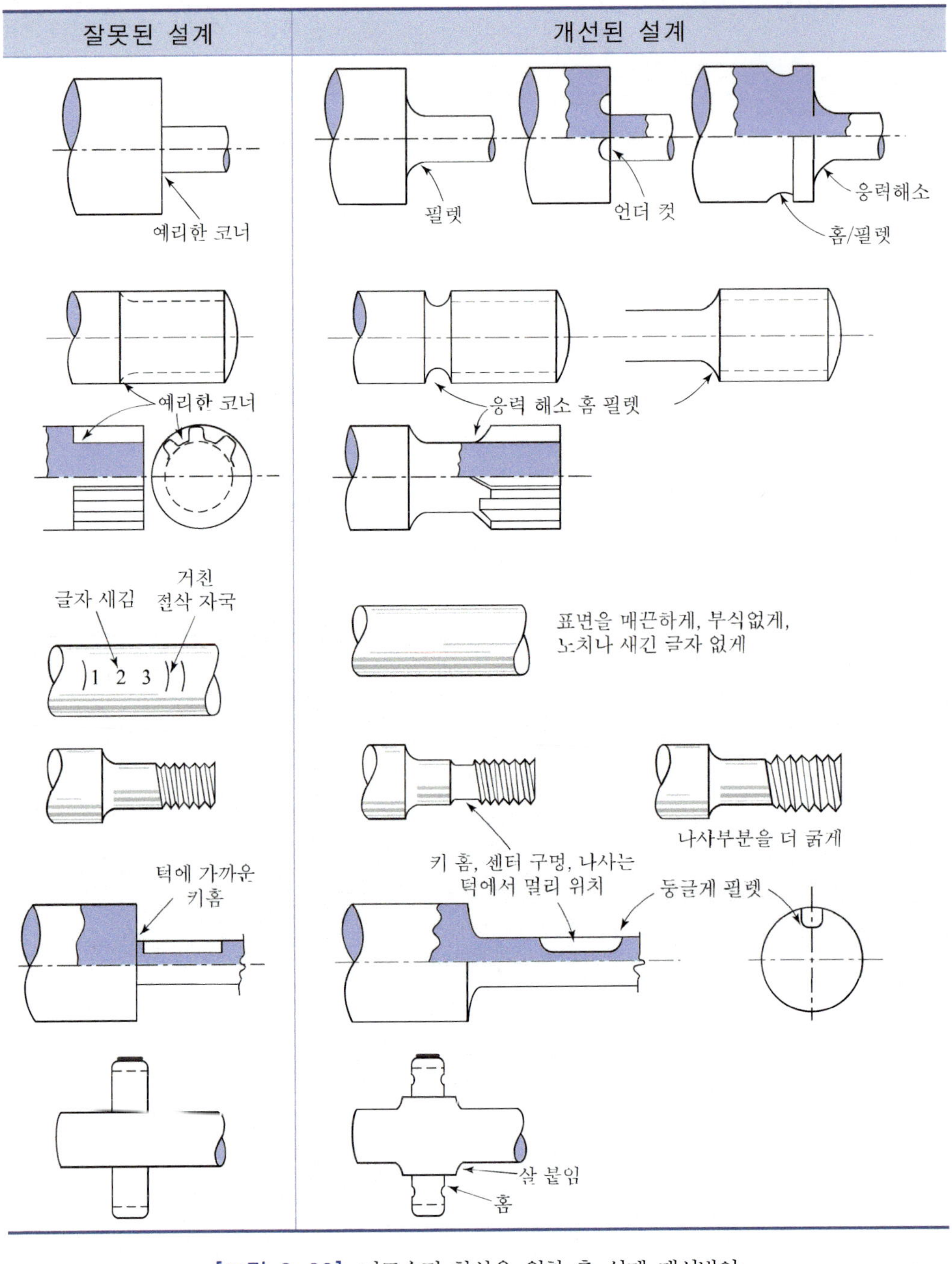

[그림 6-33] 피로수명 향상을 위한 축 설계 개선방안

참고문헌

1) G. F. Vander Voort, Carpenter Technology Corporation

2) 西沢泰二, 佐久間健人(編), 金屬工學シリズ9, 金屬組織寫眞集鐵鋼材料編, p.80, (1979), 日本金屬學會(일본 금속학회의 게재 허가를 득함)

3) G. M Boyd, The Propagation of Fracture in Mild Steel plate, Engineering, vol. 175, Jan 16, (1953), pp 100-102

4) 西沢泰二, 佐久間健人(編), 金屬工學シリズ9, 金屬組織寫眞集鐵鋼材料編, p.82, (1979), 日本金屬學會(일본 금속학회의 게재 허가를 득함)

5) Neal Boenzi, New York Times

6) Republic Steel Co.

7) J. A. Rinebolt and W. J. Harris Jr., "Affect of Alloying Elements on Notch Toughness of Pearlitic Steels", Transactions of ASM, vol.43, 1951

8) 이동녕, 금속강도학, p.276, 1983, 문운당

9) Welding Handbook, vol.1, 7th ed., American Welding Society, 1976

10) V.F.Zackay, E.R.Parker, J.W.Morris and G. Thomas, Materials Science and Engineering, 16, 201(1974)

11) Advanced Materials and Process, ASM international, 1990

12) 미국재료시험학회(Amercan Society for Testing and Materials)의 "Standard Test Method for Measurement of Fracture Toughness"

13) ㈜알앤비 제공

14) P. S. Han, MTS Systems Corporation

15) 인터넷(http : //cafe.daum.net/foreverjd 등)

16) Photo by Mackaldener [Public domain], via Wikimedia Commons

17) © CEphoto, Uwe Aranas / CC-By-SA-3.0 via Wikimedia Commons

18) D. J. Wulpi, International Harvester Company

19) R. E. Reed Hill and Reza Abbaschian, "Physical Metallurgy Principles", 3rd ed., p.765, (1992), PWS-KENT publishing company, Boston

20) 西沢泰二, 佐久間健人(編), 金屬工學シリズ9, 金屬組織寫眞集鐵鋼材料編, p.85, (1979), 日本金屬學會(일본금속학회의 게재 허가를 득함)

21) J. J. Gough and D. G. Sopwith, J. Inst. Met., vol.72, p.415(1946)

22) R. C. Juvinall, Engineering Considerations of Stress, Strain and Strength, McGraw-Hill, 1967

23) I. Lemy, "Failure Mechanisms and Metallography in Failure Analysis", J. L. McCall and P. M. French ed., p.1, (1977) Plenum, N.Y. and London

24) Pratt & Whitney사

25) www.wikipedia.com

26) Metals Handbook, 9th ed., vol.13, p.343, 1987, American Society for Metals(ASM International의 게재 허가를 득함)

제 7 장 금속재료의 부식

Introduction to Engineering Materials

금속재료의 **부식**(腐蝕, corrosion)은 금속이 그 주위의 분위기와 반응하여 비금속 화합물로 변화하는 것으로서, 여기에는 금속재료의 일부 성분이 주위 환경 중으로 녹아드는 현상도 포함된다. 금속의 부식은 **화학적 부식**(化學的腐蝕, chemical corrosion)보다는 주로 **전기화학적 부식**(電氣化學的腐蝕, electrochemical corrosion)에 의하여 일어난다. 후자의 경우 전해질이 존재하여야 하므로 **습식**(濕蝕, wet corrosion)이라고도 하며, 부식은 (+)극에서만 진행된다. 이에 빈하여 화학적 부식은 주로 고온 건조 가스(예를 들어 O_2, N_2, SO_2, CO, CO_2 등)에 의하여 일어나므로 **건식**(乾蝕, dry corrosion)이라고도 하며, 따라서 산화도 여기에 속한다.

부식은 금속재료의 표면을 손상시켜 상품으로서의 가치를 떨어뜨리며, 각종 시설물의 미관을 크게 해치는 것은 물론 각종 기계기구의 역학적인 능력을 저하시켜 파괴나 붕괴에 이르게 하기도 한다. 이에 따라 부식으로 인한 직간접적인 비용은 연간 GNP의 3~5% 이상으로서 미국의 경우는 약 3,000억불[1)]에 이른다. 특히 각종 화학공장에서의 장치사고의 50% 내외가 부식에 기인한다고 한다. 따라서 기계기구 및 시설물의 보전에 있어서의 부식에 대한 대책의 중요성은 더 말할 나위가 없으며, 부식의 약 30% 정도는 현재의 기술로도 방지가 가능하다고 한다.

부식에 의한 사고중 가장 극적인 사례의 하나가 그림 7-1에 표시된 하와이의 Aloha Airline 737 제트 항공기 사고로서, 조사 결과 해양의 습기와 소금기에 의한 부식 및 이로 인한 부식피로 파괴에 기인한 것으로 밝혀졌다.

[그림 7-1] 1988년 4월 28일 발생한 하와이의 Aloha Airline 737 제트 항공기 사고[2]. 미국 운송안전위원회(NTSB)는 해양의 습기와 소금기에 의해 알루미늄합금 캐노피(canopy)에 광범위한 틈새부식이 일어나고 이로 인해 피로파괴가 촉진된 것으로 판단함.

금속재료에 비하여 세라믹 재료이나 폴리머 재료는 전기화학적 반응을 일으키지는 않으나 직접적으로 화학적 또는 물리적인 반응을 일으켜 문제가 되기도 한다. 예를 들어 세라믹 내화재는 고온에서 용융염(熔融鹽)에 의하여 화학적 부식을 일으킨다. 그러나 이러한 특수한 사례를 제외하고는 세라믹 재료는 내식성이 대단히 우수하다 할 수 있다. 이에 비해 유기재료는 유기용매에 녹거나 산소와 자외선의 복합작용에 의하여 산화되거나 바래기도 하며, 또 어떤 것은 수분을 흡수하여 치수나 성질이 변화하기도 하는 **노화**(老化, degradation) 현상을 일으키기는 경우가 흔하다. 그림 7-2는 폴리머 재료의 노화의 사례로서 그림 (a)는 에틸렌-프로필렌 고무 플렌지가 HCl, 클로로포름 및 CCl_4에 노출되어 부풀어 오르고 균열이 간 것을 보여주고 있으며, 그림 (b)는 가정용 세면대의 마개와 세면대 사이의 패킹 고무로서 노화에 의하여 균열이 일어난 것을 보여주고 있다. 플라스틱의 노화는 경제적인 손실을 가져 오는 측면이 있지만, 역으로 생각한다면 환경 오염 방지의 측면에서는 긍정적인 면도 있다. 폴리머 재료의 노화에 관해서는 제 15 장에서 다루기로 하고 이 장에서는 금속재료의 부식에 대해서만 집중하여 기술하기로 한다

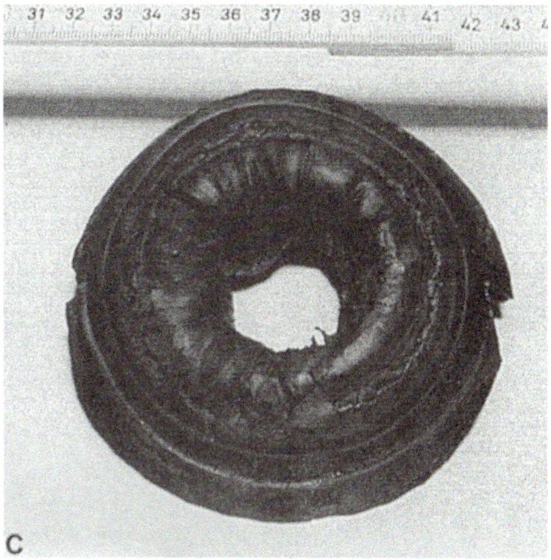

(a)

(b)

[그림 7-2] 폴리머의 노화. (a) 에틸렌-프로필렌 고무 플렌지의 노화(-HCl, 클로로포름 및 CCl_4에 노출되어 부풀어 오르고 균열이 감)[3). (b) 세면대 마개용 고무 패킹의 노화

7-1 전기화학적 부식

금속재료의 부식은 일반적으로 전기화학적 반응에 의하여 일어나는데, 이 반응은 어느 한 성분으로부터 다른 성분쪽으로 전자의 이동이 일어나는 화학반응을 말한다. 이때 금속 원자는 그 특성상 전자를 잃어 (+)이온으로 되며, 다른 쪽에서는 전자를 얻어 (–)이온이 된다. 이때, 전자와 같이 전자를 잃어버리는 산화(酸化, oxidation) 반응이 일어나는 곳을 **양극**(陽極, anode)이라 하고, 후자의 환원(還元, reduction) 반응이 일어나는 곳을 **음극**(陰極, cathode)이라 한다.

예를 들어, 아연(Zn)이 산에 의하여 부식될 때는 그림 7-3 (a)에서 보는 바와 같이 국부적으로 양극과 음극으로 나뉘어*1)

$$
\begin{aligned}
&\text{양극 반응}: Zn \rightarrow Zn^{++} + 2e \\
&\text{음극 반응}: H^{+} + 2e \rightarrow H_2 \\
\hline
&\text{전체 반응}: Zn + H^{+} \rightarrow Zn^{++} + H_2
\end{aligned}
\qquad (7.1)
$$

1) 이것을 국부전지(局部電池)라 함.

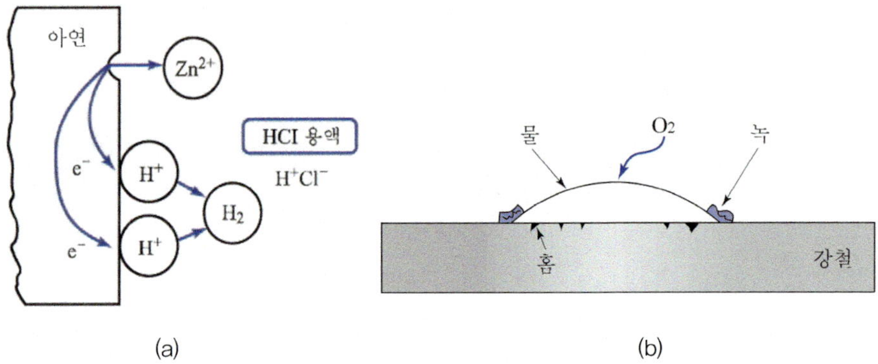

[그림 7-3] 금속의 부식 과정. (a) 산 용액중에서의 아연의 부식 (b) 물방울에 의한 강철의 부식

의 반응에 의하여 양극에서는 아연이 부식되고 음극에서는 수소(H_2)가 발생한다.

이 때 전해질이 산성인 경우는 음극에서 H_2가 발생하지만, 중성 또는 알칼리성인 경우에는 OH^-이온이 발생한다. 예를 들어 강재 표면에 물방울이 묻어 있는 경우에도 녹이 스는데, 그림 7-3의 (b)에서 보는 바와 같이 산소 농도가 높은 대기는 음극, 산소 농도가 낮은 강재는 양극의 역할을 하여 $2Fe(OH)_2$를 생성하고, 이것은 불안정하여 다시 물과 산소와 반응을 하여 녹(rust)인 $Fe(OH)_3$를 생성한다. 즉,

$$
\begin{array}{l}
\text{양극 반응} : Fe \rightarrow Fe^{++} + 2e \\
\text{음극 반응} : O_2 + 2H_2O + 4e \rightarrow 4(OH)^- \\
\hline
\text{전체 반응} : 2Fe + 2H_2O + O_2 \rightarrow 2Fe(OH)_2
\end{array} \quad (7.2)
$$

$$\text{녹 생성} : 2Fe(OH)_2 + H_2O + \frac{1}{2}O_2 \rightarrow 2Fe(OH)_3 \quad (7.3)$$

이와 같이 전기화학적 부식은 양극과 음극이 있고 전자가 이동할 수 있도록 회로가 완성되어야 하며, 또한 이온을 축적할 전해질(주로 수용액)이 있어야 한다.

이러한 조건을 잘 갖춘 전형적인 형태가 전해질 중에 담긴 서로 다른 두 금속이 연결된, 소위 **유전전지**(流電電氣, galvanic cell)*2)이다. 그림 7-4와 같이 철(Fe)과 구리(Cu)가 서로 연결되어 있다면 철은 전자를 잃어 산화 또는 부식이 일어나고, 구리는 전자를 얻어 전기도금(電氣鍍金)이 진행된다. 그리고 전자는 철로부터 구리측으로 이동하며, 이들 사이에는 25℃일 때 0.78 V의 **전위차**(電位差, potential difference)가 있게 된다. 반면에 철(Fe)과 아연

2) 그림 7-3의 유전쌍(galvanic couple)이 전지로서의 요건을 갖추고 있음.

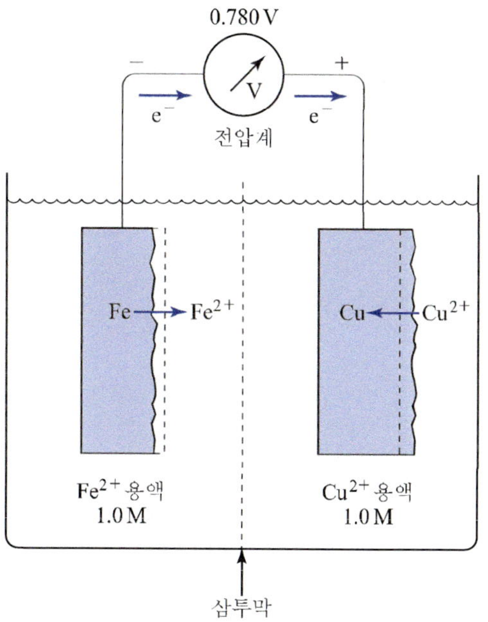

[그림 7-4] 이온 농도 1몰, 25℃ 용액 중의 Fe 및 Cu 전극으로 구성된 전기화학적 전지

(Zn)을 연결하면 전자는 아연으로부터 철 쪽으로 흐르게(아연이 부식)되고 그 전위차는 0.323 V이다. 이와 같이 부식은 전위차가 있어야 일어나고, 전위차가 클수록 부식경향이 더 커진다.

이렇게 서로 다른 종류의 금속을 연결할 경우 전위가 높은 쪽으로부터 낮은 쪽으로 전류가 흐르고 전자는 반대방향으로 흐르게 된다. 그리고 전위가 더 낮은 쪽이 부식되기가 더 쉬운데, 이러한 금속을 **천하다**(base)고 하고 반대로 전위가 높아 부식되기 어려운 금속을 **귀하다**(noble)고 한다.

그러나 실제상으로 어느 금속이 더 귀하거나 천한가는 전해질의 종류나 상태에 따라 다를 수 있는데, 표 7-1은 고속으로 유동하는 바닷물에서의 경향을 표시한 것이다. 이것을 **유전서열**(流電序列, galvanic series)이라 하는데 아래쪽에 위치할수록 더 천하여 부식되기 쉬우며, 서로 멀리 위치한 것끼리 연결될수록 부식이 더 잘 일어난다. 이러한 **유전부식**(流電腐蝕)은 단일 금속표면에서도 일어나는데 이것은 부분에 따라 극히 미소한 영역에서 국부적인 전위차(電位差)가 일어나 양극과 음극이 형성되기 때문이며, 주로 표면부위의 조직이나 농도의 불균일 등에 의하여 일어난다.

[표 7-1] 바닷물에 대한 유전서열(galvanic series)[4)]

↑ 음극 경향 (귀함)	백금
	금
	흑연
	Ti
	은
	STS304 스테인리스강 (부동태)
	STS316 스테인리스강 (부동태)
	Inconel(80Ni-13Cr-7Fe) (부동태)
	Ni(부동태)
	모넬(70Ni-30Cu)
	청동(Cu-Sn)
	Cu
	황동(65Cu-35Zn)
	Ni (활성)
	Sn
	Pb
	STS304 스테인리스강 (활성)
	주철
	연강
	2117 Al 리벳 합금
	Cd
	Al, 내식용 Al합금
	Zn
양극 경향 (천함) ↓	Mg, Mg합금

한편 몇 가지 금속재료의 경우는 부식 생성물에 의해 더 이상의 부식이 진행되지 않도록 방지되기도 한다. 이러한 **부동태**(不動態, passivity)의 형성 원인은 금속표면에 대단히 얇은 산화피막(酸化皮膜)이 형성되기 때문이라는 학설과 산소가 화학적으로 흡착(吸着)되기 때문이라는 주장이 있다. 어느 쪽이든 금속의 표면에 비금속질의 보호피막이 형성된다는 점에는 일치하며, 피막이 형성되자마자 더 이상 반응이 진행되지 못할 것이므로 그 두께는 분자 1개 두께 정도로서 10Å 이내[5)]로 추정되고 있다. 부동태를 형성하는 금속으로는 Cr, Fe, Ti, Cu 등과 그 합금을 들 수 있는데, 그 중에서도 가장 대표적인 것은 철에 다량의 크롬이 합금된 스테인리스강이라 할 수 있다. 이 경우 질산이나 황산과 같은 산화성 산에는 강하지만 염산과 같은 비산화성 산에 대해서는 내식성이 그다지 우수하지 않은 것으로 보아 부동태 피막이 산화피막일 것으로 추정되고 있다.

7-2 부식의 유형

부식은 우리가 흔히 볼 수 있는 바와 같이 재료표면 전체에 걸쳐 나타나기만 하는 것이 아니라 여러 가지 형태로 나타난다. 예를 들어 일반적인 목적에는 내식성이 큼에도 불구하고 어떤 특정한 경우에는 내식성이 좋지 못하여 부식이 급속히 진행되거나, 겉으로는 전혀 관찰되지 않아 안심하고 사용하던 중에 어느 날 갑자기 파괴되는 등의 여러 가지 경우가 있다. 따라서 기계기술자는 설계시나 유지·관리 및 보수에 있어서 이러한 점에 유의하여야 각종 대형 사고를 미연에 방지할 수 있다.

[1] 균일부식(uniform corrosion)

부식은 일반적으로는 금속 표면의 많은 부분에 걸쳐 균일하게 진행된다. 이러한 균일부식은 재료의 많은 부분을 손상시키기는 하지만, 밖으로 드러나 있어서 언제라도 그 정도를 인지할 수가 있고 수명도 예측할 수 있으므로, 비교적 돌발적인 사고의 발생 가능성이 낮은 편이다.

[그림 7-5] 균일 부식의 사례(가드 레일)[6)]

[2] 유전부식(流電腐蝕, galvanic corrosion)

유전부식은 전기화학적 전위차(電位差)에 의하여 발생하는 것으로서, 미시적으로는 앞서 언급한 단일 금속 내의 국부전지에 의한 부식이 여기에 속한다. 거시적으로는 서로 다른 종류의 금속간에 발생하는 것으로서, 예를 들어 그림 7-6과 같이 마그네슘이 강철과 접촉이 되어 있다면 유전서열이 낮은 마그네슘이 (+)극으로 되면서 부식이 되기 쉬울 것이다. 반면에 철(Fe)과 구리(Cu)가 접촉되어 있다면 보다 천(賤)한 철이 (+)극으로 되면서 단독으로 있는 경우에 비하여 부식이 촉진된다. 그런데 이런 경우 양극의 면적이 훨씬 더 크다면 그림 7-7에서 보는 바와 같이 **면적효과**(面積效果)로 인해 부식이 촉진되는 효과가 작아져 피해는 감소된다. 따라서 체결 볼트나 리벳 또는 용접봉으로는 판재보다 귀한(noble) 재질의 것을 사용하는 것이 바람직하다.

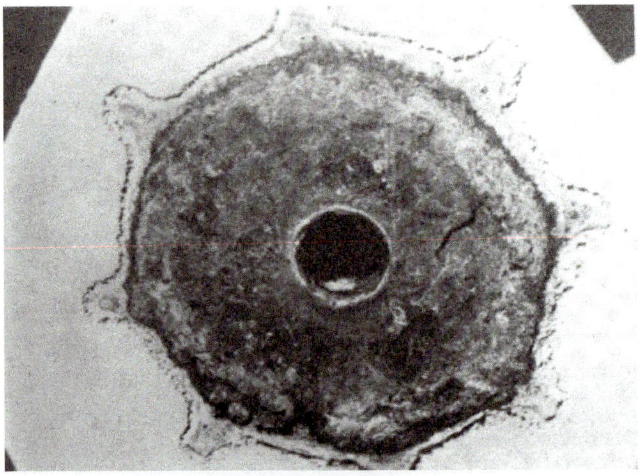

[그림 7-6] 철심 주위에 주조된 Mg의 부식[7)]

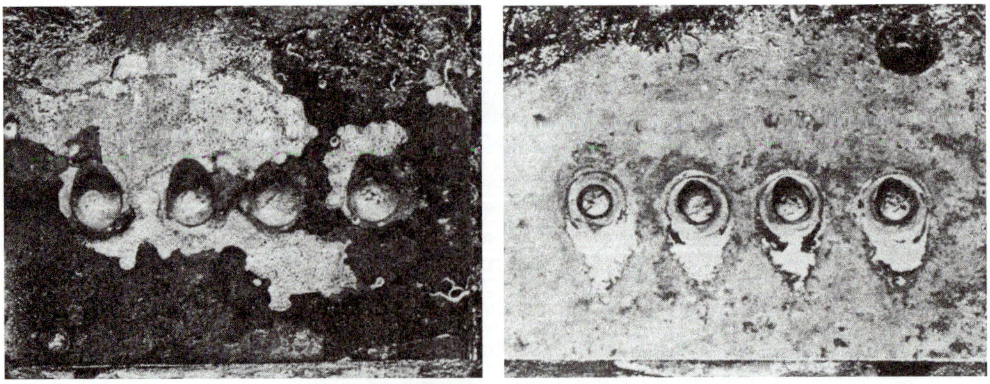

(a) 음극(Cu 리벳)이 작고 양극(Fe 판재)이 넓을 때 : 철판의 부식이 적음

(b) 음극(Cu 판재)이 크고 양극(Fe 리벳)이 작을 때 : 리벳의 부식이 심함

[그림 7-7] Fe-Cu간의 유전부식에 있어서의 면적효과[7)]

[3] 틈새부식(crevice corrosion)

어떤 작은 틈새나 보호막 아래에 정체된 전해질이 괴어있을 때 발생하는 것으로서 가스켓(gasket) 아래 부분, 리벳, 볼트와 너트 사이, 밸브 디스크와 시트 사이, 자동차의 헤밍부*[3], 완전히 밀착되지 못한 도색층과 바탕재질 사이, 다공질의 침전물이나 녹의 아래 부분 등에 흔히 나타난다. 식 (7.2)를 보면 금속 이온의 농도가 높으면 양극 반응이 잘 일어나지 못하고, 산소의 농도가 높으면 음극반응이 잘 일어나며, 두 경우 모두 결과적으로 부식이 잘 진행되지 못하게 된다는 것을 알 수 있다. 이렇게 농도의 차이에 의하여 전위차가 생기는 것을 **농도전지**(濃度電池, concentration cell)라 하는데, 틈새부식은 **농도전지 부식**의 일종으로서 좁은 틈새 부분에 산소 농도가 부족하여 양극으로 되기 때문에 발생한다[8].

그러나 이러한 산소농도의 차이는 간접적인 영향만 끼칠 뿐이고 이 부분에 농축되는 염소이온이 수소이온과 함께 작용하여 부식을 크게 촉진한다는 설[9]도 있는데, 실제로 묽은 소금물 중에서도 이런 틈새에는 염화물의 양이 다른 곳 보다 3~10배 더 많으며, 산도 또한 pH 2~3에 이른다고 한다[10].

그림 7-8은 강철재 구조물에 있어서의 좁은 틈새 부분이 우선 부식된 것을 나타내고 있으며, 그림 7-9는 철판과 와셔 사이의 틈새에 부식이 집중된 것을 보여주고 있다. 틈새부식은 잠복기가 길어서 수 개월이 걸리기도 하나 일단 시작되면 진행 속도가 빨라지며, 스테인리스강이나 양극산화처리(anodizing)한 알루미늄 합금처럼 부동태 막이나 산화막이 형성된 경우에는 특히 일어나기 쉬우므로 유의하여야 한다.

[그림 7-8] 철 구조물 겹친 곳에 발생한 틈새 부식

3) hemming : 자동차 도어나 패널 등의 판재의 가장자리 부분을 180°로 절곡하는 작업

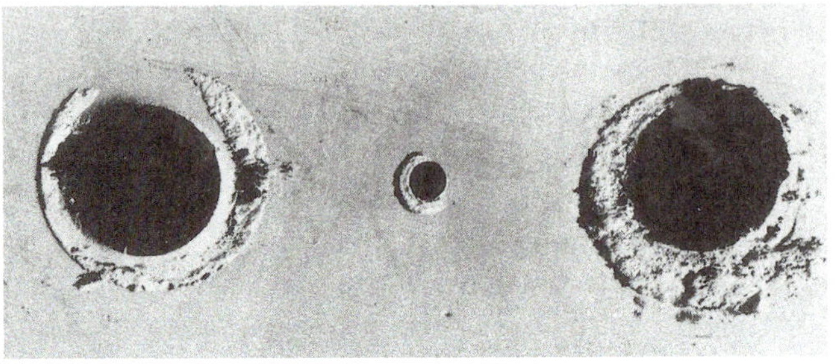

[그림 7-9] 와셔의 틈새부식. 바닷물 속에서 부식된 것으로서 철판과 와셔 사이에 부식이 집중되어 있다[10].

[4] 공식(孔蝕, pitting)

공식은 그림 7-10과 같이 금속재료 단면의 깊이 방향 또는 수평면에서 중력 방향으로 깊은 구멍이나 홈을 만들면서 부식되는 것으로서 사용 중에 발견되기가 매우 어려운 형태이다. 또한 일단 부식되기 시작하면 가속화되어 재료가 얼마 소모되지 않은 상태에서 파괴가 일어나므로 전혀 예기치 못한 사고를 일으키는 경우가 많다.

공식도 부분적인 부식의 한 가지로서 부식이 발생 및 진행되는 기구는 틈새부식과 같다. 그리고 표면의 생채기가 난 곳이나 성분 조성상 변화가 있는 곳에서 흔히 시작되며, 표면을 거울면으로 연마하면 공식에 대한 저항성이 증대된다. 또한 철판의 크롬 도금층과 같은 부식방지 피막이 떨어져 나간 부분에서도 발생하기 쉽다. 스테인레스강은 공식이 일어나기 쉬우나, 약 2%의 Mo을 첨가하면 현저하게 개선된다.

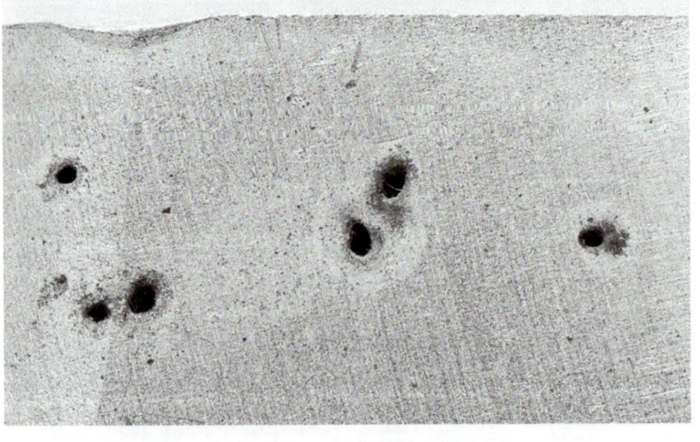

[그림 7-10] 알루미늄 판재에 발생한 공식[11]

[5] 입계부식(粒界腐蝕, intergranular corrosion)

결정립계는 결정립 내부보다 열역학적으로 에너지 상태가 높고 불순물 원소도 더 많이 분포하여 다른 부분에 비하여 부식이 더 잘된다. 그러나 경우에 따라서는 - 예를 들어 결정립계에 특정 불순물 원소가 불순물이 편석되거나, 내식성을 가질 수 있도록 하는 합금원소가 부족하게 되면 이 부분이 집중적으로 심하게 부식되며, 그 결과 **입간균열**(粒間龜裂, intergranular cracking)을 일으키기도 한다. 알루미늄 합금의 경우는 Fe, 아연 합금의 경우는 Pb나 Al, 황동의 경우는 Zn이 결정립계의 부분으로 편석되는 것이 주된 원인으로 알려져 있다.

그림 7-11은 아연 다이캐스팅 제품에서 나타난 입간 균열로서, 불순물 원소(특히 Pb)들이 결정립계에 편석하는 것이 주원인이며, 제품이 완전히 붕괴되게 하므로 **아연 흑사병**(zinc pest)으로 일컬어지고 있다.

[그림 7-11] 다이캐스팅용 Zn 합금에서 나타난 아연 흑사병[12)]

STS304(18%Cr - 8%Ni)로 대표되는 오스테나이트계 스테인레스강의 경우는 550~800℃로 가열하거나 이 구간을 서서히 냉각할 때 철과 크롬의 복탄화물 $(Fe, Cr)_{23}C_6$이 결정립계를 따라 석출하는 것이 주원인으로 알려져 있다. 이렇게 **예민화**(銳敏化, sensitizing)된 상태에서는 그림 7-12의 (b)에 표시된 바와 같이 탄화물 주변에는 내식성을 높여주는 주된 요인인 Cr의 양이 고갈(depletion)되며, 결과적으로 결정립계 인접 지역이 내식성이 부족한 상태에 놓이게 됨과 동시에 결정립 내부에 대하여 (+)극으로 작용하게 되는 것이다. 그림 7-13은 스테인리스강의 입계부식이 심하게 진행되어 일어난 입간균열의 보여주고 있으며,

앞서 제시된 그림 6-6은 입간균열 파단면의 사진으로서 결정립계면에 탄화물이 석출되어 있음을 확인할 수 있다.

한편, 이러한 크롬 고갈에 의한 입계 부식은 Cr－Mn강, Ni－Cr－Mn강, 인코넬 (Inconel ; Ni－Cr계 합금)에서도 나타나는 것으로 알려져 있다.

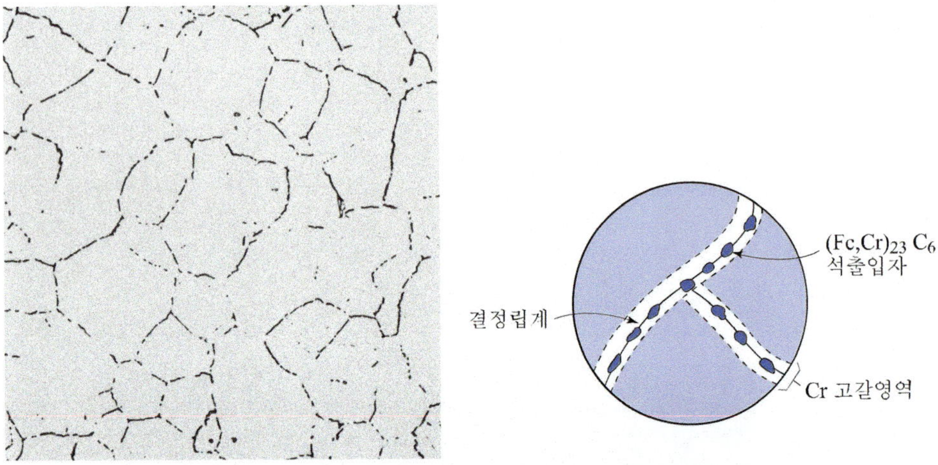

(a) (b)

[그림 7-12] 스테인리스강의 예민화. (a) 1150℃에서 1시간 유지 후 700℃까지 냉각하여 15시간 유지한 STS304의 현미경 조직 사진[13], (b) 결정립계를 따라 Cr 탄화물이 석출됨으로써 그 주변에는 Cr이 고갈되어 내식성이 나빠짐

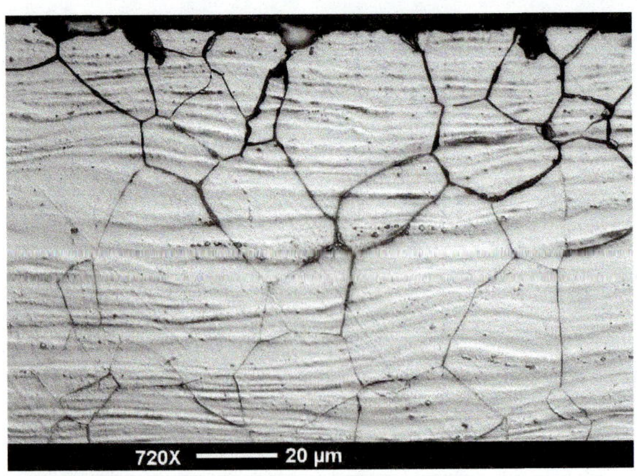

[그림 7-13] STS304 스테인리스강의 입간 균열[14]

[6] 선택 용출(選擇溶出, selective leaching)

선택 용출이란 합금내의 특정한 성분만 선택적으로 주위 환경 속으로 용해되어 나가는 현상이다. 예를 들어 20% 이상의 아연(Zn)을 함유하는 황동의 경우는 특히 바닷물이나 오염수에 중에서 아연 성분이 녹아나 스폰지 상태의 구리 성분만 남게 되기 쉽다. 이러한 **탈아연 부식**(dezincification)은 아연의 양을 20% 이하로 억제하거나, 1%의 Sn 및 0.04%의 As를 첨가하면 방지할 수 있다. 한편 황동은 고온에서는 아연만 산화되는 **고온 탈아연**(dezincing) 현상이 일어나기 쉽다.

선택 용출의 다른 예로서 주철의 **흑연부식**(graphitic corrosion)이 있다. 이것은 특히 주철관과 같은 경우에 흑연을 남겨두고 철 성분이 서서히 스며나는 현상으로서 대단히 오랜 시간이 걸리나, 극히 오염된 상태이거나 광재(鑛滓, slag)를 충전재로 사용한 경우는 수 년만에 파괴가 일어나기도 한다. 그밖의 예로는 알루미늄 청동(Cu-Al), Cu-Ni 합금, Co-W-Cr 합금으로부터 각각 Al, Ni, Co가 빠져나가는 현상 등이 있다.

7

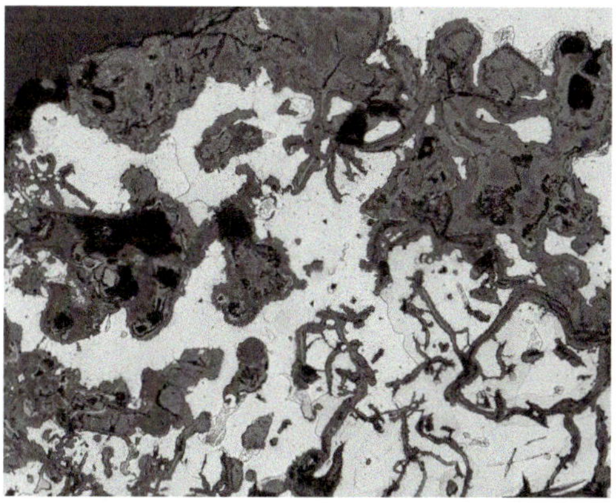

[그림 7-14] 주철의 흑연 부식[15]. 흑연 주변이 집중 부식되어 있다. 좌상이 표면 쪽임.

[7] 응력부식(應力腐蝕, stress corrosion)

금속재료 내부에 인장 잔류응력이 남아 있거나 외부로부터 인장응력이 작용하는 경우는 부식이 잘 진행된다. 이러한 **응력부식**은 금속재료에 따라서는 특정한 분위기 중에서 극히 국부적인 부식이 급속도로 진행되어 균열에까지 이르는 **응력부식균열**(stress corrosion cracking, SCC)을 일으키게 된다. 응력부식균열은 인장강도에 비하여 훨씬 작은 응력에 의해 응력 방향에 수직방향으로 진행한다. 균열은 고강도 강재나 α황동의 경우는 주로 입간균열, 저탄소강이나 알루미늄 합금의 경우는 결정립계를 관통하여 진행하는 입내균열을 일

(a)

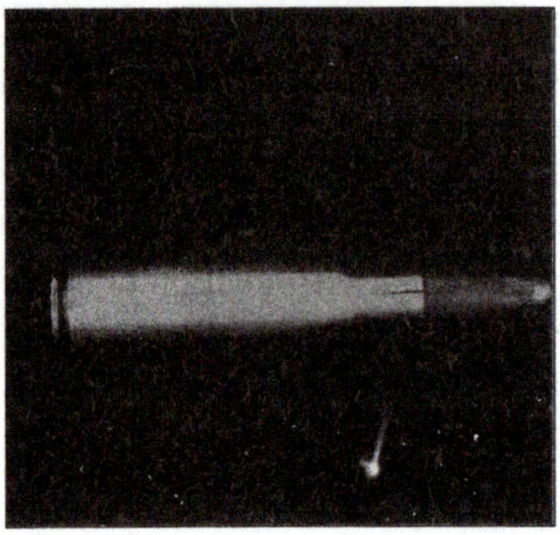

(b)

[그림 7-15] 응력부식균열의 사례. (a) 강관[16] : 자기탐상 자분(磁粉)에 의해 균열이 표시되어 있음. (b) 탄피[17] : 딥드로잉 제조한 탄피가 암모니아 분위기중에서 응력부식균열을 일으킨 모습

으키며, 이 두 가지를 겸하는 경우도 있다. 응력부식균열은 원래 연성재료일지라도 취성파괴의 형태로 나타나므로 유의하여야 한다. 응력부식을 방지하기 위해서는 작용 응력을 가능한 한 응력이 작게 작용하도록하고, 잔류응력은 풀림처리하여 미리 제거해야 한다.

응력부식의 대표적인 사례로는 탄소강제 보일러가 알칼리 용액에 의하여 리벳 구멍에 균열이 나타나는 현상을 들 수 있으며, 냉간가공한 황동 제품이 암모니아 분위기 중에서 균열을 일으키는 현상도 잘 알려져 있다. 후자의 경우는 제조 후 어느 정도 시간이 흐르면 외력을 가하지 않아도 균열이 저절로 발생하기도 하므로 **자연균열**(自然龜裂, season cracking)*[4] 이라고도 한다. 자연균열은 19세기 인도 주둔 영국군의 총알이 우기에 낙엽에서 발생한 암모니아 가스로 인해 탄피가 수많이 파손된 것 때문에 널리 알려졌다.

그 밖에 오스테나이트계 스테인레스강은 Cl^- 이온이 있는 용액 중에서 인장응력을 받으면 균열을 일으키기 쉬우며, 이 때 만일 예민화되어 결정립계에 탄화물이 석출되어 있다면 이 현상은 더욱 격심해진다.

표 7-2는 각종 금속재료의 응력부식균열을 일으키기 쉬운 주위 환경을 표시한 것이며, 표 7-3은 이러한 응력부식 조건에 의해 파괴인성 값이 저감되는 양상을 보여주는 것으로서 경우에 따라서는 1% 미만으로 떨어지기도 함을 알 수 있다.

---

4) 경년균열(經年龜裂), 시기균열(時期龜裂), 시효균열(時期龜裂, age cracking) 등으로도 일컬어짐.

[표 7-2] 금속과 합금이 응력부식균열을 일으키기 쉬운 환경

재질	환경	재질	환경
보통강	NaOH 용액, $NaOH-Na_2SiO_2$ 용액, 칼슘, 암모늄 및 $NaNO_3$ 용액, $H_2SO_4-HNO_2$ 혼합 용액, HCN 용액, H_2S산 용액, 바닷물, Na-Pb 용융액	Al 합금	$NaCl-H_2O_2$ 용액, NaCl 용액, 바닷물, 수증기
		Cu 합금	암모니아 증기 및 용액, 아민, 물, 수증기
		인코넬	가성소다(NaOH) 용액
스테인리스강	$MgCl_2$, $BaCl_2$ 등과 같은 염소산 용액, $NaCl-H_2O_2$ 용액, 바닷물, H_2S, $NaCl-H_2S$산 용액	Mg 합금	$NaCl-K_2CrO_4$ 용액, 농촌 및 해안 환경, 증류수
Ti 합금	질산 증기, 바닷물, Na_2O_4, 메탄올-HCl	모넬	용융 가성소다, 불산, 붕규산
		Ni	용융 가성소다

[표 7-3] 응력부식균열 조건에 의한 파괴인성의 변화[17)]

합금 종류	K_{1c} [$MN/m^{3/2}$]	SCC 환경	K_{1scc} [$MN/m^{3/2}$]
STS410 스테인리스강(13Cr)	60	3% NaCl	12
STS304 스테인리스강(18Cr-8Ni)	200	42% $MgCl_2$	10
7·3황동(Cu-30Zn)	200	NH_4OH, pH7	1
초초 두랄루민 (Al-3Mg-7Zn)	25	습한 할로겐 원소 분위기(예 : Cl_2)	5
Ti합금(Ti-6Al-1V)	60	0.6몰 KCl	20

[8] 침식(浸蝕, erosion)

부식 매체가 유동하는 경우는 정지 상태에서 부식되는 것보다 급속히 진행된다. 이것은 금속 표면에 형성된 부식 생성물이 제거되어 보호층이 형성되기 어렵기 때문이다. 이러한 침식은 액체를 빠르게 이송하는 파이프의 엘보(elbow) 등에서 흔히 볼 수 있다(그림 7-16).

침식의 특수한 형태로 **기포부식**(氣泡腐蝕, cavitation corrosion)이 있는데, 이것은 그림 7-17에 표시한 바와 같이 액체중의 기포가 금속 표면에 가까운 곳에서 터짐으로써 일어난다. 이러한 기포는 각종 배관, 펌프의 임펠러, 배의 스크루 등의 표면의 특정한 위치에서

[그림 7-16] 증기 응축 라인 엘보의 침식[18)]

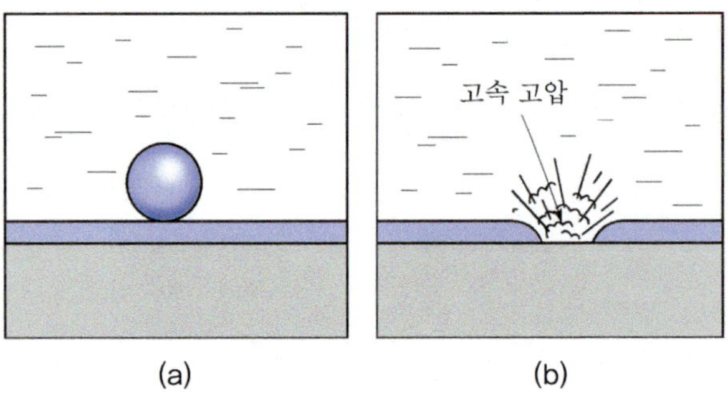

[그림 7-17] 기포부식의 발생기구

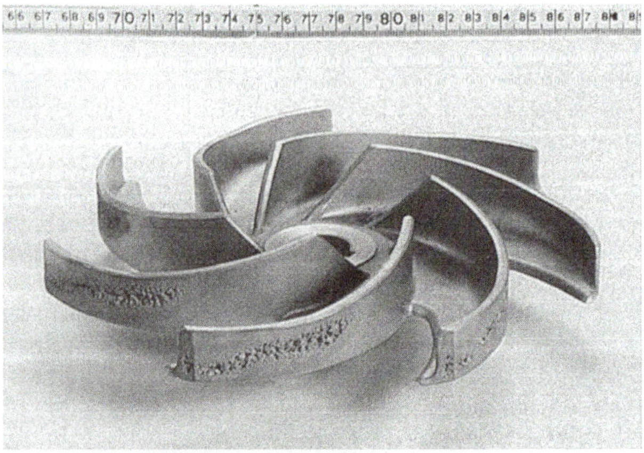

[그림 7-18] 스테인리스강 펌프 임펠러의 기포부식에 의한 공식[19)]

나타났다 터졌다는 지속적으로 반복하는데, 기포가 터질 때 고속의 액체 유동과 함께 410 MPa[18]을 넘는 높은 국부적인 압력이 가해져 재료와 보호피막이 떨어져 나가게 한다. 기포 부식은 그림 7-18에서 보는 바와 같이 외관상 공식과 유사한 형태로 나타난다.

[9] 미동마멸 부식(微動磨滅腐蝕, fretting corrosion)

미동마멸 부식도 침식의 특수한 형태의 하나로서, 진동이나 미끄럼 등의 주기적인 상대운동을 하는 상태에서 하중을 받는 기계부재의 접촉면에서 발생하며, 부식 생성물에 둘러싸인 홈의 형태로서 나타난다. 미동마멸 부식은 서로 밀착되어 하중을 받으면서도 수 십 분의 1mm 정도의 미소한 진동이나 작은 상대운동이 있으며, 이들 진동이나 상대운동 및 하중이 재료에 미소한 슬립이나 소성변형을 일으킬 정도가 되는 조건[20]에서 일어난다. 따라서 축과 베어링이나 슬리브(sleeve) 사이에서 가장 많이 나타나며, 그밖에 끼워 맞춤부(fit), 클램프(clamp), 컨넥팅 로드(connecting rod), 전기 릴레이(relay) 등에서 흔히 발견된다.

이 유형의 부식은 그림 7-19의 (c)에 표시한 바와 같이 재료 표면의 돌기가 상호 결합과 탈락을 반복하는 동안 산화되어 탈락함으로써 발생하며, 일단 발생되면 경한 산화물로 인하여 재료 표면의 마모가 더욱 촉진된다. 따라서 전기 화학적 부식이 아니므로 습한 공기 중에서는 건조한 공기보다 오히려 피해가 덜하고, 산소가 있으면 아주 심해진다. 미동마멸을 방지하기 위해서는 기계부품의 조립을 정확하게 해야 하며, 결합부에 고무 가스켓을 넣어 미소한 진동을 흡수하게 하면 효과적이다. 또한 MoS_2 등으로 고체윤활하거나, 밀봉하여 산소를 차단하는 것도 효과가 크며, 축의 경우는 각종 표면경화법(제 9.2절 참고)도 유효하다.

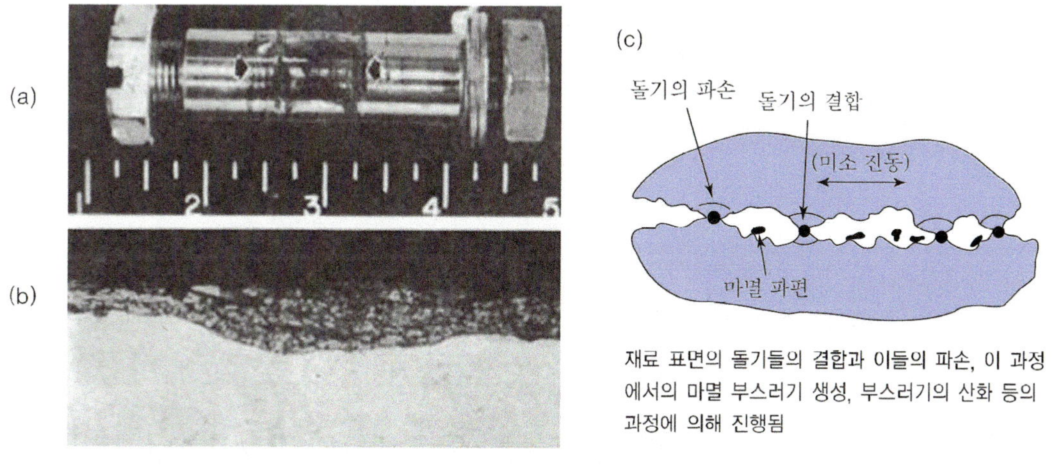

[그림 7-19] (a) 17-4PH 스테인리스강제 인공위성용 스페이스 바(spacer)의 미동마멸 부식[21]. (b) 부식 부분의 단면 조직(x175). (c) 미동마멸 부식의 발생 기구

[10] 수소해(水素害, hydrogen damage)

음극 방식, 산세(酸洗, pickling), 전기도금, 수소를 함유하는 물질(기름, 윤활유, 페인트, 물, H_2S 가스 분위기 등)이 있는 상태에서의 용접 등의 작업 과정에서는 수소 원자가 금속 내부로 도입되기가 쉬운데, 이렇게 도입된 수소 원자가 분자화될 때는 10^5기압 이상[22]의 높은 팽창압력을 주위에 가하게 된다. 수소해는 이로 인한 재질의 성능 손상을 말하는데, 수소 기포(水素氣泡, hydrogen blistering), 수소 취성(水素脆性, hydrogen embrittlement), 수소유기균열(hydrogen induced cracking), 탈탄(脫炭) 등의 다양한 형태로 나타난다.

수소 취성은 강도가 큰 재료일수록 현저하며, 강철, Al합금(고온에 한함)[23], Ti합금[24] 등에서는 나타나지만, 오스테나이트계 스테인리스강, Al합금, Cu합금에서는 안 나타나는 것으로 알려져 있다. 수소 취성을 방지하기 위해서는 95~150℃ 정도[25]의 비교적 낮은 온도로 적당한 시간 가열하여 수소를 미리 제거하면 된다.

수소에 의한 탈탄은 고온 또는 고압 상태에서 수소와 탄소강재 내의 탄소가 반응하여 탄화수소로 기화됨으로써 재료의 취성을 크게 하거나, 탄소량 저감에 의해 강재의 강도를 약화시키는 현상으로서 수소 가스통(bombe)은 후자의 대표적인 사례이다.

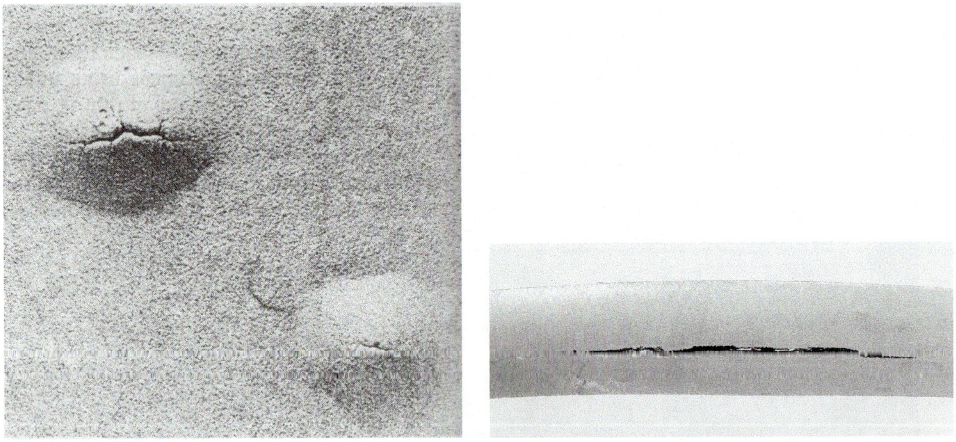

(a) (b)

[그림 7-20] 수소 해 사례. (a) 수소 기포-ASTM A285 강판을 480℃의 정유기기 내에서 1년간 사용한 결과임(x1.5)[26] (b) 수소 취성-강재에 나타난 수소유기균열[27]

한편 이상에서 기술한 부식 유형의 발생 빈도 비율은 그림 7-21과 같다. 그리고 표 7-4는 부식의 유형별 특성을 총괄적으로 종합 및 비교한 것이다.

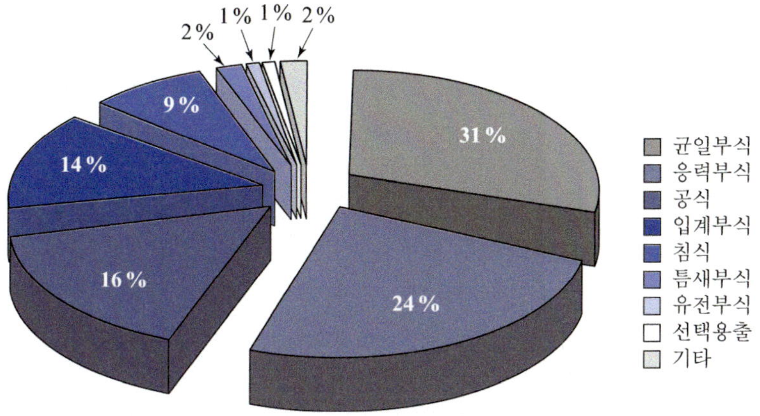

[그림 7-21] 부식 유형별 발생 빈도 비율

[표 7-4] 부식의 유형

분 류	종 류	내 용	관련 용어
전기 화학적 부식	균일부식	재료 외면 전반에 걸친 부식	양극, 음극, 전해질, 부동태
	유전부식	이종 금속이 연결되었을 때 유전서열이 낮은(천한) 금속이 부식	전위차, 유전서열, 면적효과
	틈새부식	좁은 틈새에 발생. 좁은 곳에 산소농도가 낮아 (+)극화	농도전지, 산소농도, 염소이온, 금속이온 농도
	공식	단면에 수직으로 파고 들어가는 부식	
	입계부식	결정립계 주변의 부식. 입계에 이상 조직 석출	입간균열, 예민화, 탄화물, Cr 고갈, 용접쇠약, 아연 페스트
	선택용출	합금원소중 특정 성분이 침출되어 다공질화 및 취약화	탈아연부식, 고온 탈아연, 흑연부식
기계적 작용과 조합된 부식	부식 피로	부식에 의해 피로파괴가 촉진됨	피로파괴
	응력부식	특정 분위기에서 인장응력에 의한 부식	SCC, 인장응력, 특정 분위기, 자연균열, 입내균열
	침식	빠른 유체와의 충돌에 의해 부식 촉진	유속, 피막 탈락
	기포 부식	유동 유체중 기포의 폭발로 인한 지속적 충격에 의해 부식 촉진	기포 폭발, 피막 탈락
	미동 마멸	지속적인 미소 진동과 하중에 의한 마멸 부식	미소 진동, 미소 마찰, 외부 하중
수소해	수소취성, 수소 부풀음 등	제조 공정 중 침투된 수소로 인한 부식. 수소의 기화, 수소 탈탄 등	수소 침투, 수소 기화, 수소 취성, 수소 탈탄
화학적 부식	산화	외부 산소와의 반응에 의한 산화물의 형성	산화, 산화물층, 확산, 내부 산화, 탈탄
	기타 고온 가스 반응	질화, 탄화, 황화 등	고온, 건조 가스

7-3 사용 환경의 영향

부식은 주변의 분위기와 반응하므로 사용 환경의 지배를 받을 수 밖에 없다. 금속재료는 건조한 대기 중에서는 얇은 산화막이 생기므로 부식이 방지되나 습한 공기 중에서는 부식되기가 쉽다. 예를 들어 대기 중에 노출된 탄소강재의 경우는 습도가 40% 이하인 경우는 부식이 거의 진행되지 않으며, 70%를 넘으면 부식속도가 크게 증대된다. 반면에 스테인리스강, 아연, 알루미늄, 구리 등은 산화막이 치밀하므로 부식속도가 느리다. 그러나 이들도 바닷물 등 습한 염소 이온이 있는 분위기 중에서는 틈새부식, 공식 등을 일으키며 온도가 올라가도 부식이 되기가 쉬워진다.

그리고 공장지대에서는 아황산가스나 산성비에 의하여, 해안지대에서는 염분에 의하여 일반적으로 부식속도가 상당히 빠르다. 따라서 예를 들어 풍향은 공장 입지 측면에서 중요한 고려 대상의 하나로서, 공장 밀집지역의 경우 인근 공장의 배출가스를 받게 되거나 해안지역의 경우 해풍을 직접적으로 맞이하는 위치는 가급적 피해야 할 것이다.

가스관, 상·하 수도관, 통신 케이블, 석유 및 석유화학 제품 수송용 파이프라인 등 긴 금속체가 땅속에 묻혀 있는 경우, 장소에 따라 흙의 조성, 함수량, 도전률, pH 등이 달라 국부전지를 형성하여 부분적인 부식을 일으키기 쉽다. 예를 들어 전철의 레일을 따라 매몰된 수도관의 경우, 그림 7-22에서 보는 바와 같이 누전에 의하여 변전소 부근에서는 양극으로 작용하여 부식이 심하게 일어난다.

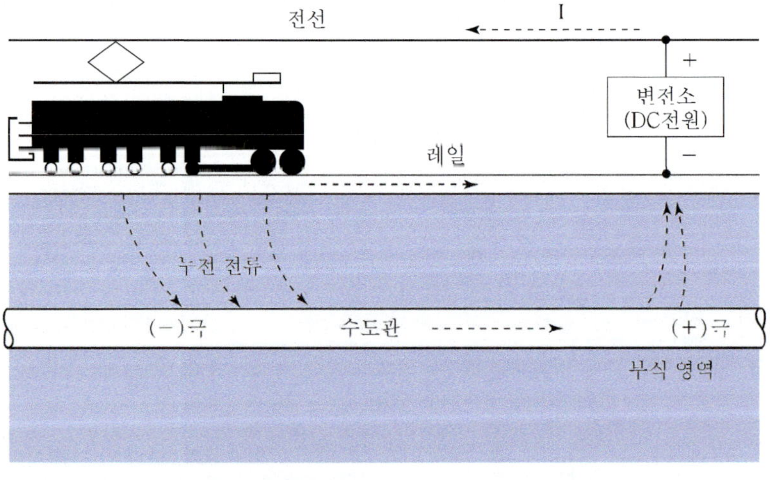

[그림 7-22] 누전에 의한 수도관의 부식

일반적으로 수소(H_2)보다 이온화 경향이 큰 금속은 산성 용액 중에서 수소이온과 치환하여 부식된다. 그러나 철은 45% 이상의 질산 용액 중에서는 표면에 산화피막이 생성되어 부동태화되어 내부를 보호하게 된다. 이온화 경향이 수소보다 작은 구리나 은은 염산이나 묽은 황산에는 침식되지 않으나 산화성인 질산이나 가열된 진한 황산에는 용해된다. 철은 알칼리 용액 중에서는 부식속도가 느리다. 그러나 고온고압의 수산화나트륨(NaOH) 용액에는 용해하며, 이때 발생된 수소는 철 중에 확산되어 보일러의 수소 취성의 원인이 된다.

한편 콘크리트는 약 알칼리성이라 그 중의 철근은 비교적 안전하다. 그러나 콘크리트는 다공질이므로 시공이 부실하거나 철근이 콘크리트 표면에 너무 가까워서 공기와 접촉이 가능하면 부식이 되기 쉬워진다. 또한 콘크리트는 구성 성분에 따라 다양한 화학반응을 일으키며, 그 결과 산도가 pH10 이하[28]로 내려가면 철근 표면의 부동태 피막이 용해되고 부식이 시작된다. 특히 겨울철에 제설제로 사용되는 염화칼슘이나 소금은 그 영향력이 크며, 철근의 부식에 직접적으로 작용하기도 한다. 이 때 부식 생성물인 녹은 다공질로서 부피가 5~10배 정도 팽창하므로 콘크리트에 균열이 발생하게 하고, 그 결과 건물이나 교량이 붕괴되기도 한다. 이런 경우는 콘크리트에 일정한 간격으로 구멍을 뚫어 아연 봉(희생양극)을 넣고 전기적으로 철근과 연결되게 한 다음 시멘트로 밀봉함으로써 더 이상의 부식을 저지하는 방법을 많이 적용한다.

7-4 부식방지법

[1] 음극방식법(陰極防蝕法, cathodic protection)

음극방식법은 금속재료를 음극 상태로 만듦으로써 부식으로 부터 보호하는 방법으로서 **유전 방식**(流電防蝕, galvanic protection)이라고도 하며, 여기에는 **외부전류 인가법**과 **희생양극법**이 있다.

외부전류 인가법은 그림 7-23의 (a)에서 보는 바와 같이 외부 전원에 의하여 강제 전류를 보내어 금속을 음극으로 만드는 방법으로서, 지하 수도관이나 대형 물탱크 등에 흔히 적용되고 있다.

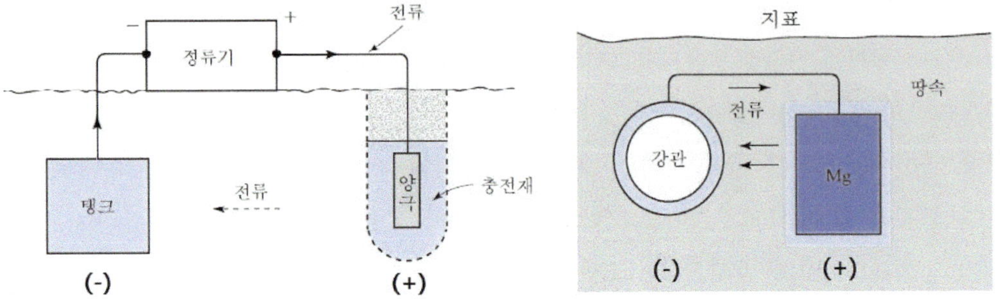

[그림 7-23] 음극방식법. (a) 외부 전류 인가법 (b) 희생양극법

희생양극법은 그림 7-23의 (b)에서 보는 바와 같이 유전서열이 더 낮은 금속을 연결하여 양극이 되게 함으로써 구조물을 보호하는 방법으로서 연결되는 금속이 대신 부식되므로 **희생양극법**(犧牲陽極法, sacrificial anode)이라고 한다. 희생양극법의 대표적인 예로는 강철 제판재나 관에 아연을 도금*[5]한 아연도 강판이나 아연도 강관이 있으며, 화학 플랜트, 지하 매설물, 선박, 도로의 가드 레일이나 가로등용 전봇대와 같은 옥외 가설물 등에도 적용되고 있다. 그 밖에 앞서 언급한 바와 같이 콘크리트 교량이나 건물의 철근에 부식이 일어나는 경우에도 부식 방지 대책으로 적용되고 있다.

(a) 옥외 시설물 (b) 지하 저장 탱크 (c) 선박

[그림 7-24] 희생양극법의 적용 사례. (a) 옥외 시설물–용융아연도금. (b) 지하 유류저장 탱크[29]–왼편 아래 두 개가 희생양극임. (c) 선박[30]–키와 선체에 붙은 흰 부분들이 아연 희생양극임

5) 금속재료에 희생 양극용 금속을 도금하는 것을 **갤버나이징**(galvanizing)이라 하는데, 시중에서는 주로 강재에 아연을 도금하는 것을 의미하는 것으로 일반화되어 있다. 아연 도금법에는 강재를 용융 아연에 담갔다가 꺼내 그 표면에 아연이 응고되도록 하는 용융 도금법(hot dipping)과 전기 도금법이 있다.

(a) (b)

[그림 7-25] 갤버나이징의 효과. 탄소강제 클램프를 땅속에 두 달간 묻어둔 후의 모습. (a) 아연을 도금한 경우 (b) 아연 도금층을 제거한 경우

[그림 7-26] 볼트와 너트는 반드시 갤버나이징해야 한다.

그림 7-25는 0.45%C 탄소강제 클램프의 아연 도금한 경우와 도금층을 제거한 경우의 부식의 진행 양상을 비교한 사진으로서 아연 도금의 부식방지 효과를 잘 알 수 있다. 연구 결과에 의하면 아연도 강판의 경우 그 수명이 도장된 아연의 양에 비례하며, 75 μm 두께로도 일반적인 환경에서는 30년 정도 보호된다고 한다[31)32)].

아연 대신 89%Al-9%Si[33)]의 합금 용융액에 담가 도금하기도 하는데, 희생양극의 역할 외에 도금층 표면에 Al_2O_3 부동태 피막이 형성되는 장점도 있어서 아연 도금에 비해 내후성, 내식성 및 내열성이 우수하여 가전제품 부품, 자동차 배기계통 부품 등에 적용되고 있다. 또한 그 밖에 알루미늄과 아연의 합금을 도금하는 방법도 있다.

[2] 양극 방식법(陽極防蝕法, anodic protection)

양극방식법은 부식 생성물이 내식성이 우수한 피막의 형태로 나타난 때 적용한다. Al 합금의 경우 황산이나 크롬산의 수용액으로 된 전해액 중에서 Al을 (+)극, Pb를 (-)극으로 하여 적당한 양의 전류를 통과시켜 산화시킨 다음 고압증기로 가열하여, 표면에 강하고 치밀한 산화피막이 형성되게 하여 부식을 방지한다. 이것을 **양극산화법**(陽極酸化法, anodizing)이라 하는데, 처리시 전해질 중에 적당한 이온을 도입하으로써 적절한 색깔을 낼 수 있으며, Ti, Ta, Mg 합금 등에도 적용할 수 있다. 스테인리스강의 경우도 제 7-1절에 기술한 바와 같이 Cr 산화피막의 형성(부동태)에 의해 부식을 방지하므로 일종의 양극방식법에 속한다.

[3] 피복법

금속의 표면에 내식성이 큰 재질을 피복함으로써 금속이 외부 환경과 반응하지 못하게 하는 방법이며, 피복재로는 내식성 금속재료, 폴리머재료, 세라믹재료가 사용된다.

피복재에 의해 금속의 부식을 방지하는 방법으로 가장 널리 사용되는 것은 내식성이 더 우수한 금속을 **도금**(鍍金)하는 것이다. 이 경우 내마모성(Ni, Cr), 전기전도도(Ag, Cu), 납땜성(Ag, Cu, Sn, Cd), 변색에 대한 저항성(Cr, Rd) 등을 향상시킬 수 있는 등 부수적인 효과도 얻을 수 있다. 도금은 **전기도금**(電氣鍍金)을 주로 적용하지만 용융점이 낮은 Sn, Cd, Pb, Zn 등의 경우는 이들을 녹인 용융액 중에 담가서 도금하는 **용융침지법**(鎔融浸漬法, hot-dipping)을 사용하기도 한다.

여기서 유념할 것은 과일 통조림 캔과 같이 주석(Sn)을 도금하는 것은 아연(Zn)을 도금하는 희생양극법과 부식방지 원리상 큰 차이가 있다는 점이다. 그림 7-27은 함석과 양철의 방식법을 비교한 것으로서 전자는 **아연도강판**(亞鉛鍍鋼板)이며, 후자는 강철 판재에 주석을 도금한 **석도강판**(錫鍍鋼板)으로서 각종 통조림용 캔 등에 많이 사용되고 있다. 전자의 경우는 그림 (a)에서 보는 바와 같이 유전서열이 철보다 낮은 금속인 아연이 희생양극의 역할을 한다. 이 경우 아연 층에 흠집이 나더라도 계속 희생양극으로서의 작용을 유지하므로 부식방지 효과는 계속된다. 반면에 후자의 경우는 주석이 내식성이 뛰어나 그 층이 완벽한 경우는 철판을 잘 보호하지만 일단 흠집이 나면 그림 (b)에서 표시한 바와 같이 철판(Fe)이 양극이 됨으로써 오히려 부식이 촉진된다.

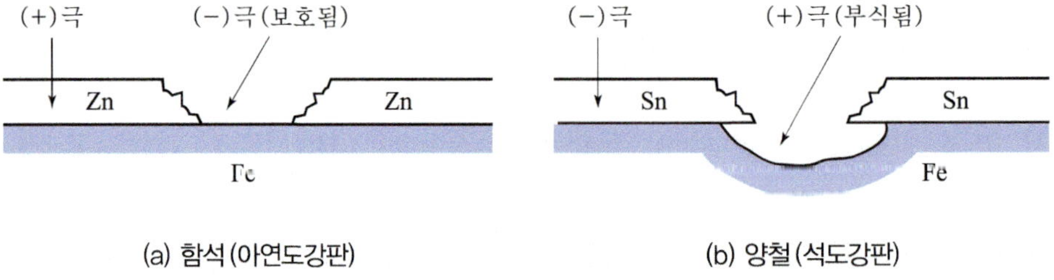

[그림 7-27] 함석과 양철의 부식방지 원리 비교. (a) 희생양극법, (b) 피복법(도금)

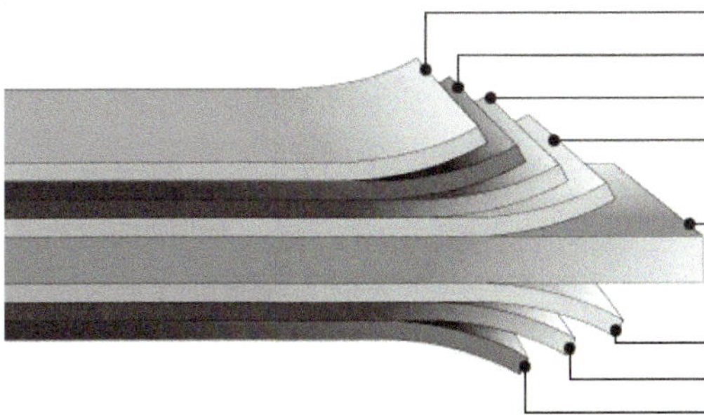

[그림 7-28] 조립식 패널의 표면처리

그 밖에 강재를 인산용액에 담가 표면에 인산염 피막이 생성되게 함으로써 더 이상의 부식을 방지하는 **패커라이징**(parkerizing)과 금속의 표면에 내식성 금속 판재를 덧붙이는 **클래딩**(cladding), 그리고 금속재료의 표면 부위에 내식성 원소의 원자를 확산침투시키는 **금속침투법**(cementation)도 피복법의 일종이라 할 수 있다. 클래딩의 대표적인 사례로는 고강도 Al합금에 내식성 Al 합금판을 외부에 접합한 Al 클래드(그림 12-10 참고)와, 강재에 스테인리스강을 접합한 클래드 강이 실용되고 있다. 금속침투법의 대표적인 것으로는 Cr을 침투시키는 **크로마이징**(chromizing)이 있다.

또 **크로메이팅**(chromating)은 크롬산 또는 중크롬산염을 주성분으로 하는 용액 중에 담가 함수산화크롬의 방청 피막을 생성되도록 하는 방법으로서, 알루미늄, 마그네슘, 아연 등의 합금에 적용하며, 특유의 색상과 광택을 낼 수 있다. 이 방법을 아연 도금 제품에 적용하면 내식성과 도료의 밀착성이 향상되므로 자동차용 강판의 제조에도 적용하고 있다.

플라스틱을 피복하는 방법도 많이 사용되고 있는데, **페인팅**은 가장 기초적이고 가장 널리 사용되고 있는 부식방지법의 하나이며, 육류 통조림 캔에는 에폭시 수지를 피복하기도 하며, 자동차 차제중 헤밍(hemming)부*[6]나 접합부 등 부식이 일어나기 쉬운 부분은 PVC 고무를 도포하여 밀폐한다. 세라믹 재료 피복의 사례로는 **법랑**(琺瑯, enamel) 제품이 있으며, 고온용 경우는 산화를 방지하기 위하여 **용사법**(熔射法 ; 제 9.2.4절 참고)에 의해 금속의 표면에 세라믹 재료를 용융 분사하여 피복하기도 한다.

[4] 부식 억제제(腐蝕抑制劑, inhibitor)

부식 억제제는 부식성 용액에 소량 첨가하여 용기 금속의 부식 속도를 느리게 하는 약제를 말한다. 부식억제제의 종류는 대단히 다양하며[34], 성분, 조성 등이 공개되지 않은 것들이

6) 헤밍(hemming) : 판재의 가장자리를 180°접는 가공

많은데, 크게 무기 화합물과 유기 화합물로 나눌 수 있다. 전자는 중성의 수용액 속에 주로 사용하는데, 금속 표면에 얇은 산화 피막을 형성(부동태)하여 부식을 방지하며, 크롬산염, 아질산염, 인산염 등이 있다. 후자는 금속 표면에 흡착하여 부식액을 차단하는 역할을 하며, 나프토키놀린, 올레인산 소다 등이 있다.

[5] 설계 변경

각종 금속 구조물은 설계 단계에서부터 부식을 적절히 감안해야 부식으로 인해 발생할 수 있는 각종 문제를 최소화할 수 있다. 이 경우 다음과 같은 사항에 유의해야 한다.

① 습기가 남아있게 되는 틈새나 코너부 피해야 하며, 적절한 통풍이나 배수 방안이 마련되어야 한다.

② 세척이나 청소하기가 쉬워야 한다.

③ 용접이 연속적으로 되지 못한 연결부는 반드시 방수도료나 함침 테이프로 밀폐되어야 한다.

④ 유전서열상 부식이 일어나기 쉬운 금속끼리 연결하는 경우는 절연을 하거나, 껏이 어려울 때는 고강도 에폭시 본드를 사용하는 것을 고려해 보아야 한다.

예를 들어 그림 7-29의 (a)와 같이 틈새부식이 우려되는 경우는 그림 (b)와 같이 용접을 하는 것이 바람직하며, 그림 (c)와 같이 유전부식이 우려되는 경우는 플라스틱, 고무 등으로 슬리브, 와셔, 부싱 등을 만들어 절연함으로써 방지할 수 있다. 그리고 판재와 볼트 또는 리벳과의 접촉부위에 크롬산 아연을 도포한 다음 알루미늄 페인트를 도포하는 방법도 있다.

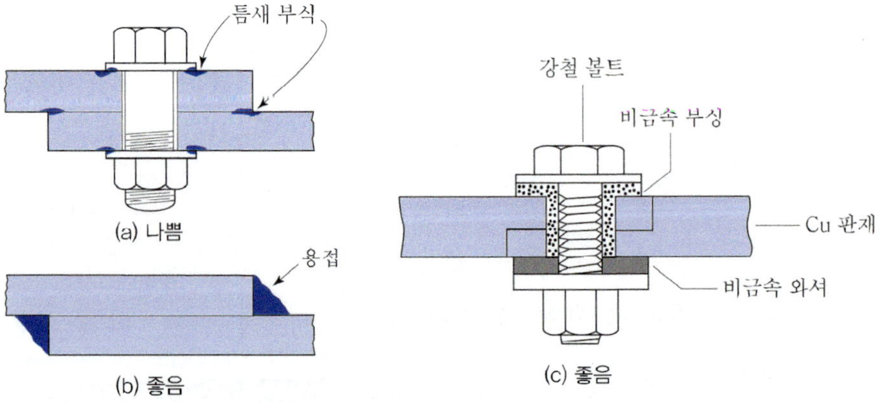

[그림 7-29] 설계개선에 의한 부식방지 사례. 틈새를 없애거나 절연을 함

한편 미 해군의 경우 평소에 잘 사용하지 않는 예비 함정의 내부 설비에 대한 부식 방지책으로서 제습 설비를 설치하여 내부 공기의 습도를 40% 이하로 유지하는 방법을 사용하고 있다. 제습에는 실리카 겔(silica gel)을 사용하며, 어느 한도 이상 흡습되면 자동으로 탈수되도록 장치되어 있다. 이와 같은 원리는 1986년 폭발 사고가 난 체르노빌 원자로의 방사능 유출 방지를 위한 봉합시설내의 각종 설비에도 응용되고 있다.

그림 7-30는 각종 구조물에 있어서의 부식 방지를 위한 설계개선 방안을 예시한 것이다.

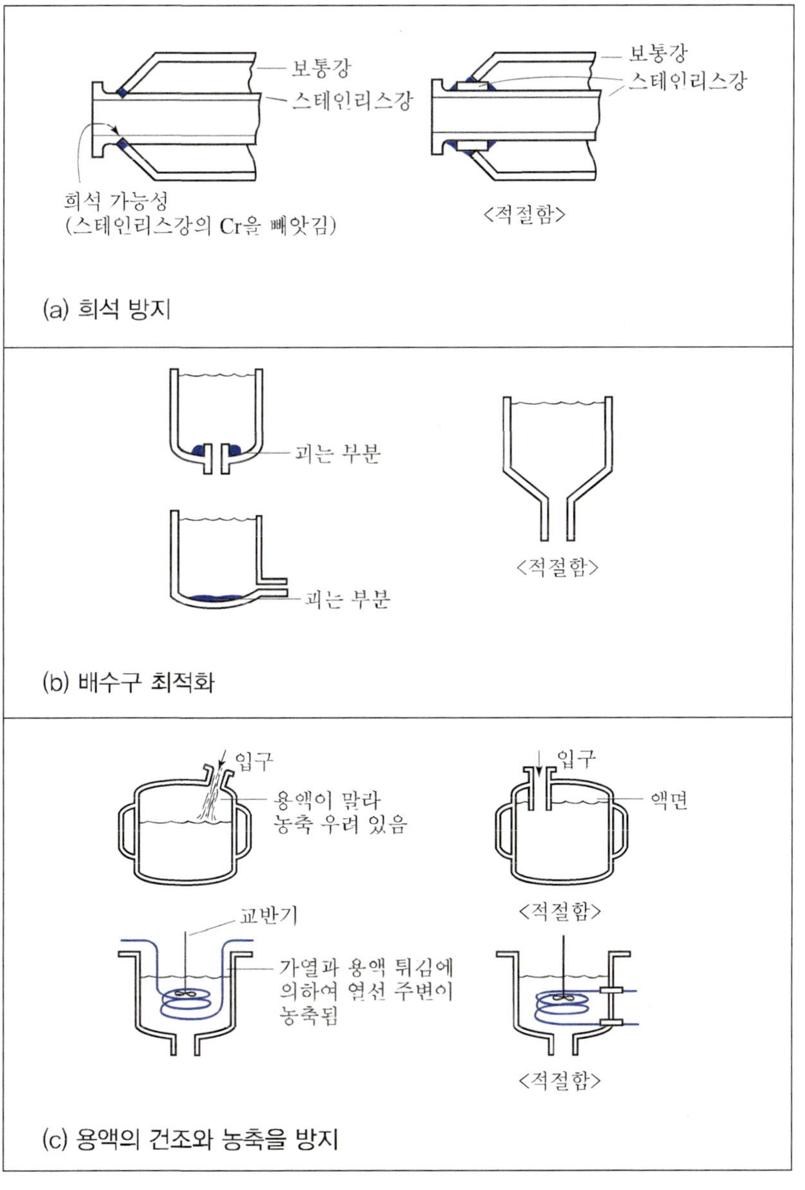

[그림 7-30] 부식방지를 위한 설계 개선 사례

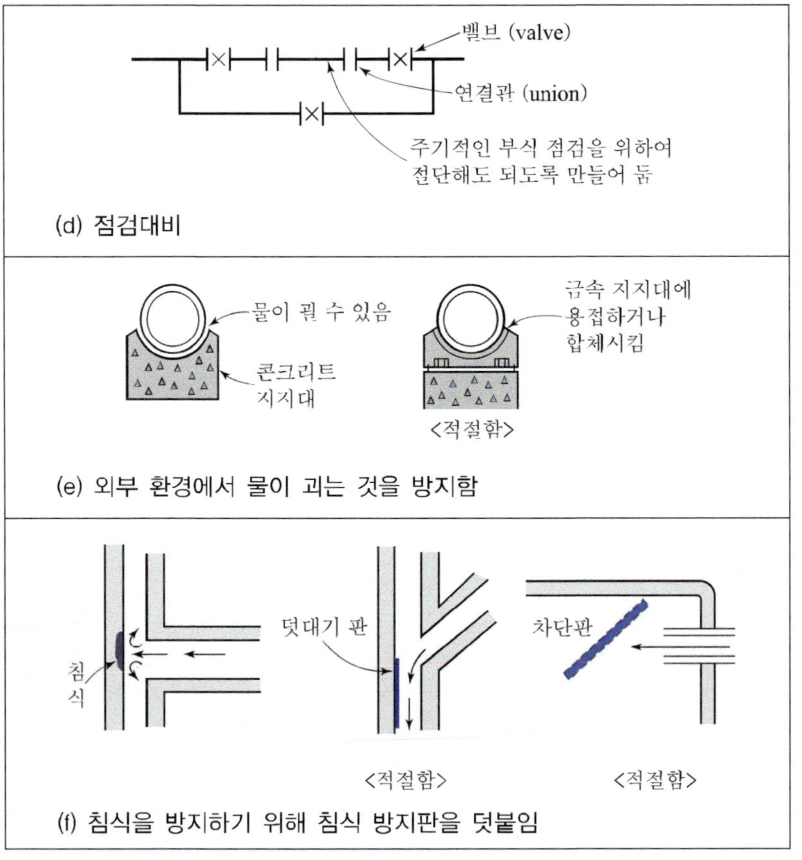

[그림 7-30] 부식방지를 위한 설계 개선 사례 (계속)

[6] 재질의 개선

기계기구의 설계시 가급적이면 내식성이 좋은 재료를 사용하는 것이 바람직하며, 이것이 불가능할 때는 내식처리를 하는 것이 좋다. 부식성 분위기에서 사용하는 기기의 경우는 가급적 고순도의 재료를 사용함으로써 부식의 가능성을 줄일 수 있다. 반면에 보통 강재에 Cr, 스테인리스강에 Mo, Cu 합금에는 Mn이나 Al, 그리고 Al에는 Mg을 첨가하면 내식성이 향상된다. 그밖에 응력부식은 황동의 경우는 Zn을 20% 이하로 제한하면 방지할 수 있으며, 잔류응력에 의한 것은 응력제거 풀림처리하여 방지할 수 있다. 오스테나이트계 스테인리스강의 입간균열은 탄소량을 0.03% 이하로 적게 하거나 Ti, Nb 등의 탄소와의 친화력이 큰 원소를 첨가하여 안정화하거나, 용체화처리에 의해 방지할 수 있다(제 10.5.2 절 참고).

[표 7-5] 부식 방지법의 유형과 사례

유 형	종 류	내 용	사 례
음극방식법 (유전방식)	외부전류 인가법	외부로부터 전류를 흘려 (-)극으로	대형 수도관
	희생양극법	유전서열이 더 낮은 금속(희생양극)과 연결하여 -극으로	아연도강판(함석), 볼트 너트, 선박, 지하 구조물
양극방식법	양극산화법	산화성 분위기중에서 재료를 (+)극으로 하여 내식성 산화피막 생성	Al, Mg, Zn 합금 등
	부동태	자체 또는 합금 성분에 의해 보호피막이 생성 더 이상의 부식을 방지	스테인리스강, Ti, Cu 등
피복법	도금	내식성 금속 피막을 입힘	석도강판(Sn), Cr도금, 수도 꼭지
	크로메이팅	함수산크롬 방청 피막이 생성되게 함	Mg, Zn 합금, 아연도 강판
	폴리머	폴리머 피막을 입힘	페인팅, 햄 캔(에폭시 코팅), 수도관(PVC 코팅)
	세라믹	세라믹 피막을 입힘	에나멜
	클래딩	외면에 내식성 판재를 접합	Al 클래드, 클래드강
	금속침투법	내식성 금속원소를 확산침투시켜 표면에 내식층을 생성시킴	크로마이징(Cr), 붕화법 (B)
	부식억제제	분위기중에 억제제를 첨가하여 재료표면이 부동태 상태가 되게 함	자동차 냉각수
재질/설계 개선	설계변경	공기 습도를 40% 이하로 유지할 수 있도록 제습 장치 설치	미 해군 예비 함정의 관리, 체르노빌 원자로 봉합 시설
		부식이 일어나기 쉬운 구조를 개선함	그림 7-30 참조
	재질 변경	내식성이 좋은 재질로 재료 또는 공정 설계를 변경함	합금, 응력제거풀림, 용체화처리

7-5 산화와 탈탄

산화(酸化, oxidation)는 앞에서 언급한 바와 같이 전자를 잃는 모든 화학반응을 일컫는 말이지만 일반적인 의미로는 산소와 반응하여 산화물을 생성하는 것을 말한다. 산화는 화학적 부식의 일종으로서 어느 온도에서나 일어날 수 있지만 고온에서는 그 속도가 대단히 빨라지므로 특히 중요하다.

그러나 실제의 산화반응은 생성된 산화물에 의해 금속과 외기와의 접촉이 어렵게 되는 정도에 따라 크게 다르다. 만일 산화물 층이 생성될 때 부피가 감소된다면 다공질이 되어 산화반응은 계속적으로 진행되며, 생성된 산화물층이 떨어져 나가는 경우도 이와 마찬가지이다. 이렇게 산화물이 보호적이 아닐 때는 산화물층의 두께는

$$x = k't \tag{7.4}$$

와 같이 시간에 비례하여 직선적인 관계로 성장한다. 이러한 빠른 산화는 Li, Na 등의 알칼리 금속이나 Mg, Ca와 같은 알칼리 토금속류에서 흔히 나타난다.

반면에 산화막이 보호적일 경우에는 반응이 계속되기 위해서는 금속 원자가 산화물층을 통과하여 바깥쪽으로 확산되거나, 산소가 내부 쪽으로 확산되어 들어가야 하므로 산화물층의 성장속도는 산화물층 내의 금속 또는 산소 이온의 확산속도에 의하여 지배된다.

그림 7-31은 철(Fe)의 산화물 형성과정을 표시한 것으로서 고온에서는 산소 분자는 우선적으로 다음과 같은 반응이 진행된다.

$$2Fe + O_2 \rightarrow 2Fe^{2+} + 2O^{2-} \rightarrow 2FeO \tag{7.5}$$

이때 Fe^{2+} 이온이 외부방향으로 확산되는 속도가 산소가 내부쪽으로 확산되는 속도보다 크기 때문에 반응은 산화물층과 공기와의 계면에서 이루어진다. 따라서 산화물층의 두께는 바깥쪽으로 성장하면서 두꺼워지며 Fe^{2+} 이온은 곧 Fe^{3+} 이온으로 변화한다. 이상과 같은 과정은 산화물층의 두께가 두꺼워지면 반응이 점차 어려워진다. 따라서 산화물층의 두께는 시간의 제곱근에 비례하여

$$x = k\sqrt{t} \tag{7.6}$$

로 표시되며, 산화층의 두께는 시간과 포물선적인 관계를 갖게 된다(그림 7-33).

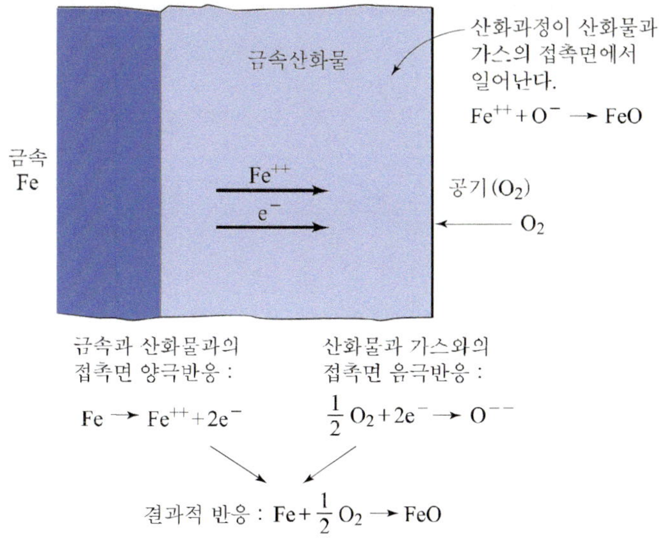

[그림 7-31] 철 산화물의 생성 기구

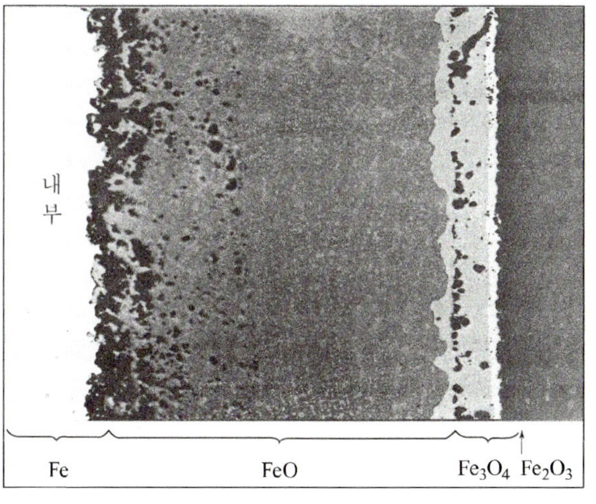

[그림 7-32] 고온에서 공기 중에 노출된 철에 발생된 철 산화물층[35)].

한편 알루미늄은 철에 비해 대단히 산화되기가 쉽다. 그러나 치밀한 산화물층이 더 이상의 산화를 거의 저지한다(즉, 식 (7.6)에서 k값이 극히 작다.). 이것은 Al^{3+} 및 O^{2-} 이온이 대단히 견고하게 결합되어 있어서 Al 이온이 산화물 층을 통해 쉽사리 확산할 수가 없으며, 또한 산화물과 금속표면이 대단히 강하게 결합되어 있기 때문이다. 따라서 비록 산화물층은 얇게 형성되지만 더 이상의 산화를 방지하는데는 대단히 효과적이다.

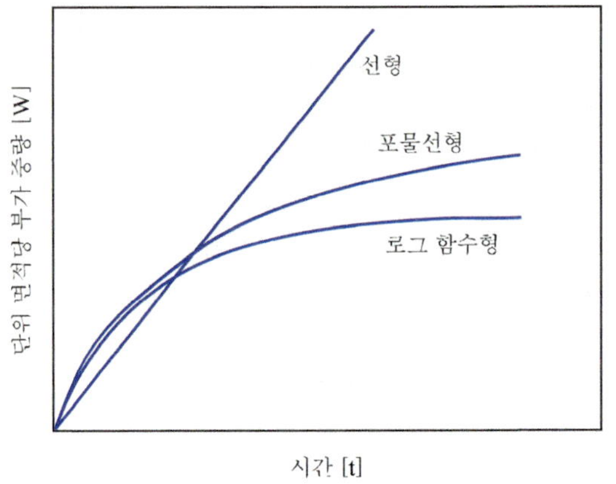

[그림 7-33] 산화물층(면적당 중량 증가)의 생성속도 특성 곡선

스테인리스강의 경우는 앞에서 언급한 바와 같이 부동태를 형성함으로써 액체 전해질 중에서의 내식성이 뛰어나며, 같은 이유로 산화성 가스 분위기 중에서 우수한 내산화성을 갖는다. 따라서 스테인리스강은 내열강의 기반 재질로 사용된다. 제 5.4절에 기술한 **내부 산화**에 의한 강화법은 금속의 산화를 긍정적인 측면으로 활용하는 것이라 할 수 있다.

한편 탄소강의 경우는 탄소가 우선 산화되어 **탈탄**(脫炭, decarburization)이 일어난다.

$$2C + O_2 \rightarrow 2CO \uparrow \tag{7.7}$$

이 과정에서는 탄소가 강재의 내부로 부터 외부로 확산되어 기체로서 사라지므로 산화물층에 의해 방해받지 않으며, 만일 탄소의 확산속도가 탈탄속도보다 느린 조건이라면 Fe의 산화반응이 일어나게 될 것이다. 탈탄이 일어난 강재의 표면에는 그림 7-34에 표시된 바와 같이 탈탄 영역이 형성되어 표면경도와 피로강도가 크게 저하된다. 그리고 탈탄은 탄소량이 많을수록 잘 일어나므로 금형, 공구 등 고탄소 강재의 열처리시에는 특히 유의해야 한다.

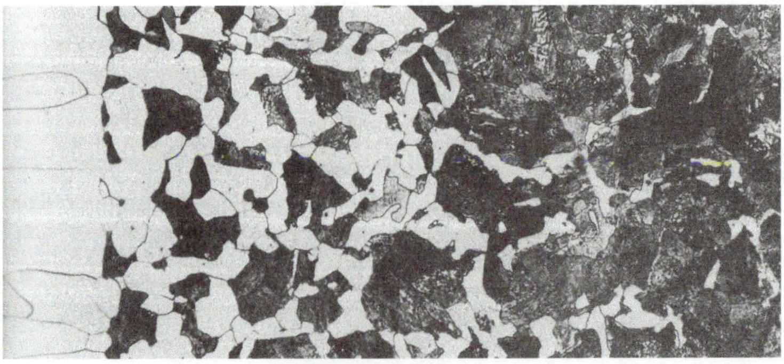

[그림 7-34] 탄소강의 탈탄 조직[36]. 1.0%C 탄소강을 습한 수소중에서 925℃에서 1시간 탈탄처리

참고문헌

1) Corrosion Costs and Prevention Strategies in the United States, reported by CC Technologies Laboratories Inc., 2001. 9.

2) Photo by Robert Nicholas, Black Star

3) E. D. During, Corrosion of Illustrated Case Histories, Elsevier, Amsterdam, (1988) (Elsevier로 부터 게재 허가를 득함)

4) F. L. Le Que. "Introduction to Corrosion", National Association of Corrosion Engineers, Houston, Texas, 1970, p.2.7.

5) Kenneth G. Budinski, Engineering Materials, 3rd ed., 1989, p.354, Prentice-Hall

6) 태창금속(주) 제공

7) The International Nickel Company, Inc

8) H. H. Uhligh and R. W. Revie, Corrosion and Corrosion Control, 3rd ed., p.12, 1985, John Wiley and Sons, Inc.

9) M. G. Fontana and N. D. Greene, Corrosion Engineering, 2nd ed., p.43, 1978, McGraw-Hill Inc.

10) LaQue Center for Corrosion Technology, Inc

11) Photo by Carlos Delgado, © CC-BY-SA-4.0, via www.wikimediacommons.org

12) Photo by Lipari56, © CC-BY-SA-4.0, via www.wikimediacommons.org

13) 西沢澤泰二, 佐久間健人(編), 金屬工學シリズ9, 金屬組織寫眞集鐵鋼材料篇, 日本金屬學會, p.57 (1979) (일본금속학회의 게재 허가를 득함)

14) Photo by Antkyr, © CC-By-SA-3.0, via www.wikimediacommoms.org

15) Photo by Eisenbeisser, © CC-BY-SA-3.0, via www.wikimediacommons.org

16) https://commons.wikimedia.org, public domain 부분

17) M. G. Fontana and N. D. Greene, Corrosion Engineering, 2nd ed., p.79, 1978, McGraw-Hill Inc.

18) M. G. Fontana and N. D. Greene, Corrosion Engineering, 2nd ed., p.84, 1978, McGraw-Hill Inc.

19) E. D. During, Corrosion Atlas: A Collection of Illustrated Case Histories, 1988, Elsevier, Amsterdam (Elsevier로 부터 게재 허가를 득함)

20) Metals Handbook, 9th ed., vol.13, p.613, 1987 American Society for Metals, Metals Park, Ohio(ASM International의 게재 허가를 득함)

21) Metals Handbook, 9th ed., vol.13, p.1071, 1987 American Society for Metals, Metals Park, Ohio(ASM International의 게재 허가를 득함)

22) R. A. Flinn and P. K. Trojan, Engineering Materials and Their Applications, 4th ed., 1990, p.S-28, Houghton Mifflin Company, Boston

23) Ambat, Rajan; Dwarakadasa, "Effect of Hydrogen in aluminium and aluminium alloys: A review", Bulletin of Materials Science(Springer India) 19(1), pp.103-1114, Feb. 1996

24) Eberhart, Mark. "Why Things Break". p. 65, 2003, Harmony Books, New York. ISBN 1-4000-4760-9.

25) M. G. Fontana and N. D. Greene, Corrosion Engineering, 2nd ed., p.115, 1978, McGraw-Hill Inc.

26) Metals Handbook, 8th ed., vol.9, p.518, American Society for Metals, 1972(ASM International의 게재 허가를 득함)

27) Photo by CEphoto, Uwe Arenas, © CC-BY-SA-3.0, via www.wikimediacommons.org

28) https://en.wikipedia.org/wiki/Concrete_degradation

29) Photo by US Environmental Protection Agency

30) Photo by Brosen, © CC-BY-SA-3.0 migrated, via www.wikimediacommons.org

31) Metals Handbook, 9th ed., vol. 11, p.753, 1985, American Society for Metals

32) K. G. Budinski and M. K. Budinski, Engineering Materials, 6th ed., p.577, 1999, Prentice Hall Inc.

33) http://www.posco.co.kr

34) M. G. Fontana and N. D. Greene, Corrosion Engineering, 2nd ed., p.200, 1978, McGraw-Hill Inc.

35) C. T. Fuji

36) 西沢泰二, 佐久間健人(編), 金屬工學シリズ9, 金屬組織寫眞集鐵鋼材料篇, p.71 (1979) 日本金屬學會(일본 금속학회의 게재 허가를 득함)

Part

2

Introduction to Engineering Materials

근래 폴리머재료와 세라믹재료 및 복합재료의 중요도가 폭발적으로 증대해 왔지만, 그럼에도 불구하고 금속재료는 여전히 대단히 중요한 위치를 차지하고 있다. 그 중에서도 철강재료는 기계적 성질의 우수성과 경제성 및 사용량의 측면에서 독보적인 존재이다.

20세기 후반 이후는 제품의 경박단소화(輕薄短小化) 경향에 따라 비강도(比强度)가 큰 알루미늄과 티타늄 등의 중요성이 급한 속도로 증대되었다. 또한 극단적인 조건에서 사용할 수 있는 기계재료의 개발이 활성화됨에 따라 각종 희토류(RE) 금속의 활용에 의한 특이하거나 극단적인 특성을 가진 금속재료의 개발도 활발하게 진행되고 있다.

금속재료

제 8 장 탄소강의 성질과 변태

Introduction to Engineering Materials

8-1 철강의 분류

철강재료(鐵鋼材料)는 기본적으로는 Fe-C계 합금이며 그밖에 Si, Mn, P, S 등의 불순물을 함유하고 있다. 이들 불순물은 철광석 중에 함유되어 있던 것이 제련시에 충분히 제거되지 못하여 남아 있거나, 선철이나 강철의 제조시에 도입된 것이다. 철강재료의 성질은 탄소량에 의하여 가장 큰 영향을 받는다. 따라서 철강재료는 탄소의 함유량에 의하여 분류되는 것이 일반적이다.

철강재료는 그림 8-1에 표시한 바와 같이 탄소의 함량에 따라 **순철**(純鐵, pure iron), **강철**(鋼鐵, steel) 및 **주철**(鑄鐵, cast iron)의 세 가지로 나뉘는데, 각각 탄소량 0.02% 이하, 0.02-2.11%, 2.11% 이상으로서 각각 Fe-Fe_3C계 평형상태도에서 P점 이하, P~E, E점 이상에 해당한다. 이밖에 **선철**(銑鐵, pig iron)이라는 것도 있는데 선철의 탄소량의 범위는 주철과 같으나 철광석을 용광로에서 제련하여 만든 중간 생산물을 말하며, 이것을 다시 정련하여 앞의 세 가지 철강재료를 만든다. 철강재료는 탄소량 이외도 상태도, 경도, 용도 등에 따라 그림 8-1과 같이 분류된다.

순철은 탄소량이 대단히 낮은 것으로서 제조방법에 따라 여러 가지가 있는데, 용해 제조하는 것으로는 암코(Armco)철이 유일하다. 가장 많이 생산되고 있는 **강철**은 탄소량의 1.0% 이하의 것이 대부분이며, 선철을 제강로에서 정련하여 제조한다. 그리고 연성이 풍부하여

철강재료
- 순철(純鐵, pure iron) : 0.02% 이하
  - 암코철(Armco iron), 카보닐철(carbonyl iron), 수소환원철, 전해철 등 ---------- 제조법
- 강철(鋼鐵, steel) : 0.02~2.11%C
  - 저탄소강, 중탄소강(0.3~0.5%C), 고탄소강 ---------- 탄소량
  - 극연강, 연강, 반연강, 반경강, 경강, 최경강 ---------- 경도
  - 아공석강, 공석강(0.77%C), 과공석강 ---------- 상태도
  - 탄소강(보통강), 합금강(특수강) ---------- 합금 여부
  - 구조용강, 특수 목적강(공구강, 내식강, 내열강 등) ---------- 용도
- 주철(鑄鐵, cast iron) 또는 선철(銑鐵, pig iron) : 2.11~6.67%C
  - 회주철(灰鑄鐵), 얼룩주철(斑鑄鐵), 백주철(白鑄鐵) ---------- 파면의 색
  - 아공정 주철, 공정주철(4.3%C), 과공정 주철 ---------- 상태도
  - 보통주철, 특수주철(고급주철, 합금주철, 가단주철, 구상흑연 주철, 칠드 주철 등) ---------- 제조법, 조직

[그림 8-1] 철강재료의 분류

주로 열간 또는 냉간가공에 의하여 제품 또는 반제품으로 생산되며, 주조 제품의 생산량은 적은 편이다. 실용상 **보통강**과 **특수강**으로 흔히 분류되는데, 전자는 **탄소강**이라고도 하며 보통 압연상태 그대로 사용하는 일반 강재를 주로 칭한다. 그러나 최근 제조기술의 진보와 사용목적에 따라 고품질의 강재도 포함되고 있다. 그림 8-1에서 **특수강**(特殊鋼)은 일반적으로는 **합금강**과 같은 의미로 사용되지만, 최근에 개발된 제조공정이 특수한 고품질의 탄소강도 여기에 포함된다. **주철**은 2.5-4.0% C, 1.0-3.0% Si 범위의 것이 주로 생산되며, 강철에 비하여 강도와 인성이 크게 떨어지고 취성이 커서 소성가공이 불가능하나, 주조성이 뛰어나고 가격도 저렴하므로 각종 주물로서 생산되어 많이 이용되고 있다.

우리나라의 전통기술 상으로는 주철은 **무쇠***1)로, 강철은 **시우쇠***2)라 일컬었다. 예전의 기술로는 요즘과 같이 용융상태의 강철을 얻을 수가 없었기 때문에, 용융점이 낮은 무쇠를 먼저 만든 다음 산화철을 뿌려서*3) 탈탄하고, 가열 및 냉각과 단련을 반복하는 과정을 통하여 탄소량과 불순물을 저감하여 시우쇠를 제조하였다.

---

1) 한자로는 무쇠를 생철(生鐵), 시우쇠는 숙철(熟鐵)로 표시했음[1].
2) 일본책을 중심으로 시우쇠를 연철(錬鐵, wrought iron)이라 표기하기도 하나 우리나라 고유의 표현이 아니며, "단련(鍛錬)해서 만든 철"이라는 의미이므로, 탄소함량으로 분류하는 연철(軟鐵)이나 연강(軟鋼)과 혼동해서 저탄소강과 동일시하면 안 됨.
3) 이 방법을 초강법(抄鋼法)이라 함[1].

8-2 철강의 제조

제철 및 제강 공정은 그림 8-2에 표시한 바와 같이 크게 철광석으로 선철을 제조하는 **제선**(製銑), 선철을 정련하여 강철을 제조하는 **제강**(製鋼), 용융 상태의 강철을 고체 덩어리 형태로 만드는 **연속주조** 및 원하는 형태로 성형하여 제품 또는 반제품으로 만드는 **압연**의 네 과정으로 이루어진다.

철광석은 철의 산화물*4) 형태로 존재하므로 이것을 **용광로***5)(熔鑛爐, blast furnance)에서 용해 및 환원하여 **선철**로 제조한다. 용광로에는 코크스(cokes), 석회석 및 철광석을 장입하며, 이들은 노 내에서 점차 하강하면서 고온 가열 및 용해된다. 이때 철광석중 산화철은 코크스와 반응 및 환원되어 선철로 되고 돌 성분은 석회석과 반응하여 슬랙(slag)이 되어 비중 차이로 인해 선철은 용광로 맨 밑바닥에, 슬랙은 그 위에 괴어 분리된다.

제조된 선철의 대부분은 제강로에서 **강철**의 제조에 사용되고, 나머지 10-15%는 주조하여 일정한 형태의 선괴(iron ingot)로 만든 다음 **용선로**(熔銑爐, cupola)에서 재용해 및 성분 조절을 하여 **주철**로 제조된다.

강철은 선철의 탄소량을 저감하여 제조하는데, 이때 다른 불순물(특히 P와 S)의 제거와 합금성분의 조절도 함께 이루어진다. 제강은 장독 모양의 **전로**(轉爐, converter) 중에 소량의 고철과 용융상태의 선철을 장입한 다음, 위로부터 선철 속으로 순 산소를 불어넣어 탄소(C) 등의 각종 불순물을 산화시켜 정련한다. 이때 C, P, Si, Mn 등의 산화열이 많이 발생하므로 따로 가열할 필요가 없으며, 제강시간이 짧고 시설비 및 생산비가 저렴한 장점이 있다. 용광로 및 제철공장이 없어서 용융상태의 선철을 얻을 수 없거나 고철을 용해하여 제강하는 경우에는 **전기로**(주로 arc로)를 사용한다. 한편 POSCO는 탄소중립을 위해 2050년까지 수소환원제철을 상용화할 계획이며, 이 경우는 용광로와 전로 대신 전기로를 사용한다.

제강로에서 나온 강철 쇳물은 쇳물받이(ladle)에 받은 후 **연속주조**하여 액상에서 바로 강편(鋼片)으로 제조된다. 이 공정에서는 단면이 정사각형에 가깝고 두툼한 형태의 **블룸**(bloom), 보다 가늘고 긴 **빌렛**(billet), 편평하고 넓은 **슬랩**(slab)의 세 가지 형태로 얻어진다. 이들 강편은 일부는 그대로 대형 단조품 제조에 사용되기도 하나 대부분은 다시 압연하여 선재, 봉재, 판재, 관, 형강 등의 다양한 형태의 제품으로 만들어진다.

---

4) Fe_2O_3(적철광), Fe_3O_4(자철광), $Fe_2O_3 \cdot n(H_2O)$(갈철광), $FeCO_3$(능철광) 등

5) 고로(高爐)라고도 함.

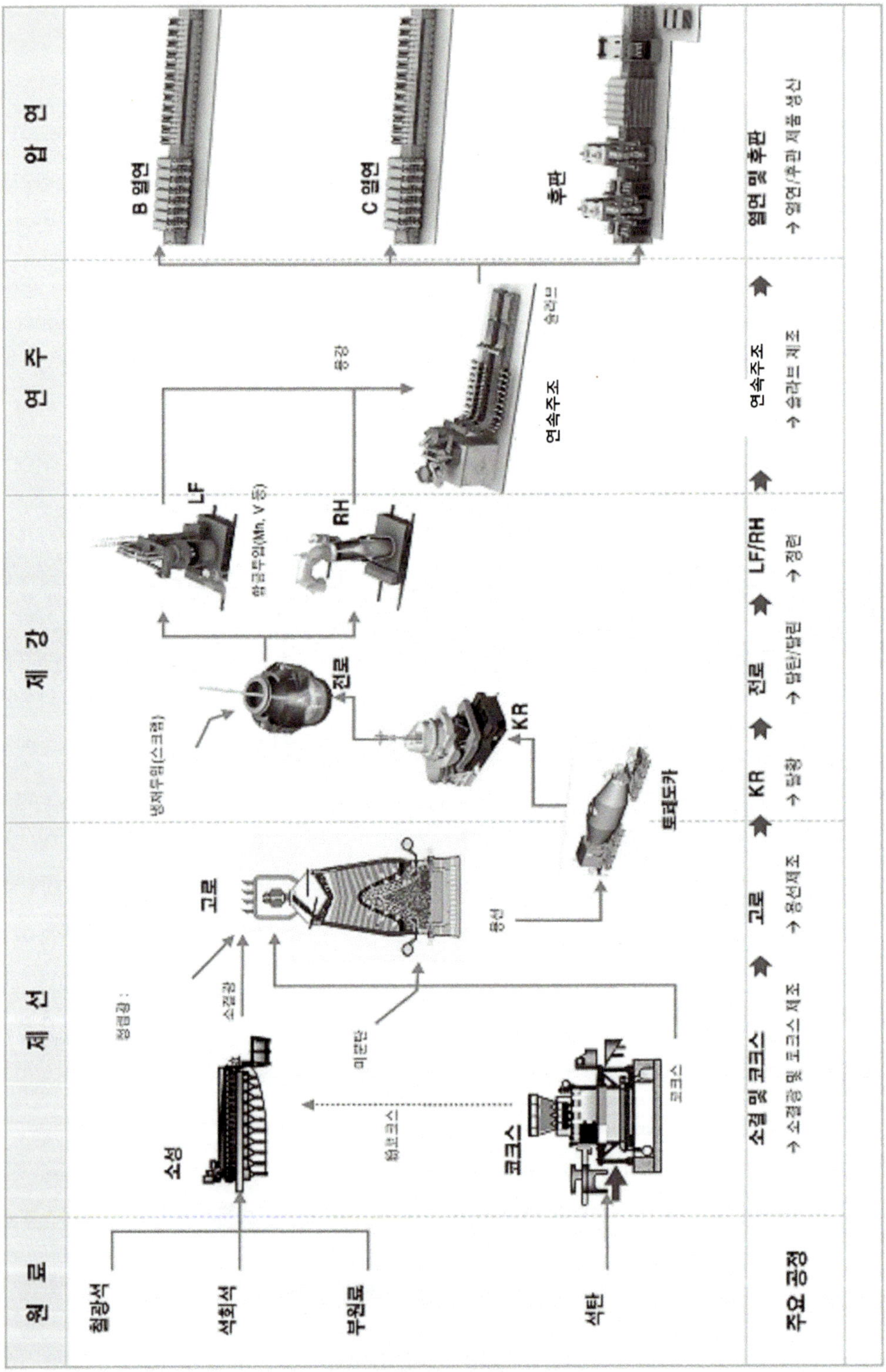

* KR:Kanbara Reactor(기계식 교반기) * LF:Ladle Furnace(합금투입) * RH:Ruhrstahl-Heraeus(진공 탈가스 설비)

[그림 8-2] 철강의 제조 공정[2)]

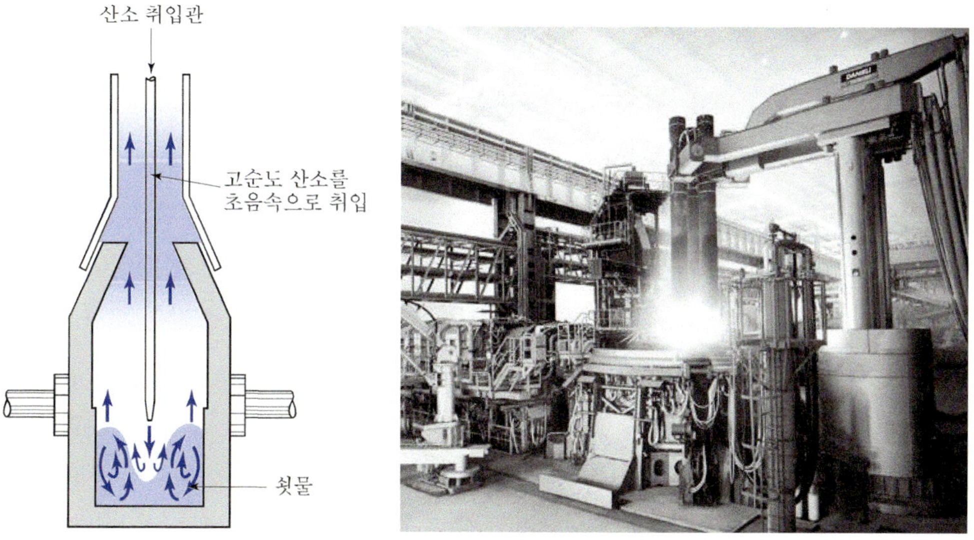

(a) 전로제강법

(b) 전기로(Arc로) 제강법[3]

[그림 8-3] 전로 및 전기로 제강법

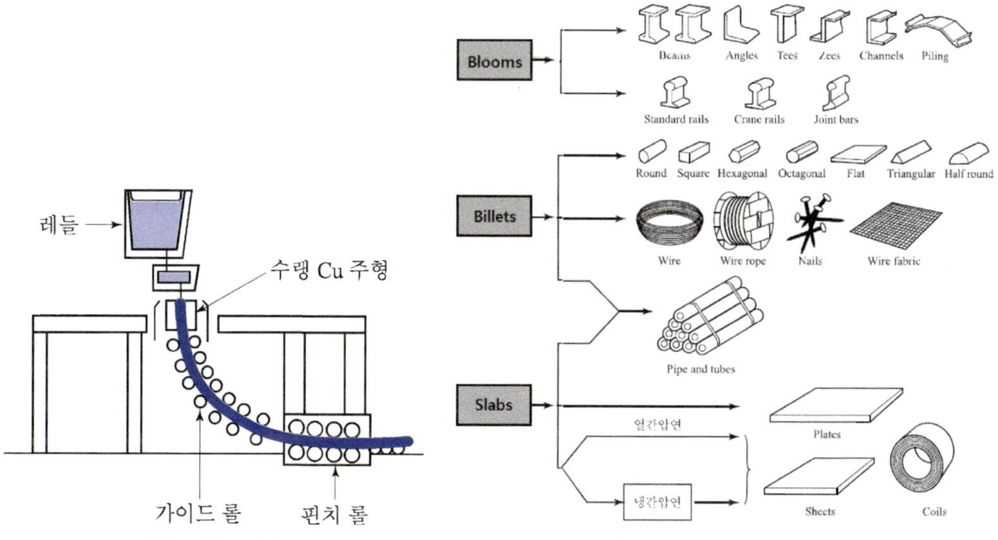

(a) 연속주조법

(b) 제조된 각종 반제품들

[그림 8-4] 연속 주조법과 강편으로부터 제조되는 각종 반제품들

8-3 순철(純鐵)

공업적으로 이용되는 순철에는 그 제조법에 따라 암코철(Armco iron), 수소 환원철, 전해철(電解鐵), 카보닐철(carbonyl iron) 등이 있으며, 그 성분 및 기계적 성질의 예를 표 8-2에 나타내었다. 순철은 연하고 약하므로 구조용으로는 잘 사용되지 않으나, 투자율(透磁率)이 높고 잔류 자기, 항자력(抗磁力)이 작으므로 각종 전기기구의 철심(core), 자극(磁極) 등과 각종 연구 목적으로 주로 사용된다. 순철의 주요 물리적 성질과 기계적 성질은 표 8-1 및 표 8-2와 같다.

순철에는 α철, γ철 및 δ철의 세 가지 동소체가 있으며, 이들은 각각 페라이트, 오스테나이트 및 δ철이라 일컬어진다. 상온 조직인 페라이트는 체심입방격자이지만 가열하여 912℃가 되면 **동소변태**를 일으켜 면심입방격자인 오스테나이트로 바뀌며(A_3 변태), 온도가 더욱 상승하여 1394℃가 되면 다시 체심입방격자인 δ철로 변화(A_4 변태)한다. 또한 순철은 상온에서는 **강자성체**(强磁性體, ferromagnetism)이지만 770℃ 이상이 되면 **상자성체**(常磁性體 ; paramagnetism)로 변하는데, 이러한 순철의 **자기변태**를 A_2 변태라 한다.

[표 8-1] 순철의 물리적 성질

원자번호	26	원자량	55.847
밀도	7.874 (20℃)	융점	1538℃
비열	0.106 cal/g.deg (20℃)	열팽창계수	12.1×10-6°/C (0-100℃)
비전기 저항	9.7$\mu\Omega$·cm (20℃)	열전도도	0.175cal/cm·deg (20℃)

[표 8-2] 공업용 순철의 조성 및 기계적 성질

항목 / 종류	화학조성[%]					기계적 성실					비고
	C	Si	Mn	P	S	항복강도 [kgf/mm^2]	인장강도 [kgf/mm^2]	연율 [%]	단면수축률 [%]	경도 [HB]	
암코철	0.012	흔적량	0.017	0.005	0.0025	13.4	27.1	43-48	70-77	67	용해제조
전해철	0.006	0.005	-	0.005	0.004	7-14	24-28	40-60	70-90	45-90	
카보닐철	0.00016	-	-	-	-	11-17	20-28	30-40	70-80	60-80	
수소환원철	0.005	0.0012	0.028	0.004	0.003						

한편 동소변태는 실제에 있어서는 다른 변태와 마찬가지로 평형온도에서는 진행되지 못하므로 실제상으로 변태가 일어나는 온도는 앞서 언급한 평형온도보다 다소 더 높거나 낮게 된다. 이를 구분하기 위하여 가열시의 변태에는 c(chauffage ; 가열)를 덧붙여 A_{c3}, A_{c4} 등으로 표시하고 냉각시의 변태에는 r(refroidissement ; 냉각)을 덧붙여 A_{r3}, A_{r4} 등으로 나타낸다.

$$\alpha\text{철 (bcc)} \underset{A_{r3}\ \text{변태 (912℃)}}{\overset{A_{c3}\ \text{변태}}{\rightleftarrows}} \gamma\text{철 (fcc)} \underset{A_{r4}\ \text{변태 (1394℃)}}{\overset{A_{c4}\ \text{변태}}{\rightleftarrows}} \delta\text{철 (bcc)}$$

8-4 탄소강의 조직

철강재료의 합금원소 중 가장 중요한 것은 탄소이며, 따라서 철강재료는 기본적으로는 Fe-C계의 합금이다. 그러므로 철강재료에 있어서는 탄소의 함량이나 거동이 조직이나 성질에 미치는 영향이 대단히 크다.

[표 8-3] 철-탄소계 합금의 조직

명칭	표시	내용	탄소량	성질
페라이트 (ferrite)	α	고용체, bcc	~0.02%	연성大, 강자성체
오스테나이트 (austenite)	γ	고용체, fcc	~2.11%	연성, 인성大, 상자성체
시멘타이트 (cementite)	Fe_3C	금속간 화합물	6.67%	경도, 취성大, 강자성체
펄라이트 (pearlite)	$\alpha + Fe_3C$	공석조직	0.77%	인장강도大
레데뷰라이트 (ledeburite)	pearlite + Fe_3C	공정조직	4.30%	경도, 취성大, 내마모성大 백주철에만 나타남
흑　연	C	유리탄소	100%	회주철에만 나타남

철강재료 중의 탄소는 어느 한도까지는 우선적으로 Fe 중에 고용되지만, 고용한도를 초과하는 탄소는 철과의 화합하여 Fe_3C 등의 탄화물을 형성하거나 또는 유리(遊離, free) 상태의 흑연으로 나타난다. 이 때 C, Si의 함량이 적거나 냉각속도가 빠르면 Fe_3C로 나타나며, 그 반대의 경우는 흑연이 생성되기가 쉽다. 따라서 주철의 경우는 냉각속도를 아주 빠르게 하지 않는 한 일반적으로 흑연이 나타나며, 이 경우는 Fe-C계 상태도가 필요하다. 그러나 강철의 경우는 탄소가 Fe_3C의 형태로 나타나므로 Fe-Fe_3C계 상태도가 유용하다. Fe-Fe_3C계 상태도에 대해서는 제 2 장에서 언급한 바 있으므로 참고(그림 2-10)하기 바라며, Fe-C계 합금에서 나타나는 조직과 그 성질은 표 8-3과 같다.

페라이트는 철에 탄소가 0.02% 이하 함유된 고용체로서 체심입방격자를 이루며, 강도는 그다지 크지 않으나 연성이 좋다. 그리고 770℃ 이하에서는 강자성체이며 밀도는 7.88 gr/cm^3이다. 이 조직은 열처리해도 강화되지 않으므로 순철 등 페라이트 조직의 각종 철강재료는 담금질하지 않는다. **오스테나이트**는 면심입방격자의 고용체로서 연성과 인성이 크다. 탄소강의 경우는 상온에서는 나타나지 않으나 합금강의 경우는 상온에서도 흔히 관찰되며, 상자성체이므로 비자성 재료로서 이용할 수 있다. **시멘타이트**는 금속간 화합물로서 경도가 대단히 커서 철강재료의 강도, 경도 및 내마모성을 높여주는 역할을 하나, 반면에 취성을 크게 한다. 시멘타이트는 준안정 조직이므로 고온에서 장시간 가열하면 α와 흑연으로 분해된다.

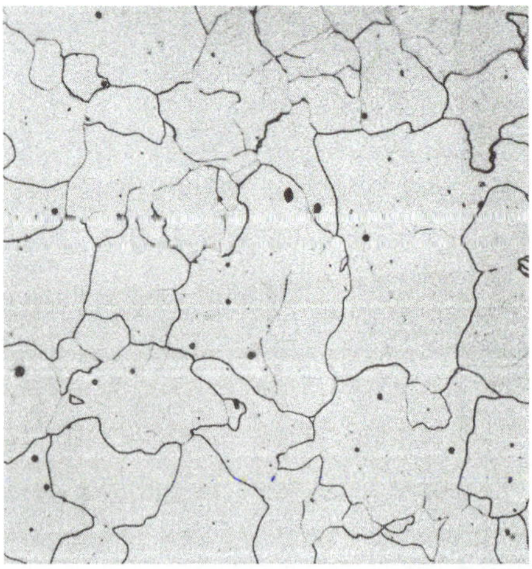

(a) 페라이트

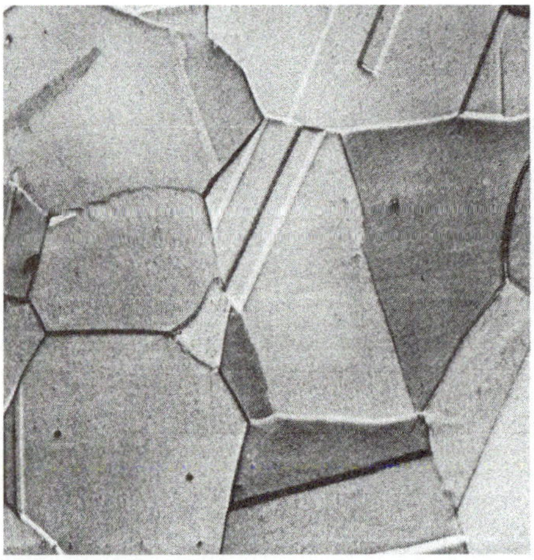

(b) 오스테나이트

[그림 8-5] 페라이트(a) 및 오스테나이트(b)의 현미경 조직사진[4)]

8.4.1 탄소강의 표준조직

금속재료의 현미경조직은 냉각속도에 따라 많은 차이가 있다. 따라서 어떤 합금의 성분이나 성질과 조직을 비교하기 위해서는 조직을 표준상태로 만들 필요가 있다. 이러한 **표준조직**은 변태점 이상으로 가열한 강재를 공기 중에서 냉각할 때 얻어지는 것을 기준으로 하며, 이것을 목적으로 하는 열처리를 **표준화처리**(標準化處理, normalizing)라 한다.

탄소강은 탄소량이 Fe-Fe_3C 상태도(그림 2-12)상의 *P*점(0.02% C)과 *E*점(2.11% C) 사이에 해당하며, 따라서 모든 탄소강은 냉각도중 반드시 100% 오스테나이트 구간을 지나게 된다. 이 오스테나이트는 냉각이 진행됨에 따라 아공석강의 경우는 A_3선을 따라 탄소량이 증가하고 과공석강의 경우는 A_{cm}선을 따라 감소하여, 727℃가 되면 탄소량이 0.77%가 됨과 동시에 **공석변태**(共析變態)를 일으킨다. 즉,

$$\gamma \rightarrow \alpha + Fe_3C \tag{8.1}$$

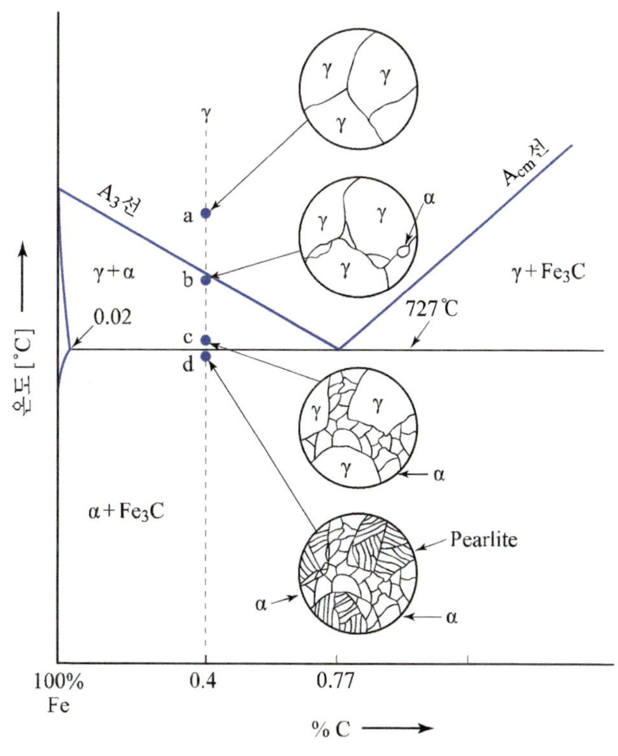

[그림 8-6] 아공석강의 조직 변태과정

8

공석변태는 A_1 **변태**라고도 하며, 이 과정에서 그림 2-13에서 본 바와 같이 페라이트와 시멘타이트의 층상 혼합조직인 펄라이트 조직이 석출한다. 이 펄라이트의 생성 및 성장 과정(탄소량과 결정격자의 변화)에 대해서는 제 5-6절에 기술한 바 있다. 이와 같이 표준상태에서 탄소량 0.77%인 공석강은 오스테나이트의 공석변태에 의하여 생성된 페라이트와 시멘타이트의 기계적 혼합조직, 즉 펄라이트만으로 구성되어 있다.

탄소량 0.77% 이하인 아공석강의 경우는 그림 8-6에 표시한 바와 같이 냉각도중 A_3선(GS선) 상에서 오스테나이트의 결정립계 부분에 초석(初析) 페라이트가 석출하여 $\alpha+\gamma$ 조직으로 된 다음 나머지 γ 조직은 727℃에서 공석변태를 일으켜 페라이트와 펄라이트의 혼합조직으로 된다. 예를 들어 그림 8-6에 표시되어 있는 탄소량 0.43%의 경우라면 b 온도 바로 위의 A_3선상에서 페라이트 조직이 석출되기 시작하여 조직은 $\alpha+\gamma$가 되며, 온도가 내려감에 따라 페라이트의 양이 점차 많아진다. 온도가 강하되어 공석온도인 727℃가 되면 (그림 8-6에서 c점) α철의 탄소량은 0.02%, γ철의 탄소량은 0.77%이므로 이들 조직의 양의 비는

$$\alpha : \gamma\text{의 양의 비} = (0.77-0.43) : (0.43-0.02) \tag{8.2}$$

가 된다. 그리고 이때 γ철은 공석변태를 일으켜 조직은 α + 펄라이트 조직으로 되며, 변태 직후(그림 8-6에서 d점)의 α철과 펄라이트의 양의 비는 역시

$$\alpha : \text{펄라이트의 양의 비} = (0.77-0.43) : (0.43-0.02) \tag{8.3}$$

가 된다.

이와는 달리 0.77% C 이상인 과공석강의 경우는 A_{cm}선(SE선) 상에서 오스테나이트로부터 초석 시멘타이트가 석출하여 $\gamma + Fe_3C$ 조직으로 된 다음 공석변태를 일으켜 펄라이트와 그 결정립계 부분에 초석 시멘타이트가 석출해 있는 형태의 펄라이트 + Fe_3C 조직으로 된다. 이러한 과공석강의 변태 과정도 아공석강의 경우과 비슷하지만 초석 페라이트 대신 초석 시멘타이트가 먼저 석출하는 점이 다르다. 그림 8-7은 과공석강(1.18% C-0.19% Si-0.25% Mn)을 960℃로 가열한 후 705℃까지 급랭한 다음 항온 유지(제 8.6.1절 참고)하는 경우의 조직 변태 과정을 보여주는 현미경 조직 사진으로서 오스테나이트의 결정립계에 초석 시멘타이트가 먼저 생성된 다음 펄라이트가 석출 및 성장해 가는 과정이 잘 나타나 있다.

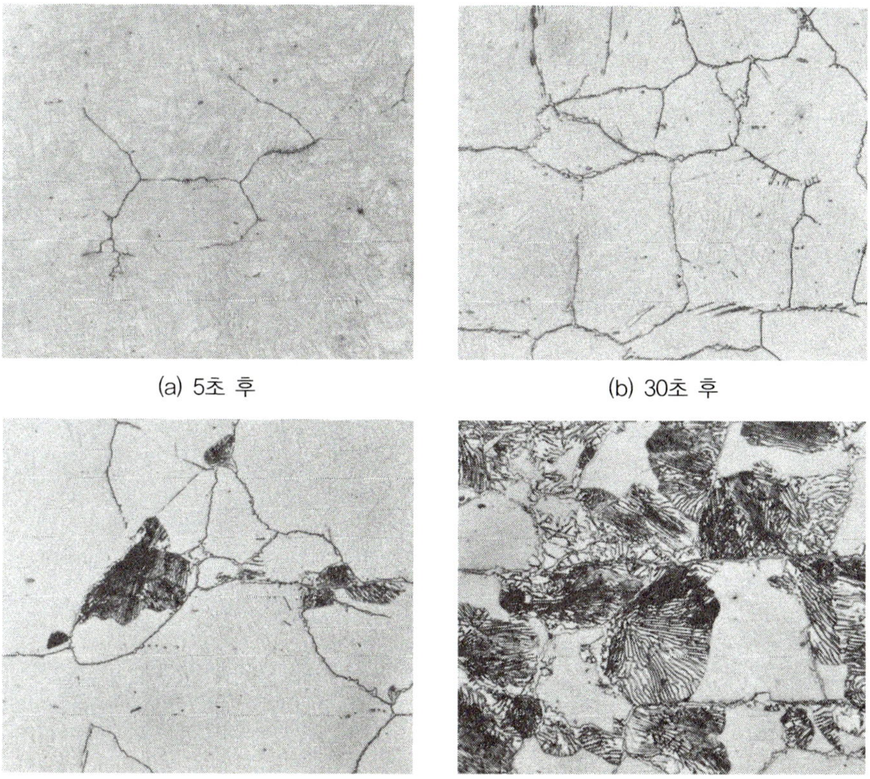

(a) 5초 후 (b) 30초 후

(c) 40초 후 (d) 1분 후

[그림 8-7] 1.18% C의 과공석강을 960℃로 가열한 후 705℃에서 항온 열처리할 때의 변태 과정[5]. 결정립계를 따라 초석 시멘타이트가 먼저 석출된 다음 펄라이트 변태가 진행됨.

초석 시멘타이트는 원래의 오스테나이트 결정립계를 따라 길게 석출하여 그림 8-8 (d)에서 보는 바와 같이 그물눈 모양으로 분포하게 되며, 취성이 크기 때문에 입계파괴(粒界破壞)의 원인이 된다. 이것을 방지하기 위해서는 열처리(구상화 풀림)에 의해 초석 시멘타이트의 연결성을 파괴하여야 한다(제 9-1절 참고).

그림 8-8은 탄소강의 각 탄소량별 표준조직을 나타내고 있다. 그림을 보면 탄소량이 증가함에 따라 펄라이트의 양이 증가하고 있으며, 공석강 이상으로 탄소량이 증가하면 결정립계를 따라 시멘타이트가 석출됨을 알 수 있다. 순철은 100% 페라이트, 탄소량 0.77%인 공석강은 100% 펄라이트 조직이고, 탄소량이 6.67%가 되면 100% 시멘타이트 조직임은 당연하다 할 것이며, 페라이트와 펄라이트 및 시멘타이트 조직의 중량비는 앞서 언급한 지렛대 관계에 의거하여 탄소량에 직선적으로 변화할 것이다. 따라서 역으로 그림 8-8과 같은 현미경 조직으로부터 탄소량의 추정이 어느 정도 가능하다.

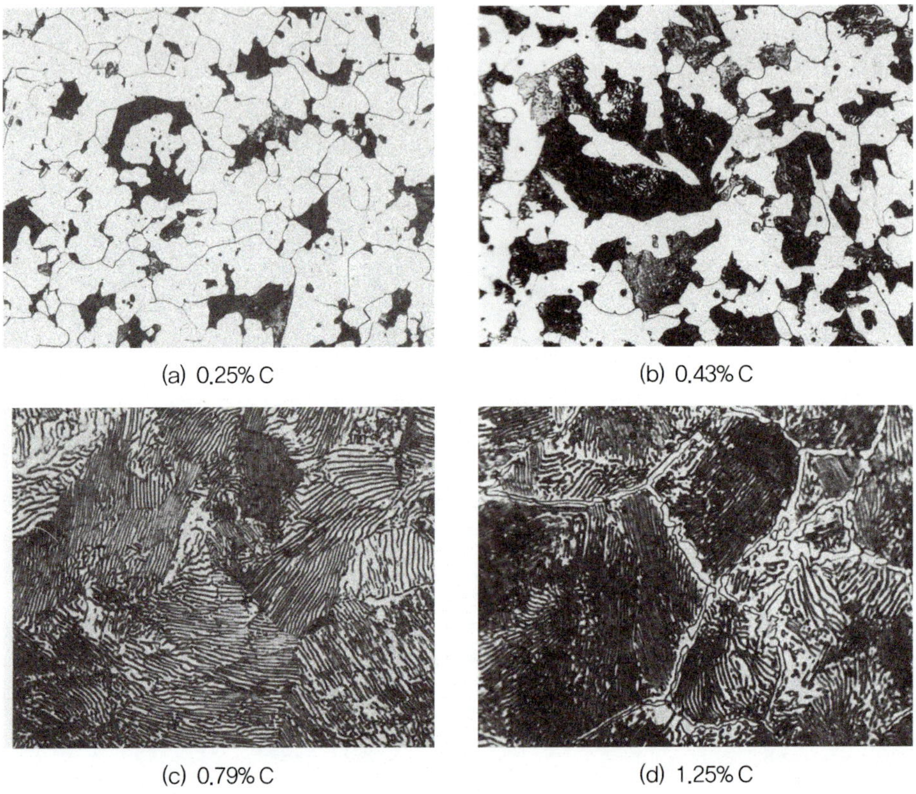

[그림 8-8] 탄소강의 표준 조직[6]. (a)~(c)에서 흰 부분은 페라이트, 회색 부분은 펄라이트이며, (d)에서 결정립계에 석출된 것은 초석 시멘타이트임

8-5 탄소강의 물리적·기계적 성질

8.5.1 상온에서의 물리적·기계적 성질

탄소강은 순철에 가까운 페라이트와 탄화물인 시멘타이트의 혼합 조직으로 되어 있으므로 그 물리적 성질은 탄소 함량에 따라 거의 직선적으로 변화하며, 대체적으로 탄소량이 증가함에 따라 비중, 열팽창계수, 전기저항의 온도계수 및 열전도도는 감소하고 비열, 전기저항, 항자력(抗磁力)은 증가한다.

그림 8-9는 표준상태의 탄소강의 탄소량과 각종 기계적 성질과의 관계를 표시한 것이다. 이 그림에서 보는 바와 같이 아공석강의 범위에서는 기계적 성질은 탄소 함량에 비례하여 대략 직선적으로 변화한다. 즉, 인장강도, 경도, 항복점 등은 탄소량 증가와 더불어 증가

하며 연율, 단면 수축률, 충격치 등은 감소한다. 이러한 현상을 앞 절에서 논한 바와 비교해 보면 이들 기계적 성질들이 페라이트나 펄라이트 조직의 양의 증감과 밀접한 관계가 있음을 알 수 있다. 그림 8-10을 보면 브리넬 경도와 연성도 그림 8-9에 표시된 기계적 성질과 마찬가지로 탄소량의 함수임을 알 수 있다.

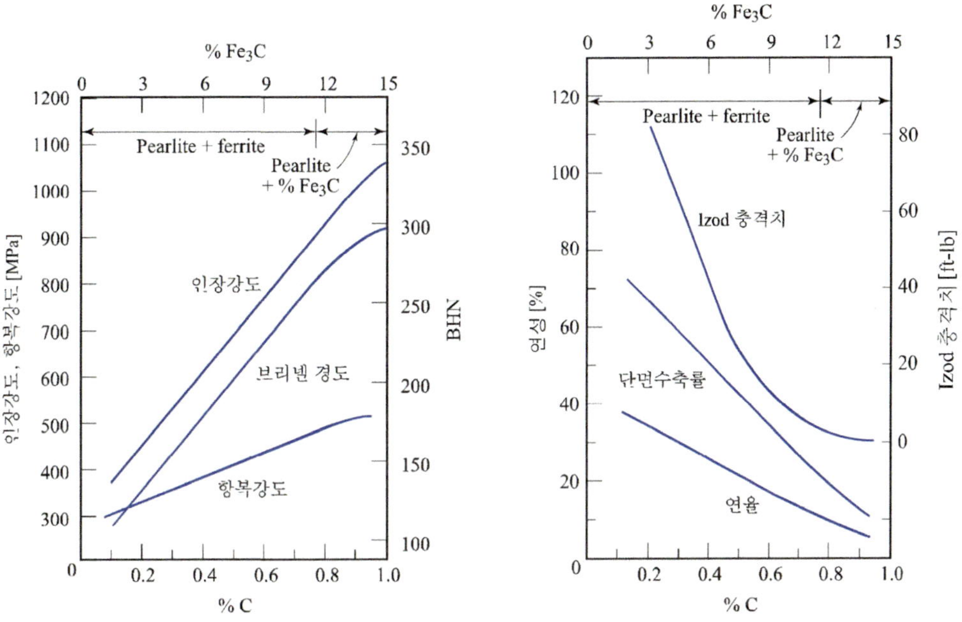

(a) (b)

[그림 8-9] 탄소량에 따른 탄소강(미세 펄라이트 조직 상태)의 각종 기계적 성질의 변화7)

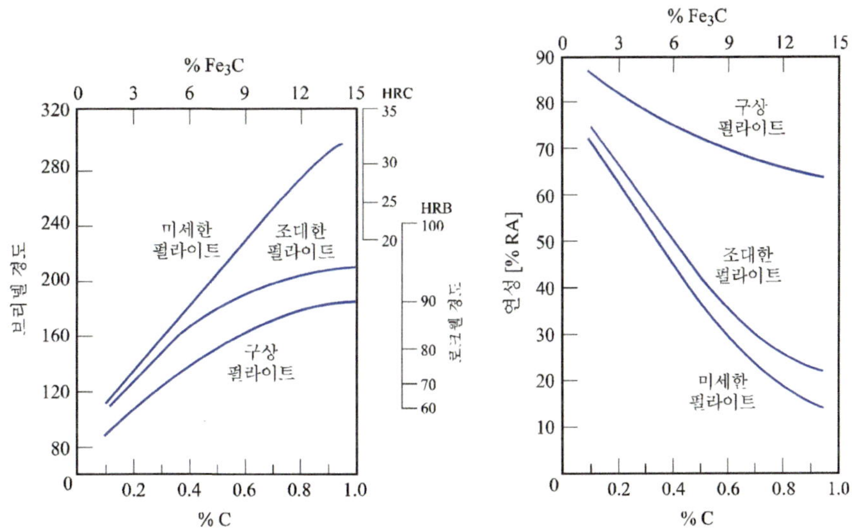

(a) 경도 (b) 연성

[그림 8-10] 탄소강의 탄소량 및 조직에 따른 경도와 연성의 변화8)

그밖에 탄소강의 종탄성계수 E는 20,000~22,000 kg/mm^2, 횡탄성계수는 7,700~8,450 kg/mm^2, 푸아송비(Poison ratio)는 0.28로서 탄소량에 무관하게 거의 일정하다.

8.5.2 탄소강의 기계적 성질에 미치는 온도의 영향

탄소강의 여러 가지 온도에서의 기계적 성질은 탄소의 농도에 따라 다소 다르나, 대체로 그림 8-11과 같은 경향을 보인다. 이 그림에 나타낸 바와 같이 탄소강은 일반적으로 200~300℃ 부근에서 인장강도, 경도는 극대값을 나타내고 단면 수축률, 연율은 극소값을 나타내어 취성이 크게 된다. 이것을 **청열취성**(靑熱脆性, blue shortness)이라 하며, 따라서 이 온도 구간에서는 소성가공을 피해야 한다.

한편 S를 많이 함유한 강에서는 용융점이 낮고 취약한 FeS가 결정립계를 따라 석출하여 1,100℃ 이상에서 소성가공할 때 파괴의 원인이 된다. 이러한 현상을 **적열취성**(赤熱脆性, red shortness)이라 하며, S의 함량이 0.26% 이상이 되거나 O_2, Cu 등이 존재하면 취성을 일으키는 온도는 900℃ 정도로 더 낮아진다. 따라서 공구강에서는 0.03%, 보통의 연강에서는 0.05% 이하로 S의 함량을 제한하는 것이 일반적이다.

한편 강재의 온도가 상온 이하로 낮아지면 인장강도, 경도 등은 증가하고 충격치는 현저하게 감소하여 취약해진다. 이것을 **저온취성**(低溫脆性)이라 하며 P, Cu 등이 함유되면 그

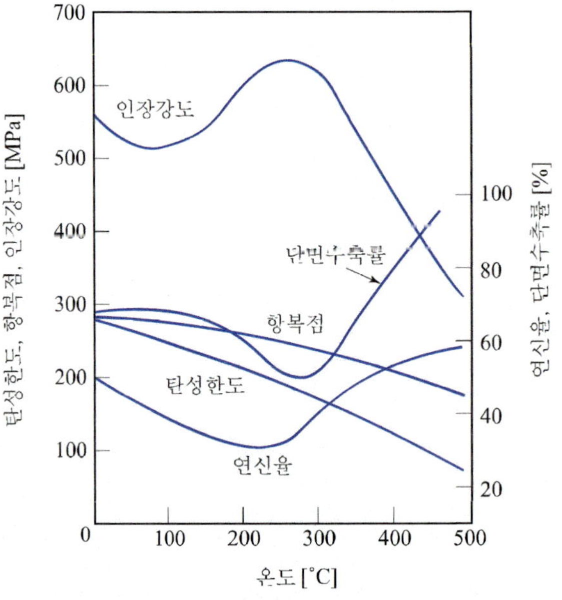

[그림 8-11] 연강의 온도에 따른 기계적 성질의 변화

경향은 더욱 현저해진다. 또한 6-2절에서 이미 언급한 바와 같이 탄소강의 충격치는 어떤 온도 이하에서 급격히 감소되는 연성-취성 천이현상을 일으키므로 유의하여야 한다. 그림 6-10을 보면 표준상태에서는 탄소 함량이 많을수록 충격치는 떨어지고 연성-취성 천이온도는 높아짐을 알 수 있다. 따라서 선박용 강재, 추운 지방의 석유 수송관 같은 내후성강(耐候性鋼)은 일반적으로 탄소의 함량이 적어야 한다.

8-6 변태온도에 따른 탄소강의 조직변화

탄소강을 오스테나이트 영역으로부터 서랭하면 제 2.1.6절 및 제 5.6절에서 고찰한 바와 같이 727℃에서 공석변태에 의하여 펄라이트 조직이 생성된다. 이 과정에서는 결정격자의 변화와 함께 탄소원자의 확산이 동시에 진행된다(그림 5-17 참고). 그런데 이 변태는 확산속도가 느린 고상에서 진행되므로 냉각속도가 빨라지면 쉽게 저지되어 변태온도는 평형온도 이하로 내려가게 된다. 이렇게 과랭도가 커지하면 펄라이트 조직은 점점 미세하게 되는데, 펄라이트 조직도 결정립과 마찬가지로 미세할수록 강도, 경도 및 충격치가 커져 기계적 성질이 우수해진다.

이 절에서는 변태온도에 따른 조직의 변화에 대하여 논하기로 한다.

8.6.1 탄소강의 항온변태곡선

변태온도에 따른 조직의 변화를 알아보기 위해서는 오스테나이트 영역으로부터 특정 온도까지 급랭하여 변태를 저지한 다음 그 온도에서 계속 유지하면서 변태 양상을 연구 조사하면 된다. 그 결과를 도시한 것이 **항온변태곡선**(恒溫變態曲線, isothermal transformation diagram, **IT 곡선**)이며, **시간-온도-변태곡선**(time-temperature-transformation diagram, **TTT 곡선**)이라고도 한다.

그림 8-12는 공석강의 항온변태곡선으로서 P_s 또는 B_s가 표시되어 있는 앞(왼편)의 곡선은 변태가 시작되는 온도와 시간, 그리고 P_f 또는 B_f가 표시되어 있는 뒤(오른편)의 곡선은 변태가 완료되는 온도와 시간을 표시한다. 그리고 550℃부근의 돌출부를 코(nose), 그 이하의 과랭 오스테나이트 구간을 만(灣, bay)이라 한다. 단, 이 그림에서 마르텐사이트와 관련된 부분(M으로 표시된 수평선들)은 다음에 언급하는 연속냉각곡선의 일부로서 항온변

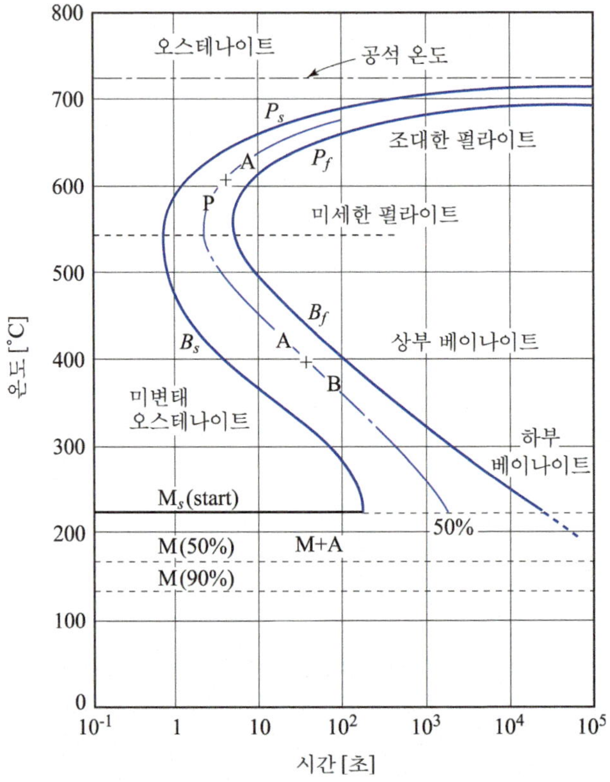

[그림 8-12] 공석강의 항온변태곡선[9]

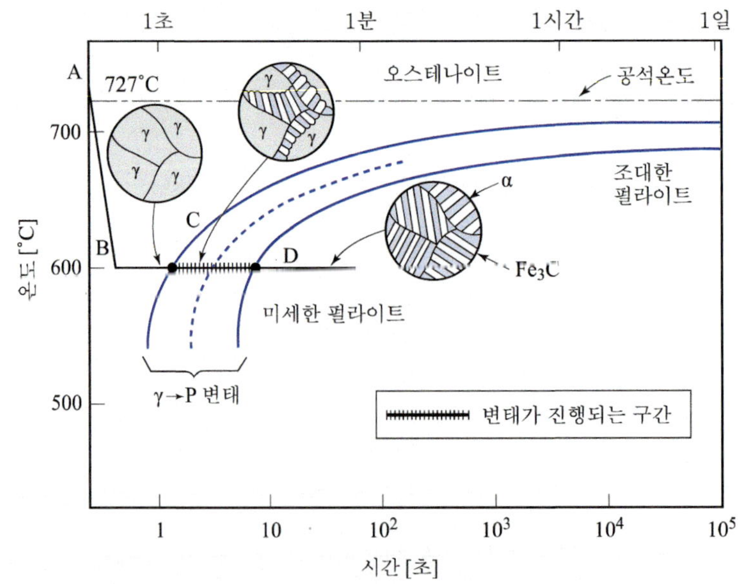

[그림 8-13] 공석강의 600℃ 항온변태시 시간의 경과에 따른 조직의 변화

태와는 무관하다(제 5-6절에서 언급한 바와 같이 마르텐사이트 변태는 무확산변태이므로 시간의 경과와는 무관함).

이 그림을 보면 공석강을 오스테나이트 영역으로부터 급랭하여 A_1온도와 코 사이의 온도에서 항온 유지하면 펄라이트 조직이 생성됨을 알 수 있다. 그림 8-13은 600℃에서 항온 변태 처리하는 경우를 예시한 것으로서 항온유지 시간이 경과하여 C점에 이르면 펄라이트 변태가 시작되어 시간의 경과에 따라 펄라이트의 양이 점점 증가하며 D점에 도달하면 100% 펄라이트 조직으로 되어 변태가 완료된다.

생성된 펄라이트는 처리온도가 낮을수록 미세해지며, 경우에 따라서는 광학현미경상으로는 펄라이트와 다르게 보이기도 한다. 그래서 펄라이트는 조직학적인 측면에서 서로 다른 것은 아니지만, 크기에 따라 **조대한 펄라이트**(coarse pearlite)와 **미세한 펄라이트**(fine pearlite)*[6]로 구분하기도 한다. 항온변태에 의하여 얻어진 펄라이트 조직의 변화는 그림 8-14에 표시한 바와 같으며, 생성된 펄라이트는 처리온도가 낮을수록 미세해짐을 알 수 있다. 이 그림을 보면 펄라이트의 미세화는 층간의 간격이 좁아지는 것도 의미하지만, 그보다는 펄라이트의 단위 영역(colony)이 작아진다(하나의 결정립 내에 여러 개의 펄라이트 영역이 있는 것을 볼 수 있음)는 것을 의미한다는 것을 알 수 있다. 펄라이트 조직이 미세할수록 강도와 경도가 커지는 것은 이미 언급한 바와 같으며, 충격치도 함께 증대한다.

한편 항온변태가 코와 M_s점 사이의 온도에서 일어나는 경우에는 **베이나이트**(bainite)라는 조직이 생성된다. 이 경우에는 과공석강일지라도 그림 8-7(코 부분 보다 높은 온도에서 처리)에 표시된 것처럼 초석 시멘타이트가 먼저 석출하지 않고 바로 베이나이트 조직이 석출된다[12].

---

6) 과거에는 600℃ 부근에서 변태된 공석조직을 **소르바이트**(sorbite), 500℃ 이하에서 변태된 것을 **트루스타이트**(troostite)로 구분하였다. 그러나 이들은 명확한 조직학적인 규정없이 포괄적으로 쓰던 용어로써 베이나이트(bainite)와 중복되는 측면도 있다. 따라서 근래에는 이 명칭은 사용하지 않으며, 단지 미세한 정도를 나타내기 위하여 각각을 중간 펄라이트(medium pearlite)와 미세한 펄라이트(fine pearlite), 또는 이들 모두를 미세한 펄라이트(fine pearlite)라 구분하고 있다[11].

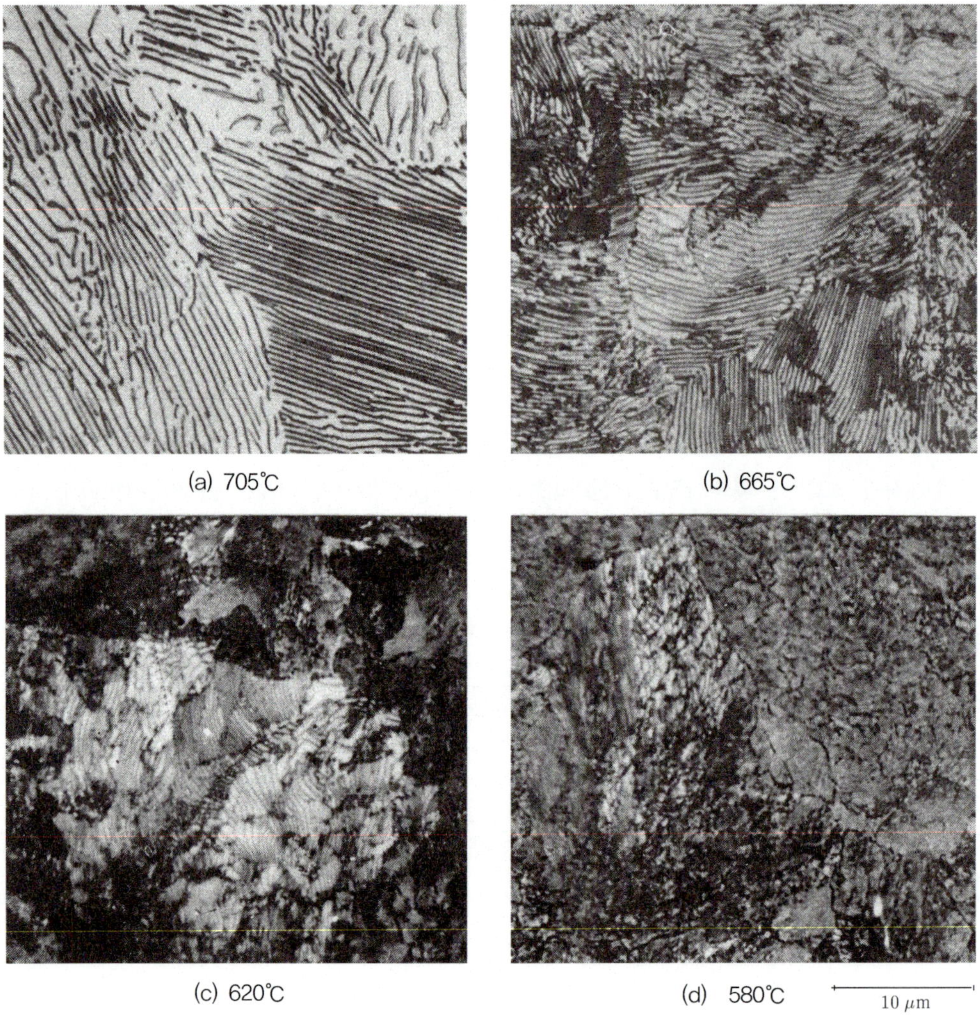

(a) 705℃ (b) 665℃

(c) 620℃ (d) 580℃ 10 μm

[그림 8-14] 항온 변태온도에 따른 펄라이트 조직의 변화. 변태온도가 낮을수록 미세해짐을 알 수 있음[10)]

베이나이트 조직은 두 가지로 분류되며 300℃ 이상[13)]에서 얻어지는 새 깃털 모양의 것을 **상부 베이나이트**(upper bainite), 그 이하에서 얻어지는 침상(針狀)의 것을 **하부 베이나이트**(lower bainite)라 한다. 상부 베이나이트는 페라이트 중에 극히 미세한 Fe_3C가 분산분포하고 있으며, 이에 비하여 하부 베이나이트는 페라이트 중에 Fe_3C가 아닌 다른 종류의 탄화물들이 분산분포하고 있다[14)]. 그림 8-15는 상부 베이나이트와 하부 베이나이트의 현미경 조직 사진으로서, 일반적으로 전자는 "깃털 모양"이라 하고 후자는 "침(針) 모양"이라고 표현한다.

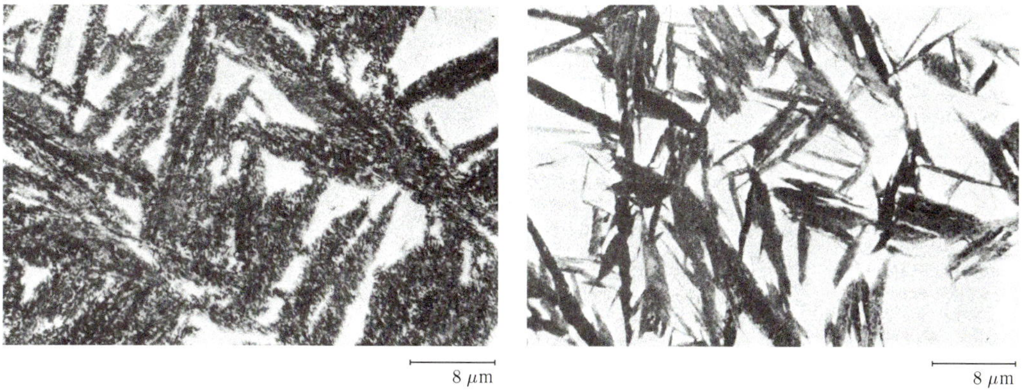

[그림 8-15] 348℃에서 생성된 상부 베이나이트(a) 및 278℃ 하부 베이나이트(b) 조직의 현미경 사진[15)]

베이나이트 변태에서는 마르텐사이트 변태에서와 같은 결정격자의 전단변형(剪斷變形)과 펄라이트 변태에서와 같은 핵생성 및 성장의 두 가지 현상이 동시에 일어난다. 베이나이트 조직은 마르텐사이트보다는 작지만 상당히 높은 경도와 강도를 갖고 있으며, 연성과 인성이 더 크다. 또한 하부 베이나이트는 상부 베이나이트보다 경도가, 상부 베이나이트는 하부 베이나이트보다 인성과 연성이 상대적으로 더 크다.

8-7 냉각속도에 따른 탄소강의 조직 변화

실제로 강재를 냉각할 때는 특정 온도에서 일정 시간 유지하는 것보다는 단순히 고온에서 저온에까지 연속적으로 냉각하는 경우가 대부분이다. 강재를 오스테나이트 영역까지 가열한 후 일정 범위의 속도로 냉각할 때 변태가 어떻게 시작하여 어떻게 종료하는가를 온도 및 시간에 관하여 도시한 것이 **연속냉각곡선**(continuous cooling transformation diagram, **CT 곡선** 또는 **CCT 곡선**)이다.

그림 8-16은 공석강의 연속냉각곡선으로서, 냉각속도가 40℃/s 이하인 경우는 펄라이트 조직만 얻어지며 냉각속도가 빠를수록 미세한 조직이 얻어짐을 알 수 있다. 또한 140℃/s 이상으로 빠르게 냉각하면 100% 마르텐사이트 조직을 얻을 수 있는데, 이것은 시간이 아무리 경과해도 변태가 더 진행되지 않고 온도가 계속 저하되어야 마르텐사이트의 양이 증가됨을 알 수 있다. 냉각방법에 따른 실제적인 냉각속도는 재료의 크기나 모양, 합금성분, 측정위치 등에 따라 다를 수 있다. 그럼에도 불구하고 냉각속도별로 얻어지는 조직을 예측할 수 있으므로, 열처리나 용접부위별 조직의 변화를 예측할 때 등에 매우 유용하다.

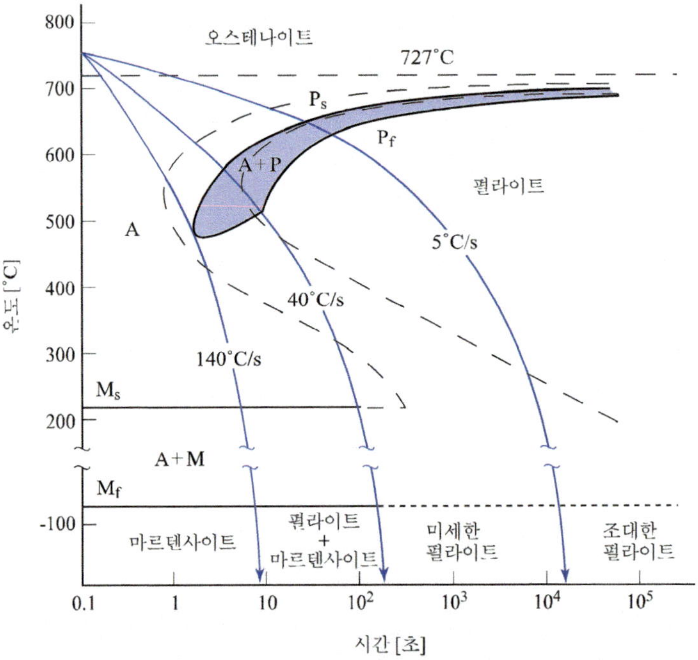

[그림 8-16] 공석강의 연속냉각곡선[16]

[표 8-4] 철-탄소계 합금의 열처리 조직과 그 성질

조직명	구성	설 명	기계적 성질
조대한 펄라이트 (coarse pearlite)	α + Fe_3C	α와 Fe_3C의 층상 혼합조직. 층의 두께가 비교적 두텁고, 단위 펄라이트의 영역이 넓음	미세한 펄라이트에 비해 강도와 인성이 더 작음
미세한 펄라이트 (fine pearlite)	α + Fe_3C	α와 Fe_3C의 층상 혼합조직. 층의 두께가 비교적 얇고, 단위 펄라이트의 영역이 작음	조대한 펄라이트보다 강도 및 연성 우수
구상 펄라이트 (spherodite)	α + Fe_3C	α로 된 바탕조직 중에 구형의 Fe_3C 입자가 분산 분포	층상 펄라이트에 비해 연성이 우수함
베이나이트 (bainite)	α + 탄화철	α 바탕조직 중에 극히 미세한 막대모양의 탄화철 입자가 존재	강도와 연성은 미세 펄라이트와 마르텐사이트 사이
뜨임 마르텐사이트 (tempered martensite)	α + 탄화철	α 바탕조직 중에 미세한 구형의 탄화철 입자가 존재	마르텐사이트보다 강도, 경도는 작으나 연성은 더 우수함
마르텐사이트 (martensite)	체심정방격자, 단일 상	과포화 고용체 상태의 α, 침상 또는 판상 조직	강도, 경도가 크지만 매우 취약함

8-8 강철에 미치는 합금 원소의 영향

강철에 탄소 이외의 합금원소를 첨가하면 우선적으로 고용강화의 효과에 의하여 재질의 강도가 커진다. 그림 8-17은 각 합금원소의 첨가가 페라이트 조직의 강화에 미치는 영향을 도시한 것으로서 그림에서 보는 바와 같이 합금원소의 첨가량이 증가하면 정도의 차이는 있으나 대체적으로 강도와 경도가 커진다.

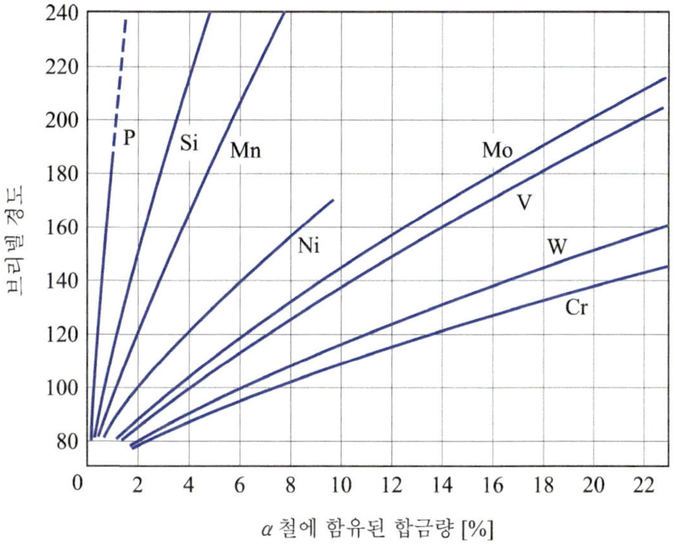

[그림 8-17] 철의 조직(페라이트)의 경도에 미치는 합금원소의 영향[17)]

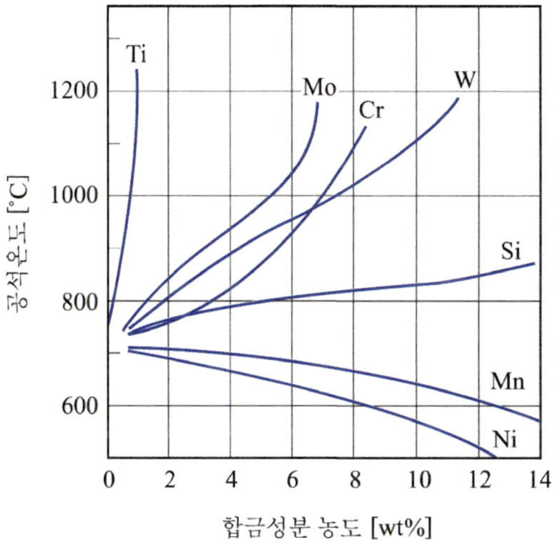

[그림 8-18] 합금원소 첨가가 공석 온도에 미치는 영향[18)]

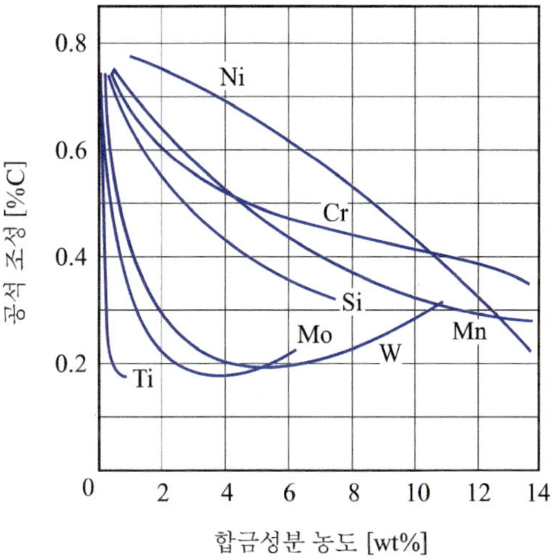

[그림 8-19] 합금원소 첨가가 공석 조성에 미치는 영향[18)]

그리고 강철에 탄소 이외의 합금원소를 첨가하면 펄라이트가 생성되는 공석변태의 속도에도 영향을 끼친다. Mo, Cr, Mn, V 등은 변태속도를 현저하게 느리게 하며, Ni, W, Si, Cu 등은 약간 느리게 한다. 반면에 Co, Ti, Zr 등은 변태속도를 빠르게 한다. 공석변태의 속도를 느리게 하는 원소를 첨가하면 담금질에 의한 경화능(제 9.1.3절 참고)이 향상되며, 두 가지 이상의 합금원소를 적당히 조합하여 첨가하면 합성 효과를 나타낸다.

또한 합금원소는 그림 8-18과 그림 8-19에서 보는 바와 같이 펄라이트변태 온도와 조성에도 영향을 미친다. Mn, V, Cr, Ni, Cu, Mo, W 등은 변태 온도를 저하시켜 경화능을 개선하며, 반대로 Co, Al 등은 변태 온도를 높이고 Si는 그다지 큰 영향을 주지 않는다.

[표 8-5] 강철의 주요 합금성분과 그 첨가효과

성분	첨가량(%)	주된 기능
Mn	0.25~0.40 1 이상 고합금	S와 결합하여 취성 방지 변태온도와 속도를 저하시켜 경화능을 향상 조직을 오스테나이트화. 내충격성 및 내마모성 증대
Ni	2~5 12~20	인성 증대, 연성-취성 천이온도 저하(저온용강) 내식성 향상. 조직을 오스테나이트화
Cr	0.5~5 4~18	경화능 향상 내식성 향상
Mo	0.2~5	탄화물 안정화. 결정립 성장 억제. 뜨임 취성 방지
V	0.15	탄화물 안정화. 결정립 미세화. 연성을 해치지 않고 강도 증대
B	0.001~0.003	강력한 경화능 향상 요소
W	–	고온 경도 향상
Si	0.2~0.72 2 ~5	강도 증대 스프링강 전기·자기적 특성 향상
Cu	0.1~0.4	내식성 향상
Al	0.95~1.30	질화강 합금 원소
Ti	–	탄화물을 고정하여 불활성화
S	0.08~0.15	절삭성을 향상. 적열취성의 원인이 됨
Pb	–	절삭성 개선

한편 Cr, Mn, V, Mo, W 등과 같이 탄소와의 친화력이 큰 원소는 쉽게 탄화물을 형성한다. 이들 합금원소의 탄화물 형성 능력은 다음과 같은 순서이다.

Ti > Nb > V > Ta > W > Mo > Cr > Mn > Fe

반면에 Ni, Si, Co, Al 등은 주로 페라이트 조직 중에 농축되며 탄화물을 형성하지 않는다. 이들 합금원소는 시멘타이트 조직을 불안정하게 하여, 분해되어 흑연화하도록 조장한다.

참고문헌

1) 이규경, 異物辨證設二

2) (주)현대제철 제공

3) 동부제철 제공

4) Harold E. McGannon, The Making, Shaping and Treating of Steel, 9th ed., p.1075 및 p.1078, 1971, United States Steel Corporation

5) L. E. Samuels, Optical Micrography of Carbon Steels, p.362, 1980, American Society for Metals (ASM Intrnational의 게재 허가를 득함)

6) 西沢泰二, 佐久間健人(編), 金屬工學シリズ9, 金屬組織寫眞集鐵鋼材料編, 1979, p.28, 日本金屬學會(일본 금속학회의 게재 허가를 득함)

7) Metals Handbook; Heat Treating, vol.4, 9th ed., American Society for Metals, (1981) p.9의 데이터를 활용하여 작성함.

8) Metals Handbook; Heat Treating, vol.4, 9th ed., American Society for Metals, (1981) p.9 및 p.17의 데이터를 활용하여 작성함.

9) H. Boyer(ed.), Atlas of Isothermal Transformation and Cooling Transformation Diagrams, American Society for Metals, 1977, p.28을 개조함

10) Research Laboratory, U. S. Steel Corporation

11) L. E. Samuels, Optical Micrography of Carbon Steels, p.26-p.28, 1980, American Society for Metals

12) L. E. Samuels, Optical Micrography of Carbon Steels, p.307, 1980, American Society for Metals

13) R. E. Reed-Hill R. Abbaschian, Physical Metallurgy Principles, 3rd ed., 1992, p.616, PWS-Kent

14) R. F. Hehemann, ASM Seminar, Phase Transformations, 1970, American Society for Metals

15) Edgar C., Bain Laboratory for Fundamental Research, United Steel Corporation

16) R.A. Grange and J. M. Kiefer, Trans. American Society for Metals, 1941, vol. 29, p.85

17) Harold E. McGannon (ed.), The Making, Shaping and Treating of Steel, 9th ed., p.1137, 1971, US Steel

18) E. C. Bain and H. W. Paxton, Functions of the Alloying Elements in Steel, 1939, p.127, American Society for Metals, Metals Park OH

제 9 장 강재의 열처리

Introduction to Engineering Materials

9-1 강재의 열처리

기계부품에 사용되는 철강재료는 가공한 상태 그대로 사용하지는 않으며, 대부분의 경우 열처리를 실시하여 성질을 개선한 다음 사용한다. **열처리**(熱處理, heat treatment)란 고체상태의 금속재료를 목적에 따라 적당한 온도로 가열한 후 적당한 속도로 냉각하여 그 조직이나 기계적 성질을 개선하는 열적 조작을 말한다. 열처리에 의하여 다양한 기계적 성질을 손쉽게 얻을 수 있는 점은 철강재료의 가장 큰 장점 중의 하나이다. 여기서는 탄소강을 중심으로 알아보기로 한다.

9.1.1 불림(燒準, normalizing)

아공석강은 A_{c3}선, 과공석강은 A_{cm}선 이상 30~50℃의 온도범위로 가열한 후 일정 시간 유지하여 균일한 오스테나이트 조직화한 후 공기 중에서 냉각하는 열처리를 **불림**[*1] 또는 **표준화처리**(標準化處理)라 한다. 불림은 단조시의 과열에 의하여 또는 주조시에 불균일하게 형성된 결정조직 및 소성가공시 형성된 섬유조직 등을 균일화하거나, 조대화된 결정조직을 미세화할 때, 그리고 표준조직을 얻고자 할 때 실시한다. 또한 불림처리하면 결정립이나 펄라

---

1) 한국기계공학회는 "불림"이라 규정하고 있으며, 대한금속학회에서는 "노멀라이징" 또는 "표준화처리"로 정하고 있음. 오래전에 기술된 책이나 일본책에서는 "소준(燒準)"이라고 함.

이트 조직이 미세해지므로 일반적으로 파괴인성이나 강도, 경도 등 기계적 성질이 크게 향상된다. 따라서 담금질이 어려운 구조용 탄소강재나 저탄소의 합금강재의 기계적 성질 향상 수단으로 이용하기도 한다.

9.1.2 풀림(燒鈍, annealing)

소성가공, 주조, 용접시에 형성된 내부응력의 제거, 조대화된 결정립의 미세화, 가공경화된 재질의 연화, 펄라이트의 구상화, 성분의 균일화 등을 목적으로 금속재료를 그 목적에 알맞은 온도범위로 일정 시간 가열한 후 서서히 냉각시키는 열처리를 총칭하여 **풀림**[*2)]이라 한다. 풀림의 종류는 다양하여 그 목적에 따라 가열온도 및 유지시간도 여러 가지이다. 그리고 재(災)나 노(爐) 안에 넣어둔 채로 냉각시키므로 냉각속도가 상당히 느리다.

[1] 완전 풀림(full annealing)

완전풀림은 열간단조나 압연시 장시간의 가열에 의하여 조대화된 결정립 크기를 미세화하거나, 냉간가공이나 열처리에 의하여 경화된 재료를 완전히 연화시켜 소성가공성이나 절삭성을 개선하는 등의 목적으로 강재를 아공석강은 A_{c3} 선 또는 과공석강은 A_{c1} 온도 이상 20~30℃의 온도범위로 가열, 유지한 후 서서히 냉각하는 처리를 말한다. 완전풀림과 불림처리의 가열온도상의 차이는 그림 9-1에, 그리고 냉각방법의 차이는 그림 9-2에 잘 나타나 있다.

보통 중탄소 이상의 강재는 완전풀림 처리하면 절삭성이 개선되지만, 저탄소강의 경우는 연화되기만 할 뿐 절삭성은 오히려 나빠진다. 저탄소강의 경우는 풀림이나 구상화처리보다 불림처리하는 것이 절삭성 개선에 더 효과적이다.

[2] 구상화 풀림(spherodizing)

구상화 풀림은 강재의 조직 중에 분포하고 있는 각종 탄화물의 형상을 구형으로 만들기 위한 열처리이다. 특히 과공석강의 조직은 그림 8-8 (d)에서 나타낸 바와 같이 결정립계를 따라 그물모양으로 초석 시멘타이트가 석출하여 강재의 취성을 크게 하는 원인이 되므로

---

2) 한국기계공학회는 "풀림"이라 규정하고 있으며, 대한금속학회에서는 "어닐링"으로 정하고 있음. 오래전에 기술된 책이나 일본책에서는 소둔(燒鈍)이라고 하며, 풀림처리용 노(爐)를 시중에서는 흔히 소둔로라고 한다.

중요하다. 이 초석 시멘타이트는 담금질을 해도 그대로 남아 있게 된다. 따라서 공구강의 경우는 담금질하기 전에 구상화처리를 먼저 해야 담금질이 균일하게 되며, 인성이 크게 개선되고 날의 수명도 길어진다.

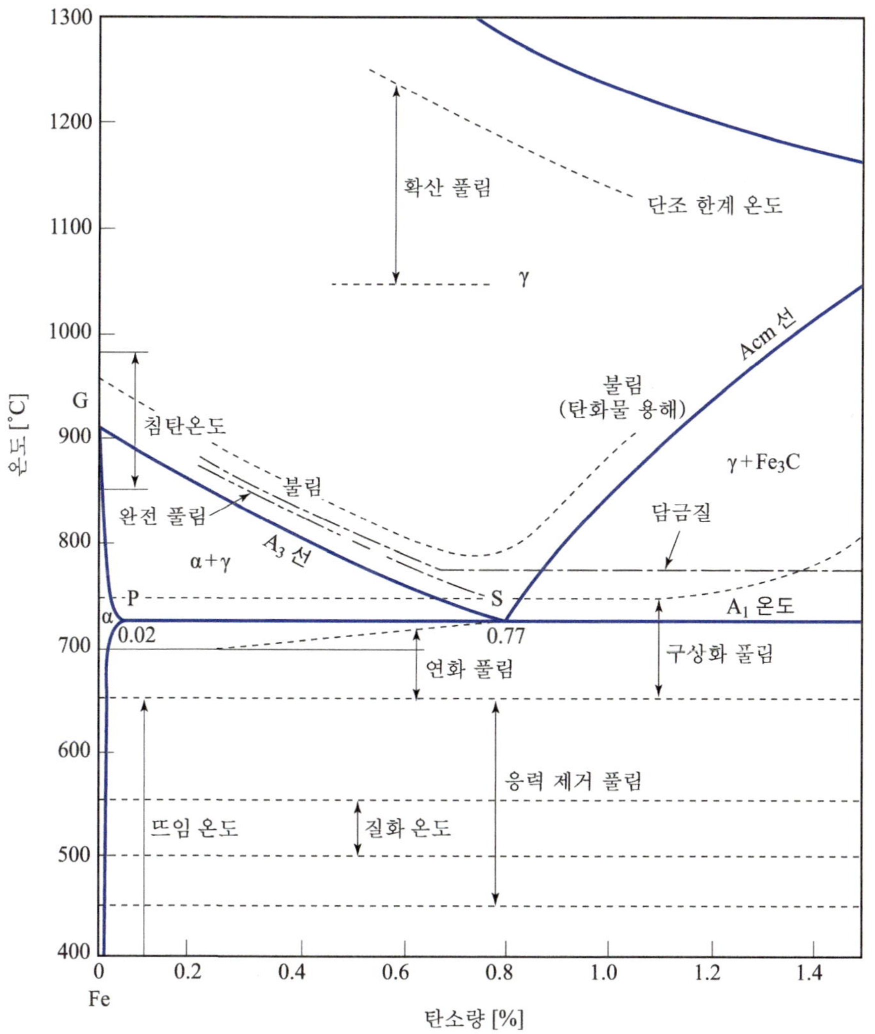

[그림 9-1] 각종 열처리의 온도범위

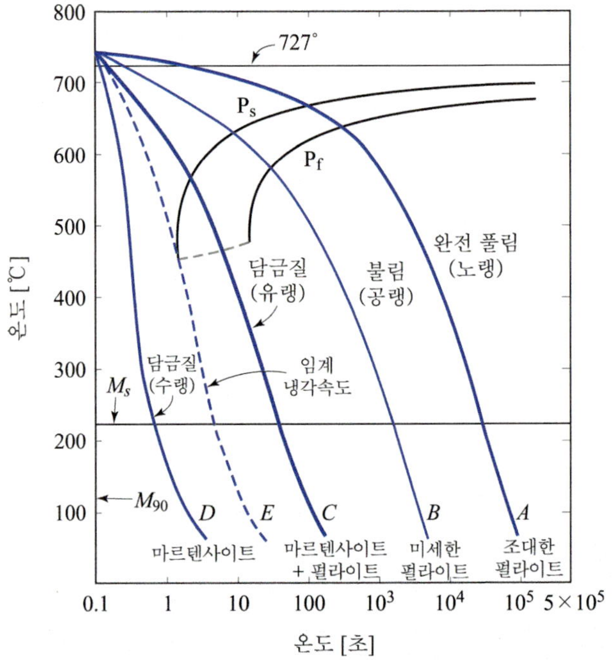

[그림 9-2] 공석강의 CCT곡선에 표시한 각종 열처리별 냉각방법과 얻어지는 조직

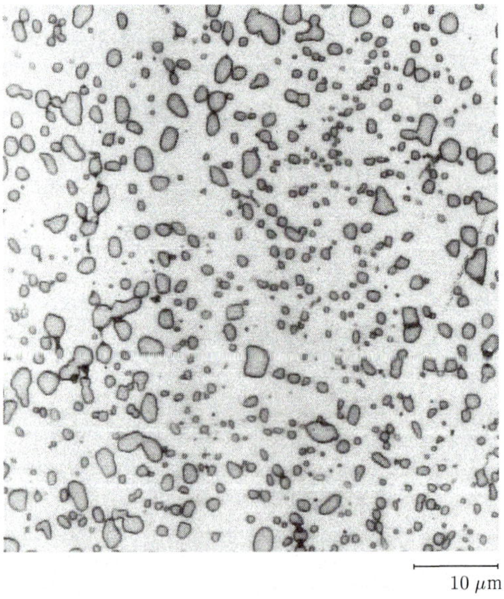

[그림 9-3] 구상 펄라이트[1)]

구상화된 조직은 그림 9-3과 같이 페라이트 바탕에 입자 형태의 시멘타이트가 균일하게 분산분포하는 형태이며, 이러한 조직을 **구상 펄라이트** 또는 **스페로다이트**(spherodite)라 한다. 펄라이트가 구상화되면 시멘타이트간의 연결성이 사라지며, 그 주변의 바탕조직은 연성이

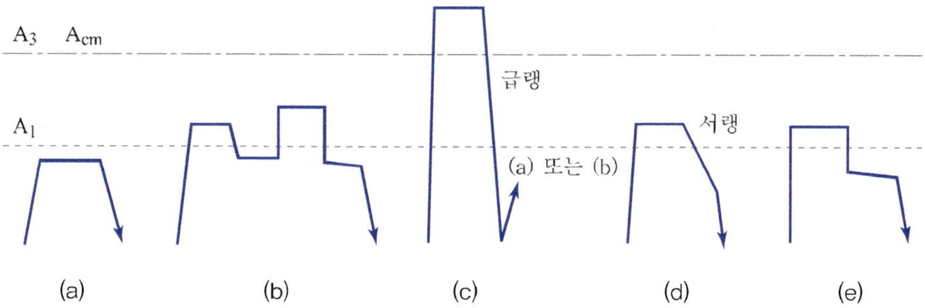

[그림 9-4] 구상화 처리의 가열냉각방법

풍부한 페라이트로 되어 인장강도는 다소 저하되지만 연성과 인성이 현저히 향상되고 소성 가공성과 절삭성도 향상된다.

구상화처리를 위해서는 그림 9-4에서 보는 바와 같이 A_1 온도 직하에서 장시간 유지하거나, A_1 온도 상하 20~30℃의 범위에서 가열과 냉각을 반복한 후 서서히 냉각한다.

9

[3] 중간풀림(process anealing)

중간풀림은 주로 금속재료를 냉간가공하여 얇은 판이나 가는 선을 만들 때 제조공정 중간에 실시하는 풀림이다. 이것은 가공경화에 의해 더 이상의 가공이 어려워진 재료를 재결정 온도 이상으로 가열하여 재결정이 일어나도록 하여 연화시키는 조작으로서 **재결정 풀림**(recrystalization annealing)과 거의 동일하며, 강철의 경우는 600~650℃ 정도로 가열한다.

[4] 응력제거풀림(stress relieving annealing)

냉간가공에 의하여 경화된 금속재료를 재결정온도보다 약간 낮은 온도범위로 가열한 후 서랭하면 강도를 저하시키지 않고 잔류응력을 제거할 수 있어서 이로 인한 균열이나 비틀림 등을 방지할 수 있는데, 이러한 목적의 처리를 **응력제거풀림**이라 한다. 잔류응력의 제거는 회복(recovery)에 의해 이루어지고 또 회복은 재결정에 비해 빠른 속도로 진행되므로, 재결정온도보다 약간 높은 온도로 가열하더라도 짧은 시간 내에 처리한다면 강도나 경도는 그다지 감소하지 않는다. 응력제거 풀림은 주조나 용접 후에도 흔히 실시된다.

9.1.3 담금질(燒入, quenching)

담금질[*3)]이란 고체 금속재료를 고온으로 가열한 다음 급랭시키는 처리를 총칭하는 말이다. 따라서 처리 대상 재료가 무엇이든, 처리 후 재질이 어떻게 변화하든 무관하다. 그러나

3) 한국기계공학회는 전통적인 기술용어인 "담금질"을 사용하고 있으며, 대한금속학회에서는 "퀜칭"으로 정하고 있음. 오래전 저술된 책이나 일본책에서는 "소입(燒入)"이라고 함.

시중에서는 마치 철강재료의 마르텐사이트 강화처리를 의미하는 것처럼 통용되고 있다. 강재의 담금질은 아공석강은 A_{c3} 선, 과공석강은 A_{c1} 온도 이상 20~30℃ 정도의 범위로 가열한 후 온도가 균일하게 되도록 일정 시간 유지한 다음 물이나 기름 등에 급랭하여 처리한다. 이때 가열온도가 너무 높으면 결정립이 조대화되어 담금질 후 기계적 성질이 나빠지며, 냉각속도도 커져서 잔류응력이 크게 남게 된다. 과공석강의 경우는 취성을 저감시키기 위하여 반드시 초석 시멘타이트를 구상화처리한 다음에 실시하는데, 주로 내마모성이 요구되는 곳에 사용하므로 A_{cm} 온도 이하로 가열함으로써 내마모성이 큰 시멘타이트를 그대로 남겨두어 마르텐사이트 조직 중에 분산분포하도록 하는 것이 유리하다. 그림 9-5는 담금질에 의해 얻을 수 있는 마르텐사이트의 현미경조직 사진으로서 탄소량에 따라 그 형태가 다름을 알 수 있는데, 고탄소 마르텐사이트의 경우는 보통 "삼나무 잎처럼 생겼다"고 표현한다.

마르텐사이트 조직의 생성 및 강화기구는 제 5-6절에서 상세히 기술한 바 있다. 여기서 언급한 바와 같이 마르텐사이트 변태는 원자의 확산과는 무관한 무확산변태이므로, 어떤 일정한 온도에서는 아무리 시간이 경과해도 변태가 진행 또는 완료되지 않으며, 따라서 급랭에 의하여 온도가 강하되어야만 변태가 진행된다. 그리고 아무리 빠르게 냉각해도 변태를 저지시킬 수는 없는데, 그림 8-16에서 보는 바와 같이 조성에 따라 결정되는 특정 온도(M_s점)에서 시작되어 그 보다 낮은 어떤 특정 온도(M_f점)에서 완료된다. 탄소강의 M_s 온도와 M_f 온도는 그림 9-6에서 보는 바와 같이 탄소량이 증가함에 따라 점차 낮아진다. 이때 만일 M_f 온도가 상온 이하인 강재라면 당연히 오스테나이트 조직의 일부가 변태하지

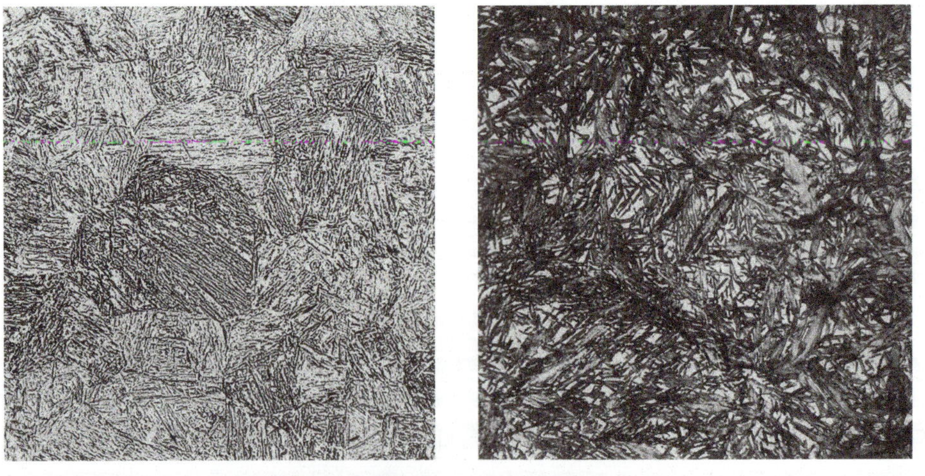

(a) 저탄소 마르텐사이트, 0.3%C 탄소강(1,100℃ 수랭) (b) 고탄소 마르텐사이트, 1.2%C 탄소강(1,100℃ 수랭)

[그림 9-5] 마르텐사이트의 현미경 조직 사진[2)]

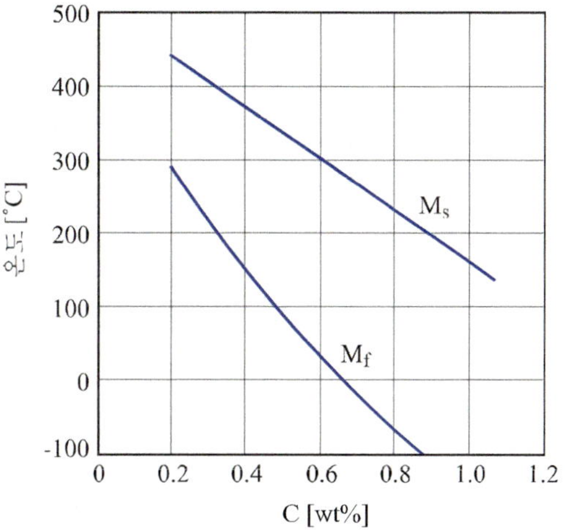

[그림 9-6] 탄소량에 따른 마르텐사이트 변태 온도의 변화

못한 채 남아있게 되는데, 이러한 미변태 오스테나이트를 **잔류 오스테나이트**(retained austenite)라 한다.

한편 그림 9-6을 보면 탄소 함량이 낮은 저탄소강의 경우는 M_s 및 M_f 온도가 높은 것을 알 수 있는데, 이렇게 이 높은 고온에서 생성된 마르텐사이트는 냉각 도중에 뜨임 현상을 일으켜 페라이트와 시멘타이트로 분해되어 버린다. 따라서 탄소량 0.3% 이하의 저탄소강의 경우는 담금질 강화 효과를 기대하기 어렵다.

[1] 경화능

제 8-8절에서 언급한 바와 같이 합금원소는 Ar_1 변태의 속도에 영향을 준다. Ar_1 변태속도가 느려지면 그림 8-16에 표시된 임계냉각속도가 작아지고 이것은 그만큼 냉각속도가 느려도 마르텐사이트 조직을 쉽게 얻을 수 있다는 것을 의미하며, 이러한 강재는 **경화능**(硬化能, hardenability) 또는 **담금질성**(quenchability)이 좋다고 할 수 있다. 강재의 경화능은 Mo, Cr, Mn, V 등의 합금에 의해 크게 향상되며, Ni, W, Si 등에 의해서도 다소 증가한다. 또한 탄소량이 많거나 결정립이 조대할수록 경화능이 커진다. 그러나 경화능이 큰 것이 항상 이로운 것은 아니다. 예를 들어 용접구조용강의 경우는 용접부 주위가 급랭되므로 경화능이 크면 이 부위가 취약해질 우려가 크다. 따라서 철교, 선박, 건물 등에 사용되는 강재는 보통 정도의 경화능을 갖고 있으면 충분하다.

그런데 같은 종류의 강재를 동일 조건에서 담금질해도 그 크기나 두께 등에 따라서 내부의 냉각속도가 달라지므로 담금질 효과도 다르게 되며, 이러한 것을 **질량효과**(質量效果, mass effect)라 한다. 탄소강의 경우는 질량효과가 커서 지름이 20 mm만 되어도 아무리 급랭해도 내부까지 완전히 경화되지 않는다. 이때 Ni, Mo를 첨가하면 담금질성이 개선되어 상당한 깊이까지도 경화가 잘된다.

강철의 경화능을 측정하기 위해서는 보통 **조미니 시험**(Jominy end quench test)을 실시한다. 이 시험장치는 그림 9-7과 같으며, 담금질 온도로 가열된 지름 25 mm, 길이 100 mm인 환봉형 시편의 아래 끝을 일정한 유량의 분수로써 냉각시킨다. 이렇게 담금질한 시험편의 중심선을 따라서 경도를 측정하여 그림 9-8에 표시한 바와 같은 경화능 곡선(또는 조미니 곡선)을 그려서 경화능을 비교한다.

한편 그림 9-8을 보면 합금 성분과 조성이 같더라도 탄소량이 높을수록 경화능이 좋아지고 담금질층의 경도도 높아짐을 알 수 있다. 그리고 그림 9-9는 모두 탄소량이 0.4%인 강재를 실험한 결과로서 4340합금이 가장 경화능이 좋고 탄소강은 경화능이 가장 떨어짐을 알 수 있다.

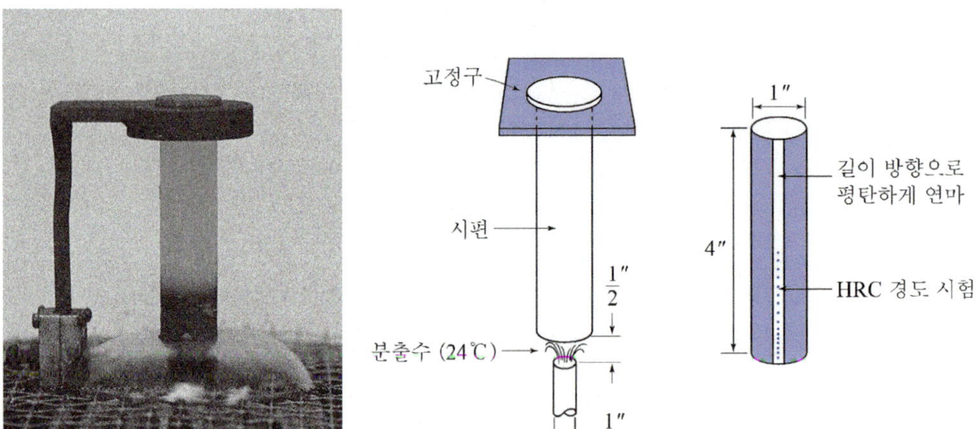

[그림 9-7] 조미니 시험법. (a) 시험 방법 (b) 시편의 규격 (c) 경도 측정

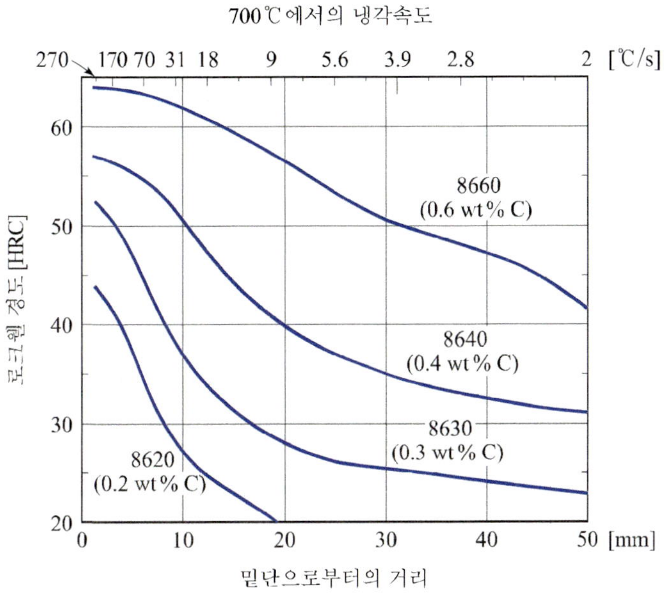

[그림 9-8] 8600계 합금(0.55Ni-0.50Cr)의 경화능 곡선[3]. 탄소량의 증가에 따라 경도와 담금질 층의 깊이가 높아짐

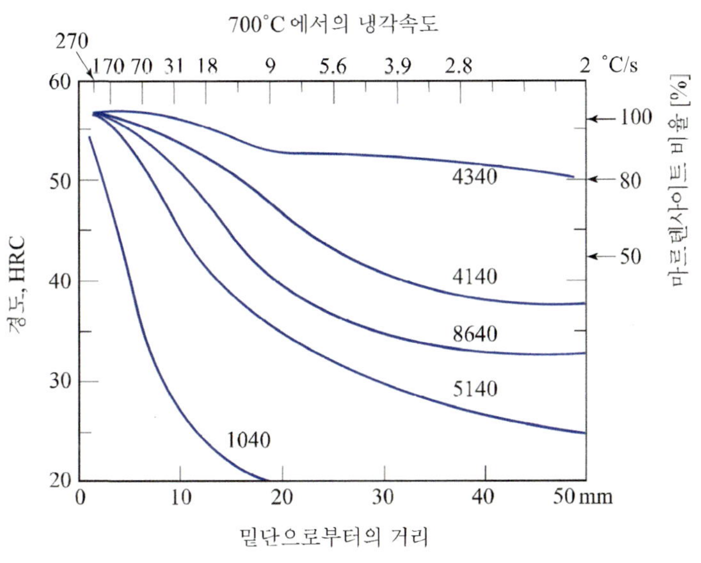

[그림 9-9] 탄소량 0.4%인 각종 강재의 조미니 시험 곡선[4]. 4340 합금이 경화깊이가 가장 큼(4340 : 1.85Ni-0.80Cr-0.25Mo, 4140 : 1.0Cr-0.20Mo, 8640 : 0.55Ni -0.50Cr, 5140 : 0.85Cr, 1040 : 0.4%C 탄소강)

[2] 담금질 균열

강재를 고온에서 급랭하면 표면부와 중심부의 냉각속도의 차이, 또는 부분적인 두께의 차이로 인한 냉각속도의 차이에 의해 **열응력**이 발생하게 된다. 또한 오스테나이트 조직이 마르텐사이트로 변태할 때 부피팽창이 일어나고 이로 인한 **변태응력**이 발생하기도 한다. 이러한 응력이 발생하면 담금질 중, 또는 사용 중에 변형 또는 균열을 일으키는 원인이 된다.

그림 9-10은 둥근 막대형의 강재를 담금질할 때 변태응력에 의해 균열이 발생하는 양상을 도시한 것이다. 만일 그림 (a)와 같이 경화층이 얇다면 외곽부는 내부의 팽창력 때문에 인장응력이 작용하게 되어 취성이 큰 마르텐사이트 조직에 균열이 발생하기가 용이하게 될 것이다. 그러나 반대로 그림 (b)처럼 경화층이 두터운 경우라면 외곽부가 팽창된 상태로 유지됨으로써 내부에 인장응력이 작용되어 경화층이 아닌 그 내부에 균열이 발생하게 된다.

그러므로 부품의 설계에 있어서는 역학적인 부분이 중요하지만, 열처리를 필요로 하는 부품이라면 역학적인 관점에서는 최소한의 제한만으로 치수를 결정하고, 열처리의 관점에서의 설계를 더욱 중요시해야 한다. 역학적 계산상으로는 충분한 강도를 보장하더라도, 열처리 도중에 균열이나 비틀림이 발생하면 곤란하기 때문이다. 따라서 사전에 부품 형상에 대한 충분한 검토가 있어야 한다.

열처리를 할 부품은 다음과 같은 사항을 고려하여 설계해야 한다.

① 두꺼운 부분은 구멍을 뚫거나 하여 가급적 단면 두께를 균일하게 한다.

② 예각의 모서리나 코너부를 라운딩 처리한다.

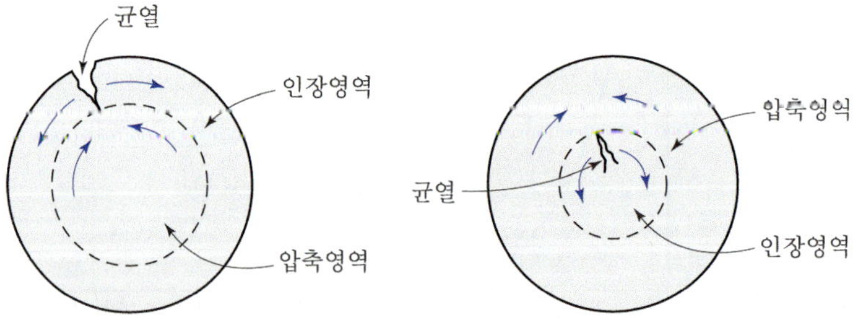

(a) 경화층이 얇은 경우　　(b) 경화층이 두터운 경우

[그림 9-10] 변태응력에 의한 담금질 균열 발생 양상[5)]

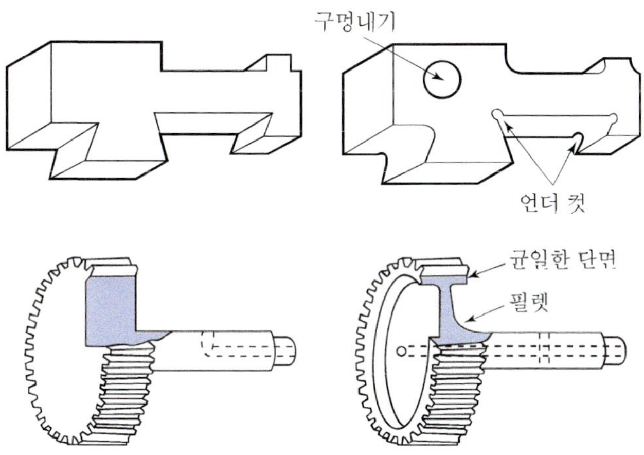

[그림 9-11] 담금질 균열 방지를 위한 설계 변경 사례

열처리를 할 부품에서 모서리의 날카로운 부분은 절대로 피해야 하는데, 이는 열처리할 때 및 사용 중의 응력집중을 방지하기 위함이다. 대개의 경우 반지름 5 mm의 필렛만 주면 모서리의 영향이 반으로 줄어들고, 반지름이 15 mm 이상이면 그 영향이 완전히 없어지게 된다. 담금질 온도가 지나치게 높아도 열응력을 크게 하여 균열이 발생할 가능성이 높아지며, 또한 결정립이 조대화될 우려도 크므로 최소한의 온도로 가열해야 한다.

일반적으로 파괴균열은 강재의 표면에서 생기는 것이므로 표면의 강도가 중요하다. 표면경화된 부품은 표면 부위에 압축응력이 잔류하므로 그 만큼 파괴에 대한 저항력이 커진다. 다시 말하여 중심까지 경화된 부품보다도 표면만 경화된 쪽이 좋은 응력분포를 가지므로, 경화능과 잔류응력의 분포 및 외력에 대한 응력분포 등의 세 가지를 각각 고려하여 좋은 열처리 효과를 얻도록 하는 것이 좋다. 이러한 측면에서 본다면 경화능이 좋은 강재라 하여 반드시 좋은 열처리 결과를 얻는다고 말할 수는 없다.

[3] 가열 분위기와 냉매(冷媒)

열처리를 위해 전기로나 가스로 등 대기 중에서 소재를 가열하는 경우에는 산화나 탈탄(특히 고탄소강)을 피하기가 어렵다. 이를 방지하기 위해서는 질소 가스나 아르곤 가스를 노내에 취입하거나 진공 중에서 가열하여 산소와의 접촉을 방지하며, 경우에 따라서는 수소가스를 사용하여 환원성 분위기로 만들어 주기도 한다. 이런 경우 **광휘열처리**라 하며 원래는 강재 본래의 광택을 유지한다는 것을 의미하지만 실제로는 약간의 변색이 일어나더라도 산화가 일어나지 않는 정도를 허용하는 경우가 많다. 실제로는 산화를 방지할 목적으로는

[그림 9-12] 염욕 가열 후 꺼내는 모습[6)]

염욕(鹽浴, salt bath)*[4)] 중에서 가열하는 경우가 많다. 염욕로는 전기로나 가스로 등에 비해 관리가 어려운 점은 있지만 산화나 탈탄을 가장 손쉽게 해결할 수 있으며, 항온 열처리시에도 많이 사용하고 있다.

한편 담금질용 냉매로는 10% 정도의 NaOH 용액, 소금물, 황산 수용액 등과, 물, 각종 기름, 비눗물, 공기 등이 있으며, 이들의 냉각능은 열거된 순서와 같다. 그리고 같은 냉매라도 온도가 높으면 냉각능은 감소되며, 또한 잘 젓거나 순환시키면 냉각능이 높아진다.

담금질 효과는 냉각속도의 영향을 크게 받으며 냉각속도는 **냉매**(冷媒)와 대단히 밀접한 관계가 있다. 그리고 앞서 언급한 담금질 균열이나 담금질 변형을 방지하기 위해서는 제품별로 적절한 냉각속도를 정하여 이에 알맞은 냉매를 선택해야 한다. 일반적으로 탄소강, 고망간강 등에는 물을 사용하고 기타 특수강에는 기름을 주로 이용한다. 그리고 형상이 복잡하여 담금질 균열의 우려가 큰 금형용 강재 중에는 공기 중에 냉각해도 담금질이 가능한 종류가 많다.

9.1.4 뜨임(燒戾, tempering)

담금질한 강재에는 부위에 따른 냉각속도 차이에 의한 열응력이나 변태에 따른 변태응력 등으로 인하여 내부응력이 크게 잔류하며, 또한 담금질 상태의 마르텐사이트 조직 자체가

---

4) $NaNO_3$ KNO_3, $NaNO_2$(150-550℃ 정도), $CaCl_2$, Na_2CO_3, $Na_2B_4O_7$(550~1,000℃) 및 $BaCl_2$(1,000℃ 이상) 등의 무기염류를 용해하여 그 액상 중에 소재를 담가 가열하기 위한 용기.

경도가 매우 크고 취약하므로 반드시 **뜨임**[*5)] **처리**하여 사용한다. 뜨임은 담금질한 강의 인성과 연성을 증가시키고 내부응력을 제거하기 위한 처리로서 A_1 온도 이하의 적당한 온도로 재가열한다.

뜨임 처리시 경한 마르텐사이트가 분해되므로 그림 9-13에서 보는 바와 같이 온도가 높아지거나 처리시간이 길어짐에 따라 경도가 저하된다. 또한 그림 9-14를 보면 가열 온도 200℃ 정도까지는 강도나 경도에 큰 변화는 없고 오히려 약간 높아지는 경향이 있으며, 이에 비해 500℃ 이상에서는 강도와 경도는 크게 저하되고 충격치는 크게 증대됨을 알 수 있다.

보통 대부분의 공구강이나 게이지강, 베어링강 등은 경도는 유지할 필요가 있으므로 150-200℃에서 **저온뜨임**을 하며, 구조용강의 경우는 연성과 인성이 중요하므로 550-650℃ 정도에서 **고온뜨임**을 실시한다. 담금질 및 고온뜨임한 강재는 불림처리한 경우에 비하여 강인성과 내피로성이 한층 향상된다. 한편 이렇게 마르텐사이트 조직을 가열하면 뜨임 연화되므로 고온에서 경도가 유지되어야 하는 경우는 문제가 되며, 따라서 이런 경우에는 W, Cr, Mo 등 적당한 원소를 합금하여 고온에서도 뜨임 연화되지 않도록 하여야 한다.

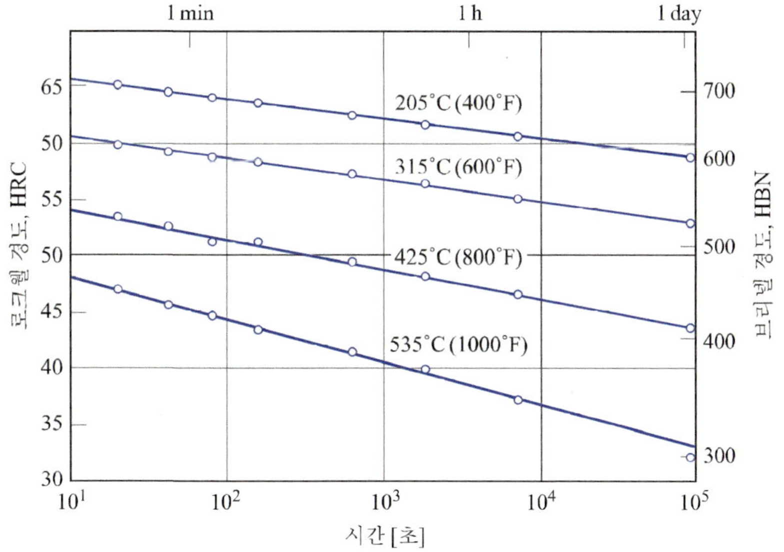

[그림 9-13] 물에 담금질한 탄소강(0.8% C)의 뜨임 시간과 온도에 따른 경도의 변화[7)]

5) 한국기계공학회는 "뜨임"이라 규정하고 있으며, 대한금속학회에서는 "템퍼링"으로 정하고 있음. 오래전 저술된 책이나 일본책에서는 소려(燒戾)라고 함.

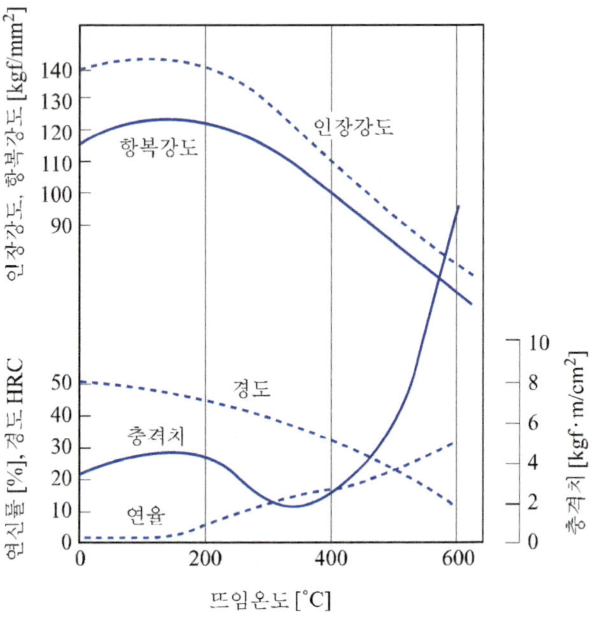

[그림 9-14] 0.4%C 탄소강의 기계적 성질에 미치는 뜨임 온도의 영향

[1] 뜨임시의 조직의 변화

마르텐사이트 조직을 뜨임처리하면 뜨임온도의 증가에 따라 점차 경도가 저하되는데, 이것은 마르텐사이트 중에 과포화되어 있던 탄소 원자들이 탄화물로서 석출하여 탄소 농도가 점차 감소되는 과정과 대응하며, 따라서 탄소 원자의 확산과 밀접한 관계가 있다.

마르텐사이트를 100~200℃로 가열하면 그림 9-15에서 보는 바와 같이 천이 탄화물*6)이 극히 미세한 입자로서 석출하며, 이에 따라 경도는 오히려 약간 증가한다.

200~350℃에서는 잔류 오스테나이트가 페라이트와 시멘타이트로 분해된다. 그러나 탄화물의 크기는 대단히 미세하여 광학현미경으로는 관찰할 수 없을 정도이다[9].

250~700℃에서는 페라이트와 구상화된 탄화물이 생성된다. 그리고 페라이트도 회복 현상을 일으켜 경도는 더욱 감소하고 인성은 증가된다. 600℃에서 부터는 페라이트가 재결정을 일으켜 전위나 쌍정이 없어지게 되고 시멘타이트 입자는 더욱 커지게 된다.

그림 9-16은 0.82%C 탄소강을 700℃에서 1시간 뜨임했을 때 얻어지는 조직의 현미경 사진이다. 그리고 이렇게 마르텐사이트를 뜨임 처리하여 얻어지는 조직을 모두 **뜨임 마르텐사이트**(tempered martensite)*7)라 한다.

---

6) 종래에는 ε 탄화물인 $Fe_{2.4}C$로 생각해 왔으나 근래 연구 결과 Fe_2C로 판명되었음[8].

7) 종전에는 뜨임 조직을 분류할 때, 400℃ 부근에서 뜨임 처리할 때 얻어지는 조직을 **뜨임 트루스타이트**(troostite), 600℃ 부근에서 얻어지는 조직을 **뜨임 소르바이트**(sorbite)로 분류하기도 하였다. 그러나 이

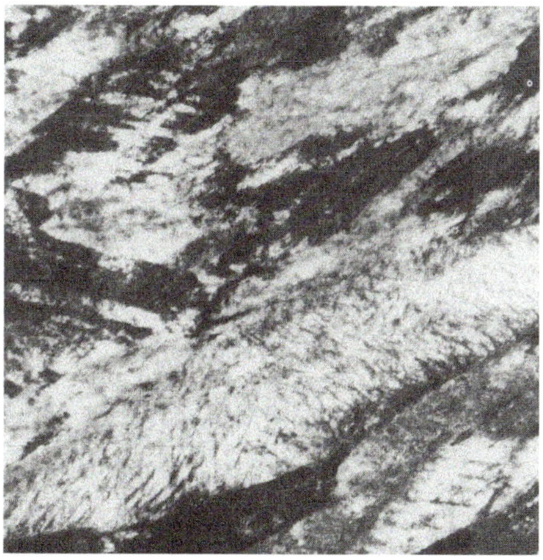

[그림 9-15] 0.82% C 강재를 200℃에서 1시간 뜨임한 조직의 투과전자현미경 사진[10]. 미세한 입자는 천이 탄화물인 Fe_2C 임

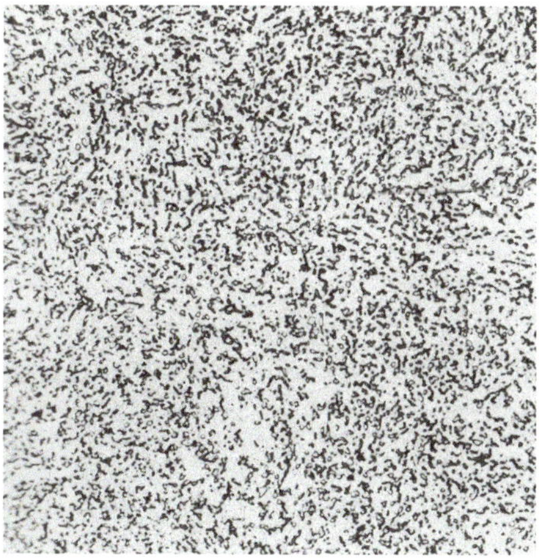

[그림 9-16] 0.82% C 탄소강을 700℃에서 1시간 뜨임 처리한 조직의 현미경 사진[11]. 바탕조직은 페라이트, 구형의 입자는 Fe_3C 임

경우도 제 8-6절에서 언급한 바와 마찬가지 이유로 이들을 인정하지 않고, 마르텐사이트를 뜨임처리하여 얻는 조직을 모두 **뜨임 마르텐사이트**(tempered martensite)라 한다.

[2] 뜨임취성(temper embrittlement)

담금질된 강재를 뜨임 처리하면 뜨임온도의 상승에 따라 경도는 저하되고 동시에 인성은 증가한다. 그러나 300℃ 부근에서 뜨임 처리하면 그림 9-17에서 보는 바와 같이 인장강도, 경도, 연율 등의 변화와 무관하게 충격치가 극소값을 나타내는데, 이러한 현상을 **저온 뜨임취성**이라 한다. 저온 뜨임취성은 이 온도에서 석출된 시멘타이트의 형태나 석출위치와 관계 깊은 것으로 알려져 있으며, 탄소의 함량이나 합금원소에 관계없이 모두 나타나는 현상이다. 따라서 이 온도 부근에서의 뜨임은 피해야 한다.

한편 일반적인 의미에서의 뜨임취성은 **고온 뜨임취성**을 의미한다. 이것은 Cr, Ni, Mn 등을 함유하는 구조용 합금강을 550-650℃ 정도로 뜨임 처리할 때 충격치가 저하되는 현상을 말하는데, 이 현상은 As, Sn, Sb 등의 불순물 원소가 결정립계를 따라 편석되기 때문으로 알려져 있다. 고온 뜨임취성을 방지하기 위해서는 뜨임 처리 후 냉각시 급랭하면 방지할 수 있으며, Mo, W, V 등을 소량 첨가해도 개선할 수 있는데 Mo은 특히 효과적이다. 그림 9-14를 보면 Ni-Cr강을 고온 뜨임하는 경우 뜨임 후 수랭하는 것이 노랭하는 경우에 비해 충격치가 훨씬 더 큰 것을 알 수 있다.

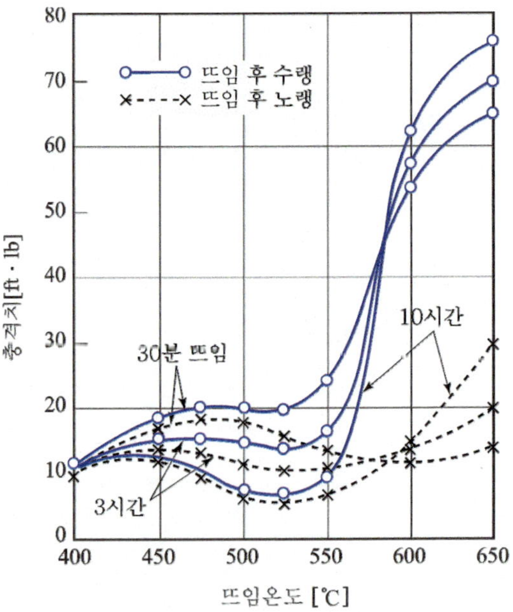

[그림 9-17] Ni-Cr강의 충격치에 미치는 뜨임 온도, 시간 및 냉각 방법의 영향. 고온 뜨임 후 수랭하면 노랭에 비해 충격치가 크게 향상됨

[3] 뜨임 저항성(tempering resistance)

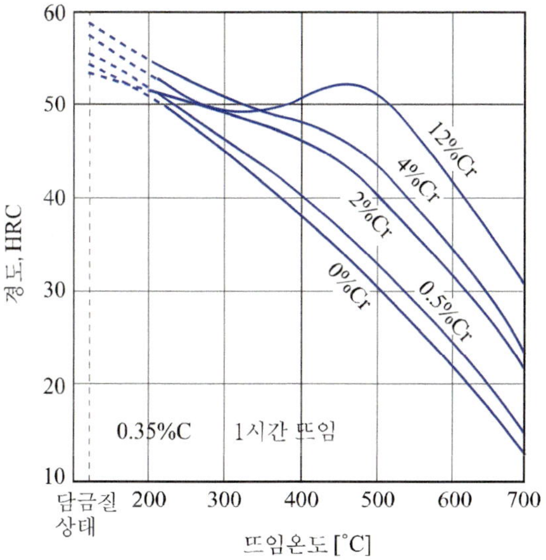

[그림 9-18] 강재의 뜨임 경도에 미치는 Cr의 영향. 12%의 경우는 2차 경화가 나타남[12)]

강재를 담금질한 후 뜨임 처리하면 경도가 저하되는 것이 일반적이다. 이때 여러 가지 합금원소를 첨가하면 뜨임에 의한 경도의 저하가 지연되며, 이러한 뜨임 연화에 대한 저항성을 **뜨임 저항성**이라 한다. 그림 9-18은 0.35% C의 강재에 Cr을 첨가한 강재를 뜨임할 때 뜨임 온도에 따른 경도의 변화를 나타낸 것으로서 합금원소의 첨가량 증가함에 따라 뜨임 연화가 지연됨을 알 수 있다. 또한 12% Cr강의 경우는 고온뜨임시의 경도가 저온 뜨임시보다 오히려 더 큰 것을 알 수 있는데 이러한 현상을 **2차 경화**(secondary hardening)라 한다. 2차 경화는 고온 뜨임시의 미세한 탄화물의 분산 석출이나 잔류 오스테나이트의 마르텐사이트화에 기인한다. 또 Cr, Mo, W, V 등 탄화물 형성 원소가 첨가된 강에서 주로 일어나며 고온경도가 커야 하는 고속 절삭공구나 열간 금형용강의 경우에 특히 유용하다. 그밖에 Ni이나 Si 등은 탄화물을 만들지는 않으나 페라이트 중에 고용되어 고용강화 효과에 의하여 뜨임 저항성을 높여준다. 이 경우는 강도가 그대로 유지되면서 인성이 증가하여 강인성이 커지므로 구조용강에 유용하다.

9.1.5 특수한 열처리

[1] 심랭처리(深冷處理, sub-zero treatment)

마르텐사이트 변태는 무확산변태이므로 제 8-7절에서 언급한 바와 같이 동일 온도에서는 아무리 오랜 시간이 경과해도 변태가 더 이상 진행되지 않으며 반드시 온도가 강하되어야 변태가 진행 및 완료된다. 따라서 고탄소강과 같이 M_f 온도가 상온 이하인 경우는 담금질해도 잔류 오스테나이트가 남게 된다는 것은 앞(제 9.1.3절)에서 기술한 바 있다. 이 잔류 오스테나이트는 경도가 다른 부위에 비해 작아서 문제를 일으키기도 하거니와 그대로 방치하면 사용 중에 시효 변형을 일으켜 치수가 변하게 된다. 이것을 방지하기 위해서는 강재를 상온에까지 담금질한 후 M_f 이하의 온도까지 계속 냉각함으로써 잔류 오스테나이트 조직을 마르텐사이트화해야 한다. 이러한 처리를 **심랭처리**라 하며, 경도나 치수 정밀도가 높아야 하는 공구, 게이지류, 볼 베어링 등에는 필수적이다. 담금질 후 시간이 너무 지체되면 잔류 오스테나이트가 안정화되어 효과가 감소된다.

심랭처리 시간은 보통 1시간 정도로서 보통은 드라이아이스 또는 프레온 가스를 사용하여 처리한다. 그러나 STD 11종, SKH 51종 등의 공구는 액체 질소를 사용하여 −180~−190℃의

극저온으로 처리하기도 하는데, 이때 내마모성이 심랭처리하지 않은 것보다 3~6배 정도, 보통 온도로 심랭처리한 것보다 1.2~2배 정도 향상되므로 널리 사용되고 있다.

[2] 수인법(水靭法, water toughening)

각종 건설기계 등에 많이 사용되고 있는 내충격성 내마모재로 유명한 고망간강이나, 내식용 재료로서 기계재료는 물론 우리의 일상생활과 대단히 밀접한 Cr-Ni계 스테인리스강은 고온으로부터 서서히 냉각해도 오스테나이트 조직이 생성된다. 그러나 이때 결정립계를 따라 탄화물이 생성하게 되어 전자의 경우는 취성, 후자의 경우는 입계부식의 원인이 된다. 이것을 방지하기 위해서는 1,000~1,050℃로 가열한 후 물이나 기름에 급랭하여 탄소를 오스테나이트 조직 중에 완전히 고용시켜 탄화물이 생성되지 않도록 해야 한다. 이러한 처리법을 **용체화처리**(溶體化處理, solution treatment)라 한다. 그러나 그 목적에 있어서는 Al 합금 등에 있어서의 석출경화를 위한 처리와는 차이가 있으며, 또한 처리 후에 인성이나 내식성 및 절삭성과 함께 향상되므로 시중에서는 흔히 **수인법**이라 한다.

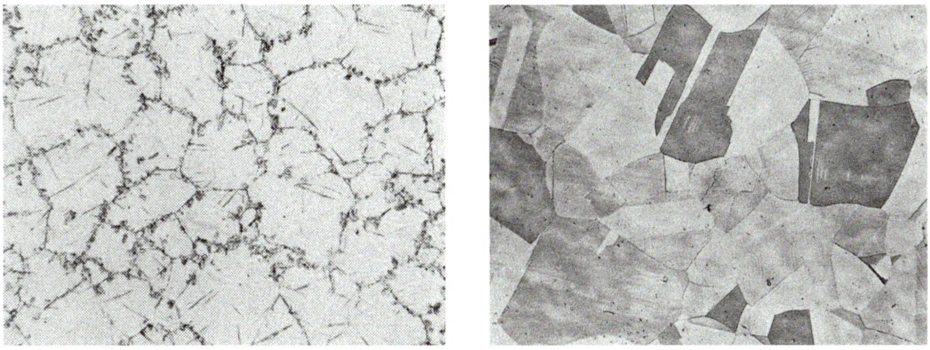

(a) 전 (b) 후

[그림 9-19] 고망간강의 수인법 처리 전후의 조직. (a) 결정립계를 따라 탄화물이 석출되어 있음, (b) 탄화물이 모두 고용되어 인성이 개선됨[13)]

그림 9-19는 고망간강의 수인법 처리 전후의 조직을 비교한 것으로서 처리 전에는 사진 (a)에 나타난 바와 같이 결정립계를 따라 탄화물이 석출되어 있어서 취성이 클 것임을 알 수 있으며, 처리 후에는 사진 (b)에서 보는 바와 같이 탄화물이 모두 고용되고 석출되지 않음을 알 수 있다.

[3] 항온열처리(恒溫熱處理, isothermal heat treatment)

항온열처리는 항온변태곡선에 나타난 항온변태를 이용하는 것으로서, 강재를 담금질 온도로 가열한 후 소정의 온도로 유지된 염욕 중에 급랭 및 항온유지하여 항온변태가 진행되게 하는 방법으로서 몇 가지 예를 들어보면 다음과 같다.

오스템퍼링(austempering)은 항온변태곡선의 코(nose)와 M_s점 사이의 온도, 대개 200~500℃의 온도구간에서 항온변태가 진행되게 하여 베이나이트 조직을 얻는 열처리이다. 이 처리를 하면 담금질 균열이나 변형의 우려가 작으며, *HRC* 40~50의 범위에서는 같은 경도의 조질(調質) 강재에 비해 충격치가 높고 피로강도도 더 크다.

마르퀜칭(marquenching)은 M_s점 직상의 온도까지 급랭한 후 일정 시간 유지하여 강재의 내·외부 온도를 균일하게 되도록 기다린 다음 공기 중에 냉각하여 마르텐사이트 조직을 얻는 방법으로서, 담금질 균열이나 변형을 방지하는데 유효하다.

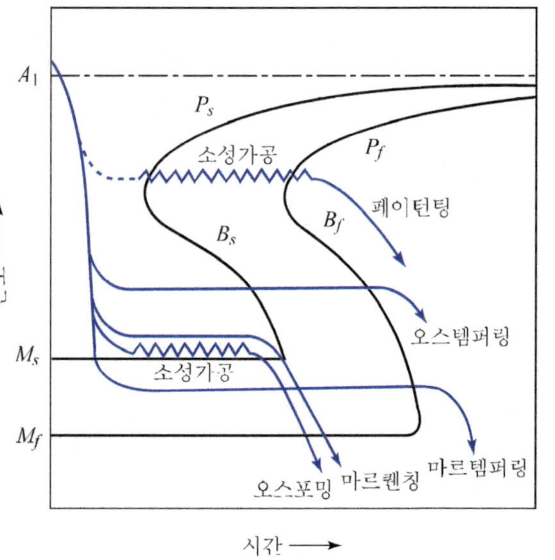

[그림 9-20] 항온변태를 이용한 특수 열처리

마르템퍼링(martempering)은 M_s 온도와 M_f 온도 사이의 온도까지 급랭하여 오스테나이트 일부만 마르텐사이트화하고 그 온도로 계속 유지하여 내부응력을 제거한 다음 남은 오스테나이트는 하부 베이나이트로 변태하게 하는 처리로서, 같은 경도로 담금질 및 뜨임처리한 경우에 비해 충격치가 더 높다.

그림 9-20은 이들 각종 항온 열처리법을 도시한 것이다.

[4] 가공열처리(加工熱處理)

소성가공과 열처리를 유기적으로 조합한 강화법을 **가공열처리**(加工熱處理)라 한다.

페이턴팅(patenting)은 소성가공 도중에 450~550℃로 유지된 연욕(lead bath) 중에서 항온 열처리하면서 소성가공을 하여 대난히 강하고 미세한 펄리이트 조직을 언는 방법이다. 0.4% C 이상의, 특히 과공석 조성의 강재를 인발(引拔, wire drawing)하여 경강선, 피아노선, 스프링선 등을 제조할 때 적용된다. 페이턴팅 처리한 강재는 대단히 큰 강인성을 가지는데, 이것은 결정립 미세화와 함께 극히 미세한 탄화물들이 조직 중에 분산 분포됨으로써 오는 분산강화 효과의 영향이 크다.

오스포밍(ausforming)은 항온변태곡선의 코와 M_s점 사이의 온도까지 급랭하여 과랭 오스테나이트 조직상태로 항온유지하면서 소성가공한 후, 베이나이트 변태가 일어나기 전에 냉각하여 마르텐사이트 조직을 얻는 방법으로서 강도와 인성이 현저하게 큰 초고장력강의 일종인 **오스포밍강**을 얻을 수 있다.

제어압연(制御壓延, controlled rolling)은 소량의 Nb나 V을 첨가한 저탄소의 강재를 고온에서 압연하고 A_3 선 보다 약간 높은 온도에서 다시 한번 강하게 압연한 다음 냉각하여 변태시킴으로써 대단히 미세한 페라이트 조직을 얻는 방법이다. 고장력강의 제조에 적용하는 열처리로서 강도와 저온에서의 인성이 크게 향상되는데, 여기에는 결정립 미세화와 미세한 탄화물의 석출에 의한 분산강화 효과가 크게 기여한다.

9-2 강철의 표면경화

기계부품 중에는 클러치, 캠, 기어 등과 같이 내마모성과 인성을 동시에 필요로 하는 것이 있다. 이러한 경우 소재의 인성을 해치지 않는 범위에서 표면만을 경화하여 내마모성을 향상시키는 방법이 **표면경화법**(case hardening)이다. 표면경화 처리를 하면 표면 부위에 압축 잔류응력이 남게 되어 내피로성도 크게 향상되는데, 이 경우 피로균열은 표면에서부터 시작하는 것이 아니라 경화층과 연한 내부와의 경계 부분에서 시작되는 것으로 알려져 있다. 그림 9-22는 질화처리 및 숏피닝이 피로한도를 향상시키는 것을 보여주고 있다.

[그림 9-21] 표면경화 사례(크랭크 축, 피스턴, 컨넥팅 로드, 기어 등)[14)]

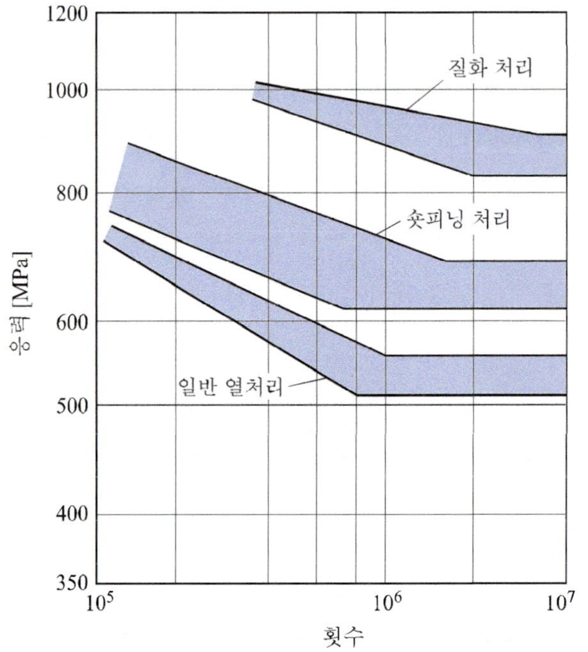

[그림 9-22] 질화처리 및 숏피닝에 의한 4340 합금강제 크랭크축의 피로특성의 변화[15)]

9.2.1 침탄법(浸炭法, carburizing)

침탄법은 저탄소의 강재를 오스테나이트 영역으로 가열한 상태에서 탄소를 확산 침투시켜 표면부위의 탄소 농도를 높인 다음 담금질함으로써 탄소 농도가 높은 표면 부근에만 마르텐사이트가 생성되게 하는 방법이다. 침탄용 강재로는 저탄소강과 저탄소의 Cr강, Ni강, Ni-Cr-Mo강 등이 이용되며, 담금질성이 너무 좋아도 내부 깊숙이까지 강화되어서 곤란하다.

침탄을 위해서는 850~1,000℃의 고온에서 장시간 가열해야 하므로 중심부의 결정립이 조대화될 뿐 아니라, 표면의 고탄소 부위에는 결정립계를 따라 그물눈 모양으로 초석 시멘타이트가 석출하여 취성을 크게 할 우려가 있다. 따라서 고온에서 장시간 침탄해도 중심부의 오스테나이트 결정립이 조대해지지 않는 강종을 선택해야 한다. 특히 침탄 후 재가열하여 담금질을 하지 않고 침탄 공정에서 직접 담금질하는 경우에는 결정립 조대화를 방지할 필요성이 더욱 크므로, 이때는 Ni-Cr강이나 Cr-Mo강을 사용한다.

침탄법은 고체침탄, 액체침탄, 가스침탄이 있는데 최근에는 자동화, 분위기 조절의 용이성, 공해문제 등으로 인하여 가스침탄이 일반화되어 있다.

가스침탄법은 메탄, 프로판, 부탄 등을 공기와 혼합 및 반응시킨 운반가스(carrier gas)에 메탄, 프로판 등을 소량 첨가한 침탄가스 중에서 처리하는 방법으로서 900~950℃에서 수

[그림 9-23] 845℃에서 1시간 청화법 처리한 0.2% C 탄소강의 침탄조직. 검은 표시는 누프 경도 측정 자국임[16)]

시간 동안 처리한다. 이 방법은 자동화가 용이하고 공해문제를 해결할 수 있는 장점이 있으며, 침탄층의 탄소 농도의 조절이나 작업이 용이하므로 최근 널리 이용되고 있다.

고체침탄법은 침탄 상자 중에 침탄제와 침탄 촉진제를 넣고 여기에 강재를 묻은 다음 850~1,000℃로 가열, 침탄하는 방법이지만, 생산비, 제어, 생산성 등의 문제로 인하여 지금은 잘 이용하지 않고 있다. 액체침탄법은 NaCN, KCN, NaCNO 등을 750~900℃로 가열, 용융한 염욕 중에서 방법으로서 **청화법**(靑化法, cyaniding)이라고도 하는데, 침탄과 질화가 동시에 진행되는 장점이 있다.

그림 9-23은 액체침탄법에 의해 845℃에서 1시간 처리한 탄소강(0.2% C)의 침탄조직 사진으로서, 경도의 변화를 누프 경도를 측정한 누름 자국으로써 표시하고 있다. 사진에서 위쪽인 외부는 마르텐사이트와 약간의 탄화물이 혼합된 조직, 그리고 내부는 페라이트 조직이며, 경도는 외부 HRC 61, 내부 HRC 25.5이다.

9.2.2 질화법(窒化法, nitriding)

[1] 가스질화법

강재를 암모니아 기류중에서 500~550℃ 정도로 가열하면 암모니아 가스가

$$NH_3 \rightleftarrows N + 3H \tag{9.1}$$

로 분해하며 이때 생성된 원자상태의 질소가 강재의 표면에 확산, 침투하여 각종 합금원소와 반응하여 경한 질화층이 형성되게 한다. 이것을 **가스질화법**이라 한다. 질화법에 있어서 표면경도를 높이는 가장 큰 인자는 미세한 질화물 입자의 석출에 의한 분산강화 효과이다. 따라서 질화용 강재로는 탄소량 0.4~0.5% C 정도의 중탄소강에 질소와의 친화력이 큰 Al, Cr, Mo, V 등이 합금된 Al-Cr-Mo강, Cr-V강이 있으며, Cr-Mo강도 **질화강**(窒化鋼)으로 사용된다.

질화법은 처리시간은 10~130시간 정도로 대단히 길지만 처리온도가 낮으므로 조질 처리한 재료에도 적용할 수 있다. 또한 처리 후 담금질이 필요 없으므로 담금질에 의한 변형이나 균열, 치수 변화 등을 피할 수 있으므로 침탄법에 비하여 정밀한 부품의 표면경화에 유리하다. 질화층의 깊이는 침탄법에 비해 얕지만(대개 0.5 mm 이하로 제한됨) 표면경도는 HV 1,000 정도로 현저하게 높다. 또한 질화 조직은 안정하여 500℃ 부근의 고온에 까지 사용할 수 있으며 비교적 내식성도 좋다.

질화법은 마찰속도가 빠르면서도 압력과 충격이 작은 부품에 주로 적용되어 실린더 라이너, 크랭크축, 캠, 스핀들, 기어, 각종 다이스, 절삭공구 등에 널리 실시되고 있다.

[2] 침탄질화법(浸炭窒化法, carbo-nitriding)

침탄가스에 NH_3를 25% 정도 첨가하여 800~900℃로 가열하면 침탄과 질화가 동시에 진행된다. 이러한 **침탄질화법**은 경화층이 뜨임 저항성이 크고 잔류응력의 분포가 바람직한 형태이어서 피로와 충격에 강하여 기어, 샤프트, 캠, 핀 등에 많이 적용되고 있다.

이렇게 침탄과 질화가 병행하여 일어나는 조건에서는 오스테나이트 영역인 760℃ 이상의 고온으로 가열하면 침탄이 위주로 되지만, 페라이트 영역의 저온(675℃ 이하)으로 가열하면 질화 위주의 반응이 진행되어 질화물 중심의 경화층을 얻을 수 있다. 이것을 이용하는 것이 **침질탄화법**(浸窒炭化法, nitro-carburizing)이다.

[3] 터프트라이드법(tuftriding)

터프트라이드법은 NaCNO 또는 KCNO를 함유하는 570℃의 용융 염욕에 강재를 담가 질화처리하면서 여기에 공기를 불어 넣어 반응을 촉진시키는 방법으로서, 가열 온도가 낮으며, 처리 시간도 10~120분 정도로서 기체질화법에 비하여 현저하게 짧은 장점이 있다. 또한 질화강이 아닌 보통강이나 구조용 합금강에도 처리가 가능하며 이때는 경도는 그다지 높아지지 않으면서도 내마모성과 내피로성이 크게 향상된다. 이렇게 경도가 낮게 질화처리하는 방법을 **연질화법**(軟窒化法, soft nitriding)이라 한다.

[4] 이온질화법(ion 窒化法)

이온질화법은 질화처리할 물품을 밀폐용기에 넣어서 $10^{-2} \sim 10^{-3}$ Torr까지 배기한 후 1 ~10 Torr 정도가 되도록 N_2 가스나 H_2를 함유한 N_2 가스를 보내면서 제품 표면을 (-)극으로, 용기 벽을 (+)극으로 하여 0.1~1.5 KV의 직류 전압을 인가하면 표면 근처에서 글로 방전(glow discharge)이 일어나게 된다. 이때 분위기 중의 N_2가 이온화되며, 높은 운동에너지를 가진 이온의 충격에 의해 제품 표면이 가열 및 질화된다.

이온질화법은 종래의 질화법에 비해 질화시간의 단축, 처리온도의 저온화, 에너지 절감, 무공해, 경제성 등의 이점이 있으며, 금형, 내식 부품, 내열 부품 등에 주로 적용한다. 그리고 사용 가스를 약간 변경하면 침탄질화도 가능하다.

9

9.2.3 고주파 담금질(induction hardening)

고주파 유도열에 의하여 강재를 가열하면 표면부위만 급속 가열된다. 이 상태에서 담금질을 하면 고온 상태(A_1 온도 이상)인 표면부위에만 마르텐사이트 조직이 생성되어 표면경도 및 내마모성을 향상시킬 수 있다. 이 방법에서도 마르텐사이트 변태시의 부피팽창에 의하여 압축 잔류응력이 표면부위에 남게 되어 내마모성뿐만 아니라 내피로성도 증가한다. 고주파 담금질에 적합한 재질은 SM35C~SM45C로의 중탄소강으로서 반드시 합금강을 사용할 필요는 없으며, 소재를 조질한 후 처리하면 균일한 깊이로 담금질할 수 있다. 그림 9-24는 고주파 담금질 장치의 모식도이며, 그림 9-25는 고주파 담금질한 기어의 조직 사진으로서 표면부위에 마르텐사이트 조직이 형성되어 있다.

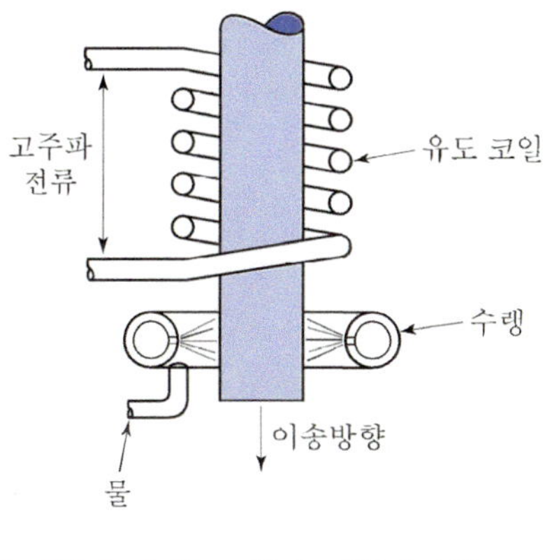

[그림 9-24] 고주파 담금질장치

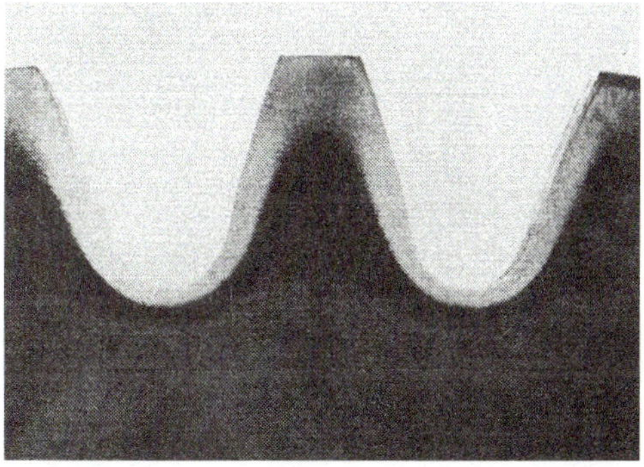

[그림 9-25] 고주파 담금질한 기어의 조직[17]

고주파 유도열은 표피 효과 때문에 주파수가 높을수록 표면에만 집중된다. 따라서 고주파 담금질시의 가열깊이 및 이에 따른 경화깊이는 주파수가 높을수록 얕아지며, 고주파 발진 장치의 종류에 따라 대형의 깊은 경화의 경우는 4~10 mm, 중·소형 부품의 얕은 경화의 경우는 0.5~3 mm 정도이다. 한편 고주파 담금질은 처리가 신속하고 작업환경이 깨끗하고 공해가 적은 등의 장점이 있지만, 한 번에 한 개씩 처리하므로 같은 제품이 어느 정도 이상 많이 확보되어야 경제성이 있다.

9.2.4 기타의 표면경화법

[1] 화염경화법

고주파 담금질과 같은 원리이나 그림 9-26에서 보는 바와 같이 산소-아세틸렌이나 프로판 가스 불꽃 등으로 가열하는 것만 다르며, 표면이 오스테나이트화 온도로 가열되었을 때 분출수로 냉각한다. 이때 화염에 의하여 소재의 표면이 용해되지 않도록 주의해야 하며, 경화층의 깊이는 버너의 진행 속도에 따라 변화하나 1~5 mm가 보통이다. 담금질 깊이를 크게 하기 위해서는 예열 버너를 사용하는 것이 좋으며, 담금질 후에는 반드시 뜨임처리를 해야 한다.

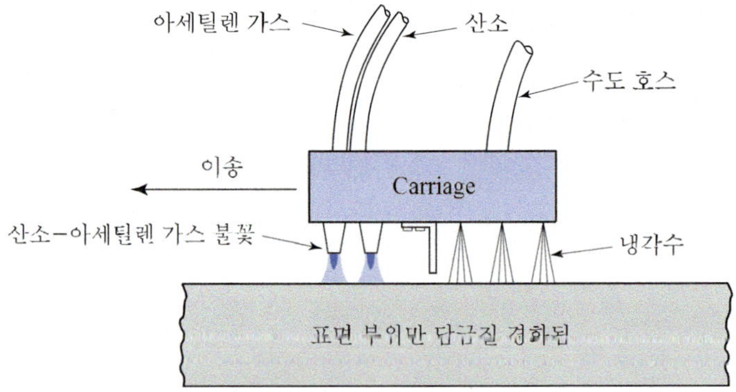

[그림 9-26] 화염 경화법의 모식도

[2] 금속침투법(cementation)

강재의 표면에 타 금속원소의 원자를 확산 침투시켜 경화층을 생성시키는 방법을 금속침투법이라 하는데, Cr을 침투시켜 내마모성 이외에 내열성과 내식성도 향상시키는 **크로마이징**(chromizing)과 붕소(boron)를 침투시켜 대단히 경한 붕화물층이 생성되게 하는 **붕화법**(boriding) 등이 널리 알려져 있다. 그러나 이들의 경화층은 박리의 우려가 커서 충격이나 진동이 없는 곳에만 용도가 한정되는 단점이 있다.

[3] 숏피닝(shot peening)

강재의 표면을 고속으로 발사되는, 작은 강철, 세라믹 등으로 만든 구(shot)에 부딪히게 하여 가공경화 효과에 의하여 표면을 경화시키는 방법으로서 이것에 대해서는 제 5-7절에서 기술한 바 있다. 다른 대부분의 표면경화법과 마찬가지로 표면에 압축 잔류응력이 형성됨으로써 내피로성의 향상에 크게 도움이 되며, 그 밖에 응력부식균열, 미동마멸 부식(fretting corrosion)의 방지에도 효과적인 것으로 알려져 있다.

[그림 9-27] 기어의 숏피닝[18)]

[4] 금속용사법(金屬溶射法, metal spay)

금속용사법은 경도가 큰 물질(합금 또는 세라믹 재료)의 분말을 플라즈마 등에 의하여 순간적으로 용해한 후 재료의 표면에 분사하여 경화층이 코팅되도록 하는 방법이며, 내열 재료용으로도 많이 활용되고 있다.

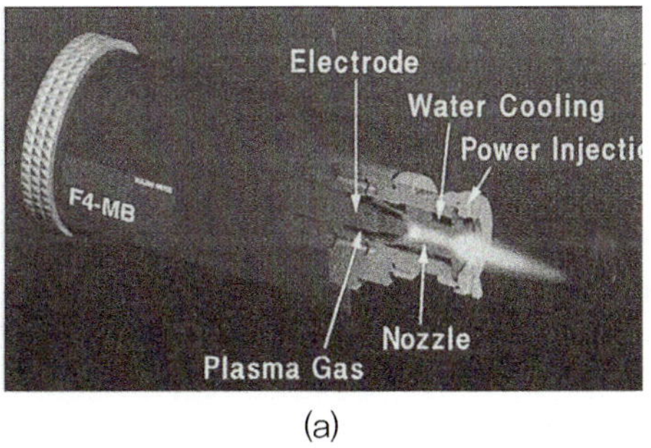

(a)

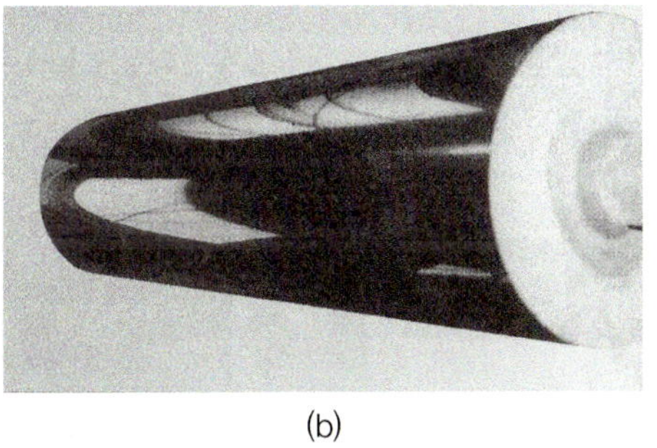

(b)

[그림 9-28] 금속용사법[19)]. (a) 플라즈마 스프레이 건의 구조, (b) 초경합금을 코팅한 롤러

[표 9-1] 각종 표면경화법 비교

종 류	경화대상 금속	공 정	일반 특성	용도
침탄법	저탄소강(0.2% C), 합금강(0.08~0.2% C)	탄소를 함유하는 기체 분위기나(가스침탄법), 고체(고체침탄법) 중에서 870~950℃로 가열한 후 담금질.	고탄소의 표면부 경화(HRC 55~65). 열처리시 제품 변형 가능. 경도 내마모성 ⓔ, 경화 깊이 中(0.5~1.5 mm 정도), contact load 능력 ⓕ, 굽힘피로강도 ⓖ, 담금질 균열 회피성 ⓔ, 저중가 강재에 적용, 시설비 高	기어, 캠, 축, 베어링, 피스톤, 핀, 스프로킷, 클러치판
침탄 질화법	저탄소강	탄소 함유 기체와 암모니아 혼합 가스 분위기에서 700~800℃로 가열한 후 기름 담금질.	표면경도 HRC 55~62. 침탄법보다 뒤틀림 적음. 경도 내마모성 ⓔ, 경화 깊이 小(0.07~0.5 mm), contact load 능력 ⓕ, 굽힘피로강도 ⓖ, 치수 조절 가능성 ⓕ, 담금질 균열 회피성 ⓔ, 저가 강재에 적용, 시설비 中	볼트, 너트, 기어
질화법	질화강(1% Al, 1.5% Cr, 0.3% Mo), Cr-Mo강, 스테인리스강, 고속도강	암모니아가스 분위기나 500~600℃로 가열. 후속 열처리 불필요	표면경도 최대 HV 1100. 경도 내마모성 ⓔ, 경화 깊이 小(0.1~0.6 mm, 고속도강은 0.02~0.07 mm), contact load 능력 ⓕ, 굽힘피로강도 ⓖ, seizure에 대한 저항 ⓔ. 치수 조절 가능성 ⓔ, 담금질 균열 회피성 ⓖ(전처리 시행), 중고가 강재에 적용, 시설비 中	기어, 축 스프로킷, 밸브, 커터, 보링바, 연료분사 펌프 부품
침질탄화법	질화강, 합금강, 보통강	용융 시안화염 중에서 500~600℃로 가열. 공기를 불어 반응 촉진. 후속 열처리 불필요		
고주파 담금질	중탄소강, 주철	소재를 고주파 유도코일 중에서 급속 가열한 후 담금질.	표면경도 HRC 50~60, 약간 뒤틀림. 시설비 보통(고주파 담금질), 화염경화법은 시설비 저렴. 경도 내마모성 ⓔ, 경화 깊이 大(0.7~6 mm). contact load 능력 大, 굽힘피로강도 ⓖ, seizure에 대한 저항 ⓕ. 치수 조절 가능성 ⓕ, 담금질 균열 회피성 ⓕ, 저가 강재에 적용,	기어 및 스프로킷의 치형, 액슬, 크랭그축, 피스톤봉, 선반베드 및 센터
화염 경화법	중탄소강, 특수강, 주철	표면을 산소아세틸렌 화염으로 급속가열한 후 물 분사나 기타 방법으로 담금질		
붕화법	강재	보론을 함유하는 기체나 고체중에서 가열	표면의 경도 및 내마모성 극히 우수. 경화 깊이 0.025~0.075 mm. 박리 가능성 있음	공구, 금형, 제사 기기

* ⓔ : 우수, ⓖ : 좋음, ⓕ : 보통

참고문헌

1) H. E. McGannon(ed.), The Making, Shaping and Treating of Steel, 9th ed., 1971, United States Steel Corporation

2) 西沢泰二, 佐久間健人(編), 金屬工學シリズ9, 金屬組織寫眞集鐵鋼材料編, 1979, p.28-p.29, 日本金屬學會(일본금속학회의 게재 허가를 득함)

3) Republic Steel Corporation 자료에 따름

4) H. E. McGannon(ed.), The Making, Shaping and Treating of Steel, 9th ed., p.1078, 1971, United States Steel Corporation

5) Avner, Sydney H, Introduction to Physical Metallurgy, 2nd Ed., p.340 and p.343, 1974, McGraw-Hill, Inc.

6) (주)드래곤精機제공

7) Edgar C. Bain, Functions of the Alloying Elements in Steel, p.233, 1939, American Society for Metals

8) Metals Handbook 10th ed., vol. 1, p135, (1990), American Society for Metals, Metals Park, OH

9) L. E. Samuels, Optical Micrography of Carbon Steels, p.374, 1980, American Society for Metals

10) 西沢泰二, 佐久間健人(編), 金屬工學シリズ9, 金屬組織寫眞集鐵鋼材料編, 1979, p.34, 日本金屬學會(일본금속학회의 게재 허가를 득함)

11) 西沢泰二, 佐久間健人(編), 金屬工學シリズ9, 金屬組織寫眞集鐵鋼材料編, 1979, p.35, 日本金屬學會(일본금속학회의 게재 허가를 득함)

12) Harold E. McGannon, The Making, Shaping and Treating of Steel, 9th ed., p.1134, 1971, United States Steel Corporation

13) 石田制一et al(編著); 標準顯微鏡組織2nd ed., 第3類, 構造用合金鋼および特 殊用途鋼篇, (株)山本科學工具研究社, p.64, p.65 (1976) 日本船橋市

14) 인터넷(주소 불상)

15) Metals Handbook, 9th ed., vol.1, p.674 (1978), American Society for Metals, Metals Park, OH (ASM International의 거재 허가를 득함)

16) Metals Handbook, 9th ed., vol.9 p.227 (1985), American Society for Metals, Metals Park, OH (ASM International의 거재 허가를 득함)

17) TOCCO Division, Park-Ohio Industries, Inc

18) Curtiss-Wright Surface Technologies (group)

19) (주)동양테크 제공

9

제 10 장 강재의 특성과 용도

Introduction to Engineering Materials

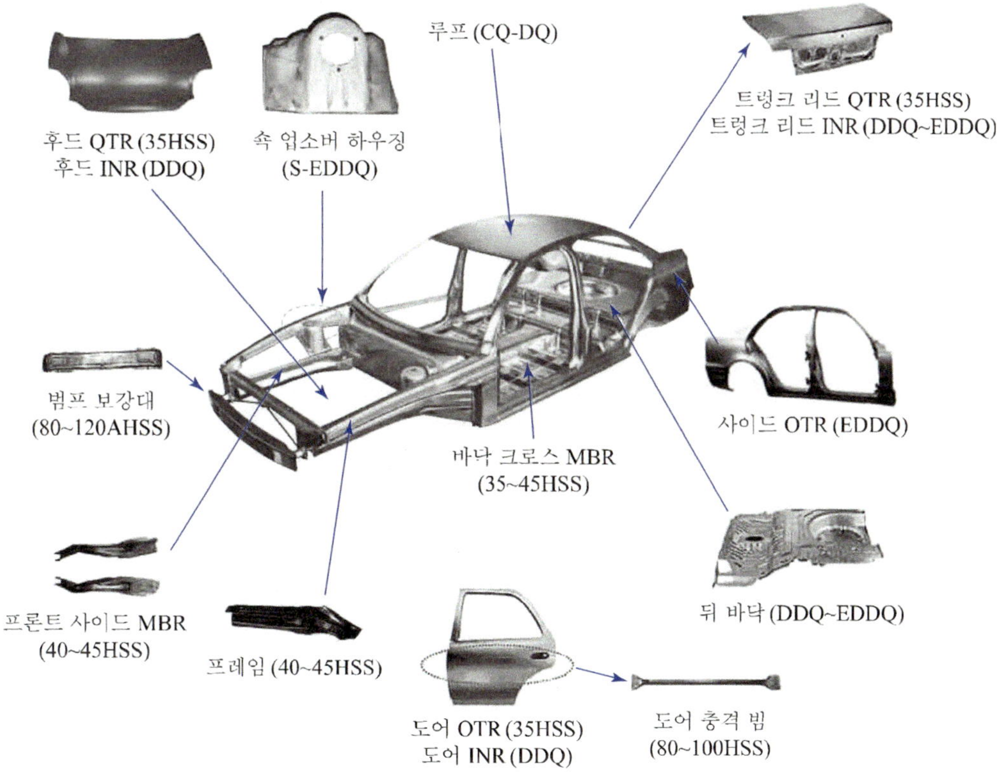

[그림 10-1] 자동차 부분별 적용 강종[1](CQ : 저탄소강(0.1%C), DQ, DDQ : 초저탄소강(0.08%C), EDDQ : 0.008%C, S-EDDQ : 0.006%C, HSS : 고장력강, AHSS : 초고장력강)

강철의 성질은 탄소 함량과 그밖의 합금원소의 종류 및 첨가량에 의하여 결정되며, 그림 10-1에서 보는 바와 같이 그 성질에 따라 용도가 정해진다. 강철의 용도는 대부분 구조용으로 사용되며, 그밖에 공구용, 내식용, 내열용 등의 특수한 목적용으로 사용되기도 한다. 여기서는 각종 강재의 특성과 이에 따른 적절한 선택 및 관리 방안에 대하여 논하기로 한다.

10-1 탄소강의 용도

탄소강의 기계적 성질은 그림 8-8 및 그림 8-9에 표시한 바와 같이 탄소 함량에 따라 변화하므로 그 용도 또한 탄소량과 밀접한 관계가 있다. 0.25% C 이하의 저탄소강은 강도는 떨어지나 가공성이 좋고 연성, 인성이 좋으므로 주로 구조용 재료에 사용되며, 고탄소강은 경도, 내마모성이 크고 담금질 효과도 크므로 공구나 내마모재 등으로 주로 이용된다. 탄소강은 가격이 저렴한 등 많은 장점이 있으나, 다음과 같은 단점이 있어 사용범위가 제한된다.

[표 10-1] 탄소량에 따른 탄소강의 용도

탄 소 량	용 도
0.02 - 0.10	못, 용접재료, 스탬프, 리벳
0.10 - 0.20	쾌삭 재료, 침탄강, 봉, 선, 판, 관, 구조용강
0.20 - 0.30	캠, 캠축, 기어(침탄), 크랭크, 구조물, 농기구
0.30 - 0.40	열처리 부품, 볼트, 너트, 나사, 축
0.40 - 0.50	열처리 부품, 볼트, 축, 캠축, 기어, 단조물
0.50 - 0.60	기어(기름 담금질)
0.60 - 0.70	단조 다이, 고정 나사, 록 와셔, 나사 드라이버
0.70 - 0.80	렌치, 띠톱, 망치
0.80 - 0.90	스프링, 펀치, 끌, 리벳, 현악기 줄, 농기구
0.90 - 1.00	스프링, 칼, 다이
1.00 - 1.10	볼 베어링, 탭, 드릴, 공구 날, 절단기
1.10 - 1.20	절삭공구, 드릴, 볼 베어링, 공구 날
1.20 - 1.30	줄, 절삭공구
1.30 - 1.40	톱, 보링공구

① 연성이나 충격치를 크게 희생하지 않고는 70 kgf/mm^2 이상의 높은 강도를 얻을 수 없다.
② 단면이 크면 담금질시 내부 깊숙이까지 마르텐사이트 조직으로 만들기 어렵다.
③ 담금질시 변형이나 균열이 발생할 우려가 크다.
④ 내식성과 내산화성이 나쁘다.
⑤ 저온에서의 충격치가 작다.

표 10-1은 탄소함량에 따른 탄소강의 일반적인 용도를 나타낸 것이다.

10-2 특수강의 용도

특수강(特殊鋼)은 앞서 열거한 탄소강의 단점을 보완하거나, 다른 특별한 성질을 부여하기 위하여 하나 또는 그 이상의 합금원소를 첨가한 **합금강**(合金鋼, alloy steel)을 말하며, 여기에는 특수한 제조 공정을 거쳐 제조되어 특수 목적에 사용되는 고급 탄소강도 포함된다. 합금원소로는 주로 Mn, Cr, Ni, Mo 등이 첨가되며, 사용 목적에 따라서는 W, V, Si, Co, B, Cu, Al, Pb, Ti, Nb 등을 첨가하기도 한다. 합금원소 첨가 효과는 8-8절에서 언급한 바 있다.

합금원소의 종류와 첨가량에 따라서 재료의 각종 성질과 조직, 열처리 특성과 열처리 조직, 기계적 성질 및 그 용도도 결정되며, 그 주된 합금원소의 종류에 따라 Ni강, Cr강, Mn강 등으로 명명한다. 합금원소를 첨가하는 가장 주된 목적은 담금질성의 개선이다. 따라서 저합금강의 경우는 탄소강과 마찬가지로 저탄소 또는 중탄소의 것은 주로 구조용으로 사용되며(재료 내부 깊숙이까지 담금질이 잘 되어 강도가 높은), 고탄소의 것은 구조용으로는 그다지 사용하지 않고 담금질 경화시켜 공구나 금형, 내마모재 등으로 주로 사용된다. 저합금강의 경우는 보통 펄라이트 조직이 얻어지는데 담금질 및 고온뜨임하여 강인한 구상 펄라이트 상태에서 사용하는 것이 일반적이며, 공구용이나 내마모성이 요구되는 경우에는 이것을 담금질 및 저온뜨임하여 뜨임 마르텐사이트 조직상태로 사용한다. 고합금강의 경우는 첨가원소의 종류나 첨가량에 따라 페라이트, 오스테나이트, 마르텐사이트 등 조직이 다양하게 나타난다.

바탕조직이 펄라이트인 경우는 대부분 담금질 및 뜨임하여 뜨임 마르텐사이트 상태로 사용한다. 조직이 페라이트인 경우는 열처리 경화가 불가능한 대신 가공성이 풍부하므로 강도는 작아도 가공성이 큰 곳에 사용하며, 오스테나이트 조직이 생성되는 경우는 비자성용으로의 이용이 가능하다. 그밖에 탄화물이 다량 형성되는 경우는 내마모성 향상에 도움이 되므로 바탕조직을 담금질 경화시켜 공구 등 내마모재로 사용된다. 한편 경화능이 커서 경화깊이가 깊은 것은 대형 기계부품의 재료로 사용할 수 있으며, 2차 경화 현상이 일어나는 재료는 고속 절삭공구나 열간금형으로 적용한다.

10-3 구조용강

10.3.1 구조용 압연강

기계구조물 이 외의 건축, 교량, 선박, 차량 등 일반구조물용의 압연강에는 용접성, 연성 등을 고려하여 저탄소강이 이용되고 있다. 또 근년에는 용접성이 뛰어난 용접구조용강, 자연환경 중에서의 내식성을 높인 내후성강, 중량 감소를 목적으로 하는 고장력강, 로켓, 미사일 등의 구조재로서 개발된 초고장력강, 그밖에 LPG, LNG 등의 용기로서 사용되는 저온용강 등이 개발, 이용되고 있다.

[1] 일반구조용강

일반구조용강은 용접성이 좋아야 하고, 취성파괴를 피하기 위하여 연성이 좋아야 하고, 값이 싸야 한다. 따라서 일반적으로는 0.3% C 이하 저탄소의 림드강*1) 또는 세미 킬드강*2)이 열간압연 상태 그대로 사용된다. 그리고 인장강도는 35~60 kg/mm^2, 연율은 13~30% 정도이다.

일반구조용 압연강재에는 SS330, SS400, SS490 및 SS540의 네 가지가 있는데 이들의 규격은 최소한의 인장강도로써 정한다. 예를 들면 이들은 각각 인장강도가 330-430 MPa, 400-510 MPa, 490-610 MPa 및 540 MPa 이상이어야 한다.

[2] 용접구조용강

과거의 선박들은 리벳 구조(유명한 타이타닉호도 300만 개의 리벳으로 제작되었음)였으나

1) rimmed steel : 제강 후 강편으로 주조하기 전에 탈산처리를 하지 않은 강재. 킬드강에 비해 품질은 낮으나 연성, 단접성은 더 좋다.
2) semi-killed 강 : 위 탈산처리를 적당한 정도까지만 한 강재. killed강은 탈산처리를 충분히 한 강재를 말함

제2차 세계대전 이후 용접구조의 선박으로 전환되어 **용접구조용강**은 이제 기계구조용 다음으로 그 수요가 많다. 강판을 용접할 때 용접부 바로 근처인 열영향부(heat affected zone ; HAZ)는 용접 후 냉각시 급랭 및 경화되어 취성이 커지게 되며, 또한 강재는 체심입방격자이므로 추운 날씨에 대비하기 위해서는 연성-취성 천이온도가 낮아야 한다. 이 두 가지를 모두 만족시키기 위하여 탄소량을 0.2% 이하로 억제하고 망간을 0.6~1.5% 정도로 다소 높게 하여 용접성과 함께 강도와 인성을 한층 개선한 Al 킬드강*3)이 용접구조용강으로 사용되고 있다.

교량, 건축물, 건설기계, 해양구조물 등은 노천에서 사용하므로 자연환경 중에서의 내식성이 좋아야 하며, 용접성과 기계적 성질도 우수해야 한다. 이러한 목적으로 개발한 것이 **내후성강**(耐候性鋼)으로서 P, Cu, Cr 등을 소량 함유(예를 들면 1.1% Cr-0.42% Cu-0.16% P)하며 여기에 Ni, Ti, Mo, Nb, Zr, 중 한 가지 이상을 더 첨가한다. 내후성강은 점차 치밀하고 밀착성이 좋은 녹이 표면에 생성되어 내식성이 좋고 색조가 아름답다.

[3] 고장력강(高張力鋼)

근년에 들어 선박이나 교량, 철탑, 고압 탱크 등 구조물이 점점 대형화됨에 따라 강도를 향상시킬 필요성이 커지고 있으며, 특히 자동차의 경우 연비를 향상시키기 위하여 강재의 중량을 감소할 필요가 생기게 되었다. 이에 따라 용접성이나 연율을 손상하지 않고 50~100 kg/mm^2 정도의 인장강도를 갖는 **고장력강**이 개발되었다.

고장력강은 HSLA강(high strength low alloy steel), 즉 **고장력저합금강**이 주류를 이루고 있는데, 탄소량 0.15~0.25% 정도로서 아직 화학조성이 명확히 확립되어 있지 않아 합금성분이나 합금량보다는 기계적 성질의 최저값(인장강도 490 MPa 이상)으로 규정하고 있다.

HSLA강은 연강에 0.8~1.7% 정도의 Mn을 첨가한 **듀콜(Ducole)강**을 원조로 하여 발전된 것이 대부분이며 열처리나 제조방법의 개선에 의하여 강도를 높인다. 미국 금속학회(American Society for Metals)는 HSLA강을 다음과 같이 네 가지 범주로 나누고 있다[2].

① 펄라이트 조직의 압연강 : 탄소 이 외에 1~2가지 원소(Mn이 대표적)를 합금하여 기계적 성질 향상시킴.

② 미소 합금강 : Nb, V, Ti, Zr, 희토류(稀土類) 금속 등 0.1~0.15% 첨가, 제어압연에 의하여 강도 및 인성 증대. 용접성 양호함.

③ 고강도 구조용 탄소강 : 기본적으로 불림이나 담금질 및 뜨임처리하여 사용하는 Si-Mn강

---

3) Al killed 강 : 제강 후 강편으로 주조하기 전에 Al을 첨가하여 탈산처리한 강재

④ 열처리한 구조용 저합금강 : 합금량을 다소 높여 경화능을 향상시킴. 단면이 두꺼워도 기계적 성질 우수함. 담금질성이 우수하며 고강도, 고인성을 가지고 있으나, 용접성 좋지 못하며 가격이 높음.

한편 근래 몇몇 자동차용 강재 제조 업체들이 자체 개발한 인장강도 490~980MPa의 고장력강을 첨단고장력강(AHSS, advanced high strength steel)으로 홍보하고 있으나 앞의 분류법에 의하면 결국 고장력강의 범주에 들어 있다. 이들의 대표적인 사례로 TWIP강과 TRIP강이 있다.

TWIP강(twinnig induced plasticity steel, 쌍정유기소성강)과 **TRIP강**(transformation induced plasticity steel, 변태유기소성강)은 조직을 제어하여 얻는 고장력강이다. **TWIP강**은 고탄소 고망간(0.4~1.2% C, 13~24% Mn)인 오스테나이트 조직의 강재로서 인장강도 980MPa, 연율 65%라는 대단히 우수한 기계적 성질을 가지고 있으며, 상온뿐 아니라 −100℃ 이하의 극저온에서도 기계적 성능이 우수하다. 소성변형시 무수한 쌍정이 발생하며, 결정립이 압연방향으로 늘어나면서 그 직각 방향으로의 평균 결정립 크기가 1 μm 이하인 것이 조직상의 특징이다. **TRIP강**은 페라이트 기지에 잔류 오스테나이트가 혼재된 조직(미량의 베이나이트와 마르텐사이트가 있을 수 있음)으로서 인장강도 590~980 MPa, 항복비 0.57~0.67로서 고강도, 큰 내충격성 및 높은 성형성이 요구되는 곳에 사용된다.

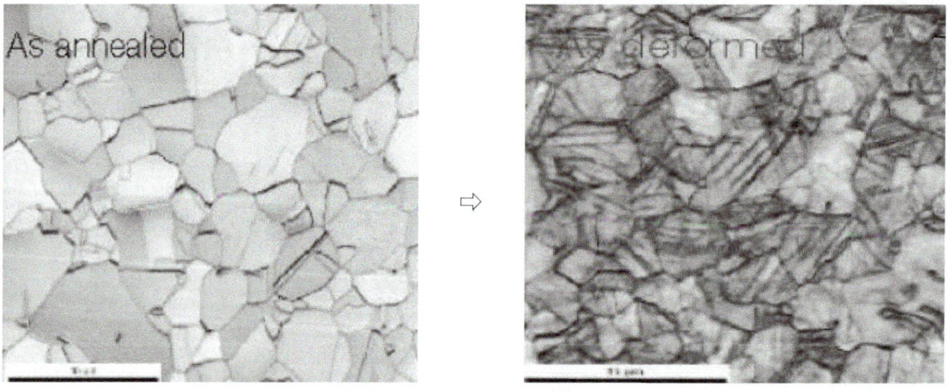

(a) 풀림 상태　　　(b) 소성변형 후

[그림 10-2] TWIP강의 소성가공 전후의 현미경 조직 변화[1]. 소성변형시 무수한 쌍정이 발생한다.

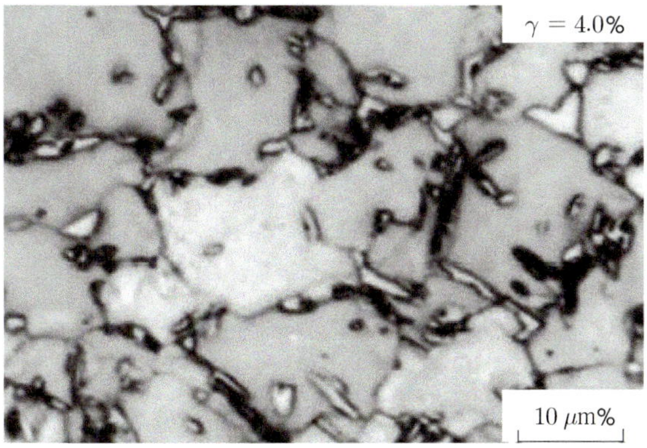

[그림 10-3] TRIP강의 현미경 조직[1]. 이 사진의 경우는 4%의 잔류 오스테나이트가 존재함

[4] 초고장력강(超高張力鋼)

초고장력강은 980 MPa 이상의 인장강도를 가진 강재로서, 로켓, 미사일, 심해 잠수함, 자동차 등의 구조재로 사용되고 있다. 초고장력강에는 0.2%C 이하의 강인강을 기반으로 한 저탄소 마르텐사이트강(인장강도 140~150 kg/mm^2). SNCM 8종 정도의 Ni-Cr-Mo강을 기반으로 한 중탄소 마르텐사이트강(인장강도 150~200 kgf/mm^2), 5Cr-Mo-V강을 등을 오스포밍(ausforming, 제 9-1-5절 참고) 처리하여 얻는 **오스포밍강**(인장강도 240~300 kgf/mm^2)이 있으며, 그 밖에 **머레이징강**과 **TWIP강**, **TRIP강** 등의 특수한 강재가 있다.

머레이징강(maraging steel)은 극저탄소(0.03% 이하), 18~25% Ni-7~15% Co의 강재에 Mo, Ti, Al, Nb 등을 첨가한 강재로서 담금질 및 시효처리(450~500℃)에 의해 경하고 미세한 Ni_3Mo, Ni_3Ti 등을 마르텐사이트 조직 중에 분산 석출시킨 것이다. 이 강재는 대단히 높은 인장강도(180~250 kg/mm^2)와 경도를 가짐과 동시에 탄소량 저감에 의하여 높은 인성을 겸비하고 있어서 비행기의 랜딩 기어, 각종 공구, 골프채의 헤드 등에 사용된다.

그 밖에도 다양한 합금과 특수 처리에 의하여 많은 종류의 고강도강이 개발되고 있으며, 그림 10-4에서 보는 바와 같이 높은 강도와 인성을 동시에 확보하기 위해 많은 노력과 연구가 진행 중에 있다.

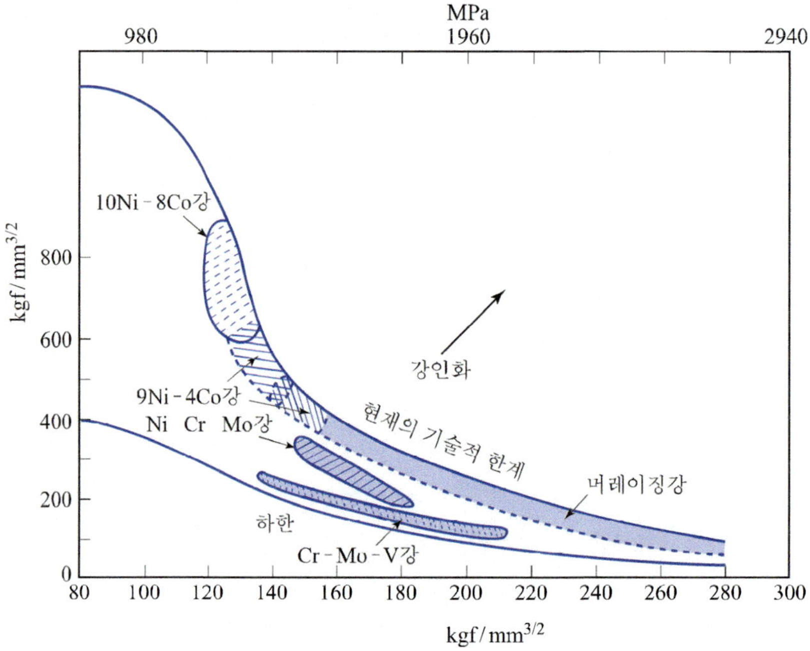

[그림 10-4] 초고장력강의 강도와 인성의 관계[3)]

[5] 저온용강(低溫用鋼)

강재는 체심입방격자이므로 제 6장에서 언급한 바와 같이 저온에서 취성파괴를 일으키기 쉽다. 따라서 각종 액화가스의 용기나 한랭지, 극지방의 기계 구조물용 강재는 연성-취성 천이온도를 낮추어야 한다. -50℃ 정도까지 프로판가스나 LPG 용기로는 Al 킬드강이 사용되고 있으며, 그 이하의 온도용으로는 니켈강을 주로 사용한다. 니켈강은 Ni의 첨가량이 많을수록 사용 온도가 낮아지는데, 9% 니켈강은 -195℃까지의 액체 아르곤, 액체 산소, 액체 질소, LNG 등의 용기로 사용되고 있으며, 특히 최근 선박 동력의 LNG화 추세와 관련하여 주목을 받고 있다. 그리고 극저온(액체 수소, 액체 헬륨 등)용으로는 면심입방격자인 오스테나이트계 스테인리스강이나 고망간강을 사용한다.

그림 10-5는 철의 충격치에 미치는 각종 합금원소의 영향을 표시한 것으로서 Ni이나 Mn을 첨가하면 저온에서도 충격치가 높은 것을 알 수 있다.

그밖에 극저온용 비철합금으로는 순Al과 순동이 열 및 전기전도도 목적으로, 그리고 Al-6Cu, Ti-5Al-2.5Sn ELI[*4)], Ti-6Al-4V ELI 합금이 비강도 목적으로 사용되고 있으며, 70Cu-30Ni 합금은 성형성이 좋아 파이프 등에 사용되고 있다.

---

4) ELI : extra low interstitials

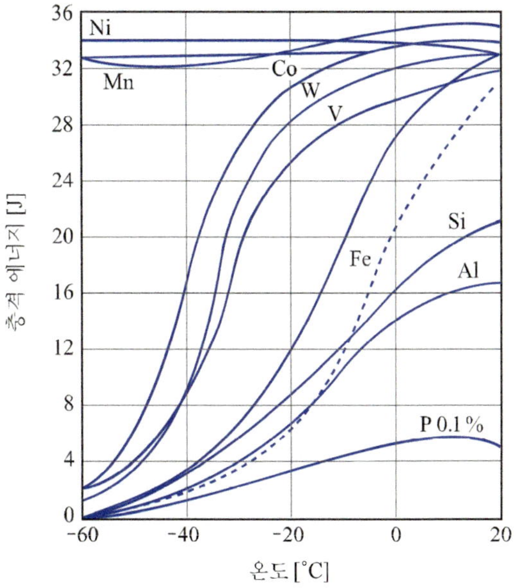

[그림 10-5] 저온에서의 철의 충격치에 미치는 합금원소의 영향

10.3.2 기계구조용강

강인성이 특히 요구되는 기계 구조물 재료에 이용되는 강종을 **기계구조용강**이라고 한다. 이 종류의 강재는 일반구조용강에 비하여 불순물에 대한 규정이 엄격하고 품질에 대한 신뢰도도 한층 높아야 하며, 대개 강인성을 높이기 위하여 담금질한 후 적당한 경도로 고온 뜨임하여 사용한다. 기계구조용강으로는 탄소량이 적은 탄소강과 합금강이 이용되며, 그 종류도 풍부하고 모두 킬드강으로 제조된다.

[1] 기계구조용 탄소강

기계구조용 탄소강은 0.1~0.6% C의 범위로서, 0.3% C 이하의 저탄소강은 담금질 효과가 없으므로 강도를 그다지 요하지 않는 볼트, 너트, 핀 등에 사용하거나, 침탄하여 사용한다. 탄소 농도가 높은 것은 물에 담금질한 후 550~600℃에서 뜨임하여 인장강도, 인성, 피로강도를 높여서 사용한다.

기계구조용 탄소강의 규격은 "SM○○C"로 표시하며 ○○의 위치에는 탄소량(탄소량 범위의 중간에 해당)을 표시하는 숫자가 들어간다.

[표 10-2] 기계구조용 탄소강의 종류와 합금 성분(KS D 3752-1996)

기호	탄소량 [%]	기호	탄소량 [%]	기호	탄소량 [%]	기호	탄소량 [%]
SM10C	0.08-0.13	SM12C	0.10-0.15	SM15C	0.13-0.18	SM17C	0.15-0.20
SM20C	0.18-0.23	SM22C	0.20-0.25	SM25C	0.22-0.28	SM28C	0.25-0.31
SM30C	0.27-0.33	SM33C	0.30-0.36	SM35C	0.32-0.38	SM38C	0.35-0.41
SM40C	0.37-0.43	SM43C	0.40-0.46	SM45C	0.42-0.48	SM48C	0.45-0.51
SM50C	0.47-0.53	SM53C	0.50-0.56	SM55C	0.52-0.58	SM58C	0.55-0.61
기타 원소 함량 [%] (위 전체 강종 공통임)							
Si	0.15-0.35	Mn	*)	P	0.030 이하	S	0.035 이하

* Mn의 양은 SM10C~SM25C까지는 0.30~0.60%, 그 외는 0.60~0.90%임

[표 10-3] 기계구조용 탄소강의 기계적 성질

종류의 기호	열처리*	항복점 [N/mm²]	인장강도 [N/mm²]	연율 [%]	경도 [HBN]
SM10C	N	206 이상	314 이상	33	109-156
SM20C	N	245 이상	402 이상	28	116-174
SM28C	N	284 이상	471 이상	25	137-197
	Q	333 이상	539 이상	23	152-212
SM35C	N	304 이상	510 이상	23	140-207
	Q	392 이상	569 이상	22	167-235
SM48C	N	363 이상	608 이상	18	179-235
	Q	539 이상	735 이상	15	212-277

* N : 열처리를 안한 상태, Q : 담금질 및 550~650℃에서 뜨임처리한 상태

[2] 기계구조용 합금강

기계구조용 합금강은 **강인강**(强靭鋼)이라고도 하며 0.25~0.50% C의 강에 Ni, Cr, Mn, Mo 등을 소량 첨가함으로써 경화능을 높이는 한편 뜨임 후의 강인성과 피로강도를 향상시킨 것으로서 가공성과 내식성도 좋다. 이들은 대개 담금질 후 550~650℃에서 뜨임하여 사용한다.

(1) Cr강

C 0.1~0.5%, Cr 0.8~1.2%인 강재로서 풀림상태에서는 기계적 성질이 탄소강과 거의 비슷한 정도이나 열처리하면 크게 개선된다. Cr은 탄화물을 만들어 내마모성을 크게 하고, 연율이나 충격치를 그다지 감소시키지 않으면서도 경도, 피로한도를 증가시킨다. 또한 강재의 내식성과 내열성을 개선하며, 담금질성과 뜨임 저항성을 향상시켜 준다. Cr강은 기름에 담금질하여도 담금질 효과가 좋으며, 담금질 균열이 잘 일어나지 않으므로 소형 및 대형 축, 기어, 핀 등에 사용된다.

한편 이 강재의 탄소량을 높인 **고탄소크롬강**(0.9~1.2% C, 0.9~1.6% Cr)은 경도와 내마모성이 우수하여 단조용 롤러, 인발 다이스, 줄, 톱 등의 공구용으로 사용된다. 특히 감쇠능(減衰能, damping capacity)*[5]이 좋기 때문에 강재중 유일하게 베어링용으로 사용할 수 있어서 **베어링강**으로 잘 알려져 있다.

(2) Ni-Cr강

기계 구조용 합금강 중에서 가장 중요한 강종으로서 0.27~0.40% C, 1.0~3.5% Ni, 0.5~1.0% Cr의 것이 가장 널리 쓰인다. 이 강재는 질량효과가 작고 인장강도, 경도, 내마모성, 내식성, 내열성, 인성 등도 탄소강에 비해 현저하게 우수하다. 또 고온에서 장시간 가열해도 결정립이 조대화되는 경향이 작은 장점이 있어서 각종의 소형 축이나 크랭크축, 프로펠러축, 기어 등에 이용된다. 그러나 이 강재는 주조 후 냉각시 극히 미소한 헤어 크랙(hair crack)이 발생할 우려가 크고 뜨임취성도 심하므로 주의해야 한다. 헤어 크랙은 주로 주조나 단조 후 냉각 도중에 발생하는 아주 미세한 균열로서 수소취성이 그 원인으로 알려져 있다. 한편 뜨임취성을 방지하기 위해서는 뜨임 후 급랭하여야 하며, Mo을 0.2~0.5% 가하면 더욱 효과가 크다. Ni-Cr강은 보통 820~880℃에서 담금질하고 550~650℃에서 뜨임처리한 후 기름 중에 급랭한다.

(3) Ni-Cr-Mo강

Ni-Cr강에 0.7% 이하의 Mo을 첨가함으로써, 경화능과 뜨임 저항성을 한층 향상시키고 뜨임취성을 현저히 저감하는 한편 강인성이 증대하게 하여 강인강중 기계적 성질이 가장 우수한 강이다. 이 강재는 경화능이 커서 200 mmϕ 정도의 대형 기계부품에도 적용 가능하며, 고급 내연기관의 크랭크축, 기어, 터빈 날개, 대형부품 등 주요 기계부품에 사용된다.

---

5) 감쇠능 : 진동을 흡수하는 능력

[표 10-4] 주요한 기계구조용 합금강의 화학성분과 기계적 성질

<table>
<tr><th rowspan="2">기호</th><th colspan="6">화 학 성 분</th><th colspan="3">기계적 성질</th></tr>
<tr><th>C</th><th>Mn</th><th>Si, P, S</th><th>Cr</th><th>Ni</th><th>Mo</th><th>항복 강도 [MPa]</th><th>인장 강도 [MPa]</th><th>연율 [%]</th></tr>
<tr><td>SMn420</td><td>0.17-0.23</td><td>1.20-0590</td><td rowspan="14">Si : 0.15 -0.35
P : 0.030 이하
S : 0.030 이하</td><td rowspan="3">0.35이하</td><td rowspan="3">0.25이하</td><td rowspan="3">-</td><td rowspan="3">-</td><td rowspan="3">-</td><td rowspan="3">-</td></tr>
<tr><td>SMn438</td><td>0.35-0.41</td><td>0.35-1.65</td></tr>
<tr><td>SMnC420</td><td>0.17-0.23</td><td>1.20-1.50</td></tr>
<tr><td>SCr415</td><td>0.13-0.18</td><td rowspan="3">0.60-0.90</td><td rowspan="3">0.90 -1.20</td><td>-</td><td>-</td><td>-</td><td>784 이상</td><td>15 이상</td></tr>
<tr><td>SCr435</td><td>0.33-0.38</td><td>-</td><td>-</td><td>735 이상</td><td>822 이상</td><td>15 이상</td></tr>
<tr><td>SCr440</td><td>0.38-0.43</td><td>-</td><td>-</td><td>784 이상</td><td>931 이상</td><td>13 이상</td></tr>
<tr><td>SNC415</td><td>0.12-0.18</td><td>0.60-0.90</td><td>0.20-0.50</td><td>2.00-2.50</td><td>-</td><td>-</td><td>785 이상</td><td>17 이상</td></tr>
<tr><td>SNC631</td><td>0.27-0.35</td><td rowspan="2">0.35-0.65</td><td>0.60-1.00</td><td>2.50-3.00</td><td>-</td><td>686 이상</td><td>834 이상</td><td>18 이상</td></tr>
<tr><td>SNC815</td><td>0.12-0.18</td><td>0.60-1.00</td><td>3.00-3.50</td><td>-</td><td>-</td><td>-</td><td>-</td></tr>
<tr><td>SNCM220</td><td>0.17-0.23</td><td>0.60-0.90</td><td>0.40-0.60</td><td>0.40-0.70</td><td>0.15-0.25</td><td>-</td><td>834 이상</td><td>17 이상</td></tr>
<tr><td>SNCM240</td><td>0.38-0.43</td><td>0.70-1.00</td><td>0.40-0.60</td><td>0.40-0.70</td><td>0.15-0.30</td><td>785 이상</td><td>883 이상</td><td>17 이상</td></tr>
<tr><td>SNCM439</td><td>0.36-0.43</td><td>0.60-0.90</td><td>0.60-1.00</td><td>1.60-2.00</td><td>0.15-0.30</td><td>883 이상</td><td>980.7 이상</td><td>16 이상</td></tr>
<tr><td>SCM415</td><td>0.13-0.18</td><td rowspan="2">0.60-0.90</td><td rowspan="2">0.90-1.20</td><td rowspan="2">0.25이하</td><td>0.15-0.25</td><td>-</td><td>833 이상</td><td>16 이상</td></tr>
<tr><td>SCM435</td><td>0.33-0.38</td><td>0.15-0.30</td><td>784 이상</td><td>931 이상</td><td>15 이상</td></tr>
</table>

(4) Cr-Mo강

Cr강에 0.15~Mo을 첨가한 것으로서 강인강 및 침탄강으로 사용된다. 이 강재는 풀림에 의하여 연화되는 정도가 Cr강에 비하여 크기 때문에 압연, 단조, 절삭가공이 용이하고 용접성도 대단히 우수하다. 또한 내마모성이 크고 강인하며, 고온에서도 결정립이 조대해지지 않고 고온강도가 저합금강 중 가장 큰 등 내열성이 우수하다. 따라서 고온 고압용 보일러관, 고온 배관, 열간 압연용 롤(roll), 자동차 기어 등으로 널리 이용되고 있다.

10.3.3 주강

주강(鑄鋼, cast steel)은 용융점이 높고, 유동성이 나쁘며, 수축이 크고, 가스 발생이 많고, 주물의 표면상태가 불량한 등 주조성*6)이 아주 좋지 않다. 그러나 대형이거나 모양이 복잡하면서도 주철보다 큰 강인성이 요구될 때는 주강품으로 제작한다. 주강은 기공을 방지하기 위하여 탈산처리를 충분히 하고, 균열을 일으키는 원인이 되는 S나 P의 양은 억제하되, 주조성을 좋게 하기 위해 Si의 양은 다소 높인다. 그리고 모양이 복잡하고 두께 변화도 심하므로 담금질 균열이나 변형의 문제로 인해 담금질이 불가능한 경우가 많으며, 이러한 경우는 풀림상태로 또는 불림처리하여 사용한다. 불림처리하면 결정립이 미세해져 여러 가지 기계적 성질 특히 강도와 인성이 크게 향상된다. 주강에는 탄소강 주강 이 외에도 저합금강 주강, 스테인리스강 주강, 내열강 주강 등이 있으며, 특히 고망간강은 절삭가공이나 소성가공이 거의 불가능하여 주강품으로만 제조된다.

10

고망간강은 1.0~1.4% C, 10~15% Mn인 오스테나이트 조직의 강재로서 발명자의 이름을 따서 **하드필드강**(Hadfield steel)이라고도 하며, 대표적인 내마모강으로 널리 알려져 있다. 고망간강은 주조 후 서랭시 결정립계에 탄화물이 석출하여 취성이 커지며, 이것을 방지하기 위해서는 **용체화처리**(또는 **수인법**)를 해야 한다(제 9.1.5절 참고). 고망간강은 강도가 크면서도 인성이 우수하고 가공경화가 대단히 심하게 일어나(소성변형시 오스테나이트 조직이 경한 마르텐사이트로 변태됨) 내마모성이 아주 좋으므로, 심한 충격과 마모가 동시에 일어나는 파쇄기, 레일 교점, 전차의 장갑판, 불도저의 캐터필러, 기타 광산·토목·건설 기계 등의 마모부에 널리 이용되고 있으며, TWIP강을 비롯하여 근래 개발되고 있는 각종 초고장력강의 기반 재질이 되고 있다. 한편 고망간강은 면심입방격자인 오스테나이트 조직이어서 연성-취성 천이현상이 없으므로 초저온용으로서 초전도 발전기 등의 각종 초전도 설비, LNG 탱크 등에 사용되며, 상자성체이므로 비자성 재료로서 핵융합로, 지자기(地磁氣) 측정 장비, 전자교반 장치 등에 적용되고 있다.

---

6) 주조성(鑄造性)이 좋으려면 ① 쇳물의 유동성이 좋아서 세밀한 부분까지 쇳물이 잘 흘러 들어갈 것, ② 주형과의 화학반응을 일으키지 않아 주물 표면이 깨끗할 것, ③ 쇳물의 수축이 적어 수축에 의한 결함이 적게 발생할 것 등을 갖추어야 함.

10-4 공구강 및 공구재료

여러 가지 산업에서 사용되는 공구는 재질별로는 그림 10-6에 표시한 바와 같이 강철계, 초경합금, 서멧계, 세라믹계 등으로 나눌수 있다. 용도별로는 기계가공에 사용되는 절삭공구와 소성가공이나 충전가공용의 금형이 있으며, 그 밖으로는 목공공구, 가정용 공구, 농기구 등 다양한 종류가 있다. 그리고 생산성의 극대화, 생산제품의 정밀화, 품질의 고도화, 가공방법 및 제품소재의 다양화 등에 따라 공구의 성능에 대한 요구도 다양해져 결과적으로 공구의 종류, 성능, 품질도 점차 다양해지고 있다.

공구재료
- 공구강
  - 탄소공구강 … 고순도 고탄소강. 생산량 최다
  - 합금공구강 … 고탄소강에 W, Cr, V, Ni, Mn 등 첨가. 절삭공구용, 내충격공구용, 냉간금형용, 열간금형용
  - 고속도강 … W계, Mo계, 소결고속도강. 절삭공구, 열간금형
- 서멧계
  - 초경 합금 … WC-Co계, WC-TiC[TaC]-Co계. 절삭공구. 절삭칩 생산량 최다.
  - 서멧계 … TiC-Ni-Mo계, TiC-TiN-Ni-Mo계
- 세라믹계 …………………… 다이아몬드 공구, CBN 공구, Al_2O_3계, Al_2O_3-TiC계, Si_3N_4계, 연마재

[그림 10-6] 공구재료의 분류

공구재료는 그 생산량의 절반 이상을 탄소공구강이 차지하고 있지만, 절삭공구에 있어서는 전 세계적으로 초경합금 공구가 전체 칩 생산량의 65%를 차지하고 있고 그 다음이 고속도강이며, 다이아몬드 공구와 CBN 공구는 다 합해도 5%에 지나지 않고 있다.

절삭공구는 일반적으로 충격, 고압, 그리고 가열 또는 마찰열에 의한 고열이라는 가혹한 조건하에서 사용되므로 용도에 따라 상온 및 고온경도가 크고, 내마모성과 내충격성, 내변형성이 클 것 등이 요구된다. 그리고 성형성과 경화능이 좋을 것 등도 2차적으로 요구된다. 절삭공구는 실제의 사용에 있어서 마모와 함께 날이 떨어져 나가는 칩핑(chipping)에 의해서도 수명이 결정되므로 내마모성과 인성이 가장 중요한 인자가 된다.

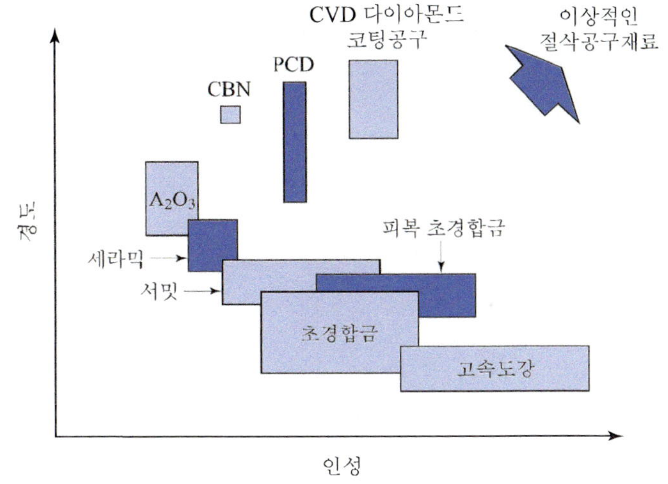

[그림 10-7] 각종 절삭공구별 특성 비교[4)]

10.4.1 탄소공구강(炭素工具鋼)

탄소공구강은 금형용, 절삭공구용, 내마모용으로 나뉘는데, 탄소량이 증가하면 경도, 내마모성은 커지나 인성이 작아지고 탄소량이 감소하면 그 반대로 된다. 사용조건에 맞추어 조직상으로는 마르텐사이트, 시멘타이트 및 여러 가지 첨가원소에 의한 특수 탄화물 등을 이용하며, 공구의 수명을 연장하기 위하여 각종 표면경화법을 적용하기도 한다.

탄소공구강은 표 10-5에서 보는 바와 같이 탄소량 1.3~1.5%의 STC1종으로부터 탄소량 0.6~0.7%의 STC7종까지가 있는데, 탄소량이 높은 것은 절삭공구로, 탄소량이 낮은 것은 조각용이나 망치 등의 타격용으로 주로 사용된다. 탄소공구강은 가격이 싸고 사용 범위가 넓기 때문에 공구강 생산량의 절반 이상을 차지하고 있다. 이 강재는 풀림상태에서 공구의 모양으로 성형하고 물에 담금질한 다음 150~200℃에서 뜨임처리하는데, 가열시 탈탄 우려가 크고 담금질성이 좋지 않아 내부 깊숙이까지 경화가 잘 되지 않으며, 담금질 균열이나 변형의 우려가 크므로 유의하여야 한다.

[표 10-5] 탄소공구강의 종류 및 용도(KS D 3751-1984)

기 호	탄소량 [wt%]	용 도
STC 1	1.30~1.50	손톱깍이, 면도칼, 줄 등
STC 2	1.10~1.30	드릴, 바이트, 소형 펀치, 면도칼, 쇠톱 등
STC 3	1.00~1.10	띠톱, 면도칼, 게이지, 태엽, 끌 등
STC 4	0.90~1.00	목공용 드릴, 띠톱, 도끼, 끌, 면도칼, 프레스 금형 등
STC 5	0.80~0.90	각인, 프레스 금형, 태엽, 띠톱, 치공구, 게이지 등
STC 6	0.70~0.80	각인, 태엽, 프레스 금형 등, 줄, 스냅 등
STC 7	0.60~0.70	각인, 프레스 금형, 칼 등

10.4.2 합금공구강(合金工具鋼)

탄소공구강은 담금질성이 좋지 못하며, 금속재료의 절삭시에는 마찰열에 의하여 온도가 높아지면 뜨임현상을 일으켜 그림 10-8에서 보는 바와 같이 경도가 크게 저하되므로, 고속 절삭이나 난삭재의 절삭이 어렵다. 합금공구강은 탄소공구강의 담금질성, 내마모성, 인성, 고온경도 등을 개선하기 위하여 Ni, Cr, W 및 V 등을 수% 첨가한 것이다. 이들 합금원소는 미세한 탄화물을 형성하여 고탄소 마르텐사이트 조직과 함께 공구강의 담금질 경도와 내마모성을 높이며, 또한 뜨임 저항성을 높여 마찰열에 의한 경도의 저하를 완화하기도 한다. 합금공구강은 용도에 따라 절삭 공구용, 내충격용, 냉간 금형용 및 열간 금형용으로 나뉜다.

절삭공구용 합금강은 탭, 드릴, 다이스 등의 절삭공구로 사용되는 것으로서 탄소량이 높으며, 경도는 HRC 60 이상이 되어야 한다. 탄소공구강에 W을 첨가하여 내마모성과 뜨임에 의한 경도 저하를 억제하고 Cr을 첨가하여 담금질성을 좋게 한 W-Cr계가 주종을 이루고 있으며, 둥근톱, 띠톱 등과 같이 예리함과 인성이 요구되는 공구에는 탄소량을 저감하고 Ni을 첨가한 것이 사용되고 있다.

내충격공구용 합금강은 정, 펀치, 스냅, 에어 해머, 피스톤 등의 용도에 사용되며, 인성을 위하여 탄소량을 감소시킨다. 또한 Cr, Mn, Si 함량을 적게 억제하여 담금질성을 작게 하기도 하는데, 이 경우는 물에 담금질해도 마르텐사이트가 표층에만 생성되어 중심부는 인성을 유지하게 되는 한편 표면부위에는 압축응력이 잔류하게 된다.

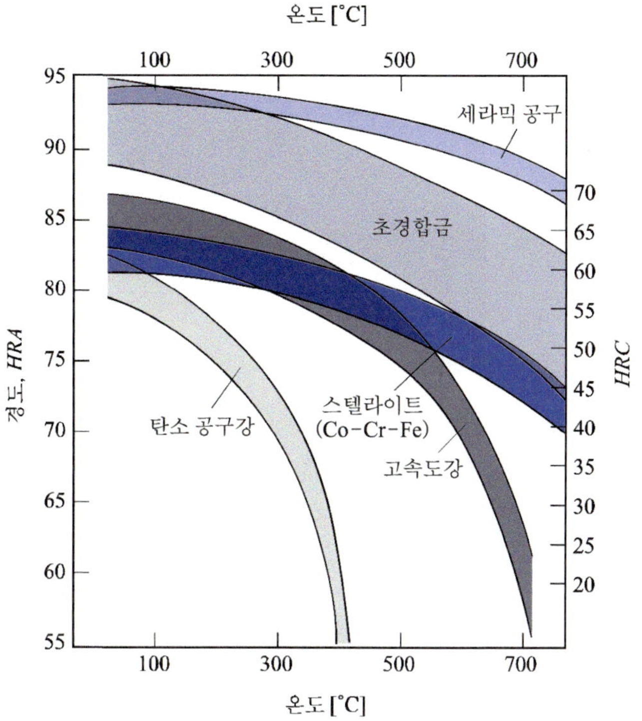

[그림 10-8] 공구재료의 온도에 따른 경도의 변화

냉간 금형용 합금강은 내마모성이 크고 담금질 변형과 시효변형이 작아야 한다. 합금성분으로 보면 Mn을 약 1% 첨가한 Mn-Cr강 및 Mn-Cr-W강과, 고탄소 고Cr강의 두 계열이 있는데, 내마모성이 뛰어나 선재 인발용 금형, 트리밍 다이(trimming die) 등에 사용된다. STD11은 고탄소 고Cr계로서 냉간 성형의 모든 분야에 사용되는 범용재로서 양산되고 있다. 그밖에 높은 인성과 내마모성이 요구되는 경우에는 Mo계 고속도강인 STH51이나, 분말야금에 의해 제조한 소결 고속도강이 사용되기도 한다.

열간 금형용 합금강은 단조 금형, 다이캐스팅 금형, 압출 금형 등 고온에서 사용하는 금형용 재료이다. 따라서 뜨임 저항성이 큰 재질이라야 하며, 뜨임 온도가 550~600℃ 정도로 높은 편이다. 또한 열충격과 함께 가열-냉각의 반복에 의한 열피로 때문에 표면에 미세한 균열이 발생하기 쉬우므로 인성을 확보하기 위하여 열처리시 경도를 HRC 45 이하로 한다. 그밖에 고온으로 인한 변형이나 마모에 대한 저항이 커야 한다. 이러한 열간금형용 소재로서 가장 대표적인 것은 STD61로서 Al 합금의 다이캐스팅 금형 등에 사용된다.

한편 공구용 강재를 선정할 때는 그 용도와 사용조건, 재료의 성질 등을 잘 비교하여 선정하여야 함은 당연한 일이며, 열처리 방법도 중요한 인자의 하나이다. 모양이 복잡한 금형의 경우는 담금질에 의한 균열이나 변형의 우려가 크므로 공기나 기름 중에 담금질하는 재료를 사용해야 한다. 그리고 일반적으로 냉간 금형용 재료는 저온에서, 열간 금형용 재료는 고온에서 뜨임한다.

10.4.3 고속도강

고속도강(高速度鋼, high speed steel)은 W, Cr 및 V으로 대표되는 탄화물 형성원소를 다량으로 함유하여 경도와 내마모성을 현저하게 향상시킨 합금강이다. 또한 뜨임 저항성이 커서 마르텐사이트가 잘 분해되지 않고 뜨임시 2차 경화현상에 의하여 경도가 더욱 상승하여 고온경도가 크므로 각종 절삭공구 및 열간 금형용 재료로서 사용된다. 따라서 절삭능이 다른 공구강에 비해 대단히 뛰어나며, 절삭가공시의 마찰열에 의하여 수 백도로 승온된 상태에서도 공구날의 경도와 내마모성을 유지할 수 있어서 강재의 고속절삭이 가능하다.

고속도강의 표준조성은 W 18%, Cr 4%, V 1%, 나머지 Fe로서 18-4-1 고속도강으로 알려져 있으며, 최초의 고속도강 발명 이래 현재까지도 사용되고 있다. 오늘날에는 W의 일부 또는 대부분을 Mo로 대체한 Mo계 고속도강이 전체 생산량의 90% 이상을 차지하고 있는데, 이것은 Mo계가 일반적으로 W계에 비하여 인성이 높고 가격이 싸며, 담금질 온도도 약 50℃ 낮은 등의 장점 때문이다.

고속도강은 풀림상태에서는 절삭가공이나 소성가공이 용이하므로, 브로치(broach)나 호브(hob) 등 복잡한 공구 형상으로 만들 수가 있다. 고속도강의 담금질 온도는 W계는 1,250~1,300℃, Mo계는 1,200~1,250℃ 정도로 상당히 높아 용융점에 가까우며, 산화나 탈탄을 방지하기 위하여 보통 염욕(鹽浴) 중에서 가열하고 기름 중에 급랭한다. 고속도강의 뜨임은 성능을 좌우하는 중요한 요소로서 550~600℃ 내외로 2시간 정도 시행한다. 이때 경도가 더욱 상승하는데, 이러한 **2차 경화**(secondary hardening)는 잔류 오스테나이트로 부터 미세한 복탄화물이 석출하는 것과, 잔류 오스테나이트가 안정한 마르텐사이트로 변태하는 것에 기인한다.

한편 소결 고속도강은 녹여 만든 고속도강에 비하여 균질이고 또 탄화물이 더욱 균일 미세하게 분포한다. 따라서 날을 더욱 예리하게 제작할 수 있어서 다듬질 가공이나 고정밀도 가공에 적당한 것으로 알려져 있으며, 또한 보통의 고속도강과 초경합금과의 중간적인 용도, 예를 들면 중절삭용 엔드밀(end mill), 호브(hob) 등에 활용되고 있다.

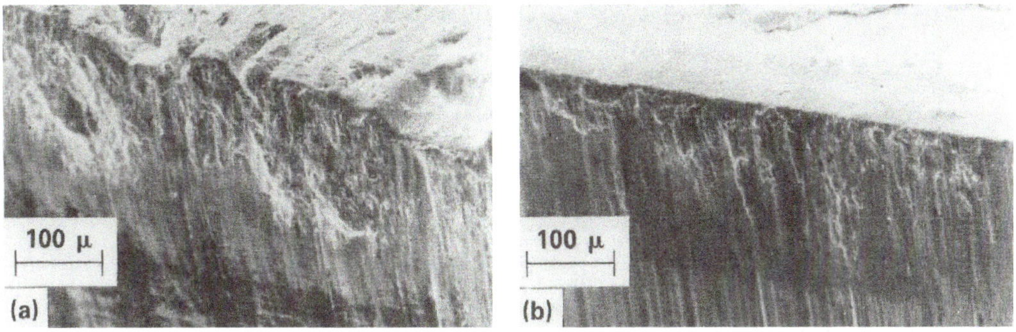

[그림 10-9] 일반 고속도강과 소결 고속도강의 비교[5]. (a) 일반 고속도강의 절삭 날로서 심한 미소 치핑(microchipping) 흔적이 보임. (b) 소결 고속도강의 절삭 날로서 동일 사용조건 하에서도 미소 치핑이 보이지 않음

10.4.4 초경합금과 서멧

초경합금(超硬合金)은 경질의 탄화물 분말을 금속 결합재로 소결한 공구재료를 총칭하는 것으로서 **소결 탄화물 공구**(燒結炭化物工具, sintered carbide tool)라고도 한다. 탄화물로는 WC가 사용되고, 결합재로는 탄화물과의 결합성과 인성이 좋은 Co가 주로 사용된다. WC의 함량은 70~90% 정도이며, 이러한 WC-Co계 이외에 TiC를 0~25% 첨가한 WC-TiC-Co계도 있는데 TiC의 일부를 TaC로 대체하기도 한다.

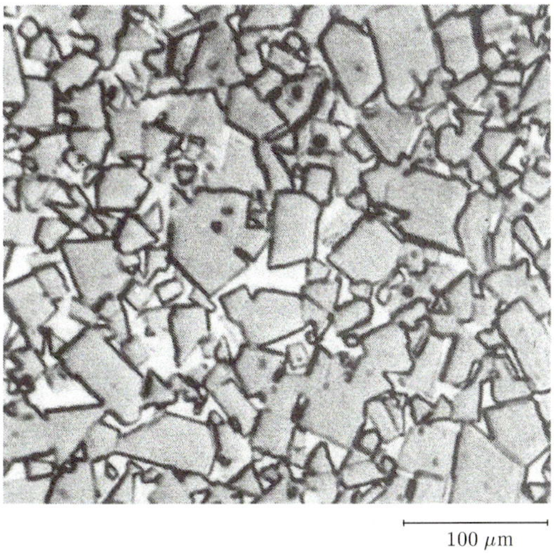

[그림 10-10] WC-Co 초경 합금의 현미경 조직 사진. 밝은 부분이 Co, 회색 부분이 WC 입자[6]

초경합금은 취성이 큰 단점이 있기는 하나, HRA89 이상의 높은 경도와 내마모성을 가지며, 열처리 경화된 것이 아니므로 1,200℃ 정도의 고온에서도 그다지 연화되지 않는 특징이 있다. 따라서 각종 절삭공구로 널리 이용되어 절삭 칩 생산량이 최다인 공구재료이다. 또한 내식성과 내열성이 우수하므로 열간 가공용 다이, 내마모 기계부품 등(V종), 각종 의료기구, 내열 노즐 등이나, 광산이나 토목용 등으로도 이용된다.

한편 초경합금은 내마모성이 커야 되는 경우는 탄화물을 늘이되 TiC나 TaC를 좀 더 많이 첨가하며, 반면에 황삭과 같이 인성이 요구되는 경우는 Co의 함량을 높이고 탄화물중의 WC의 비율을 좀 더 높인 것을 사용한다. 그림 10-11을 보면 초경합금은 Co의 함량이 많을수록 경도와 압축강도가 저하되고 마모는 심해지지만 항절력이 커지는 것을 알 수 있다.

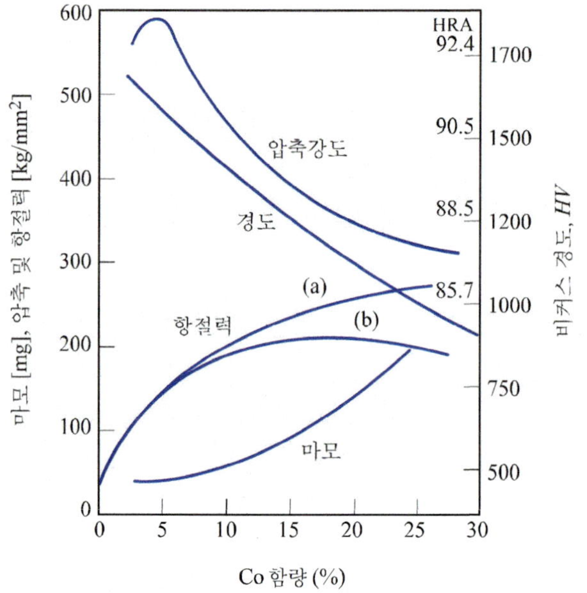

[그림 10-11] Co 함량에 따른 초경합금의 기계적 성질의 변화((a) Ammann 등, (b) 기타)

서멧(cermet)은 금속과 세라믹의 복합재료를 일컫는 말지만, 서멧 공구를 칭할 때는 초경합금을 제외한다. 서멧 공구는 TiN－Ni－Mo를 기본 성분으로 하고 있으며, 인성은 다소 부족하지만 내열성, 내마모성, 내용착성, 가공면의 품질 등의 면에서는 초경공구보다 뛰어나다. 초경공구에 비해 항절력이 부족한 결점을 보완하기 위하여 TiC, TaN, NbC 등을 첨가한 강인한 서멧이 지속적으로 개발되고 있다.

한편 근년에는 공구의 경도와 인성을 개선하기 위하여 초경합금이나 고속도강의 표면에 PVD나 CVD법에 의해 TiC, TiN, TiCN, Al_2O_3 및 다이아몬드 등의 내마모 피막을 피복

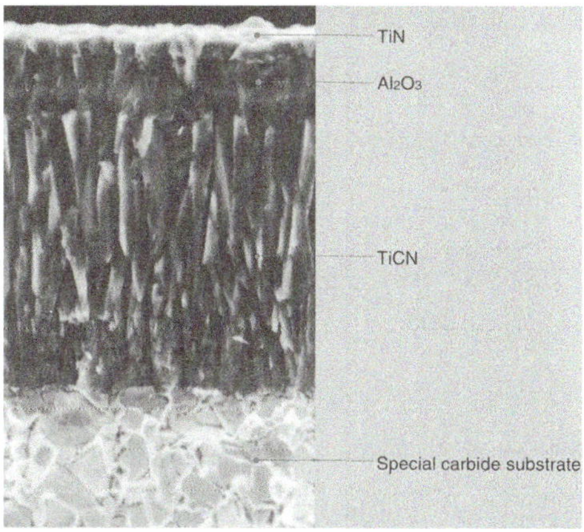

[그림 10-12] 초경공구 피복층의 구조[7)]

[그림 10-13] 다이아몬드 코팅의 표면[8)]

(그림 10-12 및 그림 10-13)하여 사용하는 경우가 많다. 이러한 **피복공구**(coated tool)는 격렬한 단속 절삭(斷續切削)이나 정밀도가 엄격한 다듬질 절삭에는 그다지 효과가 없으나, 피복하지 않은 경우에 비해 공구수명이 훨씬 길고 보다 고속의 절삭이 가능하다. 또한 철과의 반응성도 감소되어 내용착성이 우수하며, 이에 따라 가공면의 품질도 우수하다.

10.4.5 세라믹계 공구재료

일반적으로 **세라믹 공구**는 Al_2O_3 미립자를 공구 형상으로 가압성형한 후 1,700℃ 이상에서 소결하여 만든 공구를 의미해 왔는데, 금속 결합재를 사용하지 않으므로 고온 경도와 내마모성이 뛰어나지만 인성이 부족하여 강재의 중절삭에는 적용하지 못하고 주로 플라스틱, 연한 금속의 절삭에 사용된다. Al_2O_3의 일부를 TiC로 치환하여 항절력(抗折力)을 50% 향상시킨 흑색 세라믹 공구도 실용화되고 있으나, 비교적 근래에 개발된 질화규소(Si_3N_4)는 인성이 높고 1,000℃까지 경도를 유지하여 초경합금이나 다른 세라믹 공구를 능가하는 공구 특성을 가지고 있어서 자동차 산업계에서 주철 등의 중절삭에 보다 널리 사용되고 있다.

cBN 공구는 초고압 및 고온에서 인공적으로 합성한 입방정 질화붕소(cubic BN)[*7)]로 만든 공구로서, cBN은 모스 경도 9인 사파이어와 10인 다이아몬드 사이의 경도를 가진다. 또 1,000℃ 이하에서는 Fe계 피삭재(被削材)와 거의 반응을 하지 않으며, 경도도 초경 합금에 비해 훨씬 더 클 뿐 아니라 고온에서도 경도 저하가 그다지 크게 일어나지 않는다. 따라서

7) 질화붕소(BN)는 자연계에서는 결정격자가 육방정(六方晶)인 hBN(hexagonal BN)으로 존재한다. CBN은 인공적으로 만든 것임

CBN 공구를 사용하면 초경합금이나 다이아몬드 공구로 가공하기 어려운 담금질 경화된 상태의 강재(HRC 60 이상), 칠드 주철, 초내열 합금, 스텔라이트(stellite)*8) 등을 고능률(절삭 속도 초경합금의 약 5배)로 절삭가공할 수 있으며, 치수 정밀도와 가공면이 우수해야 하는 경우나 연마가공을 생략하고 절삭가공으로 마무리하고자 하는 경우에 널리 사용된다. CBN 공구는 단체(單體)로 만든 것과 미세한 입자를 초경합금 기판(基板) 위에 0.5~1.0 mm 두께로 치밀하게 고착시킨 것이 있는데, 후자가 주로 사용되고 있다.

다이아몬드 공구는 경도와 내마모성이 현저하게 높아 고속절삭이 가능하며, 날을 극히 예리하게 연마할 수 있다. 또한 비철 합금과 반응하지 않기 때문에 각종 구리 합금, 경 합금, 합성수지, 세라믹, 첨단 복합재료 등의 고속정밀 다듬질 가공용으로 사용되고 있다. 초정밀 가공에는 **단체(單體) 다이아몬드**(single crystal diamond) 공구가 사용되는데 황동의 경우는 절삭가공만으로 거울면(鏡面)을 얻을 수 있어서 연마과정을 생략할 수 있다. 그러나 주성분이 탄소이므로 강재의 가공시에는 철과 화학반응을 일으켜 마모가 심하게 일어나는 단점이 있다. 천연 다이아몬드는 가격이 비싸고 충격에 약하므로 1~30 μm 크기의 미세한 인조 다이아몬드 입자를 초경 합금 기판 위에 두께 0.5~1.5 mm 정도로 치밀하게 소결 부착한 **소결 다이아몬드**(poly crystalline diamond, **PCD**) 공구가 많이 사용되고 있다. 이러한 다결정 소결 다이아몬드 공구는 단체 다이아몬드 공구처럼 거울면을 얻을 수는 없지만, 인성과 내마모성 및 경제성이 더 좋다. 이에 비하면 그림 10-13에 표시된 다이아몬드 코팅 공구는 PCD보다 가격이 더 싸고, 형상이 자유로우며 인성이 커서 황삭도 가능한 장점이 있다.

그림 10-14는 다이아몬드 공구와 이를 사용하여 절삭한 플라스틱의 가공 품질을 보여주고 있다.

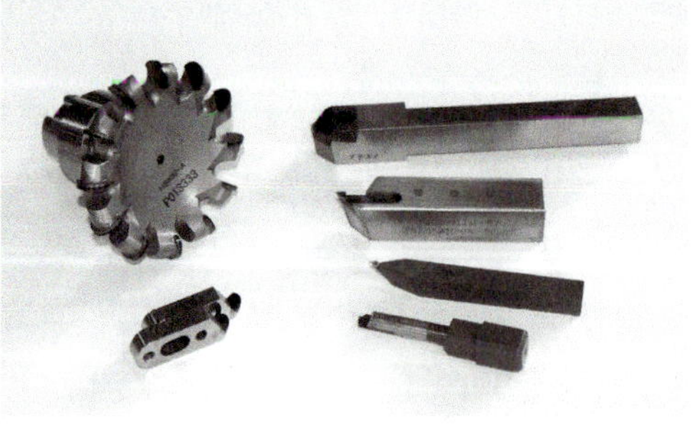

(a)

(b)

[그림 10-14] (a) PCD 공구(왼쪽의 두 개)와 단체 다이아몬드 공구8). (b) 단체 다이아몬드 공구로 가공한 플라스틱 제품9)

---

8) 5~10% W, 30% Cr, 나머지의 대부분이 Co인 고강도 주조 합금. 절삭공구로는 잘 사용되지 않으며, 열간 금형, 내열, 내식용으로 사용됨

10-5 스테인리스강

강재의 사용중에 대두되는 가장 큰 문제중의 하나는 부식이며, 기계구조물의 성능 저하와 수명 단축의 문제 뿐만 아니라 주거 생활 환경의 고도화 및 well being과도 연관성이 깊다. 이러한 측면에서 내식성이 우수한 스테인리스강의 사용량은 날로 급증하고 있는 상황이다.

철강재료에 크롬(Cr)을 첨가하면 내식성이 증대하며, 특히 함유량이 12% 이상으로 되면 질산과 같은 산화성 산(酸化性酸)이나 물에 거의 용해되지 않고 또 공기 중에서는 거의 부식되지 않게 된다. 이와 같이 크롬을 12% 이상 함유하여 내식성이 뛰어난 강재를 **스테인리스강**(stainless steel)이라 하는데, 근래에는 Cr의 함량이 이보다 훨씬 적은 것도 많이 개발되어 있다.

10

스테인리스강	Cr계	페라이트계	저탄소, 12~30% Cr (STS 405, 430)	- 담금질 경화 안됨. 연성, 소성가공성 우수
		마르텐사이트계	0.1~1.0% C, 12~17% Cr (STS403, 410, 431, 440)	- 담금질 경화, 고강도용, 공구용. 고온 강도 大.
	Cr-Ni계	오스테나이트계	17~25% Cr, 8~20%Ni (STS202, 302, 304, 316)	- 내식성 우수. 내열용. 초저온용. 상자성. 생산량 최다.
		오스테나이트·페라이트계	23~30% Cr, 2.5~7%Ni, Ti, Mo 첨가(STS329)	- 2상 복합. 응력부식 및 부식피로에 강함.
		석출경화계	17% Cr, 4 또는 7% Ni (STS631, 630)	- 석출경화, 초고강도

[그림 10-15] 스테인리스강의 분류

한편 크롬이 이렇게 많이 함유되어 있더라도 황산이나 염산과 같은 비산화성 산(非酸化性酸)에 대해서는 내식성이 좋지 못하다. 이것은 비산화성산의 경우는 크롬의 산화피막이 생성되지 못하게 함으로써 스테인리스강이 부동태(passivity) 상태로 되지 못하기 때문이다. 이 경우 Ni을 첨가하면 이러한 비산화성 산에 대한 내식성도 향상된다. 따라서 스테인리스강은 크게 Cr계와 Cr-Ni계의 두 가지 유형으로 나뉘며, 조직에 따라서 마르텐사이트계, 페라이트계, 오스테나이트계 및 석출경화계로 나누기도 한다. 그밖에 오스테나이트와 페라이트의 두 가지 조직이 복합된 오스테나이트·페라이트계도 있으나 그 종류는 많지 않다.

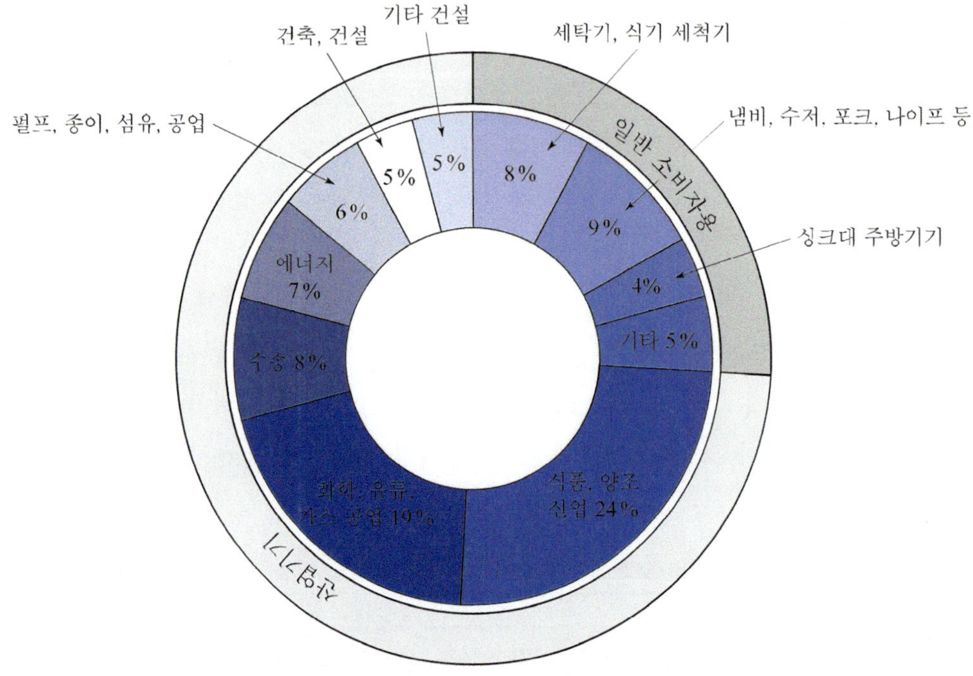

[그림 10-16] 스테인리스강의 용도별 시장 점유율

[표 10-6] 대표적인 스테인리스강의 주요 특성

분류	STS 번호	주요 성분	열처리	항복 강도 [MPa]	인장강도 [MPa]	연율 [%]	경도 [HB]	열전도도 [W/m·K] (100℃)	선팽창 계수 10^{-6}/K (0~315℃)
마르텐사이트계	410	0.12C-13Cr	담금질 및 뜨임	598	745	30	217	25	11.4
페라이트계	430	0.06C-18Cr	풀림	363	530	23	83	26	11.0
오스테나이트계	304	0.06C-18Cr-8Ni	용체화 처리	284	580	55	80	16	17.9
오스테나이트·페라이트계	329J1	0.05C-25Cr-4.5Ni-2Mo	용체화 처리	549	755	28	HRB 94	~22	13.1
석출경화계	630	0.06C-17Cr-4Ni-4Cu	석출경화 처리	1270	1370	14	420	~18	~12.0

10.5.1 Cr계 스테인리스강

Cr은 페라이트 안정화 원소이며, γ영역 폐쇄형 원소로서 Fe-Cr 상태도상에서 γ-Fe 영역을 축소하고 α상의 영역을 넓혀 Cr의 함량이 12.5% 이상이 되면 γ상은 더 이상 나타나지 않고 페라이트 조직만 얻어진다.

[1] 페라이트계 스테인리스강

이 강종은 모든 온도 영역에서 α-Fe 조직인 조성을 갖는 Fe-Cr계 강재이다. 탄소는 Cr 탄화물의 생성을 조장하여 내식성을 해치므로 저탄소 12~18% Cr의 것이 주로 이용되고 있는데, 실온은 물론 고온에서도 페라이트 조직으로서 변태점이 없으므로 열처리에 의한 기계적 성질의 개선은 기대할 수 없다. 13% Cr강(STS405)을 기준으로 Cr량을 증가하여 내식성과 내열성을 개선(STS429, STS430)하거나, Mo을 첨가하여 강인성과 내산성을 개선여 절삭성을 개선(STS430F)하는 등 용도에 따라 다양한 개량종이 개발되고 있다. 페라이트계

[표 10-7] 주요 페라이트계 스테인리스강의 특성과 용도

종류의 기호	주된 성분	특성과 용도
STS405	13Cr-Al	담금질해도 경화가 일어나지 않음. 담금질용 부품, 클래드재
STS409L	11Cr-02Ti-저C, 저N	Ti첨가 용접성 및 가공성이 양호. 자동차 배기계, 열교환기, 내열기기 등
STS410L	13Cr-저C-저N	STS410S보다 탄소량이 적어 가공성, 내고온산화성이 우수함. 자동차 배기가스 처리장치 및 연소실 부품
STS430	16Cr-0.05C	기본형, 내식성이 우수한 범용. 건축내장재, 가정용 기구, 전기부품, 가전부품, 430F는 S 첨가 절삭성 개선
STS434	18Cr-1Mo	STS430을 개량하여 염분에 더 강함. 자동차 외장용, 식기 등.
STS436L	18Cr-1Mo-Ti, Nb, Zr-극저C-저N	STS434의 C와 N을 저감, Ti, Nb, Zr 등을 첨가, 가공성, 용접성을 향상. 건축외장용, 차량부품, 주방기기, 열탕기구 등
STS439	18Cr-0.4Ti-저C, 저N	Ti 첨가, 내식성, 가공성, 용접성 등이 우수. 자동차 배기계, 건자재 등
STS444	19Cr-2Mo-0.3Nb-저C, 저N	고Cr, Mo첨가. 내입계부식성 및 내SCC성 우수. 저수조, 온수기

스테인리스강은 내식성이 양호한 동시에, 연질로서 가공성이 좋으므로, 선, 관, 판 등의 형태로 여러 가지 기계기구의 부품에 이용할 수 있다. 단, 400~500℃의 온도 구간을 서랭하거나 장시간 유지하면 취성이 커지므로 유의해야 한다.

[2] 마르텐사이트계 스테인리스강

12~13%의 Cr과 0.15~1.2%의 C를 함유하는 스테인리스강의 경우는 고온에서는 γ상이, 상온에서는 α상이 나타나므로 담금질하면 마르텐사이트 조직을 얻을 수 있다. 이러한 마르텐사이트계 스테인리스강은 내식성 이외에 높은 강도와 경도, 그리고 우수한 내열성과 고온 강도를 가지므로 담금질 및 뜨임 처리를 하여 칼 등의 각종 공구, 의료 기구, 내열 부품, 내식성이 우수한 기계구조용 재료 등에 이용된다.

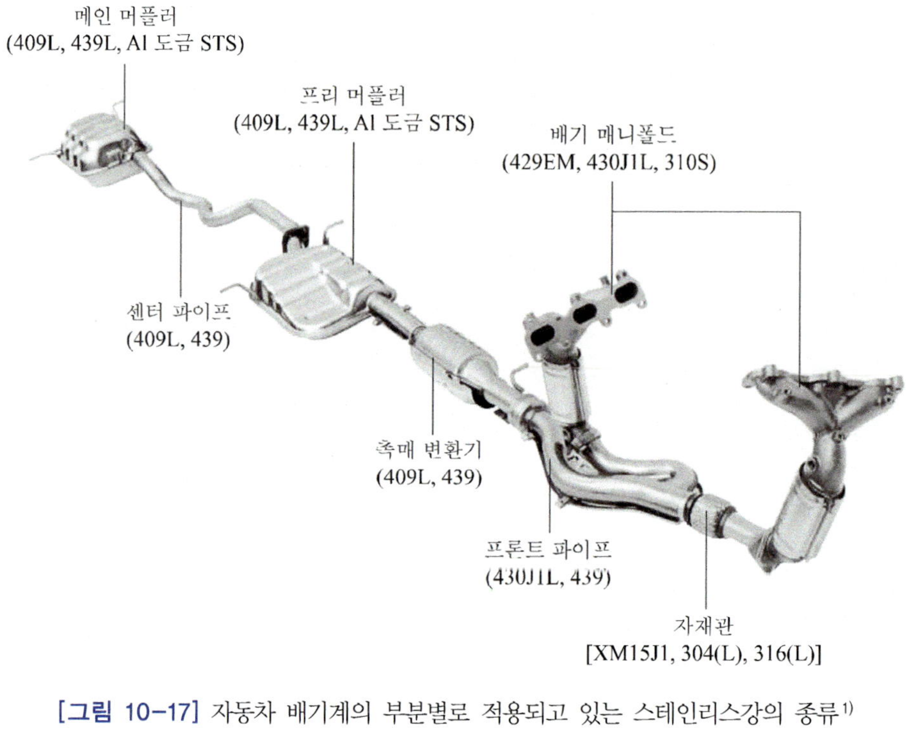

[그림 10-17] 자동차 배기계의 부분별로 적용되고 있는 스테인리스강의 종류[1]

[표 10-8] 주요 마르텐사이트 스테인리스강의 특성과 용도

종류의 기호	주된 성분	특성과 용도
STS403	13Cr-저Si	터빈 블레이드, 고강도 부품
STS410	13Cr	기본형, 일반용, 양호한 내식성 및 기계가공성. 날 공구류
STS420J2	13Cr-0.3C	담금질 경도 大. 내마모성이 요구되는 기계부품
STS431	16Cr-2Ni	Ni을 함유한 Cr강. 열처리하면 높은 기계적 성질, STS410, STS430보다 내식성 양호
STS440A	18Cr-0.7C	경화능 우수, 경하면서도 인성이 큼. 칼 종류, 베어링. STS440B는 탄소량을 0.75-0.95로 높인 것임

10

마르텐사이트계 스테인리스강을 용접하면 열영향부가 고온 가열되어 오스테나이트 조직으로 되는 한편 용접 후 냉각시는 급랭되어 경한 마르텐사이트가 생성되면서 용접균열이 발생하기 쉽다. 따라서 용접부의 급랭을 피할 필요가 있으며, 예열이나 후열처리를 한다. 그러나 탄소량을 0.02% 이하로 하면 취성이 작으면서도 부피팽창이 작게 일어나는 저탄소 마르텐사이트가 생성되어 용접성 문제를 개선할 수 있으며, 자동차 가스처리장치 등에 사용된다.

이 계통의 스테인리스강으로는 앞에서 기술한 STS403(13Cr강)을 기준으로 하여, 강도 증대를 위하여 탄소량을 증가시킨 STS410, STS420J1 및 STS420J1, 강인성 및 내산성의 개선을 위하여 Mo량을 증가시킨 STS410J1과 Ni을 첨가한 STS431, 내식·내열성 및 강도 증대를 위하여 Cr 및 C량을 증가한 STS440A, STS440B, STS440C, 그리고 절삭성을 개선하기 위하여 P, S, Se을 첨가한 STS416, STS420F, STS440F 등이 있다.

10.5.2 Cr-Ni계 스테인리스강

[1] 오스테나이트 스테인리스강

이 강종은 Ni을 8~26% 함유하며, 상온에서 오스테나이트 조직을 가진다. 그리고 Ni의 일부를 Mn이나 질소로 대체한 Ni-Cr-Mn계(STS 201, STS202, STS205)도 이 계에 속한다. Cr은 페라이트 안정화 원소임에 비해, Ni은 오스테나이트를 안정하게 하는 역할을 하며, HNO_3 등의 산화성 산에 대한 양호한 내식성을 그대로 유지하면서 HCl, H_2SO_4 등의

비산화성 산에 대한 내식성을 크게 개선한다. 이와 같은 내식성의 개선은 Ni 첨가량이 10% 정도까지의 영역에서 특히 현저하고, 그 이상인 경우는 내식성의 향상 정도가 감소한다. 이 강종은 현재 가장 널리 사용되어 전체 생산량의 60% 이상을 차지하고 있다. 특히 18% Cr-8%Ni 조성인 STS304는 다양한 용도의 범용 스테인리스강으로서 압도적으로 많이 사용되고 있으며, 고가인 Ni을 최소로 억제하면서도 내식성이 우수한 가장 효율적인 조성을 가지고 있다. 또한 내식성과 내열성이 페라이트계나 마르텐사이트계에 비해 우수하며, 면심입방격자이므로 연성-취성 천이현상이 없어서 극저온용으로 사용할 수 있으며, 상자성체이다.

오스테나이트계 스테인리스강은 담금질 강화가 안되므로 냉간가공에 의해 강화하여 사용하기도 하는데, 이 때 조직이 마르텐사이트로 변태함으로써 가공경화성이 매우 크다. 그림 10-18은 17%Cr-7%Ni 조성의 STS301의 소성가공에 의한 조직 변화를 보여주는 사진으로서 변태된 마르텐사이트 조직을 볼 수 있다. 이 강재는 냉간가공재로서 내식성과 고강도가 필요한 목적에 많이 사용된다.

또 오스테나이트계 스테인리스강 열전도도가 대단히 낮아서(탄소강의 1/4 정도) 절삭가공시 마찰열로 인해 공구 날의 온도를 빨리 상승시킴으로써 난삭재로 분류된다. 반대로 보온성이 요구되는 용도에는 유리하게 작용되어 냄비를 비롯한 각종 주방기기에 널리 사용되고 있다.

[그림 10-18] STS301 스테인리스 강판을 10% 냉간가공할 때 변형된 오스테나이트로부터 마르텐사이트 조직이 생성되는 모습[10)]

[표 10-9] 주요 오스테나이트계 스테인리스강의 특성과 용도

종류의 기호	주된 성분	특성과 용도
STS201	17Cr-4.5Ni-6Mn-N	Mn과 N 첨가 Ni량 줄여 절삭성 개선. 냉간가공 경화가 심하며 자성이 생김. STS301 대용재. 철도차량 등
STS202	18Cr-5Ni-8Mn	Cr-Ni-Mn계의 기본형, 주방기구, 식품공업, 건축 내장재, 스프링
STS301	17Cr-7Ni	냉간가공에 의해 고강도 얻음. 철도차량. 볼트, 너트, 스프링
STS302	19Cr-9Ni	Cr-Ni계의 기본형. 식품공업, 주방기기, 건축 내장재, 스프링, 안테나
STS304	18Cr-8Ni	표준형으로 가장 많이 사용됨. 열전도도 나쁨. 주방기기, 가정용품, 화학설비, 원자력용 등
STS304L	18Cr-9Ni-저C	304의 극저탄소형. 입계부식 저항성 우수. 용접 후 열처리가 되지 않는 설비류, 열교환기
STS304N1	18Cr-8Ni-N	N을 첨가하여 연성의 저하 없이 강도 향상. 가로등, 수도관 등
STS304J1	17Cr-8Ni-3Cu	Cu첨가. 성형성 우수. 주방용 싱크, 보온병류 등 deep drawing용 소재
STS 310S	22Cr-20Ni	Cr과 Ni 함량 증가 고온내산화성 및 고온강도 우수. 배기계, 열교환기 등
STS316	18Cr-12Ni-2.5Mo	내공식성 개선 위해 Ni, Mo 첨가. 고온강도 우수. 바닷물 등에 304보다 내식성 우수.
STS316L	18Cr-12Ni-2.5Mo-저C	316의 저탄소형. 316에 입계부식에 대한 저항성 보강. 염분, 유독가스 등 부식성 환경용
STS316N	18Cr-12Ni-2.5Mo-N	316에 N을 첨가 연성의 저하 없이 강도 향상. 내식성이 뛰어난 강도 부재
STS 317	18Cr-12Ni-3.5Mo	공식에 대한 저항 316보다 우수. 화학설비 등
STS321	18Cr-9Ni-0.3Ti	304에 Ti 첨가 탄화물 안정화. 입계부식 방지. 용접 상태 그대로 사용 가능. 열교환기, 보일러 부품 등. STS3471은 Nb 첨가
STS XM15J1	18Cr-13Ni-4Si	304에 Ni 증대. Si 첨가 응력부식균열 저항성 향상. 염소 이온을 포함하는 환경용

10

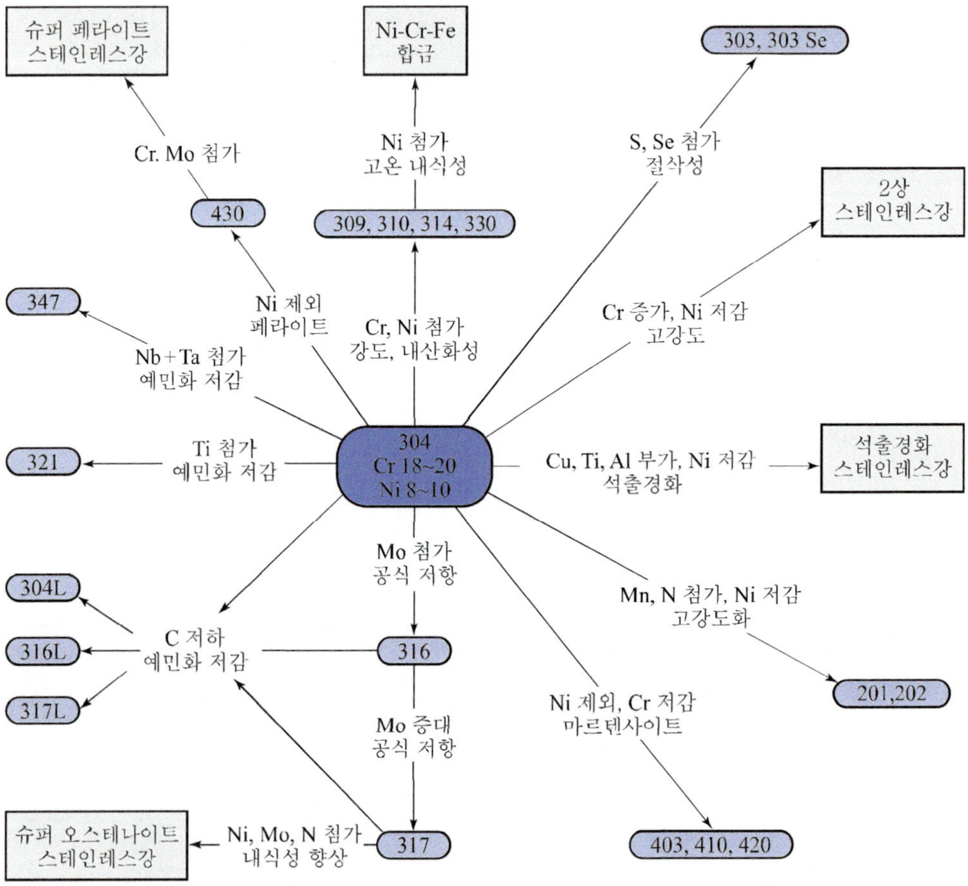

[그림 10-19] Cr-Ni계 스테인리스강의 계통도(3xx는 KS 규격의 STS 번호임)

한편 오스테나이트계 스테인리스강은 페라이트계나 마르텐사이트계 스테인리스강에 비해 우수한 내식성을 가지지만, 다음과 같은 결점도 가지고 있다.

입계부식 : 제 1-2절에서 언급한 바와 같이 18-8계 스테인리스강을 500~800℃의 온도에서 가열 후 서랭하면 Cr 탄화물이 결정립계에 석출하여 그 인근 지역에 Cr이 고갈됨으로써 **입계부식** 및 **입간균열**(intergranular cracking)이 일어나기 쉬워진다. 특히 용접시는 열영향부(heat affected zone, **HAZ**)*[9]에 그림 10-21에 표시한 바와 같은 **용접쇠약**(weld decay), 경우에 따라서는 용접 균열의 형태로 나타나기도 한다.

스테인리스강의 입계부식을 방지하기 위해서는 다음과 같은 방법이 적용되고 있다.

---

9) 용접부 바로 인근의 미용해 부분으로서 급가열 및 급랭에 의해 조직과 기계적 성질상으로 큰 영향을 받으며, 특히 균열이 발생하기가 쉽다.

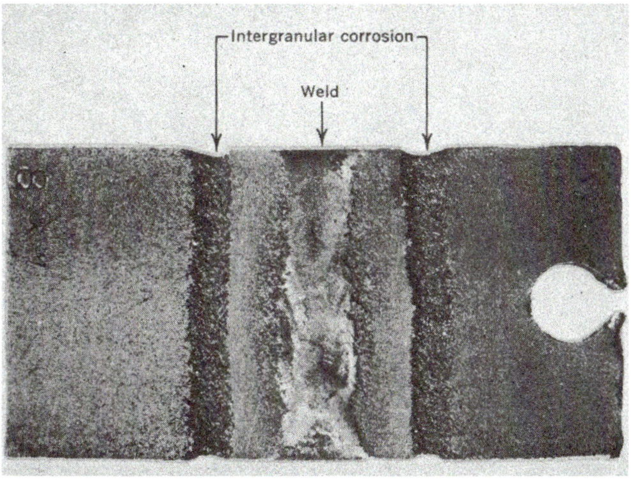

[그림 10-20] 스테인리스강에서의 용접쇠약[11]. 용접부 인근의 열영향부가 용접후 냉각 시 예민화 및 입계부식이 일어나 홈이 파인 것임.

① **용체화처리** : 탄소가 바탕 조직(오스테나이트) 중에 고용되어 탄화물이 나타나지 않게 함. **수인법**(水靭法, water toughning)이라고도 하며, 1,000~1,050 ℃로 가열한 다음 물에 급랭처리한다. 그림 10-21은 용체화처리 후의 조직을 보여주고 있다.

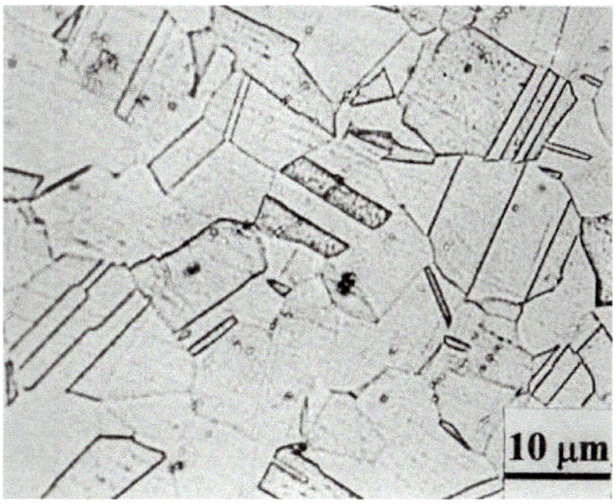

[그림 10-21] STS304 스테인리스강의 용체화처리 조직[11]

② Nb, Ti 등의 강한 탄화물 생성원소를 첨가하는 방법(STS347, STS321) : 결정립계에 새로운 탄화물이 생성되지 못하게 함.

③ 탄소 함량을 0.03% 이하인 강재를 사용(STS304L 등 기호 맨 뒤에 L이 붙은 종류가 여기에 속함) : 결정립계에 탄화물이 많이 생성되지 못하게 함.

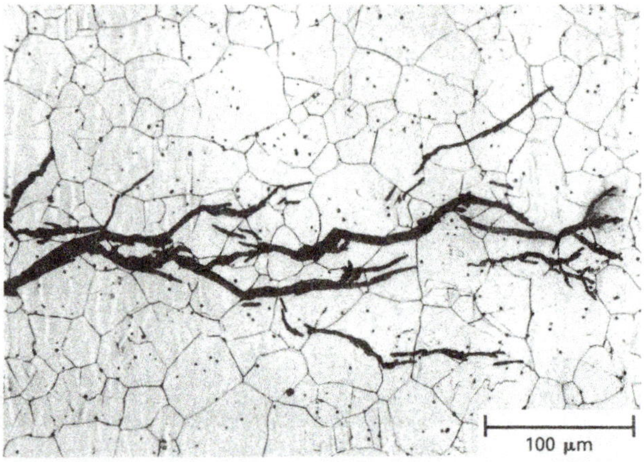

[그림 10-22] 염화물에 의해 STS316 배기구 부품에 발생한 응력부식균열[13]. 입내균열의 양상을 띠며, 가지치기를 하는 것이 스테인리스강의 응력부식균열의 특징임.

응력부식균열(應力腐蝕龜裂) : 오스테나이트계 스테인리스강을 바닷물, 공업용수 등 염화물을 함유하는 용액이나 알칼리액 중에서 인장응력이 작용되면 응력부식균열(SCC)을 일으키기 쉬워지며, 이때 만일 예민화되어 결정립계에 탄화물이 석출되어 있다면 이 현상은 더욱 현저해진다. 응력부식 균열에 대한 감수성은 Ni의 함유량이 7~8%일 때 가장 심하며, Ni량이 증가함에 따라 점차 감소한다. 스테인리스강의 응력부식균열은 그림 10-22에서 보는 바와 같이 강줄기 모양으로 가지치기를 하면서 진전하며, 이 때 결정립 내부를 지나가면서 성장하는 **입내균열**(transgranular cracking)의 양상을 띠는 취성파괴가 진행되므로 상당히 위험하다.

[2] 오스테나이트-페라이트계 스테인리스강

주요 성분인 Cr과 Ni의 함량을 적절히 조절하면 오스테나이트와 페라이트 조직이 혼합된 **2상 스테인리스강**(duplex stainless steel)을 얻을 수 있다. 이 강재의 조직은 그림 10-23에서 보는 바와 같이 두 가지 상이 반반 정도 혼합되어 있으며, 페라이트 조직에는 Cr, Mo, Si의 함량이 많고, 오스테나이트 조직에는 Ni, Mn, C, N이 많이 함유되어 있다. 이 강종은 그림 10-25에 표시된 바와 같이 응력부식균열에 대한 저항성이 18-8계에 비해 우수하며, 용접균열이 일어나기 어려운 이점이 있어서, 바닷물을 냉각수로 이용하는 복수기관(復水器官), 탈황장치(脫黃裝置) 등의 공해방지 기기 및 각종 화학공업용 장치 등에 이용된다. 표 10-13은 각종 스테인리스강의 특성을 비교한 것으로서 스테인리스강의 선정시 활용할 수 있다.

[표 10-10] 오스테나이트-페라이트계 스테인리스강의 주요 특성과 용도

종류의 기호	주된 성분	특성과 용도
STS329J3L	22Cr-5Ni-3Mo-0.15N	Cr, Mo, N 등 내식성 강화원소 다량 함유. 염소부식, SCC, 공식, 틈새부식, 침식에 매우 강함. 고강도, 화학설비, 식품설비, 내해수용 등
STS329LD	20Cr-2.5Ni-1.4Mo-N	Ni 및 Mo 절약형. 내식성, 내입계부식성 우수. 수도배관, 해수설비, 화학설비 등

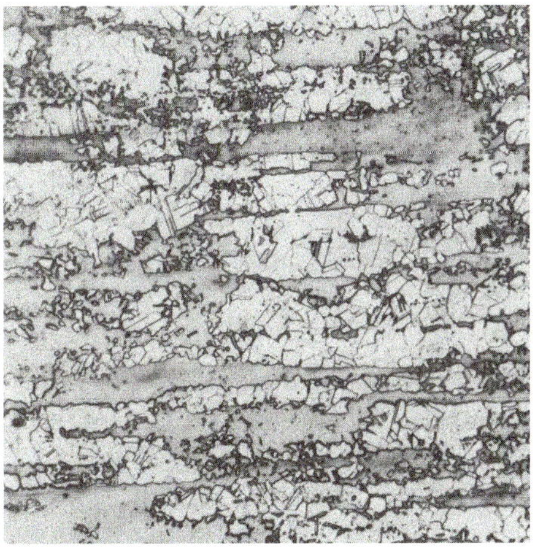

[그림 10-23] STS329J1 스테인리스강의 조직. 흰 부분이 오스테나이트, 회색 부분이 페라이트 조직임[14)]

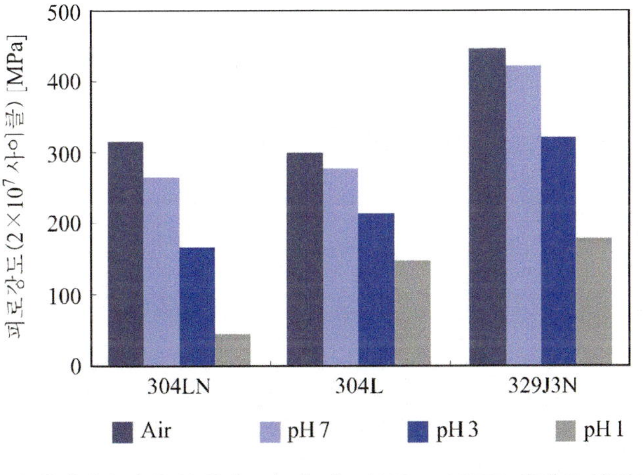

[그림 10-24] 스테인리스강의 부식피로수명 비교(40℃, 100Hz에서의 회전굽힘 피로강도). 2상 복합 스테인리스강인 STS329J3N이 부식피로에 가장 강함.

[표 10-11] 스테인리스강의 특성 비교[15)]

유형		내식성				기계적 강도		고온 성질		가공성				물리적 성질			
		균일부식	공식·틈새부식	내식성	입계부식	강도	내마모성	내산화부식	강도	절삭성	인발	딥드로잉	용접성	열팽창	열전도도	전기저항	자성
페라이트계		B-M	B-M	H	B-M	M	M	H	L	H	L	H	L-M	L	M	M	G
	HT급					M	M	H	L	H	L	H	L-M	L	M	M	G
마르텐사이트계		B	B	H	B	H	H	–	–	L-M	L	–	L	L	M	M	G
오스테나이트-페라이트계	Lean duplex	M	M	H	H	H	H	–	–	H	L-M	L	M	M	L	M	G
	Duplex	H	H	H	H	H	H	–	–	L	L-M	L	M	M	L	M	G
	Superduplex	H	H	H	H	H	H	–	–	L	L	L	M	M	L	M	G
오스테나이트계	Cr-Mn	B	B	B	B	M-H*	M	B	M	M	H	M-H	H	–	L	M	N
	Cr-Ni	B	B	B	H	M-H*	M	M-H	M	M	H	M-H	H	H	L	M	N
	Cr-Ni-Mo	M	M	B	H	M-H*	M	B-M	M-H	M	H	M-H	H	H	L	M	N
	고성능	H	H	H	H	M-H*	M-H	–	–	L	M-H	M-H	M	H	L	M	N
	HT급	–	–	–		M	M	H	H	M	H	–	M	H	L	M	N

B = 기본, L=낮음, M = 중간, H=높음, Y = 좋음, N = 없음, H* = temper rolled(가공경화)

[3] 석출경화계 스테인리스강

STS630 및 STS631은 오스테나이트계 스테인리스강에 Al, Cu 및 Ti을 첨가하여 경질 미립자의 석출에 의한 강화를 도모한 **석출경화형 스테인리스강**으로서 각각 17-4PH계 및 17-7PH계 스테인리스강이라고도 한다. STS631은 용체화처리(1030~1050℃로 가열한 후, 수랭 또는 공랭) 후, 적당하게 중간풀림(760±15℃로 가열 후 급랭, 또는 950℃ 내외로 가열 및 급랭처리한 후 -70~-80℃로 심랭처리)하거나 냉간가공에 의하여 마르텐사이트 조직으로 만든 다음, 400~550℃에서 시효처리한다. STS630은 1,000~1,050℃로 가열한 후 공기 또는 기름중에 담금질한 다음 400~600℃ 온도에서 시효처리한다. 이때 STS631의 경우는 Ni-Al 화합물이, STS630의 경우는 구리(Cu) 함량이 풍부한 상(相)이 각각 마르텐사이트 기지 조직 중에 미세하게 석출하며, 이러한 석출강화 효과 때문에 고강도를 보유하게 된다.

[표 10-12] 석출 경화계 스테인리스강의 특성과 용도

종류의 기호	주된 성분	특성과 용도
STS630	17Cr-4Ni-4Mo	Cu 첨가하여 석출경화성을 가짐. 샤프트류, 터빈 부품 등
STS631	17Cr-7Ni	Al 첨가하여 석출경화성을 가짐. 스프링, 계기류 부품 등. Ni을 8%로 하여 인발가공성을 향상시킨 것이 631J1임

10.5.3 기타의 내식 재료

스테인리스강 이외에도 요구되는 내식성의 정도와 용도에 따라 Cu 합금, Ni 합금, Al 합금, Ti 합금 등의 비철금속재료가 흔히 사용되고 있으며, 다음 절에 언급할 내열강도 일반적으로 좋은 내식성을 나타낸다. 그밖에 세라믹은 내식성이 가장 우수한 재료로서, 특히 병, 식기, 화공약품 용기 등으로서의 사용량이 많으며, 폴리머 재료도 페인트나 피복재 등 몇 가지 형태와 용도에서 내식용 재료로 사용되고 있다.

[1] 저합금 내식강

저합금 내식강은 스테인리스강처럼 완벽한 부동태를 형성하지는 않으나 가격이 저렴하므로 보통강을 대체하여 일반구조용으로 대량 사용된다. 제 10.3.1절에서 언급한 내후성강도 대표적인 저합금 내식강으로서 Cu, Cr, P 등이 합금되어 있다. 연소기기의 탈황장치나 보일러 등에는 황산이 생성되는 경우가 많은데 여기에 대응하기 위한 내황산 저합금강에도 Cu나 Cr이 첨가된다. 그리고 해양환경용으로는 0.5%Ni-0.5%Cu-0.1%P를 함유하고 있다. 그러나 바닷물이 직접 닿는 곳에는 1%Cr-0.2%Cu-0.8%Si-0.2%Mo가 함유된 것이 적용되고 있다. 한편 제 10.3.2절에서 언급한 기계구조용 합금강도 내식성이 비교적 우수한 편이다.

[2] 내식용 비철 금속재료

비철 금속재료 중에서는 Ti합금, Cu-Ni계 합금인 **모넬 메탈**(Monel Metal), Ni-Cr계 합금인 **인코넬**(Inconel) 등은 매우 우수한 내식성 재료이다(제 13장 및 제 14장 참고). 그리고 각종 알루미늄 합금은 우리생활과 밀접한 내식재료로서 음료수 캔(주로 3004계) 등에 사용되고 있으며 특히, 각종 식기나 창틀처럼 **양극산화처리**(anodizing)하면 내식성이 아주 우수하다.

10-6 내열강 및 내열재료

제트엔진, 석유화학 공업, 화력발전소 등 고온에서 사용되는 기계구조물의 내열성에 대한 요구는 점점 엄격해지고 있다. 일반적으로 고온이 되면, 재료의 강도는 저하하고 환경 분위기와의 화학반응(주로 산화)에 의해 재료의 열화(劣化)가 촉진된다. 따라서 고온재료의 내열성이 향상되면 사용 온도나 압력을 높여 열효율을 높이고 연료비를 절감할 수 있으며, 또한 기기의 수명이 연장되는 장점이 있다.

각종 내열재료에서 요구되는 조건을 들면 다음과 같은 것들이 있다. ① 화학적으로 내산화성이나 내식성이 커서 표면 안정성이 좋아야 한다. ② 고온강도나 크립 강도 및 크립 파단강도가 클 것. ③ 조직의 안정성이 커서 사용 중 결정립이나 각종 석출물의 크기가 커지는 속도가 느려야 하며, 결정립계가 쉽게 약화되지 않아야 한다. 그밖에 열팽창계수가 작고 열전도도가 클 것, 가공이 용이할 것 등이 요구된다.

그러나 사용 조건에 따라 요구되는 성질이 다를 수도 있으며, 그 중요도도 얼마든지 다를 수 있다. 예를 들어 항공기용 가스 터빈은 고온 강도만 중요시하면 되지만, 저질유를 사용하는 산업용 가스 터빈의 경우는 산화와 부식(황화)에 대한 저항성도 중요하다. 또한 재료의 고온 수명에는 사용 온도도 큰 영향을 미치며, 고온 강도, 크립 변형, 열피로 등에 의해서만 결정되는 것은 아니다.

한편 제 6장에서 살펴본 바와 같이 크립 강도를 향상시키기 위해서는 원자나 원자공공의 확산을 느리게 하거나 결정립계를 강화시키는 것이 중요하므로, 실용 내열합금에는 이를 위한 합금 성분을 많이 첨가하고 있다.

10.6.1 내열강

내열강 및 내열 합금은 공업용 노(爐), 보일러, 증기 및 가스터빈, 화학 플랜트, 엔진 밸브, 제트 엔진, 우주 로켓 등에 이르기까지 열 에너지를 취급하는 기기의 구성 재료로서 중요성을 가진다. 강철의 내열성 및 내산화성을 개선하기 위하여 일반적으로 첨가하는 원소는 Cr, Al, Si 등이다. 이들 원소는 고온 하에서 Fe보다 우선적으로 산화되어 강재의 표면에 극히 얇고 치밀하며 내산화성이 우수한 Cr_2O_3, Al_2O_3 및 SiO_2의 피막을 형성함으로써 더 이상의 표면 산화를 저지하는 역할을 하기 때문이다. 한편 Mo, Cr, Mn, W 및 Si 등은 고온강도를 높이는데 유효한 합금원소이다. 그리고 Ni은 고온강도를 높이는데 직접 기여하지는 않으나, 조직의 오스테나이트화를 촉진함으로써 고온에서의 강도 특성의 향상에 기여한다.

[1] 스테인리스계 내열강

내열강은 스테인리스강을 기반으로 하고 여기에 앞에서 예시한 여러 가지 합금원소를 조합하여 내산화성, 고온강도, 크립강도, 고온 조직의 안정성 등을 향상시킨 것이 대부분이다.

이들은 크게 마르텐사이트계, 오스테나이트계 및 페라이트계의 세 종류로 나눌 수 있다.

(1) 마르텐사이트계 내열강

강재에 4~5%의 Cr을 첨가하면, 고온에서의 내산화성이 현저하게 개선된다. 5% 이상의 Cr을 함유하는 강에 1~3%의 Si를 첨가하면 더욱 우수한 내열성을 나타내어 내연기관의 흡배기 밸브용 재료로서 많이 이용되고 있다. 이 유형의 강재로는 STH1, STH2, STH4 및 STH11 등이 있으며, 1,000~1,080℃에서 기름 담금질한 후 700~800℃에서 뜨임처리하여 사용한다. 또 STH600 및 STH616은 13% Cr 스테인리스강에 상당하는 13% Cr 내열강으로서 고온강도를 개선하기 위하여 Mo, V, W, Nb 및 N 등을 첨가하여 탄화물의 응집에 의한 연화를 방지하고 크립 강도를 높인 것이다. 이들은 증기터빈의 블레이드 및 디스크, 기타 각종 고온기기 부품용 재료로서 널리 이용되고 있다.

(2) 페라이트계 내열강

이 중에서 Cr 함유량이 23~27%에 달하는 STH446은 대단히 우수한 내산화성을 가지고 있다. 그러나 페라이트 조직으로서 고온에서의 강도가 부족하므로 고온강도를 그다지 필요로 하지 않는 화학기계 및 엔진 연소실 등에 적용되며, 풀림 상태(780~880℃까지 가열 후 공랭)에서 사용된다.

(3) 오스테나이트계 내열강

마르텐사이트계 및 페라이트계 내열강은 내산화성이 우수하지만, 일반적으로 550℃ 이상의 고온에서의 기계적 특성이 현저하게 저하한다. 따라서 그 이상의 고온환경에서 사용되는 경우는 오스테나이트계 내열강이 사용된다. 오스테나이트계 내열강은 18% Cr-8%Ni 스테인리스강에 Cr, Ni 및 C 함유량을 증대시킨 것으로서 보다 우수한 내열성을 나타낸다. 따라서 이들은 내산화성과 고온강도를 필요로 하는 고온·고압의 화학공업, 내연기관의 내압부품, 열교환기 및 가스 터빈 날개 등에 사용된다. 이 강종은 안정한 오스테나이트 조직을 가지므로 1,000~1,180℃에서 용체화처리하여 사용하는 것(STH31, STH309, STH310 및 STH330)과, 그 후 730~800℃에서 시효처리하여 사용하는 것(STH35~STH38, STH660 및

STH661)이 있다.

[2] 저합금 내열강

저합금 내열강은 Cr-Mo강이 주종으로서 스테인리스계 내열강에 비해 사용 온도가 크게 낮은 편이다. 0.5%Mo강, 1%Cr-0.5%Mo강, 2.25%Cr-1%Mo강, 5%Cr-0.5%Mo강 및 9% Cr-1%Mo강 등이 보일러용 관, 화학공업, 석유공업의 열교환기관 등에 사용되고 있으며, 그밖에 1% Cr-Mo-V강, 3.5%Ni-Cr-Mo-V강, 3.5%Ni-Mo-V강 등이 증기 및 가스 터빈의 축 및 디스크 등에 적용되고 있다. 이들 강재는 고온 환경 하에서 사용 중에 탄화물이 응집하여 조대화하는 것을 방지하기 위하여, 담금질 후 사용 온도보다 적어도 55℃ 정도 더 높은 온도에서 뜨임 혹은 완전풀림 처리하여 조직의 안정성을 확보한 후에 사용된다.

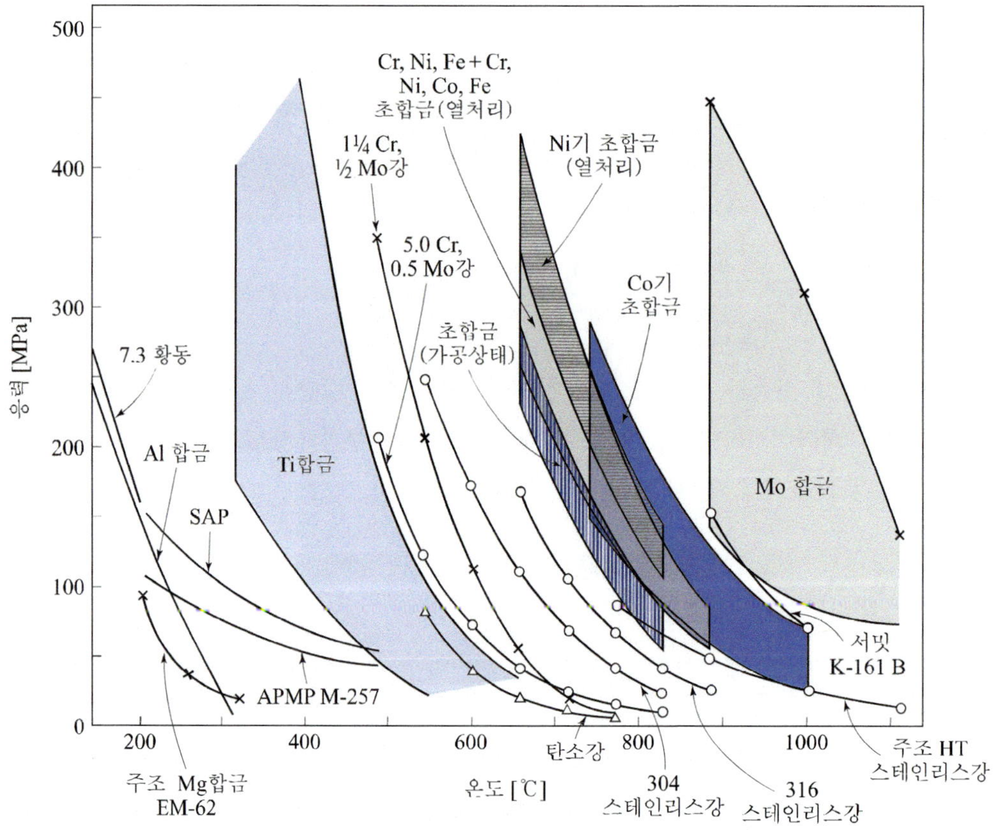

[그림 10-25] 각종 합금의 사용온도별 1,000시간 크립 파단강도의 변화[16)]

10.6.2 초내열 합금

초내열 합금(超耐熱合金)은 고온강도와 내산화성이 뛰어난 합금으로서 항공기용 가솔린 엔진의 배기밸브 super charger 등에 사용되다가, 가스터빈의 실용화 및 그 후의 항공기 엔진의 고성능화 추세에 따라 점차 발전되어 왔다. 초내열 합금은 간단히 **초합금**(超合金, super alloy)이라고도 하며, 현재의 제트엔진이나 각종 가스터빈의 고효율화나 대형화에 크게 기여하고 있다. 또한 초내열 합금에는 전술한 오스테나이트계 내열강에 Cr이나 Ni 및 그 외의 합금원소를 다량 첨가하여 Fe 함유량을 50% 이하로 감소한 Fe기(基), Ni 혹은 Co를 주성분으로 하는 Ni기 및 Co기의 3종류가 있다. 이들은 모두 원자가 가장 조밀한 면심입방격자의 γ상을 주체로 하고 있으므로 극히 우수한 고온 크립 특성을 나타내며, 또한 10~20%의 Cr을 함유하고 있으므로 내산화성도 우수하다.

Fe**기 초합금**은 Ni-Cr계 스테인리스강을 기반으로 한 것으로서 Ni25~40%, Cr 15~20%를 함유하며, 고온강도를 개선하기 위하여 Mo, W, B 등을 첨가한 것이다. 이 합금의 고온강도는 시효경화에 기인하는 것으로 열처리에 의하여 탄화물인 $M_{26}C_3$ 및 M_6C, 질화물인 Nb(C, N), 그리고 γ'상이라고 하는 규칙격자인 $Ni_3(Al, Ti)$ 등을 바탕조직 중에 석출시킨다. 따라서 이들 합금은 Nb, Ti, Al 등을 첨가하여 시효경화성을 부여한 것이 많으며, 용체화처리와 시효처리를 하여 가스 터빈, 제트엔진의 터빈 디스크 등에 사용된다.

Ni**기 초합금**은 전열기의 발열재로 상용되고 있는 **니크롬**(nichrome ; Ni 75~80%, Cr 15~20%, 소량의 Mn)에 Co, Mo, W, B 등을 첨가하여 고온강도를 높임과 동시에, Ti, Al, Nb 등을 가하여 시효경화성을 부여한 것이다. 이 합금에서의 시효경화에 기여하는 석출상은 그림 10-26에 표시된 바와 같은 γ'상 즉, $Ni_3(Al, Ti)$이다.

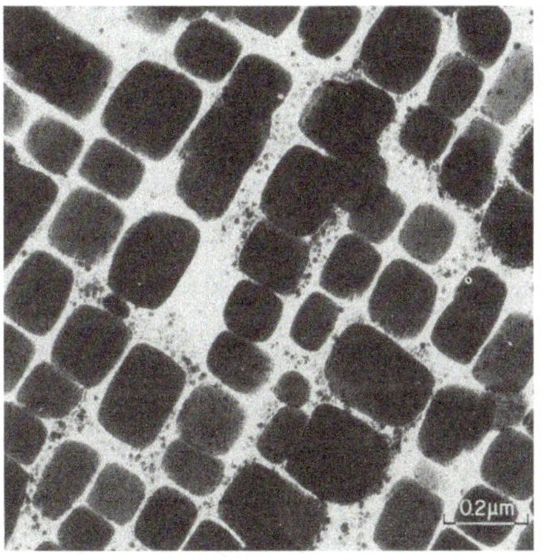

[그림 10-26] Ni기 초합금의 γ'상을 보여주는 전자현미경 사진[17)]

[표 10-13] Ni기 초합금의 성분과 사용온도

합금	조성 [wt%]*												개발 연도	사용 온도 [℃]
	C	Cr	Co	Al	Ti	Mo	W	Nb	Ta	Zr	B	기타		
일반 주조														
IN-718	0.05	19	···	0.5	1.0	3.0	···	5.0	···	0.01	0.005	18F	1965	700
IN-6201	0.03	20	20	2.4	3.6	0.5	2.3	1.0	1.5	0.05	0.8	···	1978	1010
MAR-M246	0.15	9.0	10	5.5	1.5	2.5	10	···	1.5	0.05	0.015	1.5Hf	1966	1025
일방향 응고														
MAR -M002 DS	0.15	9.0	10	5.5	1.5	···	10	···	2.5	0.05	0.015	1.5Hf	1975	1045
IN-6203	0.15	22	19	2.3	3.5	···	2.0	0.8	1.1	0.1	0.01	0.75Hf	1981	1020
단결정														
PW 1480	···	10	5.0	5.0	1.5	···	4.0	···	12	···	···	···	1980	1060
PWA 1484	···	5.0	10	5.6	···	2.0	6.0	···	8.7	···	···	3Re 0.1Hr	1986	1100
CM SX-4 g	···	6.2	9.5	5.5	1.0	0.6	6.5	6.5	···	···	···	2.9Re 0.1Hf	1986	1110

* 나머지 성분은 Ni

Co**기 초합금**은 Co-Cr-W-C계인 스텔라이트(stellite)형 합금에 Ni, W, Mo, Nb, Ti, B 등을 첨가하여 고온강도를 높인 것으로, 그 강화기구도 역시 MC, $M_{23}C_6$, M_6C 등의 탄화물이나 Co_3W 등에 의한 석출경화이다. 이 합금의 열처리 방법은 용체화처리 + 시효처리 또는 시효처리만 하는 등 용도에 따라 다르다.

이상의 초합금은 단조에 의해 성형되는 것도 많지만 Ni기 합금의 일부 및 Co기 합금의 대부분은 정밀주조하여 제조되고 있다. 1960년대 이후에는 비싼 Co 대신 Ni을 기반으로 하는 초합금에 대한 연구개발이 많이 진행되어 현재는 Ni기 주조 합금이 가장 내열성이 우수한 것으로 알려져 있다. 그리고 제 6-5절에서 언급한 바와 같이 크립파괴는 입계파괴의 양상을 띠므로, 그림 6-31에 표시한 바와 같이 주상정(柱狀晶)이나 단결정(單結晶) 상태로 만들어 결정립계를 감소 또는 제거함으로써 고온강도를 향상시키는 방법이 실용화되고 있다.

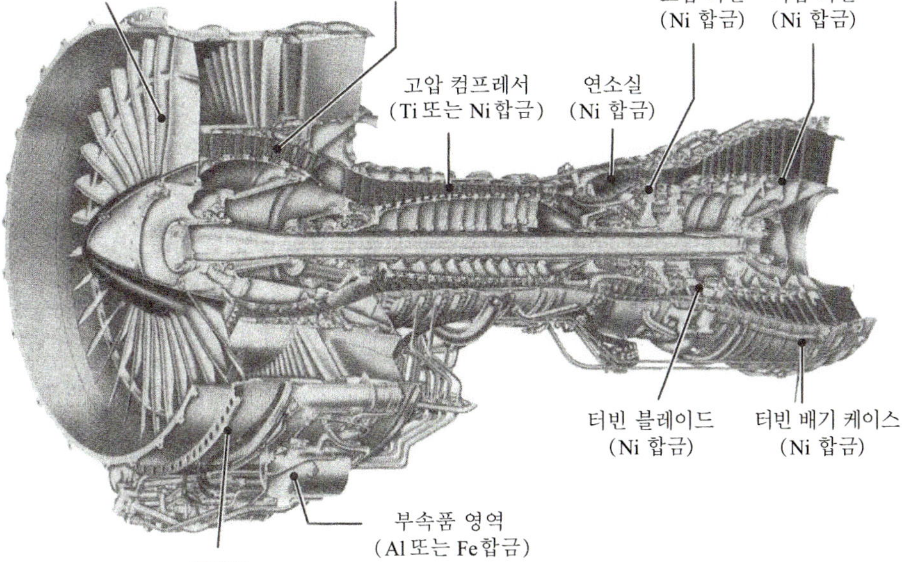

[그림 10-27] 제트 엔진(PW2037)의 단면과 사용 재료[18)]

10.6.3 특수 내열재료

내열강이나 초합금 이외에 각종 Ti 합금, Ni－Cr계인 인코넬(Inconel) 등도 대단히 우수한 내열재료로서 유명하다(제 14장 참고). 그럼에도 불구하고 최근의 제트엔진, 로켓, 원자로 등의 급속한 발전에 수반하여 초합금보다 더 우수한 고온강도 특성을 가지는 재료가 요구되고 있다. 이에 따라 근래는 각종 세라믹 분말(60 v/o 이상)에 금속 분말(40 v/o 이하)을 결합재로서 혼합하여 소결 제조한 **서멧**cermet)이 내열재료로서 많이 사용되고 있다. 현재 이러한 서멧계 내열재료로는 산화물계인 Al_2O_3 + Cr, 탄화물계인 TiC + Co(Ni), (Ti, Ta, Nb)C + Co(Ni), B_4C + Fe(Be), 붕화물계인 CrB_2 + Ni, 규화물계인 $MoSi_2$ + Co 등이 개발되어 있다. 이들은 모두 고융점, 초경질로서 고온에서의 내산화성과 강도 특성이 우수하며, 반면에 충격치가 작아 취약하다는 결점이 있다.

한편 세라믹 재료는 고온에서 극히 안정하고 경도가 크므로, 최근 급속히 고온용 재료로서 주목받고 있으며 특히 소결 Si_3N_4 등은 제트엔진 부품으로서 크게 기대되고 있다. 그러나 기계구조 부품용 재료로 이들 세라믹을 사용하기 위해서는 취성을 극복할 필요가 있다. 그러한 노력의 하나가 연강, 내열강, 경합금, Ti 합금 등의 표면에 세라믹 재료를 용융 분사 및 피복하는 **용사법**(溶射法)이다. 이것은 세라믹 재료의 낮은 열전도도를 이용하는 것으로서 기계부품에 높은 내열성, 내열충격성 및 내마모성을 부여한다. 이러한 피복 내열재료는 제트엔진 연소통, 가스 터빈의 연소관, 블레이드 등의 내열부품에 응용되고 있으며, 내열 코팅용 재료로는 Al_2O_3, TiO_2, ZrO_2 등이 사용되고 있다.

표 10-16은 사용 온도별로(저온 영역 포함) 주로 적용되고 있는 재료를 예시한 것이다.

[표 10-14] 사용 온도별 적용 재료의 예

사용 온도	주된 사용 재료	용 도
-273～-20℃	오스테나이트계 스테인리스강, 고망간강, Ni강, Al킬드강, Al합금, Cu합금	액화 수소, 산소, 질소, LPG선
-20～150℃	대부분의 폴리머(60～150℃), Mg 합금(150℃ 이하), Al합금(150℃이하), 모넬 메탈, 강철	토목 시설, 가전 제품, 자동차, 항공우주
150～400℃	PEEK, PEK, PI, PPD, PTFE, PES(250℃이하), FRP, Cu 합금(400℃이하), Ni, 모넬 메탈, 양은	식품공업, 자동차(엔진 부품)
400～575℃	저합금 페라이트 강(4% 이하의 Cr, Mo 및 V 함유), Ti 합금(450℃이하), 인코넬, 니모닉 합금*	열교환기, 증기 터빈, 가스 터빈 컴프레서
574～650℃	Fe기 초합금, 페라이트계 스테인리스강, 오스테나이트계 스테인리스강, 인코넬, 니모닉 합금	증기 터빈, 과열기(super heater), 열교환기
650～1,000℃	오스테나이트계 스테인리스강, Ni-Cr 합금, 니모닉 합금, Ni계 초합금, Co계 초합금	가스 터빈, 화학 및 석유화학 반응기, 가열로 부품, 원자로 설비
1,000℃ 이상	내화 금속(Mo, W, Ta 등), Nb, Mo, W, Ta계 합금, 산화물계 세라믹재료(Al_2O_3, MgO 등), 질화물 및 탄화물계 세라믹재료(Si_3N_4, SiC 등	특수 가열로, 전구 필라멘트 우주선 열차단 장치, 로켓 노즐

* 니모닉 합금(Nimonics) : 18~22% Cr, 2~2.5% Ti, 0.5% Al, 나머지 Ni인 Ni계 초내열합금의 일종

참고문헌

1) www.posco.co.kr

2) Metals Handbook 9th ed. vol.1, p.409, 1978, American Society for Metals

3) 田中良平 編著, "極限に 挑む 金屬材料", 工業調査會刊, p.35

4) 한국야금(주)

5) Speedsteel Inc.

6) Carboloy Systems Department, General Electric Company

7) Mitsubishi Materials

8) 한국야금(주)

9) 신진다이아몬드공업주식회사의 도움으로 촬영함

10) Metals Handbook, 9th ed., vol.11, p.28, 1986, American Society for Metals (ASM International의 게재 허가를 득함)

11) H. H. Uhligh and R. W. Revie, Corrosion and Corrosion Control, 3rd ed., p.307, 1985, John Wiley and Sons, Inc.

12) Photo by Webcorr, © cc-BY-SA-3.0, via www.wikimediacommons.org

13) J. R. Keiser and A. R. Olsen, Oak Ridge National Laboratory

14) 西沢泰二, 佐久間健人(編), 金屬工學シリズ9, 金屬組織寫眞集鐵鋼材料編, 1979, p.51, 日本金屬學會(일본 금속학회의 게재 허가를 득함)

15) Handbook of Stainless Steel, 2013, Outokumpu사, Sweden (www.outokumpu.com)

16) Cross and Simmons, Utilization of Heat-Resistant Alloys, American Society for Metals, Metals Park, Ohio

17) 西沢泰二, 佐久間健人(編), 金屬工學シリズ9, 金屬組織寫眞集鐵鋼材料編, 1979, p.59, 日本金屬學會(일본 금속학회의 게재 허가를 득함)

18) United Aircraft Pratt & Whitney사

제 11 장 주철

Introduction to Engineering Materials

11-1 주철의 개요

주철(鑄鐵, cast iron)은 2.11~6.69%의 탄소를 함유한 철계 합금으로 정의되나, 탄소량 2.5~4.0% C의 것이 주로 사용되고 있으며, 또한 일반적으로 규소(Si)가 1.0~3.0% 정도 함유되어 있으므로 Fe-C-Si의 3원계 합금으로 보는 것이 타당하다. 주철은 강철에 비하여 인장강도, 연율이 작고 취성이 크며 소성가공이 불가능한 등의 결점이 있으나, 주조성이 우수하여 복잡한 모양의 제품도 쉽게 주조되며 값도 싸므로 널리 이용되고 있다. 또 비교적 많은 양의 탄소와 규소가 함유되어 있으며 탄소 중의 상당량이 흑연의 형태로서 나타난다. 주철 조직 중의 흑연은 노치의 역할을 하여 인장강도를 떨어뜨리고 취성을 크게 하지만, 윤활작용을 하여 내마모성을 높이며 진동을 흡수하여 감쇠능을 크게 하는 등의 이점도 있다.

주철 중의 탄소는 극미량만 페라이트 중에 고용되며 일부는 시멘타이트로서 그 나머지는 흑연으로서 나타난다. 따라서 주철에 대해 고찰할 때는 그림 11-1과 같이 Fe-Fe_3C계와 Fe-C계 상태도를 함께 표시한 복평형상태도(複平衡狀態圖)를 사용하는 것이 편리하다. 이때 주철의 탄소량은 시멘타이트 등으로서 존재하는 화합탄소(化合炭素)의 양과 흑연으로서 존재하는 유리탄소(遊離炭素)의 양을 합한 전체 탄소량을 의미한다.

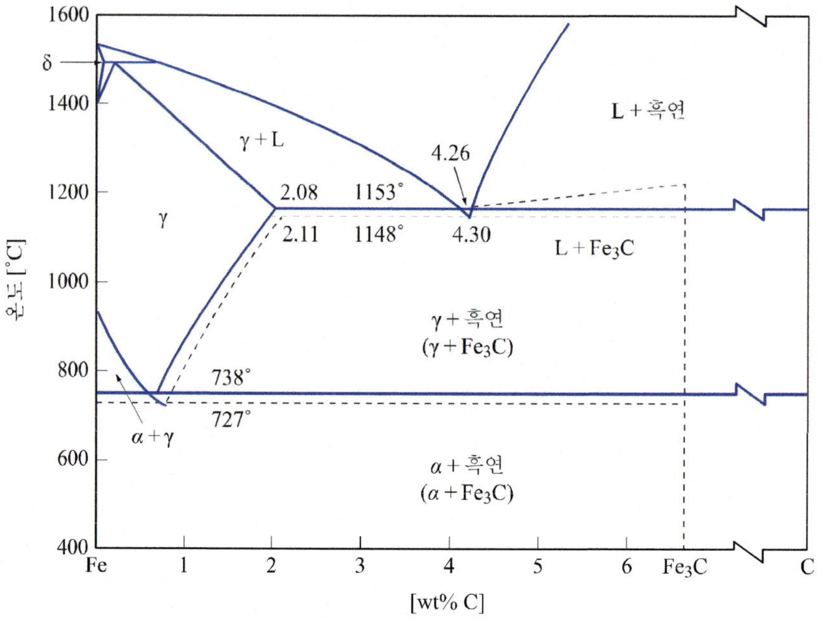

[그림 11-1] Fe－Fe_3C 및 Fe－C 복평형상태도

그리고 주철중에 1%의 규소를 첨가하는 것은 탄소를 1/3% 첨가하는 것과 같은 효과를 나타낸다. 이 때문에 규소가 첨가되면 주철의 **탄소 당량**(carbon equivalent)

$$CE = \%C + 1/3\ \%Si \qquad (12.1)$$

가 된다. 따라서 CE=4.3%이면 **공정주철**(共晶鑄鐵), CE <4.3%이면 **아공정 주철**(亞共晶鑄鐵), CE >4.3%이면 **과공정 주철**(過共晶鑄鐵)로 분류된다.

한편 주철은 파면의 색깔에 따라 회색인 **회주철**(灰鑄鐵, grey cast iron), 백색인 **백주철**(白鑄鐵, white cast iron), 이 두 가지가 혼재하는 **얼룩주철**(斑鑄鐵, mottled cast iron)로 나뉜다. 회주철은 C, S의 함량이 많거나 냉각속도가 느릴 때 주로 얻어지며 탄소의 대부분이 흑연으로 존재한다. 회주철은 주조성과 절삭성이 좋으므로 각종 구조재로서 자동차의 엔진 블록, 실린더, 실린더 헤드, 공작기계의 베드, 주철관, 펌프, 농기구 등에 널리 이용되고 있다. 백주철은 C, Si의 함량이 적거나 냉각속도가 빠를 때 얻어지며, 준안정계 공정반응에 의해 생성된 레데뷰라이트(ledeburite, 펄라이트+시멘타이트 혼합 조직)가 주된 조직으로 구성되어 있다. 따라서 백주철은 취성이 큰 단점은 있지만, 경도가 대단히 크고 내마모성이 뛰어나, 압연 롤(roll), 기차의 브레이크 슈(brake shoe), 볼 밀(ball mill)용 볼 등의 각종 내마모재로서 사용된다.

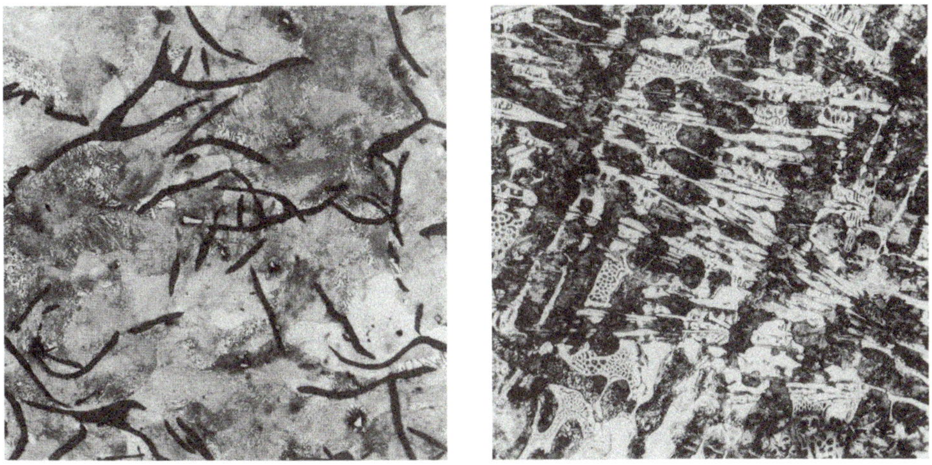

(a) 회주철 (b) 백주철

[그림 11-2] 회주철과 백주철의 현미경 조직[1]. (a) 회주철은 페라이트, 펄라이트 및 흑연으로 구성되어 있으며, (b) 백주철은 펄라이트와 시멘타이트로 구성되어 있다.

그림 11-2는 회주철과 백주철의 조직을 표시한 것으로서 회주철(보통주철)은 흑연(검은 부분), 펄라이트(회색 부분) 및 페라이트(흰색 부분)으로 구성되어 있으며, 백주철은 펄라이트(회색 부분)와 시멘타이트(흰색 부분)로 구성되어 있음을 알 수 있다.

11-2 주철의 조직

11.2.1 합금성분 및 냉각속도의 영향

주철의 조직에 가장 큰 영향을 미치는 것은 화학조성, 특히 탄소 및 규소의 양과 냉각속도이다. C + Si량이 많으면 흑연이 많이 정출하여 회주철이 되기 쉬우며, 주조시 냉각속도가 빠르면 시멘타이트가 나타나 백주철이 되기 쉽다.

그림 11-3은 각종 주철의 탄소와 규소의 함량의 범위를 도시한 것으로서 백주철은 회주철에 비해 탄소량과 규소의 양이 훨씬 적은 것을 알 수 있다. 그리고 가단주철은 일단 백주철로 주조한 후 열처리해서 만드는 것이기 때문에 백주철과 마찬가지로 탄소와 규소량의 함량이 적은 것은 당연하지만, 그 범위는 일반 백주철에 비해 훨씬 엄격함을 알 수 있다. 그리고 구상흑연주철은 탄소량과 규소의 함량이 상당히 높은 편이다.

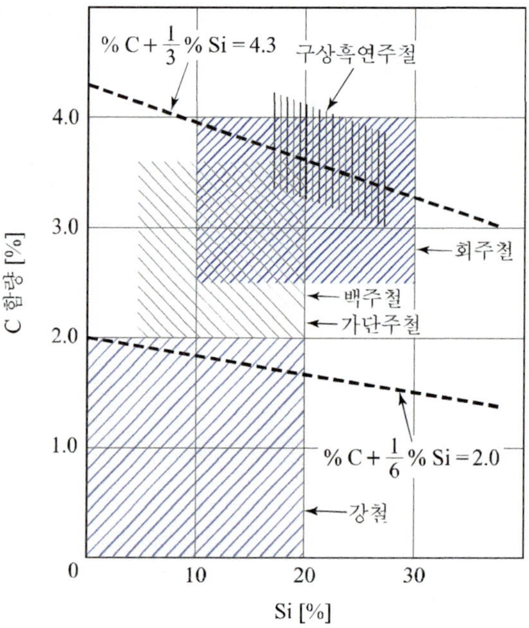

[그림 11-3] 각종 주철의 C 및 Si 함량[2)]

그밖에 Al, Ni, Cu, Co 등은 Si보다는 약하지만 흑연화 조장원소로서 회주철이 되도록 도와주며, S, Cr, V, Mn, Mo, W 등은 흑연화 저해원소이다. S는 주조성을 해치며, P는 주조시 용탕의 유동성(流動性)이 좋아지게 한다. 그러나 스테다이트(steadite)라고 하는 $Fe-Fe_3C-Fe_3P$ 의 3원 공정조직을 만들어 취성을 크게 한다.

그림 11-4는 칠 테스트(chill test)*[1)] 시편의 파면 사진으로서 사진의 맨 아랫면은 금형(metal mold)을 사용하여 냉각속도가 빠른 곳이고 다른 부분은 사형(sand mold)을 사용하여 냉각속도가 상대적으로 느린 부분이다. 그림중 왼편의 것을 보면 윗부분은 회주철 상태로 되어 있는데 비해 냉각속도가 빠른 아래 부분은 백주철 조직(이것을 칠이라 함)이 나타나 있다. 그리고 사진에서 오른편으로 갈수록 백주철 조직이 많이 나타나는 것을 볼 수 있는데 이것은 오른편으로 갈수록 탄소당량이 낮아지기 때문일 것이다. 또한 오른편의 두 개의 시편에는 커다란 수축공(收縮孔, shrinkage cavity)이 나타나지만 왼편의 회주철 조직이 많은 경우에는 안 나타나는데, 이것은 냉각시 조직 중에 비체적이 큰 흑연이 나타남으로써 쇳물의 냉각이나 응고에 의한 수축을 상쇄하기 때문이다.

1) 용해로에서 제조된 용융 주철에 대해 실시하는 노전 시험(爐前試驗)의 일종으로서 탄소당량의 정도, 칠(급랭 응고된 백주철부)의 깊이, 주물의 수축 정도 등을 예측할 수 있음.

[그림 11-4] 주철의 칠 테스트 시편의 파단면 사진. 아랫면에는 냉각속도가 빠른 금형을 사용하여 주조하므로 백주철이 생성되며, 위쪽으로는 회주철 조직이 나타나기 쉽다. 오른편 시편으로 갈수록 백주철 조직이 점점 많아지는 것은 C와 Si의 함량이 적어진다는 것을 의미한다.

11-3 주철의 성질과 열처리

11.3.1 주철의 일반적인 성질

[1] 기계적 성질

기계 주물에 많이 사용하는 회주철의 인장강도는 10~25 kg/mm^2, 경도는 HB130 ~220, 연율은 1% 이하, 샤피 충격치는 0.2~0.6 kg·m/cm^2 정도로서 강철에 비하여 기계적 성질이 훨씬 떨어진다. 주철의 기계적 성질은 탄소량이 동일한 경우에도 화합탄소와 유리탄소의 비, 바탕 조직의 종류, 흑연의 모양, 크기, 분포상태 등에 따라 크게 달라진다. 조직 중에 펄라이트의 양이 증가할수록 인장강도가 증가하며, 그림 11-5를 보면 회주철의 경우는 탄소당량이 클수록 인장강도가 낮아짐을 알 수 있는데, 이것은 C+Si 의 양이 증가할수록 페라이트 조직의 양이 증가하고 흑연의 양도 많아지기 때문이다.

흑연화 저해원소 중에서 Mn은 펄라이트 조직이 미세하게 많이 생성되게 하여 강도 향상에 기여하는 한편 탈산 및 탈황 작용도 한다. 그러나 Cr은 탄화물을 형성하여 취성이 크게 하므로 내마모성이 요구될 때 활용한다.

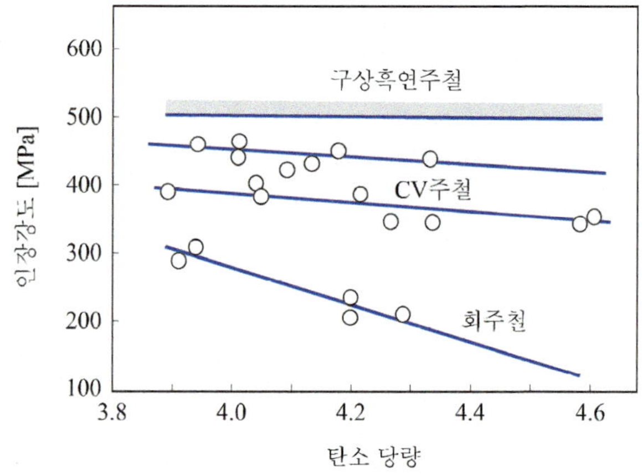

[그림 11-5] 주철의 인장강도에 미치는 탄소당량의 영향

[2] 흑연의 영향

주철 조직 중의 흑연은 바탕조직(matrix)에 비하여 강도가 훨씬 작으므로 노치의 역할을 하여 재료의 강도나 연성을 크게 해친다. 따라서 주철의 기계적 성질에 미치는 흑연의 영향은 대단히 크다. 보통 주철에서 나타나는 가장 기본적인 흑연의 형태는 그림 11-2 (a)에 표시된 편상(片狀, flake-like)이며, 대체적으로 흑연의 크기가 균일 미세할수록, 그 모양이 구형에 가까울수록, 균일하게 분포할수록 주철의 기계적 성질이 우수해진다. 또한 흑연은 그 자체가 고체 윤활작용을 하는 한편 윤활유를 저장하는 역할을 하므로 주철의 내마모성을 좋게 한다. 이와는 다르게 백주철의 경우는 조직 자체가 대단히 경하여 내마모성이 뛰어나다.

또 흑연은 기계가공시 절삭 칩을 잘게 끊어주는 chip breaker 역할과, 피절삭재와 공구 사이의 윤활작용을 함으로써 회주철의 절삭성을 좋게 한다. 주철의 절삭성은 흑연의 양이 많고 균일, 미세할수록 좋으며 펄라이트 조직이 많아지면 다소 떨어진다. 주물표면의 흑피 부분은 냉각속도가 빠른 곳이어서 시멘타이트의 양이 많아 절삭성이 좋지 않으며, 백주철은 절삭성이 대단히 나쁘다.

한편 주철은 흑연의 존재 때문에 감쇠능이 대단히 우수하여 강철의 6~10배에 달한다. 감쇠능은 진동을 흡수하는 능력을 말하는데, 이 때문에 공작기계의 베드(bed), 기어 케이스(gear case), 엔진 블록(engine block) 등에 주철이 많이 이용되며 소음을 줄이는 역할도 한다. 주철의 감쇠능은 회주철이 백주철보다 더 크며, 편상흑연이 구상흑연 보다 더 효과적이다. 그밖에 흑연은 그 자신이 수많은 노치의 역할을 하여 강도와 연성을 떨어뜨리나, 그 반면에 외부로부터 도입된 노치의 영향, 즉 노치감도(notch sensitivity)를 둔하게 한다.

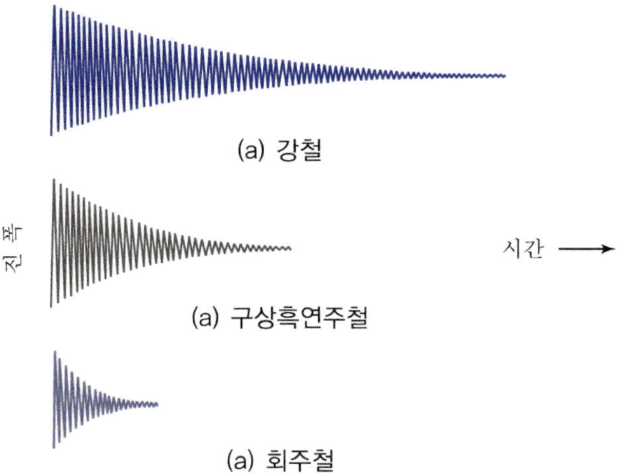

[그림 11-6] 주철의 감쇠능

[3] 주조성

주철은 용융점이 낮아 용해가 쉬우며, 쇳물의 유동성이 좋고 수축이 작으며 주물의 표면이 아주 깨끗한 등 주조성이 대단히 좋다. 유동성은 P의 함량이 많을수록 좋아지며 S의 양이 많으면 크게 나빠진다. 회주철의 경우 비체적(比體積)이 큰 흑연이 정출하여 주물의 응고 수축과 냉각 수축이 크게 감소되며, 따라서 압탕(押湯, riser)*2)을 설치하지 않고 주조하는 경우가 많다.

[4] 내식성

일반적으로 주철의 내식성은 강철보다 우수하지만 화학성분과 조직에 따라 다소 다른데, Ni, Cr, Si 등이 합금되면 내식성과 내열성이 향상되는 것은 강철의 경우와 같다. 그리고 주철주물의 검은색 표층인 흑피(黑皮)는 상당히 좋은 내식성을 가지므로 가능한 한 상처가 나지 않도록 하는 것이 좋다.

회주철의 알칼리에 대한 내식성은 상당히 좋은 편이어서 가성소다 용기로 흔히 사용되지만 산(酸)에 대해서는 내식성이 나쁘다. 단 65% 이상의 진한 황산의 경우는 예외로서 황화철 피막이 생성됨으로써 내식성이 좋아진다. 물에 대한 내식성은 강철에 비하여 뛰어나서 수도관이나 밸브 등에 이용된다.

---

2) 주조시 냉각 수축 및 응고 수축으로 인한 용탕 부족분을 보충하기 위해 별도의 용탕을 보관할 수 있도록 주형의 제일 윗부분에 덧붙여 설치해 두는 주형의 한 부분

11.3.2 온도의 영향

주철의 인장강도, 경도 및 크립 강도는 450℃까지는 거의 변화하지 않으나 그 이상에서는 급격히 저하되며, 그러나 피로강도는 그다지 감소되지 않는다. 주철의 연성은 450℃ 이상이 되면 오히려 증가하며, 내마모성은 다른 금속에 비하여 고온에서도 상당히 우수하다. 따라서 주철은 고온에서 사용되는 습동부(褶動部), 예를 들면 실린더, 실린더 라이너, 피스턴 링 등과 같은 곳에 적합하다.

한편 주철은 600℃ 이상의 고온에서 장시간 유지하거나, 고온 가열과 냉각을 반복하면 점차 부피가 팽창하고 재질이 취약해진다. 이것을 **주철의 성장**이라 하며 심한 경우에는 균열이 생기게 된다. 이러한 부피의 팽창은 주철중의 시멘타이트의 분해 및 흑연화, 공석변태에 의한 부피변화에 기인하는 미소한 균열의 발생, 페라이트 및 페라이트 중에 고용된 Si의 산화 등에 의해 일어난다. 이것을 방지하기 위한 방법으로는 펄라이트 조직의 미세화, Cr, Mn 등의 첨가에 의한 시멘타이트의 안정화, 열팽창을 감소시키는 Ni의 첨가 등을 들 수 있다.

11.3.3 주철의 열처리

주철주물은 두께가 불균일한 경우가 많으며, 주조시 응고 후에 부분별로 냉각속도에 차이가 생기게 된다. 이러한 열응력에 의하여 상온에 도달하면 큰 잔류응력이 남게 되며, 이것은 사용중에 장기간에 걸쳐 서서히 주물의 변형을 일으키게 하며 심지어는 균열이 발생하게도 한다. 이러한 시효변형을 방지하기 위해서는 주조 후 곧 바로 기계가공을 하지 않고 장기간 방치해 두는 시즈닝(seasoning)을 실시하거나, 550~600℃로 4~6시간 가열한 후 서랭시키는 응력제거 풀림을 실시해야 한다. 또한 주조시 표면층은 급랭 응고되어 백주철화되기 쉬우므로 경하여 절삭가공에 어려움이 있을 수 있다. 이러한 경우 절삭성을 개선하기 위해서는 750~850℃로 2~3시간 가열하여 시멘타이트를 흑연화하는 연화풀림을 실시한다.

한편 주철은 화학성분과 조직이 적당하면 담금질하여 HB 450~500까지 경도를 높일 수 있다. 이때 조직은 마르텐사이트로 되나 흑연은 변하지 않으며 내마모성이 향상되므로 실린더 라이너 등에 이용된다. 담금질 온도는 800~850℃ 정도이며, 균열의 우려 때문에 서서히 가열해야 하며 냉각도 기름 중에 해야 한다. 담금질한 다음에는 사용 목적에 따라 저온 또는 고온뜨임을 실시한다.

11-4 보통 주철(普通鑄鐵)

보통 주철은 가장 널리 사용되고 있는 것으로서, 일반적으로 **회주철**이라 일컬어지고 있다. 탄소량 3.5% 내외, 규소량 1.5~2.5%정도이며, 그 바탕조직은 그림 11-2의 (a)에서 보는 바와 같이 페라이트와 펄라이트로서 그 중에 편상 흑연이 혼재하고 있다. 인장강도는 10~25 kg/mm^2 정도로서 바탕조직에 페라이트의 양이 많으면 강도가 작고 펄라이트 양이 증가할수록 강도는 커진다. 일반적인 기계용 주물에는 15~25 kg/mm^2 정도의 것이 주로 이용되고 있으며, 여러 가지 처리법으로 바탕조직을 펄라이트로 하고 흑연을 미세 균일하게 하면 25~35 kg/mm^{2}의 높은 인장강도를 얻을 수 있다.

[그림 11-7] 회주철제 자동차 엔진 블록[3]. 주철은 가격이 저렴하고, 주조성이 뛰어나 복잡한 형상도 목표 치수에 가깝게 제조하여 절삭 작업량을 적게 하며, 절삭성이 좋으며, 감쇠능이 우수하여 진동과 소음을 저감하는 등의 많은 장점이 있다. 컨넥팅 로드와 크랭크 축(그림 9-21 참고)은 각각 가단주철과 구상흑연주철로 제작된다.

[표 11-1] 보통 주철의 종류와 기계적 성질(KS D 4301-2001)

종류 및 기호	주조된 상태의 지름 [mm]	인장강도 [MPa]	항절시험		경도 [HBN]
			최대하중 [N]	처짐량 [mm]	
GC 100	30	100 이상	7,000 이상	3.5 이상	201 이하
GC 150	30	150 이상	8,000 이상	4.0 이상	212 이하
GC 200	30	200 이상	9,000 이상	4.5 이상	223 이하
GC 250	30	250 이상	10,000 이상	5.0 이상	241 이하
GC 300	30	300 이상	11,000 이상	5.5 이상	262 이하
GC 350	30	350 이상	12,000 이상	5.5 이상	277 이하

11-5 특수 주철

특수 주철은 보통 주철에 대하여 특별한 처리를 하거나 합금을 함으로써 높은 강도나 특별한 성질을 얻는 주철을 말한다. 그림 11-7은 일반 주철과 대표적인 특수 주철인 가단주철 및 구상흑연주철을 제조하는 과정을 비교하여 표시한 모식도이다.

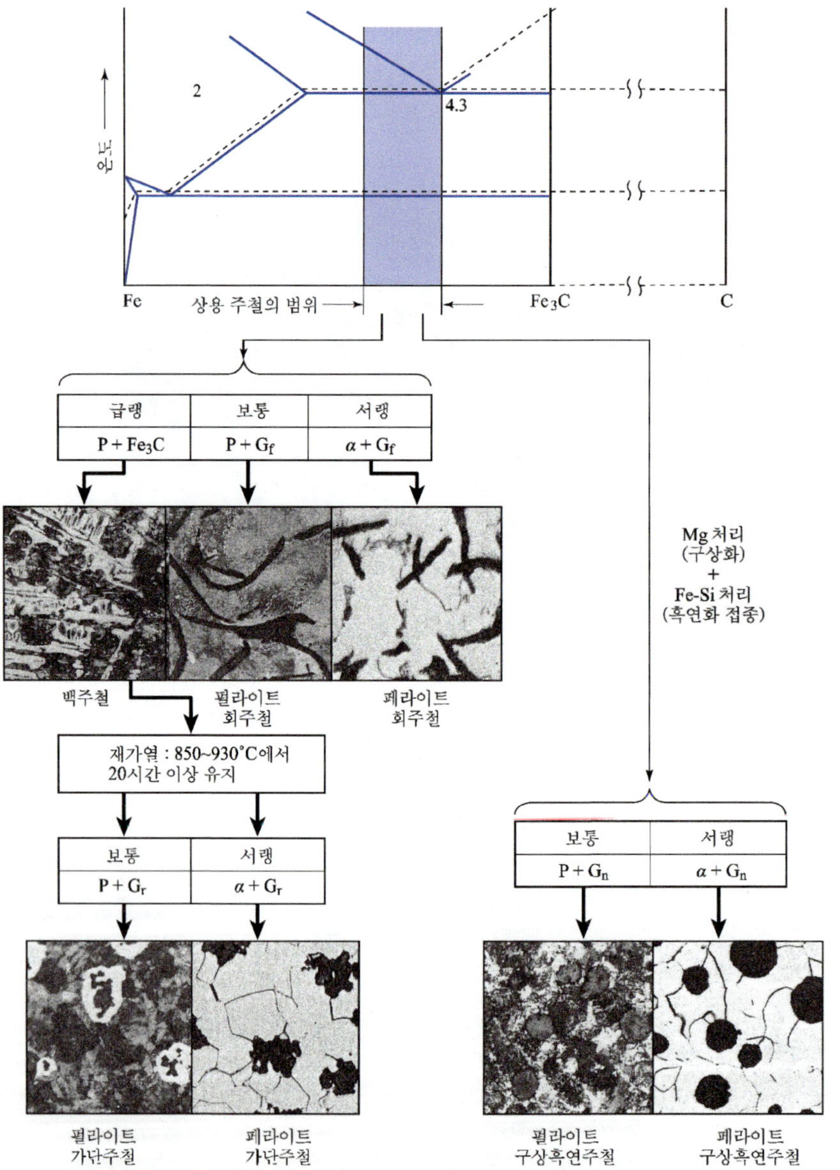

[그림 11-8] 가단주철과 구상흑연주철의 제조과정

11.5.1 가단주철(可鍛鑄鐵)

가단주철(可鍛鑄鐵, malleable cast iron)은 주물을 백주철로서 제조한 다음 장시간 풀림처리하여 조직 중의 시멘타이트를 분해하여 흑연화하거나 탈탄함으로써 주철의 연성을 향상시킨 것이다. 가단주철은 자동차 부품이나 관 이음쇠(pipe fitting)과 같이 주강으로 만들기엔 주조성이 나쁘고 보통주철로 만들기엔 강도가 부족한 곳에 적용된다. 가단주철 제조용의 쇳물은 선철 인곳과 강철 고철, 가단주철 고철을 적당히 배합하여 전기로에서 용해한다. 주조성과 연성이 우수하며 내식성 및 내열성도 회주철이나 보통강에 비해 우수하다.

가단주철은 바탕조직(matrix)의 종류에 따라 **페라이트 가단주철**(ferritic malleable cast iron)*3)과 **펄라이트 가단주철**(pealitic malleable cast iron)로 나뉜다.

[1] 페라이트 가단주철

페라이트 가단주철은 백주철로 제조한 주물을 열처리에 의하여 시멘타이트는 흑연화하고 기지 조직은 페라이트화하여 제조한다. 백주철의 조직은 펄라이트와 시멘타이트가 주된 조직으로서, 흑연화 과정에서는 시멘타이트가 $Fe_3C \rightarrow 3Fe + C$의 반응에 의하여 페라이트와 흑연으로 분해된다.

[표 11-2] 가단주철품의 종류와 기계적 성질 [KS D 4303, 4304, 4305-1991]

종류	기호	인장강도 [MPa]	내력 [MPa]	연신율 [%]	경도 [HB]
흑심 가단주철품 (KS D 4303)	BMC 270	270 이상	165 이상	5 이상	-
	BMC 310	310 이상	185 이상	8 이상	-
	BMC 340	340 이상	205 이상	10 이상	-
	BMC 360	360 이상	215 이상	14 이상	-
펄라이트 가단주철품 (KS D 4304)	PMC 440	440 이상	265 이상	6 이상	149~207
	PMC 490	490 이상	305 이상	4 이상	167~229
	PMC 540	540 이상	345 이상	3 이상	183~241
	PMC 590	590 이상	390 이상	3 이상	207~269
	PMC 690	690 이상	510	2 이상	229~285

* 기계적 성질은 주요 두께 5 mm 이상, 9 mm 미만으로 규정한 수치이고, 백심 가단주철 중 3~5종은 주요 두께 9 mm 이상, 시편 지름은 14 mm이다.

3) **표준**(regular) **가단주철**이라고도 하며, 바탕조직이 페라이트이다. 이전에는 시멘타이트 조직을 흑연화 처리하여 제조하는 **흑심 가단주철**(黑心可鍛鑄鐵, white heart malleable cast iron)과 흑연화 대신 탈탄 처리하는 **백심 가단주철**(白心可鍛鑄鐵, white heart malleable cast iron)로 나누기도 하였으나 지금은 후자의 생산량이 극히 미미하다.

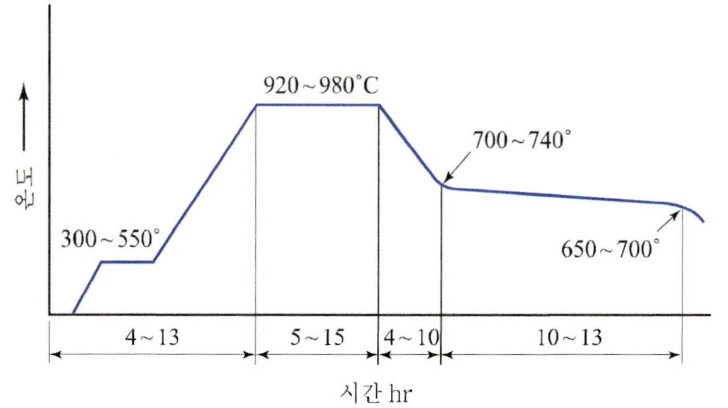

[그림 11-9] 페라이트 가단주철의 열처리 곡선

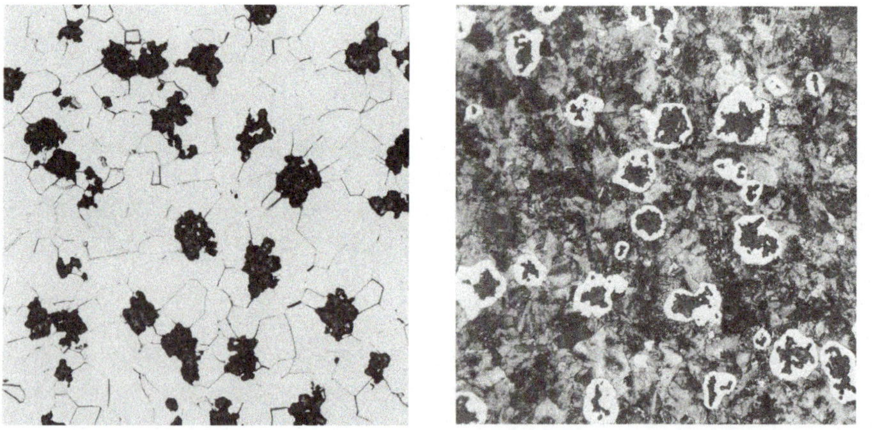

(a) 페라이트 가단주철. x200x0.85

(b) 펄라이트 가단주철. x200x0.85

[그림 11-10] 가단주철의 현미경 조직[4)]

흑연화 풀림은 그림 11-9에 표시한 바와 같이 먼저 920~980℃로 5~15시간 가열, 유지하여 유리 시멘타이트를 흑연화시킨 다음, 740~650℃ 사이를 장시간에 걸쳐 서서히 냉각하거나, 이 구간의 온도에서 장시간 유지하여 펄라이트 중의 시멘타이트도 흑연화시킨 후 서랭한다. 여기서 전자를 **제 1단 흑연화**, 후자를 **제 2단 흑연화**라 하며, 결과적으로 페라이트 가단주철의 조직은 그림 11-10에서 보는 바와 같이 시멘타이트가 분해되어 생성된 괴상(塊狀, nodular)의 **뜨임 탄소**(temper carbon)가 페라이트 중에 석출되어 있는 형태이다.

페라이트 가단주철의 인장강도는 28~40 kg/mm^2, 연율은 5~20%로서 강철의 그것에 가까운 기계적 성질을 가지며, 그 표준조성은 2.3~2.8% C, 0.8~1.1% Si, 0.2~0.4% Mn이다. 페라이트 가단주철은 현재 사용되고 있는 가단주철의 대부분을 차지하며, 자동차 부품, 철도차량 부품, 방직기계 부품, 관 이음쇠 등 강도와 연성이 동시에 요구되는 소형 주물의 다량생산에 적합하다.

[2] 펄라이트 가단주철

펄라이트 가단주철은 페라이트 가단주철의 흑연화처리 과정 중 제1단 흑연화만 실시하거나, Mn, Cr 등의 펄라이트 안정화 원소를 소량 첨가하여 바탕조직을 펄라이트로 만든 것이다. 인장강도 40~70 kg/mm^2, 연율 2~8% 정도로서 페라이트 가단주철에 비하여 연성은 다소 떨어지나 강도가 크며 내마모성이 우수하여 크랭크축, 캠축, 펌프, 기어, 병기(兵器)나 공구류 등의 소재로서 이용된다.

11.5.2 구상흑연주철(球狀黑鉛鑄鐵)

구상흑연주철(nodular cast iron)*4)은 주조상태에서 모양이 구형으로 된 흑연을 직접 얻는 주철로서 **연성주철**(延性鑄鐵, ductile cast iron, DCI)이라고도 한다. 구상흑연주철은 인장강도가 40~80 kg/mm^2, 연율이 2~15%에 달하여 기계적 성질이 탄소강에 필적하며, 주조성이 우수하고 내열성, 내식성 및 내마모성도 탄소강이나 보통주철보다 우수하다. 따라서 모양이 복잡하여 우수한 주조성과 높은 강인성이 동시에 요구되는 각종 기계부품에 널리 이용되고 있다.

구상흑연주철은 고C, 고Si의 용탕에 Mg이 주성분인 구상화제(球狀化劑)를 첨가한 후 탄소의 흑연화를 돕기 위해 Fe-Si로 **접종**(接種, inoculation)*5)한 다음 주조한다. 그 표준조성은 3.2~4.0% C, 2.0~3.0%Si, 0.2~0.6%Mn, P<0.1%, S<0.02%이며, 여기서 S는 구상화를 크게 방해하므로 특히 억제해야 하며 P은 연성을 해친다. Mg은 Mg-Ni, Mg-Cu, Fe-Si-Cu-Mg 등의 합금 형태로 첨가되며, 처리 후의 Mg 잔류량은 0.04~0.08%가 적당하다.

---

4) 구상흑연주철은 spheroidal graphite cast iron로 표기하여야 하나, 개발 초기에는 기술 부족으로 인해 흑연의 모양이 구형이 아니라 괴상(塊狀, nodular ; 덩어리 모양)으로 제조되었기 때문에 nodular graphite cast iron으로 일컫던 것이 습관화되어 아직도 그렇게 사용하고 있다.

5) 주조 조직을 개선하기 위해 용해 작업후 용탕에 어떤 금속재료를 첨가하는 작업을 말함. 주철은 흑연화, Al 합금이나 Mg 합금의 경우는 결정립 미세화를 목적으로 한다.

[표 11-3] 구상흑연주철품의 종류와 기계적 성질 (KS D 4302-1994)

종류	기호	인장강도 [MPa]	내력 [MPa]	연신율 [%]	충격에너지 [J]	경도(참고) [HB]
0종	GCD 370	370 이상	230 이상	17 이상	11~13 이상	179 이하
1종	GCD 400	400 이상	240 이상	12 이상	-	201 이하
2종	GCD 450	450 이상	280 이상	10 이상	-	143~217
3종	GCD 500	500 이상	340 이상	7 이상	-	170~241
4종	GCD 600	600 이상	370 이상	3 이상	-	192~269
5종	GCD 700	700 이상	450 이상	2 이상	-	229~302
6종	GCD 800	800 이상	480 이상	2 이상	-	248~352

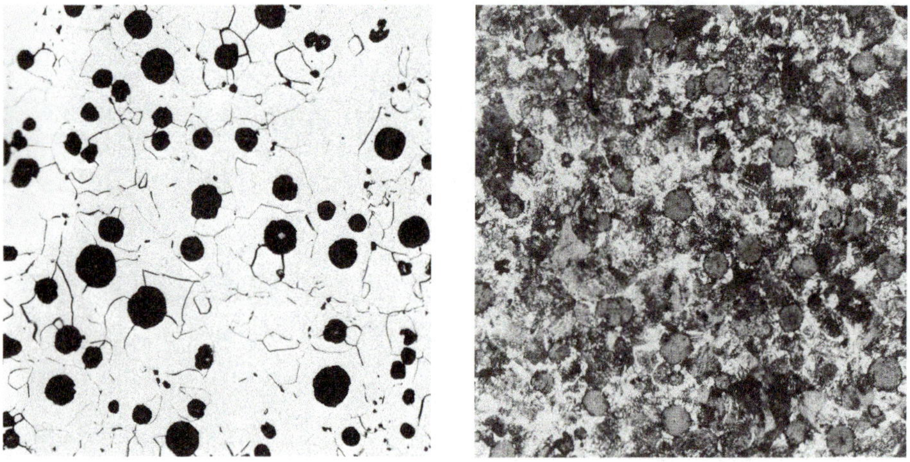

(a) 페라이트 구상흑연주철. x200x0.85 (b) 펄라이트 구상흑연주철. x200x0.85

[그림 11-11] 구상흑연주철의 현미경 조직[4)]

구상흑연주철은 그 바탕조직에 따라 페라이트형과 펄라이트형으로 나뉘며 그 현미경 조직은 그림 11-11에 표시된 것과 같다. 페라이트형 구상흑연주철은 펄라이트 조직으로 주조한 후 흑연화 풀림처리하여 얻으며, 펄라이트형 구상흑연주철은 Si량을 적게 하고 Mn을 다소 첨가하여 얻는다. 페라이트형 구상흑연주철은 연성이 크므로 강괴 제조용 주형(ingot case), 화학공업용 기계, 내열재 등에 쓰이며, 펄라이트형 구상흑연주철은 인장강도가 크고 내마모성이 좋으므로 내연기관, 크랭크축, 캠축, 고압 펌프, 기어, 압연기의 롤, 주철관 등에 널리 사용되고 있다.

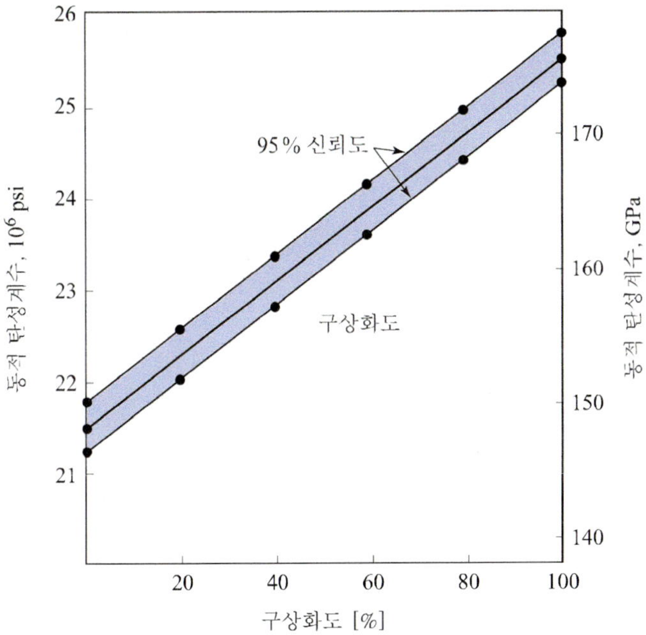

[그림 11-12] 구상흑연주철의 흑연의 구상화도에 따른 동적 탄성계수의 변화

앞서 언급한 바와 같이 흑연의 모양이 구형에 가까울수록 주철의 강도와 연성이 좋아진다. 그림 11-12를 보면 구상흑연주철의 구상화도가 높을수록 동적 탄성계수가 비례 증대함을 알 수 있다.

11.5.3 칠드 주철(chilled cast iron)

칠드 주철은 높은 경도와 내마모성이 필요한 부분의 주물 표면을, 금형(金型)을 사용하여 급랭응고시켜 백주철 조직으로 만든 주철로서 냉경 주철(冷硬鑄鐵)이라고도 한다. 이 때 급랭응고된 표면부의 조직을 **칠**(chill)이라고, 하며 그 깊이는 냉각속도가 빠를수록, C 및 Si의 함량이 적을수록 깊어진다. 칠드주철은 그림 11-13에서 보는 바와 같이 백주철 조직인 표면부는 경하고 취약하지만 내부는 흑연과 펄라이트로 되어 있어 전체적으로는 상당한 강인성을 가진다. 그리고 칠 조직은 브리넬 경도 350~450으로 내마모성이 크고 내열성이 좋으며 고온에서 장시간 사용해도 경도가 저하되지 않는다. 칠드 주철은 압연용 롤, 기차 바퀴, 파쇄기 등에 사용되며, 볼 밀(ball mill)의 볼 등의 경우는 주물 전체를 백주철로 만든다.

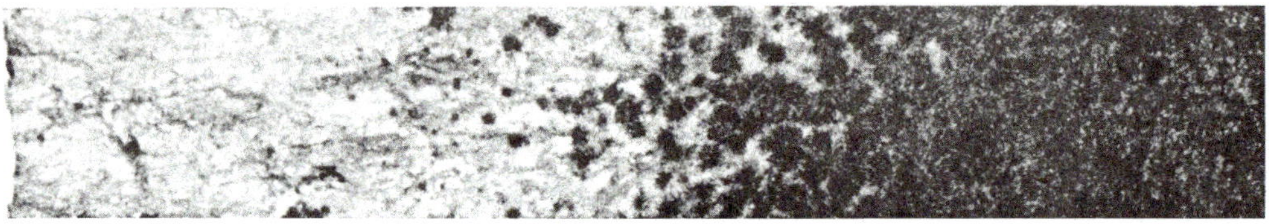

[그림 11-13] 칠드주철의 매크로 조직(왼편이 표면 쪽임)[5)]

11.5.4 합금 주철

합금 주철은 한 가지 이상의 합금원소를 첨가하여 주철의 여러 가지 성질을 개선한 것으로서, 저 합금일 때는 주로 강인성과 내마모성을 목적으로 하고, 고합금일 때는 내마모성, 내식성 또는 내열성의 향상을 주목적으로 한다.

주철의 합금은 주로 기계적 성질의 향상을 목적으로 하지만, 흑연의 석출을 고려해 주어서 백주철화에 의한 취성의 증가와 절삭성의 저하를 방지해야 한다. 이를 위해서는 흑연의 석출을 촉진하는 원소와 이를 방해하는 원소를 적당히 조합하는 것이 일반적이다.

크롬 주철은 Cr을 0.4~1.0% 첨가하여 흑연화를 방해함으로써 강도, 경도 및 내마모성을 향상시키거나, 두께가 큰 주물에서 조직이 조대화를 방지하는 주철이다.

니켈-크롬 주철은 표준조성이 3.0~3.3% C 1.85~2.1%Si, 0.75~3.0%Ni, 0.5~1.0% Cr으로서 강인성, 내마모성, 내열성 및 절삭성이 뛰어나 내연기관의 실린더, 실린더 라이너 등의 기계부품에 적용된다. 여기에 Mo을 0.5% 정도 첨가하면 강인성, 내마모성이 한층 더 개선된다.

침상주철(針狀鑄鐵, acicular cast iron)은 2.8% C 내외, 1.6~2.0%Si, 0.5~1.5%Mo의 성분으로서 바탕조직이 베이나이트인 주철로서 크랭크축, 캠축, 실린더 라이너 강판의 마무리 압연용 롤 등에 이용된다. 인장강도, 내마모성이 우수하며, 편상 흑연이 나타난 경우에는 감쇠능이 좋고 구상 흑연인 경우는 100 kg/mm^2 정도의 인장강도를 쉽게 얻을 수 있다.

니하드(Ni-hard) 주철은 3.3~3.5% C, 0.75~1.25%Si, 4~6%Ni, 1.4~4.0% Cr의 주철로서, 마르텐사이트 조직이어서 내마모성이 우수하며 Ni이 증가되면 내식성과 내열성도 우수해진다. 칠드 롤러, 베어링, 펌프, 파쇄기(crusher), 플런저 등에 이용된다.

내식용으로는 14Ni-7Cu-2Cr의 **니리지스트**(Ni-resist), 20Ni-18Cu-2.5Cr의 **모넬**(monel) **주철**, 18Ni-2Cr-5Si의 **니크로실랄**(nichrosilal) 등이 사용되고 있으며, 2.0~3.5%

Cr의 크롬 주철은 스테인리스강보다 내식성과 내열성이 좋다.

오스테나이트 주철은 12~20%의 Ni을 첨가하여 오스테나이트 조직으로 만든 주철로서 내식성과 내열성이 크며, 비자성체이며, 기계적 성질이 우수하다. 특히 인성과 연성이 큼에도 불구하고 동시에 내마모성도 크다.

한편 Si가 4~6% 첨가된 주철은 **실랄**(silal)이라 일컬어지는 비교적 값싼 내열주철로서 사용된다. Si가 13% 이상인 것은 고Si 내산주철로서 알려져 있으나 취성이 크며, 알칼리성 물질에 대해서는 내식성이 나쁘다.

참고문헌

1) 西沢泰二, 佐久間健人(編), 金屬工學シリズ9, 金屬組織寫眞集鐵鋼材料編, 1979, p.16, 日本金屬學會(일본 금속학회의 게재 허가를 득함)

2) C. F. Walton ed., Gray and Ductile Iron Castings Handbook, Gray and Ductile Founders Society Inc., Cleveland, 1971

3) GM사 제공

4) 西沢泰二, 佐久間健人(編), 金屬工學シリズ9, 金屬組織寫眞集鐵鋼材料編, 1979, p.17, 日本金屬學會(일본 금속학회의 게재 허가를 득함)

5) S. H. Sidney, "Introduction to Physical Metallurgy", 2nd ed., 1974, McGraw-Hill Inc

제 12 장 알루미늄과 그 합금

Introduction to Engineering Materials

12-1 알루미늄

알루미늄(Aluminum)은 지각 중에 가장 많이 분포하고 있는 원소로서 공업적으로는 주로 보크사이트(Bauxite)로부터 알루미나(Al_2O_3)를 정제하고, 이것을 빙정석(氷晶石, Na_3AlF_6)과 혼합하여 용융염 전해(熔融鹽電解)하여 환원한 다음 가스와 불순물을 제거하여 알루미늄 지금(地金)을 얻는다. 알루미늄은 비중이 2.7로서 Mg(1.74)와 Be(1.84) 다음으로 비중이 작은 대표적인 경금속이다. 또한 열전도도가 좋아 주전자, 냄비 등으로 사용되며, 전기전도도가 구리의 60% 이상으로 우수하고 가벼워서 전선으로도 많이 사용된다. 표 12-1은 알루미늄의 물리적 성질과 기계적 성질을 표시한 것이다.

알루미늄은 면심입방격자 금속으로서 연(軟)하고 연성, 전성이 풍부하며, 주로 판, 관, 봉, 선 및 박(箔)으로 가공되어 공급되고 있다. 알루미늄의 기계적 성질은 순도, 가공도에 따라 현저한 차이가 있는데, 표 12-1에 표시된 바와 같이 냉간압연율이 높을수록 강도는 증대하고 연율은 감소된다. 알루미늄의 열간가공은 280~500℃에서 실시하며 냉간가공은 70~80% 가공한 후 중간풀림을 실시한다. 그리고 재결정온도는 260℃ 부근이지만 공업적으로는 350℃ 전후에서 풀림처리를 한다.

[표 12-1] 알루미늄의 물리적 및 기계적 성질

<table>
<tr><td rowspan="5">물리적 성질</td><td>원자번호</td><td colspan="2">13</td><td>결정구조</td><td>면심입방격자</td></tr>
<tr><td>원 자 량</td><td colspan="2">26.981</td><td>격자상수</td><td>a=0.404nm</td></tr>
<tr><td>비중(20℃)</td><td colspan="2">2.6989 gr/cm^3</td><td>전기저항(20℃)
(순도 99.999)</td><td>26.2 nΩ·m</td></tr>
<tr><td>용 융 점</td><td colspan="2">660.4℃</td><td>열전도율(25℃)</td><td>247 W/m·K</td></tr>
<tr><td>열팽창계수
(20~100℃)</td><td colspan="2">23.6 μm/m·K</td><td>전기전도율(20℃)
(순도 99.999)</td><td>65~66% IACS</td></tr>
<tr><td rowspan="4">기계적 성질</td><td>성 질</td><td>어닐링재</td><td>40%
냉간압연</td><td>70%
냉간압연</td><td>90%
냉간압연</td></tr>
<tr><td>인장강도 [MPa]</td><td>40~50</td><td>80~90</td><td>90~100</td><td>120~140</td></tr>
<tr><td>0.2% 항복강도 [MPa]</td><td>15~20</td><td>50~60</td><td>65~75</td><td>100~120</td></tr>
<tr><td>연율 [%]</td><td>50~70</td><td>15~20</td><td>10~15</td><td>8~12</td></tr>
</table>

순 알루미늄은 내식성이 좋은 편이며, 표면에 산화피막을 형성함으로써 실내에서는 부식이 잘 안되고 외기나 바다 바람에도 잘 견딘다. 그러나 산화피막이 균일하게 형성되는데는 2년 정도나 걸리고, 소금물에는 부식이 잘 되며, 중금속이 포함된 물에는 **공식**(pitting)을 일으키는 등의 문제가 있다. 또한 질산 등의 산화성 산에는 강하지만 염산이나 유기산에는 약하여 많은 알루미늄 합금의 경우 **양극산화법**에 의해 강한 내식성을 가지게 한 다음 사용한다. 한편 알루미늄은 고온에서 산화되기가 쉬우며, 이에 따라 용접성이 대단히 나쁜 편이다.

알루미늄은 실제 체내로 흡수되는 양이 적고 체외로 쉽게 배출되어 식기 등을 통해 유입되는 정도라면 인체에 그다지 유해하지 않은 것으로 알려져 있다[1]. 그러나 짧은 시간에 과다하게 노출될 시는 구토 등을 유발하거나 나아가서 치매의 원인이 되기도 한다.

한편 알루미늄 합금이 많이 사용되고 있는 가장 큰 이유 중의 하나는 가볍다는 점이다. 특히 시효경화형 합금의 경우는 비강도(比强度)가 대단히 크므로 항공기, 자동차, 각종 모바일 기기 등의 소재로서 중요하다. 그밖에 가공성과 내식성 등의 면에서도 장점이 많으므로 산업의 발달과 함께 용도가 점차 다양해지고 있다. 알루미늄 합금의 판재는 주로 화학공업용 장치, 전기기기, 광학기기, 위생용기, 건축, 차량 등에, 선재는 고압 도전용 케이블 및 전기차 전장용 케이블에, 박지는 각종 포장용, 콘덴서, 전기 자동차용 배터리의 양극 지지대 등에 사용된다.

12-2 알루미늄 및 알루미늄 합금의 분류

알루미늄 합금은 주조용과 소성가공용으로 나뉘며, 이들은 각각 열처리에 의해 경화되는 시효 경화형과 비열처리 경화형으로 나뉜다. 대개 시효경화성이 있는 알루미늄 합금은 용체화처리 및 시효처리하여 강도를 높이고, 시효경화성이 없는 것은 주로 냉간가공에 의하여 강도를 높이고 있으며, 이 두 가지를 적절히 조합하면 그 효과가 더욱 상승된다. 시효경화형은 모두 고강도용으로 사용되고 비열처리 강화형은 대부분 내식용으로 사용된다.

- 알루미늄 합금
  - 소성가공용
    - 비열처리 강화형 (내식용) : 순 알루미늄(1xxx계), Al-Mn계(3xxx계), Al-Si계(4xxx계), Al-Mg계(5xxx계)
    - 시효경화형 (고강도용) : Al-Cu-Mg계(2xxx계), Al-Mg-Si계(6xxx계), Al-Zn-Mg계(7xxx계)
  - 주 조 용
    - 비열처리 강화형 (내식용) : 순 알루미늄, Al-Si계(AC3A, AC4A,B, AC9), Al-Mg계 (AC7A,B)
    - 시효경화형 (고강도용) : Al-Cu-Si계(AC2A,B, AC8A,B,C), Al-Cu-Mg-Si계(AC5A,B), Al-Mg-Si계(AC3A, AC8A,B,C)

[그림 12-1] 알루미늄 합금의 분류

그림 12-2는 알루미늄 합금의 특성과 첨가원소와의 연관성을 보여주는 계통도이다.

KS 규격에서는 소성가공용 알루미늄 합금의 종류를 나타내는 **종별 기호**(種別記號)로서 미국의 알루미늄협회 규격, 즉 AA 규격을 인용하여 표 12-2와 같이 네 자릿수(xxxx)로 표시한다. AA 규격에서는 주조용 알루미늄 합금에 대해서도 이와 아주 비슷한 형식의 분류법(xxx.x)을 사용하고 있다. 그러나 KS에서는 이를 채택하고 있지 않다.

한편 알루미늄 및 알루미늄 합금은 열처리와 소성가공의 정도 등에 따라 기계적 성질이 크게 달라지므로 **질별 기호**(質別記號)를 사용하여 그 처리내용을 표시한다. KS D 0004에 따르면 제품의 제조 상태 그대로의 것에는 F, 풀림처리한 주조품 및 소성가공재에는 O, 냉간가공재에는 H, 열처리한 시효경화형 합금에 대해서는 열처리 종류에 T1~T10 등을 종별 기호 뒤에 붙인다. 표 12-3은 KS에 규정된 질별 기호를 표시한 것이다.

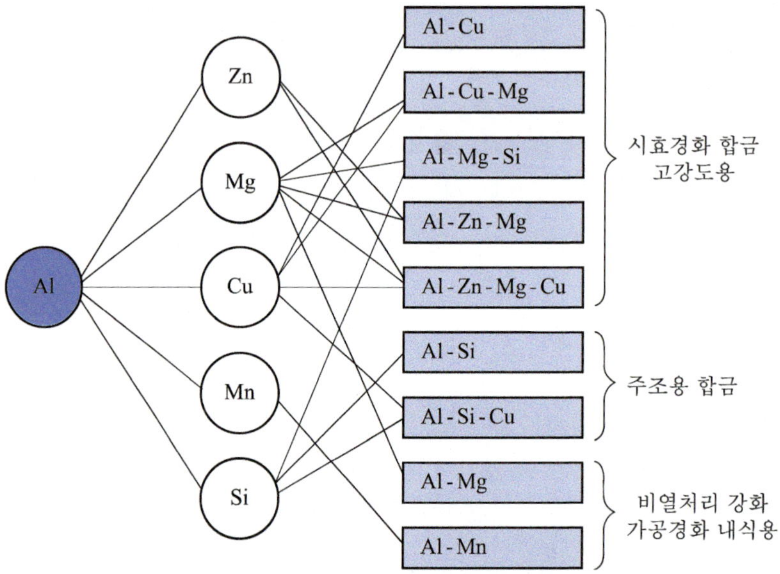

[그림 12-2] 주요한 알루미늄 합금의 합금 계통도

[표 12-2] 소성가공용 알루미늄 합금의 종별 기호

기 호	주요 합금성분	특징 및 용도
EC	순Al	전기 도전용
1xxx번	공업용 순Al (99% 이상)	강도가 작으나 내식성, 연성 및 전기전도도 좋음. 요리용 포일, 열교환기, 조명용 반사막, 창문 새시 등
2xxx번	Cu	강한 시효경화 합금. 자동차 바퀴, 비행기 외피, 날개 외부, 단조품, 리벳 등
3xxx번	Mn	중간 정도의 기계적 성질. 뛰어난 내식성. 프라이 팬, 음료수 캔 등
4xxx번	Si	용융점이 낮음. 용접 와이어, 다이캐스팅용 등. 활용도가 비교적 낮음.
5xxx번	Mg	내식성 우수. 가공경화성이 크고 용접성이 좋음. 강철 캔의 두껑, 압력용기, 연료 라인 등
6xxx번	Mg + Si	중간 강도의 시효경화 합금. 창틀 등의 양극산화 처리한 압출 제품. 카누 등
7xxx번	Zn	강력한 시효경화 합금. 고강도 부품, 비행기용 단조 부품, 날개 활대 등
8xxx번	상기 이외	

[표 12-3] 알루미늄 합금의 질별 기호

기호		정의	기호		정의
	F	압연, 압출, 주조 등의 제조 상태 그대로	시효강화	T1	고온가공으로부터 냉각후 자연시효한 것.
				T2	풀림처리한 것(주물).
	O	풀림처리 상태(가공재)		T3	용체화처리 후 냉간가공 경화된 것.
가공경화	H1n	가공경화만 받은 것.		T4	용체화처리 후 자연시효가 완료 된 것.
	H2n	가공경화 후 적당히 풀림한 상태		T5	고온가공으로부터 용체화 처리후 인공시효 처리한 것.
				T6	용체화처리 후 인공시효 처리한 것.
	H3n	가공경화 후 안정화 처리한 것		T7	용체화처리 후 인공시효 처리한 것.
		※n은 아래의 상태를 표시. n=1(1/8경질), 2(2/8경질), 4(4/8경질), 6(6/8경질), 8(경질), 9(특경질)		T8	용체화처리 후 냉간가공 및 인공 시효처리한 것.
				T9	용체화처리 후 인공시효, 냉간가공한 것.
	W	용체화 처리한 상태		T10	고온가공으로부터 냉각후 냉간가공, 인공시효 처리한 것.

여기서 가공경화 정도를 표시함에 있어서 H 다음의 둘째 숫자가 8인 경우는 인장강도가 단면감소율 75% 정도로 냉간가공했을 때와 같은 정도(경질)라는 것을 의미하며, 9는 그 이상 냉간가공한 정도의 강도(특경질)를 의미한다. 예를 들어 1035-H24는 알루미늄 99.35% 이상인 재료로서, H 다음의 첫째 숫자 2는 가공경화 후 풀림처리에 의해 연화(軟化)한 것을 의미하며, 그 다음의 4는 4/8경질을 표시하는 것으로서 인장강도가 '경질'의 4/8배, 즉 37.5%만큼 냉간가공했을 때와 같은 정도라는 것을 의미한다.

12-3 주조용 알루미늄 합금

알루미늄 합금 주물은 용융점이 낮아 용해 작업이 쉽고 가볍기 때문에 자동차, 가전제품, 전기 통신기기 등에 널리 이용되고 있다. 그러나 응고 수축률이 6.2% 정도로 크고 핀홀(pin hole)이 생기기 쉬워 주조하기는 비교적 어려운 편이다. 따라서 주조용 알루미늄 합금은 다

[표 12-4] 주조용 알루미늄 합금의 기계적 성질과 용도

종류	화학 성분 [wt %*]	상태**	인장강도 [MPa]	항복 강도 [MPa]	연율 [%]	대표적인 용도
355.0	5Si, 1.2Cu, 0.5Mg	사형 주조 (-T6)	220 이상	138 이상	2.0	펌프 하우징
		금형 주조 (-T6)	285 이상		1.5	비행기 배관 연결구, 크랭크 케이스
356.0	7Si, 0.3Mg	사형 주조 (-T6)	207 이상	138 이상	3	변속기
		금형 주조 (-T6)	229 이상	152 이상	3	케이스, 차축 하우징, 트럭 휠
332.0	9.5Si, 3Cu, 1.0Mg	금형 주조 (-T6)	214 이상			자동차 피스턴
413.0	12Si, 2Fe	다이캐스팅	297	145 이상	2.5	복잡한 형상의 대형 주물
443.0	5.3Si, 2.0Fe	다이캐스팅	228	110 이상	9	내식성과 충격 저항이 큰 주물
360.0	9.5Si, 2.0Fe, 0.5Mg	다이캐스팅	324 이상	159 이상	4.0	일반 용도의 주물

주) * 나머지 Al
** T5 : 승온하여 소성가공한 다음 인공시효 처리 상태, T6 : 인공시효경화 처리 상태

소 강도를 희생시키더라도 주조성이 좋은 조성을 선택해야 하며, 결과적으로 가공용 알루미늄 합금에 비하여 대체로 합금원소의 첨가량이 많고 용융점이 낮다.

실용 주조용 알루미늄 합금의 대부분은 Al-Cu, Al-Si, Al-Mg의 2원 합금을 기초로 하여 여기에 Ni, Mn, Zn, Cu, Si, Mg 등을 소량 첨가한 것이다. 표 12-4는 알루미늄 합금 주물의 화학성분, 기계적 성질, 용도 등을 표시한 것이다.

[1] Al-Cu계 합금

Al-Cu계 합금은 대표적인 시효경화성 합금으로서, 용체화처리는 510℃ 내외에서 실시하며, 시효처리 온도는 160℃ 정도이다. 그리고 그림 12-4에서 보는 바와 같이 시효경화 후의 인장강도는 Cu 함량이 5~6%일 때 가장 크며, 주조 상태의 약 2배가 된다.

주물의 유동성은 Cu 6% 이상일 때는 양호하여 금형주물이나 얇은 주물에도 적합하다. 그러나 Cu 함유량이 높은 것은 내마모성이 아주 크지만 현재는 실용하지 않고 있으며 4%

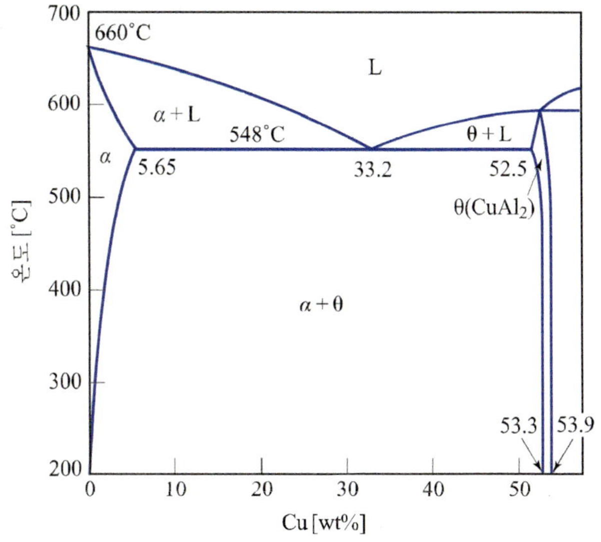

[그림 12-3] Al-Cu계 평형상태도

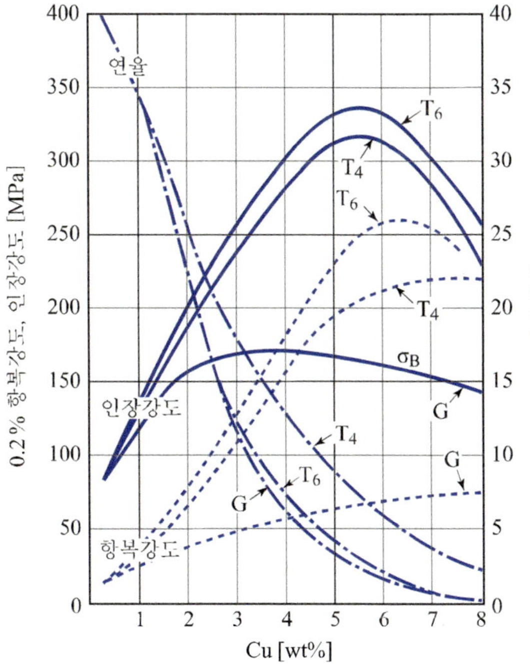

G: 주조상태
T_4: 500℃ 용체화 처리, 자연시효
T_6: 500℃ 용체화 처리, 인공시효

[그림 12-4] Al-Cu 합금의 Cu 함량에 따른 시효경화 효과의 변화

내외 것이 주로 사용되고 있다. 이 합금의 대표적인 것이 AC1A 합금으로서 강도가 크고 절삭성도 좋으나 주조성이 나쁘다. 여기에 4~7%의 Si를 첨가한 Al-Cu-Si계 합금인 **로우털**(Lautal)은 Al-Cu계 합금에 비해 핀홀(pin hole)이나 주조 균열이 잘 발생하지 않는 등 주조성이 좋고, Al-Si계 합금에 비해 절삭성이 좋다. 또한 Al-Si계 합금에 비해 금형 주조용으로 적당하고 시효경화성이 있다.

그밖에 **Y합금**은 Cu 4% 내외의 알루미늄 합금에 소량의 Ni(2% 내외)과 Mg(1.5% 내외)을 첨가한 Al-Cu-Ni-Mg계 합금으로서 시효경화성이 있다. 또한 고온강도와 내열성이 좋고 열전도도가 크고, 열팽창계수가 작은 등의 특징이 있어서 내연기관의 피스턴, 실린더 헤드 등에 사용되고 있다.

[2] Al-Si계 합금

알루미늄 합금에 있어서 규소는 연성과 피로강도를 약간 저하시키지만 주조성과 주물의 건전성을 높여 결과적으로 주물의 강도를 높인다. 규소를 10~13% 함유하는 Al-Si계 합금은 **실루민**(silumin)이라 하며, 열처리 강화 효과는 없지만 수축이 적고 유동성이 좋은 등 주조성이 우수하고 내마모성과 내식성이 좋아 자동차의 실린더 헤드 등에 사용되고 있다. 이 합금은 그림 12-2에서 보는 바와 같이 577℃, 11.6%Si에서 공정점을 갖는 공정형 합금이며, 공정조직은 α+ Si이다. 그런데 이 Si는 일반적인 주조시 매우 조대하고 날카로운 모양으로 나타나 기계적 성질과 가공성을 나쁘게 한다. 이때 용탕에 미량의 Na(실제로는 NaF와 NaCl을 1:2로 혼합한 처리제가 주로 사용됨)을 첨가하면 Si가 현저하게 미세화되어 기계적 성질이 크게 개선되는데, 이 처리법을 **개량처리**(改良處理, modification)라 한다. 그림 12-6은 개량처리 전후의 현미경 조직의 변화를 나타내고 있으며, 그림 12-7은 인장강도

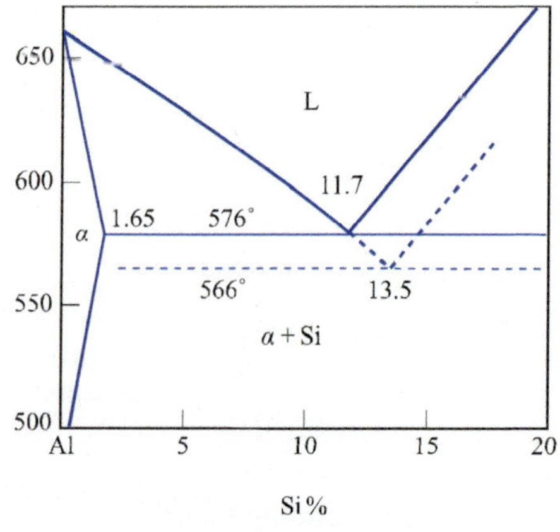

[그림 12-5] Al-Si계 상태도(점선은 개량처리한 경우를 나타냄)

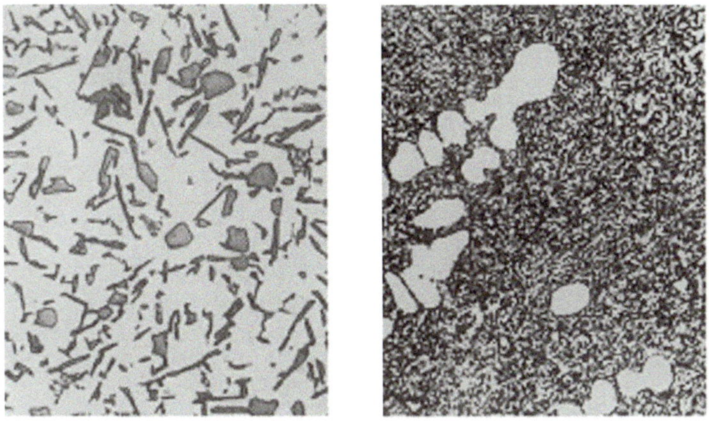

(a) 개량처리 전 (b) 개량처리 후

[그림 12-6] 개량처리 전후의 현미경 조직의 변화[2)]

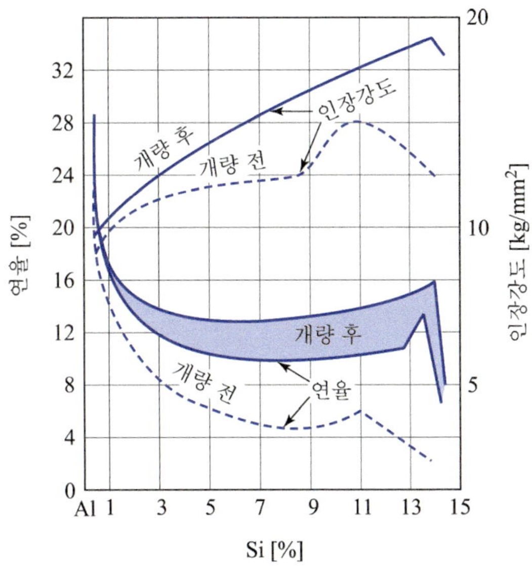

[그림 12-7] 사형 주조한 실루민의 개량처리 효과[3)]

및 연율의 변화를 표시하고 있다. 단, 금형 주조시에는 Si가 미세해지므로 개량처리하지 않아도 된다.

실루민은 주조시 수축이 비교적 작고 유동성이 좋아 얇거나 복잡한 주물의 제조에 적합하다. 그러나 다른 주조용 알루미늄 합금 비해 항복강도, 피로강도, 고온강도가 낮으며 절삭성도 좋지 않다. 이러한 단점을 개선하기 위해 Si를 약간 감소하고, 소량의 Mg(0.5%) 또는 Cu(3%)를 첨가한 것이 많이 사용되고 있다. 전자의 Al-Si-Mg계 합금을 **감마 실루민**(γ-silumin), 후자의 Al-Si-Cu계 합금을 **구리 실루민**(Cu-silumin)이라 하며, 시효경화성이 있고 고온강도도 좋다. 한편 **로 엑스**(Lo-Ex)는 11~13%Si, 1~2.5%Ni, 0.8~1.5%Mg, 1~4% Cu를 함유하는 Al-Si-Cu-Mg-Ni계의 합금으로서 시효경화성이 있으며 선팽창계수가 작고 내열성이 좋으므로 자동차 엔진 피스턴용 합금으로 이용된다. 그밖에 18~24%의 고Si 합금도 피스턴용으로 사용된다.

[3] Al-Mg계 합금

마그네슘은 연율과 충격치를 크게 떨어뜨리지만 강도를 높인다. 마그네슘을 11% 이하 첨가한 AC7종의 Al-Mg계 합금은 **하이드로날륨**(hydronalium)으로 불리며, 내식성이 우수하고 강도와 연율이 큰 것이 특징이며, 절삭성이 좋고, Al_3Mg_2의 석출을 이용하여 시효경화가 가능하다. 이 합금의 주물은 마그네슘의 편석이 일어나기 쉬우므로 주조 후 400℃ 정도까지 가열하여 균질화처리를 하는 것이 좋다. 이 합금계는 주조성은 나쁘지만 기계적 성질이 좋고 특히 바닷물에 대한 내식성이 알루미늄 합금 중 최고 수준이므로 선박용 또는 화학공업용 등에 흔히 사용되고 있다.

[4] 다이캐스팅용 알루미늄 합금

다이캐스팅(die casting)용 알루미늄 합금은 가능한 한 용융점이 낮고 쇳물의 유동성이 우수해야 하므로 로우털, 실루민, 하이드로날륨 등의 계통의 합금이 사용된다. 그런데 다이캐스팅에서는 금형표면의 손상을 가능한 한 억제하는 것이 중요하며, 이를 위하여 Fe를 1% 정도 첨가한다. 일반적으로 다이캐스트 제품은 열처리 강화가 불가능하다.

12-4 소성가공용 알루미늄 합금

가공용 알루미늄 합금은 압연, 단조, 인발, 압출 등의 소성가공에 의하여 핀, 봉, 관, 선 등의 형태로 생산되는 것을 말한다. 가공용 알루미늄 합금은 내식용 합금과 고강도 합금으로 나뉜다. 고강도 알루미늄 합금은 주로 높은 강도를 목표로 하지만, 내식용 알루미늄 합금은 순 알루미늄에 가까운 좋은 내식성과, 순 알루미늄보다 약간 높은 강도를 목표로 하고 있다. 내식용 알루미늄 합금에는 Al-Mn(3000계), Al-Mg(5000계), Al-Mg-Si(6000계) 등이 있으며, 고강도 알루미늄 합금에는 Al-Cu(2000계), Al-Cu-Si-Mn, Al-Cu-Ni, Al-Zn-Mg(5000계) 등이 실용화되고 있다.

12.4.1 내식용 알루미늄 합금

순 알루미늄은 내식성이 우수하며, 다른 원소를 첨가하면 일반적으로 내식성이 나빠진다. 그러나 Mg, Mn, Si 등은 내식성을 그다지 해치지 않으며, 따라서 Al-Mn계, Al-Mg계, Al-Mg-Si계 합금은 주로 내식용으로 이용된다. 이들 중 Al-Mn계 및 Al-Mg계 합금은 시효경화성이 없으므로 고강도를 필요로 할 때는 냉간가공에 의하여 강화(가공경화)한다. 표 12-5는 가공용 알루미늄 합금 중 내식용으로 사용되는 것들의 성질과 용도를 표시한 것이다.

[표 12-5] 내식성 알루미늄 합금의 기계적 성질과 전형적인 용도

종류	화학성분 [wt %[1]]	상태[2]	인장강도 [MPa]	항복 강도 [MPa]	연율 [%]	대표적인 용도
1100	99.0 min Al, 0.12Cu	풀림(-O)	89	24	25	판금, 창틀
		1/2경질(-H14)	124	97	4	
3003	1.2Mn	풀림(-O)	117	34	23	압력용기, 음료수 캔, 화학장치, 판금
		1/2경질(-H14)	159	159	17	
5052	2.5Mg, 0.25Cr	풀림(-O)	193	65	18	버스, 트럭, 해양용, 수도용 관재
		1/2경질(-H34)	262	179	4	
6061	1.0Mg, 0.6Si, 0.27Cu, 0.2Cr	풀림(-O)	152 이하	82 이하	16	트럭 및 해양 구조물, 배관, 난간
		인공시효(-T6)	290 이상	241 이상	10	

주) 1. 나머지는 Al
2. O : 풀림 및 재결정 상태, H14 : 가공경화 상태, H34 : 가공경화 및 안정화 처리 상태

[1] Al-Mn계 합금(3000계)

1~1.5% Mn의 것이 주로 사용되며, 풀림상태에서의 강도는 순 알루미늄과 큰 차이가 없으나 소성가공을 하면 비교적 강하고, 내식성은 순 알루미늄과 거의 비슷하다. 3003 및 3203 합금 등은 이 계에 속하는 합금으로서 성형가공과 용접이 용이하므로 자동차 부품, 건축용, 식기, 화학공업용 등으로 이용된다.

3004 합금은 Al-Mn계에 1% 이하의 Mg을 첨가한 합금으로서, 내식성, 가공성, 용접성은 3003 합금과 거의 같고 강도는 더욱 크므로 강도가 요구되는 성형부품(成形部品)이나 딥 드로잉(deep drawing)성이 요구되는 곳(예를 들어 음료수 캔, 전기밥솥 등)에 사용된다.

[2] Al-Mg계 합금(5000계)

Al-Mg계 합금은 일반적으로 6% 이하의 마그네슘이 첨가하며, 그 중 5052 합금은 2.5%, 5056 합금은 5%가 함유된 것이다. 이들의 내식성은 순 알루미늄과 거의 같고, 강도도 Al-Mn계 보다 높으며 용접성도 좋아서 용접구조재로서 선박, 차량, 화학플랜트, 건축용 등에 사용된다. 그러나 시효경화성이 없으며, 응력부식균열 때문에 가공경화도 어려워 구조재로는 연질의 것을 사용할 수밖에 없는 것이 결점이다. 또 아연과 마찬가지로 사용조건에 따라서는 마그네슘이 결정립계에 석출하여 입계부식을 일으킬 우려가 있는데, 이때는 소량의 Cr, Mn을 첨가하면 완화할 수 있다. 5052 합금은 강철제 캔의 뚜껑 재료로 흔히 사용되고 있으며, 5083 합금은 비열처리형 중에서는 가장 강도가 크고 내식성이 우수하며, 가열 냉각에 의한 변형 회복이 잘되므로 LNG 등의 저온 보관 용기에 적합하다.

[3] Al-Mg-Si계 합금(6000계)

Al-Mg-Si계 합금은 0.4~1.4% Mg, 0.2~1.2% Si를 함유하며, 알루미늄 합금은 내식성과 가공성 및 강인성을 겸비한 재료로서 압출재, 새시, 파이프 재료 등에 흔히 이용된다. 6063 합금은 이 계통의 대표적인 합금이며 Cu를 함유하지 않으면서도 시효경화성이 있는 고강도 합금이다. 또 6061 합금은 0.15~0.4%의 Cu를 첨가하여 강도를 더욱 향상시킨 것으로서 내식성은 다소 떨어지나 단조가공성과 용접성이 좋으므로 차량, 선박 등 수송 구조재나 각종 소형 부품의 제조에 사용된다. 이 계열의 합금은 시효경화성이 있다는 측면에서 고강도용으로 분류할 수도 있다.

12.4.2 고강도 알루미늄 합금

고강도 알루미늄 합금은 일반적으로 Cu, Zn 등을 첨가하여 열처리(시효경화)에 의해 강도를 현저히 증가시키는 합금으로서 필요에 따라서는 소성가공에 의해 강도를 더욱 향상시키기도 한다. 항공기 자동차 등의 기계부품 중 비강도가 커야 되는 곳에 사용되는 중요한 재료이지만, Cu가 Al의 내식성을 해쳐 내식성은 좋지 못한 편이므로 사용시 유의해야 한다. Cu를 첨가한 2000계 합금, Zn을 첨가한 7000계 합금이 대표적이며, 그밖에 Si, Li, Mn, Mg, Cr 등이 첨가되기도 한다.

[1] Al–Cu–Mg–Mn계 합금(2000계)

이 합금계의 대표적인 것은 2014 합금으로서 흔히 **두랄루민**(duralumin) 또는 **D 합금**이라 불리고 있다. 2014 합금은 표준 조성이 4.4% Cu, 0.5%Mg, 0.8%Mn, 0.8%Si, 나머지 Al인 합금으로서, 인장강도가 470MPa 정도로 연강을 능가하는데 비해 비중은 연강의 1/3 정도에 불과하여 비강도가 크므로 항공기 재료, 우주선 부스터 탱크, 자동차 바퀴, 트럭 프레임 등에 적용되고 있다. 이들 합금의 시효처리는 보통 115~190℃의 낮은 온도에서 5~48시간 정도 처리한다. 그림 12-8은 2014 합금의 시효처리 온도에 따른 항복강도의 변화를 도시한 것으로서, 260℃에서 처리하면 처리시간은 짧지만 강도의 최고치가 작은 데 비해, 105℃에서 처리하면 최고 강도는 가장 높으나 지나치게 오랜 기간이 소요됨을 알 수 있다.

2024 합금은 **초 두랄루민**(super duralumin) 또는 **SD 합금**이라고 하며, 2017 합금보다 Mg의 함량을 높인 것으로서 T351처리하면 연율 12%, 인장강도 550MPa에 이른다. 이 합금의 표준 조성은 4% Cu, 1.5%Mg, 0.5%Mn, 나머지 Al으로서 자연시효 경화가 현저하다. 그러나 용접성이 좋지 못하므로 리벳, 볼트 체결, 저항 용접 등에 의해 연결한다.

Al–Cu계 합금은 주로 항공기의 구조재에 사용되고 있으며 리벳, 기구류, 휠체어, 자동차 구조물, 일반 구조용 등으로도 사용된다. 그러나 응력부식균열을 일으키는 단점이 있기 때문에 항공기용으로는 점차 7xxx계 합금이나 복합재료로 대체되고 있으며, 특히 2017 합금은 거의 사용되지 않고 있다.

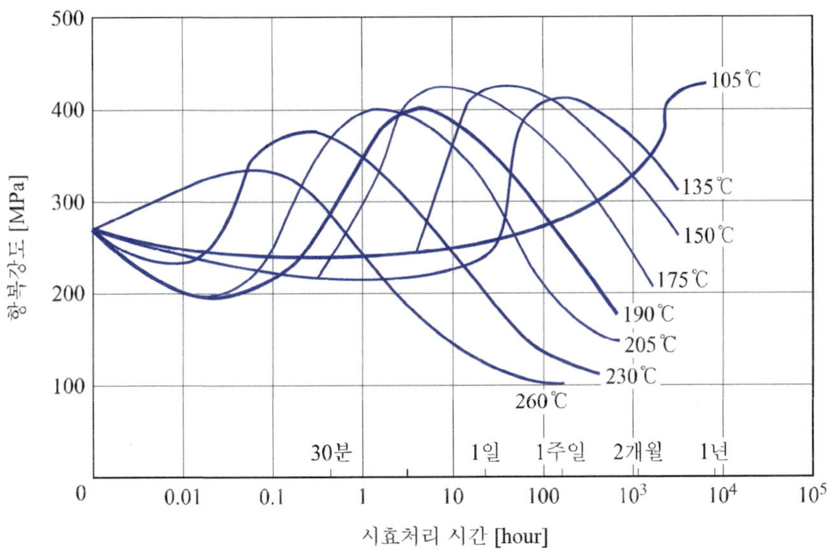

[그림 12-8] 2014 Al합금의 시효처리 온도에 따른 항복강도의 변화[4)]

한편 2024 합금과 2117 합금(3.6% Cu, 0.35% Mg)은 리벳 재료로 사용되는데, 용체화처리 후 냉장고나 드라이아이스 중에 -5℃ 이하로 보관하며 리벳 작업 후에는 상온에서 자연시효 경화된다. 그리고 Sn을 첨가하면 보관 기간을 늘일 수 있다.

[표 12-6] 고강도 알루미늄 합금의 기계적 성질

종류 및 화학성분	열처리			인장 강도 [MPa]	항복 강도 [MPa]	연신율 [%]	경도 [HBN]
	기호	풀림 담금질	템퍼링				
2014 (0.5% Mn, 0.8% Mn / 0.8% Si, 4.4% Cu)	O	350℃ 공랭	–	186	96	18	45
	T4	500℃ 수랭	–	427	289	20	105
	T6	500℃ 수랭	175℃×8h	482	414	13	135
2024 (1.5% Mg, 0.6% Mn / 4.5% Cu)	O	350℃ 공랭	–	186	75	72	47
	T4	495℃ 수랭	–	470	323	19	120
7075 (2.5% Mg, 1.6% Mn / 0.3% Cr, 5.6% Zn)	O	410℃ 공랭 또는 서랭	–	227	103	16	60
	T6	480℃ 수랭	120℃×24h	572	502	11	150

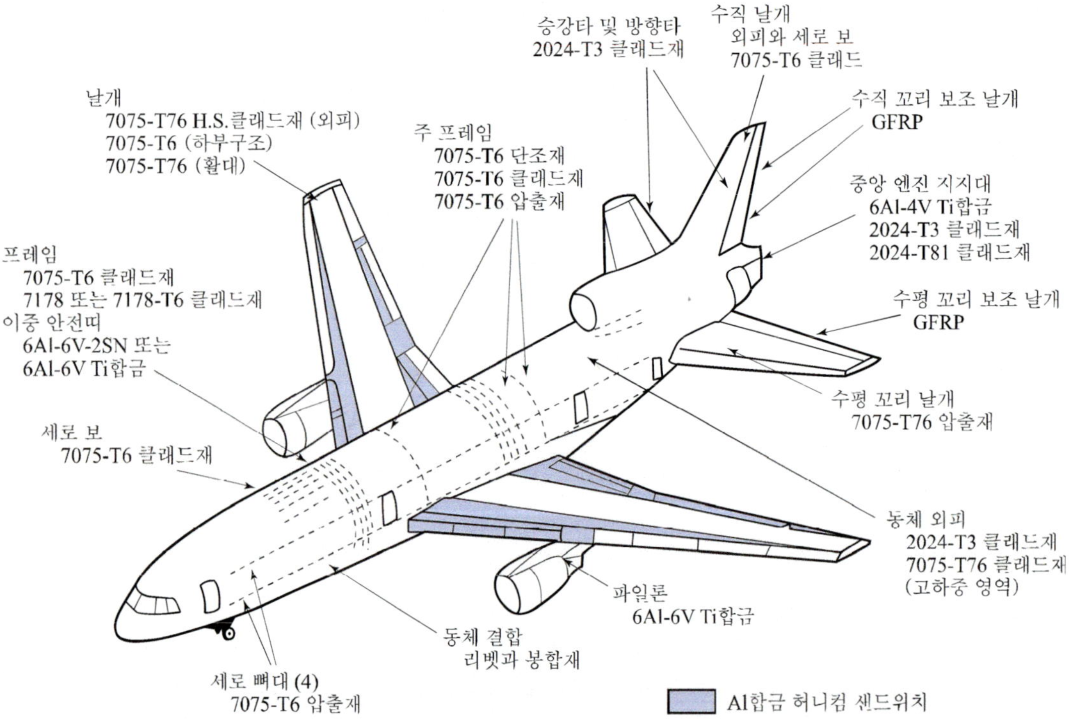

[그림 12-9] 7xxxx 및 2xxx 알루미늄 합금의 항공기에의 적용 사례

[2] Al-Zn-Mg계 합금(7000계)

이 계의 합금은 SD합금보다 Mg, Zn의 첨가량을 증대시킴으로써 $MgZn_2$의 석출을 이용하는 시효경화성이 큰 합금이다. 이 계의 합금을 대표할 수 있는 것이 7075 합금으로서 보통 **초초 두랄루민**(Extra super duralumin) 또는 **ESD 합금**으로 알려져 있다. 7075 합금의 표준조성은 5.5% Zn, 2.5% Mg, 1.5% Cu, 0.3% Cr, 약간의 Mn, Si, Fe 나머지 Al이며, 연성은 2014 합금에 비해 다소 떨어지나 시효경화 후의 인장강도가 590MPa에 달한다. 또한 용접 후에도 용접부의 강도가 자연시효에 의해 모재에 가까운 강도까지 회복되는 장점이 있어서 항공기의 구조용 재료, 스포츠 용품 등으로 사용된다. 반면에 응력부식에 약하여 **자연균열**이 발생하기 쉬운데, 이것을 방지하기 위해서는 Zn 및 Mg의 양을 어느 한도 이내(Zn < 6%, Mg < 2.5%)로 제한하고 소량의 Cr, Mn을 첨가하면 된다. 7075 합금에서 Zn을 2% 내외 증가하고 Zr을 0.1% 첨가한 7068은 인장강도가 700MPa에 이른다.

[3] 내열 알루미늄 합금(2000계, 4000계)

내열 알루미늄 합금은 주로 내연기관의 피스턴, 실린더 헤드 등에 사용되므로, 고온강도, 고온 내마모성, 내열성, 열전도도가 커야 하고 열팽창계수는 실린더 재료인 주철과 비슷해야 한다. 이 종류의 합금으로는 Y 합금, RR 합금, 로 엑스(Lo-Ex) 등이 있다.

Y 합금은 Al-Cu-Ni-Mg계 합금으로서 시효경화성이 있으며 내열성이 대단히 우수하여 250℃에서도 상온 강도의 90%의 강도를 유지한다. 소성 가공용용으로는 2018 합금 및 2218 합금이 여기에 속하며, 주조용으로는 AC5A 합금이 있다. **RR 합금**은 Y 합금을 개량한 것으로서 Cu 및 Ni의 양을 줄이고 Fe와 소량의 Ti를 첨가하여 사용온도인 150℃에서 39 kgf/mm^2 정도의 인장강도를 갖는다.

로 엑스(Lo-Ex) 11~14%의 Si를 첨가함으로써 1% 내외의 Mg, Cu, Ni 등을 첨가하여 열팽창계수를 작게 하는 한편, 내열성과 내마모성을 개선한 Al-Si계 합금이다. 이 계통의 합금으로는 소성 가공용으로 4032 합금이 있으며, 주조용으로는 AC8A, AC8B 합금이 여기에 속한다. 그 밖의 내열 알루미늄 합금으로는 18~24% Si의 주조용 합금인 AC9A, AC9B 합금이 있다.

12

[표 12-7] 내열 알루미늄 합금 단조품의 열처리 방법과 기계적 성질

종류		열처리온도 [℃]			인장강도 [kgf/mm²]	연율 [%]	경도 [HB]
		질별	용체화처리	시효경화처리			
2018	형단조	T 61	505~520° 염욕	165~175° 8~12 hr	>39	>10	>160
2218	형단조	T 61	505~515° 염욕	165~175° 8~12 hr	>39	>10	>160
2No1	형단조	T 6	520~530° 수랭	160~170° 12~20 hr	>38	>6	>110
	자유단조				>38	>6	-
4032	형단조	T 6	505~520° 수랭	165~175° 8~12 hr	>37	>5	>115

[4] Al-Li 합금

근래 Al-Li계 합금은 가볍고도 탄성계수와 강도가 커서 항공기나 내연기관용으로 주목받아 두랄루민 계열의 합금을 대체하기 위한 연구 개발이 많이 진행되고 있다. 이 계통의 합금으로는 Al-2.4~3.0% Cu-1.9~2.6% Li인 2090, Al-1.84~2.5% Cu-1.7~2.3% Li인 2091 및 Al-2.2~2.7% Li-1.0~1.6% Cu인 8090 합금이 있다.

12.4.3 기타 알루미늄 합금 제품

[1] 알루미늄 전선

알루미늄의 도전율은 구리의 약 65%, 비중도 약 30%이므로, 중심부를 아연 도금한 강선으로 보강한 알루미늄 전선이 고압 송전용으로 이용되고 있다. 6151 합금은 1% Si, 0.6% Mg, 0.25% Cr을 첨가한 것으로 열처리 후의 인장강도가 35 kgf/mm^2 정도이며, 도전률은 구리의 약 90%이다.

[2] 알루미늄 합판

고강도 알루미늄 합금은 강하나 내식성이 나쁘며 특히 바닷물이나 염분이 바람에 의해 입계부식을 일으키기 쉽다. 반면에 내식 알루미늄 합금은 시효경화성이 없거나 있어도 강도가 작다. 이 두 가지 성능을 겸비하도록 고강도 합금의 표면에 순 알루미늄 판재를 접합

[그림 12-10] 2024-T6 Al 클래드재의 단면. 외피 부분이 순 알루미늄 층임[5)]

한 것이 **Al 클래드**(Al clad)이다. 대체로 표면재의 두께는 전체의 5~10% 정도로 하며 열간 압연에 의해 압접한다. 그림 12-10은 2024-T6 Al 클래드재의 단면 사진으로서, 인공시효(T6) 처리한 2024 합금의 양면에 상용의 순 알루미늄이 접합되어 있는 모습을 보여주고 있다.

[3] 알루미늄 분말 소결체

알루미늄 분말 소결체(sintered aluminum powder, **SAP**)는 알루미늄 분말을 산화성 분위기에서 고에너지로 분쇄 및 혼련함으로써 분말 상호간의 마찰에 의해 으깨졌다가 다시 결합하는 과정을 반복하는 동안에 분말 표면에 생성된 Al_2O_3(8~15% 정도)가 분말 내부로 들어가 균일하게 분산분포하게 한 다음 이를 가압 성형, 소결 및 압출하여 제조한다. 이것은 $Al-Al_2O_3$계 분산강화 합금으로서 Al_2O_3가 알루미늄의 소성변형을 방해하고 결정립의 성장도 저지하므로, 인장강도($40kgf/mm^2$)와 500℃까지의 고온강도가 크다. 그 밖에 열팽창계수가 작고 내산화성도 크므로 내열재료로서 피스턴, 터빈 날개 등에 사용되며, 비중이 작고 전기전도도, 내식성, 피로강도가 양호하다.

참고문헌

1) JECFA, 1986

2) 和泉修, 諸住正太郎, 寺沢正弌(編), 日本金屬學會, 金屬工學シリズ3, 金屬組織寫眞集 非鐵材料編, 日本金屬學會, p.27 (1972) (일본금속학회의 거재 허가를 득함)

3) R. S. Archer and L. W. Kempf ; Trans AIME, vol.73(1926), p.581

4) J. R. Davis(ed.), Aluminium and Aluminium Alloys, ASM Specialty Handbook, 1993

5) Laboratory, Aluminum Company of America

제 13 장 구리 및 그 합금

Introduction to Engineering Materials

13-1 순동(純銅)

구리(銅, copper)는 면심입방격자의 붉은색 금속으로서 전기 및 열의 양도체이며 내식성이 양호하고 가공, 성형이 용이하며, 대부분 전선, 전기기기 등 전기 공업용에 사용된다. 근래는 1.5~6μm의 얇은 박(箔)의 형태로서 전자 회로기판(PCB), 핸드폰 등의 전자파 차폐용, 전파기지국의 신호손실 저감용 등에 많이 사용되고 있다. 특히 자동차 배터리에는 양극재를 코팅하는 지지재로 사용되는데 자동차 1대당 40kg(15%) 정도가 소요된다.

구리의 전기전도도는 불순물이 혼입되면 그림 13-1에서 보는 바와 같이 크게 저하된다.

[표 13-1] 구리의 물리적 성질

	무산소동	정련동
비중 [20℃]	8.96	8.89~8.94
용융점 [℃]	1083.0±0.1	1083, 1065
선팽창계수 [20℃][/℃]	0.0000165	0.0000177
비열 [20℃][cal/gr·℃]	0.092	0.092
용융잠열 [cal/gr]	50.6	50.6
열전도도 [20℃][cal/cm·s·℃]	0.941±0.005	0.934
전기비저항 [20℃][$\mu\Omega$·cm]	1.6730	1.71

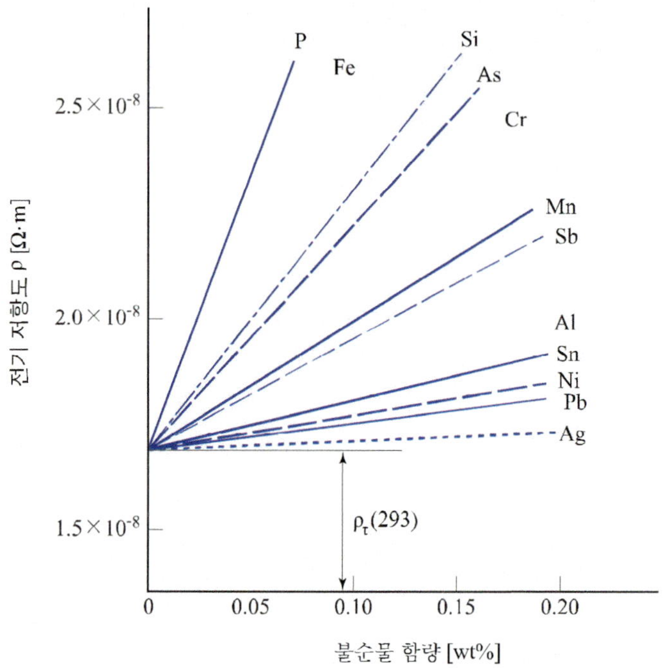

[그림 13-1] 각종 원소의 미량 첨가가 구리의 상온 전기저항도에 미치는 영향[1)]

또한 구리는 가공경화성이 작고 연성과 전성이 크기 때문에 상온에서도 용이하게 가공된다. 가공경화된 구리를 가열하면 150~250℃에서 연화(軟化)되나 완전한 풀림은 400~600℃에서 이루어지며, 이때가 가장 도전율이 높다. 표 13-2는 각각 순동의 기계적 성질을 표시한 것이다.

구리는 빠른 시간내에 주위의 환경과 반응하여 표면에 **녹청**(綠靑, patina)이 형성되는데 일단 이것이 형성되면 1세기에 20μm 정도 부식될 정도로 강력한 보호막 역할을 한다. 따라서 순동은 대기나 물에 잘 견디며 산(acid)에도 강하다. 그러나 질산이나 고온의 진한 황산에는 잘 용해된다.

[표 13-2] 순동의 기계적 성질

	항복강도 [kg/mm^2]	인장강도 [kg/mm^2]	연율 [%]	단면수축률 [%]	경도 [HB]
주물	4.5~6	14~20	25~50	40~70	30~55
압연재(40% 가공)	–	34~36	5	5	65~75
압연 후 풀림처리	6	22~25	50~60	40~60	35~40

실용 순동은 **조동**(粗銅)으로부터 제조되며 그 정제(精製)하는 방법에 따라서 몇 가지로 나뉜다. **전기동**(電氣銅)은 조동을 전기분해하여 음극판 위에서 얻어지는 것으로 순도는 99.95% 정도이다. 이것을 다시 용해하여 주괴(鑄塊, ingot)로 만든 것을 **정련동**(精鍊銅)이라 하는데 여기에는 0.03% 정도의 산소를 Cu_2O 의 형태로서 함유하고 있다. 이런 상태의 구리는 수소를 함유하는 환원성 분위기 중에서 가열되면, 구리중의 산소와 반응하여 수증기가 발생하여 결정립계를 따라 기공이 생성하여 **수소취성**의 원인이 된다. 이것을 방지하기 위해서 용해시에 인(P)을 첨가, 탈산처리하여 산소의 함량을 0.02% 이하로 만든 것을 **인탈산동**(隣脫酸銅)이라 하는데, 인이 잔류하여 전기전도도는 좋지 않다. 정련동을 다시 진공용해하여 산소 함량을 0.002% 이하로 극히 낮게 한 것을 **무산소동**(無酸素銅, oxygen free high conductivity copper, OFHC)이라 하며 전기전도도가 높고 연성과 전성이 대단히 좋다.

정련동은 선, 판, 봉 등의 형태로서 전기 공업 등 일반적인 동 제품의 대부분을 차지하며, 인 탈산동은 전기전도도가 나빠 전기용으로는 사용하지 못하지만 가스관, 열교환관, 난방용 온수관, 화학공업용 등에 사용되며, 무산소동은 진공관 재료 등에 이용되고 있다.

13-2 구리 및 구리 합금의 분류법

KS의 구리 및 구리 합금의 분류법 미국의 구리개발협회(Copper Development Association)의 분류법이나 ASTM(American Society for Testing and Materials)의 분류법과 아주 유사하다. 예를 들어 Cu-30% Zn인 7·3황동의 경우, 미국 구리개발협회의 기호로는 CDA260, ASTM 기호 즉, UNS로는 C26000인데 비하여 KS에서는 C2600으로 분류한다. 또한 주조품에 대해서는 미국에서는 8xxxx 또는 9xxxx의 기호를 사용하고 있으나, 우리나라는 이 체계를 사용하고 있지 않고 있다.

한편 구리 및 구리 합금의 질별기호는 기본적으로 알루미늄 합금과 비슷하나 가공경화 재질과 풀림 재질, 즉 경질과 연질의 표시 방법에서는 차이가 있다. 구리 및 구리 합금의 질별기호와 가공에 의한 단면 감소율과의 관계는 표 13-4와 같다. 풀림 재질에 대해서는 결정립의 크기 즉, 지름을 mm 단위로써 표시하며, 미국 금속학회 방식에 따르면 0.015, 0.025~0.035, 0.050, 0.070 등으로 그 크기를 구분한다. 이때 결정립이 조대할수록 강도와 경도는 떨어지고 가공성은 좋아지며 따라서 심한 가공도 가능해지게 된다. 그러나 재료의 표면은 점점 거칠어져 소위 "귤껍질" 형태로 되어 광택내기(polishing)가 대단히 어려워진다.

[표 13-3] 구리 및 구리 합금의 종별 기호(KS)

기 호	중요 합금원소	명 칭	비 고
C1xxx		순동 및 96% 이상의 고Cu 합금	소성가공용
C2xxx	Zn	황동	
C3xxx	Zn	쾌삭 황동	
C4xxx	Zn	주석 황동	
C5xxx	Sn	인청동	
C6xxx	Al 또는 Si	Al 청동(Cu-Al계), 규소 청동(Cu-Si계), 기타의 황동(Cu-Zn계)	
C7xxx	Ni	백통(Cu-Ni계), 양은(Cu-Ni-Zn계)	
C8xxxx	Zn	황동주물	주조용 (미국 규격)
C9xxxx	Sn	청동주물	

[표 13-4] 구리합금 판재의 가공경화 질별 구분[2)]

질 별	대략적인 냉간가공도		순동의 경우(두께 1 mm 판재)			
	띠(strip)	선(wire)	인장강도 [kgf/mm^2]	항복강도 [kgf/mm^2]	연율 [%]	로크웰 경도 [HRB]
연 질	-	-	24	8	45	-
1/4 경질	10.9	20.7	27	21	25	25
1/2 경질	20.7	37.1	30	25	14	40
3/4 경질	29.4	50.0	-	-	-	-
경 질	37.1	60.5	35	32	6	50
특경질	50.0	75.0	-	-	-	-
스프링	60.5	84.4	39	35	4	60
특수 스프링	68.7	90.2	50	37	4	62

한편 우리나라 전통 기술에 있어서는 구리 합금은 **놋쇠** 또는 유철(鍮鐵)이라 하며, 그 제품은 **유기**(鍮器), 그릇 종류는 **놋그릇**이라 일컬어져 왔다. 그리고 그 중에서 Cu-Ni계 합

금은 특별히 **백통**(白銅)*[1]이라 하였다. 놋쇠는 일반적으로는 청동 제품으로서, Cu-22%~28.5% Sn의 **방짜***[2] 놋쇠를 가열, 메질(망치질, 단조)과 열처리를 반복하여 식기, 수저, 징, 꽹과리 등으로 제조하였다. 이에 비해 불상, 종, 총포류, 화로, 촛대 등 모양이 복잡한 제품은 주로 주조에 의해 제조하였다. 순도가 높은 방짜 놋쇠 단조품은 주로 악기 제조에 적용되었기 때문에 향동(響銅)이라 하였고 주조품은 주동(鑄銅)이라 하였는다. 주동은 불순물이 다소 함유되어도 무관하며, 특히 주석 대신 아연을 많이 합금(황동)하는 경우가 많았다.

13-3 황동(黃銅, brass)

황동은 Cu-Zn계를 기본으로 하는 합금을 총칭하는 말이다. 강도는 그다지 높은 편은 아니지만 연·전성이 커서 소성가공이 잘 되며 주조성도 대단히 좋다. 또 색깔이 황색으로 아름답고 내식성도 양호하며 구리 합금 중 가장 저렴하다. 따라서 각종 전기부품, 프레스 제품, 장식품, 기계부품 등에 널리 사용된다. 한편 황동은 주조성은 좋으나 용해시에 아연의 증발이 심하게 일어나므로 용해 조건을 잘 선정해야 한다. 실용 황동은 Zn 45% 이하의 것이며, 그 중에서도 아연 함량이 30%인 7·3황동과 40%인 6·4황동이 가장 많이 이용되고 있다.

13.3.1 조직과 기계적 성질

황동은 그림 13-2의 Cu-Zn계 평형상태도에서 보는 바와 같이 아연이 약 35% 이하일 때는 α상만이 나타나고 35~45%일 경우에는 $\alpha+\beta$상으로 되며, 이에 따라 각각을 α황동, $\alpha+\beta$황동으로 부르기도 한다.

α고용체는 아연의 함량에 따라 동적색과 황색 사이의 색깔을 띠며 연성과 인성이 크다. β고용체는 약간 푸른빛을 띠고 인장강도와 경도는 α상보다 크나, 인성과 내식성이 떨어지

1) 한자로는 백동(白銅)이지만 백통으로 읽어야 올바름.

2) 청동 단조품은 미량의 불순물만 함유되어도 단조중 깨지기 쉬우므로 순도가 아주 높아야 한다. "방짜(方子)"는 원래 이러한 "고순도의 것"을 의미했으나(불순물이 비교적 많이 함유된 놋쇠는 "퉁짜"로 불렸음), 근래에 들어서는 "두드려 만든 것" 즉, 단조품의 의미로도 흔히 사용되고 있음.

13

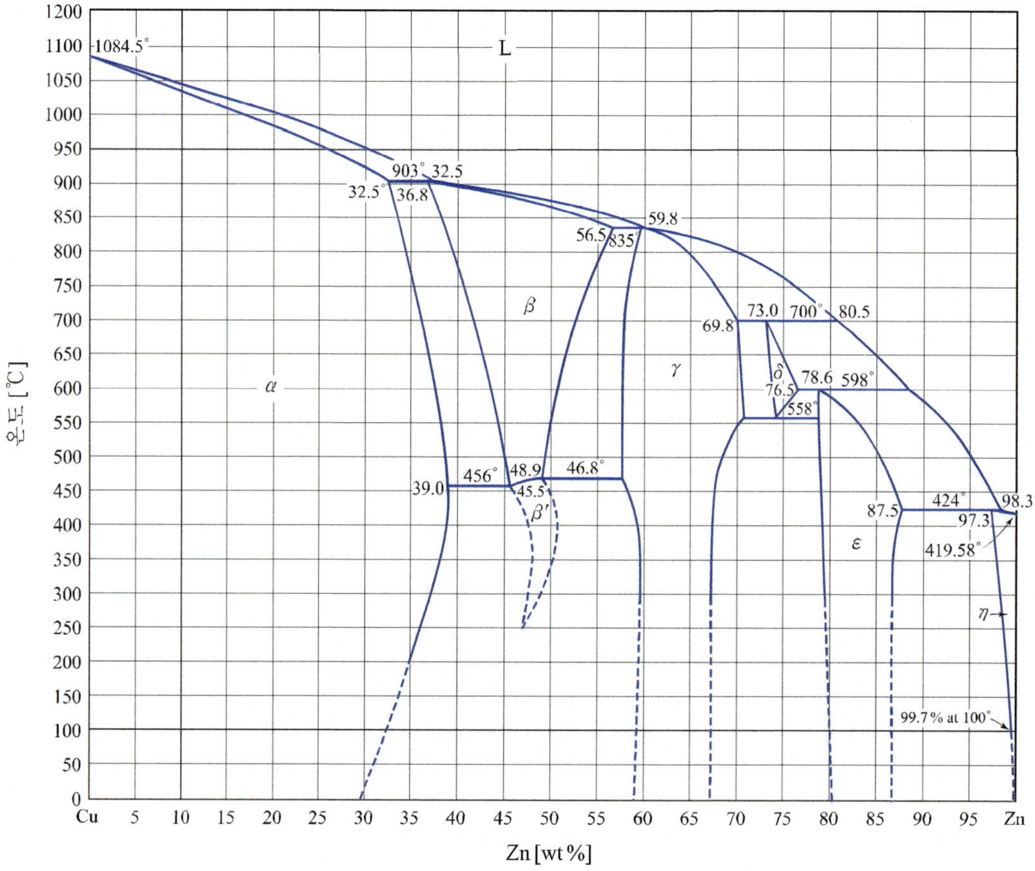

[그림 13-2] Cu-Zn계 평형상태도[3)]

며 부식시키면 검게 나타난다. γ고용체는 Cu_2Zn_3의 조성을 중심으로 하는 흰색의 중간상으로서 극히 취약하기 때문에 이것이 나타나는 고Zn 합금은 실용성이 없으며, 따라서 황동은 Zn 함량이 45% 이하의 것이 주로 사용된다.

그림 13-3은 풀림처리한 황동판의 기계적 성질에 미치는 아연 함유량의 영향을 표시한 것이다. 그림에서 연율은 Zn 30%일 때, 인장강도는 Zn 40%일 때 최대값을 나타냄을 알 수 있다. 따라서 7·3황동은 주로 소성가공이 극심한 곳에 이용되며 6.4황동은 고강도용으로 이용한다. 그리고 냉간가공이 용이하여 특히 딥 드로잉에 잘 견디며, 고온에서는 취성이 크다. 6·4황동은 500℃ 이상에서는 순동이나 20% Zn 황동보다 소성변형에 대한 저항이 작으므로 열간가공성이 대단히 좋다.

α황동은 냉간가공한 후 재결정온도 이하로 저온풀림하면 잔류응력이 제거될 뿐 아니라 가공경화 상태보다 경도가 오히려 증가하는 **저온풀림 경화** 현상이 일어난다. 이 현상은 결정

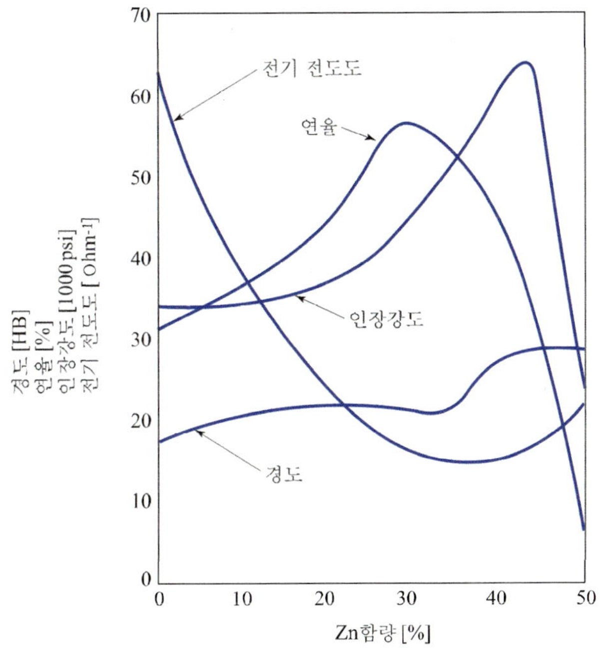

[그림 13-3] Zn 함량에 따른 황동의 기계적 성질 변화[4)]

립이 작을수록 현저하며, 황동 이 외에 양은(nickel silver)이나 알루미늄 청동에서도 일어나며, 구리 합금 스프링재의 경도와 스프링 특성을 향상시키는 열처리법으로서 활용된다.

한편 제 7-2절에서 언급한 바와 같이 외력이 작용하거나, 인장 잔류응력이 남아 있는 황동 제품은 사용 중 또는 보관 중에 응력부식균열을 일으키기 쉬운데, 마치 저절로 파괴되는 듯한 양상을 띠므로 **자연균열**(自然龜裂, season cracking)이라고 일컬어지고 있다. 그림 10-4는 황동제 암모니아 가스 밸브가 인장응력과 암모니아 분위기에 의해 자연균열을 일으킨 사례이며, 그림 10-5는 황동의 자연균열이 결정립계를 가로지르는 **입내균열**(粒內龜裂, transgranular cracking)의 양상을 띠는 것을 보여주고 있다. 황동 제품의 자연균열을 방지하기 위해서는 강도가 저하되지 않는 225~300℃ 정도의 온도 범위(아연의 함량이 많을수록 저온)에서 응력제거 풀림을 실시해야 한다.

6.4 황동 등 Zn이 많이 첨가된 황동은 바닷물 등 Cl^- 이온이 존재하는 용액이나, 불결한 물 중에서 Zn성분이 용출됨으로써 점차 다공질로 되어 강도가 거의 없어지는 **탈아연 부식**(dezincification)을 일으킬 수 있다. 이를 방지하기 위해서는 1% 정도의 Sn을 첨가하면 유효하며, As, Sb, P 등을 미량 함께 첨가하면 더욱 효과적이다. 고온에서는 이와 달리 Zn의 증발에 기인하는 **고온 탈아연**(高溫脫亜鉛, dezincing)이 일어날 수 있는데, 이를 방지하기 위해서는 용탕의 표면에 Zn이나 Al의 산화물 피막을 형성시키면 효과적이다.

[그림 13-4] 황동제 압력 게이지 밸브의 암모니아 부식[5)]

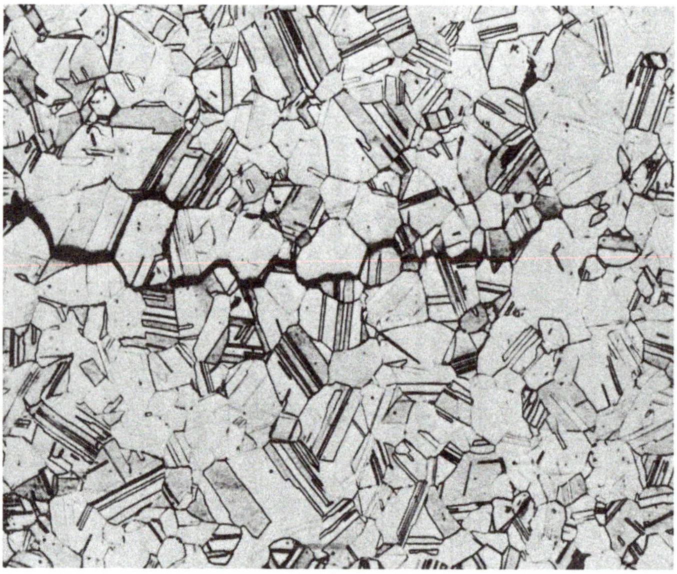

[그림 13-5] α황동의 응력부식균열 현미경 조직 사진(×150)[6)]. 균열이 결정립을 가로질러 지나가고 있음(입내균열).

13.3.2 실용 황동

[1] 2~20%Zn 황동

Zn의 함량이 2~20%인 황동은 색깔이 약간 붉은 맛을 띠며, 다른 황동에 비하여 내식성이 좋은 편이며 자연균열이나 탈아연 부식도 별로 일어나지 않는다.

5% Zn의 황동(gilding metal)은 주로 동전, 메달, 배지, 장식판 등 금 도금이나 고도로

버프(buff) 연마하는 제품의 소재로 이용되며, 그밖에 뇌관 재료로도 알려져 있다. 10% Zn의 황동(commercial bronze)은 소성가공성이 뛰어나 딥 드로잉용, 단조용, 리벳, 나사, 장신구, 화장품 용기, 건축용 등에 사용된다. 그리고 15% Zn의 **단동**(丹銅, red brass)은 전기 소켓, 열교환관, 배관, 명패, 화장품 용기 등에 사용되며, 20% Zn의 **저황동**(低黃銅, low brass)은 장신구, 장식품, 메달, 악기, 호스, 기타 딥 드로잉용 재료로 사용된다.

[2] 7·3 황동(catridge brass)

Zn의 함량이 28~32% 정도인 **7·3 황동**은 앞에서 언급한 바와 같이 연성이 가장 좋으며 강도도 상당히 크다. 또한 소성가공성이 좋아 딥 드로잉용으로 많이 이용되며 봉, 선, 관, 전구 소켓, 탄피 등의 제조에 널리 사용된다. 주로 냉간가공하여 제조하며, 풀림처리 온도는 425~750℃가 적당하다. 그리고 열간가공 온도는 725~850℃이다.

Zn이 33~35% 정도인 **하이브라스**(high brass)는 7·3 황동과 그 성질이나 용도가 거의 비슷하다. 그러나 주조후 냉각시에 β상이 석출하여 가공성을 해치므로 냉간가공하기 전에 400~500℃에서 풀림처리하여 이것을 제거해야 한다.

[3] 6·4 황동(muntz metal)

Zn이 38~46% 함유된 **6·4 황동**은 강도가 가장 큰 부류에 속하며 Zn의 함량이 많으므로 경제적이며 열간가공성이 좋아서 가장 많이 이용되고 있다. 그러나 β상이 존재하므로 경도가 크고 연율이 작아 딥 드로잉(deep drawing)은 곤란하다. 봉, 판, 선, 관, 밸브, 볼트, 너트, 건축재료 등 강도를 요하는 부분에 주로 사용된다.

[4] 주조용 황동

주조용 황동은 Zn 10~40%의 것이 사용되고 기계용으로는 특히 35% 내외의 것이 주로 사용되는데, 주조성이 좋아 정밀한 주물을 얻을 수 있다. 절삭성을 개선하기 위해서는 Pb를 첨가하고 내해수성, 내알칼리성이 요구되는 선박 부품, 보일러 부품 등에는 Sn을 적당량 첨가한다. 한편 Zn은 유동성을 좋게 하지만, 용해시에 증발이 심하게 일어나므로 이에 대비해야 한다.

[표 13-5] 구리와 황동의 성질 및 용도

합금 종류 (UNS)	합금 조성 [%]	극한 강도 [MPa]	항복 강도 [MPa]	표점거리 50 mm의 연율 [%]	용 도
무산소정련동 (C10100)	99.99Cu	220~450	70~365	55~4	모선, 도파관, 중공 전도체, 리드선, 동축 케이블, 초단파관, 정류기
단동 (C23000)	85.0Cu 15.0Zu	270~72	70~435	55~3	건축배관용, 체결부품, 소화기, 복수기 및 열교환기 부품
저황동 (C24000)	80.0Cu 20.0Zn	300~850	80~450	55~3	배터리 캡, 벨로즈, 악기, 유연호스
쾌삭황동 (C36000)	61.5Cu, 3.0Pb, 35.5Zn	340~470	125~310	53~18	기어, 피니온, 고속자동 스크루기계부품
네이벌황동 (C46400~C46700)	60.0Cu, 39.25Zn, 0.75Sn	380~610	170~455	50~17	베어링 볼, 볼트, 해양부품, 항공기 턴버클 배럴, 밸브 스템, 복수기 판

13.3.3 특수 황동

특수 황동은 Cu-Zn계에 Mn, Sn, Pb, Al 등을 첨가하여 강도, 내마모성, 내식성, 절삭성 등을 개선한 것이다.

[1] 쾌삭 황동(leaded brass, C3601~C3604)

Cu 합금에 Pb를 첨가하면 절삭성이 개선된다. 이러한 목적으로 황동에 Pb를 1~4% 첨가한 것이 납 황동으로 흔히 **쾌삭 황동**(快削黃銅)이라 한다. 절삭이 쉽고 절삭면이 아름다우며 정밀 가공이 가능하다. 또 기계적 성질과 내식성도 좋으므로 시계, 일반 기계 주품, 기어, 볼트, 나사 못 등의 제조에 쓰인다.

[2] 주석 황동(tinned brass)

황동에 소량의 Sn을 첨가하면 내식성, 특히 바닷물에 대한 내식성이 크게 좋아진다. 7·3 황동 및 6·4황동에 1% 정도의 Sn을 첨가한 것을 각각 **어드미럴티 메탈**(admiraity metal) 및 **네이벌 황동**(naval brass)이라 하며 선박용 기계 부품, 응축관 등에 사용된다.

[3] 알루미늄 황동

Al은 황동의 결정립을 미세하게 하고 바닷물에 대한 내식성을 증가시킨다. 따라서 어드미럴티 황동보다 더 우수한 내식성 황동으로 알려져 있으며, 그 표준 조성은 Cu 76%, Zn 22%, Al 2%이다. 여기에 소량의 As, Si를 첨가시킨 **알브랙**(albrac)은 내식성이 더욱 우수하여 선박용 재료로서 널리 사용된다.

[4] 고강도 황동(高强度黃銅)

이것은 6·4 황동에 1~5%의 Mn 및 그밖에 Fe, Al, Ni, Sn 등을 첨가한 합금으로서 특히 높은 강도와 내식성이 요구되는 곳에 사용된다. 주조용 및 소성가공용으로 모두 적합하며, 전자는 스크루, 밸브, 기타 선박 및 광산용 기계 기구 등에, 후자는 터빈 날개, 펌프 축, 볼트 등에 적용된다.

[5] 실진 청동(silzin bronze)

Cu-Zn-Si계 합금으로 황동의 일종이며, 강도가 크고 내식성, 내마모성, 주조성이 좋으므로 청동 주물의 대용(비싼 Sn을 함유하지 않으므로 가격이 저렴)으로서 선박용 및 내식용 재료로 사용된다. 표준 조성은 10~16% Zn, 4~5% Si, 0.02% 이하의 P, 나머지 Cu이며 불순물의 함유에 민감하므로 가능한 한 억제해야 한다.

13

[6] 경납(硬鑞, brazing filler metal)

경납은 연납에 비해 용융점이 높고 강도가 크며, 여러 가지 종류가 있으나 황동납과 은납이 주로 사용된다. 황동납은 38~68% Zn의 황동이며, 은납은 30~40% Cu, 25~40% Zn, 8~45% Ag의 Cu-Zn-Ag계 또는 Cu-Zn-Ag-Cd계 합금으로서 Cu 합금, Ni 합금, Fe 합금 등의 납땜에 사용된다.

13-4 청동(靑銅, bronze)

청동은 구리에 아연 의외의 다른 원소를 첨가하여 강도, 경도 및 내식성을 향상시킨 합금을 총칭하는 것이다. 그러나 일반적인 의미로 사용할 때는 Cu-Sn계 합금을 의미한다. 청동의 황동에 비해 주조성이 우수하고 내식성도 좋으므로 옛날부터 화폐, 종, 동상, 미술품, 일용품 등을 위시하여 병기, 베어링, 각종 기계부품 등에 널리 이용되어 왔다.

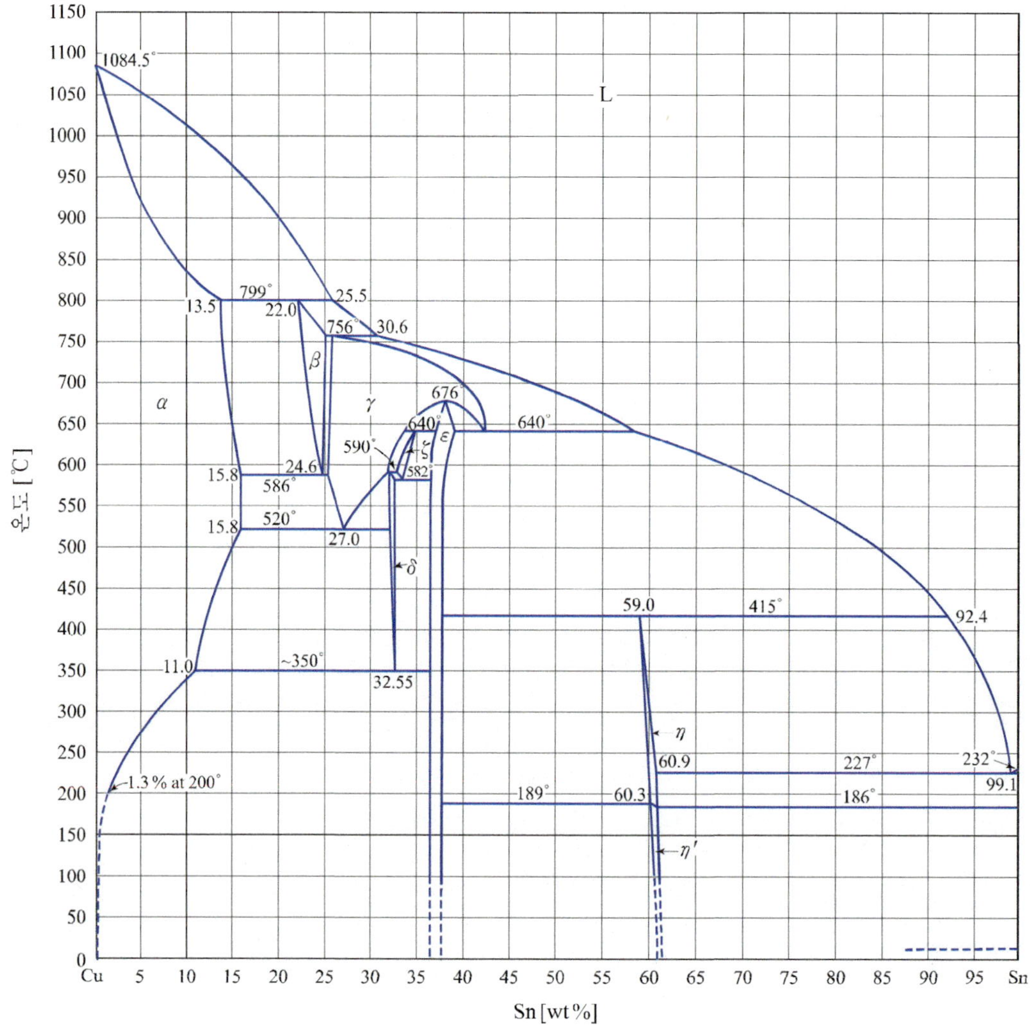

[그림 13-6] Cu-Sn계 평형상태도7)

13.4.1 청동의 조직과 기계적 성질

공업적으로 실용화되고 있는 청동은 Sn 12% 이하의 것이며, 그림 13-6은 Cu-Sn계 평형상태도이다. 실용 범위 내의 청동의 상온 조직은 α 또는 $\alpha+\delta$이다. 상태도에 따르면 ε상이 석출해야 되지만 석출속도가 너무 느리기 때문에 일반적인 냉각속도에서는 과랭되어 나타나지 않게 되며 따라서 Sn의 함량이 10% 이하인 경우에는 α상만 나타나야 되는 것이 원칙이다. 그러나 실제에 있어서는 편석이 심하게 일어나서 결과적으로 α상의 수지상정 사이에 δ상이 석출하게 된다. 이 δ상은 600℃에서 장시간 풀림처리하면 소멸되지만 소성가공을 실시할 경우 이외에는 주조 상태 그대로 사용하는 것이 일반적이다. α상은 연하고 연성이 좋으며 δ상 즉, $Cu_{31}Sn_8$은 경하고 취약하다. 그러나 δ상은 연한 α상 중에 공석조직으로서 미세하게 분포하므로 재료의 인성을 그다지 크게 해치지 않으며 내마모성을 좋게 한다.

그림 13-6은 풀림처리한 청동주물의 Sn함량과 기계적 성질의 관계를 표시한 것이다. 이 그림에 표시된 바와 같이 경도는 Sn함량의 증가에 따라 증대되지만, 인장강도는 Sn 15%까지는 서서히 증가하고 그 이상에서는 다시 감소된다. 또한 연율과 충격치는 5%까지는 증대되지만 그 이후에는 급격히 감소된다. 10% 이하인 α 청동은 가공성이 좋은 편이지만, 가공재로는 소량의 인(P)이 첨가된 인청동이 주로 사용된다. 청동주물은 용해가 쉽고 유동성이 좋으며 응고수축도 작아 주조성이 대단히 우수하다. 또한 소량의 아연을 첨가하면 주조성이 더욱 개선되어 구리합금 중 가장 주조성이 우수하다.

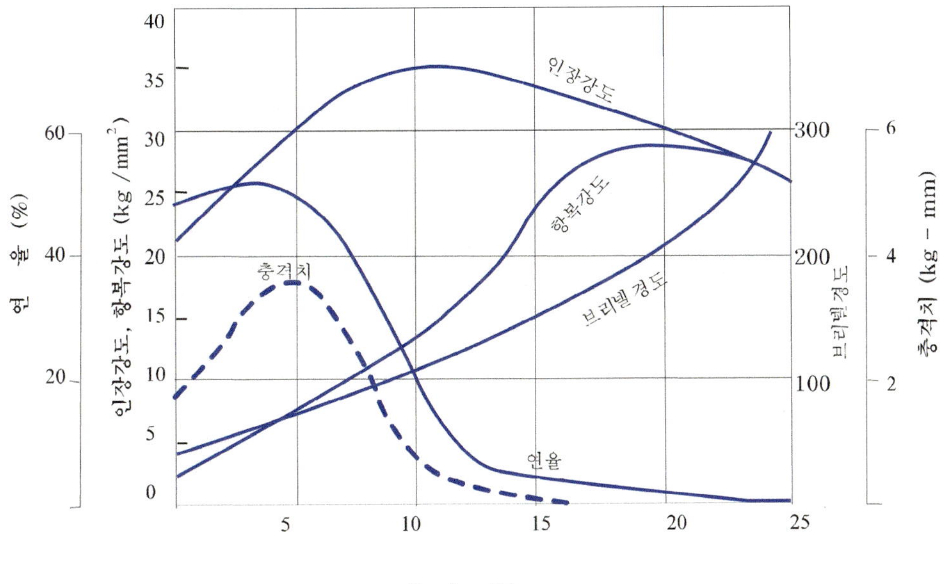

[그림 13-7] Sn 함량에 따른 청동판의 기계적 성질의 변화[8)]

13.4.2 실용 청동

청동은 그 용도에 따라 기계용, 베어링용, 화폐용, 종(鐘)용, 미술용 등으로 나눌 수 있으며, 여기서 기계용의 일부와 화폐용을 제외하고는 대부분 주물로서 제조된다. 소성가공재나 화폐용 및 미술용은 3~9% Sn의 것이 사용되며, 쇳물의 유동성을 좋게 하기 위해서는 Zn을, 절삭가공을 쉽게 하기 위해서는 Pb를 적당량 첨가한다. 화폐용에는 Zn 1% 내외이다. 그밖에 종의 제조에는 15~25% Sn의 것이 사용된다.

[1] 기계용 청동

기계부품에 사용되는 주물용 청동을 총칭하여 일반적으로 **포금**(砲金, gun metal)이라 하는데, 예전에 Cu-10Sn의 합금을 포신(包身) 재료로 사용했기 때문이다. 이 재료는 강도와 연성이 좋고 내식성과 내마모성이 우수하여 프로펠러, 피스턴, 플랜지, 기어, 밸브 등에 널리 사용되고 있다.

[표 13-6] 청동주물의 기계적 성질 및 특성(KS D 6002)

종류(기호)	성분 [%]	주조방법의 구분	기계적 성질		특색 및 용도
			인장강도 [MPa]	연율 [%]	
1종(BC 1)	79~83Cu, 2~4Sn, 8~12Zn, 3~7Pb	사형주조 등	167 이상	15 이상	유동성, 피삭성이 좋다. 밸브, 베어링, 일반 기계 부품 등
1종 C(BC 1)		연속주조	196 이상	15 이상	
2종(BC 2)	86~90Cu, 7~9Sn, 3~5Zn	사형주조 등	245 이상	20 이상	내압성, 내마모성, 내식성이 좋고, 기계적 강도가 좋다. 베어링, 슬리브, 부시, 밸브, 기어 등
2종 C(BC 2)		연속주조	274 이상	15 이상	
3종(BC 3)	86.5~89.5Cu, 9~11Sn, 1~3Zn	사형주조 등	245 이상	15 이상	내식성이 2종보다 약간 좋다. 베어링, 슬리브, 부시, 펌프, 일반 기계부품 등
3종 C(BC 3)		연속주조	274 이상	13 이상	
6종(BC 6)	81~87Cu, 4~6Sn, 4~7Zn, 3~6Pb	사형주조 등	196 이상	15 이상	내압성, 내마모성, 피삭성, 주조성이 좋다. 밸브, 펌프 몸체, 임펠러, 급수전, 베어링, 슬리브, 부시, 일반 기계부품 등
6종 C(BC 6)		연속주조	245 이상	15 이상	
7종(BC 7)	86~90Cu, 5~7Sn, 3~5Zn, 1~3Pb	사형주조 등	216 이상	18 이상	기계적 성질은 6종보다도 약간 좋다. 베어링, 소형 펌프 부품, 연료 펌프, 일반 기계 부품 등
7종 C(BC 7)		연속주조	255 이상	15 이상	

포금에 Zn 함량을 높이면 주조성이 개선되며, Pb를 수% 첨가하면 절삭성이 개선된다. 가장 일반적으로 사용되는 포금은 10% Sn, 2% Zn인 BC 3종으로서 **어드미럴티 포금**(admiralty gun metal)이라고 일컬어지며 연성, 인장강도, 내마모성이 뛰어나고, 단조가 가능하며 내수압성과 내식성이 우수하므로 다양한 용도에 쓰인다.

BC 6종(UNS C83600)은 85Cu-5BC-4Pb-5Zn의 것으로 BC 3종에 비하여 산화물이나 가스가 적은 양질의 용탕(鎔湯)을 얻기 쉬우며 내압성(耐壓性)이 좋으므로, 주로 밸브 등으로 많이 사용되어 전체 청동주물 생산량의 절반 이상을 차지하고 있다.

[2] 인청동

청동의 용해 주조시 탈산제로 사용하는 인동(燐銅, Cu-P)을 다소 많이 첨가하여 인(P)을 0.05~0.5% 잔류되게 한 것을 **인청동**(燐靑銅)이라 한다. 이것은 재료 내부에 산화물이 존재하지 않아 기계적 성질이 우수하며, 냉간가공 후 225~275℃에서 저온풀림하면 인장강도와 탄성이 특히 뛰어나다. 또 0.35%P까지는 스프링 특성, 내식성, 내마모성이 뛰어나고 전류에 대한 접촉저항이 낮으므로 판, 봉, 선 등의 형태로 가공하여 스프링, 축, 베어링, 부시, 전기 접점용 스프링, 통신기기용, 화학 공업용 등에 널리 이용되고 있다. 또 주물로서 베어링, 슬라이딩 밸브, 피스턴 링, 기어 등의 제조에 쓰인다. 인청동의 인장강도와 연율은 Sn은 함량 증가에 따라 향상된다. 그리고 인청동의 기계적 성질에 미치는 잔류 인(P)의 영향은 그림 13-7에 표시한 바와 같다.

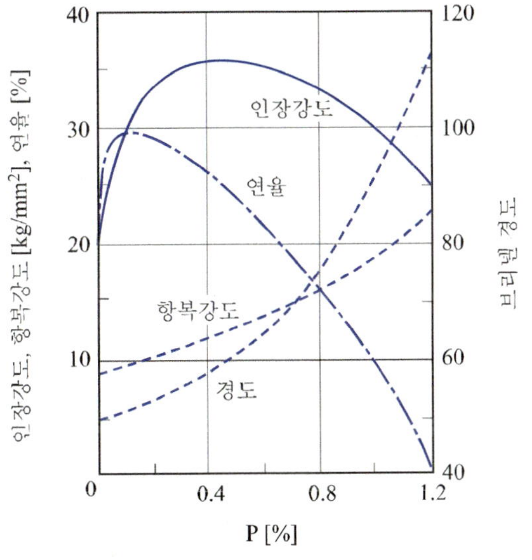

[그림 13-8] 10% Sn 인청동의 잔류 P의 양에 따른 기계적 성질의 변화[9)]

[표 13-7] 각종 소성가공용 청동의 기계적 성질 및 용도

종류(UNS)	합금 조성 [%]	극한 강도 [MPa]	항복강도 [MPa]	연신률[%] (표점거리 50 mm)	용 도
건축용 청동 (C38500)	57.0 Cu, 3.0 Pb, 40.0 Zn	415	140 (압출상태)	30	건축용 압출재, 문턱, 트림, 힌지
인청동 (C51000)	95.0 Cu, 5.0 Sn, 미량P	325~960	130~550	64~2	벨로즈, 클러치판, 코터핀, 다이아프램, 체결 부품, 와이어 브러시, 화학부품, 섬유기계
쾌삭 인청동 (C54400)	88.0 Cu, 4.0 Pb, 4.0 Zn, 4.0 Sn	300~520	130~435	50~15	베어링, 부싱, 기어, 피니온, 축, 와셔, 밸브
저규소 청동 (C65100)	98.5 Cu, 1.5 Si	275~655	100~475	55~11	유압선, 볼트, 해양부품, 전기회로, 열교환 기관
양 은 (C74500)	65.0 Cu, 17.0 Zn, 18.0 Ni	390~710	170~620	45~3	리벳, 스크루, 체결부품, 카메라 부품, 명판

13-5 알루미늄 청동

알루미늄 청동(aluminum bronze)은 Cu-Al계 합금으로서 황동, 청동에 이어 오래된 구리 합금의 하나이며 5~12% Al, 특히 10% 내외의 것이 주로 사용되고 있다. 알루미늄 청동은 황동이나 청동에 비하여 내식성, 내열성과 내마모성, 내피로성 등이 우수하므로 고압 실린더, 펌프, 밸브, 기어, 로드, 스핀들 등 각종 화학 공업용 기기, 수력 기계, 선박, 항공기, 자동차 등의 부품용 재료로 적당하다. 특히 내식성은 Cr계 스테인리스강보다는 우수하고 304계열의 스테인리스강과 비교할 수준이다.

그러나 이러한 여러 가지 장점에도 불구하고 제조에 있어서는 주조성, 가공성, 용접성 등이 좋지 않고 또 **자기풀림**(self annealing) 등의 문제점이 있어서 그 용도와 생산량이 확대되는데는 시간이 많이 걸렸다. 특히 대형 선박용 스크루 재료로는 종래에는 고강도 황동을 사용해 왔으나, 알루미늄 청동이 강도가 더 크고 비중이 작아서 무게를 저감할 수 있으며, 또한 내식성과 내마모성이 우수해 1970년대 이후에는 거의 알루미늄 청동으로 교체되었다.

[표 13-8] 알루미늄 청동 주물의 기계적 성질과 용도

종류(기호)	성 분	주조방법	기계적 성질			특색 및 용도
			인장강도 [MPa]	연율 [%]	경도 [HBN]	
1종(AIBC 1)	79~83Cu, 2~4Sn, 8~12Zn	사형주조 등	441이상	20이상	90이상	강도, 인성이 좋고, 내식성, 내열성, 저온특성이 좋다. 베어링, 부시, 기어, 밸브시트 등
1종(AIBC 1C)		연속주조	490이상	20이상	90이상	
2종(AIBC 2)	86~90Cu, 7~9Sn, 3~5Zn	사형주조 등	490이상	20이상	120이상	강도가 높고, 내식성, 내마모성이 좋다. 선박용 소형 프로펠러, 베어링, 기어, 부시, 밸브시트, 볼트, 너트 등
2종(AIBC 2C)		연속주조	539이상	15이상	120이상	
3종(AIBC 3)	86.5~89.5 Cu, 4~6Sn, 4~7Zn, 3~6Pb	사형주조 등	588이상	15이상	160이상	대형부물에 적합, 강도가 특히 높으며, 내식성, 내마모성이 좋다. 선박용 프로펠러, 임펠러, 밸브, 기어, 화학용기기부품 등
3종(AIBC 3C)		연속주조	608이상	12이상	160이상	
4종(AIBC 4)	86~90Cu, 5~7Sn, 3~5Zn, 1~3Pb	사형주조 등	588이상	15이상	160이상	

알루미늄 청동은 Al 함량이 증가하면 연율이 저하되어 12% 이상이 되면 소성가공이 매우 곤란해진다. 이 경우 900℃에서 물에 담금질하면 마르텐사이트 조직인 β상이 석출하여, 기계적 성질, 내해수성, 내식성, 내산성 및 내열성이 향상된다. 이 조직은 철강재료의 마르텐사이트 조직과 비슷한 형태이며 550℃ 정도에서 뜨임하면 γ_2상이 구상화된다.

Al 10% 정도의 알루미늄 청동은 주조시 냉각속도가 느리면(예를 들어 대형주물을 사형주조할 때) 공석변태가 느리게 진행되어 α 및 γ_2 조직이 입상으로 분리되어 석출하여 강도나 연성이 저하된다. 이러한 자기 풀림은 응고 후 주형으로부터 꺼내어 공랭 또는 수랭하거나, Ni, Fe, Mn 등을 소량 첨가하여 결정립을 미세화함으로써 방지할 수 있다.

13

13-6 Cu-Ni계 합금

Cu-Ni계 합금은 전율고용체를 만들며, 제 3의 원소를 첨가하여 내식, 내열 합금으로서 사용된다. 그리고 이 계열의 합금은 시효경화성이 있는 것이 특징이다.

[1] Cu-Ni계 합금

Cu에 10~20%의 Ni을 첨가한 합금은 Ni의 양이 증가하면 점차 흰색으로 변화되며, 예로부터 **백통**(白銅, cupronickel)이라 일컬어지던 것으로서, 장롱의 경첩 등 고가의 장식품이나 담뱃대 등의 각종 가정용품 등의 제조에 사용해 오던 것이다. 이 합금은 딥 드로잉 가공성, 단조성이 대단히 좋고, 내식성이 대단히 뛰어나 바닷물 등에도 잘 견디며, 고온 기계적 성질도 비교적 우수하므로 소량의 Fe를 첨가하여 열교환기, 화폐, 송신관 부품 등에 사용된다. 또 Ni 29~33%의 것은 내식용 관, 판재 등으로 이용되며, Ni 40~45%의 것은 열기전력이나 전기저항이 크고, 전기저항의 온도계수가 작으므로 열전대(熱電帶, thermocouple)나 측정용 전기저항으로 이용된다. 그리고 Ni 50~70%의 것은 **모넬 메탈**(monel metal)로서 대단히 뛰어난 내식용 재료이다.

[2] Cu-Ni-Al계 합금

10~15% Ni, 2~3% Al, 나머지 Cu인 구리 합금은 **니켈 청동**(nickel bronze)이라 하며, 인장강도 65~85 kgf/mm^2, 연율 25~35% 정도로서 내식성과 내마모성이 좋으며, 특히 고온강도가 구리 합금 중 가장 우수하므로 내연기관 부품, 밸브, 펌프축 등에 사용된다.

[3] Cu-Ni-Zn계 합금

10~20% Ni, 15~30% Zn, 나머지 Cu인 합금은 그 광택이 은과 거의 비슷하기 때문에 **양은**(洋銀, nickel silver)이라 한다. 강도, 전·연성, 내식성, 내열성, 특히 스프링 특성이 우수하며, 전기저항의 온도계수가 아주 작아 장식품, 양식기, 의료기구, 스프링, 내열 전기 접점, 저항, 바이메탈 등으로 이용된다.

[4] Cu-Ni-Si계 합금

3~4% Ni, 0.8~1.0% Si, 나머지 구리인 구리 합금은 **코슨 합금**(corson alloy) 또는 **C 합금**이라 하며, 시효경화 처리하면 인장강도가 80~90 kgf/mm^2에 달하며 도전성도 좋으므로 스프링, 통신선, 장거리 송전선, 트롤리(trolley) 등에 사용된다. 이 합금에 Al을 3~6% 첨가

한 CA 합금은 강도, 내식성, 내열성이 우수하여 항공기, 선박 등에 이용되고, 여기에 10% 이하의 Zn을 첨가한 CAZ 합금은 내해수성이 대단히 좋다.

[5] Cu–Ni–Mn계 합금

20% Ni, 20% Mn의 합금으로서 Cu 합금 중 가장 우수한 기계적 성질을 가지고 있으며, 특히 스프링 특성이 좋아 고강도, 고탄성의 계기용으로 적당하다. 시효경화 처리하면 연율은 2~3%에 불과하나 인장강도가 140~145 kgf/mm^2, 스프링 한계치는 120 kgf/mm^2에 달한다.

[6] 열전대 재료

그림 13–8 (a)처럼 한 쌍의 금속선의 양쪽을 서로 연결할 때 양끝에 온도차가 있으면 기전력이 생긴다. **제벡**(Seebeck) **효과**라고 하는 이 현상을 이용하여 온도를 측정하는 사용하는 한 쌍의 금속선을 **열전대**라고 한다. 실제 사용시는 그림 13–8 (b)처럼 한쪽 끝은 보호관에 넣어서 온도 측정 영역에 장치하고 다른 끝은 전류계에 연결하여 온도를 측정한다. 상용 열전대의 종류와 사용온도는 표 13–9에 표시한 바와 같다.

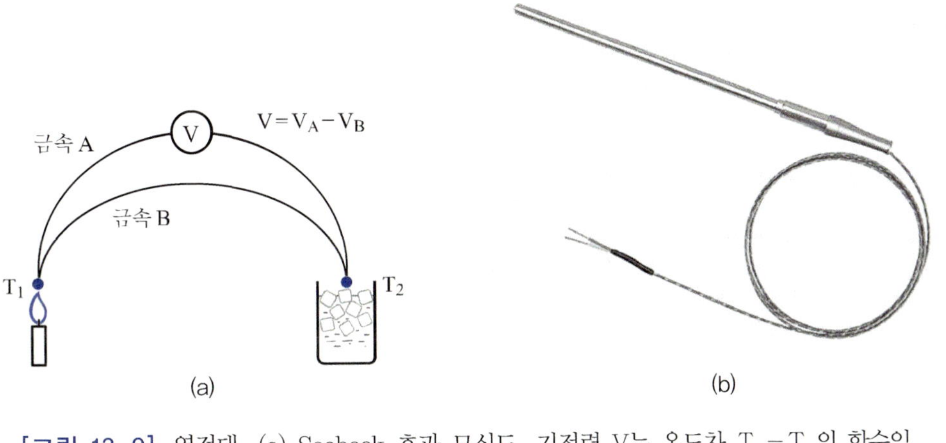

[그림 13–9] 열전대. (a) Seebeck 효과 모식도. 기전력 V는 온도차 T_1-T_2의 함수임. (b) 열전대. 한 쪽 끝은 보호관 안에 들어 있고 다른 끝은 전류계에 연결함.

[표 13-9] 열전대의 종류와 사용 조건

종류형	일반명칭	양극선	음극선	권장 사용환경	최고 사용온도 [℃]
B	백금-로듐/백금-로듐	70 Pt-30 Rh	94 Pt-6 Rh	산화성 진공 불활성	1,700
E	크로멜/콘스탄탄	90 Ni-9 Cr	44 Ni-55 Cr	산화성	870
J	철/콘스탄탄	Fe	44 Ni-55 Cr	산화성 환원성	760
K	크로멜/알루멜(CA)	90 Ni-9 Cr	90 Ni-Ar, Mn Fe, Si, Co	산화성	1,260
R	백금/백금-로듐(PR)	87 Pt-13 Rh	Pt	산화성 불활성	1,480
S	백금/백금-로듐	90 Pt-10 Rh	Pt	산화성 불활성	1,480
T	구리/콘스탄탄	Cu	44 Ni-55 Cr	산화성 환원성	370

13-7 기타의 구리 합금

[1] 베릴리움 청동

베릴리움 청동은 Be 1.8~2.2%를 함유하며, 기계적 성질이 대단히 우수한 구리 합금 중의 하나로서 압연한 후 800℃에서 용체화처리 및 315±5℃에서 2~3시간 시효처리하면 112~140 kgf/mm^{2}의 정도의 특수강에 필적하는 강도를 얻을 수 있다. 이 합금은 강도, 내마모성, 스프링 특성, 내식성, 내열성, 도전성이 모두 우수하여 고급 스프링, 계기용 베어링, 다이스, 소형 공구, 외과 기구, 용접용 전극, 접점재료, 고도전성 스프링 등에 이용하지만 가격이 비싸므로 고급용에만 한정된다. 실용 합금으로는 Be이 2% 정도인 고강도 합금과 1% 이하인 고도전성 합금이 있으며, 소량의 Co, Ni, Sn 등을 첨가하여 가격을 저감한 것이 많이 쓰이고 있다.

[2] 규소 청동

Cu-Si계 합금은 인청동보다 용탕의 유동성이 좋고 소성가공도 용이하며, 내산성과 강도가 크다. 규소를 탈산제로 첨가하여 0.1% 이하를 잔류시킨 것은 전기전도도를 해치지 않으면서 강도와 내식성은 향상되므로 송전선, 트롤리 등에 이용된다. Si가 3% 정도일 때 가장 강도가 크며, 특히 3~4.5% Si, 1~2% Mn, 나머지 Cu의 **에버듈**(everdur)은 기계적 성질이 인청동에 비견할 만하며 냉간가공이 용이하고 내식성과 용접성이 뛰어나므로 펌프의 밸브, 파이프, 탱크 등 각종 화학기기의 소재로 사용된다.

[3] 베어링용 청동

베어링 재료로는 Sn의 함량이 다소 많은 포금이 흔히 사용되지만 하중과 속도가 높은 경우에는 여기에 Pb를 3~26% 첨가한 납청동을 사용하며, 이때 고하중용에는 Pb를 적게, 고속도용에는 많이 첨가한다. 한편 Sn이 함유되지 않은 Pb 25~40%의 납청동은 **켈멧**(kelmet)으로 잘 알려져 있으며, 고속 고하중용, 토목 광산 기계, 펌프 윈치 등의 베어링 재료로 흔히 사용되며, 보통 연강으로 된 이금(裏金)에 0.5~1.5 mm의 두께로 얇게 붙여서(lining) 사용한다. 그밖에 Cu 분말에 Sn 분말 8~12%, 흑연 분말 4~5%를 혼합하여 압축성형 및 소결한 **오일리스 베어링**(oilless bearing)*[3]도 있는데, 이것은 다공질이므로 기름을 함침하여 냉장고의 컴프레서, 세탁기 등과 같이 경하중이면서 급유가 곤란한 곳에 흔히 사용되고 있다.

13

(a) Cu계

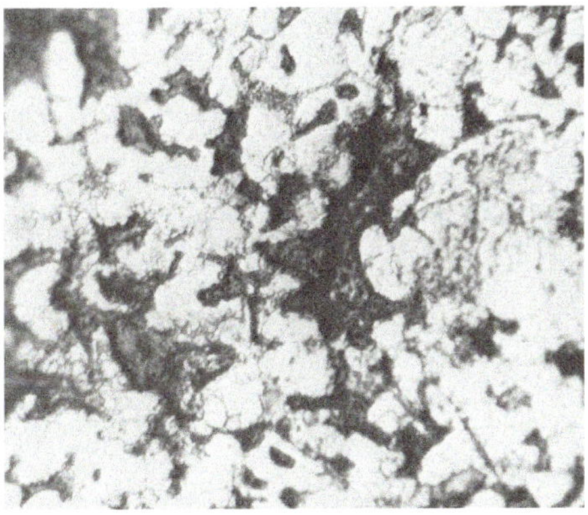

(b) Fe계

[그림 13-10] (a) 각종 동(Cu)계 오일리스 베어링. (b) 동계 오일리스 베어링의 현미경 조직[10]. 검은 부분이 기름이 저장된 공간 또는 흑연이 있는 곳임.

---

3) **함유베어링**(含油bearing)이라고도 함. 부피의 30% 정도까지 기름을 저장할 수 있으며, Cu계와 Fe계가 주로 제조되고 있다.

참고문헌

1) F. Pawiek and K. Reichel, Z. Metallkd, 47, p.347 (1956)

2) Taylor, Lyman ed., Metals Handbook, Properties and Selection, 8th ed., vol.1, p.1006, American Society for Metals (ASM International의 게재 허가를 득함)

3) "Atlas of Microstructures", Metals Handbook, 8th ed., vol.7, p.301, 1972, American Society for Metals, Metals Park, Ohio (ASM International의 게재 허가를 득함)

4) J. H. Mendenhall(ed.), "Understanding Copper Alloys, Olin Brass Company, East Alton, Il, 1977

5) E. D. D. During, Corrosion Atlas : A Collection of Illustrated Case Histories, Elsevier, Amsterdam(1988)

6) Rever Copper and Brass Company

7) "Atlas of Microstructures", Metals Handbook, 8th ed., vol.7, p.299, 1972, American Society for Metals, Metals Park, Ohio (ASM International의 게재 허가를 득함)

8) 椙山正孝et al, "비철합금주물", 주조기술강좌 vol.5, p.13, 1970 일간공업신문사

9) 三島良績 : 特殊金屬材料, (1961), コロナ社

10) John E. Neely, Practical Metallurgy and Materials of Industry, 2nd ed., (1984), p.273, John Wiley & Sons

제 14 장 기타의 비철합금

Introduction to Engineering Materials

14-1 티타늄 및 그 합금

14.1.1 순티타늄

티타늄(Titanium)은 1947년 미국에서, 일본에서는 1952년에야 생산되기 시작한 비교적 새로운 금속으로서 표 14-1에 표시된 바와 같이 비중이 4.54로 마그네슘이나 알루미늄보다는 크지만 강철의 약 60% 정도이다. 이에 비하여 강도는 강철과 같은 수준이어서 비강도가 크다. 또한 내식성도 대단히 우수하여 스테인리스강이나 모넬 메탈에 필적하며, 특히 응력부식과 공식에 대한 저항력이 크고 내열성은 알루미늄을 훨씬 능가한다. 따라서 근래에 들어 새로운 구조용 재료로서 크게 각광을 받고 있다. 그러나 600℃ 이상에서는 O, N, C 등을 흡수하거나 반응하여 취성이 커지고, 900℃ 이상에서는 급속히 산화하는 결점이 있으며, 이러한 반응과 높은 용융점 때문에 용해 및 주조가 어렵다. 티타늄은 882℃에서 동소변태를 일으키며, 그 온도 이하에서는 조밀육방격자인 α상으로서 가공성이 좋지 않으나 그 이상의 온도에서는 체심입방격자인 β상으로 되면서 소성가공성이 좋아진다. 그 밖에 열과 전기의 전도도가 작은 특징이 있다.

[표 14-1] 티타늄의 물리적 성질

비중(20℃)	4.507 g/cm³ (α형)
$\alpha \rightarrow \beta$ 변태에 의한 체적변화	5.5%
용융점	약 1670℃
$\alpha \rightleftarrows \beta$ 변태점	약 885℃
열팽창계수(20~400℃)	10.2 μm/m·K
열전도율(−240℃)	11.4 W/in·K
전기저항(20℃)	420 nΩ·m
결정구조, 격자상수 α형(상온)	HCP(a = 0.295 nm, c = 0.468 nm, c/a = 1.586)
β 상(885℃ 이상)	BCC(a = 0.332 nm, 900℃)

[표 14-2] 티타늄 판재의 화학성분과 기계적 성질

기호		화학성분 [wt%]					기계적 성질		
판	조	H	O	N	Fe	Ti	인장강도 [MPa]	항복강도 [MPa]	연율 [%]
TP28	TR28	0.013 이하	0.15 이하	0.05 이하	0.20 이하	나머지	275~412	167 이상	27 이상
TP35	TR35	0.013 이하	0.20 이하	0.05 이하	0.25 이하	나머지	343~510	216 이상	23 이상
TP49	TR49	0.013 이하	0.30 이하	0.07 이하	0.30 이하	나머지	481~618	343 이상	18 이상

공업용 순 티타늄은 산소 원자(O)가 α상의 고용강화에 크게 기여하므로 고용 산소량에 의하여 강도를 조절하며, 산소 함량 1,200 ppm 이하인 ELI(Extra Low Interstitials) 품위의 것은 저온에서의 인성이 현저하게 높다. 또한 철 원자(Fe)와 질소 원자(N)도 기계적 성질에 큰 영향을 미치며, 이렇게 티타늄은 불순물의 함량이 미량만 변화해도 기계적 성질의 변화가 상당히 크다. 또한 티타늄은 가공경화율이 큰 금속이므로 냉간가공도에 따라 기계적 성질을 큰 폭으로 조절할 수 있다.

공업용 순 티타늄의 용도는 주로 내식·내열재로서 발전소나 선박의 복수기관(復水器管), 해수용 열교환기, 소다공업에서의 전극, 화학공업의 반응조(反應槽) 등이며, 그밖에 정밀부품 등에 이용되고 있다.

[그림 14-1] 티타늄 합금을 사용한 F22 전투기[1)]

14.1.2 티타늄 합금

티타늄에 합금원소를 첨가하면 첨가원소에 따라 여러 가지 형태의 상태도가 나타나며, 그 상태도에 따라 고용강화나 열처리에 의하여 기계적 성질의 조절이 가능해진다. 거의 대부분의 실용 티타늄 합금은 알루미늄을 수 % 함유하고 있는데, 알루미늄은 고온 크리프 특성과 수소 취성, 내산화성 등을 개선하나 너무 많이 첨가하면 취성이 커진다.

앞서 언급한 바와 같이 순 티타늄은 저온에서는 조밀육방격자인 α 고용체이나 온도가 상승하여 885℃가 되면 체심입방격자인 β 고용체로 변태한다. 이 때 다른 원소가 합금되면 변태온도가 넓어져 α상과 β상이 공존하는 구간이 생긴다. Ti의 합금원소에는 α 안정형과 β 안정형으로 나뉘는데 전자는 $\alpha \rightarrow (\alpha + \beta)$ 변태온도를 상승시키며, 후자는 $(\alpha + \beta) \rightarrow \beta$의 변태온도를 낮추는 역할을 한다.

그림 14-4는 티타늄 합금의 상태도에서 나타나는 대표적인 유형의 티타늄 측을 표시한 것이다. 그림 (a)는 단순 α형으로서 냉각하면 α상이 안정적으로 얻어지며 실용성이 떨어진다. 그림 (b)는 β 포석형으로서 β상이 포석변태를 일으켜 α상이 생성되는 형이며, 실용적으로 중요한 사례는 알루미늄이다. 그림 (c)는 β상이 안정적으로 얻어지는 β 단일형으로서 $(\alpha + \beta) \rightarrow \beta$ 변태점이 첨가 원소량의 증가에 따라 강하하여 상온에서 β상이 얻어진다. 이러한 합금은 열처리에 의하여 β상으로 부터 α상이 석출하게 함으로써 강화시킬 수 있다. 그림 (d)는 β공석형으로서 $\beta \rightleftarrows \alpha + \gamma$의 공석변태가 있지만 실제로는 반응의 속도가 너무 느리고 합금원소 첨가량이 적기 때문에 상온에서는 β상만이 잔류하게 된다. 이 β상은 열처리에 의하여 공석변태가 진행되게 하여 강화시킬 수 있다.

[표 14-3] 상태도에 따른 티타늄 합금 원소의 구분

구 분	기 능	상태도	합금 원소
α 안정형	$\alpha \rightarrow (\alpha+\beta)$ 변태온도를 높임	단순 α형	O, N
		β 포석형	Al, Sn, B, Ga, Nd, Ce, C, La
β 안정형	$\beta \rightarrow (\alpha+\beta)$ 변태온도를 낮춤	β 단일형	Mo, V, Zr, Nb, Ta, Hf
		β 공석형	Cr, Mn, Fe, Co, W, Sn, Cu, Ni

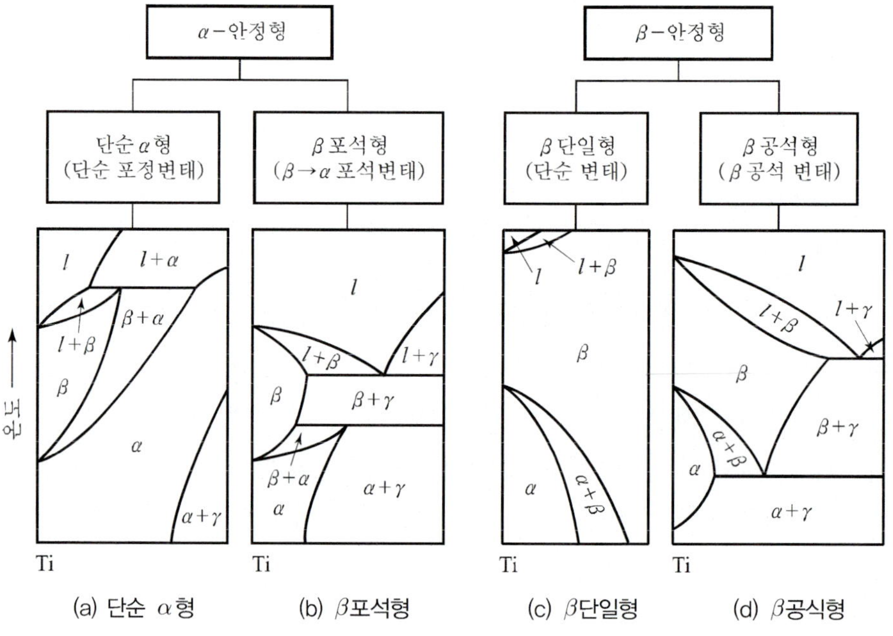

[그림 14-2] 2원계 티타늄 합금 상태도의 분류. α상은 hcp격자 고용체, β상은 bcc 고용체, 그리고 γ상은 금속간 화합물임[2)]

실용 티타늄 합금은 3성분 이상의 계가 대부분이며, 조직상으로는 α 단일상, β 단일상 및 $\alpha+\beta$의 혼합 조직으로 나뉜다. 그리고 거의 대부분의 실용 티타늄 합금은 Al을 수% 함유하고 있는데, Al은 고온 크립 특성과 수소 취성, 내산화성 등을 개선하나 너무 많이 첨가하면 취성이 커진다. 표 14-4는 대표적인 실용 티타늄 합금과 그 기계적 성질은 표시한 것이다.

α형 합금은 상온에서의 강도는 α + β형 보다 작으나, 고온에서는 조직이 안정하여 600℃ 이상에서의 인장강도, 400℃ 이상에서의 크립 강도가 더 우수하다. 또 소성가공성은 나

[표 14-4] 티타늄 합금의 성질 및 용도

	합금 종류	열처리	상온 기계적 성질			특성	용도
			인장 강도 [MPa]	항복 강도 [MPa]	연율 [%]		
순Ti	KS 1종 상당	가공 상태	275-412	≧167	≧27	불순물은 강화효과를 가져 옴.	항공기 프레임, 화학 플랜트, 해양 부품, 판형 열교환기
	KS 2종 상당	〃	343-510	≧216	≧23		
	KS 3종 상당	〃	481-618	≧343	≧18		
α형 합금	Ti-5Al-2.5Sn	풀림	850	820	18	개발 초기의 합금	항공기 엔진의 압축기 블레이드 및 배관, 증기터빈 블레이드
	Ti-8Al-1 V-1Mo	가공 상태	1,000 -1,100	930 -1,030	15 -18	고강도	
	Ti-6Al-2Sn-4Zr -2Mo-0.1Si	시효 경화	892	-	15	내열, 내크립 합금	
	Ti-6Al-5Zr-0.5 Mo-0.25Si	〃	1061	888	12	내열 내크립 합금	
	Ti-0.5Pd	풀림	426	314	27	내식성 양호	
α + β형 합금	Ti-6Al-4 V	풀림	990	910	14	범용성, 압연재, 주조재, 용접성 양호	로켓 모터케이스, 항공기 압축기 및 터빈 디스크, 치과 임플란트 등 생체 재료
	Ti-6Al-4 V	시효 경화	1,170	1,100	10		
	Ti-6Al-2Sn-4Zr -6Mo	〃	1,262	1,180	10	담금질성 우수	
	Ti-6Al-6 V-2Sn	〃	1,166	1,098	8	가공성 양호	
	Ti-11Sn-5Zr-2.5Al-1Mo-0.25Si	〃	1,098	1,000	10	고온 특성 양호	
β형 합금	Ti-13 V-11Cr-3Al	시효 경화	1,270	1,200	8	고강도	고강도 체결 부품, 항공우주 부품, 허니컴 구조재
	Ti-11.5Mo-4.5 Sn-6Zr	〃	1,382	1,313	11	고강도, 가공성 양호	
	Ti-4Mo-8 V-6Cr-3Al-4Zr	〃	1,440	1,372	7	고강도	
	Ti-15Mo-5Zr	〃	1,664	-	7.5	고강도, 내식성 우수	
	Ti-15Mo-5Zr-3 Al	〃	1,470	1,450	14	고강도	

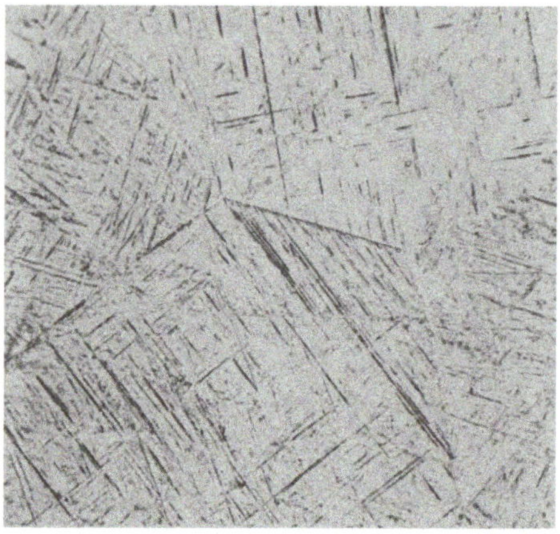

[그림 14-3] Ti-6Al-4V 합금을 1066℃에서 수랭하여 생성된 α'상(마르텐사이트). 원래 조직인 β상의 결정립계가 명확하게 나타나 있음[3)]

쁘나 단일 상이므로 용접성이 좋다. 특히 Ti-Al 합금은 Ti보다 가볍고, 내산화성이 좋은 것으로 알려져 있다. Ti-Al-Sn 합금은 저온용 재료로서 유명하며, Ti-5Al-2.5Sn 합금은 480℃ 이하에서 사용하는 판금 부품이나 비행기의 배기관(tailpipe) 계통, 580℃ 이하에서 단시간 사용하는 구조물이나 미사일 연료 탱크 등에 적용되고 있다.

β형 합금은 용체화처리 상태에서 연성과 전성이 좋아 박판(薄板)이나 박(箔)으로 제조하기가 용이하며, 용접성이 좋다. 또한 가공 후 시효처리에 의하여 5%의 연성과 1,500 MPa 정도의 인장강도를 얻을 수 있다.

$\alpha+\beta$형 합금은 용체화처리 상태에서 고용강화된 α상에 준안정 상태의 β상이 혼재하는 것으로서 가공성이 양호하여 판, 봉, 관 및 단조품으로 제조된다. 이 합금은 1,060℃에서 담금질하면 그림 14-3과 같은 마르텐사이트 조직이 생성되어 강도가 35% 이상 향상시킬 수 있으나, 약 450℃ 이상의 고온에서는 강도 저하가 상당히 크다. Ti-6Al-4V 합금은 티타늄 합금의 대표적인 것으로 전체 수요량의 약 2/3 정도를 차지한다. 이 합금은 가공성이 뛰어나고 용접성이 좋으므로 경량 고강도 재료로서 주로 항공기의 구조재, 터빈 부품, 기타의 단조 부품 등으로 사용되고 있다. 또한 ELI급 고순도의 것은 초저온용으로 사용되는데 비강도가 큰 장점이 있다.

전반적으로 티타늄 합금은 순 티타늄보다 비강도가 더 크고, 다른 고강도 합금에 비하여 그림 14-4에 표시된 바와 같이 상당히 고온까지도 그 성질을 유지하는 특성이 있다. 따라서 약 450℃까지의 제트엔진의 터빈 블레이드(turbine blade) 및 로터(rotor) 등에 사용된다. 그림 14-5는 대표적인 항공기용 티타늄 합금의 비강도를 Ni 합금 등과 비교하여 표시한 것이다. 또한 열처리한 티타늄 합금은 항복비(降伏比=항복강도/인장강도)가 0.9~0.95, 내구비(耐久比=피로강도/인장강도)가 0.55~0.6으로 그 값이 상당히 크다.

한편 티타늄 합금은 절삭가공이 어려운 재료 중의 하나이다. 이것은 티타늄 합금이 고강도이면서 열전도성이 나빠 마찰열에 의해 공구와 반응을 일으키기 쉽게 되기 때문이다. 따

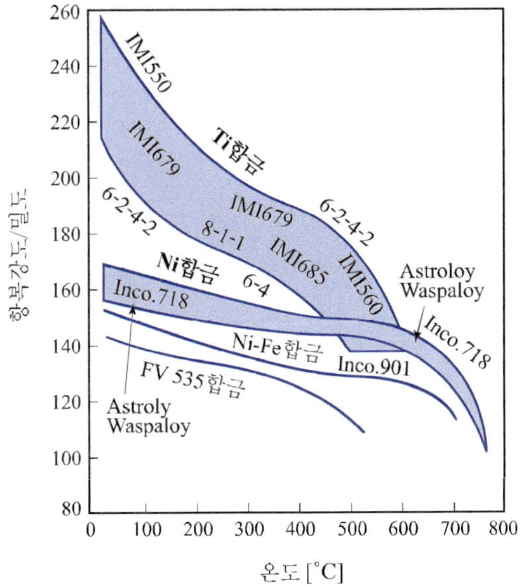

[그림 14-4] Ti 합금의 온도에 따른 비강도 변화[4)]

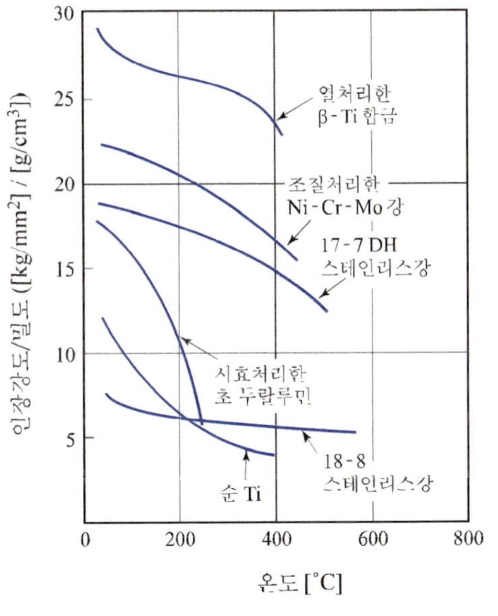

[그림 14-5] 각종 재료의 비강도와 온도와의 관계[5)]

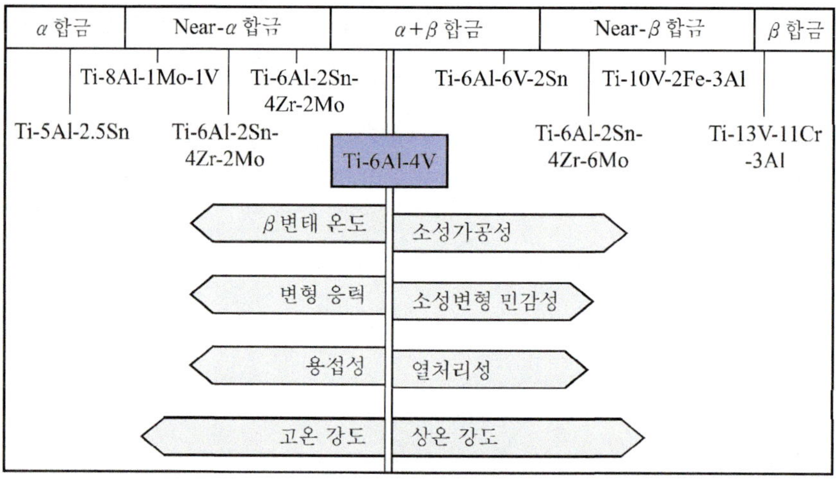

[그림 14-6] 티타늄 합금 선정 기준(Ti-6Al-4V합금을 기준으로 함)

라서 될수록 여유각(餘裕角, clearance)이 크고 경도가 큰 공구로써, 냉각작용과 윤활작용이 뛰어난 절삭유를 사용하면서 절삭하는 것이 좋다. 그리고 티타늄 합금의 내식성은 일반적으로는 순 티타늄에 비해 떨어지나, Mo, Ta, Pd를 합금하면 내식성이 향상된다. 이들 합금은 더운 염산이나 더운 황산용 배관, 열교환기용 관, 밸브 등에 사용된다. 티타늄 합금을 선정할 때는 당연히 이러한 특성을 잘 고려해야 하며, 그림 14-6은 그 선정 기준을 도시한 것이다.

14-2 니켈과 그 합금

14.2.1 니켈

니켈(Ni)은 면심입방격자 결정구조를 갖는 은백색의 금속으로 그 비중은 8.9, 용융점은 1445℃이다. 상온에서는 강자성체이나 360℃ 부근에서 자기변태가 일어나 상자성체로 변한다. 또 연성이 좋아 상온에서의 소성가공이 용이하다. 풀림재는 인장강도 35~56 kgf/mm^2, 브리넬 경도 75~90 정도이나, 심하게 가공한 것은 인장강도 70~85 kgf/mm^2, 브리넬 경도 180~220 정도이며, 재결정온도는 530~660℃의 범위이다.

니켈은 내열성, 내식성이 우수하나 질산에는 약하며, S를 함유하는 350℃ 이상의 가스에는 격렬하게 침식된다. 그리고 구조용 합금강, 내열 합금, 내식 합금, 자성 합금, 전기재료

합금 등의 합금원소나 도금용으로 주로 사용되지만, 판, 선, 관 등의 형태로 식품공업 및 화학공업의 기계나 장치, 촉매, 전자관 등에도 많이 사용되고 있다.

14.2.2 니켈 합금

[1] Ni-Cu계 합금

Ni-50~60Cu 합금인 **콘스탄탄**(Constantan)은 선재로 가공하여 Fe 또는 Cu와 짝을 이루어 열전대로 사용되며, Ni-54Cu-1Mn-0.5Fe 합금인 **어드밴스**(advance)는 표준 저항선으로 사용되고 있다.

Ni-Cu계 합금은 바닷물, 묽은 황산, 알칼리 용액 등에 대단히 강하여 내식 합금으로 사용되며 고온 내산화성도 우수하다. 특히 Cu 34%, Fe 2.5% 이하, Mn 2% 이하 함유된 **모넬 메탈**(Monel metal)은 우수한 상온 및 고온 기계적 성질을 가진 뛰어난 내열·내식재료이다. 주조 및 소성가공이 용이하며, 광산기계, 염색기계, 화학 공업용 펌프, 터빈 날개, 증기 밸브 스프링 등에 널리 이용된다. 특수한 모넬 메탈로는 Al을 소량 첨가하여 시효경화성에 의해 강도를 향상시킨 K 모넬, 0.6% 이하의 유황(S)를 첨가하여 절삭성을 향상시킨 R 모넬 등이 있다.

14

[2] Ni-Fe계 합금

Ni-Fe계 합금은 주로 **불변강**(不變鋼)으로 사용된다. 불변강에는 선팽창계수가 작은 **인버**와 탄성계수의 온도의존성이 거의 없는 **엘린버** 계열의 합금이 있다. Ni-Fi계 합금은 그 밖에 영구자석 재료, 고투자율강(高透磁率鋼), 정자재료(整磁材料) 등으로 사용된다.

(1) 저열팽창 합금

인버(invar)는 64% Fe, 36% Ni의 합금으로서, 선팽창계수가 1.2×10^{-6}으로 Fe의 1/10에 불과하여 표준 미터봉, 시계 진자, 지진계, 바이 메탈, LNG선박 구조물 등에 사용되며 내식성도 우수하다. 64Fe-32Ni-5Co 합금인 **수퍼 인버**(super invar)는 상온에서의 열팽창계수가 0에 가까우며 인장강도와 탄성계수가 높다. 근래는 OLED 모니터용 섀도우 마스크(shadow mask) 재료로서도 사용되고 있다.

(2) 정탄성 합금(定彈性合金)

인버에 12%의 Cr을 첨가한 **엘린버**(elinvar)는 온도가 변해도 탄성계수가 거의 변하지 않으므로 압력계, 항공기용 계기, 시계 스프링, 정밀계기 등에 사용된다. 그러나 이 합금은 탄성계수와 강도가 작으므로 이를 개선하기 위하여 Co나 V를 첨가한 코엘린버(coelinver), 벨린버(velinvar) 등이 실용화되어 있다.

[3] Ni-Cr계 합금

Ni-Cr계 합금은 전기저항이 크고 내열성, 내식성이 우수하여 전열(電熱)재료, 내식 합금, 내열 합금 등에 널리 사용된다. 또한 Ni기 초합금(super alloy)의 기반 재질로서 여기에 수 %의 Mo, Co, Ti, Al 등이 첨가된다.

니크롬(nichrome)은 Cr 15~20%, 나머지 Ni의 합금으로서 1,100℃까지의 전열선이나 전기 저항선에 사용한다. 가격을 저하시키고 전기저항을 높이기 위하여 Fe를 0~25% 첨가하기도 하는데 이 경우는 내열성이 저하된다.

20% Cr의 **크로멜**(chromel)은 3.5% Al-0.5% Fe-나머지 Ni의 **알루멜**(alumel)과 짝을 이루어 소위 CA 열전대로서 650~1,100℃의 온도 측정에 사용된다. 참고로 1,600℃까지의 고온에는 PR 열전대를 사용하는데 이것은 Pt와 Pt-Rh 합금(10 또는 13% Rh)으로 짝을 이루며, **콘스탄탄**은 Fe와 짝을 이루어 400~800℃, 또는 Cu와 짝을 이루어 200~300℃의 온도범위에 사용된다(표 13-9 참고).

인코넬(inconel)은 12~14% Cr의 합금으로서, 내식성 및 내열이 뛰어나고 황산, 질산, 알칼리 용액 등에 대한 저항력이 크므로 각종 내열·내식 재료에 이용된다. 또 550~750℃의 높은 온도와, 고온의 암모니아, 질소, 수소, 침탄 가스에 견디므로 각종 열처리 부품, 열전대 보호관, 진공관의 필라멘트 등에 사용된다. 또한 300℃까지의 고온 스프링 특성이 우수하고 냉간가공에 의해 K모넬보다 높은 강도를 얻을 수 있어서 증기 밸브, 터빈, 제트엔진 등의 스프링 재료로 사용되기도 한다. 이 계의 합금에 수%의 Mo과 Cu를 첨가한 **일리움**(illium)도 이와 비슷한 성질을 갖고 있다.

[4] Ni-Mo계 합금

15% 이상의 Mo를 함유하는 Ni-Mo 합금은 염산에 대한 내식성이 큰 유일한 합금으로 중요시되고 있다. 여기에 Fe를 첨가하여 가공성을 개선한 것이 유명한 **해스텔로이**(hastelloy) 합금이며, 그 표준 조성은 20% Mo-20% Fe-나머지 Ni로서 해스텔로이 A에 해당한다. 해스텔로이 A는 염산 등의 비산화성 산에 강하며 질산에는 약하다. 해스텔로이 B는 Fe를 감소시키고 Ni, Mo를 증가시킨 것으로서 끓는 염산에 견디며, 해스텔로이 C는 Cr을 첨가하여 질산과 산화성 분위기에 대한 내식성을 개선한 것이다.

[표 14-5] 내식용 니켈 합금

합금계	합금명	주요 화학 성분						제조법
		Ni	Mo	Cr	Fe	Cu	기타	
Ni-Mo	Hastelloy B	51	32		6		1Si, 1Mn	주조, 소성가공
Ni-Mo-Fe	Hastelloy A	53	22		22		1Si, 2Mn	
Ni-Cr	Inconel	76		15.5	7.5			
Ni-Mo-Cr	Hastelloy C	51	19	17	6		1Si, 1Mn, 5W	
	Hastelloy N	70	17	7	5			
	Hastelloy W	69	23	5	3			
	Chlorimet	60	18	18	4	5.5		
Ni-Cr-Mo-Cu	Illium B	50	8.5	28		3		주조
	Illium R	68	5	21			1Si, 1Mn	
Ni-Cr-Fe-Mo	Hastelloy F	45.5	6.5	22	22		2(Nb+Ta)	
	Durimet 20	29	>1.75	20	나머지	>3.5		
	Worthite	24	>2	20	나머지	>3		
Ni-Si-Cu	Hastelloy D	85				3	10Si, 1Mn, 1Al	주조
Ni-Cu	Monel	63-70			>2.5	34	2>Mn, 0.5Si	주조, 소성가공
	K Monel	63-70				33	1.5>Mn, 3 Al, 1Si	
	R Monel	63-70				35	2>Mn, 0.6>S, >0.5Al, >0.5Si	

[5] Ni-Ti 합금

Ni-50%Ti 합금은 **형상기억합금**(形狀記憶合金, shape memory alloy)의 일종으로 **니티놀**(Nitinol)이라는 이름으로 알려져 있다. 이 합금은 마르텐사이트 변태 합금으로서, 변태 후 소성변형한 다음 특정 온도 이상으로 가열하면 마치 원래의 모양을 기억이라도 하는 듯이 원형으로 되돌아가는 성질이 있다. Cu-27.5Zn-4.5Al 합금도 대표적인 형상기억합금의 하나이며, 값이 훨씬 싸고 가공이 쉬운 장점이 있다. 형상기억합금이 원형으로 되돌아가는 온도는 합금별로 정해져 있으며, 이러한 성질을 이용하여 컨넥터, 커플링 등의 접속 부품, 치과 및 정형 외과용 교정 장치 등 각종 의료용 재료, 월면(月面) 안테나, 에너지 변환장치, 리벳 등으로 실용화되고 있거나 연구 중에 있다.

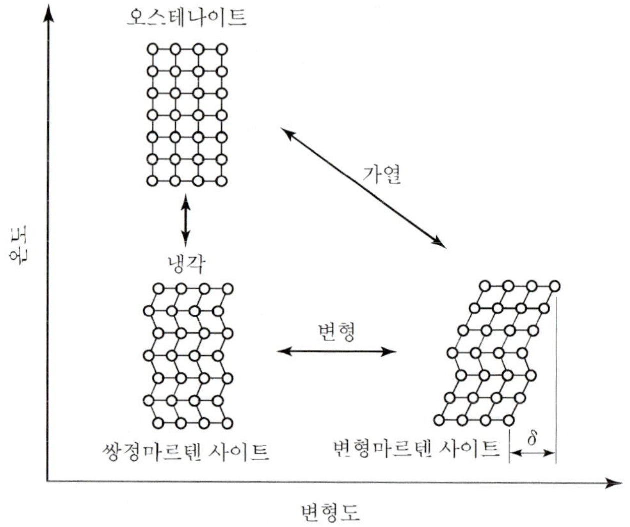

[그림 14-7] 형상기억합금의 변형. 낮은 온도에서는 쉽게 변형되는 마르텐사이트 조직이었다가 특정 온도 이상이 되면 오스테나이트 조직으로 환원되면서 원래 모양으로 되돌아 감.

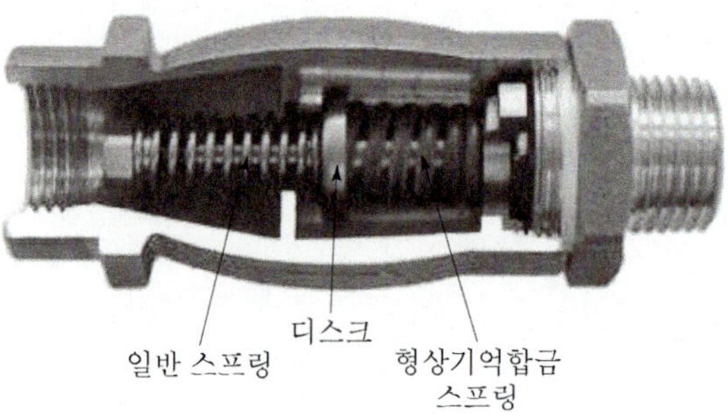

[그림 14-8] 온수 배관용 자동온도조절 밸브. 온도가 낮을 때는 일반 스프링에 의해 열려 있다가, 일정 온도에 도달하면 형상기억합금 스프링의 팽창에 의해 닫힘[6)]

[6] 2차전지 양극재

니켈은 근래 전기차, 핸드폰, 에너지 저장시스템(energy storage system, ESS) 등의 2차전지(주로 리튬 이온 배터리)용 양극재에도 많이 사용되고 있는데, 주로 Li 산화물, 예를 들어 $Li(Ni, Co, Mn)O_2$, $Li(Ni, Co, Al)O_2$, $Li(Ni, Co, Mn, Al)O_2$, $LiCoO_2$, $LiFePO_2$ 등*1)의 형태로 사용되고 있다. Ni은 값비싼 Co를 대체하는 것이 주된 목적으로서, 그 함량은

1) 각각을 차례대로 NCM, NCA, NCMA, LCO 및 LFP의 약칭으로 불리는데, 국내에서는 앞의 세 종류가 주로 생산되고 있다. LFP는 무겁고 저장 에너지 밀도가 낮으나 가격이 가장 싼 장점이 있어서 중국을 중심으로 많이 생산되고 있다.

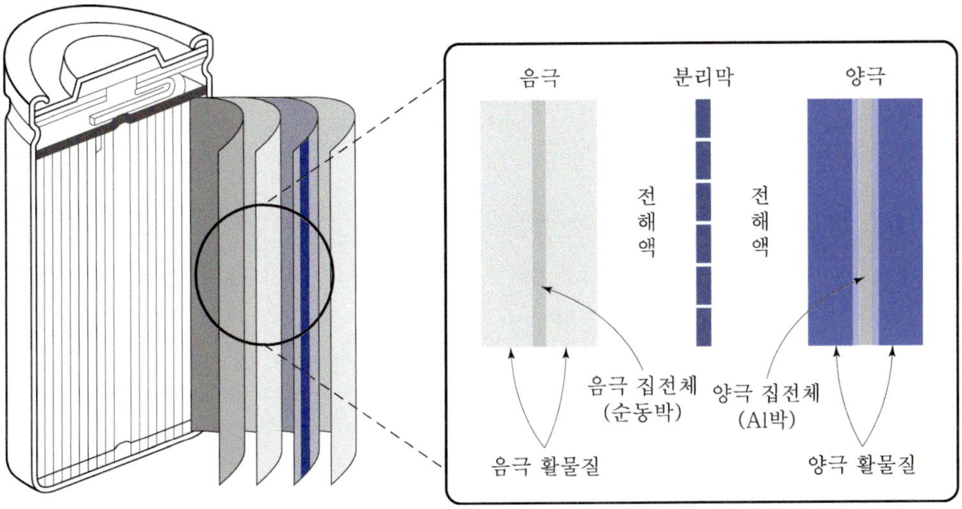

[그림 14-9] 2차전지의 구조. 양극은 순 알루미늄 박, 음극은 순동 박에 의해 지지되고, 그 사이에 전해질과 분리막이 있다. 분리막은 양극과 음극의 접촉(폭발 위험)을 방지하며, Li 이온의 이동 통로 역할을 한다. 전자는 분리막을 통과할 수 없으므로 (−)극에서 (+)극쪽으로 이동하여 전류의 흐름을 만들게 된다.

점점 높아져 최근에는 90% 이상에 이르고 있으며, Ni의 함량이 높을수록 저장 에너지 밀도도 높아진다.

음극재로는 고순도의 인조 흑연이 주로 사용되고 있는데, 충전 시간을 단축하고 에너지 밀도를 높이기 위해 실리콘 복합 산화물(SiOx), 실리콘 카본 나노 복합소재 등이 연구 개발되고 있다. 최근에는 리튬 이온 배터리의 폭발, 화재 등의 위험성을 피하기 위해 고체 전해질을 사용하는 전고체 배터리나, 리튬 대신 나트륨(Na)이나 바나듐(V)을 사용하는 나트륨 이온 배터리와 바나듐 이온 배터리의 개발 등이 한창 연구 개발중이다.

14

14-3 마그네슘 및 그 합금

14.3.1 순 마그네슘

마그네슘(Mg)은 비중이 1.74로서 알루미늄보다 약 30% 가벼우며 감쇠능이 대단히 큰 특징이 있다. 그러나 공기 중에서 산화되기 쉽고 내식성이 나쁜 단점이 있다. 또 결정구조가 조밀육방격자이므로 상온에서는 면심입방격자인 Al, Cu 등에 비해 소성가공성이 나쁘지만

350~400℃의 고온에서는 단조, 압출 등의 가공이 용이하게 된다. 순 마그네슘은 상당한 강도에 비해 탄성한도와 연율이 작아 구조용 재료로는 용도가 극히 제한되며, 주로 합금으로서 제조된다.

14.3.2 마그네슘 합금

마그네슘 합금은 Al, Zn, Mn이나 Ce, La 등의 희토류(稀土類, rare earth) 금속이 주된 합금원소이며 주조용과 가공용으로 나뉜다. 인장강도는 15~35 kgf/mm^2 정도이며 가볍고 절삭성이 대단히 우수하므로 항공기, 로켓, 자동차, 광학기기 등에 이용된다. 마그네슘 합금의 내식성은 미량의 불순물 원소, 특히 Fe, Ni, Cu 등에 의하여 현저하게 나빠진다. 그러나 Fe에 의한 해는 소량의 Mn의 첨가에 의하여 개선할 수 있으므로 대부분의 마그네슘 합금에는 Mn이 0.1% 정도 첨가되어 있다.

한편 마그네슘 합금은 감쇠능이 우수하여 에너지 흡수율이 높고 소음과 진동을 감소시키므로 전자부품에 많이 적용하고 있으며, 최근에는 자동차의 소음 감쇠를 목적으로 클러치 하우징이나 변속기 케이스 등에 사용하기 위해 노력하고 있다.

그림 14-10은 2013년도 국내에 소비된 마그네슘 합금의 용도별 사용량을 도시한 것으로서, 휴대폰이 대부분을 차지하고 있음을 알 수 있다. 그리고 그림 14-11은 미국의 자동차 1대당 마그네슘 사용량 변화 추이를 예상한 것으로서 2005년에 대당 5 kg(0.3%) 사용하던 것이 2020년에는 대당 159 kg(12%)으로 급속하게 증대될 것으로 예상되고 있다. 독일의 BMW사는 이미 알루미늄 인서트(insert)*2) 주위를 마그네슘 합금으로 둘러싸도록 고압 주조한 Mg-Al 복합소재로써 엔진블록, 크랭크케이스 등을 제조(Al과 Mg는 열팽창계수가 거의 비슷하여 반복적인 고온 가열 및 냉각에도 문제가 없음)하여 알루미늄 합금 사용시보다 중량을 24% 저감하고 큰 감쇠 효과도 얻고 있다.

[1] 주조용 마그네슘 합금

마그네슘 합금 주물은 비중이 작은데도 열처리하면 강도가 알루미늄 합금 주물에 필적하며 절삭성이 좋다. 그러나 용해 및 주조시에 산화가 일어나기 쉬우며, 바닷물이나 산에 대한 내식성이 대단히 나쁘다.

---

2) 금속 주물을 주조할 때, 별도의 금속을 주형 공간내에 미리 넣어두고 용탕을 주입하여 이 금속이 주물의 내부에 위치한 채로 서로 일체가 되도록 하는 방법이 있는데, 이때 미리 넣어두는 별도의 금속을 인서트(insert)라고 한다.

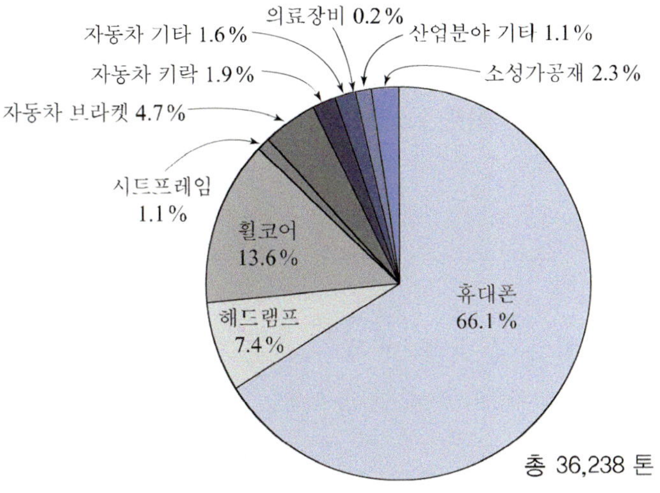

[그림 14-10] 2013년 국내 마그네슘의 용도별 사용 비율[7)]

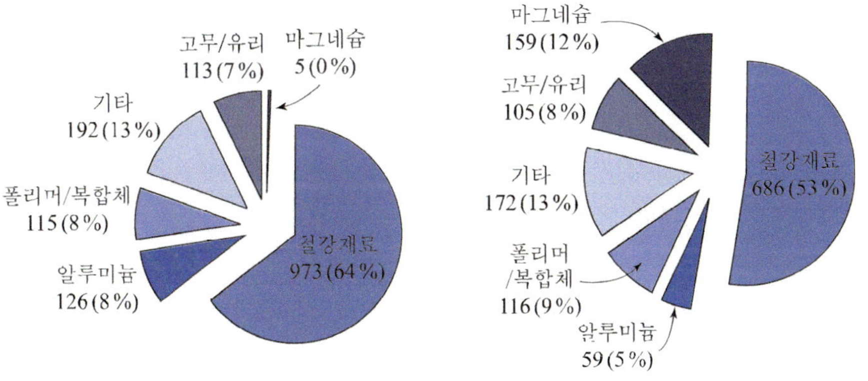

[그림 14-11] 미국 자동차 1대당 마그네슘 사용량 예상 추이[8)]. (a) 2005년 대당 5 kg(0.3%). (b) 2020년 예상 대당 159 kg(12%)

(1) Mg-Al 합금

이 계의 합금은 10% 이하의 Al을 첨가한 것으로서 시효경화성이 있다. Zn을 첨가하면 그 양의 증가에 따라 강도가 증가하며 그 반면에 주조성은 나빠진다. 주조상태의 인장강도는 16~18 kgf/mm^2 정도이지만 T6처리하면 24~28 kgf/mm^2 정도로 상승한다. 또 내식성을 향상시키기 위해서는 Mn을 0.1~0.5% 정도 첨가한다.

(2) Mg-Zn계 합금

Mg-Al계 합금보다 강력한 고강도 합금으로 개발된 것으로서 2~6%의 Zn을 함유하며,

결정립의 미세화를 위하여 1% 정도의 Zr을 첨가하는데 강도, 연율 및 내식성의 향상을 가져온다. 이 합금은 항복비(降伏比=항복강도/인장강도)가 크며, 시효처리하면 30 kgf/mm^{2}의 인장강도를 얻을 수 있다. 한편 Zn량이 많은 합금에서는 주물 내부에 미소 기공인 핀홀(pin hole)이 발생하기 쉬우므로 Th 등의 희토류 원소를 첨가하여 방지한다.

(3) Mg-RE계 합금

이 계통은 마그네슘에 3~4%의 희토류 원소인 Ce, La와 소량의 Zr을 첨가한 합금으로서 주조성, 용접성, 내압성 및 내열성이 좋다. 상온강도는 낮으나 고온에서의 강도 저하가 작으므로, 250℃까지의 내열주물로서 엔진 부품, 컴프레서 케이스 등에 사용된다.

[2] 소성 가공용 마그네슘 합금

마그네슘 합금은 소성 가공용이라 하더라도 가공성이 좋지 못하므로 1회 가공도 또는 가공속도를 작게 하여 열간가공을 한다. 또 마그네슘 합금은 내식성이 좋지 못하므로 주물이나 가공재 모두 그 표면에 적당한 방식처리를 시행하여 사용한다.

(1) Mg-Al계 합금

3~9% Al을 함유하며, 실제로는 여기에 1% 내외의 Zn이 첨가된 Mg-Al-Zn계 합금의 형태로서 가공용 마그네슘 합금 중 가장 많이 사용되고 있다. Al의 함량이 증가하면 강도는 증가하지만 아연을 소량 첨가하면 Fe의 해를 억제하여 내식성을 개선한다. 3% Al 합금의 경우는 인장강도 25~28 kgf/mm^2, 연율 10~20% 정도이며, 열처리한 8% Al 합금은 인장강도가 30 kgf/mm^2 이상으로 된다. 이 합금은 주로 항공기, 자동차의 내장 부품 등에 사용되고 있다.

(2) Mg-Zn계 합금

이 계의 합금도 시효경화성이 있으며, 실용 합금으로는 Mg-Zn-Zr계와 Mg-Zn-RE계가 있다. 전자는 강도가 높고 인성도 크며, 특히 Zn량이 많은 합금은 인공시효 처리하면 30 kgf/mm^2 이상의 인장강도를 가지므로 항공기용 압출재로서 중요하다.

(3) Mg-Th계 합금

Mg-Th-Mn계나 Mg-Th-Zr계 합금은 고온강도가 우수하여 내열 합금으로서 300℃ 정도까지 사용할 수 있으며 항공기나 미사일 부품 등에 사용된다.

참고문헌

1) www.posri.re.kr

2) Titanium Alloys-Properties and Physical Property Handbook, ASM International, 1994 (ASM International의 게재 허가를 득함)

3) RMI company

4) 松尾哲夫et al : 機械材料, 朝倉書店, 1984, p.15

5) 草道英武et al : チタン工業の現状と將來, 材料, vol.30, (1981), p.1

6) 네오엔지니어링 제공

7) (사)한국마그네슘기술연구조합 자료을 활용

8) USAMP, Magnesium Vision 2020

Part 3

Introduction to Engineering Materials

20세기 후반부터 시작된 각종 기계 기구의 개인중심화, 모바일화와 웰빙에 대한 관심 등은 제품의 경박단소화(輕薄短小化)와 인체무해성은 물론 심미성까지도 크게 요구되는 결과를 가져오게 하였다. 또한 극단적인 환경에까지의 사용영역의 확대와 IT 기술, 바이오 기술, 그린 에너지 등의 발전은 이제까지는 그다지 관심을 끌지 못하던 각종 특수한 재료의 활용이 필수적인 것으로 되었다.

이 재료들은 상호 보완적인 역할을 하며, 또한 엄격하게 구분된 것은 아니지만, 플라스틱 재료는 주로 각종 구조물의 경량화와 일상 생활의 고도화와 관련이 깊으며, 세라믹 재료는 주로 고강도와 다양한 방면의 고도 기능 및 바이오 기술의 발전 등에 관련이 깊다. 또한 복합재료의 발전은 경량화 및 복합 성능의 극대화는 물론 각종 새로운 영역에로의 기술 발전에 크게 기여하고 있다. 그리고 전기·전자재료의 발전은 오늘날의 AI를 비롯한 정보통신기술의 눈부신 발전과 지식기반사회의 개화를 선도하고 있다. 따라서 21세기에는 각종 기술의 발전 및 나아가 사회의 발전에 대한 이들 재료의 기여도와 시장 점유율은 더욱 높아지게 될 것으로 예상된다.

비금속 및 복합재료 등

제 15 장 폴리머 재료

Introduction to Engineering Materials

폴리머 재료(polymers)는 **고분자 재료**(高分子材料)라고도 하는데, 이것은 탄소와 수소로 구성된 물질 유기물 중에서 분자량이 1만 이상인 것을 총칭하는 말로서 플라스틱, 가죽, 고무, 섬유, 접착제, 도료 등이 여기에 포함된다. 자동차나 비행기의 내장재, 전자부품, 구조재를 비롯한 각종 기계기구용 재료로 사용되며, 장난감이나 장식재, 페인트, 섬유, 필름, 포장재 등에 적용되어 우리 일상생활과 대단히 밀접한 재료이다. 폴리머 재료는 에틸렌(ethylene) 등의 저분자(低分子)에 열, 압력, 빛, 촉매 등을 가하여 합성하는 **중합**(重合, polymerization) 과정에 의하여 만들어지며, 그 종류는 대단히 많다. 폴리머 제조의 기본이 되는 저분자 물질은 원유를 증류할 때 생성하는 **나프타**(naphtha)*[1]를 열분해하여 얻는다.

폴리머의 대표격이라 할 수 있는 **플라스틱**(plastics)은 **수지**(樹脂, resin)라고도 하며, **천연수지**(天然樹脂)와 **합성수지**(合成樹脂)가 있으나, 전자는 사용량이 미미하므로 보통은 후자를 의미한다. 미국 재료시험학회(ASTM)는 플라스틱을 '제조 후에는 딱딱하지만 제조공정 중 한 번은 유동적으로 되는 고분자 물질'이라고 정의하고 있다. 그리고 고무, 가죽, 섬유, 접착제, 도료 등은 일반적인 의미의 플라스틱에서는 제외된다.

플라스틱은 일반적으로 강도, 경도, 충격강도가 작으며, 사용 중에 치수변화나 크립 등의 변형을 잘 일으키며, 내열성 및 내한성이 나쁘고 열팽창률이 큰 등의 결점이 있다. 또한 성형가공 전후에 치수변화가 일어나기 쉬우며, 성형조건에 따라 성능이 달라지기도 한다. 그

---

1) 시중에서는 **납사**라고도 하며, 원유를 증류할 때, 비등점 35~220℃ 범위에서 나오는 탄화수소의 혼합체. 비등점의 범위 및 성분으로 볼 때 가솔린과 동일하나, 이것을 내연기관의 연료 이외의 목적, 특히 석유화학제품 원료로 사용할 때 나프타라고 함.

러나 비중이 작아 비강도(比强度)가 크고, 성형성, 절삭성, 내식성, 열 및 전기 절연성, 감쇠능 등이 좋고, 경도나 유연성을 적절히 조절할 수 있으며, 아름다운 색채를 얻을 수 있는 등의 특성 때문에 기계, 항공기, 자동차, 전기-전자, 화학, 에너지, 생체 등 거의 모든 산업에 걸쳐 빠뜨릴 수 없는 중요한 재료로서 대량으로 사용되고 있다. 특히 유리섬유, 흑연섬유, 아라미드 섬유 등과 복합 제조한 섬유강화 플라스틱(fiber reinforced plastics, FRP)의 등장과 급속한 발전에 의하여, 가볍고 강한 복합재료로서도 근래의 각종 기술혁신에 크게 기여하고 있다.

15-1 중합

폴리머는 탄소와 수소가 그 주성분이며, C 원자를 중심으로 사슬(chain) 모양으로 연결되어 있다. 이때 분자 내의 C와 C, C와 H 등의 원자 상호간은 공유결합에 의해 강하게 결합되나, 분자 사이에는 약한 반 데르 발스의 힘에 의해 연결되어 있다. 따라서 고분자 물질은 다른 재료에 비해 비교적 용융점이 낮고 강도나 경도가 작다.

폴리머라는 말은 **머**(mer)가 많이 중첩된 것이라는 의미를 가지고 있는데, 제 1-1절에서 기술한 바와 같이 수많은 저분자들을 연결하여 0.1-1 μm 정도 크기의 거대한 분자가 형성되게 하여 만든다. 예를 들어 투명 필름이나 약병 등의 제조에 많이 사용되는 **폴리에틸렌**(polyethylene, PE)은 그림 1-3에 표시한 바와 같이 수많은 에틸렌 분자들을 **중합**하여 제조한다. 중합과정에서는 모든 중합체가 같은 크기나 길이로 만들어지지는 않는데, 이때 중합체를 구성하는 단위체의 평균 개수를 **중합도**(重合度, degree of polymerization, DP)라 한다. 일반적으로 고분자 물질은 중합도가 증대함에 따라 강도와 용융점이 높아진다.

한편 에틸렌의 4개의 수소 원자 H를 모두 불소 원자 F로 대체하면 사불화탄화수소가 되며, 따라서 그 중합체는 **폴리사불화에틸렌**(polytetrafluorethylene ; PTFE)이며, **불소 수지**의 일종으로서 **테프론**(Teflon)이라는 상품명으로 잘 알려져 있다. 에틸렌에서 H 원자 하나를 다른 원자로 대체한 것을 비닐(vinyl)이라 하는데, H원자 하나를 염소(Cl) 원자로 대체하면 염화비닐이 되고 그 중합체는 **폴리염화비닐**(polyvinylchloride, PVC) 즉, 염화비닐 수지가 된다. 비닐의 특수한 형태로서 H 원자를 벤젠 고리(benzene ring)로 대체한 물질을 스티렌(styrene)이라 하고, CH_3으로 대체하면 프로필렌(propylene), NH_3으로 대체한 것은 아민(amine)이라 하므로, 이들의 중합체는 각각 **폴리스티렌**(polystyrene, PS), **폴리프로필렌**

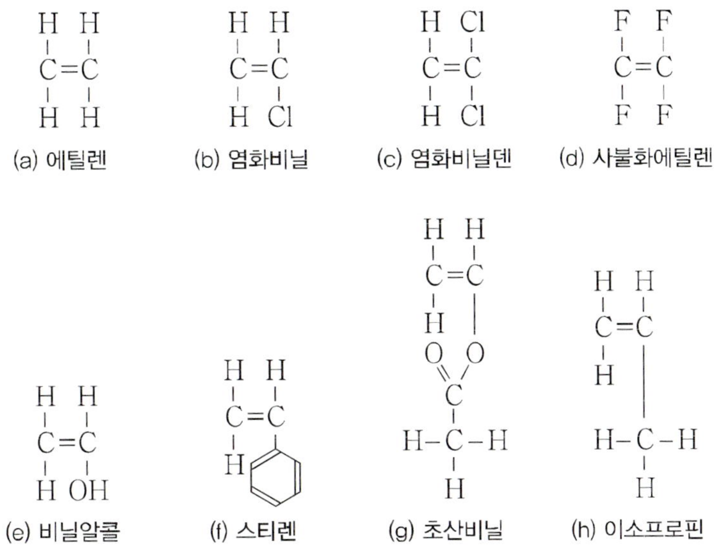

[그림 15-1] 에틸렌형 분자들

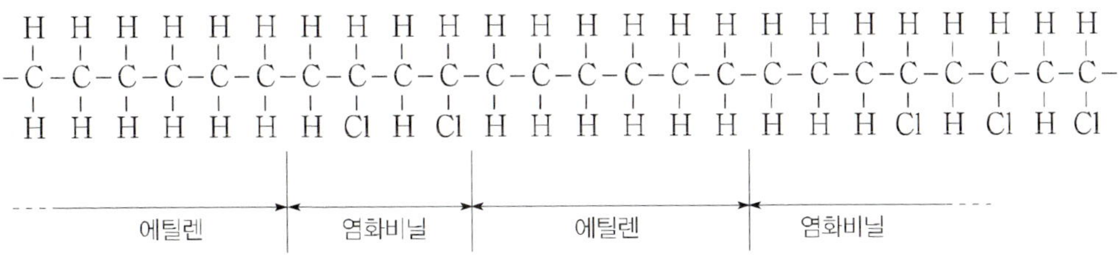

[그림 15-2] 에틸렌과 염화비닐의 공중합 – 금속 합금에서의 고용체와 유사함

(polypropylene, PP) 및 **폴리아미드**(polyamide, PA)가 된다. 그림 15-1은 널리 잘 알려져 있는 몇 가지 에틸렌형 고분자 재료의 단량체의 구조를 표시한 것이다.

이상과 같이 같은 분자들이 반복적으로 부가되어 폴리머가 합성되는 것을 **부가중합**(附加重合, addition polymerization)이라 하는데, 이와 대비되는 것으로 **공중합**(共重合, copolymerization)과 **축중합**(縮重合, condensation polymerization)이 있다. 공중합은 그림 15-2에 표시한 바와 같이 서로 다른 종류의 단량체를 번갈아 연결하는 합성법이다. 예를 들면 에틸렌과 염화비닐의 단위체를 번갈아 연결하면 에틸렌-염화비닐 공중합체를 만들 수 있다. 공중합체는 마치 합금에 있어서 고용체를 형성하는 것과 흡사하다. 예를 들어 **ABS수지**는 아크리로니트릴(acrylonitrile), 부타디엔(butadiene) 및 스티렌(styrene)의 공중합체로서 아크릴로 니트릴의 내약품성과 부타디엔의 유연성 및 내충격성, 그리고 스티렌의 우수한 가공성을 겸비하고 있다.

공중합 외에 **폴리머 합금**(alloy)을 만드는 또 다른 방법으로 **블렌딩**(blending)이 있다. 블렌딩은 그림 15-3에 표시한 바와 같이 합성된 폴리머 분자들을 서로 혼합하는 것으로서 금속에 있어서 서로간의 고용한도가 아주 작은 합금*2)과 유사하다. 공중합체는 서로 다른 종류의 단위체가 공유결합에 의해 강하게 결합하면서 새로운 폴리머를 합성하지만, 블렌딩의 경우는 이미 합성된 폴리머 분자들이 서로 결합하므로 약한 쌍극자 힘에 의해 결합된다. 이렇게 합금을 하면 독특한 특성을 가진 새로운 제품을 만들 수 있는데, 예를 들어 폴리에틸렌과 나일론을 혼합하면 뛰어난 투자율(透磁率, permeability)을 가진 폴리머를 얻을 수 있다. 따라서 향후 새로운 재질의 개발 방법의 하나로서 크게 기대되고 있다.

한편 **축중합**(縮重合, condensation polymerization)은 **페놀수지**로 잘 알려져 있는 폴리 페놀-포름알데하이드(poly-phenol-formaldehyde)의 생성에서 그 예를 볼 수 있다. 이 과정에서는 그림 15-4에서 보는 바와 같이 두 개의 페놀 분자가 하나의 포름알데하이드 분자에 연결된다. 이때 페놀은 H 원자를 내놓고 포름알데하이드는 O 원자를 내놓아서 부산물(응축 생성물)로서 물이 생성된다. 이러한 과정을 수많이 거치면서(그림 15-4 (b)) 하나의 페놀 분자에 여러 개(3개 이하)의 포름알데하이드 분자가 무작위로 연결됨으로써 폴리 페놀-포

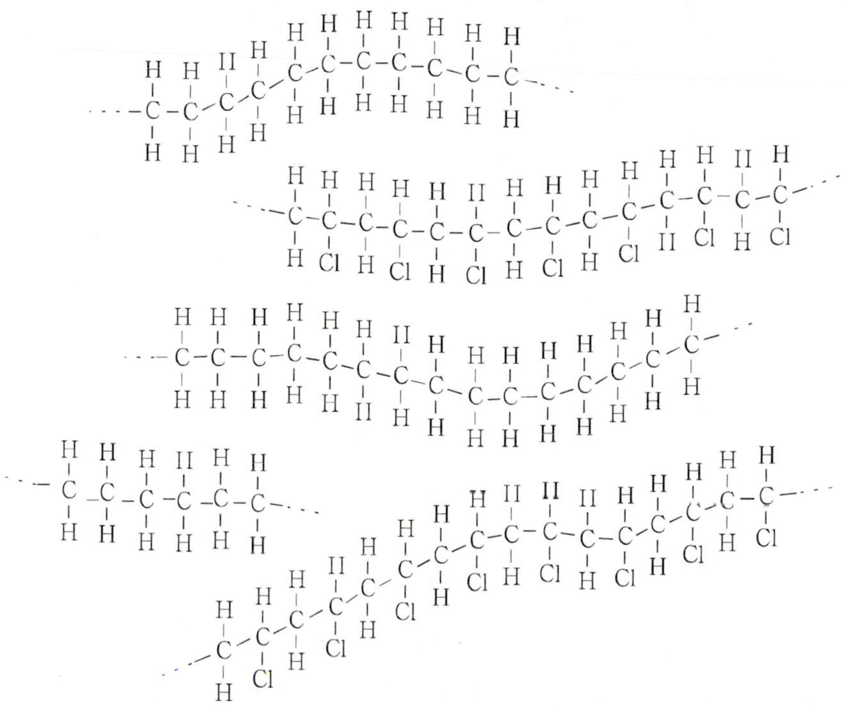

[그림 15-3] 폴리에틸렌과 PVC의 블렌딩

2) 예를 들면 제 1.4.5절에 기술한 Cd-Bi와 같이 순금속 혼합 조직을 이루는 합금

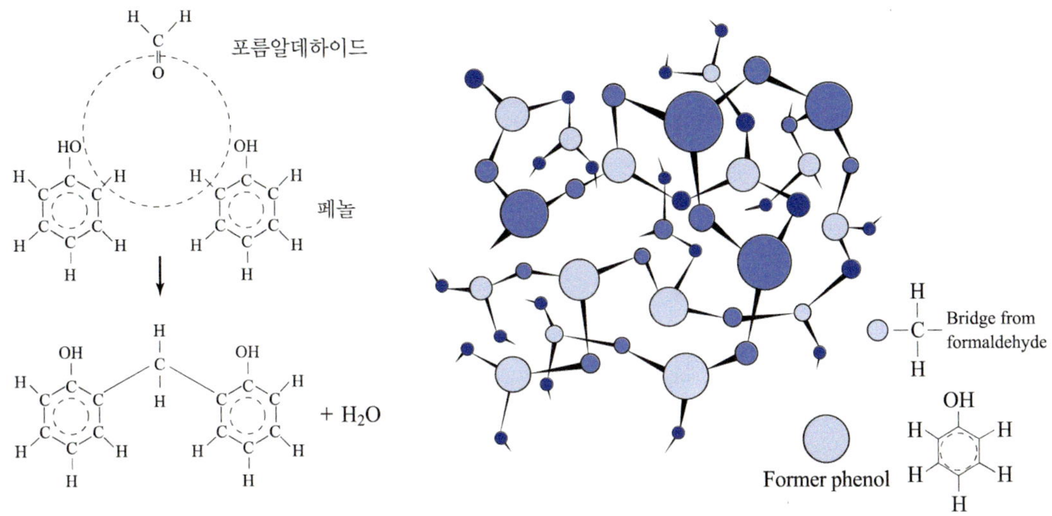

(a) 첫 단계　　(b) 여러 단계 후

[그림 15-4] 축중합의 기구와 진행과정

름알데하이드 분자가 생성된다. 축중합은 이렇게 한 번에 한 단위체씩 생성되므로 시간이 많이 걸리며, 3차원적인 그물형의 분자구조를 가지는 열경화성 수지가 합성된다.

15-2 폴리머의 종류

폴리머의 구조를 거시적(macroscopic)으로 보면 그림 15-5에서 보는 바와 같이 분자가 사슬(chain) 구조의 것과 3차원적으로 결합한 그물(network) 구조의 것으로 나눌 수 있다. 사슬형 폴리머는 자유도가 높아 가소성이 풍부하고 섬유를 만들기 쉬우며, 3차원 그물형 폴리머는 강도와 경도가 크다. 전자는 열을 가하면 유연해져 재활용이 가능하여 **열가소성**(熱可塑性, thermoplastic, TP) **수지**라 하고, 후자는 한번 가열 및 성형하고 나면 재가열해도 다시 유연해지지 않으므로 **열경화성**(熱硬化性, thermosetting, TS) **수지**라 한다. 사슬형 폴리머는 중간중간에 가지가 나뉘는 경우도 있는데, 그 구조가 복잡해질수록 폴리머의 강도가 커지며, 3차원 그물 형태(어떠한 중합 방법에 의해서든)를 가진 열경화성 수지는 대체적으로 열가소성 수지에 비해 비교적 강도와 내열성이 높다. 고무를 말하는 **탄성중합체**(彈性重合體, elastomer)는 분자가 코일 모양을 형성하고 있어서 연율이 1,000% 내외로 대단히 크다.

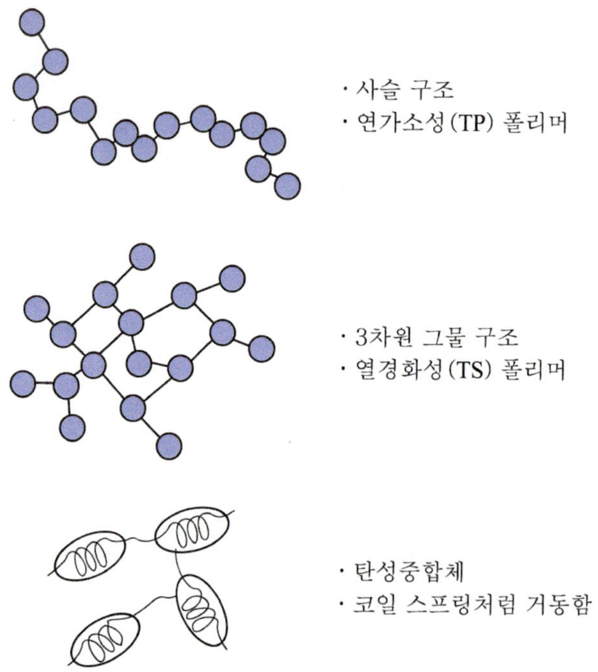

[그림 15-5] 폴리머의 거시적 구조

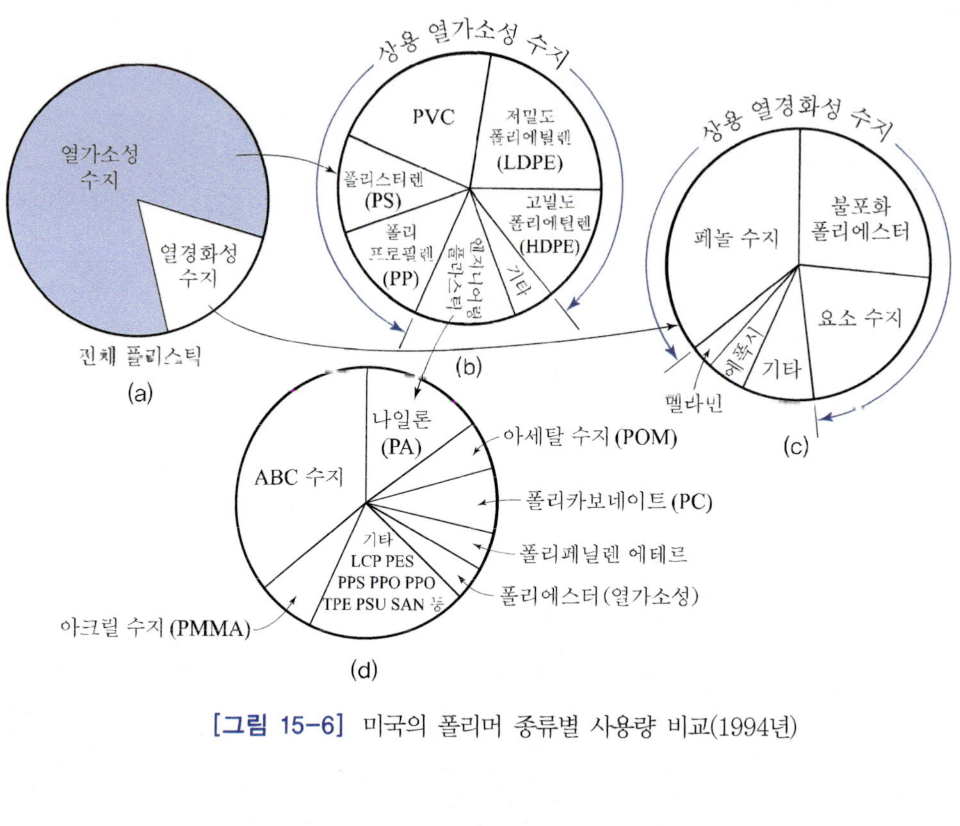

[그림 15-6] 미국의 폴리머 종류별 사용량 비교(1994년)

근래 생산되고 있는 폴리머의 약 75%를 열가소성 수지가 차지하며, 그 대부분이 세 가지의 기본 폴리머인 올레핀(olefin) 족*3), 비닐(vinyl) 족 및 스티렌(styrene) 족에 속한다. 또한 열경화성 수지의 사용량은 열가소성 수지의 20%에 불과하며, 그 90% 이상을 페놀 수지, 불포화 폴리에스터 및 요소 수지 계통이 차지한다[1]. 종합해 보면 폴리머 재료는 올레핀 족, 폴리아미드, 폴리스티렌, 페놀 수지 등이 대부분을 차지한다. 한편 기계적 성질과 내열성이 뛰어난 엔지니어링 플라스틱의 생산량은 10%에 불과하나 앞으로의 발전 가능성이 무궁하므로 대단히 중요하다.

(1) 열가소성 수지

이 종류의 폴리머는 성형 전후가 같은 형태의 고분자 화합물을 이루고 있으며, 고분자 사슬간의 결합력이 약하여 고분자간의 슬립에 의해 쉽게 변형된다. 이것을 가열하면 결합력이 약해져 현저하게 연화되며, 반대로 다시 냉각하면 결합력이 회복되어 원래대로 딱딱해진다. 이러한 경화-연화과정은 가역적이어서 화학적 변화 없이 몇 번이라도 반복할 수 있으며, 따라서 내열성이 나쁘고 몇 가지 용제에 용해되기도 하나 성형 후 재가열하여 형태를 고칠 수 있으므로 재활용이 가능하다는 장점이 있다. 이 형태의 폴리머로 대표적인 것으로는 폴리에틸렌, 폴리스티렌, 폴리에스터(polyester), 폴리아미드, 폴리카보네이트(polycarbonate, PC), 염화비닐 수지, 불소 수지 등이 있다.

(2) 열경화성 수지

이 종류의 폴리머는 처음에는 저분자의 화합물로서 가소성이 있으나, 성형시 열, 압력 등을 가하면 시간의 경과에 따라 점차 다른 분자와 결합하여 그물구조가 발달하게 되면 경화된다. 따라서 일단 가열 및 성형하고 나면 다시 연화되지 않으므로 재생이 곤란하다. 이 종류의 폴리머에는 분자간의 결합이 도처에 존재하므로 변형이 어려워 비교적 강도가 높은 것이 많으며, 내열성과 내용제성(耐溶劑性)이 우수하다. 대표적인 것으로는 페놀 수지, 요소(urea) 수지, 멜라민(melamine) 수지, 에폭시(epoxy) 수지 등이 있으며, 각종 합성고무도 여기에 속한다.

---

3) 폴리에틸렌으로부터 추출되는 폴리머류

15-3 폴리머의 구조

15.3.1 폴리머의 분자구조

폴리에틸렌, PVC, 폴리스티렌, PMMA(polymethylmethacrylate, 아크릴 수지의 일종), 불소수지 등은 그림 15-7 (a)에서 보는 바와 같이 수많은 단위체(mer)들이 계속 반복적으로 연결되어 하나의 긴 사슬로 되어 있다. 이런 폴리머를 **선형 폴리머**(linear polymer)라 하며, 이들은 미약한 반 데르 발스 힘이나 수소 결합력에 의해 결합되어 있다.

열가소성 폴리머의 합성 도중에는 부수적인 반응에 의해 그림 15-7의 (b)와 15-8에 표시된 바와 같이 선형 구조에 곁가지가 생성되는, **분지**(分枝, branching) 현상이 일어나기도 한다. 이러한 가지는 주 사슬 분자의 한 부분으로 간주되는데 사슬의 충전 효율을 떨어뜨리므로 폴리머의 밀도를 저하시킨다. **고밀도 폴리에틸렌**(high density polyethylene, HDPE)*4)는 1차적인 선형구조 폴리머이지만, **저밀도 폴리에틸렌**(low dinsity polyethylene, LDPE)는 짧은 사슬 가지를 가지고 있다.

가교(架橋, crosslinking)는 이웃하는 선형 분자들 사이에 1차결합을 형성하여 그물구조를 이루는 것을 말한다. 가교의 대표적인 사례는 고무의 **가황**(加黃, vulcanization)으로서, 유황(S) 원자가 이웃하는 이소프렌수지(polyisoprene) 내의 단위체간에 "다리를 놓아" 공유 결합을 이룬다. 그림 15-9의 (b)는 이소프렌수지의 분자구조로서 당연히 그림 (a)에 표시된 단위체들이 서로 결합하여 만들어진다. 그림 (c)는 유황 원자를 매개로 하여 이웃의 이소프렌수지와 연결하여(가교) 3차원적인 그물구조를 형성한 것을 보여준다. 이렇게 유황 원자 S에 의해 가교를 이루는 것을 가황이라 한다.

한편 활성 공유결합을 3개 이상 할 수 있는 폴리머의 경우는 3차원적인 그물구조(그림 15-7의 (d))를 이룰 수 있는데, 이런 폴리머를 **그물구조 폴리머**(network polymer)라 한다. 그리고 가교가 심하게 일어난 폴리머도 그물구조 폴리머로 분류한다. 이 종류의 폴리머는 뛰어난 기계적 성질과 열적 성질을 가지는데, 에폭시 수지, 우레탄 수지, 페놀 수지 등이 여기에 속한다.

---

4) 고밀도 폴리에틸렌은 곧은 사슬구조로서 가지가 적고 결정화 정도가 높아 밀도가 0.95 이상으로 크며, 저밀도 폴리에틸렌은 밀도가 낮다. 또 고밀도 폴리에틸렌은 경도, 기계적 강도, 내열성 등이 우수하나 가공성 등은 약간 열악하다.

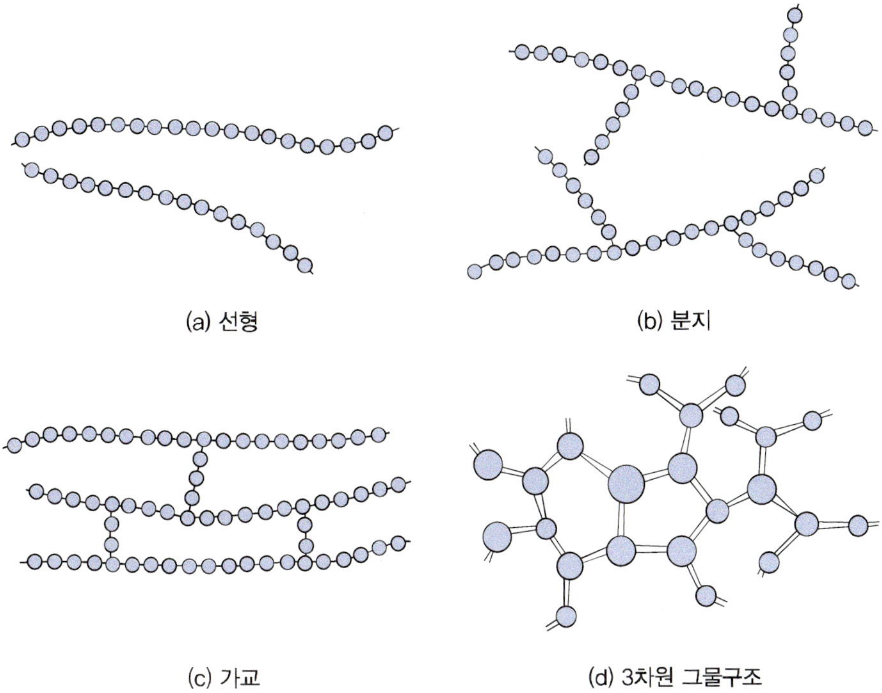

[그림 15-7] 폴리머의 분자구조(각 원은 단위체를 의미함)

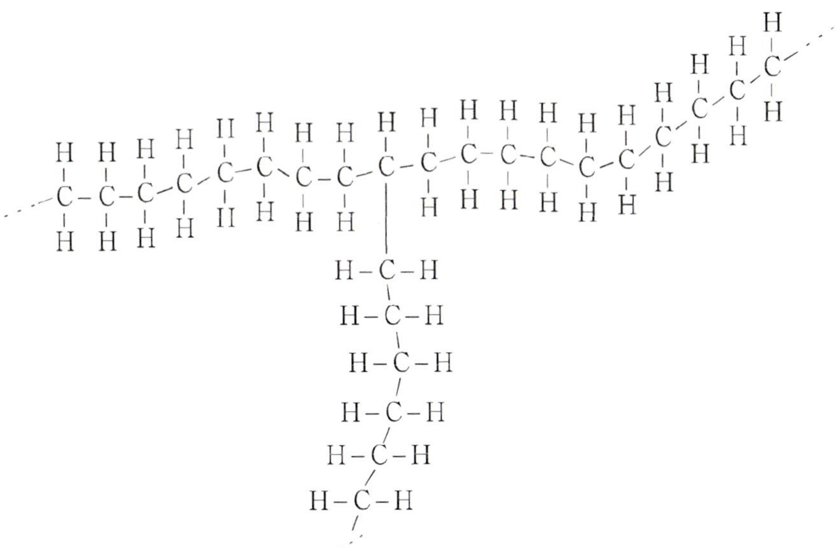

[그림 15-8] 부가중합체의 분지(가지 치기)

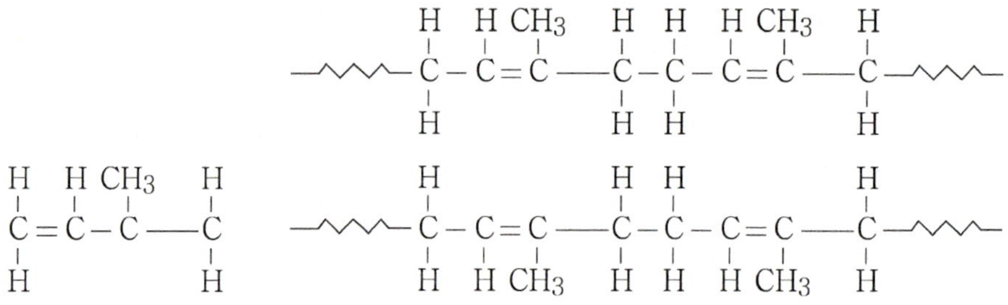

(a) 이소프렌 단량체 (b) 이소프렌 수지

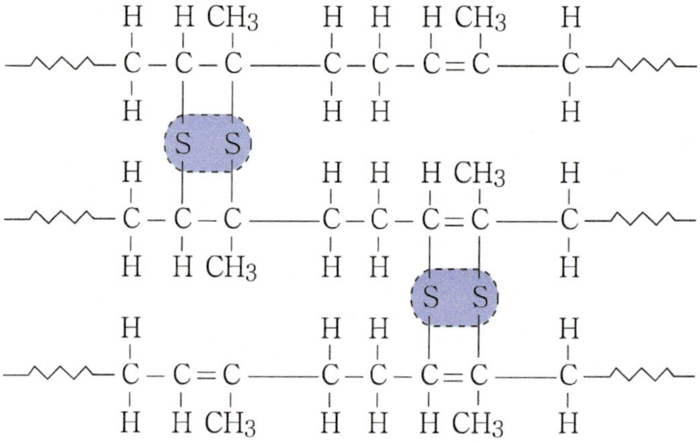

(c) 가교에 의해 만들어진 세 개의 코일형 폴리머 사슬

[그림 15-9] 고무에 있어서의 S 원자에 의한 가교

15.3.2 배향과 결정화

중합 상태의 플라스틱은 방향성이 없으나, 선형구조 폴리머의 경우는 압연이나 압출을 하면 그림 15-10에서 보는 바와 같이 분자들이 응력 방향으로 **배향**(配向, orientation)하면서 크게 소성변형하면서 강도도 커지는데, "플라스틱"이라는 이름을 가지게 된 것도 이러한 큰 소성변형 때문이다. 이러한 외력에 의한 배향은 금속재료의 가공시에 발생하는 조직의 이방성(제 4.2.4절 참고)과 유사한 현상으로서 섬유의 제조에 이용된다. 나일론이나 아라미드 섬유 등의 경우는 분자들이 이렇게 특정 방향으로 정렬되어 있어서 매우 큰 강도를 가지고 있다. 한편 그물구조 폴리머들은 선형구조 폴리머와는 달리 이러한 특성이 없기 때문에 강도가 비교적 크지만 연성이 작다.

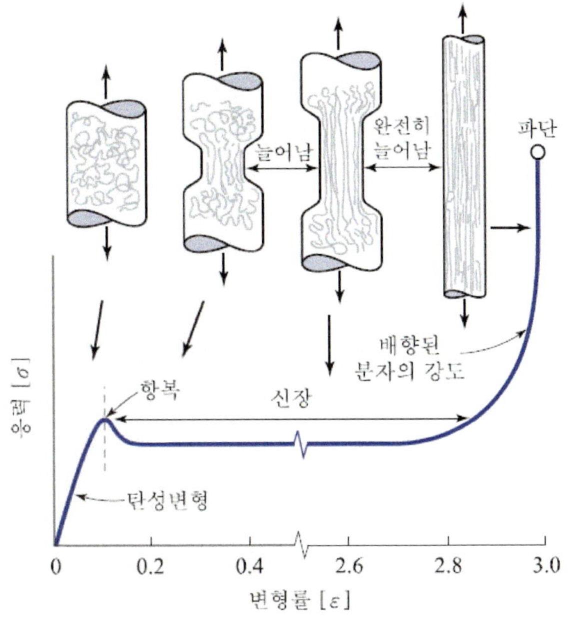

[그림 15-10] 인장시험에 의한 선형구조 폴리머 분자들의 배향. 연율이 매우 크며, 강도도 함께 증대된다.

한편 플라스틱은 일반적으로 비정질이지만, 실제로는 부분적으로 상당히 결정화된 경우도 많으며, 합성 과정이나 소성변형에 의해 결정성을 조절하여 그 성질을 변화시킬 수 있다. 폴리머의 결정화도가 높아지면 강도, 피로강도, 내화학약품성 및 내후성이 더 좋아지는 경향이 있다. 예를 들어 결정화도가 높은 고밀도 폴리에틸렌이 그렇지 않은 저밀도 폴리에틸렌에 비해 이러한 성질들이 더 우수하다. 반면에 결정화도가 높아지면 투명성은 저하되는데, 완전히 비정질인 폴리카보네이트나 아크릴 수지는 투명하다. 그리고 대체적으로 섬유는 결정성이 높으며, 고무는 비정질이다. 그림 15-11의 (a)를 보면 결정화된 영역은 긴 분자가 규칙적으로 겹쳐져 있음을 알 수 있으며, 그림 (b)는 폴리에틸렌의 결정화 조직을 보여주는 사진으로서 구(spherulite)의 형태를 이루는 것을 알 수 있다.

15

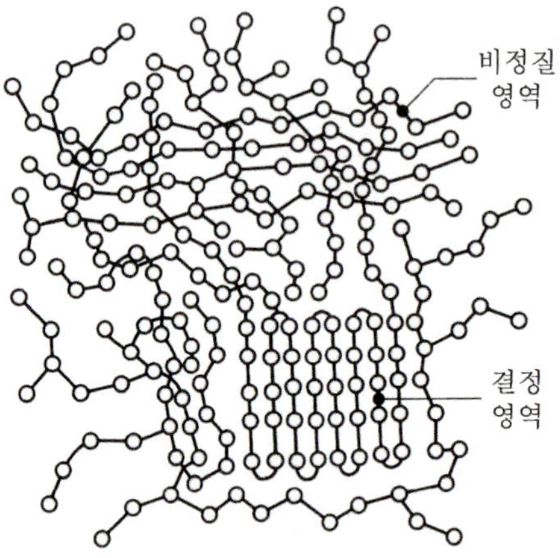

(a) 결정 영역과 비정질 영역의 분자 배열

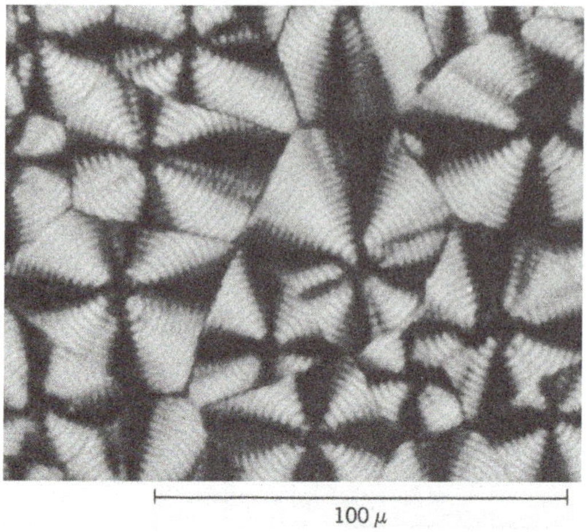

(b) 폴리에틸렌의 결정화 조직[2)]

[그림 15-11] 폴리머의 결정화 조직

15-4 폴리머의 성질

15.4.1 유리천이온도

유리나 폴리머와 같은 비정질 물질은 결정질 재료와 같은 명확한 용융점을 갖지 않으며, 용융점 이하로 온도가 저하됨에 따라 점성(粘性)이 연속적으로 점점 증가하여 어떤 온도에 도달하면 완전히 굳어지는데, 이 온도를 **유리천이온도**(glass transition temperature)라 한다. 이 온도는 그림 15-12에 표시된 온도에 따른 비체적의 변화 경향을 보면 잘 알 수 있다. 결정체의 경우는 액상에서 냉각되면 일정한 비율로 부피가 감소되다가 용융점에서는 응고 수축이 일어나 부피가 크게 감소된다(A). 그러나 비정질체의 경우는 그렇지 않고 용융점 이하까지도 계속 일정하게 감소되다가 그 보다 더 낮은 어떤 온도에서 부피 감소 비율이 작아진다(C). 이 온도가 바로 유리천이온도이다. 폴리머는 100% 결정질인 것은 없으며, 반결정질(semi-crystalline))인 경우는 이 두 가지 성질을 다 가진다(B).

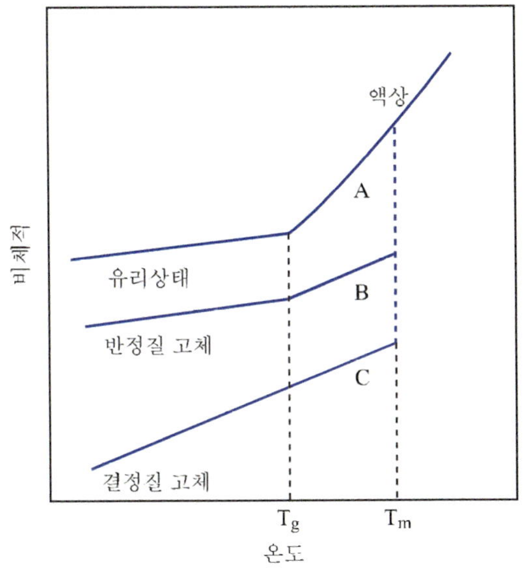

[그림 15-12] 결정질 및 비정질 고체의 온도변화에 따른 비체적의 변화. T_g가 유리 천이온도임

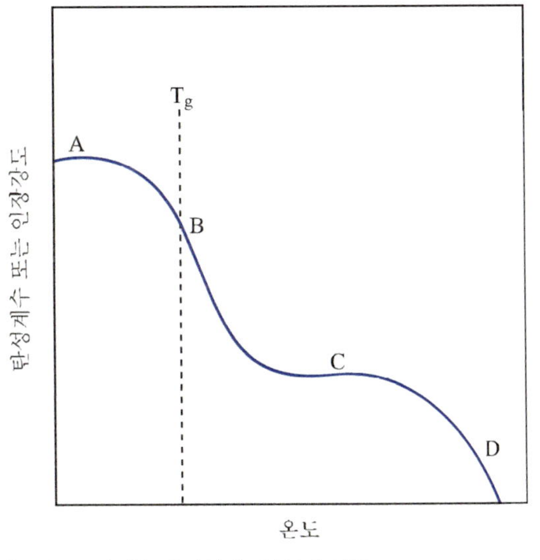

A : Hooke의 법칙을 따름. 재질은 유리상태, 연성이 작음
B : 곁가지 체인이 느슨해지고, 일부 주 체인이 이동. 재질은 탄성과 점성거동의 혼합 상태
C : 주 체인이 느슨해짐. 재질은 가죽 상태
D : 열적 자극에 의하여 결합이 끊어짐. 재질은 유동 상태

[그림 15-13] 50% 결정화된 열가소성 수지의 온도에 따른 탄성계수의 변화

그림 15-13은 50% 결정질 폴리머의 온도 변화에 따른 인장강도(또는 탄성계수)의 변화를 표시한 것으로서, 이 유리 천이온도(T_g) 이하에서는 딱딱한 유리상태(A)로 있다가 온도가 상승하면 가죽상태(B), 고무상태(C) 및 점성유동 상태(D)를 거친 다음 용융점(T_m)에

서 비로소 줄줄 흐르는 액상(유동 상태)으로 됨을 알 수 있다.

폴리머에서의 이러한 현상은 분자간의 결합력의 변화와 관계 깊다. 유리천이온도 이상에서는 분자사슬간의 2차 결합이 약화되어 탄성계수가 급격히 떨어진다. 가죽상태에서는 응력을 받은 폴리머는 응력이 부과된 부분에 비하여 넓은 영역에까지 변형되며, 응력이 해소되면 서서히 원래의 형상으로 되돌아가게 된다. 그리고 고무상태 영역에서는 더욱 넓게 변형되며, 응력이 해소되면 빠른 속도로 원상회복되며, 점성유동 영역에서는 열에 의하여 분자간의 결합력이 크게 약화되면서 유동하게 된다.

유리천이온도는 폴리에틸렌처럼 분자구조가 대칭적으로 반복되는 폴리머의 경우는 1/2 T_m 정도 즉, 절대온도 용융점의 1/2 정도이고, 폴리프로필렌처럼 비대칭 구조의 것은 2/3 T_m 정도에 해당하며, 불규칙적인 구조인 것은 분자의 움직임을 억제하므로 T_m에 더욱 가까워진다. 표 15-1은 각종 플라스틱의 유리천이온도를 표시한 것이다.

[표 15-1] 몇 가지 폴리머재료의 유리천이온도와 용융점

재 질	유리 천이온도[℃]	용융점[℃]
저밀도 폴리에틸렌	−110	115
고밀도 폴리에틸렌	−90	137
염화비닐 수지(PVC)	105	212
PTFE(테프론)	−90	327
폴리프로필렌	−20	175
폴리스티렌	100	−
나일론 66	57	265
폴리에스터(PET)	73	265
폴리카보네이트	150	−

15.4.2 점탄성 거동

폴리머의 기계적 성질은 온도뿐만 아니라 변형속도에 따라서도 달라진다. 심지어 어떤 종류는 응력이 가해지는 시간이 짧은 경우는 공처럼 튀기다가도 오랫동안 테이블 위에 두면 액체처럼 유동하기도 한다. 이처럼 폴리머는 유리천이온도 이상에서는 탄성과 점성을 겸비한 **점탄성**(粘彈性, viscoelasticity)을 나타낸다.

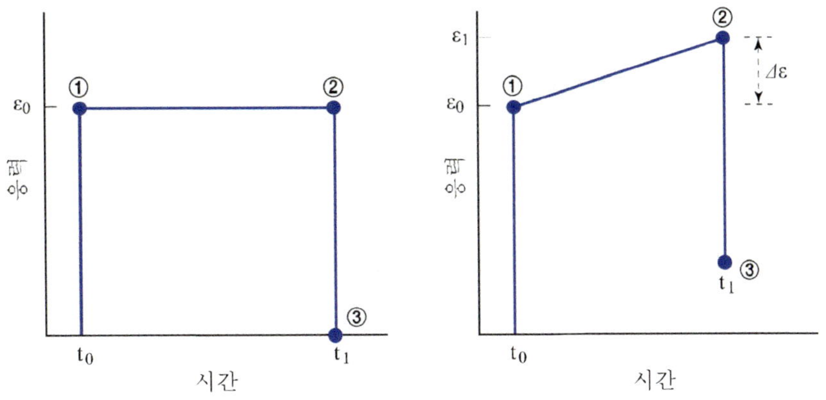

[그림 15-14] 탄성 거동(a)과 점탄성 거동(b)의 비교 : 점탄성의 경우는 하중이 가해지는 동안 시간의 경과에 따라 더 변형($\Delta\varepsilon$)된다.

금속이나 세라믹재료 등의 경우는 탄성영역 내의 응력을 가해지면 그림 15-14의 (a)에 표시한 바와 같이 즉시 탄성변형을 일으키며, 응력을 제거하면 즉시 원상 복구된다. 그러나 폴리머 재료의 경우는 응력이 짧은 시간 가해질 때는 탄성체로서의 특성을 가진다 하더라도 응력이 오랜 동안 지속적으로 가해지면 그림 15-14의 (b)에서 보는 바와 같이 초기에 변형한 후 시간이 흐름에 따라 변형이 서서히 더 진행되며, 응력을 해소하더라도 변형이 남아 있는 경우가 많다. 이러한 현상은 점탄성재료는 재료가 응력을 조절할 수 있다는 것을 의미한다. 이렇게 점탄성은 시간, 변형 및 온도의 상호의존성*5)을 표현하는 말이기도 하다.

폴리머의 점탄성은 분자간의 결합력의 변화와 관계가 깊으며, 사슬형 고분자의 열적 움직임과 분자간의 결합력에 기인한 점성적 효과가 변형이 하중이 가해진 시점보다 늦게 일어나는 **시간적 지연**(retardation)과 응력이 가해지는 시간이 경과함에 따라 응력이 점차 해소되어 가는 **응력이완**(stress relaxation)으로 나타나는 현상이라 할 수 있다. 이러한 점탄성으로 인하여 폴리머 재료의 기계적 성질은 금속재료나 세라믹 재료의 경우와 달리 하중시간이나 하중속도의 영향을 크게 받는 독특한 현상을 가지고 있다.

5) 점탄성은 물체에 힘을 가할 때 고체적 요소인 탄성변형과 액체적 요소인 유동(流動)이 동시에 나타나는 현상으로 볼 수 있다. 또한 변형이 시간적으로 늦게 진행되므로, 점탄성인 반죽 상태의 전분 용액을 풀장에 채워 놓고 그 위를 빨리 뛰어가면 지나갈 수 있지만 천천히 걸어가면 빠지게 될 것이다.

15

15.4.3 기계적 성질

열가소성 수지는 인장강도 낮아서 그 중에서도 높은 편이라 할 수 있는 나일론, 아크릴 수지, 아세탈 수지, 폴리카보네이트 등이라도 6~7 kgf/mm^2 정도에 불과하여 금속재료에 비해서는 대단히 작다. 열경화성 수지는 그물구조이므로 열가소성 수지에 비해 인장강도와 탄성계수가 높고 연율은 낮은 편이다. 그러나 그렇게 현저하지는 않아서 에폭시 수지나 우레탄 수지의 강도는 고강도의 열가소성 수지와 대등한 정도이다. 열경화성 수지는 열적 안정성과 형태 안정성이 높고, 크립 변형 저항이 크며, 열과 전기의 절연성이 큰 장점이 있으나 재활용이 불가한 큰 단점이 있다.

[표 15-2] 범용 열가소성 수지의 기계적 성질

성질	HDPE	PP	PTFE	경질 PVC	PMMA
비중 [g/cm^3]	0.95	0.90	2.2	1.43	1.18
종탄성계수 [MPa]	820	930	400	3,270	2,880
인장변형률 [%]	15~100	200~700	200~400	40~80	2~10
인장강도 [MPa]	31	83	36	47	62
Izod 충격치 [J/m^2]	27~306	26~109	16	21~109	22~28
열변형온도 [℃] (굽힘응력 1.82 MPa)	66	71	97	86	102

주) HDPE : 고밀도 폴리에텔렌, PP : 폴리프로필렌, PTFE : 폴리사불화에틸렌, PVC : 염화비닐 수지, PMMA : 아크릴 수지

[표 15-3] 각종 열경화성수지의 기계적 성질

성질	경질 EP	UP	PF	PUR
비중 [g/cm^3]	1.25	1.28	1.24	1.21
종탄성계수 [MPa]	2,410	3,320	6,070	1,440
인장변형률 [%]	3.0~6.0	<5.0	1.0~1.5	520~1,200
인장강도 [MPa]	59	66	52	43
Izod 충격치 [J/m^2]	11~54	11~22	11~19	>2,400
열변형온도 [℃] (굽힘응력 1.82 MPa)	185	151	138	143

주) EP : 에폭시 수지, UP : 불포화폴리에스터 수지, PF : 페놀 수지, PUR : 폴리우레탄

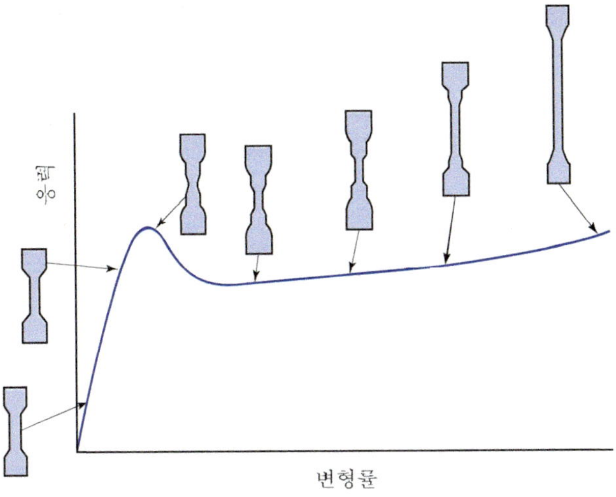

[그림 15-15] 폴리에틸렌의 응력-변형률 곡선

그림 15-15는 반결정질인 폴리에틸렌의 응력-변형률 곡선으로서 상항복점을 갖는 것과 그 이후 강도가 증가되는 것 등 연강의 그것과 매우 유사한 형태를 나타낸다. 단지 이 경우는 상항복점에서부터 시편 중앙이 잘록해지며 소성변형이 이 부분에서만 한정되어 진행된다는 점이 다르다. 그리고 항복점 이후 소성변형이 진행됨에 따라 점차 강도가 증가하여 곡선이 위로 올라가는 것은 앞 절에서 언급한 분자의 배향에 의한 강화에 기인하는 것이다.

폴리머의 경도는 주로 로크웰 경도 R 스케일(HRR)이나 M 스케일(HRM) 값으로 표시하며, 금속의 경우와 마찬가지로 대체적으로 강도에 비례하지만, 내마모성과는 큰 관계가 없다. 예를 들어 폴리아미드(나일론), 아세탈(acetal) 수지 등은 경도가 작고 마찰계수가 큰 편이지만 내마모성이 뛰어나다. 테프론은 마찰계수 $\mu = 0.08$ 정도로 아주 작으므로 내마모성과 윤활성이 우수한 가장 대표적인 플라스틱이다. 그리고 폴리머의 피로강도는 금속재료에 비해 훨씬 작은 것은 당연하다 할 것이다. PMMA, 폴리프로필렌, 폴리에틸렌 및 PTFE의 경우는 그림 15-16에서 보는 바와 같이 피로한도가 있으나 PET와 나일론의 경우는 그렇지 않다.

한편 강화 플라스틱 중에는 충격저항이 상당히 큰 것도 많이 있으나 대부분의 폴리머는 충격치가 작아 금속의 수십 분의 1에 불과하다. 여기서 주의할 것은 폴리에스터처럼 연율이 300% 정도로 큰데도 불구하고 충격치는 작은 경우가 많다는 점이다. 이것은 인장시험과 충격 시험간의 하중속도 차이가 크기 때문에 오는 현상이다. 일반적으로 폴리머의 경우는

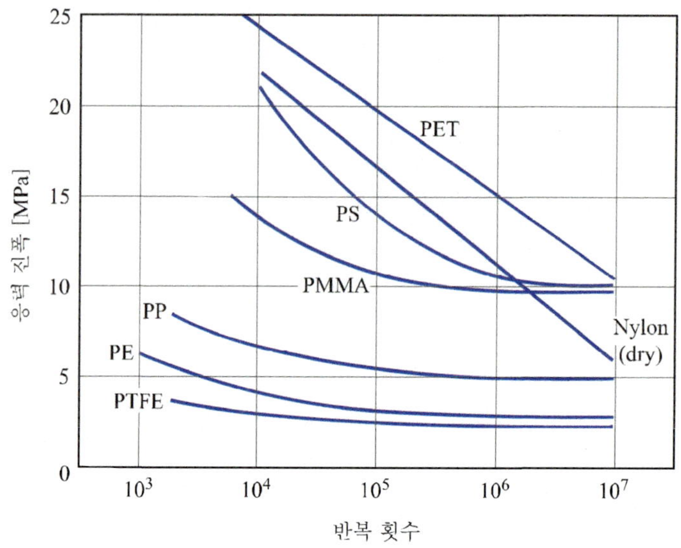

[그림 15-16] 몇 가지 폴리머의 피로시험 곡선(응력 주기 : 30Hz)[3)]

하중속도 또는 변형속도를 작게 하고 하중시간을 길게 하면 대체적으로 연율과 충격치가 더 높아진다. 이와 같이 폴리머의 기계적 성질은 금속이나 세라믹과는 달리 하중시간이나 하중속도의 영향을 크게 받는데, 이것은 앞에서 기술한 점탄성 거동에 기인한다.

15.4.4 기계적 성질에 미치는 온도의 영향

폴리머의 기계적 성질은 온도의 영향도 크게 받아 온도가 상승하면 충격치가 서서히 증가하나, 반대로 온도가 상온 이하로 떨어지면 급격히 저하되어 파괴되기가 쉬워진다. 또한 고온강도가 작아 보통 100~150℃ 이상에는 견디지 못하며, 내열성이 가장 큰 부류인 테프론이나 실리콘 수지라 하더라도 사용온도가 250℃ 정도에 불과하다.

그림 15-17은 PMMA의 사용 온도별 응력-변형률 곡선을 나타낸 것으로서, 온도가 상온 이하로 떨어지면 강도가 증가하는 대신 취성이 커지고, 반대로 온도가 상승하면 연성이 증가함을 알 수 있다.

폴리머의 경우는 탄성계수가 중요한 설계 변수가 된다. 그림 15-18을 보면 각종 열가소성 수지의 탄성계수는 사용 온도가 상승함에 따라 점차 저하됨을 알 수 있는데, 이것은 고온에서는 분자간의 결합이 열에 의해 느슨해지거나 풀어지기 때문이다.

지속 사용 온도

고온 (>149℃)

	°F
Polymides	500 - 800
Silicones	400 - 600
Fluoroplastics	300 - 550
Polyamide-imide	520 - 545
Expoxy	175 - 500
Polyphenylene sulfide	500
Allyls	300 - 450
Phenolics	212 - 450
Polyethersulfones	400
Polysulfones	340 - 400
Melamines	300 - 400
Thermoset polyester	150 - 400
Ureas	200 - 350
Acrylate rubber	400
Fluorosilicones	400
Nylons	275 - 350
Thermoplastic polyether	310 - 320
Polyarylether	250 - 320
polymethylpentene	250 - 320
Polycarbonate	180 - 310
Alkyds	250 - 300
Chlorimated Polyethylene	300

보통 온도 (25−149℃)

	°F
PPO based	170 - 200
Polypropylene	205 - 250
Polyurethane	190 - 250
Vinyls	150 - 230
Polybutylene	225
Acetals	195 - 220
ABS & SAN	160 - 220
Polystyrene	125 - 205
ABS/Polycarbonate alloy	190 - 200
Acrylics	140 - 200
Cellulosics	120 - 200
Polyethylene & Copolymer	120 - 180

저온 (<25℃)

	°F
Chlorinated polyethylene	−60
Polyurethane	−65
Fluorosilicone	−90
Silicone	−180
Fluoroplastics	−300

[그림 15-21] 각종 플라스틱의 지속 사용 온도

그림 15-20은 최고 사용 온도와 그 온도에서의 최대 사용 시간을 표시한 것으로서 높은 온도에서는 사용 가능 시간이 짧아짐을 알 수 있다. 그리고 그림 15-21은 각종 플라스틱을 지속적으로 사용 가능한 온도를 표시한 것이다.

15.4.5 열경화성 수지의 성질

앞에서 폴리머의 기계적, 열적 성질에 대하여 열가소성 수지를 중심으로 기술하였다. 열가소성 수지는 유리 천이온도 이하에서는 취성파괴, 그 이상에서는 연성파괴의 경향을 띤다. 이에 비해 열경화성 수지는 일반적으로 취성파괴 양상을 띤다. 상온 이상으로 가열된 열경화성수지는 약해져서 저응력 수준에서 파괴되지만 고온에서도 공유결합 망이 유지되므로 여전히 취성파괴를 한다. 열경화성 수지는 재활용이 불가능한 것이 최대 단점이며, 그 밖에 다음과 같은 특성이 있다.

① 열적 안정성이 좋아 열변형 온도가 열가소성 수지보다 100~200℃ 더 높다.

② 가열되면 용해되기보다 먼저 **노화**(老化, degradation)된다.

③ 연성은 작고, 인장강도는 더 크다.
④ 치수나 형태 안정성이 크고, 크립 변형 저항이 크다.
⑤ 탄성계수는 몇 배나 더 크다.
⑥ 열과 전기의 절연성이 더 크다.

15.4.6 환경에 대한 내구성

폴리머가 일상 생활에 널리 사용되고 특히 화학공업용 재료로서 중요시되어 있는 가장 큰 이유 중의 하나가 우수한 내식성이며, 대부분 약산, 약알칼리에 잘 견딘다. 또한 테프론은 거의 모든 종류의 화학물질에 강하며, 폴리에틸렌, 비닐수지 등도 내식성이 뛰어나다.

그러나 대부분의 폴리머는 열, 자외선, 방사선, 산소, 산, 알칼리, 소금 등에 의해 원자, 분자 단위의 결합이 약화 또는 파괴되는 등의 노화가 진행되어 강도, 취성, 색상, 형상 등에 변질을 가져오고 균열이나 화학적 분해를 일으킨다. 예를 들어 아크릴 수지, 폴리에틸렌, 폴리프로필렌 등은 햇빛의 영향으로 균열이 발생할 우려가 크다. 또한 초산 셀룰로즈 수지는 강산에 약하며, 멜라민 수지와 페놀 수지는 몇 가지 산화성 산에 분해된다.

[1] 열적 노화(thermal degradation)

폴리머의 열적 노화는 과열되었을 때 일어나는 문제로서 긴 분자 체인의 근간이 분리될 수 있으며, 이들이 서로 반응하여 폴리머의 성질이 변화할 수도 있다. 열적 노화는 정확하게 대응하지 않으면 훨씬 낮은 온도에서도 기계적인 파괴를 일으킬 수도 있으며, 분자량의 변화와 연성의 저감, 색상 변화, 균열, 각종 물리적 성질의 악화 등을 유발한다.

[2] 환경응력균열

열가소성 수지(특히 비정질)에서 일어나는 취성파괴중의 하나로 **환경응력균열**(environmental stress cracking, **ESC**)이 있다. 이것은 인장 응력과 부식성(산성 및 알칼리성) 액체의 상호작용에 의한 것으로서 금속의 응력부식균열과 유사하며, 폴리머의 사용중에 일어나는 재료의 손상중 가장 많은 부분을 차지하고 있다. 이것이 폴리머의 일반적인 노화와 다른 것은 폴리머의 결합 자체를 파괴하는 것이 아니라 분자간의 2차 결합을 파괴한다는 점이다. 그림 15-22는 PMMA제 음료수 잔에 발생한 ESC 잔금으로서 액상 화학물질과 접촉되면 공기중에 있는 경우에 비해 훨씬 작은 응력에도 균열이 쉽사리 발생하며, 인장응력과 부식성 물질이 함께 작용되면 어느 한 쪽만 작용되는 경우에 비해 훨씬 잔금이 발생하기가 쉬워진다.

[그림 15-22] 환경응력균열에 의해 PMMA제 음료수 잔의 표면에 발생한 잔금[7)]

[3] 오존 균열(Ozone cracking)

플라스틱 재료중 몇 가지는 오존(O_3)에 대해서도 취약한데, 특히 천연고무, 폴리부타디엔, SBR고무, NBR고무 등의 경우는 매우 민감하다. 고무의 오존 균열은 인장응력에 의해 균열을 일으키는 현상으로서 오존이 공기중에 조금만 포함되어 있어도 고무의 2중결합이 손상된다. 그림 15-23에 표시된 타이어 고무의 균열도 일종의 **오존 균열**이다. 그러나 근래는 가황하기 전에 오존균열 방지제(antiozonant)를 첨가함으로써 이런 균열이 발생하는 경우가 드물며, 처리가 제대로 안된 고무 관이나 봉합재에서 흔히 나타난다.

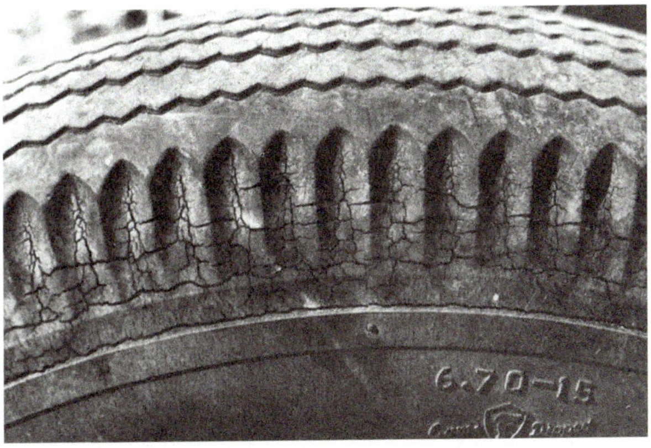

[그림 15-23] 타이어 고무의 노화 현상[8)]

[4] 흡수성(吸水性)

폴리머는 일반적으로 물에 잘 견디어 좋은 방수 코팅 재료가 되나, 나일론을 비롯한 많은 종류의 폴리머는 소량의 수분을 흡수한다. 폴리머가 물을 흡수하면 유리 천이온도, 항복강도, 탄성계수가 심하게 저하되며, 치수가 변화하기 쉬우며, 전기 절연성도 저하된다. 폴리에틸렌과 폴리프로필렌은 극히 미량의 수분만을 흡수하고, 테프론은 물을 전혀 흡수하지 않으며, 실리콘 수지는 방수 도료로서 잘 알려져 있다.

[표 15-4] 플라스틱 재료의 내식성

재질	산		알칼리		유기 용매	물흡수 [%/24 hrs]	산소 및 오존	고진공	햇빛	온도저항성 [°F]	
	약	강	약	강						고	저
열가소성 플라스틱											
불소수지	불활성	불활성	불활성	불활성	불활성	0.0	불활성	–	G	550	G, 275
PMMA	R	A-O	R	A	A	0.2	R	분체	G	180	–
나일론	G	A	R	R	R	1.5	SA	–	F	300	G, 70
폴리에텔 (chlorinated)	R	A-O	R	R	G	0.01	R	–	–	280	G
폴리에틸렌 (저밀도)	R	A-O	R	R	G	0.15	A	F	P	140	G, 80
폴리에틸렌 (고밀도)	R	A-O	R	R	G	0.1	A	F	P	160	G, 100
폴리프로필렌	R	A-O	R	R	R	<0.01	A	F	P	300	P
폴리스티렌	R	A-O	R	R	A	0.04	SA	P	F	160	P
경성 PVC	R	R	R	R	A	0.10	R	–	G	150	P
비닐수지	R	R	R	R	A	0.45	R	P	F	160	–
열경화성 플라스틱											
에폭시 수지(주조)	R	SA	R	R	G	0.1	SA	–	G	400	L
페놀 수지	SA	A	SA	A	SA	0.6	–	–	G	400	L
폴리에스터	SA	A	A	A	SA	0.2	A	–	–	350	L
실리콘 수지	SA	SA	SA	SA	A	0.15	R	–	G	550	L
요소 수지	A	A	A	R	R	0.6	A	–	–	170	L

* R : 내성, A : 침해, SA : 약간 침해, A-O : 산화성 산에 침해, G : 좋음, F : 보통, P : 나쁨, L : 약간 변화

이상과 같은 측면에서 폴리머재료는 사용하게 될 환경(대기 중의 습도와 온도, 화학물질의 종류와 농도 및 접촉하는 기간 등)의 영향에 대하여 정확하게 알고 이에 대해 적절한 재료를 선택해야 한다. 그러나 긍정적인 측면에서 본다면 노화는 플라스틱에 의한 환경오염 대책에 관련해서는 득이 측면도 있다.

표 15-4는 각종 플라스틱의 내식성을 표시한 것이다.

15.4.7 기타의 성질

폴리머는 금속에 비해 비열과 선팽창계수가 큰 편이며, 열전도도가 작아 단열재료로서 뛰어난 것이 많다. 예를 들어 우레탄 수지, 요소수지, 페놀수지, 폴리스티렌 등의 발포재(發泡材)는 단열 및 방음재료로서 많이 사용된다. 그리고 전기저항이 커서 전기 절연재로서의 특성이 뛰어나며, 특히 전선의 피복재로서 불가결하다. 또 유전성(誘電性)이 있으므로 축전지 재료로서 사용되기도 한다. 그리고 폴리머는 일반적으로 비중이 작으며(0.9-2.2 정도), 특히 폴리에틸렌 등은 1보다도 작다. 아크릴수지, 폴리에스터 등은 투명도가 높고 굴광성(屈光性)이 있으므로 비행기 유리, 안전유리, 건축용 유리 등에 사용된다. 또한 폴리머는 착색성이 우수하여 다양한 색깔을 낼 수 있다.

15

15.4.8 첨가재

폴리머는 어떤 특별한 성질을 개선하기 위하여 여러 가지 첨가제와 혼합하여 제조된다. 이들 첨가제는 폴리머의 어떤 특성, 예를 들어 강도, 탄성, 색상, 내후성(耐候性), 방염성(防炎性), 전기절연성, 성형성 등을 개선하거나 향상시키는 역할을 한다.

가소제(可塑劑, plasticizer)는 비등점이 높고 분자량 300 정도의 저분자 물질인 용매로서, 이것을 블렌딩하면 폴리머의 유리 천이온도를 낮추고 유연성을 크게 한다. 블렌딩은 작은 극성 분자를 첨가함으로써 폴리머 사슬간의 반 데르 발스 결합력에 영향력을 끼쳐서 마치 진흙에다 물을 붓는 것과 같은 현상이 일어나게 하는 것이라 할 수 있다. 가소제를 사용하는 전형적인 예가 PVC로서 여러 번 사용하여도 유연한 상태로 남아있게 하며, 그밖에 얇은 판이나 필름, 튜브, 샤워 커튼, 의복 재료 등에도 사용된다. 이때 만일 너무 많은 가소제를 첨가하면 단위체간의 결합력을 약하게 하여 액화될 수도 있는데, 이것을 이용하여 페인트 액체를 만든다. 페인트칠이 끝나면 가소제는 증발하고 페인트는 건조된다.

충전재(充塡材, filler)는 가소제와는 반대 기능을 가지는데, 사슬의 움직임을 제한하여 강도와 치수 안정성을 높이는 한편 부피를 크게(**증량재**, extender라 함)하여 폴리머의 가격을 낮추는 역할을 하기도 한다. 충전재로는 보통 나무 가루(톱밥), 규사 가루, 점토, 운모 가루, 셀룰로오즈, 유리, 석면의 단섬유 등이 사용된다. 이들은 그 종류에 따라 폴리머의 강도, 경도, 인성, 내마모성, 치수 안정성, 강성(剛性) 등을 개선하며, 최선의 첨가량은 폴리머 및 충전재의 종류에 따라 다르다. 이러한 측면에서 충전재를 첨가한 플라스틱은 복합재료의 일종으로 볼 수 있으며, 강화 효과는 FRP의 경우와 마찬가지로 충전재와 폴리머 사슬과의 결합 특성에 의존한다.

한편 고무의 자외선 노화를 방지하는 전형적인 방법은 **카본 블랙**을 첨가하는 것으로서 카본블랙은 자외선을 대부분 흡수해 버린다. 산화는 **안정제**(安定劑, stabilizer)를 첨가하여 완화시킬 수 있으며, 폴리머를 피복하는 것도 햇빛이나 산소에 대한 보호책의 하나이다.

유기질 또는 무기질의 **착색제**(着色劑, colorants)는 폴리머가 매우 다양한 색상을 가질 수 있게 한다. 착색제의 선택은 사용 온도와 햇빛에의 노출 여부에 따라 결정된다. 무기질인 **안료**(顔料, pigments)는 입자 상태로 분산 분포하여 유기질인 **염료**(染料, dyes)보다 온도나 햇빛에 대한 저항성이 높다.

[표 15-5] 기계적 성질에 미치는 충전재의 영향

재질	충전재	충전재량 [%]	인장강도 [kgf/mm²]	탄성률 [%]	탄성계수 [kgf/mm²]
ABS 수지	0	0	3.2/6.0	20/80	210
	유리	20/40	6.0/13.4	2.5/3	410/720
아세탈 수지	0	0	6.1/7.0	25/75	370
	유리	20	6.0/7.7	2/7	700
나일론 6/6	0	0	7.9/9.2	60	290
	유리	33	15.5/19.7	4/5	–
페놀수지	0		4.9/5.6	1.0	530/700
	목분	–	3.5/5.6	0.4/0.8	560/1,200
	석고	–	3.2/5.3	0.2/0.5	700/2,110
	운모	–	3.9/4.9	0.1/0.5	1,760/3,520
	유리	–	2.8/12.7	0.2	1,340/2,320

[표 15-6] 충전재 및 강화재의 종류와 용도

종 류	용 도 등
3수화 알루미나 ($Al_2O_3 \cdot 3H_2O$)	증량재(extender). 지연재(flame retardants), 연기 억제재
황산바륨	충전재 및 백색 안료로 사용. 비중 증대. 내마모성, 화학반응 저항성 증대
탄산 칼슘(석고)	가장 널리 사용되는 증량재 및 안료
황산칼슘	증량재. 기계적 성질(충격치, 인장강도, 압축강도) 증대. 물리적 성질 강화
카올린(kaolin)	두 번째로 큰 부피 증량재. 안료. 선재와 케이블, SMC 및 BMC, 비닐 바닥재 등에 대단히 많이 쓰임.
금속 충전재, 필라멘트	열 및 전기 전도성, 자성 부가. 마모 감소. 고가
운모	비늘 모양의 강화재. 열과 전기의 부도성 강화. 기계적성질 향상. 저가
유기물 충전재	증량재, 충전재. 나무 조각, 톱밥, 수숫대, 등겨, 코코넛 껍질 등
실리카	충전재, 증량재, 강화재. PVC 제품의 두께를 유지시켜 줌.
탈크(talc)	증량재, 강화재 및 충전재. 강성, 인장강도 및 크립 저항성 증대
규회석(硅灰石)	강도 증대, 수분 흡수 저감, 열 및 치수 안정성 향상. 전기적 성질 향상
카본 블랙	충전재. 안료, 정전기 방지재, 가교(crosslinking) 도움, 도전성
카본/흑연 섬유	강화재. 고탄성과 고강도, 저밀도, 선팽창계수 및 마찰계수 저하, 도전성
세라믹 섬유	강화, 매우 높은 내열성, 고가
유리 강화재 (섬유, 직포 등)	가장 큰 부피 증량재. 높은 강도, 치수 안정성, 내열성 및 화학반응 저항성
보론 섬유	고강도, 압축강도 증대, 고가
폴리머 섬유	강화. 저 비중

대부분의 폴리머는 쉽게 발화된다. 폴리머의 가연성은 그 성분 조성에 따라 크게 달라진다. 예를 들어 PMMA는 점화하면 계속 타지만, 염소나 불소가 다량 함유된 PVC, 테프론, 폴리카보네이트 등은 저절로 꺼진다. 폴리머의 가연성은 가연성이 작은 원료를 사용하거나 염소, 브롬, 인 등의 화합물인 **지연제**(遲燃劑, flame retardants)를 첨가함으로써 감소시킬 수 있다.

윤활제(潤滑劑, lubricants)는 폴리머들이 제품으로 생산되는 도중에 일어나는 마찰을 감소하고 금형에 점착되지 않도록 하기 위하여 첨가된다. 윤활은 얇은 폴리머 필름들이 서로 들러붙지 않도록 하는데도 중요하다.

15-5 플라스틱의 용도

플라스틱은 앞서 언급한 바와 같이 가볍고 성형성, 내식성, 열 및 전기 절연성 등이 좋고, 아름다운 색채를 얻을 수 있는 등의 장점 때문에 가정용품, 장식품, 장난감, 식기 등 일상 생활용품으로 많이 사용되고 있으며, 전기·전자 재료로서도 대단히 중요하다.

[표 15-7] 기계부품에 적용되는 플라스틱 재료[9]

기계부품 \ 재료		폴리아미드	폴리아세틸	폴리이미드	폴리카보네이트	폴리페닐렌옥사이드	불소수지	염소화 폴리에틸	고밀도 폴리에틸렌	폴리프로필렌	저밀도 폴리에틸렌	ABS수지	경질 PVC	아크릴수지	셀룰로즈수지	유리섬유 FRTP	페놀수지	에폭시수지	폴리에스터	합성고무	폴리우레탄	스티롤수지
비교적 큰 하중을 받는 부품	기어랙	○	○	○	○	○							○			○	○					
	래칫 휠	○	○	○		○										○	○					
	체인기어	○	○													○						
	체인		○	○																		
	벨트	○																				
	축		○	○												○						
	베어링	○	○																			
	리벳		○	○																		
	볼트, 너트	○	○	○												○	○				○	
	로울러	○	○				○					○										
	스프링		○																○			
	직기 부품	○	○				○	○				○	○				○		○		○	
마찰, 마모를 받는 부품	베어링, 부시	○	○		○	○	○		○	○	○						○	○	○	○	○	
	슬라이딩 가이드	○	○		○	○	○		○	○	○						○	○	○	○	○	
	전동체 지지장치	○	○		○											○						
	벨트기어	○	○													○						
	브레이크															○	○					
	라이닝					○	○	○	○				○		○					○		
	슬립 베어링	○	○																			
	피스톤 링																					

[표 15-7] 기계부품에 적용되는 플라스틱 재료(계 속)

기계부품 \ 재료		폴리아미드	폴리아세탈	폴리이미드	폴리카보네이트	폴리페닐렌옥사이드	불소수지	염소화 폴리에틸	고밀도 폴리에틸렌	폴리프로필렌	저밀도 폴리에틸렌	ABS수지	경질 PVC	아크릴수지	셀룰로즈수지	유리섬유 FRTP	페놀수지	에폭시수지	폴리에스터	합성고무	폴리우레탄	스티롤수지
내열·내식용	펌프, 임펠러	○	○	○		○		○				○	○	○		○	○	○	○			
	코크, 밸브	○	○	○	○	○		○				○	○					○	○			
	탱크	○				○	○					○	○					○	○			
	가스켓, 패킹	○			○		○											○	○	○	○	
	파이프, 파이프 피팅	○	○					○				○	○				○					
기타	용기 커버	○	○				○		○	○		○	○	○	○	○						○
	핸들	○	○	○						○					○		○					
	힌지								○	○												
	기계가공 소재	○	○		○									○			○					

그러나 강도가 작고, 내열성이 나쁘고, 사용 중에 치수변화나 크립 변형을 일으키거나 노화되기 쉬우며, 또한 성형 가공 전후에 치수 변화가 일어나기 쉽고 성형 조건에 따라 성능이 달라지기도 하는 단점이 있어서 기계기구용 재료로서는 그 용도가 제한된다. 반면에 ① 내식성이 우수하고, ② 마찰계수가 작으며, ③ 감쇠능이 커서 소음이 작고, ④ 가벼워서 비강도가 크며, ⑤ 열 및 전기의 전도도가 작은 등의 장점이 있다. 또한 재료의 종류에 따라서는 상당한 정도의 내열성과 내충격성 등을 가지고 있으며, 복합 강화재는 강도나 비강도 등이 뛰어나다. 따라서 근래에 와서는 그 이용범위가 대단히 넓어졌다.

여기에서는 기계재료에 사용되는 플라스틱의 대표적인 몇 가지 용도에 대하여 알아보기로 한다.

15.5.1 베어링

플라스틱제 베어링은 금속제에 비해 하중 부담능력이 작은 단점은 있으나 앞에서 든 특징 외에 내마모성이 좋고 윤활이 간단한 장점이 있다. 베어링 재료용 플라스틱으로는 페놀수지, 나일론, 테프론, 아세탈 수지, 폴리카보네이트 등이 있다. 이들은 단독으로 사용하기도 하지만, 흔히 유리 섬유, 흑연 가루, 구리 분말 등과 같은 충전재를 15~30% 정도 혼합하여 제조한다. 페놀수지의 일종인 베이클라이트(Bakelite)의 적층품(積層品)은 함유성(含油性)이 있으므로 구름 베어링의 케이스에 사용되며, 나일론은 기계적 강도와 내마모성이 좋고 무급유 상태에서 사용할 수가 있으므로, 윤활이 곤란한 곳이나 부식이 격심한 곳에

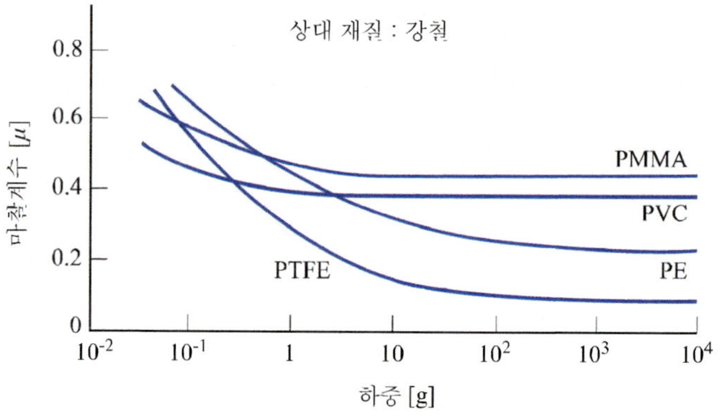

[그림 15-24] 각종 플라스틱의 마찰계수 특성[10)]

사용한다. 또 폴리사불화에틸렌(PTFE)은 건조 상태의 마찰계수 $\mu = 0.08$ 정도로 아주 작고 내열성이 좋으며 거의 모든 화학 약품에 견디므로, 250℃ 정도까지의 고온 내식용 베어링 재료로서 사용된다. 그림 15-24는 각종 플라스틱의 하중에 따른 마찰계수의 변화를 보여주고 있다.

15.5.2 기어

플라스틱제 기어는 여러 가지 장점이 있지만, 소음이 작아 작업환경을 크게 향상시켜 주며, 윤활이 불필요하고 가벼워서 기동력(起動力)이 작아도 되는 장점이 있다. 기어재료용 폴리머로는 페놀수지, 나일론, PVC, 아세탈 수지, 폴리카보네이트, 테프론 등이 주로 사용된다.

페놀수지 적층품 기어는 종래부터 자동차, 제지기계, 인쇄기계, 정밀기계 등에 사용되어 왔으며, 근래에는 나일론도 많이 사용되고 있다. 나일론 기어는 사출성형에 의한 다량생산이 가능하며, 소음이 더 작다. 폴리카보네이트는 충격치가 크고 치수의 안정성과 내열성이 우수하며, 크립 변형이나 흡수율(吸水率)이 작으므로 기어 이외의 기계재료에도 많이 쓰이고 있다.

15.5.3 기계장치의 하우징(housing)

플라스틱제 하우징은 가볍고 강하고 충격에 잘 견디며, 전기 및 열전도도가 작아 감전되거나 겨울에 찬 느낌을 주지 않는다. 이 목적용으로는 주로 페놀수지, 폴리카보네이트, 요

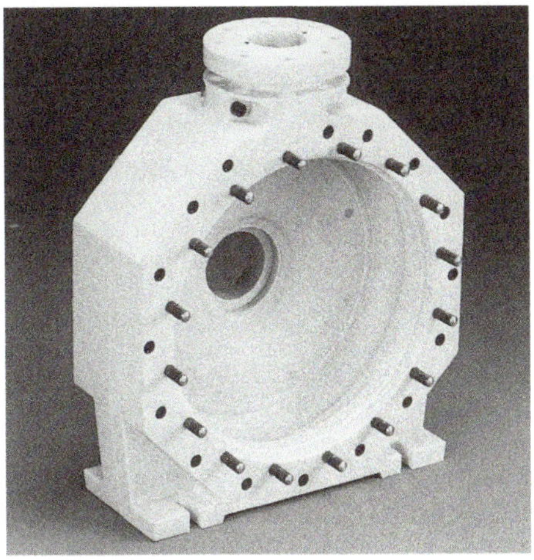

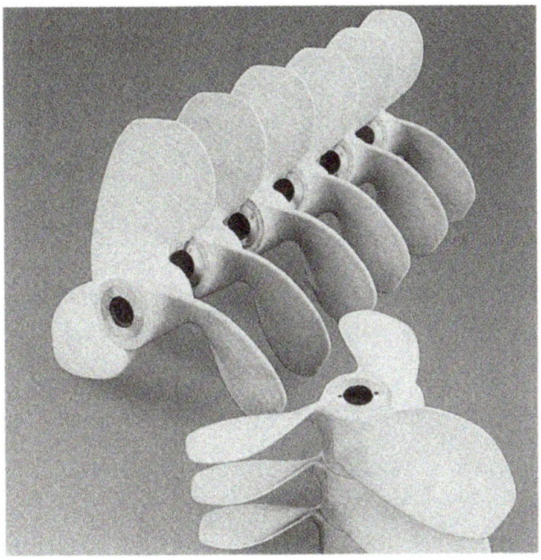

[그림 15-25] 폴리아미드 소재의 펌프 하우징과 스크루[11)]

소수지 등의 성형품이나 페놀수지, 불포화 폴리에스터 등에 충전재를 넣은 것 특히, FRP 성형품이 널리 사용된다. 그림 15-25는 폴리아미드제 펌프 하우징과 선박의 스크루를 보여주고 있다.

15.5.4 화학기계 장치

플라스틱은 금속재료에 비하여 내식성이 월등하므로 화학기계 장치용으로 많이 사용되며, 앞으로 더욱 그 사용범위가 확대될 것으로 기대된다. 현재 불소수지, 경질 PVC , 페놀수지 적층품 등이 이러한 목적에 적용되고 있다.

테프론은 플라스틱 재료중 가장 내식성이 우수하여 고온고압의 불소(F), 3불화염소(三弗化鹽素) 및 용융 알칼리 금속에만 침식된다. 또 내열성과 내식성이 좋아 -70~260℃의 넓은 온도영역에서 사용할 수 있다. 주로 각종 용기, 탱크, 관 등의 내면에 라이닝(lining)하거나, 금속이나 실리콘 고무와 조합하여 가스킷이나 패딩 재료로서 사용된다.

경질 PVC도 내식성이 우수하며 성형성이 좋으므로, 수도용, 화학공업용의 탱크, 관 및 이들의 부속품으로 사용된다. 그러나 사용온도 범위가 좁아 -10~60℃에 불과하다. 베이클라이트의 직물 적층품은 수분의 흡수가 적고 내식성이 우수하며, 치수의 안정성도 있다. 따라서 열교환기 등의 부품에 적당하다. 한편 ABS수지나 폴리에틸렌 등의 열가소성 수지도 화학장치용 파이프에 사용된다.

[표 15-8] 열가소성 수지의 종류와 그 성질[12)]

종 류	주 요 성 질	주 요 용 도
폴리에틸렌 (PE)	내식성, 전기절연성, 비중이 물보다 작고 인성大 ; 마찰계수 비교적小 ; 내수성 양호 ; 강도와 내후성 나쁨	약병, 장난감, 축전지 부품, 전기절연재(특히 고주파 절연재), 위생장갑, 포장용 필름
염화비닐 수지 (PVC)	가격이 저렴 ; 일반 용도용 ; 딱딱하나 가소제를 첨가하면 유연해 짐 ; 가끔 공중합됨 ; 열변형 저항ⓟ ; 내식성ⓟ ; 첨가제에 따라 다양한 성질, 고온 및 저온에 약함	마루 바닥재, 파이프, 전선 피복재 등 전기절연재, 호스, 음반, 가구, 수도관
폴리프로필렌 (PP)	열변형 저항성 우수 ; 전기적 성질, 피로강도 ⓔ ; 화학적으로 불활성 ; 비교적 가격 저렴 ; 자외선에 약함	소독용, 포장용 필름, 경첩, TV 캐비닛, 여행가방, 배터리 케이스, 기계부품
폴리스티렌 (PS)	뛰어난 전기적 성질과 광학적 투명성 ; 내식성ⓟ ; 열적/치수 안정성ⓖ ; 가격 저렴	타일, 축전지 케이스, 장난감, 하우징, 실내조명 패널
ABS수지*	강도, 인성ⓔ ; 열변형 저항ⓖ ; 전기적 성질ⓖ ; 불이 붙으며, 몇 가지 유기용매에 녹음	냉동기 라이닝, 정원 기구, 장난감, 고속도로 안전장치
폴리에스터 (PET)	가장 질긴 플라스틱 필름의 하나 ; 뛰어난 피로강도 및 찢김강도 ; 습기, 산, 그리스, 기름 및 용매에 대한 저항성 우수 ; 치수안전성ⓔ ; 내식성ⓔ ; 내열성ⓟ	자기 기록테이프, 옷감용 섬유, 타이어의 보강 코드, 생수병
폴리아미드 (PA)	상품명 Nylon으로 유명, 내마모성 및 인성ⓖ ; 내열성ⓖ ; 치수 안정성ⓟ ; 내식성ⓟ ; 마찰계수小 ; 물과 몇 가지 용액을 흡수→노화, 치수팽창	베어링, 기어, 캠, 부싱, 핸들, 선재나 케이블 외피, 로프, 직물
	물질명 : Aramid*, 인장강도 및 탄성 극히 뛰어남, 섬유형태	FRP의 강화섬유, 방탄조끼, 통신 케이블, 타이어 코드
아크릴수지 (PMMA)	비정질 ; 뛰어난 투광성과 내후성 ; 기계적 성질ⓕ ;	렌즈, 비행기 창, 유리 대용, 제도기, 도로표지
불소수지 (PTFE*)	상품명 Teflon으로 유명. 거의 모든 환경에 화학적으로 불활성 ; 넓은 온도 범위에서 전기절연성ⓔ ; 내열성ⓔ, 260℃까지 사용가능 ; 마찰계수 小 ; 비교적 유약하고 냉간 변형성 나쁨	내식성 seal, 화공용 파이프, 밸브, 베어링 및 가스킷, 내접착성 피복(밥통, 프라이 팬), 전기 절연재, 고온용 전자부품
폴리카보네이트 (PC)	치수 안전성ⓔ ; 충격 저항성 및 연성ⓔ ; 내열성ⓔ ; 수분 흡수小, 내약품성ⓕ ; 열·빛에 인정 ; 투명	안전모, 렌즈, 사진 필름, 금속대용재(기어, 캠, 베어링, 하우징 등), 핸들
폴리에텔	불투명, 백색 ; 치수안정성ⓔ, 강인성, 내마모성大 ; 전기절연성, 내약품성 양호	기어, 캠, 베어링, 하우징, 핸들, 손잡이, 식기 등
아세탈수지 (POM)	결정성大 ; 내피로성ⓔ ; 강도, 탄성大 ; 내크립성, 내마멸성大 ; 수분, 열, 화학약품에 대한 저항성ⓖ ; 치수 안정성ⓔ ;	하드웨어, 베어링, 기어, 캠,부싱, 벨브, 샤워기 헤드
셀룰로즈 수지	투명 ; 탄성, 가공성 양호	필름, 성형품, 폭약, 난연성 셀룰로이드 장식품

주) 1. ⓔ : excellent, ⓖ : good, ⓕ : fair, ⓟ : poor

2. ABS : acrylonitrile−butadiene−styrene, PMMA : polymethylmethaacrylate
PTFE : Polytetrafluorethylene, Aramid : 방향족 아미드(Aromatic Amid)

[표 15-9] 열경화성 수지의 종류와 그 성질[12)]

종 류	주 요 성 질	주 요 용 도
페놀수지 (PF)	상품명 Bakelite로 유명. 150℃까지 열적 안정성 ⓒ ; 치수 안정성ⓔ ; 내식성ⓖ ; 많은 종류의 수지 및 충전재 등과 합성 가능 ; 가격 저렴	전기절연재, 전기기판, 전화기, 자동차 변속기, 브레이크 및 디스트리뷰터, 내산기구, 모터 하우징, 식기, 도료, 당구공
불포화 폴리에스터 (UP)	전기절연성ⓔ ; 내열성, 내약품성大 ; 가격 저렴 ; 상온 및 고온용으로 제조 가능 ; FRP로 제조 가능	헬멧, FRP 보트, 차체, 의자, 선풍기, 경금속 대용 구조재, 건축자재, 버튼
에폭시 수지 (EP)	뛰어난 기계적 성질, 내식성, 치수 안정성, 내열성 등을 겸비 ; 우수한 접착력 ; 비교적 저렴 ; 전기적 성질 ⓖ	접착제, 반도체 접착제, 전기 몰딩, 보호 피복, 하수통, 고성능 FRP
실리콘 수지	전기절연성ⓔ ; 화학적으로 불활성 ; 증기에 침해됨 ; 내열성ⓔ ; 비교적 저렴	전기절연재, 내한·내열 그리스, 고무 ; 프린트 회로기판, terminal strip, 발수제, 이형제, 소포제
우레탄수지 (PU)	강도大 ; 탄성 우수 ; 전기절연성 양호 ; 내수성, 내산성, 내알칼리성 약함	스폰지, foam, 판, 관, 고무, 합성섬유, 접착제
요소 수지 (UF)	페놀수지와 유사하나 내수성이 약간 떨어짐. 무색으로 착색이 자유로움	캐비닛, 식기, 버튼 등, 전기절연재, 목재 접착제, 직물의 수지가공, 도료, 단열재, 쿠션재
아미노수지	페놀수지와 비슷하나, 내수성 약간 떨어짐 ; 무색으로 착색이 자유자재 ; 치수 안정성ⓔ ; 내열성 및 내식성ⓔ	캐비닛, 식기, 버턴, 캡, 도료, 전기절연재, 나무 접착제, 직물의 수지가공, 화장판
멜라민 수지 (MF)	요소 수지와 거의 유사하나 경도가 크고 내수성이 좋음.	화장판, 성형품, 식기, 도료, 직물의 수지가공

15.5.5 엔지니어링 플라스틱(engineering plastics)

플라스틱 재료의 가장 큰 약점은 내열성이라 할 수 있다. 따라서 엔지니어링 플라스틱의 분류에는 열적 안정성을 가장 큰 척도로 삼으며, 그 밖에도 강도, 인성, 내식성, 성형성, 전기적 성질 등도 다소 감안된다. 그리고 이들 특성은 가격에도 큰 영향을 미친다. 일반적으로 엔지니어링 플라스틱이라 할 때는 지속 사용온도가 177℃(350°K)까지의 높은 범위에 속하여야 하며, 특수 엔지니어링 플라스틱은 그 이상의 온도에서도 사용 가능한 것으로 분류한다. 표 15-10과 표 15-11은 각종 엔지니어링 플라스틱의 물성치를 표시한 것이다.

15

[표 15-10] 범용 엔지니어링 플라스틱의 특성

재료명 / 특성	시험법 ASTM	PA6	PC	POM	PETP	PBTP	변성 PPO	PSF	PAR
인장강도[MPa]	D1708	70.6	63.7	60.8	71.6	54.9	66.7	70.6	73.5
연율 [%]	〃	200	130	70	200	250	60	100	60
세로 탄성계수 [GPa]	〃	2.75	2.45	2.84	2.06	2.16	2.45	2.45	1.96
굽힘강도 [MPa]	D790	56.9	88.3	89.2	114.7	85.3	93.2	107.9	93.2
굽힘 탄성계수 [GPa]	〃	2.26	2.45	2.55	2.75	2.35	2.45	2.65	1.86
Izod충격치 (노치) [N·m/m]	D256	98.1	637.4	85.3	43.1	39.2	245.2	58.8	372.7
로크웰 경도(HR)	D785	R112	M77	M78	M95	M72	M78	M69	M93
열팽창계수 [10^{-6}/°K]	D696	8.3	6.6	8.35	6.0	8.8	5.2	5.6	6.2
열변형온도 [°K] [1.82 MPa]	D648	341	413	383	358	331	403	423	437
연속 사용온도 [°K]		383	393	413	393	383	377	441	−

PA: polyamide(나일론), PC: polycarbonate, POM: polyoxymethylene(폴리아세탈),
PET: polyethylene terephthalate, PBT: polybutylene terephthalate, PPO: polyphenylene oxide,
PSF: polysulfone, PAR : polyarylate

[표 15-11] 특수 엔지니어링 플라스틱의 특성

재료명 / 특성	PES		PEEK		PEI		LCP		PPS
유리강화 재료 [%]	0	30	0	30	0	30	0	30	40
비중	1.37	1.6	1.3	1.5	1.27	1.51	1.4	1.62	1.6
인장강도 [GPa]	84.3	140.2	97.1	172.6	105.0	159.8	205.9	210.8	132.4
연율 [%]	60	3	80	4	60	3	3	2	1.2
굽힘 탄성계수 [GPa]	2.5	8.3	3.7	9.8	3.3	8.3	8.8	14.7	11.8
Izod 충격치(노치) [N·m/m]	88.3	78.5	88.3	98.1	49.0	98.1	431.5	137.5	68.6
로크웰 경도 (HRM)	88	98	98	104	109	125	60	−	100
열변형온도 [°K] [1.82 MPa]	473	489	425	>553	473	483	453	503	>553

PES: polyester imide, PEEK: polyether ether ketone, PEI : polyether imide,
PPS : polyphenylene sulfide

15.5.6 특수 목적용 폴리머 재료

플라스틱은 여러 가지 특이한 성질을 가진 것들이 많아서 각종 구조용이나 기계부품용 이외에도 여러 가지 특수한 목적으로 사용되고 있다. 광학적으로 투명하여 유리 대용으로 사용되고 있는 폴리카보네이트, TV나 모니터 등의 각종 디스플레이 재료로 사용되고 있는 액정 폴리머, 수소 이온은 통과시키고 전자는 통과시키지 않는 수소 연료전지의 전해질막, 그 밖에 역삼투막, 생체 재료 등이 그러한 예이다.

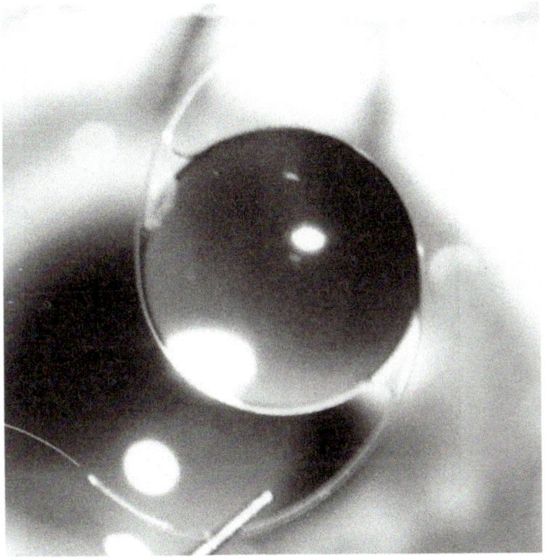

[그림 15-26] PMMA로 만든 인공 수정체[13)]

한편 폴리머 재료는 전기저항이 커서 전기 절연재로서의 특성이 뛰어나며, 특히 전선의 피복재로서 불가결하다. 또 유전성(誘電性)이 있으므로 축전지 재료로서 사용되기도 한다. 이렇게 폴리머 재료가 부도체인 것은 도전 과정에 참여하는 자유전자의 수가 많지 않기 때문이다. 그런데 근년에 들어 금속에 버금가는 전기 전도도를 가진 폴리머 재료가 합성되고 있는 바, 이들을 **도전성 폴리머**라고 한다.

15-6 탄성중합체(彈性重合體, elastomer)

탄성중합체는 일반적으로 **고무**로 일컬어지는 탄성변형률이 대단히 큰 그룹의 폴리머로서, 대략적으로 말하자면 외력에 의해 원래 길이의 200% 이상 늘었다가도 처음의(거의 처음의)

15

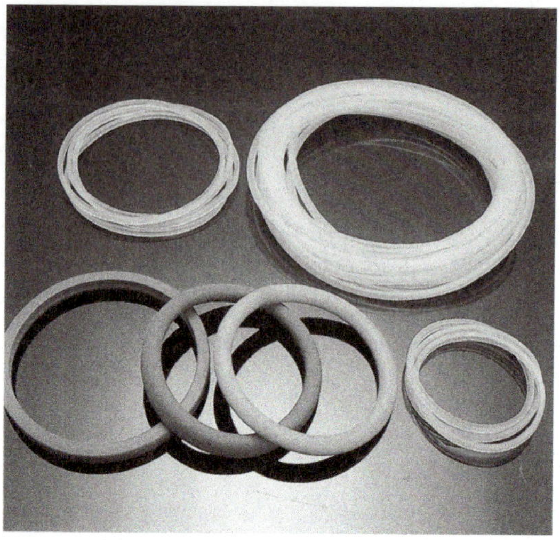

[그림 15-27] 실리콘 고무로 만든 오링[14)]

상태로 원상복구되는 폴리머라 할 수 있다. 그리고 당연하게도 연율은 매우 크지만 강도는 상당히 작다. 고무의 대부분은 자동차 타이어로서 생산되지만, 컨베이어, 폼(foam) 및 내화학 물질성의 오링(O-ring) 등으로도 많이 제조되고 있다.

1986년에 발생했던 우주탐사선 챌린지호의 폭발에 관한 미 의회 청문회에서 추운 날씨로 인하여 오링이 탄성을 잃어 밀폐 기능을 상실된 것이 그 원인이라고 보고되었다. 비록 기계요소로서 고무가 차지하는 양은 적다 하더라도 그 역할의 중요성은 무시할 수 없다는 단적인 증거라 할 수 있다.

고무의 특성을 이해하기 위해서는 **가교**와 **가황**에 대하여 이해할 필요가 있다. 가황은 제 15.3.1절에서 언급한 바와 같이 유황 원자 S가 이소프렌 수지 분자를 구성하고 있는 어떤 단위체와 인근의 다른 이소프렌 수지 분자 내에 있는 다른 단위체간에 다리를 놓아(가교)

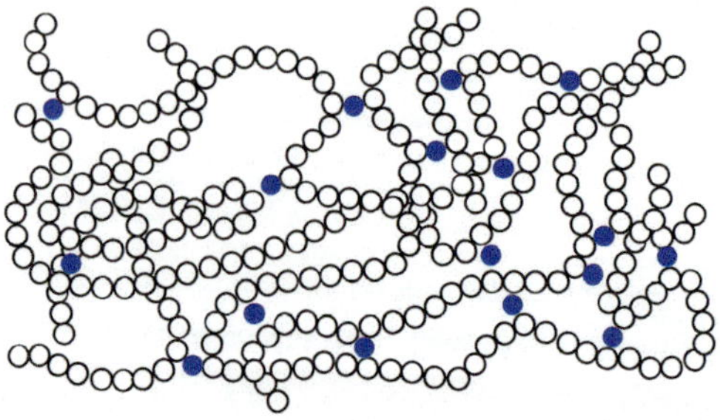

[그림 15-28] 고무의 가황 모식도. 유황 원자 S(검은 원)에 의해 폴리이소프렌 분자들이 서로 연결됨

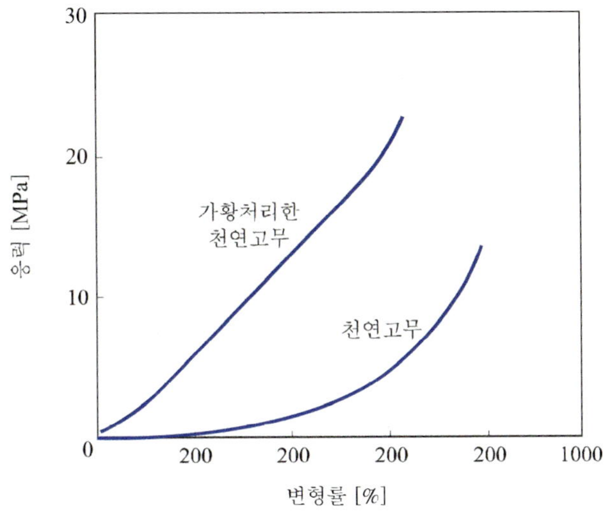

[그림 15-29] 천연고무의 가황처리 전후의 응력-변형률 곡선 비교[15)]

서로 연결하여 더 큰 분자를 만드는 것이다. 그림 15-28의 모식도를 보면 가황에 있어서의 유황 원자의 역할을 잘 이해할 수 있을 것이다.

고무가 가황되면 그림 15-29에서 보는 바와 같이 탄성은 그대로 유지하면서도 강도와 경도가 커진다. 가황시 200~300℃로 가열하며, 첨가량은 대체로 3% 정도로서 그 양이 증가할수록 경해지므로 용도에 따라 적절히 조절한다. 부드러운 고무의 예로는 스폰지와 볼을 들 수 있고, 타이어는 중간 정도, 그리고 고무 빗이나 배터리 케이스는 경한 것에 속한다. 산소와 오존도 황과 유사한 반응을 하나 취성의 원인이 되므로 **산화방지제**를 첨가하여 완화시킨다. 또한 첨가재를 사용하면 고무의 가격을 낮출 수 있으며, 강도를 향상시킬 수 있다. 자동차 타이어의 경우는 카본 블랙을 첨가하여 강도와 내마모성 및 파열에 대한 저항력을 증대시키는데, 일반적으로 입도가 미세할수록 인장강도가 커진다. 천연고무의 단점 중의 하나는 가솔린이나 기름 등의 유기용매를 흡수하는 점이다.

전 세계 고무시장의 30%를 천연 고무가 차지하는데, 이것은 아주 작은 고무 입자를 포함하는 **라텍스**(latex)라고 하는 고무나무 진액을 원료로 하여 제조한다. 천연고무를 제외한 나머지 70%는 합성 고무로서 여기에는 SBR 고무, 니트릴(nitril) 고무, 네오프렌(neoprene) 고무, 실리콘 고무 등이 있다. 이들의 특성과 용도는 표 15-12와 같다.

[표 15-12] 상용 고무의 주요 특성과 용도[16)]

화학적 분류	상품명 (일반 명칭)	신장률 [%]	사용 온도 [℃]	주요 특성	주요 용도
폴리이소프렌 (polyisoprene)	천연고무 (NR)	500 ~700	60 ~120	물리적 성질 ⓔ. 절삭, 패임 및 마모에 대한 저항력 ⓖ. 전기적 특성 ⓖ. 열, 오존 및 기름에 대한 저항력 ⓟ.	타이어, 공기 튜브, 가스킷. 신발 바닥과 뒤축
스티렌-부타디엔 공중합체	GRS, Buna S (SBR)	450 ~500	−60 ~120	물리적 성질 ⓔ. 내마모성 ⓔ. 전기적 특성 ⓖ. 오존 및 기름에 대한 저항력 ⓟ.	천연고무와 동일
아크릴로니트릴 -부타디엔 공중합체	Buna A, 니트릴 고무(NBR)	400 ~600	−50 ~150	각종 기름에 대한 저항력 ⓔ. 내한성 ⓟ. 전기적 특성 ⓟ.	범용성. 가솔린, 화학물질 및 기름 호스. 실(seal)과 오링(O-ring). 신발 바닥과 뒤축
크로로프렌 (chloroprene)	네오프렌 고무 (CR)	100 ~800	−50 ~105	오존, 열 및 기후에 대한 내성 ⓔ. 기름에 대한 내성 ⓖ. 발화 저항 ⓔ. 전기적 용도로는 천연고무보다 못함.	선, 케이블. 화학물질 탱크 라이닝. 벨트, 호스, 실, 가스킷
폴리실록산 (polysiloxane)	실리콘 고무 (VMQ)	100 ~800	−115 ~315	온도(고온 및 저온) 내성 ⓔ. 강도 ⓟ. 전기적 성능 ⓔ. 내기체투과성 ⓟ.	단열재, 실, 오링, 다이어프램, 식품용 튜브, 의료용

주1) ⓔ : 우수, ⓖ : 좋음, ⓕ : 보통, ⓟ : 나쁨
주2) 스티렌-부타디엔 공중합체 : styrene-butadiene copolymer,
아크릴로니트릴-부타디엔 공중합체 : acrylonitrile-butadiene copolymer
주3) NR : natural rubber, SBR : styrene butadiene rubber, NBR : acrylonitrile-butadiene rubber,
CR : chloroprene rubber, VMQ : methyl-vinyl silicone rubber

15-7 플라스틱의 성형

열가소성 수지의 경우는 제품 성형시 그림 15-30에 표시한 바와 같은 이미 중합이 완료된 입분체(粒粉體, pellet)를 사용하며, 이를 가열 및 연화시켜 성형하면 된다. 그러나 열경화성 수지의 경우는 중합되기 전의 저분자 물질을 사용하여 가열, 성형과 동시에 중합이 진행되도록 해야 한다.

[그림 15-30] 에틸렌비닐아세테이트(EVA) 수지 펠렛

15.7.1 열가소성 수지의 성형법

[1] 사출성형법(射出成形法)

사출성형법(injection molding)은 과립형의 원료 플라스틱을 실린더 내에서 가열하여 유동성을 부여한 다음 피스턴으로 금형 속으로 강하게 밀어 넣어 성형하는 방법으로서 금속의 다이캐스팅과 유사하다. 그리고 PVC, 폴리스티렌, 아크릴 수지 등으로 TV, 프린터 등의 각종 기기의 케이스, 식기, 플라모델 등을 가장 다양하게 가장 다량으로 생산하고 있는 성형법이다. 사출기의 구조는 그림 15-31과 같으며, 일반적으로 자동화되어 있다.

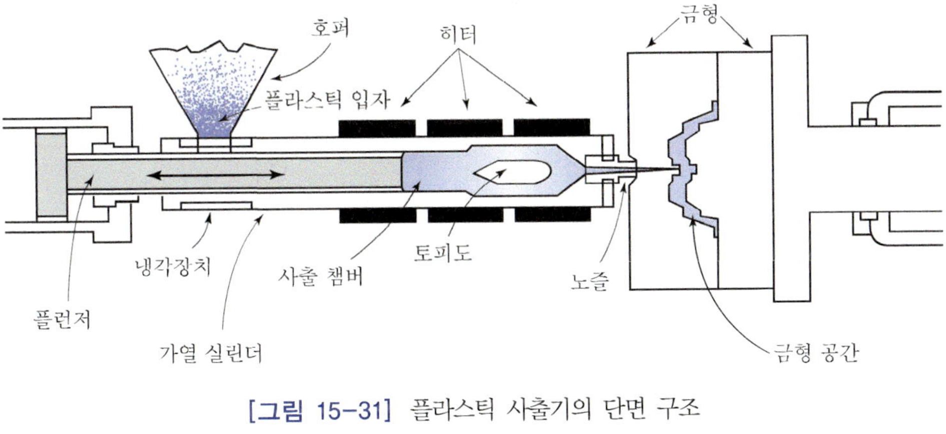

[그림 15-31] 플라스틱 사출기의 단면 구조

[2] 압출성형법(押出成形法)

압출성형법(extrusion)은 가열·연화시킨 플라스틱을, 소정의 압출 금형을 통하여 길이방향으로 압출하여 성형하는 방법이다. 파이프, 봉, 전선의 피복 등 단면이 균일한 제품의 제조, 그리고 테프론 등의 성형에 이용된다.

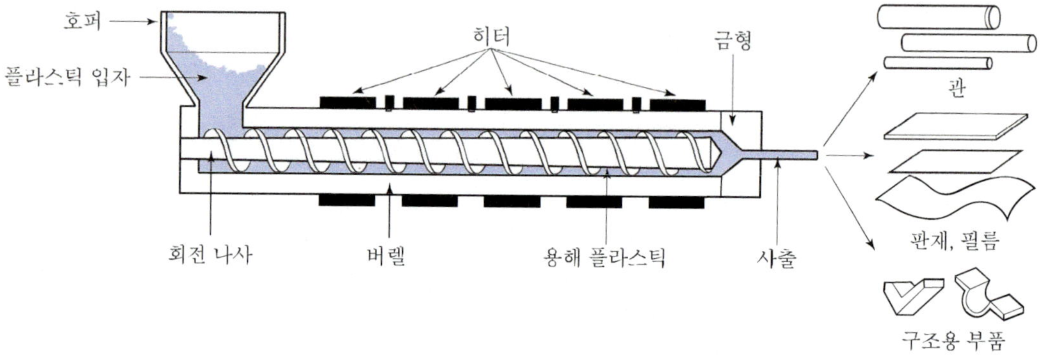

[그림 15-32] 플라스틱 압출기의 모식도

[3] 취입성형법(吹入成形法)

취입성형법(blow molding)은 압출기로 부터 튜브 형태로 압출된 연한 플라스틱의 내부에 압축공기를 불어넣어, 병 등의 형태를 만드는 방법이다. PVC, 폴리스티렌, PMMA 등에 응용한다.

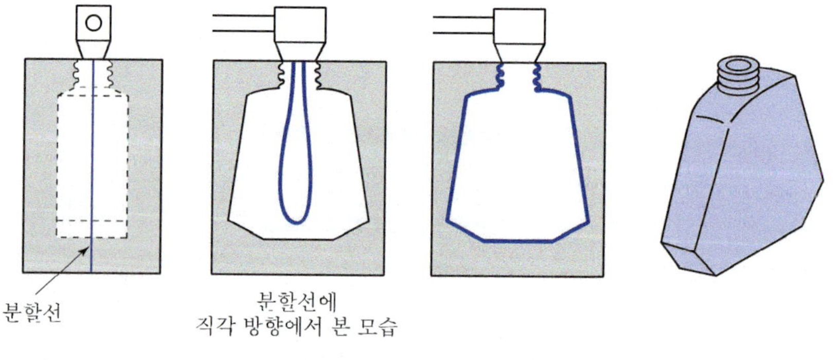

[그림 15-33] 취입성형에 의한 제조과정

[4] 캘린더링(calendering)

캘린더링은 플라스틱을 가열된 롤 사이를 통하여 연속 압연하여 필름이나 얇은 판재 등을 제조하는 방법으로서, 연질 PVC 등에 적용된다.

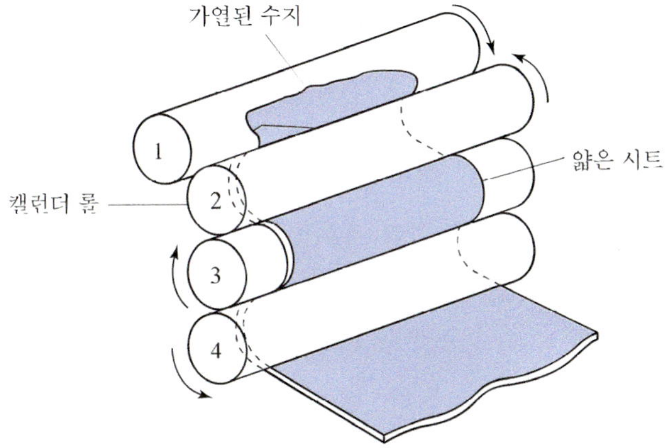

[그림 15-34] 캘린더링

[5] 플라스틱 필름의 제조

농업용 필름이나 플라스틱 봉투 제조용 필름은 그림 15-35에 표시한 것과 같이 압출성형과 취입성형의 특징을 합한 기법으로 제조한다.

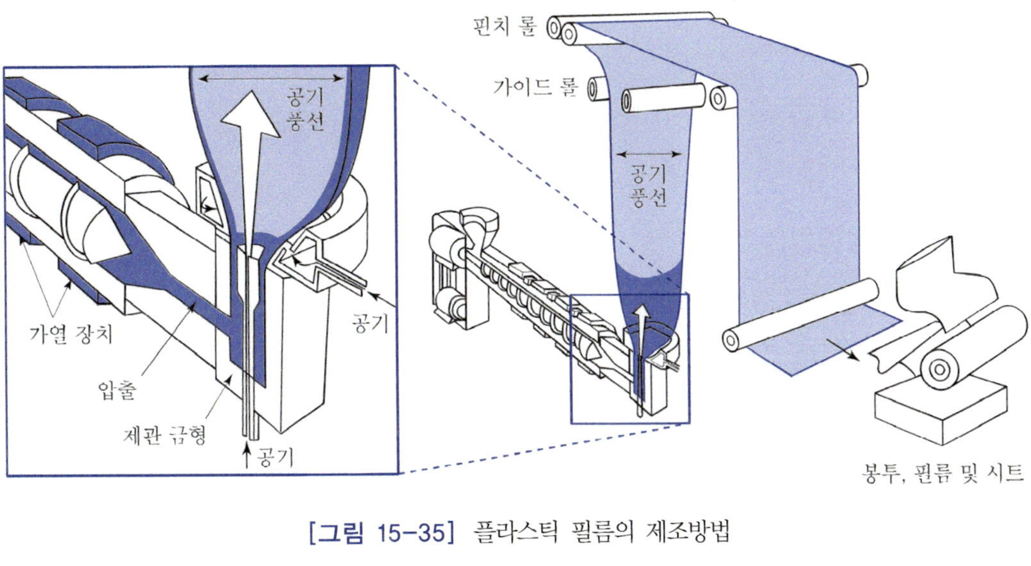

[그림 15-35] 플라스틱 필름의 제조방법

15.7.2 열경화성 수지의 성형법

[1] 주조(鑄造, casting)

액체상태의 플라스틱을 주형에 부어 넣어 그 속에서 굳어지게 하는 방법과, 용제(溶劑)에 녹인 플라스틱을 주형면 위로 흘려 부은 다음 용제를 증발시키는 방법이 있다. 메타크릴 수지, 불포화 폴리에스터, 에폭시 수지, 페놀 수지 등의 열경화성 수지에 주로 적용된다.

[2] 압축성형법(壓縮成形法, compression molding)

암수금형 사이 공간에 완전히 혼합된 폴리머를 넣은 후 가열, 가압하여 원하는 형상을 얻는 가공법으로서, 일반적으로 압축성형 압력은 100~400 kgf/cm^2, 온도는 130~180℃ 정도이다. 페놀 수지, 요소 수지, 멜라민 수지 등의 열경화성 수지에 적용하므로 성형품은 금형을 냉각하고 난 다음에 꺼내어야 한다. 열가소성 수지에도 적용할 수는 있으나, 작업시간이 길고 제조 원가가 비싸게 든다.

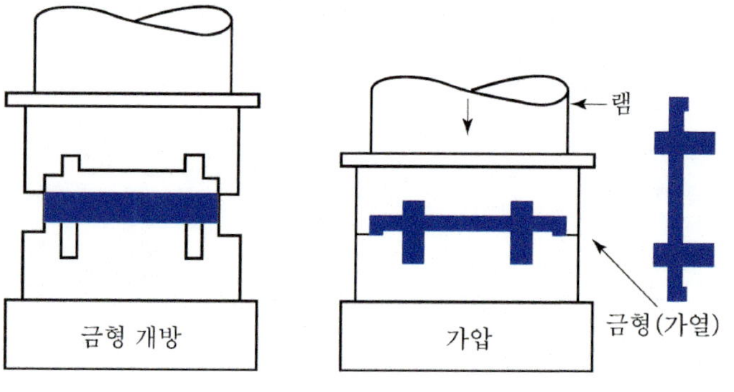

[그림 15-36] 압축성형법(compression molding)

[3] 이송성형법(移送成形法, transfer molding)

이송성형법은 압축성형법을 개량한 것이라 할 수 있는 것으로서 성형원리는 그림 15-37과 같으며, 그림 15-36과 비교해 보면 압축성형법과의 차이점을 잘 알 수 있다.

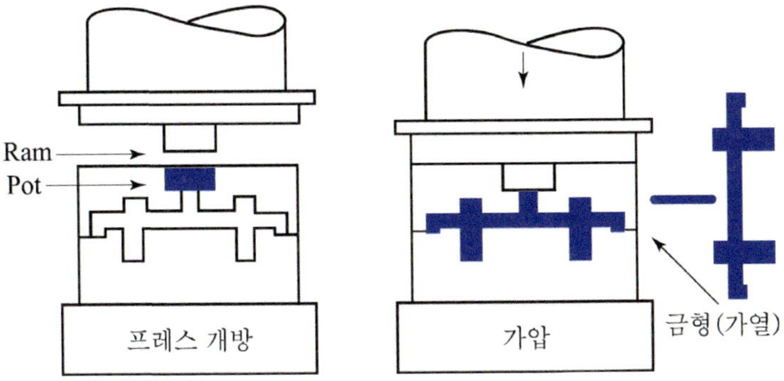

[그림 15-37] 이송성형법(transfer molding)

[4] 적층성형법(積層成形法, laminating)

종이, 직물, 나무, 유리섬유 등에 플라스틱을 함침(含浸)시켜 건조한 다음, 이것을 쌓아 가열(또는 비가열) 및 가압하여 성형하는 방법으로서 각종 합판재를 만들 때 사용되며, 파형판(波形板), 방재 헬멧, 보트, 자동차 보디 등 곡면의 것도 만들 수 있다. 페놀 수지, 요소 수지, 멜라민 수지, 불포화 폴리에스터, 에폭시 수지 등에 주로 적용하며, 열가소성 수지에도 이용할 수 있다.

참고문헌

1) Kenneth G. Budinski and Michael Budinski, Engineering Materials(Properties and Selection) 6th ed., p.63, Prentice-Hall, Inc., 1999

2) F. P. Price, General Electric Company

3) M. N. Riddell, "A Guide to Better Testing of Plastics", past. Eng., vol.30, No.4, p.78, 1974

4) T.S. Carswell and H. K. Nason, "Effect of Environmental Conditions on the Mechanical Properties of Organic Plastics" Symposium on Plastics, American Society for Testing and Materials, Philadelphia, 1944

5) H. E. Baker and A. E. Javitz, Plastic Molding Materials for Structural and Mechanical Applications, Electr. Manuf., May 1960

6) D. V. Rosato에 의함

7) www.wikimediacommons.org, public domain

8) John E. Neely, Practical Metallurgy and Materials of Industry, 2nd ed., 1979, p.341, John Wiley & Sons

9) 日本機械學會編：機械工學便覽, 개정 제 6판(1979), 丸善

10) 松原清：機械用の最近の話題, 機械の硏究vol.18 (1966), p.201

11) Eltka Gmbh & Co. KG 제공

12) C.A. Harper(editor), Handbook of Plastics and Elastomers, McGraw-Hill, 1975 등에 의함.

13) 한국과학기술연구원, 새기술, vol.2 (1991), p.14

14) 대량실리콘 제공

15) M. Eisenstadt, "Introduction to Mechanical Properties of Materials", Macmillan, 1971, p.89

16) Materials Engineering's Materials Selector, penton/IPC 등에 의거함.

제 16 장 세라믹 재료

Introduction to Engineering Materials

세라믹 재료(ceramics)는 **비금속 무기질 재료**(非金屬無機質材料), 즉 금속이 아닌 무기질 재료를 통칭하는 말로서, 돌, 시멘트, 벽돌, 유리, 흑연 등이 여기에 속한다. 세라믹이라는 말은 원래 “구워 만든 것”을 의미하는 말로서, 종래에는 도자기, 내화벽돌, 타일, 시멘트, 유리 등 소위 요업제품(窯業製品)을 지칭하였다. 이에 대하여 근래에는 인공원료, 또는 화학처리에 의하여 얻은 고순도 원료를 사용하여, 전혀 새로운 특성을 가진 세라믹 재료가 개발 및 실용화되고 있다. 이러한 새로운 세라믹 재료를 **파인 세라믹**(fine ceramics)이라 하며, 이에 대하여 종래의 세라믹 재료를 **보통 세라믹**(classic ceramics)*[1]이라 한다.

파인 세라믹은 고순도 세라믹이라는 의미를 지니고 있으며, 주로 금속의 산화물(酸化物), 탄화물(炭化物), 질화물(窒化物), 붕화물(硼化物) 등으로서, 재래의 세라믹에 비해, 순도, 밀도, 강도, 치수 정밀도 등이 높고 전기·자기적 특성도 뛰어나다. 따라서 기계재료로서 사용되는 세라믹은 대부분 고순도 세라믹이며, 기계부품, 내열·내식재료, 공구재료, 전자재료, 전기 절연재료, 원자력 및 우주용 재료, 생체재료 등 오늘날의 최첨단 기술을 지탱하는 기초 소재로서 광범위하게 쓰이고 있다. 세라믹 재료는 통상 분말상태의 재료를 가압 성형한 후 고온에서 **소결**(燒結, sintering)하여 만든다.

파인 세라믹 재료는 전자재료로서의 중요성이 크며, 기계재료로서는 중요성이 낮은 편이

---

1) 1990년대 이전에는 주로 new ceramics와 classic ceramics의 시대적 개념으로 나누었으나, 이제는 new의 의미가 퇴색되어 fine ceramics를 주로 사용한다. 그런데 fine은 “고순도”라는 의미이므로 classic을 “보통”으로 번역하는 것이 더 적당할 것으로 생각된다. fine ceramics를 굳이 “고순도 세라믹”으로 번역하지 않는 것은 “파인 세라믹”이 이미 널리 사용되고 있기 때문이다.

다. 그러나 이들은 기계기구에 있어서 핵심적인 기능을 담당하는 기능재료로서의 중요성이 매우 크다. 특히 근년에 들어서는 세라믹 재료가 대단히 눈부시게 진보하여 그 종류와 용도가 매우 다양해져 각종 첨단 기계기구의 개발 및 극한 사용조건에서의 기능 향상을 주도하고 있어서 날이 갈수록 그 중요성은 더욱 증가될 전망이다.

16-1 세라믹의 분류 및 그 성질

세라믹은 그 성분과 용도에 따라 분류할 수 있다. 그림 16-1은 세라믹 재료를 용도와 재질에 따라 분류한 것이다.

보통 세라믹은 거의 대부분 SiO_2를 주체로 한, 값싸고 풍부한 천연원료를 사용한 재래의 세라믹 재료로서, 대부분 불순물이 많고 조직과 성질이 불균일하다. 이에 비해 파인 세라믹의 경우는 금속의 산화물, 탄화물, 질화물, 붕화물 등 고순도로 조제된 인공원료에, 엄밀히 제어된 제조 공정에 의해 각종 고도의 기능을 부여한 것이다. 이와 같이 세라믹 재료는 원료에 따라 그 종류가 아주 많으며, 따라서 그 성질이나 용도도 천차만별이다. 그러나 세라믹은 일반적으로 다음과 같은 공통적인 성질을 갖고 있다. 즉, 금속에 비해 ① 경하고 취성이 크며 인성이 작다. ② 강도와 고온강도가 높다. ③ 성형성, 기계 가공성이 나쁘다.

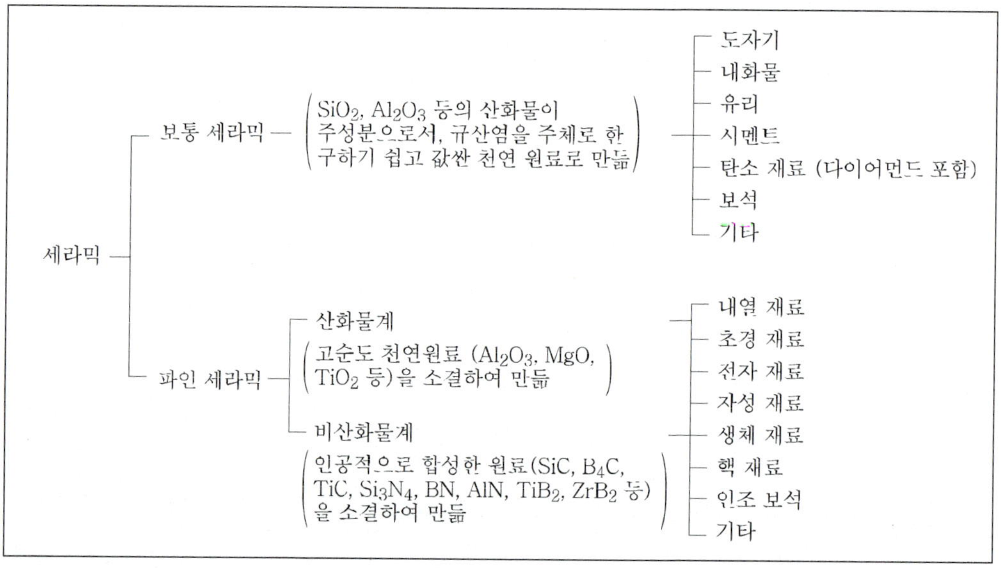

[그림 16-1] 세라믹재료의 분류와 용도

④ 내식성이 우수하다. ⑤ 용융점이 높다. ⑥ 내열성 및 내산화성이 좋다. ⑦ 열충격에 약하다. ⑧ 열전도도가 낮다. ⑨ 전기절연성이 크다. ⑩ 유전성(誘電性), 압전성(壓電性), 자성(磁性) 등이 뛰어나다. ⑪ 투광성(透光性)이 좋다.

16.1.1 보통 세라믹(classic ceramics)

벽돌, 도자기 등의 대부분의 보통 세라믹 재료는 규산염이 주축으로 되어 있다. 규산염의 기본 구조는 그림 16-2에 표시된 바와 같은 SiO_4 사면체 구조로서 1개의 Si 원자에 4개의 산소원자 사이에 들어가 있는 형태이다. 그런데 이 사면체 구조를 이루는 결합력은 이온결합력 및 공유결합력으로서 이들 두 결합을 시간적으로 반반씩 정도 유지한다.

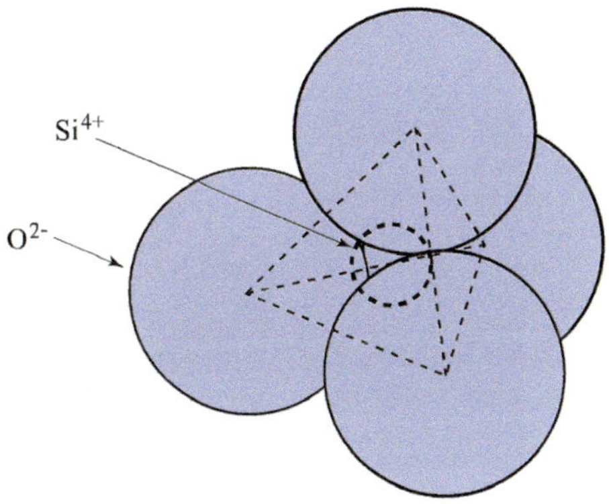

[그림 16-2] 규산염(SiO_4^{4-})의 구조

[1] 도자기

도자기는 SiO_2나 Al_2O_3가 그 주성분이며, 취약하고 강도가 작고 불균일하므로 기계재료로서의 용도는 많지 않다. 자기(磁器)는 점토, 석영, 장석, 고령토를 잘 배합하여 적당한 모양으로 성형 및 건조한 다음, 1,300~1,450℃로 구워낸다. 바탕은 백색으로 투광성이 있고, 강도가 비교적 높다. 또 전기 부도체(電氣不導體)이며, 내식성과 내열성이 우수하다. 고전압용 애자(碍子), 이화학 기구의 보호관, 타일 등은 SiO_2 약 70%, Al_2O_3 약 20%를 주성분으로 하고 여기에 미량의 TiO_2나 Fe_2O_3 등이 함유되어 있다. 그밖의 공업용 자기로는 지르콘 자기, 알루미나 자기 등이 있다. 한편 도기(陶器)는 자기와 마찬가지로 점토에 석영, 고령토 등을 원료로 한다. 먼저 1,200~1,300℃로 애벌구이를 한 다음 유약을 바르고 나서,

1,050~1,100℃로 다시 구워 만들며, 다공질로서 물을 흡수하며 투광성은 없다. 자기에 비해 경도, 강도가 낮으므로, 기계재료로서의 이용도는 더욱 낮다.

[2] 내화물

내화물은 요업용 가마, 용해로, 열처리로, 쇳물 통(laddle) 등에 사용하는 내화벽돌, 내화 모르타르, 도가니 등을 말한다. 내화벽돌은 그 화학 주성분에 따라 산성(SiO_2, Cr_2O_3가 주성분), 염기성(CaO, MgO가 주성분)으로 나뉜다.

[3] 유리

유리의 종류는 많으나, 주성분은 모두 SiO_2이며, 여기에 여러 가지 산화물(Na_2O, B_2O_2, CaO 등)을 첨가하며, 용융점은 1,000~1,500℃ 정도이다. 그리고 대부분 그림 16-3의 (a)에 표시된 바와 같은 비정질(amorphous)이지만, 크리스탈 유리는 그림 (b)에 표시한 바와 같은 결정질(crystalline)이다.

유리의 종류는 표 16-1에 표시된 바와 같이 다양하다. 연질(軟質) 유리는 연화 온도가 낮으므로 가공이 손쉽고 다량생산에 적당하다. 그 중에서 소다석회 유리(soda lime glass, $74SiO_2-16Na_2O-5CaO$ 계)는 판유리나 병유리로서 가장 많이 생산되고 있다. 납유리(flint glass, $54SiO_2-37PbO-8Ka_2O$ 계)는 굴절률이 크므로 광학 렌즈, 프리즘, 장식용 유리 등에 사용된다.

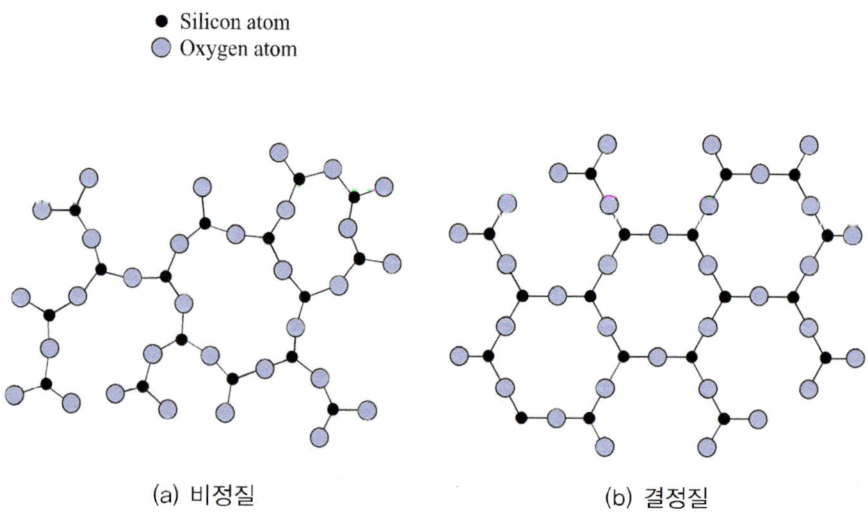

[그림 16-3] 유리의 2차원 구조

경질(硬質) 유리는 열팽창계수가 작아 열충격에 강하며, 내식성이 뛰어나고, 연화 온도도 높다. 이중 붕규산 유리(borosilicate glass, $81SiO_2-13B_2O_3-3.5Na_2O$ 계)는 파이렉스(pyrex), 천체 망원경 렌즈, 이화학용 관 등에 사용되며, 파이어글라스(fire glass, $55SiO_2-16Al_2O_3-15CaO-10B_2O_3$계)는 진공관, 식기, 고온 열전대 보호관 등에 사용된다.

쿼츠(Quartz) 또는 실리카 유리라고도 하는 석영유리는 전기절연성, 내열성, 내열충격성, 내약품성이 뛰어나 이화학 실험기구나, 시계, 통신기 등의 수정 진동자로 사용되며, 반도체 분야에서는 주로 건식 식각(dry etching)와 확산(diffusion) 공정에 사용되고 있다. 고순도의 석영유리 섬유는 광흡수가 적고 우수한 도광성을 가지고 있어서 광섬유 소재로서 사용되며, 각종 광전자 분야에서 사용량이 점점 증가하고 있다.

기타의 특수유리로는 강화유리(tempered glass), 접합유리(laminated glass) 및 유리솜(glass wool) 등이 있으며, 강화유리와 접합유리에 대해서는 이미 5-7절에서 설명한 바 있다. 한편 2019년에는 2R로 접을 수 있으며, 어느 정도의 충격에도 견딜 수 있는 접는 유리(flexible glass)가 국내에서 개발되어 폴더블 핸드폰의 화면 유리에 적용되고 있다.

[표 16-1] 몇 가지 상용 유리의 성분과 특성

종류	성분 [wt%]						특성과 용도
	SiO_2	Na_2O	CaO	Al_2O_3	B_2O_3	기타	
용융 실리카	>99.5						용융점 高, 열팽창계수 극소 (열충격저항 大)
96% 실리카(Vycor)	96				4		열충격저항 大, 내식성 우수, 실험기구 등
붕규산유리 (Pyrex)	81	3.5		2.5	13		열충격저항 大, 내식성 우수, 오븐용 접기
소다석회 유리	74	16	5	1		4MgO	용융점 低, 성형성 우수, 내구성 大
유리 섬유	55		16	15	10	4MgO	플라스틱 강화용 유리섬유로 쉽게 만들수 있음
프린트(flint) 유리	54	1				37PbO, $8K_2O$	밀도 大, 굴절률 大, 광학 렌즈
유리-세라믹	70			18		$4.5TiO_2$, $2.5Li_2O$	제조가 쉬움, 강도 大, 열충격에 견딤. 오븐용 접시

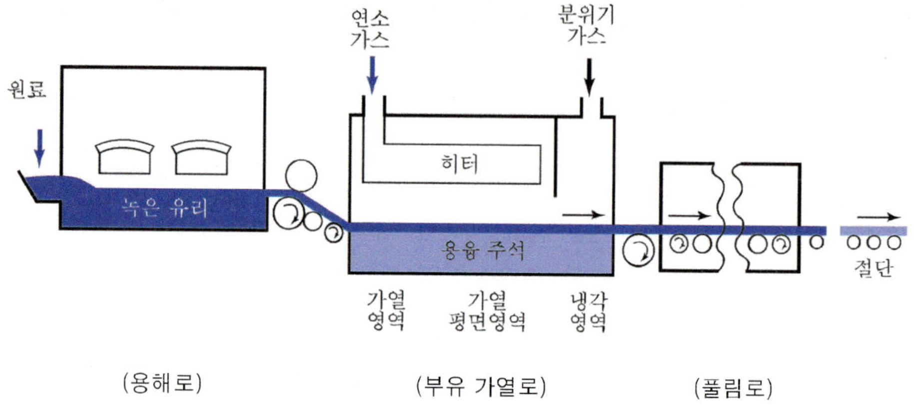

[그림 16-4] 판유리 제조 공정모식도

[4] 탄소 재료

탄소재료에는 다이아몬드, 흑연, 무정형(無定形) 탄소 등이 있다.

다이아몬드는 그림 16-5 (a)와 같은 구조로서 탄소원자들이 네 방향으로 강하게 공유결합되어 있어서 물질 중 가장 경도가 크다. 따라서 각종 연마재나 절삭공구재로서 오늘날의 각종 산업에서의 제조 가공에 불가결하며, 보석 베어링으로도 사용된다. 공업적으로는 천연 다이아몬드보다 고온 고압하에서 합성한 인조 다이아몬드가 주로 사용되고 있다.

흑연은 용융점이 높아 전극, 내화벽돌, 고온 용해용 도가니 등에 많이 이용된다. 또 금속과 혼합 소성한 것은 내마모성과 자기윤활성이 좋으므로 전기용 브러시, 엔진용 실, 방전가공기의 전극, 2차전지의 음극 등에 사용된다. 흑연은 그림 16-5 (b)와 같은 구조로서, 육각

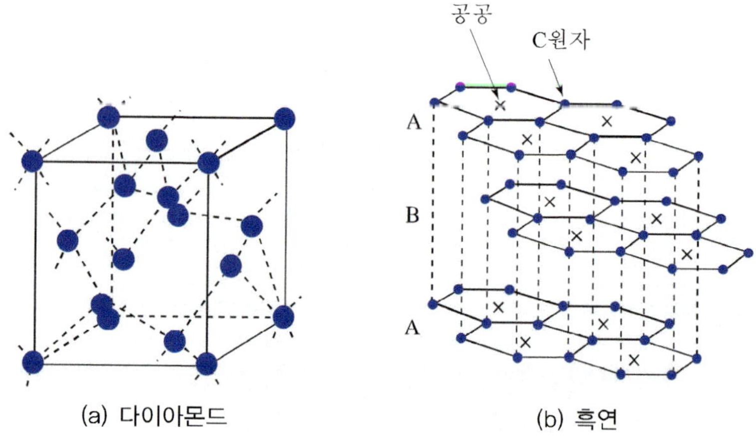

[그림 16-5] 다이아몬드 및 흑연의 결정 구조

형의 평면구조는 공유결합에 의하여 강하게 결합되어 있으나, 층과 층 사이는 약한 반 데르발스 힘에 의하여 결합되어 있다. 흑연섬유는 육각 평면을 섬유방향으로 나란하게 배향시킨 것이다.

그래핀(graphene)은 그림 16-5 (b)의 흑연의 결정구조 중 단지 하나의 층만을 따로 떼낸 것이다. 따라서 원자 1개 두께의 얇은 막으로, 두께는 0.2nm에 불과하다. 그리고 이것을 말아 원통형으로 만든 것이 **탄소 나노 튜브**(CNT, carbon nano tube), 공 모양을 만든 것이 **풀러렌**(fullerene)이다. 그래핀에서는 전자가 빛처럼 행세하여 초당 1,000km의 속도로 움직일 수 있으며, 터널링(tunneling) 현상을 나타낸다. 또 유연하면서도 강도가 대단히 크고, 전기전도도와 열전도도가 매우 우수하다. 그리고 플라스틱에 소량만 첨가해도 도전성을 가지며, 0.1% 정도만 첨가해도 내열성이 30%나 향상된다. 그래핀은 이러한 여러가지 우수한 특성 때문에 활용 분야가 매우 다양하여, 초고속 반도체, 휘는 디스플레이, 고효율 태양전지, 2차전지 음극 소재, 전자 종이, 가볍고 신축성 좋은 방탄복 등 미래 신소재로 크게 주목받고 있다.

무정형(無定形) **탄소**는 육각형 평면격자의 수많은 작은 결정들이 모여 무질서하게 배열하여 구성된 것으로 코크스, 숯, 카본 블랙 등이 있으며, 탈색제, 탈취제, 방독 마스크 등에 사용되며, 탄소섬유로도 제조되고 있다.

[그림 16-6] 그래핀의 결정 구조

16.1.2 파인 세라믹 재료(fine ceramics)

파인 세라믹 재료는 앞에서 기술한 보통 세라믹 재료와 성분은 비슷하나, 순도가 높고 치밀, 균일하며 결정질로 구성되어 있다. 또 내열성 및 내식성이 우수하고 강도와 경도가 크며, 뛰어난 전기·자기적 성질을 갖고 있으므로 그 용도는 대단히 광범위하여, 오늘날의 눈부신 각종 첨단기술의 발전 파인 세라믹 기술의 개발과 대단히 밀접하다.

파인 세라믹을 성분별로 분류하면, 고순도 천연원료를 이용하는 산화물계와 인공적으로 합성한 원료를 사용하는 비산화물계로 나눌 수 있다. 비산화물계는 다시 금속의 탄화물계, 질화물계, 붕화물계 등으로 나뉜다. 탄화물계 세라믹 재료는 일반적으로 산화물계 세라믹에 비해 용융점이 높고 열전도율이 크며, 경도와 고온강도도 더 크지만 내산화성은 떨어진다.

[1] 알루미나(Al_2O_3)

가장 대표적인 파인 세라믹 재료의 하나로서 용융점이 2,050℃로 비교적 높으며, 경도(모스 경도 9), 고온강도, 열전도도, 내식성 및 전기절연성이 뛰어나다. 파인 세라믹스로 분류되는 알루미나는 일반적으로 99.5% 이상의 고순도를 가지며, 평균 입자크기가 1㎛ 이하인 미세한 분말로서, 소결이 비교적 잘 된다. 베어링, 노즐, 화학용기, 노(爐)의 내화재료, 절삭공구, 연마재료, 전기 애자, 자동차 플러그 등과 전자재료인 IC 기판, EPROM의 창 등에 사용되고 있다. 그 밖에 인공 뼈, 인공 치근 등의 생체재료 등 대단히 광범위하게 다량으로 사용되고 있으며, 첨단 산업의 발전에 따라 그 수요가 더욱 증가하고 있다.

[2] 마그네시아(MgO)

열전도도가 비교적 높고 비열이 크다. 용융점은 높으나, 고온처리하지 않으면 산에 용해하며, 또 공기 중의 CO_2 가스와도 반응한다. 상온 및 고온강도는 Al_2O_3나 ZrO_2에 비하여 떨어지며, 용해용 도가니 재료로 많이 사용된다.

[3] 베릴리아(Beryllia, BeO)

Al_2O_3와 마찬가지로 화학적으로 안정하여 고온에까지 사용가능하며, 전기전도도는 비상히 낮으나 열전도도는 산화물 중 가장 높다. 따라서 온도변화가 현저하거나 열을 흡수할 필요가 있는 부분에 사용한다. 기계적 강도는 상온에서는 비교적 낮지만 1,600℃ 정도의 고온까지는 거의 저하되지 않는다. 용해로나 특히 원자로의 중성자 감속용 재료로서 널리 알려져 있다. BeO의 결정구조는 Al_2O_3, $MgAl_2O_4$, $BeAl_2O_4$ 등과 함께, 조밀 육방격자 구조를 이루고 있는 산소 원자들 사이에 금속이온이 위치하는 형태이다.

[표 16-2] 주요한 산화물계 세라믹 재료의 성질과 용도

물 질	B_eO	Al_2O_3	MgO	ZrO_2	ThO_2
밀 도	3.01	3.97	3.58	5.56	9.69
용융점 [℃]	2,500	2,050	2,800	2,715	3,300
모스 경도	9	9	6	7	7
열전도도 [kcal/m·h·℃]	227(30℃) 54(600℃)	4.4 (1,000℃)	5.4 (1,000℃)	1.7 (1,000℃)	4.0
열팽창계수 [$\times 10^{-6}$/℃]	8.9 (1,000℃)	7.7 (0~1,000℃)	13 (0~1,000℃)	11.5 (0~1,000℃)	9.31 (1,000℃)
인장강도 [kgf/cm^2]	1,000 ~2,000	2,650 ~5,000	–	1485	–
압축강도 [kgf/cm^2]	8,000 ~14,000	30,000 ~40,000	–	21,000	15,540
탄성률 [$\times 10^{-6}$kgf/cm^2]	3.1	3.82	0.88	1.72	2.34
용 도	도가니, 고온 전기절연재, 고열전도성 전기절연재, 원자로 재료	도가니, 보호관, 볼 밀, 세라믹 공구, 베어링, 내마모재, 실링재	U, Th 용해용 도가니, 진공 용해용 도가니, 내화벽돌	고온금속 용해 도가니, 비금속 BeO 발열체, 내화벽돌, 도자기 소성용, 절삭공구	고온금속 용해 도가니, 원자로 연료 친물질

[4] 탄화규소(SiC)

SiC는 카보런덤(carborundum)이라고 불리며, 흑녹색의 결정체로서 누프 경도 2,500 정도에 달한다. 오래 전부터 연마재, 열충격이 심한 부분, 예를 들어 각종 도자기 소성용 용기에 사용되어 왔으며, 최근에는 고강도 세라믹 재료로서 터빈날개, 열교환기, 디젤엔진 부품, 피복재 등으로서 이용되고 있다. 또한 SiC는 다이아몬드 구조의 강한 공유결합 물질로서 열팽창이 작고 열전도도와 경도가 크고, 내플라즈마성, 내산화성, 내식성, 고온 안정성 등이 우수하다. 따라서 최근 반도체 공정의 고집적화와 이를 위한 선폭의 미세화에 관련하여 기존의 실리콘, 석영 및 알루미나에 대한 대체 소재로서 각광을 받고 있다.

[5] 탄화붕소(B_4C)

B_4C는 SiC보다 경도가 크며 연마재로서 알려져 있다. 내마모성이 뛰어나고 압축강도가 300 kgf/mm^{2}정도로 극히 높은 한편 밀도는 작다. 열간 압축성형(hot press)한 것은 방탄재나 노즐 등에 사용된다.

[표 16-3] 주요한 탄화물계 세라믹 재료의 성질과 용도

종류	밀도 [g/cm^3]	용융점 [℃]	모스 경도	전기저항 (실온) [Ω·cm]	열전도도 (20~420℃) [cal/s·cm·℃]	선팽창계수 [25 ~800℃]	굽힘 강도 [kg/cm^2]	용도
B_4C	2.52	2,450	9.3	0.3~0.8	0.07~0.2	4.5×10^{-6}	3,000	연마재, 절삭공구, 세멧 원료, 소성용 용기, 발열체, 금형, 다이스, 고온 구조재 등
SiC	3.21	2,200	9.2	107~200	0.1	4.7×10^{-6}	300	
TiC	4.25	3,160	8~9	1.05×10^{-4}	0.041	7.4×10^{-6}		
VC	5.36	2,830	9~10	1.56×10^{-4}	-	-		
ZrC	6.70	3,570	8~9	6.34×10^{-6}	0.049	6.7×10^{-6}		
NbC	7.82	3,500	9~10	7.4×10^{-6}	0.034	-		
TaC	14.5	3,877	〉9	2×10^{-6}	0.053	8.2×10^{-6}		
WC	15.5	2,865	〉9	1.2×10^{-6}	-	6.2×10^{-6}		

[6] 탄화티타늄(TiC) 및 탄화텅스텐(WC)

TiC는 내마모성 및 내산화성이 뛰어나며, 주로 Ni, Co 등의 금속과 함께 소결한 서밋 형태로 절삭공구 재료나 내열재료에 사용된다. TiC-Ni계(Ni 30~70%)는 서멧 중에서도 경도가 높은 것으로 알려져 있다. WC는 텅스텐과 탄소를 직접, 고주파 가열함으로써 얻을 수 있다. WC-Co나 또는 WC-TiC-Co계는 초경합금으로 알려져 있으며, 각종 절삭공구, 착암 드릴, 비트, 다이스, 노즐 등에 사용된다.

TiC는 TaC, ZrC, TiN, MgO, MnO, CaO 등과 함께 전형적인 이온결정인 NaCl형 결정구조(그림 1-12)를 이루고 있으며, WC는 텅스텐(W) 원자로 구성된 육방격자 사이에 탄소(C) 원자가 침입해 있는 형태이다.

[7] 질화규소(Si_3N_4)

Si_3N_4는 세라믹 재료로서는 인성과 열충격 저항이 크고 기계적 강도가 고온까지 유지되는 한편 내산화성과 내식성이 뛰어나다. 따라서 근래 가장 중요한 기계부품용 파인 세라믹 재료로서 가스터빈 날개, 디젤엔진 부품, 열교환기, 내열 치공구 등의 고온용 기계부품, 베어링, 절삭공구 등에 이용되고 있으며, 그밖에 반도체 재료, 유전재료(誘電材料), 절연재료 등으로도 사용된다. **사이얼론**(Sialon)은 Si_3N_4의 몇 개의 Si를 Al로, 몇 개의 N을 O로 치환한 것으로서 $Si_3N_4-Al_2O_3-AlN$계 또는 $Si_3N_4-SiO_2-AlN$계의 혼합 분말을 열간가압 소결(hot press sintering)하여 제조한다. 그리고 내열충격성, 내식성, 크립 강도 등이 뛰어나므로 구조재료로서의 기대가 가장 큰 세라믹 재료 중의 하나이다.

[그림 16-7] Si_3N_4로 만든 가스터빈 로터[1]. 중량이 스테인리스강의 1/2에 불과하며, 고온강도, 내열충격성 및 내산화성이 뛰어나다.

[표 16-4] 주요한 질화물계 세라믹 재료의 성질과 용도

물 질	BN	AIN	Si_3N_4
이론 밀도	2.27	3.26	3.44
용융점	3,000	2,450	1,900
경도	2	7	〉9
비중	2.09~2.18	3.03~3.20	2.22~2.52
열전도도 [cal/cm·s·℃]	//P : 0.030 ⊥P : 0.063 (900℃)	0.053(600℃)	0.0017~0.0037 (25~250℃) (비중 2.20~2.60)
열팽창계수 [$\times 10^{-6}$/℃]	//P : 4.19 ⊥P : 0.46(R, T~1,000℃)	5.64(R.T~1,000℃)	2.5(R.T~1,000℃)
압축강도 [kgf/cm^2]	//P : 3,100 ⊥P : 2,800	2,100	2,800~6,300
굽힘 강도 [kgf/cm^2]	//P : 1,120 ⊥P : 546	2,700	1,060~1,500
탄성률 [kgf/mm^2]	//P : 9.1 ⊥P : 5.0	35,000	5,600~9,400
용 도	도가니, 진공·고주파로용 절연재, 내열 윤활재, 이형제, 진공고압용 실험용 재료	금속 용융 용기, 진공 증착용 도가니, 내열벽돌, 내열 치공구	금속용 도가니, 열전대 보호관, 내열 벽돌, 부식성 가스용 파이프, 연마재, 내마모재, 절삭공구

주) P : 성형시의 가압방향

16

[8] 질화붕소(BN) 및 질화알루미늄(AlN)

Si_3N_4 이외의 질화물로는 BN, AlN이 중요하며, 경도가 극히 크고 내열성, 전기절연성이 뛰어나므로 각종 내열재, 내열 치공구 등에 사용된다. 특히 BN은 제 10.4.5절에서 언급한 바와 같이 입방정 질화붕소(cubic BN)의 형태로 초경질 공구재료에 널리 사용되고 있다. 이 cBN은 인공적으로 만든 것이며, 자연계에서는 육방정 질화붕소(hexagonal BN)으로서 존재한다. 이 hBN을 마치 그래핀처럼 한 개의 원자 층으로 분리해 낸 것을 **화이트 그래핀**이라 한다. 이것은 그래핀을 구성하는 탄소(C) 원자를 붕소(B)와 질소(N) 원자로 치환한 것으로 생각할 수 있으나, 전기는 통하지 않는다. 플랙서블 디스플레이처럼 유연한 전자기기를 개발하려면 얇고 유연한 반도체가 필요한데, 화이트 그래핀은 그래핀과 함께 이러한 차세대 반도체 재료로서 크게 주목 받고 있다.

[표 16-5] 주요한 붕화물계 세라믹 재료의 성질과 용도

물질	융점 [℃]	미소 경도	밀도 [g/cm³]	열전도도 [cal/cm·s·℃]	전기저항 [μΩ·cm]	열팽창률 [l/℃]	용 도
TiB_2	2,980	3,400	4.52	0.058(23℃) 0.1(500℃)	12~28.4 $\times10^{-6}$	8.1 $\times10^{-6}$ (25~2,000℃)	고온 베어링, 내연기관의 분사 노즐, 각종 고온 부품, 전기 접점 등
ZrB_2	3,040	2,200	6.09	0.058(23℃) 0.055~0.060 (200℃)	9.2~38.8 $\times10^{-6}$	5.5 $\times10^{-6}$ (20~1,000℃)	
HfB_2	3,060		11.2	0.026(23℃)	100~104 $\times10^{-6}$	5.3 $\times10^{-6}$ 20~1,000℃)	
TaB_2	3,000	1,700	12.6	0.033(200℃)	68~86.5 $\times10^{-6}$		
MoB_2	2,100	1,280	7.8		22.5~45 $\times10^{-6}$		
CrB_2	2,760	1,700	5.6	0.049(25℃)	21 $\times10^{-6}$	4.6 $\times10^{-6}$	
NbB_2				0.040(25℃) 0.047~0.062 (200℃)	28.4~65.5 $\times10^{-6}$		
MoB	2,180	1,570	8.8		40~50 $\times10^{-6}$		

16-2 세라믹의 성질

세라믹 재료는 그림 16-8에서 보는 바와 같이 전기자기적 특성, 광학적 특성, 열적 특성, 기계적 특성, 화학적 특성, 생체적 특성 등의 측면에 있어서 타 소재보다 뛰어나거나, 또는

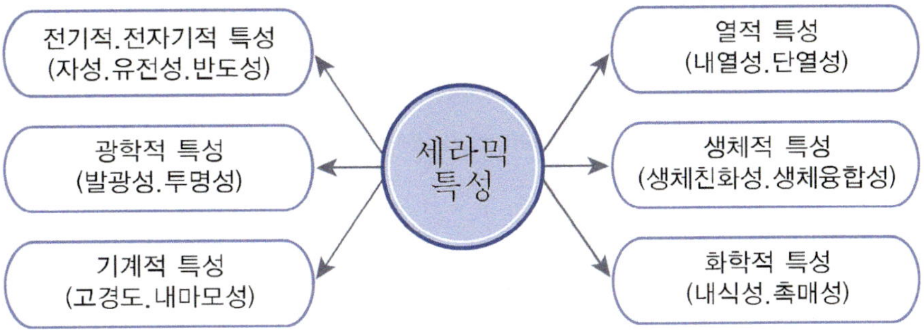

[그림 16-8] 세라믹 재료의 특성

세라믹 재료만이 보유하고 있는 독특한 특성도 많아서 오늘날 다양한 분야의 기술 발전에 크게 기여하고 있다.

16.2.1 열적 성질

세라믹 재료는 고온 안정성이 뛰어나 제트엔진 부품, TV브라운관 부품, 용접용 기구 부품, 열처리용 기기 부품, 주조용 몰드 부품 등 각종 고온용의 전기 또는 기계 부품으로 널리 사용되고 있다.

그러나 **열충격**에는 상당히 약하여, 예를 들어 유리잔에 뜨거운 물을 부으면 깨져 버린다. 이것은 급속 가열 또는 냉각 및 이에 따른 국부적인 온도차와 열팽창의 차이에 의해 큰 내부응력이 발생하게 되기 때문이다. 열충격에 대한 저항의 정도를 나타내는 값으로 열충격 저항 R과 열충격 파괴 저항계수 R'가 있다. 이들 값은 클수록 열충격에 잘 견디는데, 다음 식에서 보듯이 열팽창계수에 반비례하며, 전자의 경우는 열전도도에 비례한다.

$$R \propto \lambda\sigma/\alpha E \tag{16.1}$$

$$R' = \sigma(1-\mu)/\alpha E \tag{16.2}$$

여기서 λ는 열전도도, σ는 인장강도, α는 열팽창계수, E는 탄성계수, μ는 프와송 비(Poisson's ratio)이다.

표 16-6은 각종 세라믹 소결체의 강도와 열충격 파괴 저항계수를 표시한 것으로서, 이 중에서 석영유리, BN, Si_3N_4 등은 선팽창계수가 매우 작아 열충격 파괴에 대한 저항력이 큰 것을 알 수 있다. 특히 석영유리(quartz)는 수백도 고온에서 물에 바로 냉각하여도 깨지지 않을 정도이어서 열전대 보호관, 가열-급랭 실험용 용기 등으로 널리 사용되고 있으며,

16

그밖에 반도체 제조시 산화, 식각, 이온 주입, 화학 증착 공정에서 웨이퍼(wafer)를 보호하거나 이송용 용기로 사용되고 있다.

16.2.2 열·전기의 전도성

세라믹 재료는 이온결합 또는 공유결합 물질이므로 자유전자가 없다. 따라서 세라믹 재료는 이온에 의한 전기전도가 미약하게 있기는 하나 일반적으로는 전기 절연체 또는 반도체이며, Al_2O_3, MgO 등은 특히 절연성이 좋다. 세라믹 재료의 전기절연성은 일반적으로

[표 16-6] 각종 세라믹 재료의 인장강도, 탄성계수, 선팽창계수 및 열충격 파괴저항계수

재료	인장강도 [kg/mm^2]	탄성계수 [kg/mm^2]	선팽창계수 [℃$^{-1}$×10^{-6}]	열충격 파괴 저항계수[℃]
Al_2O_3	15	36	8.8	47
〃	35	35	8.4	113
BeO	15	31	9.0	53
MgO	9.9	21	13.5	34
스피넬($MgAl_2O_4$)	8.4	24	7.6	47
ThO_2	9.9	14	9.3	75
ZrO_2·SiO_2(지르콘)	75	1.8	5.5	55
ZrO_2(안정화)	15	17	8.3	106
TiO_2(고밀도)	12	20	8.9	63
TiO_2(기공률 17%)	8.4	11	8.8	93
TiC	14	32	7.4	60
TiN	–	37	8.4	300
BN	–	5.9	2.5	1,200
Si_3N_4	–	32	3.3	600
SiC	–	44	4.2	400
자기	7.0	7.0	6.0	167
내화벽돌	8.4	9.9	4.2	210
소다석회유리	7.0	6.7	9.0	117
석영유리	11	7.4	0.5	3,000
흑연(불침투성)	2.4	1.1	3.0	735

고온으로 갈수록 저하된다. 세라믹은 그밖에도 여러 가지 유용한 전기·전자적 특성을 갖고 있으며, 이에 따라 플렉서블 디스플레이 소재, 웨어러블 IT 소재, 스마트 센서 소재 등에 적용되어, 스마트폰 부품의 80%, 센서류 70%, 연료전지의 90% 이상을 차지하고 있다.

자유전자가 없는 것은 열전도도에도 영향을 미쳐 세라믹 재료는 일반적으로 열적 절연체이다. 그림 16-9는 각종 세라믹의 열전도도를 표시한 것으로서 금속에 비하여 그 값이 현저하게 낮음을 알 수 있다. 따라서 보온재나 단열재로서 적합한 종류가 많으며, Al_2O_3나 ZrO_2의 다공질체나 구상 중공립(球狀中空粒) 등은 고온 단열재로 유명하다.

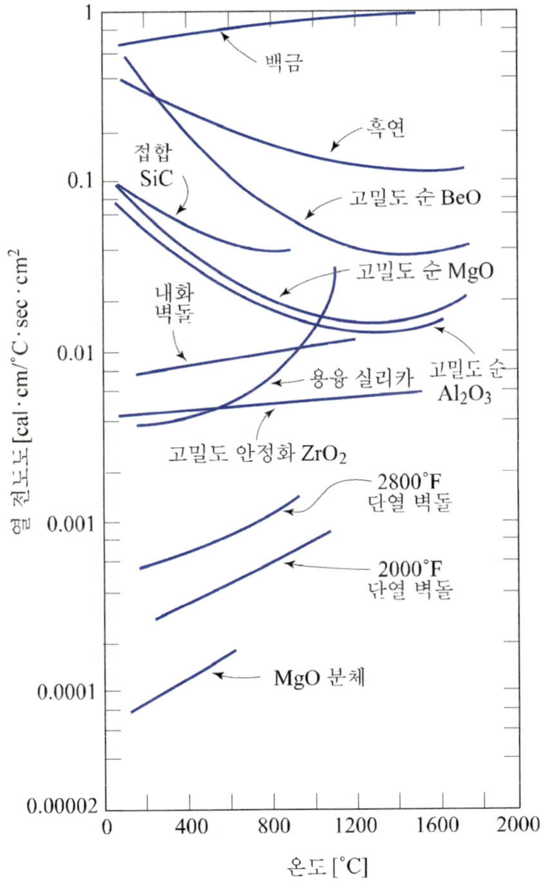

[그림 16-9] 세라믹 재료의 사용온도 영역별 열전도도[2)]

16.2.3 강도 및 경도

세라믹은 취성이 대단히 커서 소성변형을 거의 하지 않으며, 재료 내외부의 결함, 결정립계의 표면 표출부 등이 응력 집중부로 작용함으로써 균열의 발생 및 전파에 의하여 취성파괴가 일어나기 쉬우며 인장강도도 작다.

소결체의 경우는 일반적으로 입도가 미세할수록, 그리고 기공률(氣孔率, porosity)이 낮을수록 강도가 높으며, 따라서 소결조건에 따라서도 세라믹의 강도 값은 많이 달라진다. 그림 16-10은 알루미나 소결체의 기공률과 굽힘강도와의 관계를 표시한 것으로서 기공률이 높을수록 굽힙강도가 작아짐을 알 수 있다. 그리고 세라믹재료는 인장강도에 비해 압축강도가 훨씬 더 크며, 다이아몬드나 B_4C, SiC 등과 같이 결정 전체에 걸쳐 공유결합을 이루고 있는 결정체는 큰 강도를 갖는다.

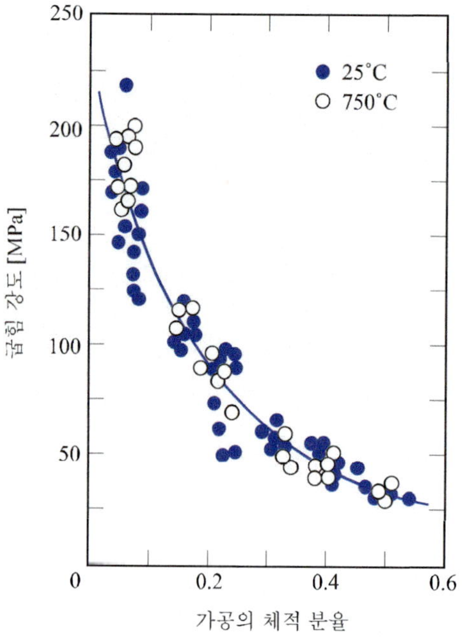

[그림 16-10] 알루미나 소결체의 기공률과 굽힘강도의 관계[3)]

그리고 세라믹 재료는 취성이 대단히 크므로 충격치는 가장 중요한 기계적 성질의 하나이다. 일반적으로 세라믹 재료의 충격 강도는 정적 강도에 비해 현저하게 작으며, 그 중에서도 이온 결정체의 경우는 특히 작다. 또한 세라믹 재료는 다이아몬드를 비롯하여 대부분 경도가 대단히 크고 내마모성도 상당히 좋다. 따라서 절삭 및 연삭공구, 펀치, 다이스, 미끄럼 마찰부품 등에 사용된다. 반면에 이렇게 높은 경도 때문에 세라믹은 취성이 크고 소성가공이 불가능하며 기계가공도 어렵다. 세라믹의 기계가공에는 통상 다이아몬드 공구를 사용한다.

16.2.4 고온강도

세라믹 재료의 상온 강도는 금속재료에 비하여 높다고 할 수는 없으나, 1,000℃ 이상에서도 큰 강도를 유지하는 특징이 있다. 그림 16-11과 그림 16-12는 각종 파인 세라믹 재료

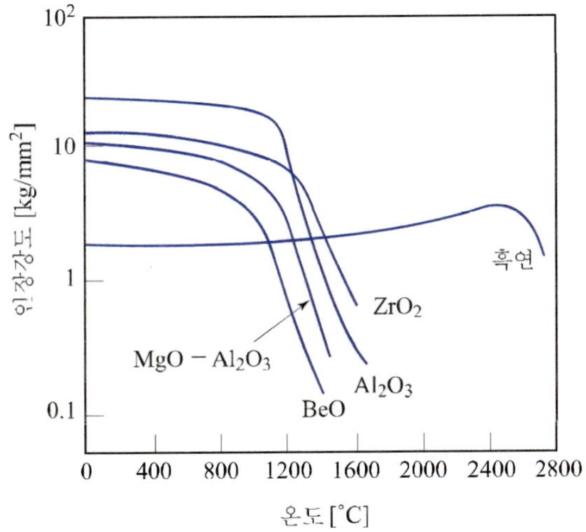

[그림 16-11] 세라믹 재료의 온도에 따른 인장강도의 변화[4)]

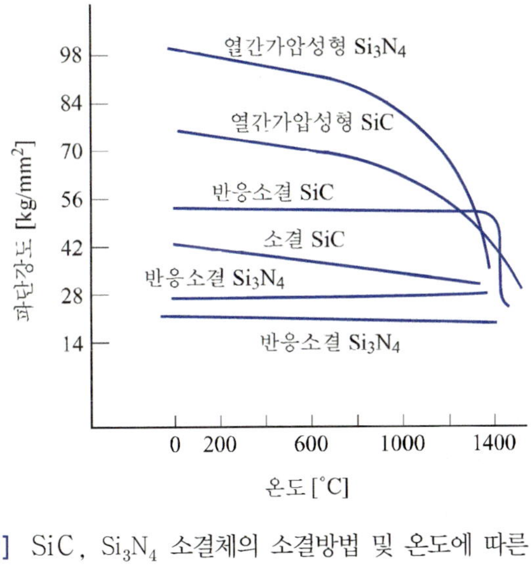

[그림 16-12] SiC, Si_3N_4 소결체의 소결방법 및 온도에 따른 강도의 변화[5)]

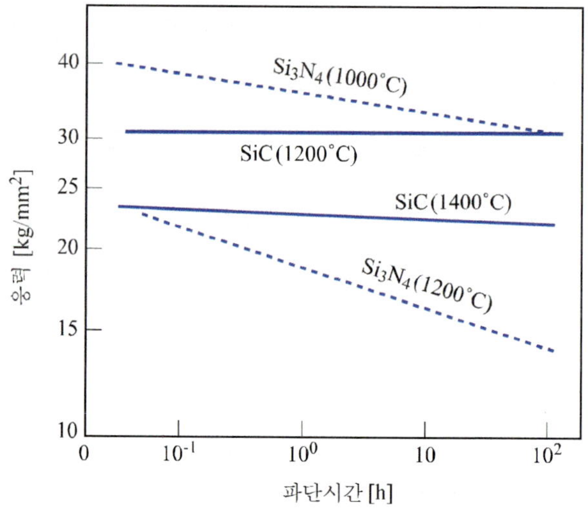

[그림 16-13] SiC, Si_3N_4 소결체(무가압 소결)의 고온 크립 파단 특성[6)]

들의 고온강도를 표시한 것이다. 세라믹 재료 중 가장 내열성이 큰 것은 흑연으로서 2,700℃ 부근까지도 거의 강도가 저하하지 않는다. 또 가스터빈 날개, 항공기 엔진부품 등에 실용화되고 있는 SiC 및 Si_3N_4 소결체는 1,300℃의 고온에서도 사용가능하다.

한편 그림 16-13은 무가압 소결한 SiC, Si_3N_4의 고온 크립파단 특성을 표시한 것으로서 고온에서도 상당히 큰 크립강도를 유지함을 알 수 있다.

16-3 세라믹 재료의 용도

세라믹 재료는 석기시대 이후, 각종 도구, 기와, 벽돌, 도자기 등의 형태로 생산되어 인류문화와 밀접한 관계를 맺어 왔다. 그러나 이들의 보통 세라믹의 용도에 관한 사항이며, 오늘날의 파인 세라믹 재료의 용도는 그 다양성과 중요성에 있어서 비교가 되지 않을 정도이다.

세라믹 재료는 강도, 경도, 내마모성 등 기계적 성질이 대단히 우수하며, 고온경도와 내산화성 및 내식성이 우수한 등 대단히 우수한 특성들을 가지고 있어서 각종 구조물로서 사용하기 위한 연구가 꾸준히 진행되어 왔다. 그러나 결정적으로 연성 및 인성이 작은 것이 결정적인 결함으로 작용하여 이러한 내열 재료, 단열 재료, 공구 재료 등을 중심으로 사용되고 있다. 그러나 세라믹 재료는 대단히 다양하고 특이한 전기·전자적 특성과 광학적 특성 등을 가진 것들이 많아 각종 전기·전자 재료 및 광학 재료에 적용되고 있으며, 또한 생

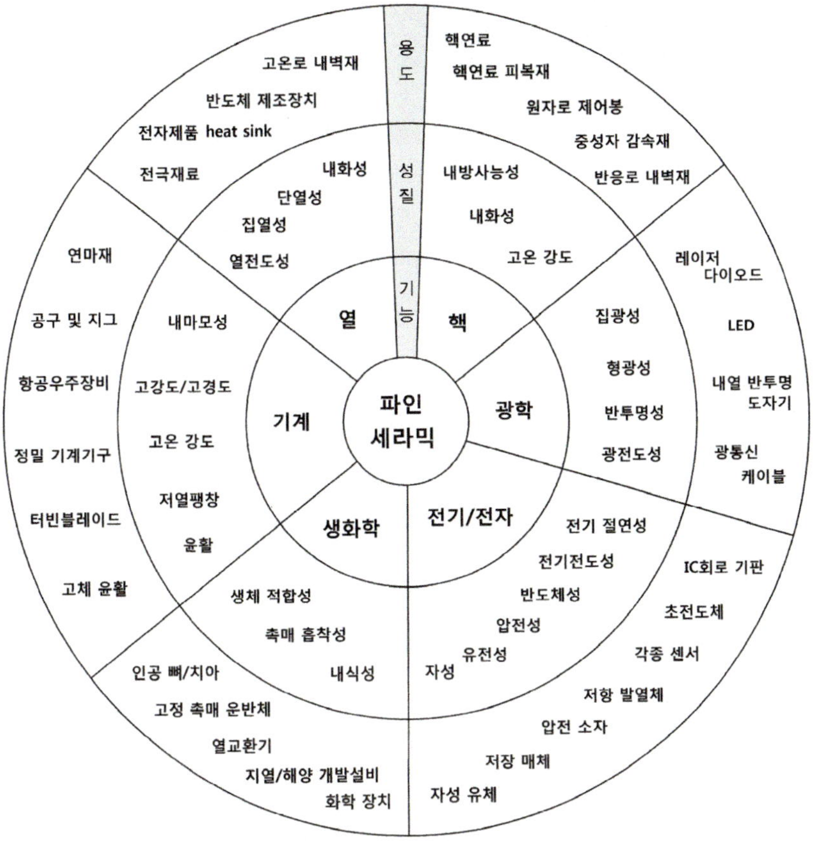

[그림 16-14] 파인세라믹 재료의 기능, 성질 및 용도[7)]

16

체적 합성이 뛰어나서 생체재료로서도 많이 사용되고 있다. 또한 높은 강도를 활용하여 복합재료용으로도 많이 사용되고 있다.

결론적으로 세라믹 재료는 구조재료보다는 각종 기능재료로서 그 활용도가 높으며, 최근의 각종 첨단 기술의 발전에 대단히 큰 기여를 하고 있다고 말할 수 있다. 그림 16-14는 파인세라믹 재료의 다양하고 폭넓은 기능과 성질 및 용도를 잘보여주고 있다.

16.3.1 엔지니어링 세라믹 재료

엔지니어링 세라믹 재료는 하중을 부담하고 형태를 유지하는 구조물 또는 그 부품에 사용되는 세라믹 재료를 말한다. 세라믹 재료는 금속에 비해 강도, 경도, 내열성, 내마모성, 내식성 등이 우수하지만, 인성과 연성이 부족하여 안전에 대한 신뢰성 부족이 가장 크고 결정적인 결함이다. 따라서 세라믹 재료는 크기가 크거나, 웬만한 크기의 충격이나 변형이 가해지는 경우 등에는 거의 사용되지 못하고 있다. 그러나 최근의 눈부신 기술의 발전에 의하여 각종 엔진 부품, 우주왕복선의 단열재, 절삭공구, 고강도용 금형, 내열 또는 내마모 라이닝 등과 같은 산업 부품은 물론 가위, 칼, 장식품 등과 같은 일반 제품에 이르기까지 그 사용 범위가 점차 확대되고 있다.

고강도용으로는 Si_3N_4, 사이얼론(Sialon), SiC, Al_2O_3, ZrO_2 등이 주로 사용되고 있으며, 이 중에서 Si_3N_4는 세라믹 재료 중에서 고온 내충격성 및 연성이 가장 큰 재료중의 하나로 알려져 있다. 세라믹 재료의 경도, 내마모성 및 고온경도가 우수한 장점을 활용하는 공구용 재료로는 제 10장에서 언급한 바와 같이 다이아몬드, CBN, Al_2O_3 등이 있다. 현재 자동차 엔진 재료로 세라믹 재료를 사용하여 열효율을 높이기 위해 많은 노력을 기울이고 있으며, 점화 플러그, 피스턴 헤드, 피스턴 링, 실린더 라이너 등으로는 현재로도 활용되고 있다. 또한 가스터빈의 터빈 블레이드와 연소실을 Si_3N_4로써 제작하여 열효율을 높이는 한편 질소 산화물 배출량을 1/10로 저감시키는데 성공하고 있다.

16.3.2 전기·전자용 세라믹 재료

세라믹 재료는 절연성(絶緣性), 반도성(半導性), 압전성(壓電性), 자성(磁性), 유전성(誘電性) 등을 이용하는 전기·전자용 기능재료로서 근래의 각종 산업기술발전에 기여하는 바가 매우 크다. 이들에 대해서는 제 18장에서 좀 더 자세히 기술하므로, 표 16-8에 대표적인 전기-전자 부품용 재료를 제시하고 여기서는 최소한으로 줄이기로 한다.

[1] 절연재와 발열재

전기기기의 절연물로는 천연재료인 운모나 석면 등이 사용되고 있으며, 유리나 자기류도 애자(碍子), 변압기 등의 절연 구조물에 이용된다. 전자기기, 특히 IC 기판 등에는 알루미나계 세라믹이 압도적으로 많이 사용된다. 한편 전기로 등에 사용되는 발열체로는 SiC, $MoSi_2$, ZrO_2 등이 사용되고 있다.

[2] 센서 재료

센서는 인간의 감각을 대신하여 외부 상황을 감지하고 이에 대응하는 신호를 출력하는 소자로서 자동제어를 위한 필수적인 요소이다. 따라서 근래 각종 공정의 자동화는 물론 자동차, 가전제품, 공해방지, 보안, 화재경보, 교통운수, 공업계측 및 제어기기 등 광범위한 영역에서 그 수요가 폭발적으로 증대하고 있으며, 표 16-7에 그 사례를 표시하였다.

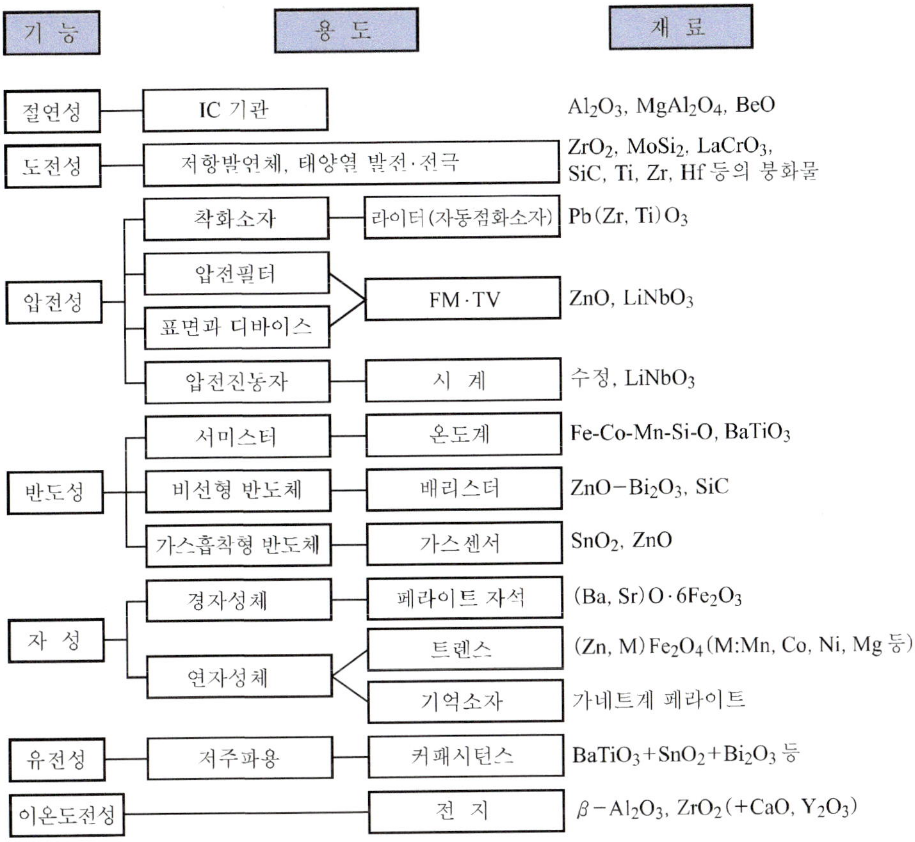

[그림 16-15] 전기전자용 재료의 기능과 용도 및 그 성분

[표 16-7] 세라믹 센서의 종류와 용도

	출력	효과		대표적인 재료	비 고
온도센서	저항효과	캐리어 농도의 효과	NTC	NiO, FeO, CoO, MnO, CoO−Al_2O_3, SiC (벌크, 두꺼운막, 박막)	온도계, bolometer
			PTC	반도성 $BaTiO_3$	과열보호 센서
		반도체-금속 상전이		VO_2, V_2O_3	온도 스위치
	자화변화	페리 자성-상자성 전이		Mn−Zn계 페라이트	온도 스위치
	기전력	산소농도 전지		안정화 지르코니아	고온내식성 농도계
		초전도 효과		Pb(TiZr)O_3, $PbTiO_3$	비접촉 온도계

[표 16-7] 세라믹 센서의 종류와 용도(계속)

	출력	효과	대표적인 재료	비 고
위치·속도센서	반사파의 파형변화	압전효과	PZT : 티탄산지르콘산납	어군탐지지, 탐상기, 혈류계
광 센서	기전력	초전도 효과	$LiNbO_3$, $LaTaO_3$, PZT, $SrTiO_3$	적외선 검출
	가시광	반stokes 법칙	LaF_3 (Yb, Fr)	검출
		파수체배 효과	압전체, $Ba_2NaNb_5O_{15}$ (BNN), $NiNbO_3$	
		형광	ZnS(Cu, Al), Y_2O_2S(Eu)	컬러 TV 브라운관
			ZnS(Cu, Al)	X선 모니터
		형광	CaF_2	열형광선량계
가스센서	저항변화	가연성 가스 접촉연소 반응열	Pt촉매/알루미나/Pt선	가연성 가스농도계, 경보기
		산화반도체의 가스 흡탈착에 의한 전하 이행	SnO_2, In_2O_3, ZnO, WO_3, $r-Fe_2O_3$, NiO, CoO, Cr_2O_3, TiO_2, $LaNiO_3$, (La, Sr)CoO_3, (Ba, Ln)TiO_3 등	가스 경보기
		가스 열전도 방열에 의한 서미스터의 온도변화	서미스터	고농도 가스용 센서
		산화물 반도체의 화학양론적 변화	TiO_2, $CoO-MgO$	자동차 배기가스 센서
	기전력	고온고체 전해질 산소농도전지	안정화 지르코니아(ZrO_2-CaO, $-MgO$, $-Y2O_3$, $-La_2O_3$ 등)	배기가스 센서 용철, 용강중 용존 산소 분석계 CO, 산소결핍, 불완전 연소센서
	전기량	coulomb 적정	안정화 지르코니아	살코기 연소 산소 센서
습도 센서	저항	흡습 이온 전도	LiCl, P_2O_5, $ZnO-Li_2O$	
		산화물 반도체	TiO_2, $LiFe_2O_4$, $MgCr_2O_4+TiO_2$, ZnO, Ni페라이트, Fe_2O_4 콜로이드	온도계
	유전률	흡습에 의한 유전률 변화	Al_2O_3	온도계
이온 센서	기전력	고체 전해질막 농도 전지	AgX, LaF_3, Ag_2S, glass박막, CdS, AgI	이온농도 센서
	저항	게이트 흡착효과 MOSFET	S_i(게이트재 H^+용 : Si_3N_4/SiO_2, S^{2-}용 : Ag_2S, X^-용 : Ag_2X, PbO	이온민감성FET (IFSET)

16.3.3 바이오 세라믹 재료

근래 바이오 세라믹 재료가 관심을 끌고 있는 것은 여러 가지 재료 중 생체적합성과 안정성이 우수하기 때문이다.

생체적합성(生體適合性)이란 생체에 이식된 재료에 대한 생체 조직의 적응성을 말한다. 대부분의 금속은 산화, 부식 등을 통하여 생체와 심하게 반응한다. 그러나 Ti합금, Co-Cr합금, STS316L 스테인레스강 등은 내식성이 좋아 생체조직과 반응을 잘 일으키지 않으므로 생체재료로 흔히 사용된다. 이러한 성질을 **생체불활성**이라 한다. 반면에 이식재료와 생체조직간의 제한된 반응이 일어나서 이식재료와 생체조직(예를 들어 뼈)가 잘 결합된다면 더욱 바람직할 것이다. 이것을 **생체활성**이라 하는데 일단 뼈와 결합한 후에는 반응이 정지되어 이식재료의 강도가 약해지는 현상이 일어나지 않는 것이 바람직하다. 그러나 가장 이상적인 것은 **생체흡수성** 재료라 할 수 있다. 이것은 이식 후 시간이 경과함에 따라 점차 녹아 없어지고 그 자리는 새로운 생체 조직으로 대체되는 것이다. 예를 들면 수술용 봉합사가 그런 것이라 할 수 있다. 또한 세라믹계로는 뼈 접합 등의 용도로 많이 사용되고 있는 인산칼슘의 일종인 수산화애퍼타이트(hydroxyapatite, $Ca_{10}(PO_4)_6(OH,F,Cl)_2$) 등이 이 부류에 속한다.

표 16-9는 이상과 같은 생체적합성에 대응하여 활용되고 있는 세라믹 재료의 사례를 표시한 것이며, 그림 16-16은 뼈와의 접착성을 향상시키기 위하여 수산화애퍼타이트를 피복한 인조 고관절의 모습을 보여주고 있다.

[표 16-8] 바이오 세라믹 재료의 종류

생체와 반응		재료의 성분
생체내 불활성	산화물	Al_2O_3, ZrO_2, $CaO-Al_2O_3$계, $Na_2O-Al_2O_3-SiO_2$계
	비산화물	카본(유리질, 열분해성, 흑연), Si_3N_4, SiC
생체내 활성	생체유리	바이오 글래스($SiO_2-Na_2O-CaO-P_2O_5$계), 세라비탈($SiO_2-CaO-Na_2O-P_2O_5-K_2O-MgO$ 계), CPSA 유리섬유 복합재($CaO-P_2O_5-SiO_2-Al_2O_3$계)
	결정화 유리	마이커 결정화 유리($SiO_2-B_2O_3-Al_2O_3-MgO-K_2O$ 계), A-W 결정화 유리($SiO_2-CaO-MgO-P_2O_5$ 계), 하이드록시 애퍼타이트($Ca_{10}(PO_4)_6(OH)_2$)
생체내 붕괴성	인산칼슘	TCP($Ca_3(PO_4)_2$), 저결정성 하이드록시애퍼타이트
	칼슘알루미네이트,	가용성 칼슘 알루미네이트($CaO-Al_2O_3$계)

[그림 16-16] 뼈와 점착성을 개선하기 위해 수산화애퍼타이트를 피복한 인조 고관절. 수산화애퍼타이트는 천연 뼈의 주된 성분임[8].

16.3.4 에너지 환경 세라믹재료

세라믹 재료는 에너지 환경 분야에서도 다른 소재로는 불가능한 에너지 생산, 에너지 절감, 에너지 저장 기능을 구현할 수 있으며, 지구 온난화, 대기, 수질오염을 개선 또는 제어할 수 있는 소재로서 차세대 단결정 기판, 산화물 연료전지, 에너지 회수, 초경량 단열 불연 패널, 친환경 활성 세라믹 필터, 스마트 유리 코팅막 등 다양한 분야에 활용되고 있다.

[표 16-9] 에너지 환경 세라믹 재료의 활용 분야

활용 분야	주요 내용
차세대 단결정 기판	- 고성능, 극소형 디바이스 구현 - 전력반도체 및 광전소자용 고효율 판소재
산화물 연료전지	- 친환경 고효율, 대체에너지 실현 - 기존 화석연료 대체로 CO_2 무방출
에너지 회수	- 에너지 절약 및 친환경 에너지 구현 - 폐열, 체온, 진동을 전기로 변환
초경량 단열 불연 패널	- 에너지 절감, 화재예방 실현 - 단열 극대화 및 화재 위험 제거
친환경 활성 세라믹 필터	- 환경오염 개선 및 수자원 확보 - 오염물질 차단 및 해수의 담수화 탁월
스마트 유리 코팅	- 에너지효율 극대화, 편리성 구현 - 유리 위 코팅으로 디스플레이 가능

16-4 세라믹의 제조

세라믹 재료는 기본적으로는 ① 분말 제조 과정, ② 성형시 분말간의 결합과 윤활을 도우기 위한 성형 보조재를 첨가하여 균일하게 혼합하는 혼련 과정, ③ 형틀 중에 넣고 가압하여 소정 형태의 **압분체**(壓粉體)로 만드는 성형 과정, ④ 고온에서 가열하여 분말간의 결합을 강화하는 **소결** 과정을 거쳐 제조한다. 소결과정에서는 원자나 이온의 확산에 의해 분체 입자가 서로 밀착 및 결합하여 큰 입자로 되며, 동시에 압분체 내의 빈 공간은 축소되어 간다. 이렇게 소결과정에서는 기공의 감소가 일어나므로 전체적인 치수의 수축이 일어나며, 따라서 설계 및 제조시 이를 적절하게 감안해야 한다. 소결체의 기공률은 0~70%의 범위이며, 기공률 0%의 치밀한 제품을 얻기 위해서는 대단히 높은 성형압력이 필요하다.

한편 금속의 경우도 W, Nb 등과 같이 용융점이 높거나, 오일리스 베어링, 알루미늄 분말 소결체, TD-Ni 등의 기계적 합금과 같이 다른 방법으로는 제조가 불가능한 경우 등에 이 방법이 적용된다. 금속의 분말제조로 부터 제품완성에 이르기까지의 전 과정을 **분말야금**(粉末冶金, powder metallurgy)이라 하며, 이 말은 세라믹 재료에도 적용되고 있다.

16.4.1 분체의 제조와 성형

파인 세라믹 제조용 원료 분말의 크기는 지름 1 μm~1 mm 정도이다. 분말의 크기, 모양, 표면상태 등은 소결특성이나 소결체의 성질 등에 큰 영향을 미치며, 이러한 인자들은 분말의 제조방법에 의해 거의 결정된다. 분말 제조법으로는 표 16-10에 표시된 바와 같이 기계적인 방법과 화학적인 방법이 있다.

제조된 분말은 그림 16-16의 (a)~(d)에 표시된 공정에 의해 압분체(壓粉體)로 만들어지며, 이어서 소결 공정으로 이어진다. 압분체는 분말을 스테아린산(stearic acid), 왁스, 전분, 폴리비닐 알콜 등을 윤활제로 첨가하고 잘 혼련한 다음 초경합금이나 강철제 금형중에 넣어 가압 성형하는 것이 일반적이다. 그러나 이러한 **압축성형법**으로 제조한 압분체는 밀도가 균일하지 못하므로 이를 개선하고자 하거나 복잡한 형상을 만들기 위하여 정수압법이나 사출성형법, 주입법(slip casting) 등을 적용하기도 한다.

[표 16-10] 분말 제조법

분말제조법		주된 제조
기계적 분쇄법	기계적 파쇄	Fe, Cu, Al, Sn, 주철
	분무	Fe, Cu, Al, Al_2O_3, ZrO_2
	피분쇄물 충돌	W, Fe_3O_4, PbO
화학반응에 의한 제분법	전해석출	Cu, Pt, Ag, Pb, Mu, Cr
	침전석출	Pt, Ag, Fe_2O_8, Mn, Fe_2O_3
	열분해	Fe_2O_3, Al_2O_3, Fe, Ni
	증발응축	ZnO, Zn, Al, Mg
	환원	W, Mo, Fe, Co

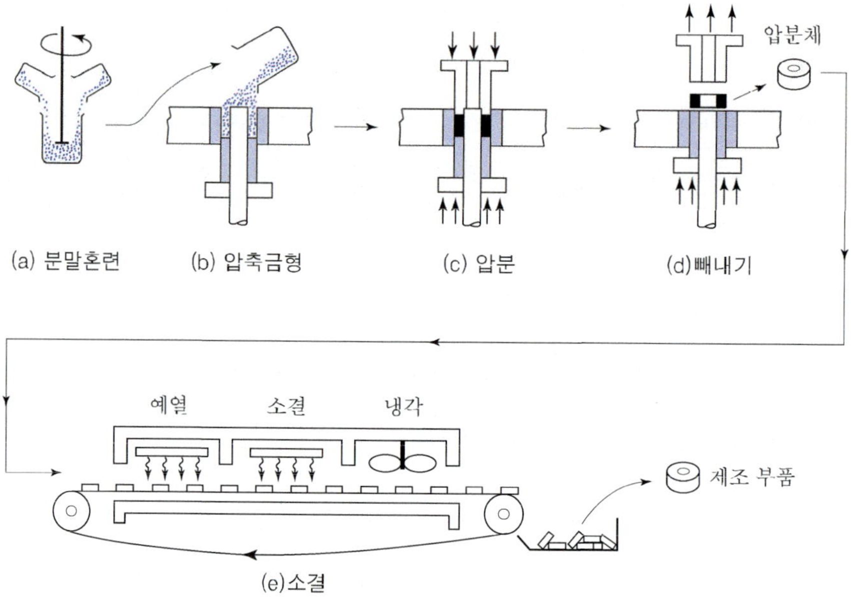

[그림 16-17] 소결체의 제조 과정. 윗부분은 압분체 제조 과정, 아래 부분은 상압소결 과정을 표시함

[1] 정수압법(靜水壓法, isostatic pressing)

압분체 전체에 걸쳐 균일한 밀도를 얻기 위한 방법으로서, 분말은 네오프렌 고무, 우레탄, PVC 등으로 만든 용기중에 넣어 액체(주로 물)로 채워진 통 안에서 수압(水壓, 400Mpa 내외)에 의해 가압 성형하는 방법이다. 자동차 플러그의 절연부(도자기)나 Si_3N_4제 고온용 터빈 등의 날개 등의 제조에 적용하는데, 상온에서 이에 비하여 상온에서 가압하므로 이것을 **냉간 정수압법**(冷間靜水壓法, cold isostatic pressing, CIP)이라 한다.

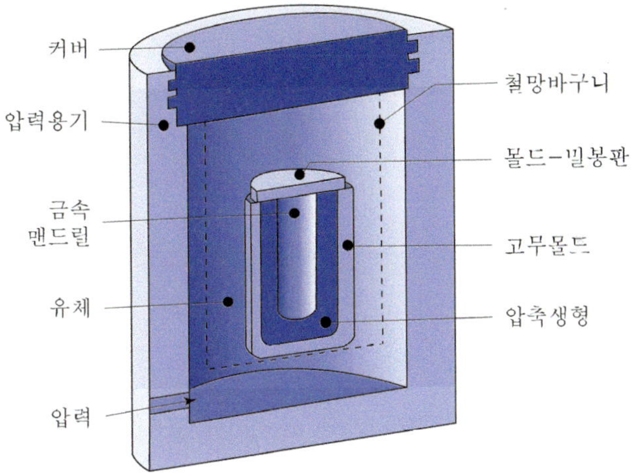

[그림 16-18] 냉간정수압법의 모식도

이에 비해 분체를 담는 용기를 고온용 금속 판재를 사용하고 압력 매체로서 불활성가스나 유리질 재료를 사용하여 100Mpa 정도로 가압하면서 1,100℃ 정도의 고온으로 가열하여 성형과 소결을 동시에 시행하는 방법도 있는데, 이것을 **열간 정수압법**(熱間靜水壓法, hot isostatic pressing, HIP)이라 한다.

[2] 사출성형법

세라믹 사출 성형법(ceramics injection molding, CIM)은 로켓 엔진 부품, 압전(壓電) 스캐너, 초음파 메스와 같은 의료기기 등의 정밀 성형에 적용한다. 분말을 접합재(PP, LDPE, 에틸렌 비닐 아세테이트, 왁스 등의 열가소성수지)와 잘 혼련한 후 마치 폴리머 재료처럼 사출 성형(그림 15-31 참고)한 다음 소결하는데, 접합재는 소결시 열분해된다. 주로 Al_2O_3, ZrO_2, Si_3N_4, SiC 등의 파인세라믹 제품에 적용하며, 두께가 10~15 mm 이상인 경우에는 내부 기공, 균열, 수축 등이 발생하기 쉬우므로 세심한 대비책이 요구된다.

[3] 주입 성형법(slip casting)

슬립이란 세라믹 입자를 액상(주로 물)과 혼합한 묽은 반죽과 같은 상태의 현탁액(懸濁液)을 말한다. 그림 16-19에 표시한 바와 같이 다공질의 주형중에 현탁액을 채워 넣으면, 주형에 접한 부분의 수분이 먼저 주형속으로 스며 나가면서 이 부분이 굳어지는데, 이 때 거꾸로 들면 나머지 현탁액이 제거되어 속이 빈 형태로 성형할 수 있다. 배관 자재, 예술 작품, 식기 등 크기가 크고 복잡한 형상의 제품 제조에 적용되며 금속의 제조에도 사용되고 있는데, 치수 정밀도가 낮고, 속도가 더딘 반면 주형과 설비비가 적게 드는 장점이 있다.

16

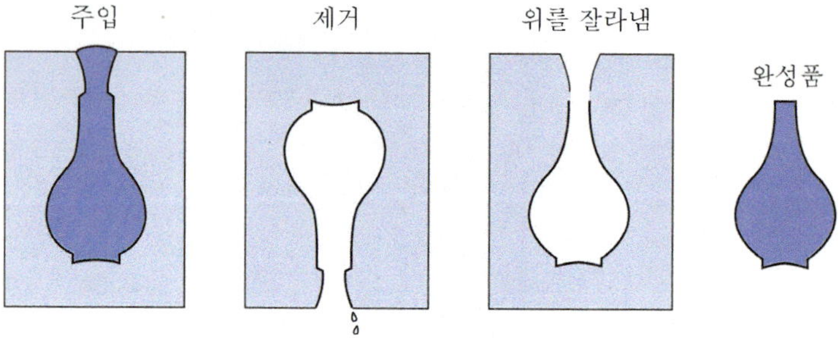

[그림 16-19] 주입법(slip casting) 공정의 모식도

한편 분체 성형법은 그 특성에 따라 그림 16-20에 표시한 바와 같이 성형 가능한 크기나 형상의 복잡성에 제한이 있으며, 소결체의 기계적 성질에도 영향을 미친다.

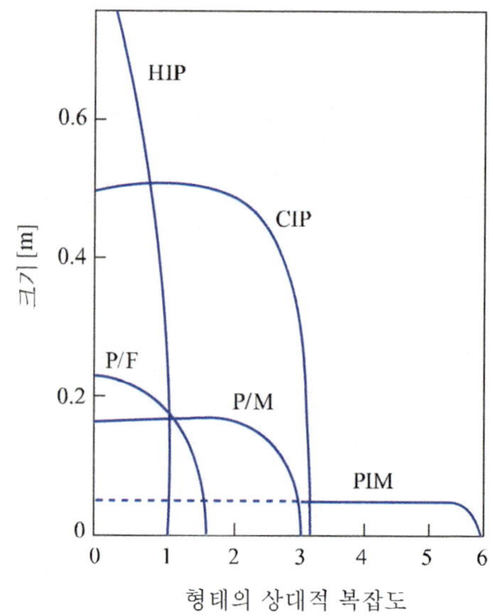

[그림 16-20] 압분체 성형법에 따른 크기와 형상의 복잡도의 범위[10)]

16.4.2 소결

대부분의 파인 세라믹 재료나, 고융점 금속은 고체분말 상호간의 원자 확산에 의해 서로 결합되는 **고상소결**(固相燒結)에 의하여 제조된다. 이에 비하여 WC-Cu, 접점재료 등의 경우는, 혼합된 분체 중 어느 한 가지의 용융 온도 이상으로 가열하여 액상 상태로 만들어 소결하는 **액상소결**(液狀燒結)을 실시한다. 액상소결한 재료는 충전율이 대단히 높은 장점이 있다. 고상소결에서는 수축률이 크며, 충전율을 높이기 위해서는 높은 성형압력과 함께 장시

간의 가열이 필요하다. 소결온도는 소결성에 따라 크게 다르나 대개 1,200~1,800℃이며, 도기(陶器)의 기공률은 10~15%, 자기(磁器)의 기공률은 3% 정도이다.

도자기, 내화벽돌을 비롯한 각종 보통 세라믹의 경우는 고상소결이나 액상소결과는 달리 가열에 의하여 용융된 소량의 유리질의 규산염(silicate)이 나머지 고체분말 입자들을 결합하는 역할을 한다. 이때 결정질의 규산염 입자와 그 주변의 유리질 규산염은 원자구조가 서로 연결되므로 대단히 강하게 결합되며, 이러한 소결을 **점성소결**(粘性燒結)이라 한다.

그림 16-21은 Ni 분말이 소결되어가는 양상을 나타낸 전자현미경 사진으로서 소결시간이 더 긴 그림 (d)의 경우는 그림 (a)나 (c)에 비해 기공이 더 작아지고 입자들간에는 더 많이 결합되었음을 볼 수 있다.

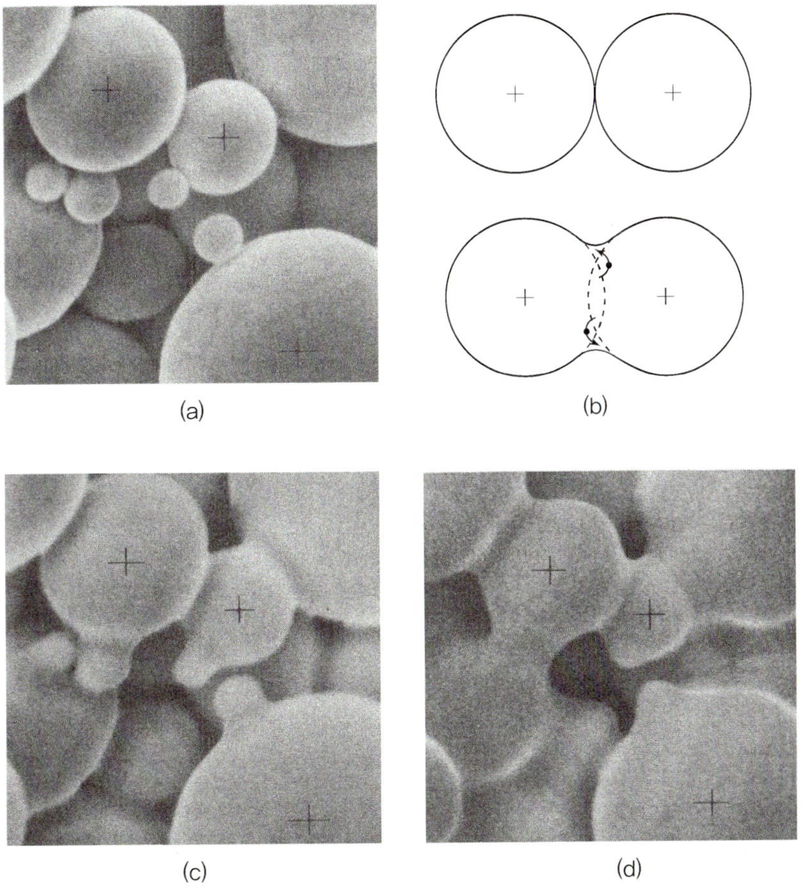

[그림 16-21] Ni 분말의 소결 과정. (a)는 분말 상태, (c), (d)는 1,100 및 1,200℃에서 약 1시간 가열한 상태이며, (b)는 원자 확산에 의한 분말간의 연결 및 이로 인한 수축을 보여주는 모식도[9)]

16

한편 소결방법으로는 상압소결법(常壓燒結法), 열간가압소결법(熱間加壓燒結法), 반응소결법(反應燒結法)이 가장 널리 사용되며, 이밖에 열간정수압법(熱間靜水壓法, hot isostatic pressing), 화학증착법(化學烝着法) 등이 있다.

[1] 상압소결법(常壓燒結法)

원료 분체를 성형한 후 대기압 상태에서 소성(燒成)하는 방법으로서 무가압소결법(無加壓燒結法)이라고도 한다. 현재 가장 많이 적용되고 있는 소결법으로서 Al_2O_3, SiC, Si_3N_4 등의 제조에 적용된다. 복잡한 형태의 제품도 제조가능하며 다량생산에 적당하나, 소성시 10~20%의 큰 수축이 일어나므로 정밀한 제품에 대해서는 기계가공이 필요한 단점이 있다.

[2] 열간가압소결법(熱間加壓燒結法)

열간가압소결법은 탄소 또는 알루미나제의 형틀 중에 원료 분말을 넣고 가열 및 가압하여 세라믹의 성형과 소결이 동시에 진행되게 하는 방법으로서 hot press법이라고도 한다. 무가압소결법에 비해 낮은 온도에서 치밀하고 강도가 큰 제품을 얻을 수 있는 장점이 있지만, 복잡한 모양의 제품은 만들기 어렵다.

[3] 반응소결법(反應燒結法)

Si_3N_4의 제조과정을 예로 들어보자. 그림 16-22에 표시한 바와 같이 먼저 Si 분말의 성형체를 진공 또는 질소가스 중에서 1,180~1,200℃로 예비가열하여 어느 정도의 기계적 강도를 갖게 한 다음 기계가공하여 정확한 치수로 마무리 가공한다. 이것을 질소 가스 중에서 1,400℃ 정도로 가열하여 질화처리하면 Si_3N_4 소결제품이 얻어진다. 이 경우는 소결에 의한 수축이 거의 없으므로 복잡한 모양이나 정밀한 치수의 제품을 만들 수 있다. 그러나 소결체의 충전률이 낮으므로 강도는 다른 방법에 비하여 비교적 작다.

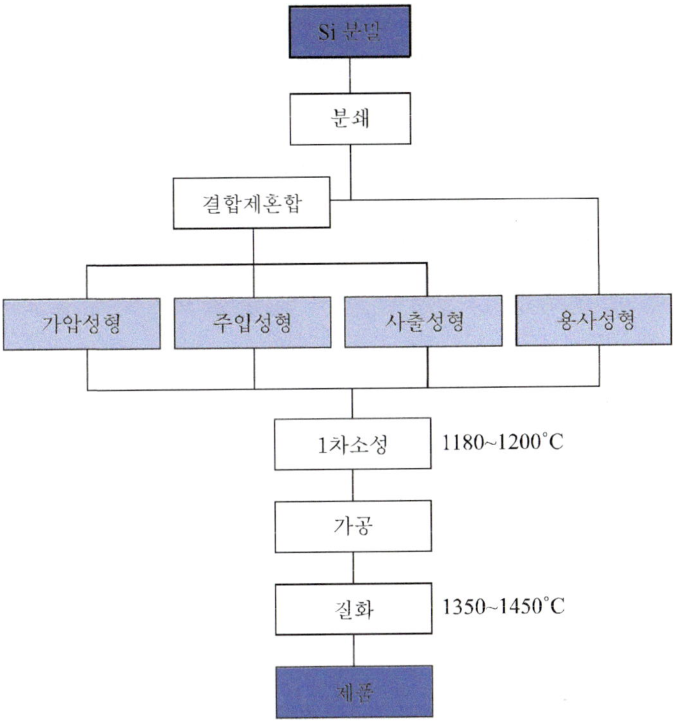

[그림 16-22] 반응소결에 의한 Si_3N_4의 제조공정

참고문헌

1) GTE Wesgo Division

2) W. D. Kingery, H. K. Bowen and D. R. Uhlmann, "Introduction to Ceramics"

3) R. L. Coble and W. D. Kimgery, J. Am. Ceram. Soc., vol. 39, (1956), p.377

4) 佐多敏之, 田中良平, 西岡篤夫, 工業材料, (1974), 森北出版

5) ニーュセラミックス懇談會編, ニーュセラミックス, (1979), 日刊工業社

6) 小野拓郎, 高强度セラミック開發の現狀と將來への展望, 日本機械學會誌vol. 86, (1983), p.26

7) 일본 정부 통상산업부 파인세라믹국 자료를 바탕으로 재작성함

8) Osteonics, Allendale, NJ. 제공

9) R. M. Fulrath, Inorganic Materials Research Division of the Lawrance Radiation Laboratory, University of California, Berkely

10) Metal Powder Industries Federation

제 17 장 복합재료

Introduction to Engineering Materials

복합재료는 둘 이상의 명확히 구분되는 서로 다른 재료가 거시적으로 결합되어 있는 혼합체이다. 따라서 철근 콘크리트는 복합재료라 할 수 있다. 그러나 철강재료의 펄라이트 조직은 페라이트와 탄화물이 혼합되어 있지만, 서로 따로 제조된 것이 아니라 동일 공정에 의해 생성된 것이므로 복합재료로 볼 수 없다. 복합재료는 주로 강도의 향상을 목적으로 하는데, **강화재**(强化材, reinforcing material)와 **모재**(母材, matrix material)로 구성된다. 전자는 대부분의 하중을 부담하는 역할을 하며, 후자는 강화재를 서로 결합하고 보호할 뿐 아니라 기본적인 형태를 유지하는 연속적인 구조를 가지고 있다.

복합재료는 제 1장에서 언급한 바와 같이 강화재의 복합 형태에 따라 **입자복합**, **섬유복합** 및 **적층복합**으로 나눌 수 있다.

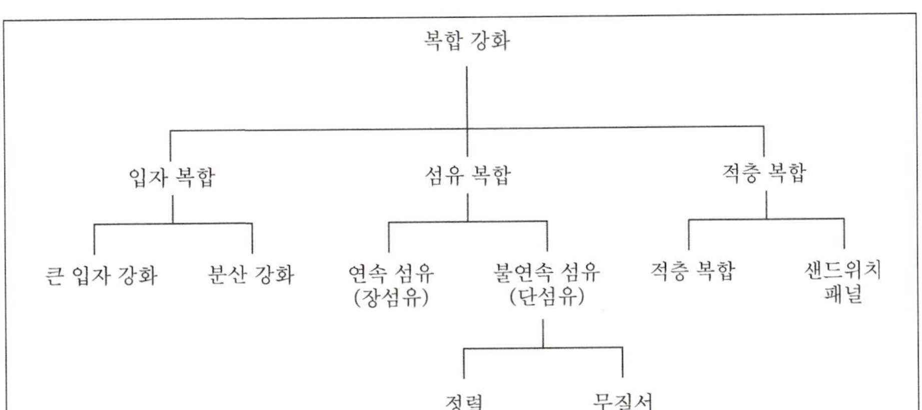

[그림 17-1] 복합재료의 분류

복합재료는 구성 물질의 독특한 기계적·물리적·화학적 성질이 상호 보완적으로 작용함으로써 단일 재료로는 얻기 어려운 우수한 특성을 가지게 되므로 특히 **비강성**(比剛性=탄성계수/밀도) 및 **비강도**(比强度=강도/밀도)가 크기 때문에, 중량 감소에 의한 에너지 절감 측면은 물론 높은 강도 및 강성의 측면에서도 오늘날의 제품 설계의 고도화에 크게 기여하고 있다. 이에 따라 기계 및 구조물이나 우주·항공기, 자동차, 스포츠용품, 전기전자 제품, 고층 건축물, 군수용품 등의 재료로서 그 응용 범위와 사용량이 날로 확대되고 있다. 그림 17-2는 보잉787에 사용된 재료의 종류와 중량비를 보여 주고 있는데, 보잉 777(1995년 항공사에 인도 개시) 개발시 12%(알루미늄 50%)를 차지하던 복합재료가 보잉 787(2011년 공급 개시)에서는 50%(알루미늄 20%)로 급격히 증가되었다.

복합재료의 기계적 성질은 강화재와 모재의 특성, 분산상의 배열 방식과 분포도, 분산상과 모재간의 접착 상태(계면 강도) 등에 따라 크게 달라진다. 복합재료의 강화는 대부분 전위 이동의 억제와는 관련성이 없으며(분산강화의 경우는 예외임), 강한 강화재가 하중을 부담하여 모재의 변형을 경감시킴으로써 강화 효과를 내는 것이다. 따라서 대부분의 복합재료는 자동차 타이어나 고무 로프에 강철선이나 섬유를 복합한 것과 같이 연성과 인성이 큰 모재에 강도가 큰 강화재가 복합된 것이다.

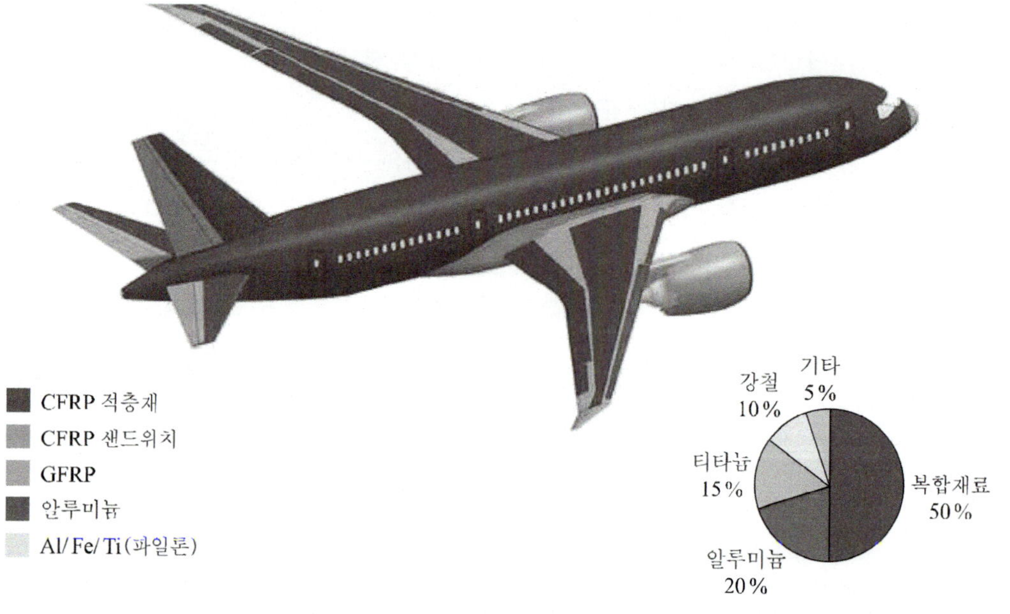

[그림 17-2] 보잉 787에 사용된 재료의 종류별 적용 비율[1)]

한편 복합재료는 이러한 강도 측면 이외에 각종 클래드재처럼 내식성 보완을 목적으로 하거나, **바이메탈**(bimetal)처럼 열팽창계수의 차이를 이용하는 경우도 있으며, 그 밖에 내열성, 내마모성, 차음성 및 제진성, 전자파 흡수 등의 다양한 성질을 목적으로 하고 있다. 그림 17-3 (a)는 정전기를 해소하기 위한 도전성 매트로서 비닐수지에 카본블랙을 복합하여 제조하며, 병기고, 전산실, 화학 플랜트 등에 사용되며, 그림 17-3 (b)는 고무자석으로서 고무의 유연성과 자성을 겸비함으로써 냉장고 문 등에 사용되고 있다. 표 17-1은 이러한 특수한 목적의 복합재료의 사례를 예시한 것이다. 그 밖에 복합재 중에는 목재, 동물의 뼈나 근육 등과 같은 천연적인 것도 있다. 그러나 일반적인 의미에서의 복합재료는 주로 강화를 목적으로 하여 인공적으로 복합한 재료를 말하며, 이 책에서도 이 경우를 중심으로 기술한다.

(a) (b)

[그림 17-3] 특수 목적 복합재료의 사례. (a) 도전성 매트 - 비닐수지와 카본블랙을 복합. (b) 고무 자석 - 고무와 자성체 입자를 복합

[표 17-1] 복합재료의 예

기능		대표적인 조합	용 도
역학	내마모성	C/C, Al_2O_3/Al	항공기 브레이크, 자동차 엔진 부품
	진동 흡수	CFRP, GFRP, CFRP/AFRP*) 페라이트/에폭시	리프 스프링, 우주용 대형구조 제진대
	인성	$SiCw/Al_2O_3$**), $SiCw/Si_3N_4$	구조용 세라믹 부품
열	치수 안정성	CFRP/AFRP	우주용 안테나 기기, 타이밍 벨트
	열팽창 제어	C/Cu	반도체 전극
	열변형, 열응력	Ni-Mn-Fe/42Ni-Fe	바이메탈
	단열	폼(foam)재, 매트재	단열재, 노벽
	열차단	ZrO_2/MCrAlY/단열재료***)	가스 터빈의 노즐 및 블레이드

17

[표 17-1] 복합재료의 예 (계 속)

기능		대표적인 조합	용 도
전기	절연성 초전도재료 비직선 저항성 전자파 투과성 전자파 흡수능 전자파 반사능 전자파 실드	AFRP Nb−Ti, Nb_3Sn/Cu ZnO/Bi_2O_3 GFRP 페라이트/고무 CFRP 도전 필러/ABS	중전기기, 절연판, 프린트 기판 초전도 자석 배리스터(varister) 레이돔(radome) 반사방지 도료 안테나 전자기기 하우징
자기	자기 에너지 축적 고주파 저철손 자기기록	강자성 결정/비자성체 철분/절연물 Ba 페라이트/유기 테이프	영구자석 리액터(reactor) 철심 수직 자기기록용 디스크/테이프
광학	투광성 광자기 효과	석영 파이버(코아+클래드) GdCo막, TbFe막	광섬유 기록재료
화학	내식성	GFRP C/C Li_2SAl_2/$LiCO_3$	내화학 약품용기, 탱크 인산형 연료전기 전극 전해질 타일
생체	생체적합성	C/C 세라믹스	치과재료 인공 뼈
방사능	X선 투과 X선 차단 중성자 흡수	CFRP Pb 직포 Hf/스테인리스강	X선용 베드, 필름 카세트 방호복, 커버 제어봉

* A : 아라미드(Aramid), ** SiCw : SiC 위스커, ***) M : 금속원소

17-1 입자복합재료

입자 복합강화는 **분산강화**(dispersion strengthening)와 **큰 입자 복합강화**(large particle composite)로 나눌 수 있다.

분산강화 복합재료는 제 5-4절에서 논한 바와 같이 TD-Ni과 알루미늄 분말 소결체가 그 대표적인 예로서, 지름 0.01~0.1 μm 크기의 미세한 입자가 바탕 재질과의 상호작용에 의해 원자나 분자 수준의 강화에 기여한다. 분산강화는 석출강화와 마찬가지로 하중은 기지조직이 부담하고 미소한 분산 입자들은 전위의 이동을 방해함으로써 강도를 높이는 것이다. 분산강화와는 달리 큰 입자 강화는 전위의 이동과는 무관하며, 입자 자체가 하중을 부담하는

등의 직접적인 역할을 하여 복합체 내에서 차지하는 부피 비율이 복합체 전체의 기계적 성질에 영향을 미친다.

고무의 경우는 카본 블랙*[1])이 거의 유일한 사례로서 자동차 타이어(그림 1-4 참고)의 경우 15~30% 첨가되는데 20~50 nm 정도로 극히 미소한 입자라야 한다. 카본 블랙은 고무의 분자와 매우 강한 결합을 하는데, 실리카와 같은 경우는 그렇지 못하므로 이만한 효과를 얻을 수 없다.

큰 입자 복합재료는 분산강화와는 달리 전위의 이동이나 원자 또는 분자 수준의 강화와는 무관하며. 외부에서 가해지는 하중의 상당 부분을 강화입자가 직접 분담함으로써 강화에 기여하는 형태이다. 따라서 입자들이 복합체내에서 차지하는 부피 비율이 전체의 기계적 성질에 크게 영향을 미친다. 이 경우 강화 입자의 크기는 1 μm 이상이고 복합 비율도 부피 비율로 25% 이상[2])인 경우가 일반적이어서 앞서 언급한 분산강화의 그것과 대비된다. 이러한 재료의 전형적인 예로는 초경합금과 콘크리트 등이 있다.

초경합금은 그림 10-11에서 보는 바와 같이 WC와 Co 입자를 복합한 공구재료로서 WC 입자는 뛰어난 고온경도와 내마모성을 가지게 하며, 결합재인 Co는 뛰어난 내열성과 함께 WC의 취성을 보완하고 인성을 확보하는 역할을 한다. 그 결과 초경합금은 경한 재료를 절삭할 때 발생하는 고온의 마찰열과 심한 마모 및 충격에도 잘 견디어, 어느 한 쪽 성분만으로는 얻을 수 없는 좋은 절삭 성능을 가진다. 콘크리트(concrete) 또한 큰 입자복합재료의 좋은 사례로서 시멘트에 부피비로 60~80% 정도의 모래와 자갈을 혼합한 후 물과 함께 충분히 혼련이 하여 양생하면 시멘트만으로는 도저히 얻을 수 없는 높은 강도를 얻게 된다. 폴리머 재료의 경우도 여러가지 재질을 입자 형태로 첨가하여 강화하는데, 운모나 실리카, $CaSO_4$ 등이 그러한 예이다.

이렇게 복합재료는 강도를 높이는 경우가 대부분이지만, 이와는 달리 취성이 큰 재료의 연성을 높이는 경우도 있다. 예를 들어 폴리스티렌 등과 같은 경우는 고무를 첨가하면 강도는 다소 저하되지만 연성과 인성을 향상시킬 수 있다[3]). 그림 17-4는 ABS수지의 현미경조직 사진과 균열의 전파시 고무입자에 의한 파괴인성의 증대 효과를 보여주는 모식도이다. 그림 (b)에서 보는 바와 같이 균열이 성장하다가 고무 입자를 만나면 고무 입자가 스프링 같은 역할을 하면서 균열을 낮게 닫아 균열의 성장에 더 큰 응력이 소요되도록 함으로써 파괴인성을 높인다.

---

1) 카본 블랙은 천연가스나 기름을 공기 공급이 제한된 대기상태에서 연소될 때 생성되는 매우 작은 탄소 입자로 구성되어 있다.

17

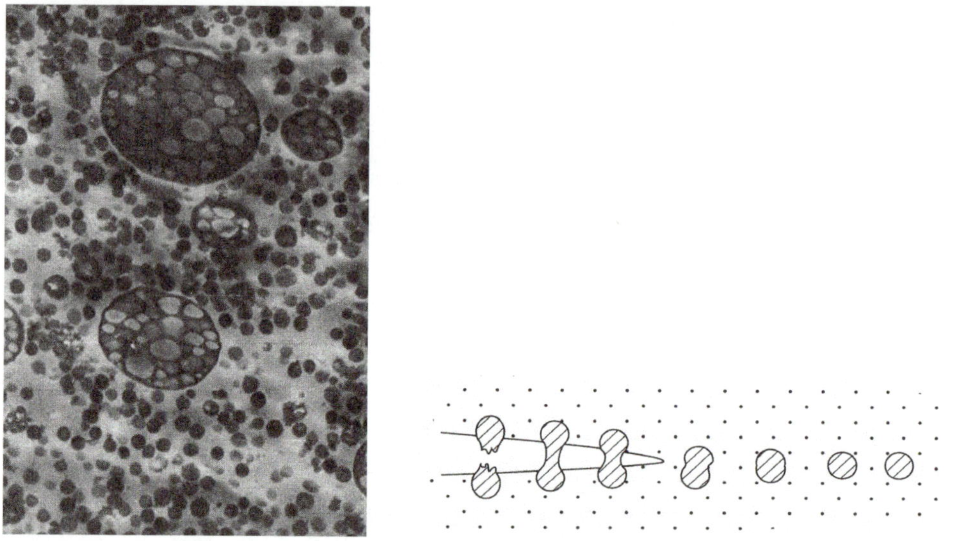

(a) (b)

[그림 17-4] (a) SAN 기지(밝은 바탕 부분) 중에 고무 입자가 분산분포된 ABS 수지[4].
(b) ABS 수지의 균열 성장에 있어서의 고무 입자에 의한 파괴인성의 증대

17-2 섬유 복합재료

섬유 복합재료는 기지재에 섬유를 복합하여 여러 가지 특성(주로 강도)을 향상시킨 것이다. 예를 들면 자동차 타이어는 그림 17-5에 표시한 것처럼 고무 타이어 속에 강철 선, 나일론 등의 섬유를 복합하여 강도를 향상시킨다.

철근 콘크리트도 철근을 긴 봉, 선, 망 및 격자의 형태로 복합한 섬유복합재료로 볼 수 있는데, 특이하게도 강한 바탕에 연한 섬유를 사용하여 강도보다는 연성의 향상이 주목적이다. 그리고 철근 외에 유리, 나일론, 폴리에틸렌 등의 고탄성 섬유를 사용하여 강도 외에 기후변화나 수분 침투에 의한 균열 등에 대한 저항력 향상을 목적으로 하기도 한다. 그런데 이 때 철근을 양쪽에서 잡아당겨(그림 17-6) 탄성변형된 상태에서 타설 및 양생한 후 외력을 제거하면, 철근의 수축력 때문에 콘크리트에 압축 잔류응력이 형성됨으로써 전체 구조물의 인장강도가 크게 향상된다. 이것을 **프리스트레스트 콘크리트**(prestressed concrete)라 하며, 미리 일정 규격으로 제작하여 고속도로나 철도의 교량 등에 사용한다.

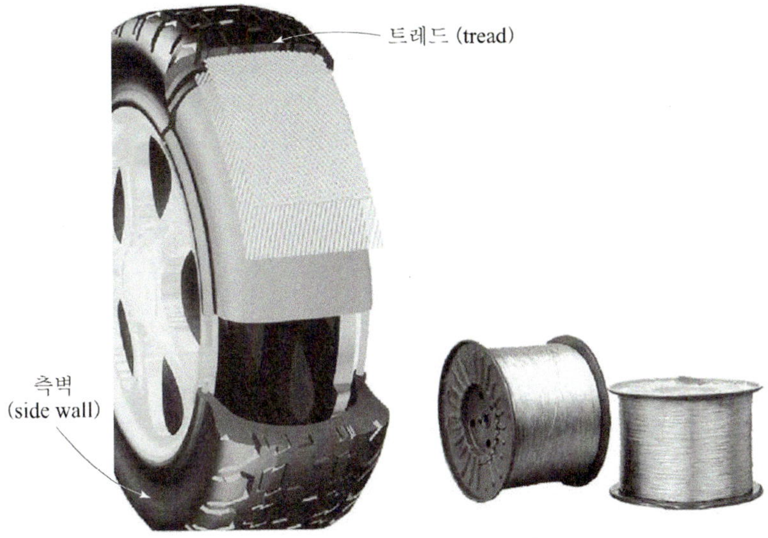

[그림 17-5] 자동차 타이어의 내부구조와 스틸 코드. 트레드 부위 내부에는 스틸 코드를 사용하여 보강하며, 측벽 부분은 승차감을 위해 나일론, 레이온, 폴리에스터 등의 코드를 사용함[5)]

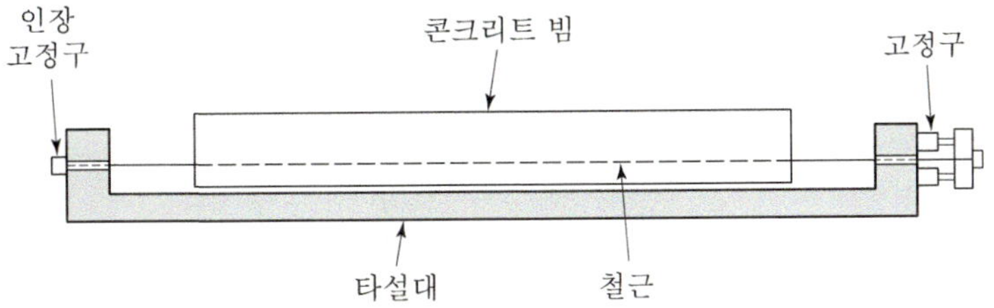

[그림 17-6] 프리트레스스트 콘크리트의 제조. 철근을 강하게 잡아 당겨 콘크리트 타설 및 양생하면 콘크리트에 압축잔류응력이 형성.

한편 섬유 복합재료의 대부분은 **섬유강화 플라스틱** 즉, FRP(fiber reinforced plastics)가 차지하며, 따라서 이 절에서는 이것을 중심으로 고찰하고자 한다.

플라스틱은 가볍고 내식성이 좋은 등의 장점이 있지만, 강도, 치수 안정성, 내열성 등이 좋지 못하여 구조재료로서는 성능이 떨어진다. 이것을 보완하기 위해 플라스틱에 섬유 강화재를 복합한 것이 FRP이다. FRP는 플라스틱 재료의 여러 가지 약점을 보완해줄 수 있고, 가볍고 강하므로 테니스 라켓, 헬멧, 욕조, 물탱크, 각종 기계부품, 화학기계 장치, 요트, 자동차, 항공기 등의 구조재료서 널리 사용되고 있다.

FRP는 일반적으로 연한 모재(母材)에 강도나 탄성이 큰 섬유를 복합한다. 이 때 외력은 강화섬유가 전부 부담하며, 모재는 외력을 섬유에 전달하는 한편 섬유가 손상되지 않게 보호하는 역할을 한다. 강화섬유로는 유리섬유, 탄소섬유, 아라미드 섬유, 보론 섬유 등을 사용하는데, 지름 수 μm ~수십 μm 의 크기로서 인장강도는 약 250 kgf/mm^2 이상에 달한다.

17.2.1 섬유강화 플라스틱 분류와 구성

FRP는 그 바탕이 되는 플라스틱의 종류와 강화섬유의 종류에 따라 그림 17-7과 같이 분류된다.

- 섬유강화 플라스틱 (fiber reinforced plastics, FRP)
  - 섬유강화 열가소성 플라스틱 (FRTP ; fiber reinforced thermoplastic resin)
    - 유리섬유강화 열가소성 플라스틱(GFRTP)
    - 탄소섬유강화 열가소성 플라스틱(CFRTP)
  - 섬유강화 열경화성 플라스틱 (FRTS ; fiber reinforced thermosetting resin)
    - 유리섬유강화 열경화성 플라스틱(GFRP)
    - 탄소섬유강화 플라스틱(CFRP)
    - 보론섬유강화 플라스틱(BFRP)
    - 아라미드섬유강화 플라스틱(AFRP)
    - 기타 (천연섬유강화 플라스틱 등)

[그림 17-7] 섬유강화 플라스틱의 분류

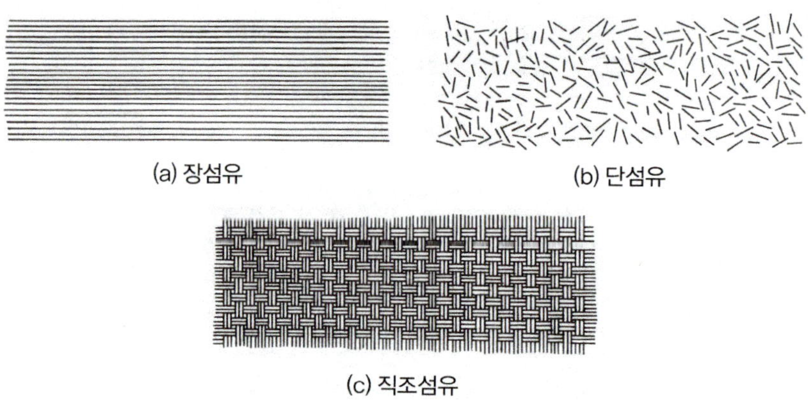

[그림 17-8] 섬유복합의 유형

그림 17-8은 FRP에 복합되는 섬유의 형태를 표시한 것으로서 (a)와 (b)는 각각 연속적인 장섬유, 불연속적인 단섬유, 그리고 (c)는 직조(織造)한 형태이다. (c)와 같이 직조한 것은 주로 적층판으로 제조된다. 그림 17-9는 강화섬유의 단면 형상과 그 상대적인 크기를 도식적으로 표시한 것이다.

여기서는 강화용 섬유로 많이 사용되고 있는 유리섬유, 탄소섬유, 아라미드 섬유에 대해서 좀 더 알아보기로 한다.

유리섬유(glass fiber)는 범용 목적으로는 저알칼리 조성의 E유리가 주로 사용되고 있으며, 보다 고강도가 요구되는 용도로는 E유리보다 고순도 규사를 사용하는 S유리가 주로 사용되고 있다. 유리섬유는 직경이 가늘수록 인장강도가 크고, 분자배열도 좋게 되어 결함도 적게 분포한다. 현재 유리섬유는 직경 10 μm 정도의 것이 주로 사용되고 있는데, 강도가 크고 제작 및 취급이 용이하기 때문에 우리가 일상생활에서 사용하는 FRP는 대부분 유리섬유 강화 플라스틱이며, 가장 최초로 개발된 FRP이기도 하다.

탄소섬유(carbon fiber)는 탄소원자의 결정구조를 이용한 고강도 섬유로서 현재 첨단 복합재료에 사용되는 강화재 섬유의 대부분을 차지하고 있다. 탄소 섬유의 우수한 기계적 성질은 섬유를 구성하고 있는 탄소 원자들이 섬유방향으로 강한 공유결합을 이루기 때문이다.

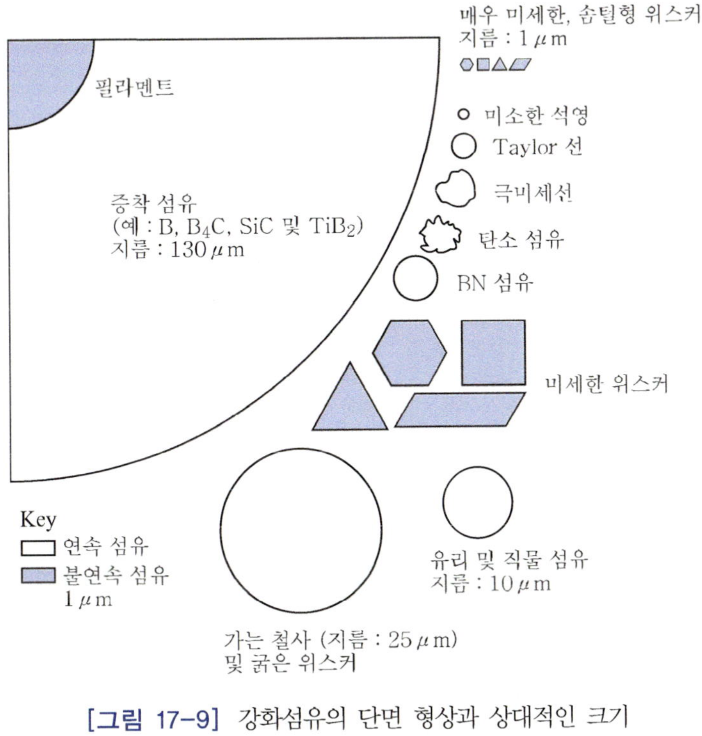

[그림 17-9] 강화섬유의 단면 형상과 상대적인 크기

[그림 17-10] 유리 강화재. (a) 유리 미립자-열경화성수지에 충전재나 도로 표지용으로 첨가됨 (300 μm). (b) 자른 유리섬유(5 mm)-열경화성 수지 강화용. (c) 유리섬유 직조물[6)]

탄소섬유는 거의 대부분을 차지하는 PAN(polyachrilonitrile) 섬유나, 피치(pitch) 등을 원료로 하여 불활성 가스분위기 중에서 가열, 탄화처리하여 제조한다. 탄화처리는 원재료에 따라 다소 다르지만 800~1,600℃ 온도에서 처리하며, 탄소 이외의 성분을 제거하여 탄소 함량이 95% 이상으로 되게 한다. **흑연섬유**(graphite fiber)를 만들 때는 탄화처리 후 2,000~3,000℃로 다시 가열하는 흑연화 공정을 추가하면 된다.

탄소섬유는 유리섬유에 비해 약 4~9배의 높은 비탄성계수를 가지며, 강도는 철강의 약 3배에 달한다. 또 탄소섬유 복합재료는 높은 비탄성률 및 비강도, 낮은 열변형률, 내피로성을 가지고 있어서 항공우주 산업, 방위 산업, 자동차 산업, 액화수소 용기, 스포츠 레저용품 제조 등에 널리 사용되고 있으며, 앞으로도 그 활용도는 더욱 크게 확대될 전망이다.

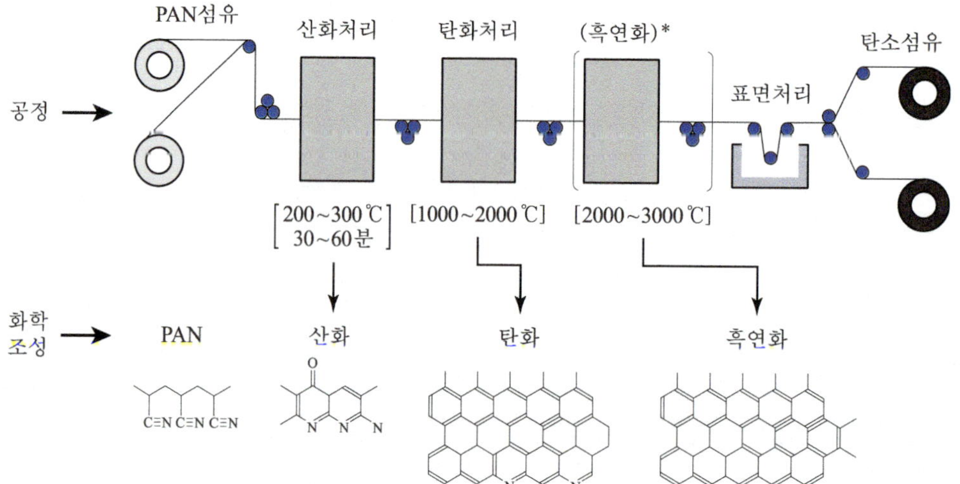

[그림 17-11] 탄소섬유의 제조공정 모식도. 흑연섬유는 탄화처리후 흑연화공정을 한번 더 거침

[그림 17-12] (a) 탄소섬유[7]. (b) CFRP를 차체에 적용한 사례[8]

아라미드 섬유(aramid fiber) 섬유는 방향성 폴리아미드(aromatic polyamide) 섬유를 말하는 것으로서 1971년에 듀퐁(Du Pont)사에서 **케블라**(Kevlar)라는 이름으로 처음 생산하기 시작했다. 비강도와 탄성계수가 높고, 열적 및 화학적으로 매우 안정하며, 우수한 피로강도와 감쇠 특성을 지닌다. 또한 아라미드 섬유는 쉽게 부러지지 않아 일반 방적기로 직조가 가능한 장점이 있으며, 이 섬유로 제조한 복합재료는 내충격성이 매우 우수한 특성이 있다. 이러한 특성 때문에 아라미드 섬유 복합재료는 로프, 타이어 보강재, 통신선 강화재, 방탄복, 우주항공, 스포츠 용품 등에 이르기까지 광범위하게 사용되고 있다.

표 17-2는 강화섬유의 종류와 그 성질을 표시한 것이다.

[표 17-2] 각종 강화 섬유의 특성

섬유		밀도 [g/cm^3]	탄성계수 [GPa]	인장강도 [MPa]	직경 (μm)	용융점 (℃)
세라믹	E 유리	2.54	73	3,450	8-12	700
	S 유리	2.48	86	4,500	8-12	700
	고탄성탄소(PAN계)	2.0	410	1,730	8	3,650
	고강도탄소(PAN계)	1.74	260	2,940	7	3,650
	Al_2O_3	3.16	172	2,060	3	2,200
	SiC	3.50	430	2,050	10	2,690
금속	Al	2.70	69	610	-	-
	B*)	2.63	378	2,750	100	2050
	W	19.4	410	4,020	-	-
고분자	Kevlar 49	1.45	132	3,630	-	-**)
	HDPE	1.41	60	1,300	-	-

주) * 보론 섬유는 텅스텐(W) 섬유를 중심선으로 하고 그 표면에 붕소(B)를 화학증착하여 제조함.

** 160℃에서는 500시간만에 강도가 10% 감소, 260℃에서는 70시간에 강도가 50% 감소[9]

한편 FRP의 기지재로는 열경화성 수지의 일종으로서 사용이 간편하고 특성이 우수한 **불포화폴리에스터**(unsaturated polyester)가 범용의 유리섬유 복합재료로서 가장 널리 사용되고 있으며, 특히 물탱크나 욕조 등 일상 생활용품에는 대부분 이 수지를 기지재로 하여 만든다. 첨단 FRP의 기지재로는 **에폭시**(epoxy) 수지가 많이 사용되고 있는데, 강도, 내구성, 내화성 및 접착성이 우수하며, 그리고 경화 반응 중 생성물이 없는 장점이 있다. 또한 전기 절연성이 우수하여 전기, 전자 부품용으로도 많이 사용된다. 그밖에 고온용으로는 페놀수지, 폴리아미드 등이 사용되고 있다. 전자는 260℃까지 사용할 수 있고 내수성이 우수하고 가격이 저렴하다. 그리고 후자는 가장 고온에서 안정된 수지의 하나로서 360℃에서도 구조재로 사용할 수 있다. 표 17-3은 모재로 흔히 사용되는 플라스틱의 종류와 그 역학적 특성을 표시한 것이다.

섬유강화 복합재료의 기지재로 플라스틱 이외에 금속재료나 세라믹재료가 사용되기도 하는데, 이들은 각각 **금속기 복합재료**(MMCs)와 **세라믹기 복합재료**(CMCs)로 분류된다. 이들은 FRP가 가지지 못하는 높은 수준의 강도나 경도, 내열성과 고온강도, 전기적 특성 등을 가지고 있어서 우주항공 구조물, 전기전자재료, 내열내식재료, 고강도재료 등의 특수한 목적에 주로 적용되고 있다.

[표 17-3] 각종 모재의 역학적 특성

모 재		비중 [g/cm^3]	탄성계수 [GPa]	인장강도 [MPa]
세라믹	실리카(SiO_2)	3.18	110	200
	알루미나(Al_2O_3)	3.46	280	200
	시멘트	3.13	21	68
금 속	Al	270	62	40~50
	Cu	8.96	120	216~245
	Mg	1.74	44	160~195
	Ti	4.51	112	235
고분자	고무	0.92	0.28	3~30
	폴리에스터	1.10	3.73	42
	에폭시	1.1~2.0	2.45	27~89
	나일론 6·6	1.14	2.75	69
	염화비닐	1.40	2.94	59

17.2.2 섬유강화 플라스틱의 성질

섬유강화 플라스틱의 가장 큰 장점은 기계적 강도가 좋다는 점이다. 예를 들어 유리섬유로 강화시킨 나일론은 인장강도가 약 20 kgf/mm^2 정도로서 연강의 약 1/2에 해당한다. 표 17-4는 대표적인 항공기용 강화 플라스틱의 특성을 표시한 것으로서 에폭시 모재의 CFRP나 AFRP의 적층판은 강화 섬유의 강도의 거의 1/2에 달함을 알 수 있다.

섬유강화 플라스틱의 또 다른 장점은 비강도(比强度, specific strength)와 비강성(比剛性, specific modulus)이 크다는 점이다. 그림 17-13을 보면 에폭시의 경우 각종 섬유를 복합함으로써 비강도가 얼마나 커지는지 알 수가 있으며, 또한 섬유강화 에폭시 수지의 비강도는

[표 17-4] 대표적인 항공기용 복합재료의 특성[10)]

성질		탄소섬유계	Kevlar계*
섬유	비중	1.8	1.5
	인장강도 [kgf/mm^2]	260	300
	인장탄성계수 [kgf/mm^2]	20,000	13,300
적층판 (에폭시수지 모재)	비중	1.6	1.4
	인장강도 [kgf/mm^2]	150	140
	인장탄성계수 [kgf/mm^2]	12,000	7,600

주) * AFRP(아라미드 섬유강화 플라스틱)

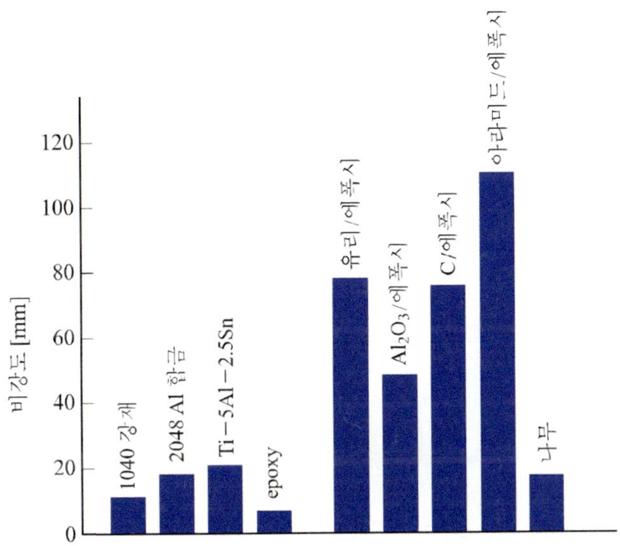

[그림 17-13] 섬유복합 에폭시의 비강도

대표적인 항공기용 구조재료인 Ti합금이나 Al합금 보다 훨씬 뛰어난 것도 알 수 있다. 또한 그림 17-14는 섬유강화 나일론66의 여러 가지 특성에 미치는 섬유복합의 영향을 표시한 것으로서 섬유의 복합에 의해 크립강도, 항복강도 및 내마모성은 크게 향상되며, 열팽창은 감소된다. 그러나 열전도도와 전기전도도는 탄소섬유의 특성에 따라 유리섬유와는 그 영향이 크게 다르게 나타난다.

섬유복합 강화는 플라스틱의 열적 성질에도 큰 영향을 끼쳐 유리섬유를 10~30% 혼입하면 고온강도, 내열성이 현저하게 향상된다. 그림 17-15는 유리섬유 함유량과 열변형 온도와의 관계를 표시한 것으로서 유리섬유 복합에 의하여 열변형 온도가 상당히 높아짐을 알

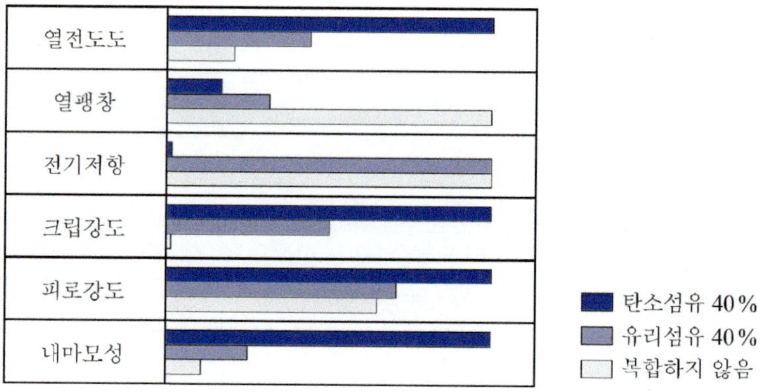

[그림 17-14] 섬유강화 나일론66의 여러 가지 특성에 미치는 섬유복합의 영향[11]

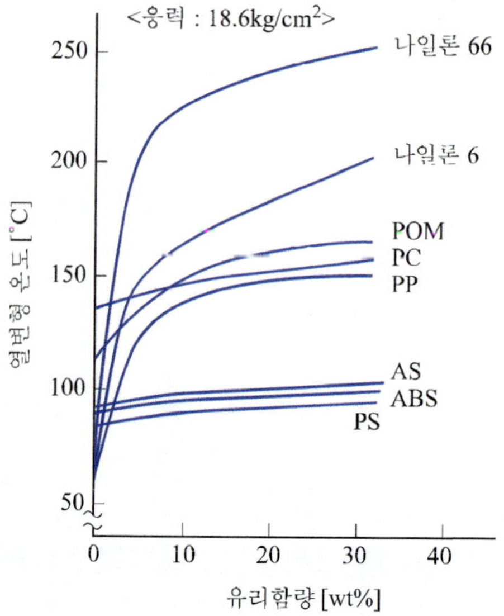

[그림 17-15] 열변형 온도에 미치는 유리섬유 함량의 영향[12]

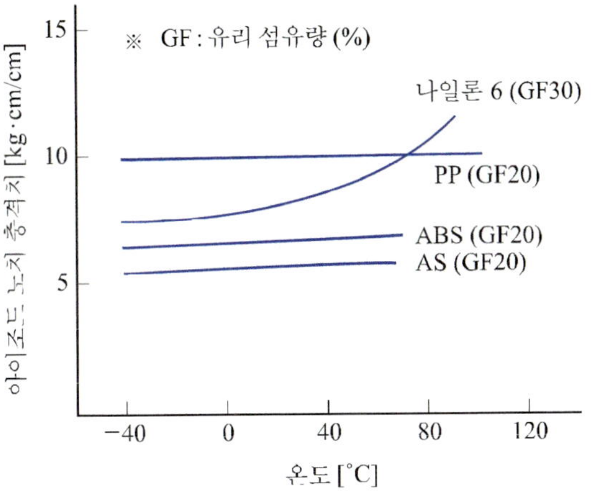

[그림 17-16] GFRTP의 충격치의 온도의존성[12)]

수 있다. 또한 그림 17-16에서 보는 바와 같이 섬유강화 플라스틱은 충격저항이 온도의 영향을 받지 않아 -40℃ 정도의 저온에까지도 충격치가 거의 저하되지 않는다.

섬유강화 플라스틱은 이상에서 살펴본 각종 특성을 활용하여 표 17-5에 표시한 바와 같이 다양한 목적으로 사용되고 있다.

[표 17-5] 섬유강화 플라스틱의 적용 사례

FRP 응용 부품		적용 특성	강화재 및 모재
자동차, 차량	차체, 루프, 도어, 램프 커버, 엔진 커버, 히터 커버, 계기 하우징, 캠핑카, 화물차, 냉동차, 연료탱크, 운전석 앞 패널	경량, 고강도, 내충격성, 내식성, 설계의 자유도, 일체성형 가능, 열전도성	유리섬유, 폴리에스터, 에폭시, 염화비닐, PA, ABS, AS, PP 등
항공기, 우주	안테나 커버, 노즈 콘, 꼬리부 콘, 날개 끝, 헬리콥터 날개, 플랩, 엔진 너셀 커버, 로켓 챔버, 로켓 본체	경량, 고강도, 설계의 자유도, 내열성, 복잡한 형상의 일체성형, 전파 투과성, 에블레이션 특성	보강재 : 유리섬유, 보론섬유, 탄소섬유 모재 : 폴리에스터, 에폭시, 페놀, 실리콘, 고성능 엔지니어링 플라스틱 등
선박, 보트	보트, 요트, 소형어선, 경비정, 선박용 부품	경량, 고강도, 내수성, 유지·보수 자유	유리섬유, 폴리에스터 등
건축재료, 주방기구	평판, 채널, 앵글, 욕조, 변기, 정화조, 환기통, 쿨링 타워 등	경량, 고강도, 내식성, 내기후성, 투광선, 유지·보수 자유, 일체성형 가능, 내마모성	유리섬유, 폴리에스터, 에폭시, 염화비닐 등

[표 17-5] 섬유강화 플라스틱의 적용 사례(계 속)

FRP 응용 부품		적용 특성	강화재 및 모재
용기, 탱크, 파이프, 기계기기	각종 파이프, 컨테이너, 물(기름, 약품) 탱크, 덕트, 전해조, 압력용기, 스프링, 내산펌프, 베어링, 임펠러, 엘리베이터 슈	경량, 고강도, 내식성, 내열성, 유지·보수 자유, 일체성형 가능, 내마모성	유리섬유, 각종 유기섬유, 폴리에스터, 에폭시, 나일론, 폴리카보네이트, 폴리아세탈 등
레저 스포츠, 소비재	헬멧, 낚시대, 등산 지팡이, 골프채 샤프트, 테니스 라켓, 광고판, 도로표시 등	경량, 고강도, 내식성, 착색자유, 내기후성	유리섬유, 고분자섬유, 페놀, 폴리에스터, 에폭시
전기부품	절연판, 프린트 배선기판, 단자, 스위치 박스, 퓨즈 박스, 차단기, 커넥터 등	치수안정성, 내열성, 전기특성, 고강도, 경량, 착색 자유	유리섬유, 종이, 페놀, 폴리에스터, 에폭시, 폴리카보네이트, 불포화폴리에스터, 폴리아세탈 등

17.2.3 섬유강화 플라스틱의 기계적 성질과 그 영향 인자

섬유강화 플라스틱의 기계적 성질에는 다음과 같은 인자들이 영향을 미친다.

① 섬유와 기지재료의 역학적인 특성

② 복합재의 부피 비율

③ 섬유의 길이와 분포도

④ 응력의 방향 - 복합재의 이방성에 관계

그림 17-17은 기지재료가 에폭시인 FRP의 강화섬유 종류별 비강도 및 비강성을 표시한 것으로서 강화재로서 탄소 섬유를 사용한 것이 비탄성계수나 비인장강도가 매우 큰 것을 알 수 있으며, GFRP는 탄소 섬유에 비해 비강성이 작음을 알 수 있다. 그림에서 보는 바와 같이 AFRP는 CFRP에 비해 비강도와 비탄성계수가 떨어지며, 압축강도가 인장강도의 1/5에 불과한 단점이 있다. 그러나 내충격성이나 감쇠능이 GFRP나 CFRP의 3-5배에 달하므로 방탄 조끼나 헬리콥터의 기체 등에 사용된다. 에폭시를 비롯한 열경화성 수지를 모재로 하는 CFRP는 층간 파괴인성이나 내충격성이 낮은 반면에 열가소성 수지를 모재로 한 FRTP의 경우는 그 8배에 달한다. 이와 같이 섬유강화 플라스틱의 기계적 성질은 강화섬유와 기지재료의 영향을 크게 받는다.

열가소성 수지의 인장강도는 그림 17-18에서 보는 바와 같이 유리섬유 함유량이 증가함에 따라 증대함을 알 수 있으며, 탄성계수도 이러한 경향을 보인다. 그리고 연율은 그림

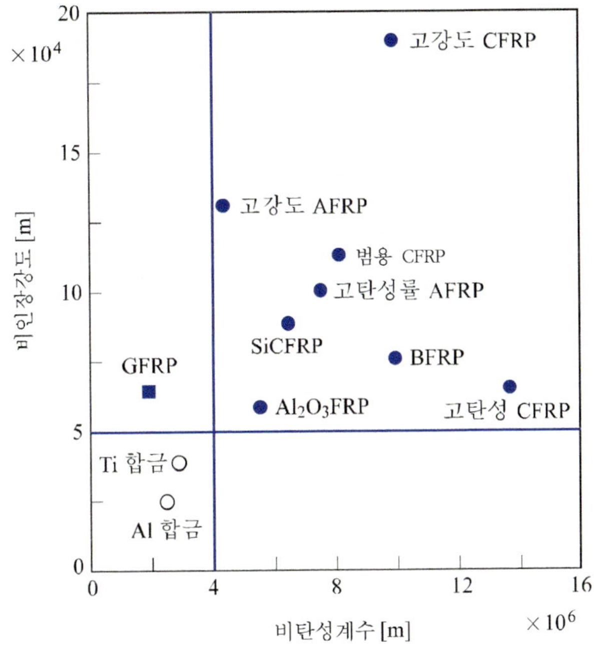

[그림 17-17] 강화재 재질별 비강도 및 비강성 비교(기지재료 : 에폭시)[13]

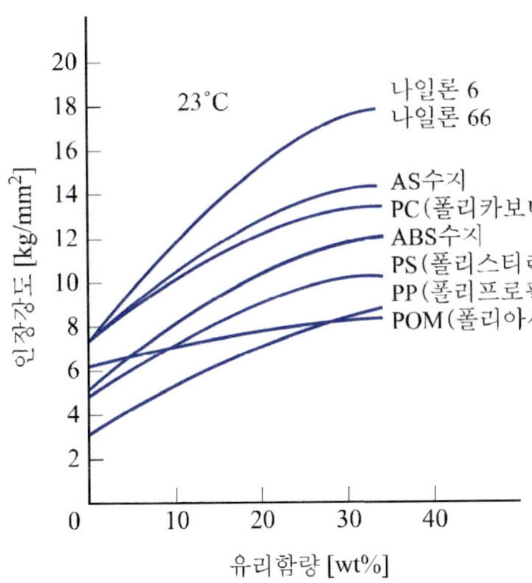

[그림 17-18] GFRTP의 유리섬유 함유량과 인장강도와의 관계[12]

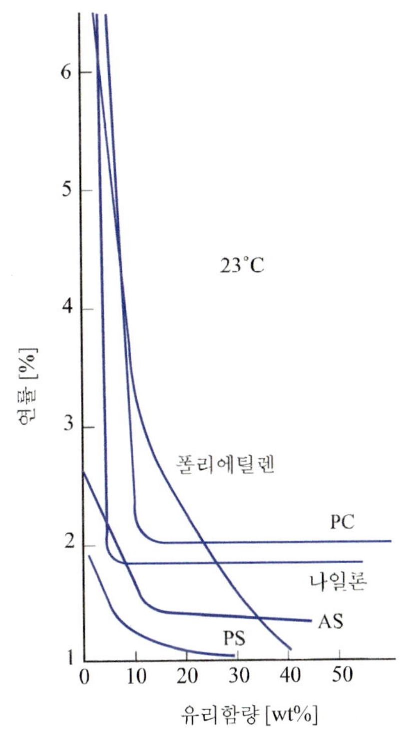

[그림 17-19] GFRTP의 유리섬유 함유량과 연율과의 관계[12]

17

17-19에 표시된 바와 같이 섬유량이 증가하면 급격하게 감소되다가 어느 정도 이상이 되면 변화가 없거나 그 경향이 크게 완만해진다.

섬유 복합재료의 섬유의 길이는 대체적으로 길수록 재료의 강화에 더 효과적이다. 섬유가 복합재료의 강도와 강성에 효과적으로 기여하기 위해서는 섬유의 길이가 어느 임계치 이상이 되어야 하는데, 그 크기는 1mm 정도로서 대체적으로 섬유 직경의 20-150배 정도이다. 섬유의 길이가 이 임계치의 15배 이상이 될 때 **연속 섬유**(continuous fiber) 또는 **장섬유**, 그 이하일 때는 **불연속 섬유**(discontinuous fiber) 또는 **단섬유**로 구분한다(그림 17-20).

그림 17-21은 섬유강화 나일론의 기계적 특성(인장강도, 충격치, 굽힘 탄성계수 및 굽힘 강도)에 미치는 강화섬유(유리섬유 및 탄소섬유)의 양과 길이의 영향을 표시한 것이다. 그림에서 보는 바와 같이 강화섬유의 양이 증가할수록 이들 모두가 특성이 증대한다. 또한 장섬유가 단섬유에 비해 강화 효과가 좀 더 크며, 특히 충격치의 경우는 그 정도가 현저함을 알 수 있다.

한편 섬유강화 플라스틱에 인장하중이 작용할 때 강화섬유 주변의 기지재는 그림 17-22와 같이 변형될 것이다.

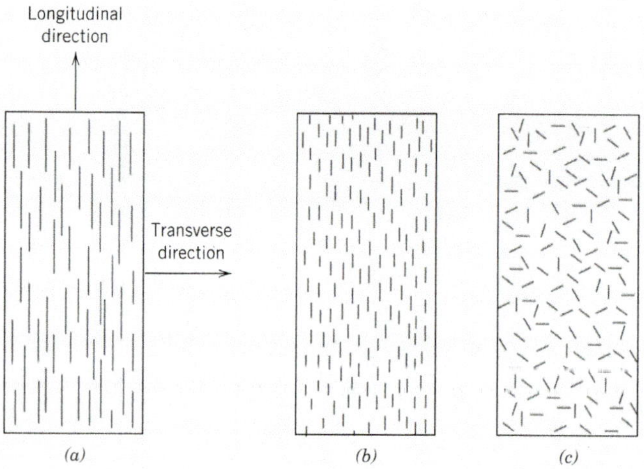

[그림 17-20] 섬유의 길이와 배열 형태. (a) 정렬된 장섬유, (b) 정렬된 단섬유, (c) 무질서한 단섬유

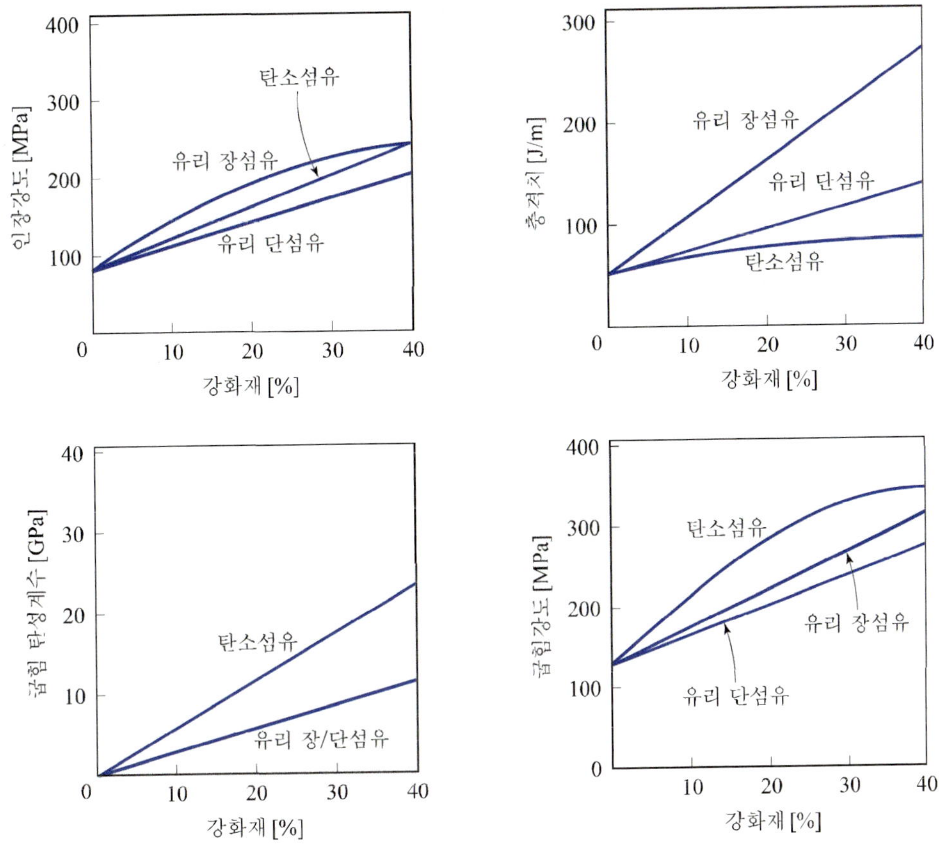

[그림 17-21] 섬유강화 나일론의 기계적 성질에 미치는 강화섬유의 양과 길이의 영향[14)]

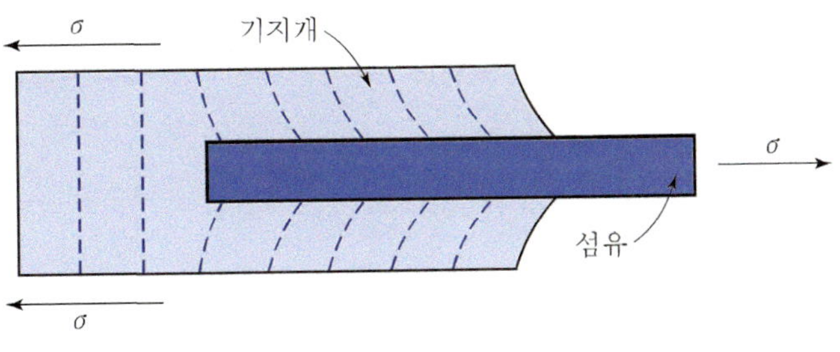

[그림 17-22] 인장하중이 작용될 때의 강화섬유 주변의 기지 재질의 변형 양상

17

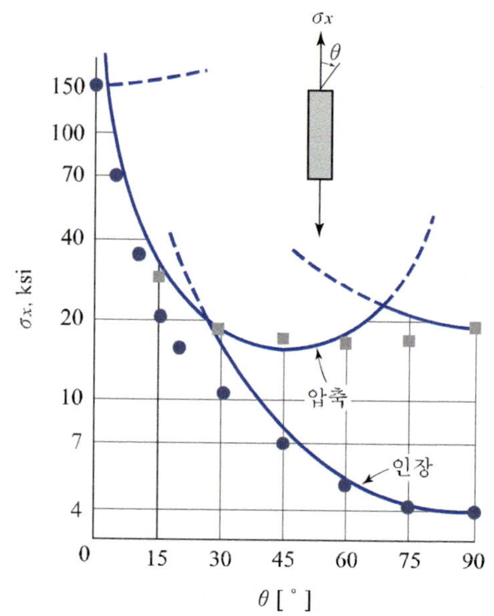

[그림 17-23] 섬유의 배향각도에 따른 인장강도의 변화

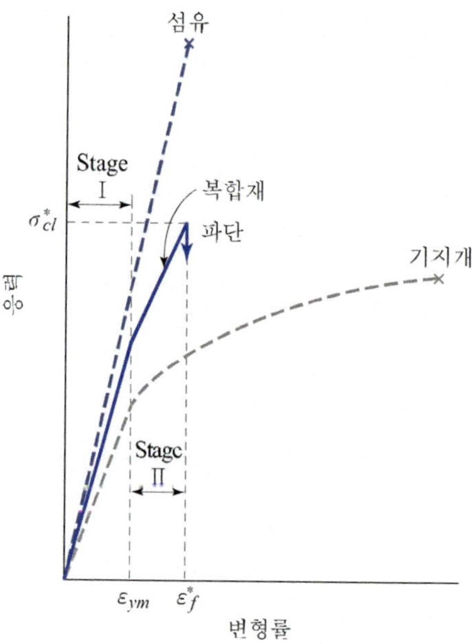

[그림 17-24] 장섬유 복합재료의 길이방향으로의 응력-변형률 곡선

이때 하중이 가해지는 방향과 섬유의 배열 방향간의 각도 차이에 따른 인장강도 및 압축강도의 변화 양상은 그림 17-23과 같다. 이 그림을 보면 하중이 가해지는 방향과 섬유의 배열방향이 서로 어긋나면, 인장강도는 그 각도에 따라 지속적으로 감소되며, 이에 비해 압

축강도는 45°에서 극소치를 나타냄을 알 수 있다.

그림 17-24는 장섬유 복합재료를 길이방향으로 인장시험을 할 때의 응력-변형률 곡선 구성 요소 재질별로 표시한 것이다. 우선 작은 하중이 가해질 때(1단계)는 강화섬유와 기기재가 모두 탄성변형을 한다. 그러나 기지재의 항복강도보다 큰 응력이 작용되는 2단계에서는 강화섬유는 계속 탄성변형을 하지만 기지재는 소성변형을 하게 되며, 전체적으로는 탄성변형을 하기는 하지만 기울기(탄성계수)는 감소된다. 응력이 점점 커벼 전체 재료의 변형률이 섬유의 파단변형률에 도달하게 되면 섬유가 파단되면서 재료 전체가 파단된다. 그러나 섬유강화 복합재료는 세라믹 등의 취성재료처럼 단번에 파단되지 않는다. 왜냐하면 모든 섬유가 동시에 파단되지는 않을 뿐 아니라 파단된 섬유도 이제는 단섬유로서 강화에 기여하여 감소된 응력에 대응하는데 도움을 주기 때문이다.

한편 섬유강화 복합재료의 특성은 섬유의 성질뿐만 아니라 가해진 하중이 기지재로부터 섬유에까지 얼마나 잘 전달되는가 하는 것과도 대단히 밀접한 관계가 있다. 또한 섬유복합재료에서 균열이 성장해 나가는 도중 강화섬유를 만나게 되면 그림 17-25에 표시한 바와 같이 섬유가 파단되기 전에 먼저 섬유와 기지재가 분리(debonding)하게 되는데, 이 때 큰 에너지가 소모되는 한편 균열의 앞 끝이 무디어져 응력집중의 정도와 작용 응력의 크기가 감소되어 파괴인성을 크게 높이는 효과를 가져 온다. 따라서 복합재료의 강도와 파괴인성은 강화섬유와 기지재와의 계면 결합력과 매우 밀접한 관계가 있다.

그림 17-26은 에폭시 유리-폴리카보네이트 복합재료의 파단면 사진으로서 사진 (a)는 190℃에서 몰딩한 것이고, (b)는 275℃에서 몰딩한 후 245℃로 풀림처리한 것이다. 사진에서 보는 바와 같이 전자의 경우는 섬유와 기지재료와의 계면이 분리되어 있으며, 후자는 잘 결합되어 있다. 그 결과 표 17-6에서 보는 바와 같이 강도, 연성 및 탄성계수 값이 모두 더 크게 나타났으며, 파괴인성 또한 더 클 것으로 쉽게 추정할 수 있다.

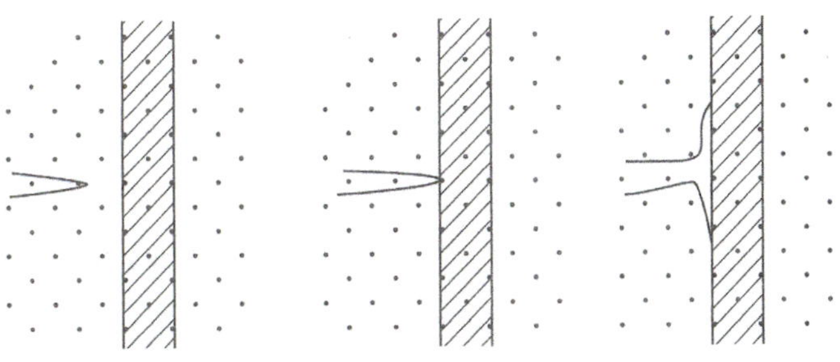

[그림 17-25] 기지재와 강화섬유간의 분리 및 균열 앞 끝의 둔화

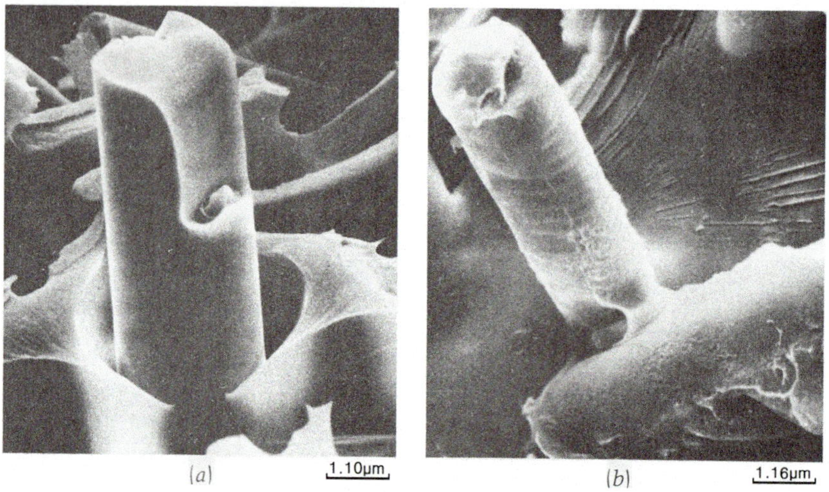

[그림 17-26] E유리-폴리카보네이트 복합재료의 파단면 사진[15]. (a) 190℃에서 몰딩한 경우. (b) 275℃에서 몰딩한 후 245℃로 풀림처리한 경우. 섬유와 기지재가 (a)에 비해 더 잘 결합되어 있음.

[표 17-6] E유리 섬유-폴리카보네이트 복합재료의 기계적 성질

재질	처리*	인장강도 [kgf/mm²]	연율(%)	탄성계수 [kgf/mm²]
PC수지	(a)	6.33	35.2	2.28
	(b)	6.26	33.8	2.19
E유리 섬유복합 PC수지	(a)**	5.34	9.0	5.76
	(b)***	7.87	15.9	6.52

* (a) 190℃에서 성형. (b) 275℃에서 성형 후 245℃에서 3시간 풀림처리.
** 사진 17-25 (a) 참고.　*** 사진 17-25 (a) 참고.

17.2.4 섬유강화 플라스틱의 제조법

섬유강화 플라스틱은 일반 플라스틱처럼 사출하거나 압출하여 제조하기도 하지만, 많은 경우 일단 반제품으로 만든 다음 이것을 압축성형 등에 의해 완제품으로 생산하고 있다(그림 17-27). 이들 반제품은 열경화성 수지의 경우라도 0℃ 이하로만 유지하면 더 이상 숙성이 진행되지 않으므로 몇 개월 정도 경과해도 완제품의 제조에 문제가 없다. 대개 -18℃ 이하로 저장하며, 이때의 **저장 수명**(shelf life)은 1년 정도이다.

[1] 프리프레그(prepreg) 테이프 제조법

프리프레그는 장섬유와 수지를 복합하여 얇은 테이프 형태로 제조한 반양생 상태의 반제품 FRP를 말하는데, 그 두께는 0.08~0.25 mm 정도, 폭은 25~1,525 mm 정도이다. 그림 17-28은 프리프레그 시트를 제조하는 과정을 표시한 것으로서, 긴 강화섬유를 말랑말랑한 상태의 두 장의 수지 시트 사이 넣은 후 열과 압력을 가하여 압착 및 함침(impregnation)되도록 한다. 그리고 이와는 달리 섬유에 액상의 수지를 도포함과 동시에 압착하여 시트 형태로 만드는 방법도 있다.

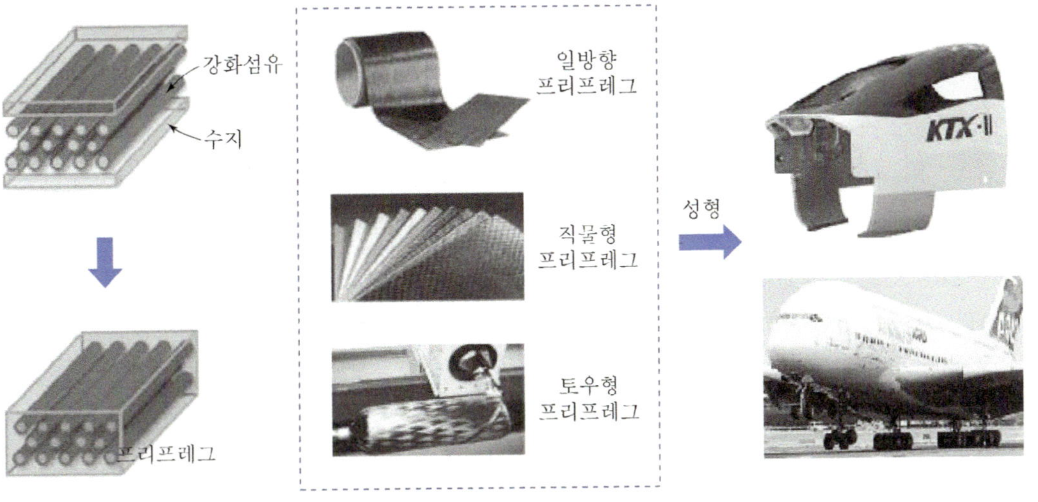

[그림 17-27] 프리프레그의 개념도

[그림 17-28] 시트 상태의 수지를 이용한 프리프레그 제조 과정

[2] 박판성형법

박판성형법은 SMC(sheet molding compound)를 제조하는 방법으로서 그림 17-29에서 보는 바와 같이 짧은 섬유를 수지 사이에 넣어 압착하여 만든다. 효과적인 대량생산, 표면의 질, 생산품의 균일성 등의 장점이 있어서 자동차 분야에 많이 적용되고 있다. BMC(bulk molding compound)도 SMC와 같은 원리로 제조되는데 지름 50 mm 정도의 빌렛(billet) 형태로 압출되는 것이 다르며, DMC(double molding compound)라고도 한다.

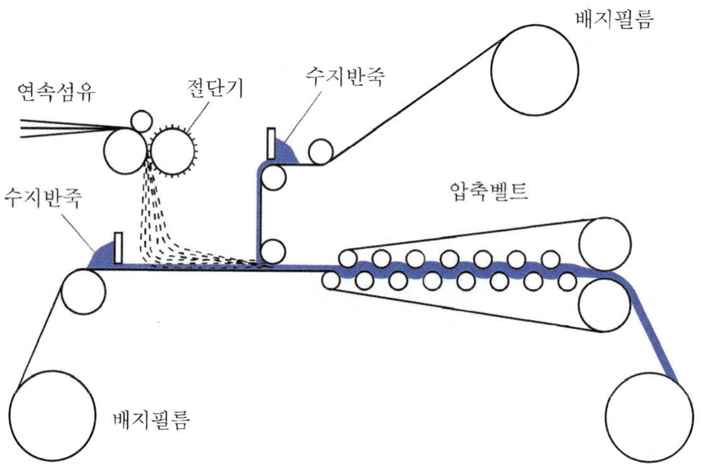

[그림 17-29] 박판 성형법. 양면의 배지 필름(carrier film)은 보관 및 운반상의 편의성을 위한 것으로 폴리에틸렌이 주로 사용됨

[3] 수작업 성형법(hand lay-up)

FRP의 성형법 중 가장 원리가 간단한 것이 **수작업 성형법**이다. 이 방법은 그림 17-30에 표시한 바와 같이 목재, 석고 등으로 만든 모형 위에 롤러와 브러시 등을 사용하여 강화재와 수지를 함침하면서 성형해가는 방법으로서 수영상, 보트의 선체, 욕조, 건축물의 판넬, 시제품의 제작 등 소량 생산에 적당하다. 이와 매우 유사한 방법으로 **분무법**(spray-up)이 있는데, 이것은 짧은 섬유와 수지를 분무해가면서 성형하는 방법으로서 요트의 선체 등의 중간 크기내지 대형물의 제작에 적용한다.

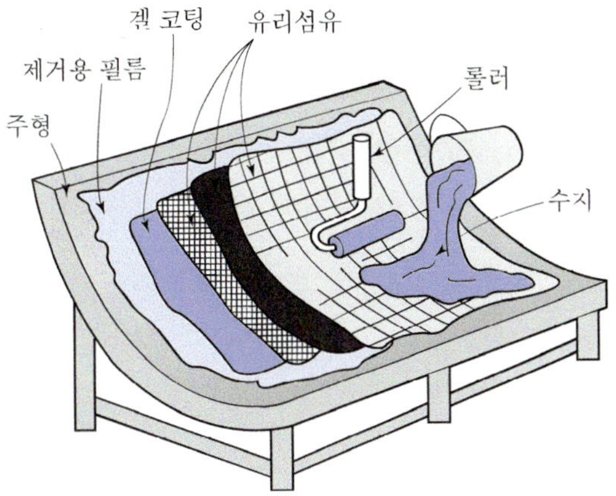

[그림 17-30] 수작업 성형법

[4] 인출(pultrusion)

봉, 관, 형재처럼 단면 모양이 단순하고 긴 제품을 제조할 때 주로 적용된다. 이 성형법은 섬유의 밀도가 높고 길이 방향으로 당겨지므로 매우 높은 강도를 얻을 수 있다.

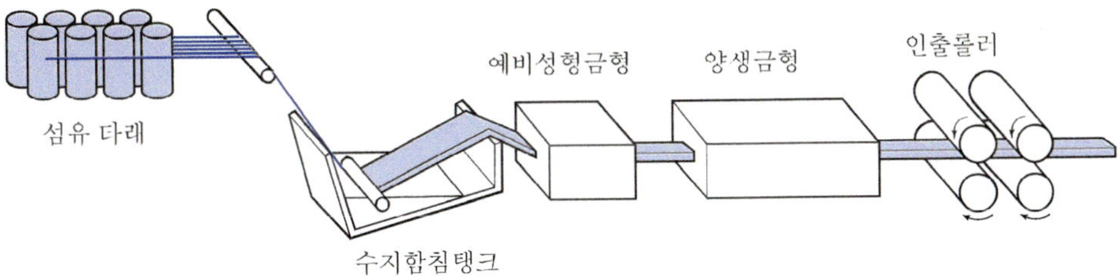

[그림 17-31] 인출 공정을 보여주는 모식도

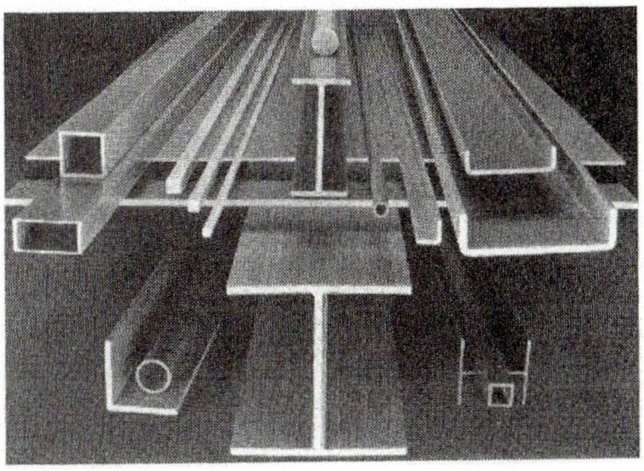

[그림 17-32] 각종 인출 제품[16)]

[5] 필라멘트 감기(filament winding)

수지를 묻힌 강화섬유를 회전하는 맨드릴 위에 감아서 만드는 방법으로서, 구형이나 관 모양의 제품 제조에 적합하다. 이 성형법은 보강 구조가 우수하여 강도가 매우 크게 되며, 따라서 비행기 엔진 덕트, 동체, 화학약품 저장 탱크, 로켓의 추진체나 모터 케이스 등의 제작에 적용된다.

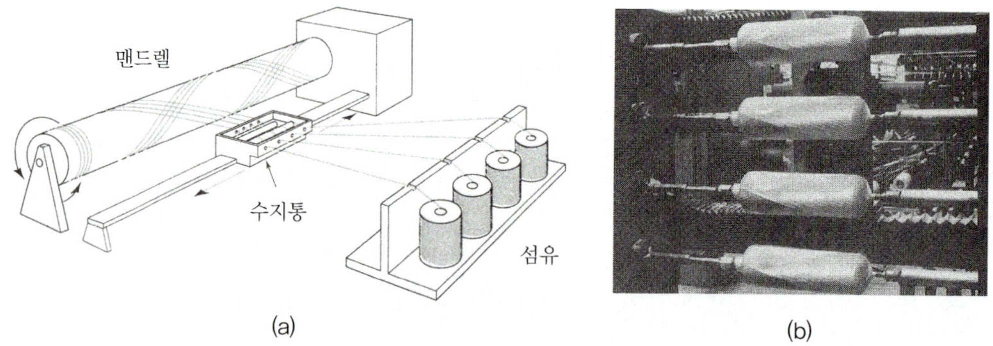

[그림 17-33] (a) 필라멘트 감기 공정의 모식도. (b) 필라멘트 감기에 의한 보잉 767용 용기 부품의 제조[17)]

17-3 금속 및 세라믹기 섬유 복합재료

금속재료를 기반으로 하는 금속기 복합재료(MMCs)는 FRP와 마찬가지로 금속 또는 합금 바탕에 강화재가 포함되어 있는데, 강화재료로는 연속 섬유, 불연속 섬유 및 입자의 세 가지 형태가 있다. 금속기 복합재료는 폴리머 복합재료에 비해 비교적 높은 온도에서 안정적으로 사용할 수 있으며, 열 및 전기전도도가 우수하며 주위 환경에 의한 영향을 적게 받는 장점이 있다.

금속기 복합재료는 1960년대에 텅스텐 섬유에 화학증착에 의해 보론을 피복한 보론 섬유 및 이를 이용한 보론/알루미늄 등의 복합재료가 개발된 것이 그 시초로서, 이 재료는 항공기의 동체, 랜딩 기어용 부품, 항공기 꼬리 부품, 자동차 엔진 부품, 스포츠 용품 등에 적용되어 왔다. 금속기 복합재료는 강화섬유와 기지재간의 계면에서 반응이 일어나 새로운 상이 형성되어 기계적 성질의 열화 등의 문제가 있는데, 1970년대 중반에 개발된 SiC 섬유-Ti 복합재료는 계면 반응이 비교적 적으며 기계적·재료적 성질이 우수하여 이에 대한 연구개발이 많이 진행되어 왔으며, 현재 다양한 방면으로 이용되고 있다.

그림 17-34와 그림 17-35는 MMCs의 사례로서 전자는 티타늄에 SiC 위스커를 혼합하여 제조한 MMCs의 단면 사진이며, 후자는 알루미늄 합금에 25%의 SiC 분말을 혼합하여 소결한 다음 단조하여 제조한 로켓 모터 부품의 사진이다.

그리고 표 17-7은 알루미늄 모재 MMCs의 기계적 성질을 표시한 것으로서, MMCs 강화재의 강도 및 탄성에 대한 기여도는 연속 섬유 > 불연속 섬유 > 입자의 순서이며, 연성에 대한 기여도는 그 반대의 순서임을 알 수 있다.

한편 1970년대 이후부터 카본, SiC 위스커와 Si_3N_4 위스커 등을 이용한 각종 세라믹기 복합재료(CMCs)의 개발이 활발하게 이루어져 왔다. 세라믹은 강도, 용융점, 내열성, 내식성 및 기타의 각종 기계적, 물리적 화학적 성질이 우수하여 높은 잠재력을 가지고 있다. 그러

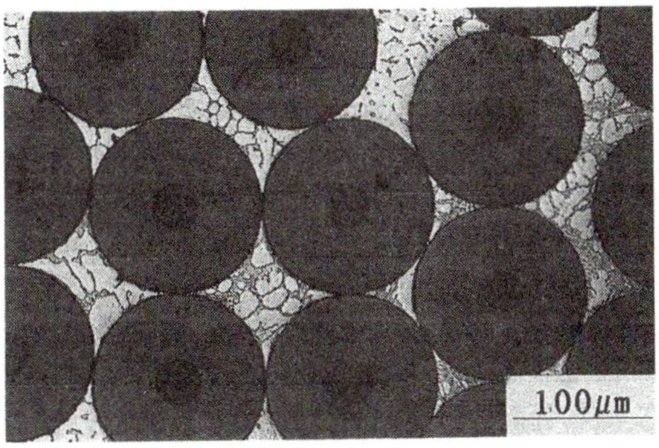

[그림 17-34] 스퀴즈 캐스팅2)한 MMC(SiC/Al-4.5% Cu)의 단면사진[18]

[그림 17-35] Al 합금-25% SiC 분말을 소결한 다음 단조하여 제조한 로켓 모터 부품[19]

2) 금형내에서 주조하는 방법의 하나로서 용융 금속에 압력을 가하여 가압 상태에서 응고되도록 한다.

[표 17-7] 알루미늄 합금 바탕 MMC의 기계적 성질

	인장강도 [MPa]	탄성계수 [GPa]	변형률 [%]
연속-섬유 복합 MMCs			
Al 2024-T6(45% B) (axial)	1458	220	0.810
Al 6061-T6(51% B) (axial)	1417	231	0.735
Al 6061-T6(47% SiC) (axial)	1462	204	0.89
불연속-섬유 복합 MMCs			
Al 2124-T6(20% SiC)	650	127	2.4
Al 6061-T6(20% SiC)	480	115	5
입자 복합 MMCs			
Al 2124-T6(20% SiC)	552	103	7.0
Al 6061-T6(20% SiC)	496	103	5.5
비복합			
Al 2124-F	455	71	9
Al 6061-F	310	68.9	12

나 취성이 커서 용도가 극히 제한되어 있다. 따라서 CMCs의 개발은 하중에 의한 취성적 파괴를 피하고 인성을 향상시키는 것이 주된 목적이다. 한편 이러한 첨단의 세라믹기 복합재료 외에 콘크리트도 넓은 의미의 세라믹기 복합재료로 볼수 있으며, 근래는 유리섬유를 복합하여 더욱 고강도의 콘크리트를 만들기도 하고 있다.

복합재에 의한 세라믹재료의 인성의 증가는 복합재가 균열의 진전 방향의 변경, 균열 면 사이의 연결, 기지재로부터 강화재가 분리될 때의 에너지 흡수, 균열 선단 주변에서의 응력

[표 17-8] SiC 위스커 복합 CMCs의 상온 기계적 성질[20)]

모재	휘스커 함량 [vol %]	굽힘강도 [MPa]	파괴인성 [$MPa\sqrt{m}$]
Si_3N_4	0	400~650	5~7
	10	400~500	6.5~9.5
	30	350~450	7.5~10
Al_2O_3	0	…	4.5
	10	400~510	7.1
	20	520~790	7.5~9.0

의 재분포 등을 유발하기 때문이다. 표 17-8을 보면 SiC 위스커의 함량이 증가할수록 파괴인성 값이 증대함을 알 수 있다. 그밖에 위스커 복합 MMCs들은 고온 크립 강도와 열충격 저항도 향상된다.

17-4 적층복합재료

서로 다른 성격의 재료를 층층이 쌓아 올려 강도를 높이거나 단일 재료로는 얻을 수 없는 특성을 가지게 하는 것을 적층 복합이라 한다. 각종 목재 합판, 골판지, 허니컴, 클래드재 등이 그 대표적인 사례이며, 제 5-7절에서 기술한 접합유리(laminated glass)와 방탄유리도 여기에 포함할 수 있다. 이들 적층 복합재료는 층을 겹겹이 쌓아올리는 단순 적층(laminate)형과, 심재와 외장용 면재로 구성된 샌드위치 패널(sandwich panel)형으로 구분된다.

전자의 대표적인 사례로 목재 합판(plywood)이 있다. FRP 합판의 경우도 마찬가지로 판재의 방향이 서로 직각이 되도록 차례로 쌓아올려 제조한다(그림 17-36 (a)).

패널형의 경우는 핵심 기능을 위한 심재(心材, core)와 외장을 위한 2장의 면재(面材, face)로 구성되며, 강화 목적 이외에 내식성, 차음 및 흡음, 단열, 방진이나 쿠션 등 사용 목적이 좀 더 다양하다. 샌드위치 패널의 대표적인 사례로는 허니컴(그림 1-6), Al 클래드(그림 12-10), 그리고 우리의 일상 생활과 밀접한 관계가 있는 골판지 등이 있다. 그림 17-36에 표시한 스키의 경우는 좀 더 복잡한 형태의 적층 복합재료로 볼 수 있다.

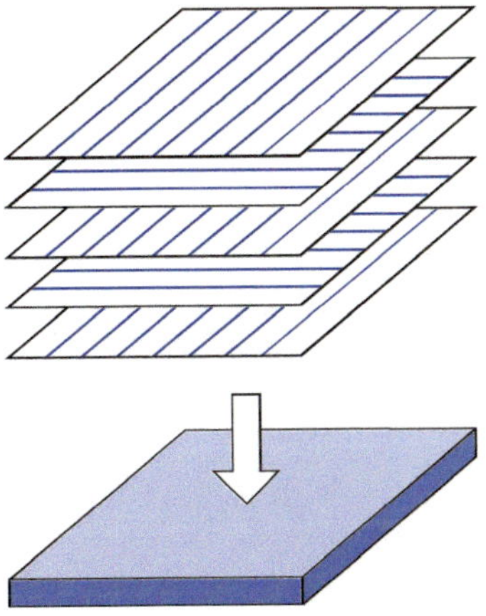

(a)

(b)

[그림 17-36] 적층복합재료의 적층방법. (a) 목재나 FRP 합판, (b) 강철-폴리우레탄 샌드위치 패널[21]

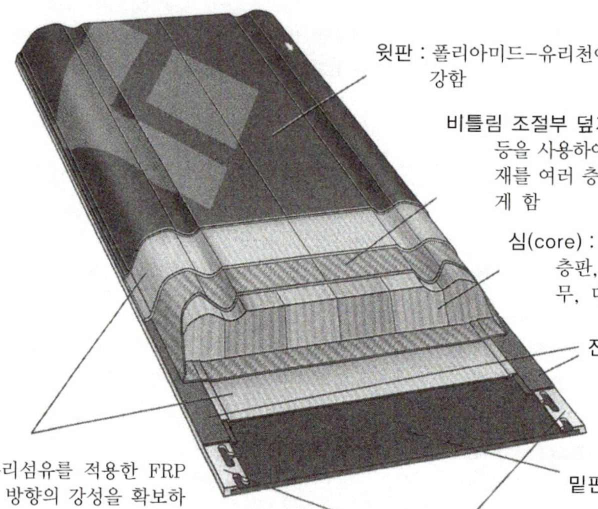

[그림 17-37] 스키의 복합재료 적용 사례[22)]

참고문헌

1) Boeing사 제공

2) R. A. Flinn and P. K. Trojan, Engineering Materials and Their Applications, 4th ed., 1990, p.650, Houghton Mifflin company, Boston

3) S. I. Rosen, Fundamental Principles of Polymeric Materials, 1982, John Wiley & Sons, Inc

4) Engineered Materials Handbook, vol.2, Engineered Plastics, ASM International, 1988, p.100

5) 포스코경영연구소 홈페이지 자료실(www.posri.re.kr)

6) Photo by Cjp24, © CC-BY-SA-3.0, 2.5, 2.0, 1.0 그림 수정

7) ㈜효성 제공

8) Automobili Lamborghini S. P. A.

9) KEVLAR Technical Guide, www.dupont.com, Retrieved on 2012. 5. 26.

10) 河田幸三：複合材料, 精密機械vol.48(1982), p.39

11) NASA 제공

12 複合材料技術集成編纂委員會編：複合材料技術集成(1976), 産業技術センター

13) Metal Progress, American Society for Metals, vol.116, No.5, 1979, p.39

14) Wilson Fiberfill International

15) J. L. Kardos, F. S. Cheng and T. L. Tolber, Washington University/Monsanto Association, St. Louis, Missouri

16) Strongwell Corporation 제공

17) Advanced Technical Products Group Inc., Lincoln Composites

18) 김대업, 김 건, 박익민, 주조, vol. 11(1991), p.208

19) Advanced Composite Materials Corporation

20) Engineered Materials Handbook, vol.1, Composites, ASM International, 1987, p.942

21) Intelligent Engineering Ltd.

22) Black Diamond Equipment Ltd.

17

제 18 장 전기·전자 재료

Introduction to Engineering Materials

오늘날에 있어서는 기계, 항공, 우주, 통신, 자동화, 측정, 제어, 에너지, 환경 등 대부분의 첨단 기술, 심지어는 SW 및 AI 기술조차도 전기전자 기술 및 재료 기술과 관련성이 매우 깊다. 예를 들어 새로 출시된 자동차의 기술 수준을 자동차 자체의 제조 기술보다는 전기전자 기술을 바탕으로 한 자동화 및 무인화 등의 정도에 의해 판단하는 경향이 높아졌다. 무엇보다도 인간의 필수품이 되어 버린 핸드폰을 볼 때 전기전자 기술의 중요성을 미루어 짐작할 수가 있겠다. 따라서 전기전자 재료는 비록 기본 소재가 금속, 세라믹, 폴리머 등이라 하더라도 독립적으로 취급해야 할 만큼 중요성이 충분하다 할 것이다.

18-1 전기 재료

18.1.1 전기 전도성

어떤 재료의 전기전도도는 전기전도에 기여하는 전자의 수에 의해 결정된다. 이러한 전자의 수는 전자의 상태 또는 에너지 준위, 이들 상태에서 전자들이 점유하는 방식과 관련이 있으며, 이들에 대한 이해를 위해서는 양자역학을 포함하는 매우 까다롭고 복잡한 지식이 필요하다. 따라서 여기서는 최대한 단순화하여 설명하고자 한다.

고체의 중요한 전기적 특성 중 하나는 전류를 통하는 성질 즉, 도전성(導電性)이다. **오옴의 법칙**(Ohm's law)에 의하여 전류(또는 전하의 이동속도) I 와 가해진 전압 사이에는 다음과 같은 관계가 있다.

$$V = IR \tag{18-1}$$

여기서 R은 전류가 통과하는 재료의 저항이며, V, I 및 R의 단위는 각각 볼트(volt), 암페어(ampere) 및 오옴(ohm)이다. 전기저항의 크기는 많은 재료에서 전류와는 무관하지만 단면적에는 반비례하고 길이에는 비례하여 단면적이 일정하다면 다음과 같은 관계가 있다.

$$R = \frac{\rho l}{A} \tag{18-2}$$

여기서 l은 전압이 측정되는 두 점 간의 거리이고 A는 전류 방향에 수직인 단면적이다. 이 식에서 ρ를 **비저항**(比抵抗)이라 하며, 단위는 오옴·미터(Ω·m)이다. 비저항은 재료의 형상과 크기 무관한 단위면적당, 단위길이당의 전기저항의 정도라 할 수 있으며, 식 (18-2)로부터 다음과 같이 표현할 수 있다.

$$\rho = \frac{RA}{l} \tag{18-3}$$

재료의 전기적 특성을 규정하는 데는 **전기 전도도** σ가 흔히 사용된다. 이것은 단순히 비저항의 역수로서 다음과 같이 표현할 수 있다.

$$\sigma = \frac{1}{\rho} \tag{18-4}$$

전기 전도도는 재료의 전류 전도 능력 또는 전류 전도의 용이성을 가리키며, 그 단위는 오옴·미터의 역수인 $(\Omega \cdot m)^{-1}$ 또는 mho/m이다.

그림 18-1은 각종 물질의 전기 전도도를 표시한 것으로서, 일반적으로 전기 비저항 10^{-4}~10^{4}를 기준으로 하여 **도체**(導體, conductor), **반도체**(半導體, semiconductor), **절연체**(絶緣體, insulator)로 나뉜다.

전기 전도도 또는 전기 비저항의 정도는 원자핵 주위의 최외각 전자 즉, **가전자**(價電子)의 상태에 관계된다. 하나의 독립된 원자를 고려해보면 원자 주위의 전자각(電子殼, shell)에는 그림 1-10에 표시된 바와 같이 전자가 들어있는 몇 개의 **에너지 준위**(energy level)가

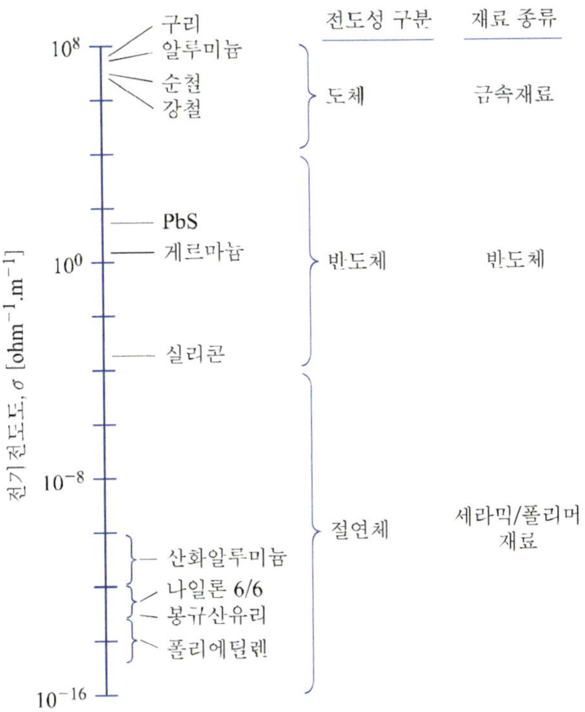

[그림 18-1] 각종 물질의 전기전도도와 도전성에 의한 분류[1]

있다. 이에 비하여 수많은 원자들의 집합체인 고체 금속 내의 원자들은 서로 근접하여 맞닿아 결합하고 있으며, 이들의 가전자들은 이웃의 원자나 전자들과 상호작용하여 **섭동**(攝動, pertubation)*[1]되어 원래의 것보다 확장된 넓은 원자 에너지 준위를 갖게 되는데 이것을 **에너지 띠**(energy band)라 한다.

예를 들어 N개의 원자들로 구성된 고체 금속이 있다고 가정하자. 이들 원자들이 서로 멀리 떨어져 있을 때는, 완전히 독자적으로 고립된 하나의 원자(그림 18-2)와 마찬가지 상태의 에너지 준위와 전자 배열을 갖는다. 그러나 원자들이 점점 가까이 근접하게 되면, 가전자들은 인접한 원자나 전자들과 상호작용하여 섭동되며, 그 영향으로 전자들이 서로 분리되면서 조금씩 다른 에너지 준위를 가지게 된다. 이 때 전자들이 서로 분리되는 정도는 원자간의 거리에 따라 다르며, 서로 거리가 가까워지면 바깥쪽 부각(subshell)에 있는 전자들부터 먼저 분리되기 시작한다.

1) 외부의 영향에 의해 규칙적인 궤도 운동에 혼란이 야기됨

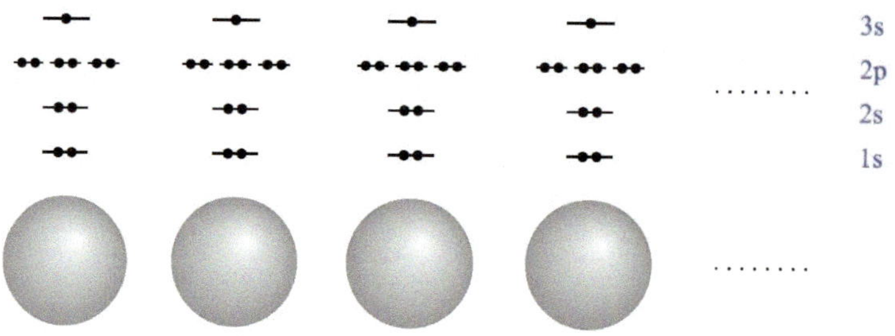

[그림 18-2] 각각 개별적으로 고립되어 있을 때의 Na 원자의 전자배열

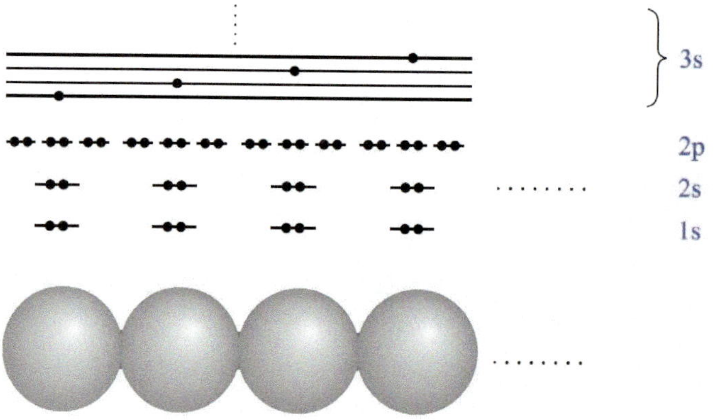

[그림 18-3] n개의 Na원자로 구성된 가상적인 물질의 전자배열. 원자들이 서로 가까이 근접하게 되면 외각의 전자들은 서로 분리되어 n개의 약간씩 다른 에너지 레벨에 위치함.

만일 어떤 금속 덩어리 중에 12개의 Na 원자가 존재한다면, 그림 18-3에서 보는 바와 같이 3s 에너지띠에는 서로 약간씩 다른 12개의 에너지 준위들이 있을 것이다. 그러나 이러한 에너지 상태도 앞서 언급한 바와 같이 원자간의 거리에 따라 변화한다. 그림 18-4는 원자 12개로 구성된 어떤 가상적인 물질의 원자간의 거리에 따른 전자들의 에너지 상태의 변화를 표시한 것이다. 이 그림에서 보는 바와 같이 원자간의 거리가 점점 가까워지면 먼저 맨 바깥쪽 부각의 전자들이 분리되어 12개의 개별적인 에너지 상태를 이루게 되며, 거리가 더욱 가까워지면 더 안쪽 부각의 전자들도 에너지 준위별로 분리된다. 그러나 이들 에너지 준위들은 서로 분리되어 있기는 하나 매우 근접하여 마치 하나의 띠를 형성하고 있는 것처럼 나타난다.

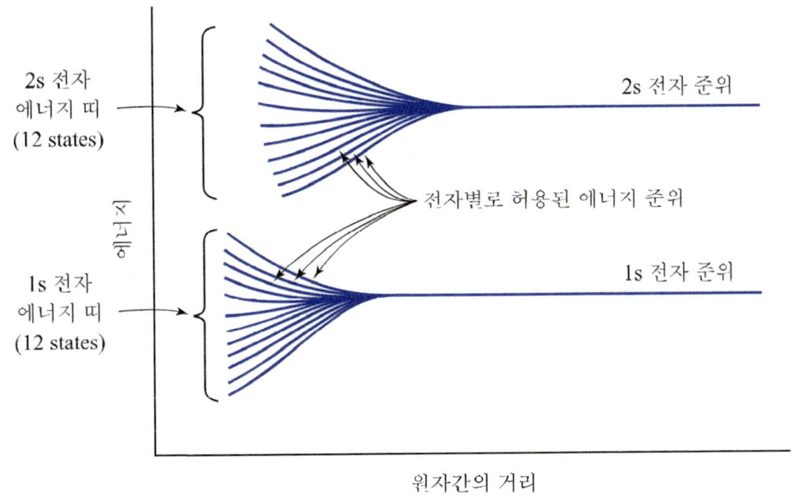

[그림 18-4] 12개의 원자로 구성된 어떤 금속 덩어리에 있어서의 원자 간격에 따른 전자 에너지 띠의 개략도. 원자가 서로 접근함에 따라 원자의 1s와 2s 상태(state)는 분리되어 12개의 상태로 구성된 전자 에너지 띠를 형성하게 됨.

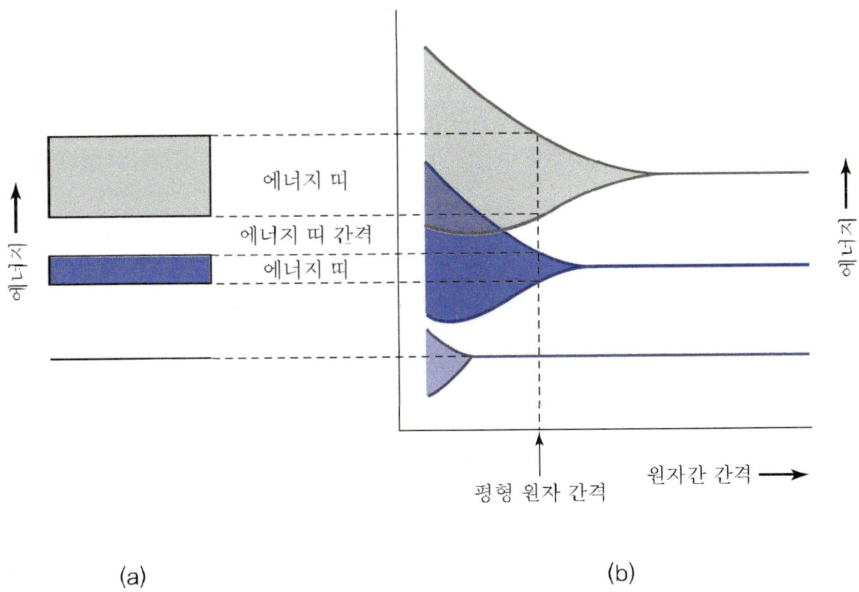

[그림 18-5] 원자 간격에 따른 에너지띠의 변화에 대한 통상적인 표현 (a) 평형 원자 간격에서 고체 금속의 에너지 띠 구조, (b) 원자 집합체에서의 원자간 간격에 따른 전자 에너지의 변화. 일반적으로 표시하는 에너지띠는 평형 원자 간격에서의 전자들의 에너지 준위 상태를 표현하는 것으로서 각 에너지 준위가 분리되어 있기는 하나 매우 근접하여 하나의 띠를 형성하는 것으로 볼 수 있음

그림 18-5는 수많은 원자들이 모여 형성된 원자 집합체(금속 덩어리)에 있어서의 평형 원자거리에서의 에너지 띠 구조와, 이 경우의 원자간의 거리에 따른 전자의 에너지의 변화를 표시한 것이다. 이 그림을 보면 에너지 띠의 의미를 잘 알 수 있을 것이다. 이 그림에서 보는 바와 같이 평형 원자거리일 때는 핵과 가까운 거리에 있는 안쪽의 부각에 있는 전자들은 띠를 형성하지 않을 수도 있다. 또한 인접한 띠와 떨어져 있는 경우도 있는데, 이것을 **에너지 간격**(energy gap)이라 하며, 순금속의 경우는 이 간격에 해당하는 에너지에는 전자가 존재할 수 없다.

한편 재료의 외부로 부터 전계(電界)가 주어지면 원자들 사이에서 모든 방향으로 똑같이 진동하고 있던 가전자들은 (+)극 쪽으로 향하게 된다. 그러나 이 전자가 (+)극 쪽으로 이동하는 데 필요한 속도와 운동량을 가지려면 더 큰 에너지를 가져야 하고 전자는 더 높은 에너지 준위에 위치하여야 한다. 따라서 전기 전도성이 좋기 위해서는 전자가 에너지 띠 중에서 보다 더 높은 에너지 준위로 쉽게 이동할 수 있어야 한다. 이렇게 전자가 더 높은 에너지 준위로 이동하여 도전 전자(導電電子)로 변화하는 것을 **여기**(勵起, exiting)라 한다.

고체 금속 나트륨(Na)의 경우는 3s와 3p 에너지띠는 서로 겹친다. 그러나 나트륨 원자에는 단지 한 개의 3s 전자만이 있기 때문에 3s 띠는 반만 채워진다. 따라서 나트륨의 전자가 상위 준위로 상승하기 위해서는 아주 작은 에너지만 있으면 되며, 그 결과 나트륨은 좋은 도체가 된다. 이와 같이 Na이나 Ag, Cu처럼 그림 18-6의 (a)와 같이 에너지 띠가 반만 채워져 있거나, 그림 18-6의 (b)와 같은 Mg이나 Al처럼 다 채워져 있더라도 상위의

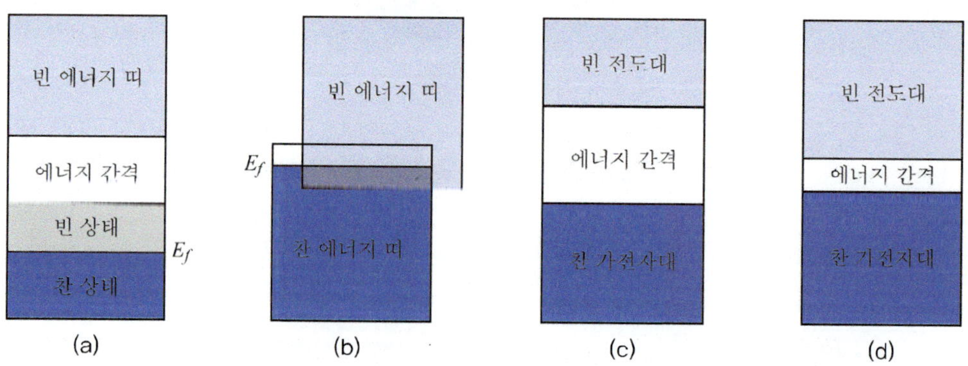

[그림 18-6] 0°K에서의 고체의 전자 에너지 띠 구조. (a) Na, Cu의 경우–에너지띠가 덜 채워져 있음. (b) Mg의 경우–에너지 띠가 꽉 채워져 있으나 상위 띠와 겹쳐 있음. (c) 절연체의 경우–가전자대가 채워져 있으며 상위의 전도대와 에너지 간격이 큼(2 eV 이상). (d) 반도체의 경우–가전자대와 전도대간의 에너지 간격이 비교적 작음

에너지 띠와 겹쳐져 있으면 도전성(導電性)이 좋다(**도체**). 그러나 에너지 띠(즉, 가전자대)가 다 채워져 있고, 더 높은 준위의 에너지 띠(**도전대**)와는 간격이 있는 경우에는 전기의 전도가 어렵게 된다. 이 때 그림 18-6의 (c)처럼 에너지 간격이 큰(2eV 이상) 경우에는 도전성이 아주 나쁘게 되며(**절연체**), 그림 18-6의 (d)처럼 간격이 작은 경우는 외부로 부터 약간의 에너지(열, 빛, 전계 등)가 주어지면 도전성을 갖게 된다(**반도체**).

18.1.2 도전재료 (導電材料)

금속재료는 일반적으로 좋은 전기도체이다. 그 중에서 은(Ag)은 가장 전기 전도도가 크고, 그 다음이 구리(Cu)로서 각종 전기재료로는 많이 이용되고 있다. 일반적으로 금속재료의 경우 고용원소의 함량이 많을수록(그림 13-1 참고), 내부응력이 높을수록, 그리고 온도가 높을수록(그림 18-7) 전기전도도는 작아지고, 반대로 전기 비저항은 높아진다. 온도의 상승에 따른 전기저항의 증가비를 **전기저항의 온도계수**라 한다.

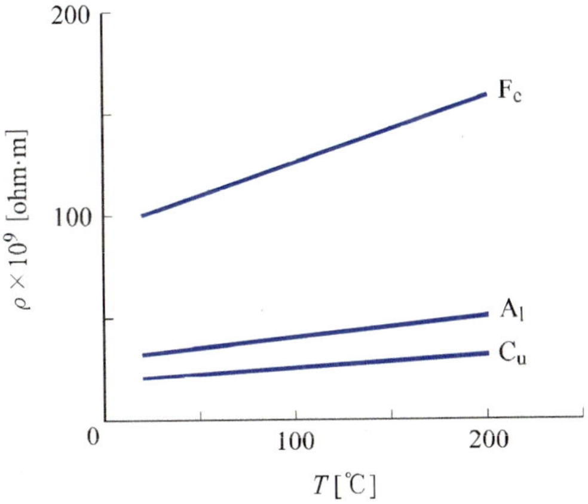

[그림 18-7] 몇 가지 금속의 온도에 따른 전기 비저항의 변화[2)]

18.1.3 초전도 재료 (超電導材料)

금속재료는 일반적으로 온도가 저하됨에 따라 전기저항이 감소되지만 완전히 없어지지는 않는다. 그러나 상당수의 금속재료에서는 어느 한계 이하의 극저온에서는 전기저항이 갑자기 뚝 떨어져 0으로 되는데, 이러한 **초전도**(超電導現象, super conductivity) 현상은 많은 수의 재료에서 확인되고 있다. 초전도 상태가 되면 그 내부에 흐르고 있던 자속(磁束,

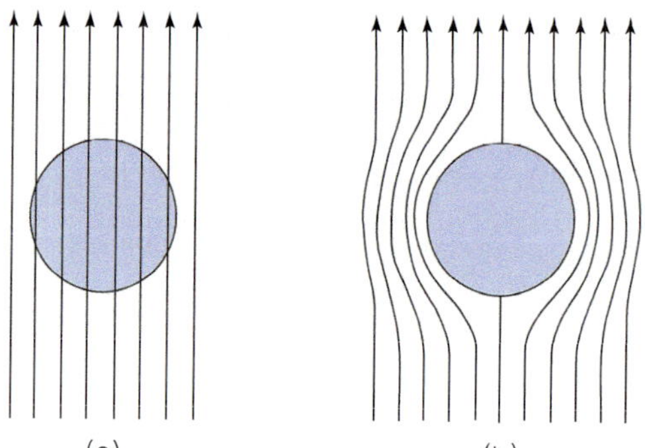

[그림 18-8] 마이스너 효과 (a) 일반적인 도체 상태일 때는 자장이 재료를 관통함.
(b) 초전도 상태일 때는 자장이 재료의 내부에서 완전히 배제됨.

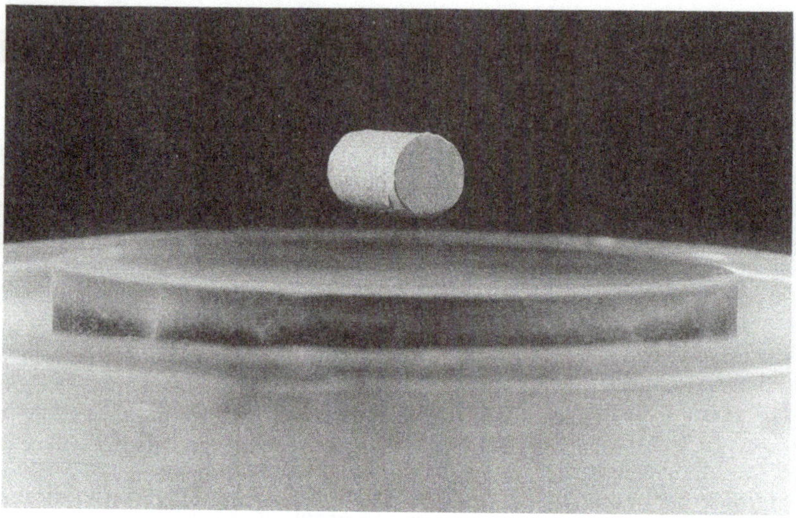

[그림 18-9] 액체질소 온도(77°K)까지 냉각한 $YBa_2Cu_3O_7$ 초전도체 판 위에 자성체가 공중부양하여 고착되어 있는 모습[3].

magnetic flux)이 외부로 배제되어(그림 18-8) 자속밀도가 0으로 되는 **마이스너 효과**(Meissner effect)에 의해 완전한 반자성체가 된다(그림 18-9). 이러한 완전 도전성과 완전 반자성이 초전도체의 가장 중요한 두 가지 외형적인 특징이다.

초전도체가 되기 위해서는 물질별로 어떤 특정한 임계온도(T_C) 이하로 냉각되어야 하며, 그림 18-10에서 보는 바와 같이 전류밀도와 자장에도 어떤 임계치가 있어서 그 이상의 상태에서는 초전도성이 사라지는 특성이 있다. 임계 자장(H_C)이나 임계 전류밀도(J_C)가 크면 강력한 자계의 발생이 가능한 장점이 있다. 그러나 현재로서는 실용상 가장 큰 문제가

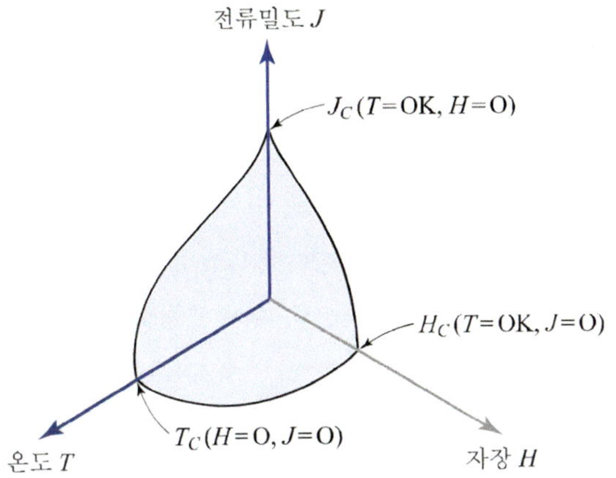

[그림 18-10] 초전도성을 나타내는 범위를 보여주는 모식도. 임계온도(Tc), 임계 자장(Hc) 및 임계 전류밀도(Jc) 이내에서만 초전도성을 가짐.

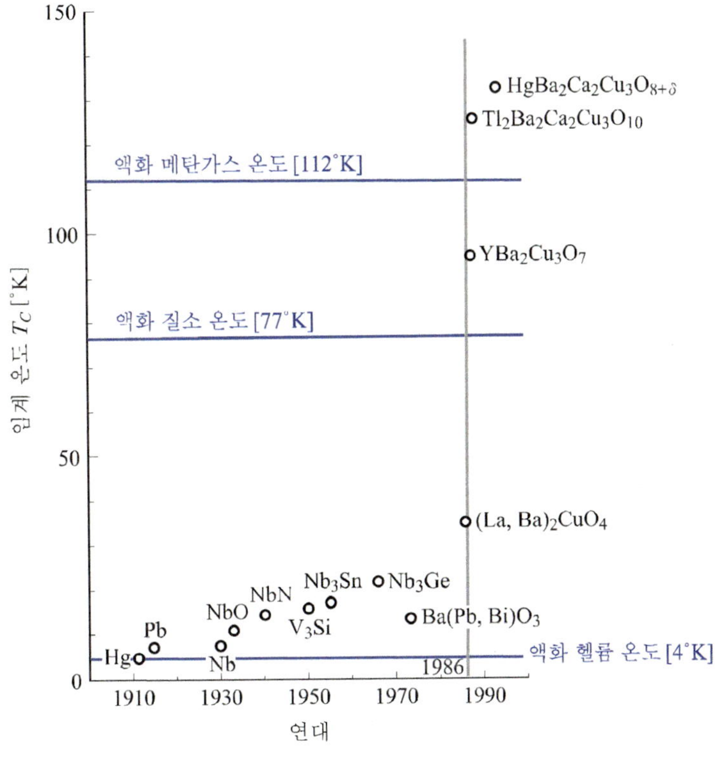

[그림 18-11] 초전도 물질의 임계온도의 발전 과정[4)]

되는 것은 임계 온도로서 이 온도가 높으면 냉각에 소요되는 비용이 절감되어 경제성을 확보할 수 있다.

따라서 액체 헬륨 대신 액체 질소로 냉각이 가능하도록 임계온도를 100°K 이상으로 높이는데 가장 큰 노력을 기울이고 있다. 현재 많이 이용되고 있는 Nb-Ti계 합금선은 임계온도가 9°K 정도이며, Nb_3Sn, Nb_3Al 및 Nb_3Ge계의 화합물은 임계온도는 각각 20°K 및 30oK에 달하나 선재로의 가공이 어렵다. 초전도체의 임계온도는 1986년 $(La,M)_2CuO_4$계 산화물(여기서 M = Ca, Sr, Be)의 발견 이래 급격히 상승되고 있으며, 특히 $(Y,Br)CuO_3$계 산화물의 발견으로 액체 헬륨 보다 값싼 액체질소(77°K)중에서도 초전도성을 얻을 수 있게 되어 경제성을 갖게 되었으며, 1993년도에는 임계온도가 135°K인 것도 개발된 바 있다. 그림 18-11은 초전도체의 연대별 임계온도 변화 추이를 표시한 것으로서 근래 개발된 고온 초전도체는 모두 세라믹계임을 알 수 있다.

초전도체는 고효율에 의한 에너지 절감, 고밀도화에 의한 기기의 소형화와 경량화, 시스템안정에 의한 사고 방지, 오염물질 감소에 의한 환경오염 감소 등의 효과를 가져 올 수 있으므로, 송전선(그림 18-12), 발전기, 에너지 저장장치, 자기부상 열차, 핵융합로, 고에너지 가속기, 자기공명 단층 촬영기(MRI), 컴퓨터 등 다양한 분야에 적용되고 있거나 연구중이며, 앞으로의 개발 여하에 따라 발전 가능성은 거의 무한한 것으로 알려져 있다.

[그림 18-12] 초전도 케이블의 내부 구조[5)]

18-2 반도체(半導體)

반도체 장치들은 전자회로의 소형화에 의하여 인간생활에 혁신을 가져왔다. 집적회로의 개발과 미소 전자회로의 발전은 이 혁명을 더욱 가속화하였으며, 전자 기술 영역을 엄청나게 발전시켰다. 공정과 제조기술의 정교화는 IC회로의 제조 원가의 극적인 저감을 가져 왔으며, 이는 곧 각종 산업계의 생산과 제어, 그리고 컴퓨터를 비롯한 각종 전자제품의 비약적인 성능 향상 및 비용 절감을 가져왔다. 또한 이러한 반도체 기술의 발전은 전자공업분야뿐만 아니라 기계, 통신, 자동화, 인공지능 등 거의 모든 분야에 걸쳐 다양하고도 급격한 혁신을 가져와 오늘날의 인류의 생활에서 차지하는 반도체의 중요성은 더 말할 나위가 없다. 이러한 엄청난 혁신은 사실은 우주공학-크기가 작고 전력이 적게 소모되는 컴퓨터와 전자장비가 필요한-으로부터 출발되었다 할 수 있다.

한편 실리콘(Si)과 게르마늄(Ge)으로 대표되는 반도체는 앞서 언급한 바와 같이 도체와 절연체 사이의 전기 전도도를 갖는다. 에너지 간격은 절연체보다 작으며 외각전자는 금속의 경우처럼 자유롭지는 않으나, 약간의 열 또는 빛 에너지를 가하여 전자의 에너지 상태를 높이거나, 불순물을 첨가하여 에너지 준위를 약간 변화시키면 전기 전도성을 갖게 할 수 있다. 반도체의 전기전도도는, 온도는 물론이지만 불순물의 종류 및 함량에는 특히 민감하다. 어떤 불순물은 아주 적은 양이 첨가되더라도 전도도가 놀랄 만큼 증대된다.

18.2.1 반도체의 종류

실리콘(Si)이나 게르마늄(Ge)은 주기율표상 제 IV족에 속하는 원소로서, 원자 하나당 평균 4개의 가전자를 가지고 있으며, 앞서 언급한 바와 같이 에너지 간격이 비교적 좁으므로 (그림 18-13) 외부로부터 약간의 에너지만 가해지면 도전성을 갖는다. 이렇게 원래부터 반초에인 성질을 가진 것을 **진성**(眞性) **반도체** 또는 **고유 반도체**(intrinsic semiconductor)라 하며, 그 중에서 Ge, Si 등과 같은 순수 물질인 것을 **단체**(單體) **반도체**, 그리고 III족과 V족, II족과 VI족 원소의 화합물로 된 **화합물**(化合物) **반도체**가 있다.

그리고 4가인 진성 반도체에 3가 또는 5가인 원소를 첨가하면 전기 전도성이 크게 향상된다. 이러한 성질을 이용한 반도체를 **불순물**(不純物) **반도체** 또는 **비고유 반도체**(extrinsic semiconductor)라 하며, 그 중에서 5가 원소를 첨가한 것을 **n형 반도체**, 3가 원소를 첨가한 것을 **p형 반도체**라 한다.

[표 18-1] 몇 가지 고유 반도체의 특성(20℃)

재질	에너지 갭 E_g		이동도		고유 전기전도도	격자상수
			전자	전자공		
	$[10^{-8}J]$	[eV]	$[m^2/V \cdot sec]$		$[(\Omega \cdot m)^{-1}]$	a, [nm]
진성 반도체						
C(다이아몬드)	0.96	≈6	0.17	0.12	$< 10^{-16}$	0.357
실리콘(Si)	0.176	1.1	0.19	0.0425	5×10^{-4}	0.543
게르마늄(Ge)	0.112	0.7	0.36	0.23	2	0.566
주석(Sn, 회색)	0.016	0.1	0.20	0.10	10^6	0.649
화합물 반도체						
AlSb	0.26	1.6	0.02	–	–	0.613
GaP	0.37	2.3	0.019	0.012	–	0.545
GaAs	0.22	1.4	0.88	0.04	10^{-6}	0.565
GaSb	0.11	0.7	0.60	0.08	–	0.612
InP	0.21	1.3	0.47	0.015	500	0.587
InAs	0.058	0.36	2.26	0.026	10^4	0.604
InSb	0.029	0.18	8.2	0.17	–	0.648
ZnS	0.59	3.7	0.014	0.0005	–	–
SiC(6방정)	0.48	3	0.01	0.002	–	–

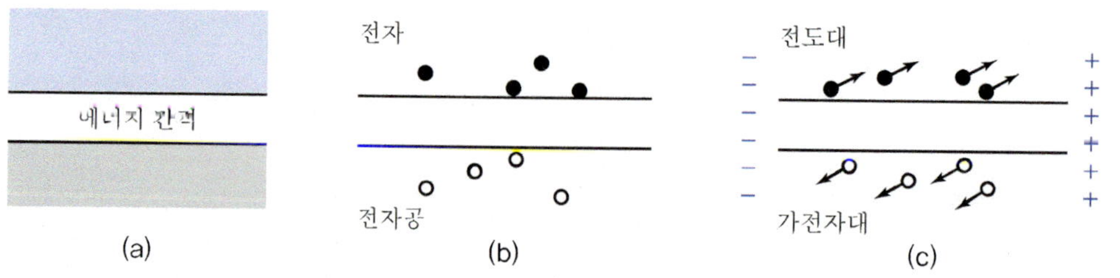

[그림 18-13] 반도체의 전기 전도. (a) 0°K. 낮은 에너지 띠는 채워져 있다. 에너지 간격은 작고 상위 밴드는 비워 있다. (b) 온도가 상승하면 약간의 전자가 상위 밴드로 점프하면서 가전자대에는 전자공을 남긴다. (c) 전기장이 걸리면 전도대에 있는 전자들은 (+)극 쪽으로 이동하고, 가전자대에 있는 전자들은 (−)극 쪽으로 이동한다.

반도체 재료의 전기전도도는 불순물의 종류 및 함량에 민감하여, 어떤 종류의 불순물은 아주 작은 농도 첨가하더라도 전도도가 놀랄 만큼(10억배 이상) 증대한다. 이러한 특성 때문에 오늘날 **IC회로**(integrated circuit, 집적회로)를 만들 때 금속 대신 불순물을 많이 첨가한 다결정 실리콘을 사용하기도 한다. 또한 온도의 영향도 커서 비고유성 전도도는 온도의 상승과 함께 증대하며, 고유성 전도도는 온도의 상승에 지수 함수적으로 비례 증대한다.

[1] 고유 반도체

고유 반도체는 열 에너지에 의해 가전자대로 부터 약간의 전자가 **전도대**(傳導帶, conduction band)로 이동하고 가전자대에는 **전자공**(電子孔, hole)[*2)]이 발생하여 약간의 도전성을 갖게 된다. 따라서 진성 반도체에서는 전자와 전자공이 같은 수 존재한다. 단체 반도체인 Ge과 Si가 대표적이며, 화합물 반도체로는 Ⅳ족-Ⅳ족 화합물인 SiC, Ⅲ족-Ⅴ족 화합물인 InSb, InAs, GaP, GaAs 등이 있다.

반도체의 가전자 결합에서 전자가 **여기**(exiting)되어 도전 전자(傳導電子)로 되는 것을 설명하는 또 다른 방법은 에너지띠 도표이다. 고유 반도체의 에너지띠 도표에서, 공유 결합을 이루고 있는 가전자는 20℃에서 그림 18-14의 (c)에서 보는 바와 같이 거의 채워진 보다 낮은 가전자대의 에너지 준위를 차지한다. 가전자 띠 위에는 에너지 상태를 허용하지 않는 금지된 에너지 간격(실리콘의 경우 20℃에서 1.1eV)이 있으며, 에너지 간격 위에는 거의 빈 전도대가 있다. 외부로부터 충분한 에너지가 가해지면 가전자에 있는 몇 개의 전자가 가전

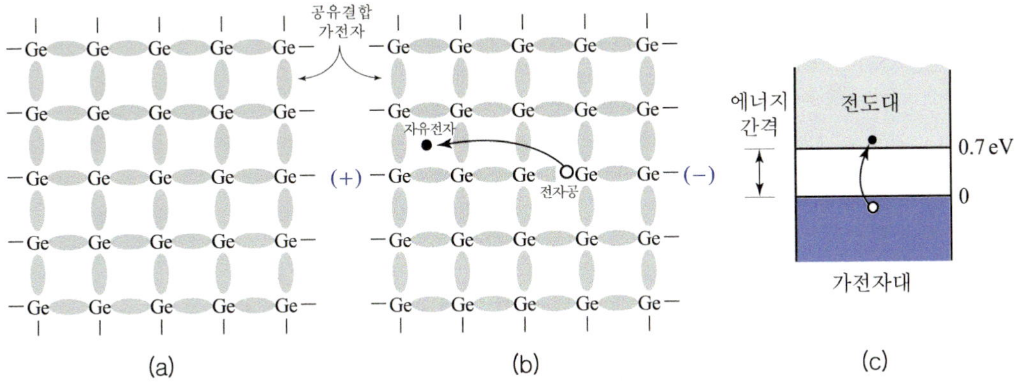

[그림 18-14] 고유반도체(Ge). (a) 공유결합내에 있는 전자들의 모식도. (b) 전기장에 의해 전자가 이동하여 전자+전자공의 쌍이 생김(둘 다 전하를 수송할 수 있음) (c) 에너지 띠-에너지 갭이 작아 쉽게 여기(exiting)되며, 전자가 전도대로 올라가면 가전자대에 전자공이 남김

2) 양공(陽孔, positive hole), 정공(正孔, hole)이라고도 함.

18

자대로부터 전도대로 여기되며 가전자에는 전자공을 남긴다. 따라서 전자가 에너지 간격을 지나 전도대로 여기되면 2개의 **전하 운반자**(또는 캐리어, charge carrier) 즉, (−)으로 대전(帶電)된 전자와 (+)로 대전된 전자공이 생기게 되는 것이다. 전자와 전자공은 모두 전하를 운반하는 운반자 역할을 한다.

[2] n형 반도체

게르마늄, 실리콘 등의 고유 반도체에 As, P, Sb 등의 Va족의 불순물 원자(**도펀트**, dopant)를 첨가하여 치환형 불순물로서 고용시키면, 이들은 게르마늄이나 실리콘보다 1개의 가전자를 여분으로 더 갖게 되며, 따라서 전자는 에너지 간격을 뛰어넘기 쉽게 된다(그림 18−15). 이와 같이 다수를 차지하는 주된 전하 운반자가 전자인 것을 **n형 반도체**(negative type semiconductors)라 한다. 실리콘 또는 게르마늄 반도체는 Va족 불순물 원자가 첨가된 형태이므로 **비고유 반도체**의 일종이다. 이 때 불순물을 첨가하는 과정을 **도핑**(doping)이라 하며, n형 반도체에 첨가되는 불순물을 **도너**(donor)라 한다.

실리콘의 에너지 띠 모식도에서, Va족 불순물(Sb, P, As 등) 원자의 잉여 전자는, 그림 18−14의 (c)에 표시한 바와 같이 전도대 바로 아래의 금지된 영역인 에너지 간격에 해당하는 에너지 준위를 차지한다. 이러한 에너지 준위를 **도너 준위**(donor level)라 하는데, 이는 도너 불순물 원자에 의해 만들어지기 때문이다. 잉여 전자를 잃어버린 Va족 도너 불순물 원자는 이온화되어 양 전하를 갖는다.

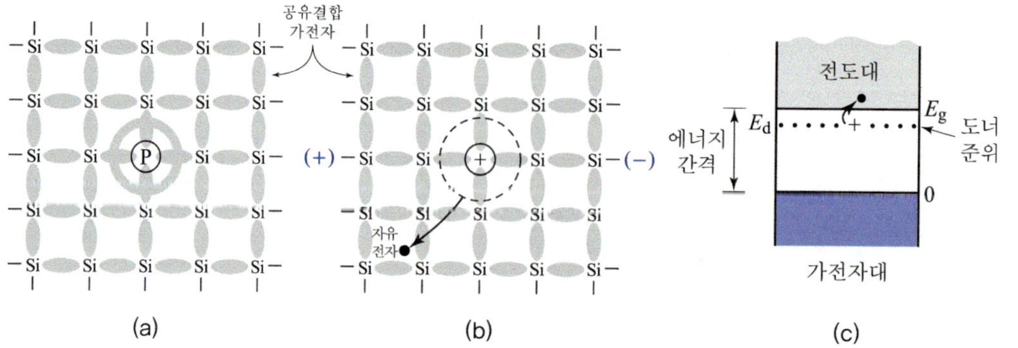

[그림 18−15] 여분의 전자가 하나 더 있는 V족 원소의 원자를 첨가한 n형 반도체. 이 여분의 전자는 매우 작은 에너지에 의해서도 전도대로 증여(donate)되어 전하 수송자 역할을 하게 됨. (a) 실리콘(Si) 원자들 중에 불순물인 인(P) 원자가 결합되어 있는 모식도. (b) 전자를 잃어 (+) 이온화된 인 원자와 외부 전기장에 의한 자유전자의 움직임. (c) 에너지 띠. 도너 불순물의 에너지 준위가 전도대 바로 아래 금지대내에 위치하며, 도너 상태로부터 여기하여 전도대에 자유전자가 발생됨.

[3] p형 반도체

진성 반도체에 B, Al, In과 같은 3가의 IIIa족 불순물 원소를 첨가하면 이들은 1개의 가전자가 부족하므로 전자공이 생기게 되고(그림 18-16의 (b)), 그 에너지 띠에는 빈 에너지 준위가 존재하게 되어 전기 전도성을 갖게 된다. 이렇게 주된 전하 운반자가 전자공인 반도체를 **p형 반도체**(positive type semiconductors)*3)라 하며, p형 반도체도 IIIa족의 불순물을 첨가하므로 n형과 함께 **비고유 반도체**의 일종이다. 이 때 B, Al, In과 같이 전자공을 만드는 불순물을 **억셉터**(accepter)라 한다.

에너지 띠 도표의 관점에서 알루미늄 원자는 실리콘의 채워진 가전자대의 가장 윗부분 준위보다 약간 높은(~0.045eV) **억셉터 준위**(acceptor level)라 하는 에너지 준위를 만든다. 알루미늄 원자 근처의 실리콘 원자의 가전자가 알루미늄-실리콘 가전자대에 있는 전자공을 채우면(그림 18-16의 (b)), 이 전자는 억셉터 준위로 상승하여 음(-)의 알루미늄 이온을 생성한다. 이 과정에서 전자공이 실리콘 격자에 생성되어 양 전하의 운반자로서 작용한다.

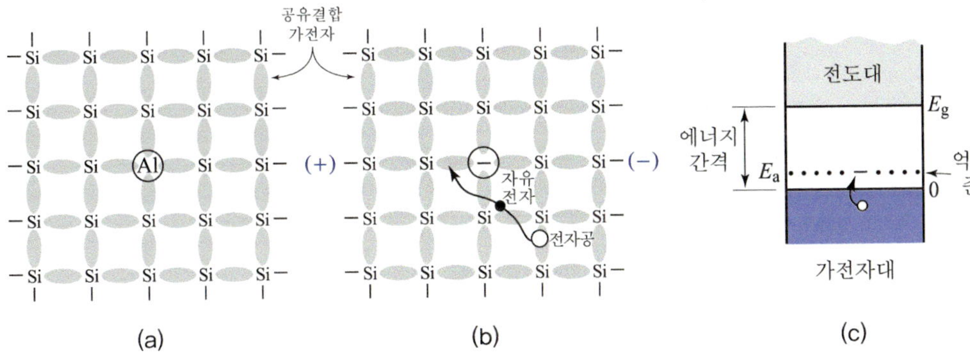

[그림 18-16] 가전자가 하나 부족한 제 Ⅲ족 원소의 원자를 첨가한 p형 반도체. 이들 원자는 가전자대로부터 각각 하나의 전자를 받아들일 수 있으며, Si에는 전자공이 남게 된다. (a) 제 Ⅲ족인 Al 불순물이 결합된 모습. (b) 전자를 하나 받아들여 (-)이온화된 알루미늄 원자와, 전기장에 의한 전자공의 움직임. (c) 에너지 띠. 억셉터 불순물의 에너지 준위가 전자대 바로 위의 금지대 에 위치하며, 전자가 억셉터 준위로 여기할 때 가전자대에 전자공을 남기게 됨.

---

3) n형 반도체와 p형 반도체는 주된 전하 운반자가 각각 전자와 전자공이며, 따라서 이들은 각각 (-)와 (+)로 대전되기 때문에 각각 negative와 positive형으로 명명된 것임. 가장 간단하게 표현하자면 반도체가 전계(電界)중에 놓이게 되면 n형 반도체의 경우는 여분의 전자가 (+)극 쪽으로, p형 반도체의 경우는 전자공이 (-)극 쪽으로 이동함으로서 전지 전도가 이루어지는 것으로 생각할 수 있다.

18.2.2 반도체 장치 (semiconductor devices)

반도체의 전기전도도는 온도와, 특히 불순물의 종류 및 함량에 민감하다. 어떤 불순물은 아주 적은 양이 첨가되더라도 전기전도도가 놀라울 만큼 증대된다. 고유성 전도도는 온도의 상승과 함께 지수 함수적으로 증가하며, 비고유성 전도도 또한 온도와 더불어 증가한다.

반도체 장치들은 이러한 반도체의 독특한 성질을 조합함으로써 특정한 전자적 기능의 수행할 수 있도록 한 것이다. p형 또는 n형 반도체를 적절한 순서로 **접합**(接合, conjunction)하여 독특한 기능을 가지게 하며, 여기에는 pn 정류 접합과, 접합 트랜지스터 및 MOSFET 트랜지스터가 포함된다.

[1] 정류 다이오드(rectifier diode)

p형과 n형 반도체를 조합하여 만든 가장 간단한 형태인 pn접합 다이오드는 교류를 직류로 변환하는 **정류(整流, rectification)** 기능을 가지고 있으며, 이러한 다이오드를 **정류 다이오드**라 한다. pn 접합 다이오드에 AC신호가 작용되면 그림 18-17의 (b)와 같이 p영역이 n영역에 대해 양의 전압으로 걸릴 때(**정바이어스**, forward bias)는 전자는 n영역 쪽으로, 전자공은

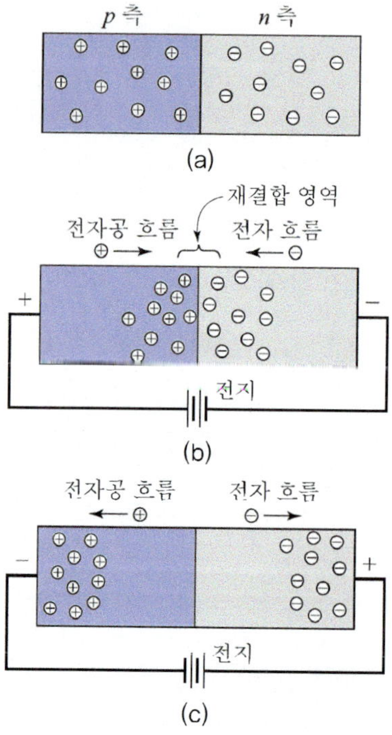

[그림 18-17] 정류기(⊖는 전자, ⊕는 전자공을 표시). (a) 전압이 작용하지 않을 때, (b) 정바이어스일 때. 전류가 흐름 (c) 역바이어스일 때. 전하 운반자인 전자와 전자공이 pn경계 부분에서 재결합하여 소실됨

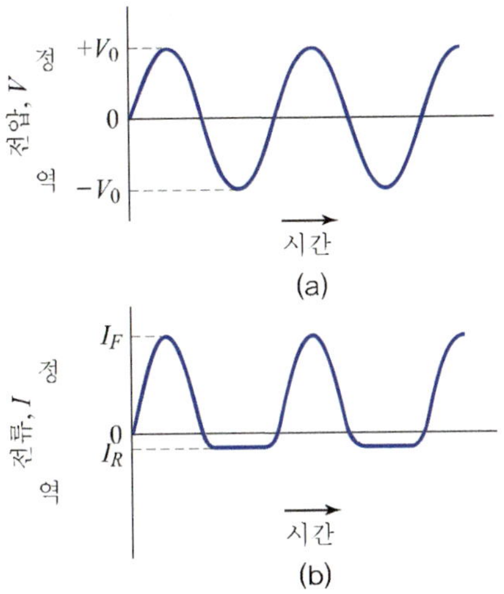

[그림 18-18] (a) pn 접합에 가해진 전압의 시간의 경과에 따른 변화 양상, (b) (a)의 전압이 pn 접합에 의해 정류된 전류의 흐름

p영역 쪽으로 이동하여 전기가 흐르게 될 것이다. 그러나 그림 18-17의 (c)와 같이 그 반대인 경우(**역바이어스**, reverse bias)는 계면 지역에서 전하 운반자인 전자와 전자공이 만나서 서로 결합하여 소멸(이 때 에너지를 외부로 방출)됨으로써 그 결과 그림 18-18에 표시된 바와 같은 반파(half wave) 전류로서 정류된다. 이 출력 신호는 다른 전자 회로와 결합하면 부드러운 정상 DC 신호로 만들 수 있다. 고체 상태의 실리콘 정류기는 수십~수백 암페어 또는 그 이상의 넓은 범위의 전류 용량에 사용할 수 있으며, 전압을 1,000 V 이상으로 할 수 있다.

[2] 트랜지스터(transistor)

반도체 혁명에 있어서 가장 핵심적인 요소는 **트랜지스터**(transistor)이며, **접합 트랜지스터**(junction transistor)와 **전계 효과 트랜지스터**(field effect transistor, FET)의 두 가지로 대별된다. 전계 효과 트랜지스터는 금속 전극을 사용하던(근래는 다결정 실리콘을 주로 사용) 특징 때문에 주로 **금속산화물 반도체 전계 효과 트랜지스터**(metal oxide semiconductor field effect transistor, MOSFET)로 일컬어진다.

접합 트랜지스터 : 이 장치는 두 개의 pn 접합에 의해 pnp 또는 npn의 형태로 구성된다. 그림 18-19는 pnp 접합 트랜지스터의 모식도로서 증폭 과정에 관여되는 전자와 전자공의 이동 양상을 보여주고 있다. 이 그림에서 접합된 세 부분을 각각 **이미터**(emitter), **베이스**(base) 및 **컬렉터**(collector)라고 한다. 이미터는 p형이며, 접합 1은 정바이어스이기 때문에 전압이 걸리면 많은 양의 전자공이 베이스 지역으로 이동해 들어간다. 이들 전자공의 일부는 n형

인 베이스에서 전자들과 만나 결합 및 소멸된다. 그러나 만일 베이스가 극히 얇고(대부분의 경우 폭이 1 μm 이하임) 반도체 재료가 적절한 조건에 놓여 있다면 대부분의 전자공들은 재결합하지 않고 곧장 접합 2를 지나 p형인 컬렉터 쪽으로 들어가게 된다. 일단 컬렉터에 들어 온 전자공들은 주된 전하 운반자로서 더욱 자유롭게 이동하게 된다. 이에 따라 이미터-베이스 회로내에서 입력 전압이 조금만 증가해도 접합 2를 통과하는 전류(컬렉터 전류)와 출력 전압은 크게 상승하며(그림 18-20), 결과적으로 트랜지스터는 **증폭(增幅**, amplification) 기능을 가지게 된다. npn 접합 트랜지스터도 전자공 대신 전자가 베이스를

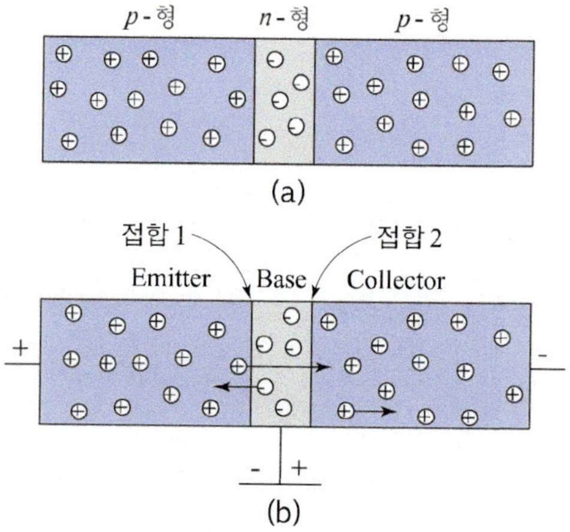

[그림 18-19] pnp 트랜지스터에서의 전자와 전자공의 이동 양상(⊖는 전자, ⊕는 전자공을 표시). (a) 전압이 인가되지 않을 때. (b) 전압이 증폭되는 상태.

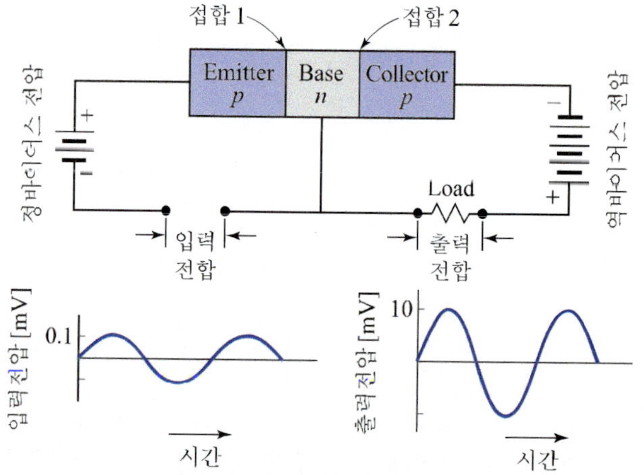

[그림 18-20] pnp 접합 트랜지스터와 그 회로 및 전압 증폭에 의한 입출력 전압-시간 특성의 변화. 작은 입력 전압의 변화에도 출력 전압에 큰 변화가 야기됨

지나 컬렉터로 이동하는 것 이외는 같은 원리에 의해 증폭 작용을 한다. 접합 트랜지스터는 전자공과 전자 두 가지의 운반자에 의해 작동되므로 **쌍극 트랜지스터**(bipolar transistor)라고도 한다.

MOSFET : 접합 트랜지스터에 비해 MOSFET에서는 전자나 전자공 중 하나에 의해서 작동된다. 이것은 그림 18-21에 표시한 바와 같이 p형의 Si 기판 중에 형성된 2개의 n형 반도체 섬으로 구성되며, 각각의 섬에는 **소스**(source)와 **드레인**(drain) 두 개의 금속 단자가 연결되며, 그 나머지 부분은 실리콘의 표면을 산화처리하여 형성된 SiO_2 절연층이 있고 이 절연층의 표면에는 또 다른 단자, **게이트**(gate)가 연결된다. 즉, MOSFET는 개폐 스위치 역할을 하는 3개의 단자를 가지며, 작동 기구는 단일 전하 운반자(이온 또는 전자공)를 가진 접합 트랜지스터와 다르다.

만일 게이트와 소스간의 전압이 0이라면 트랜지스터는 off 상태이다. 게이트에 (+)전압이 걸리면 반도체내에 (−) 전하를 형성하여 p형 반도체에 있어서 주된 전하 운반자인 전자공을 밖으로 몰아내게 된다. 전압을 점차 높여 어느 한도 이상이 되면, 게이트 아래쪽 실리콘 기판의 아주 얇은 층에는 전자의 밀도가 전자공보다 더 높아지는 역전(inversion) 현상이 일어나, 전자공이 많은 p형에서 전자가 많은 n형의 통로로 변하게 되며, 소스로부터 드레인 쪽으로 전류가 흐르게 된다. 이와 같이 MOSFET 트랜지스터는 게이트의 전압을 이용하여 소스와 드레인간의 전자의 흐름을 조절할 수 있다.

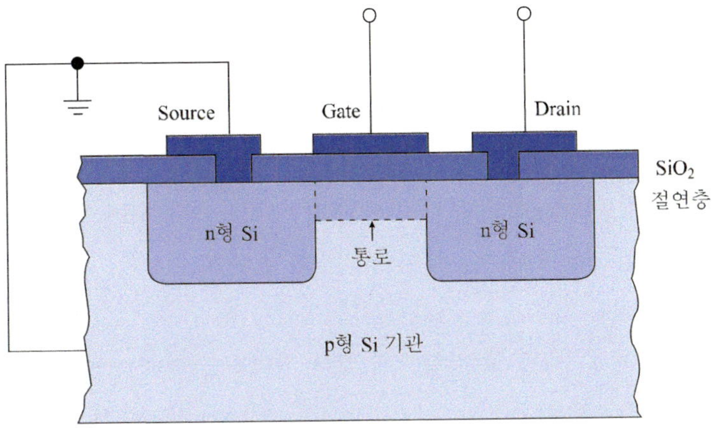

[그림 18-21] MOSFET 트랜지스터의 단면 모식도(n-MOS 트랜지스터). 게이트에 (+) 전압이 걸리면 SiO_2층 아래에 전자밀도가 높아져 전류가 흐르는 통로를 형성하게 됨. p-MOS 트랜지스터는 기판이 n형이고 채널이 p형으로 형성됨).

18

[3] 기타의 반도체 장치

트랜지스터와 다이오드는 앞서 언급한 바와 같이 증폭 기능 이외에 스위치의 기능도 있으며, 이것은 컴퓨터와 정보 저장 기술의 기반이 되고 있다. 미소회로 중의 소자들은 디지털 회로의 2진법에 해당하는 두 가지 상태 즉, "on" 또는 "off"를 표현한다. 반도체는 그 특성에 따라 여러 가지 장치를 만들 수 있으며, 대부분 전기저항이 변화하는 양상에 따라 결정되고 있다. 여기서는 앞서 살펴 본 정류기와 트랜지스터 이외의 몇 가지 사례에 대하여 기술한다.

서미스터(thermister) : 반도체의 전기저항은 온도에 따라 크게 변화한다. 따라서 전기저항의 측정에 의한 온도의 측정 및 검출, 온도변화에 대응하는 전류제어에 이용할 수 있다. 이러한 성질을 이용하는 서미스터는 온도 센서, 온도 보정장치, 과열 방지장치, 전류 리미터(current limiter), 타이머, 발열소자, 모터 액추에이터(actuator) 등에 사용한다.

배리스터(varister) : 소결 성형한 ZnO, SiC 등은 특정 전압 이상이 되면 전기저항이 급격히 작아져 전류가 오옴(Ohm)의 법칙을 따르지 않게 되는 성질을 가지고 있다. 이러한 배리스터를 이용하는 것으로는 전자 클러치(electromagnetic clutch), 온도 릴레이(thermo relay), 각종 과전압 보호기, 모터 제어기, 가스 누설 경보기, 화재 경보기, 압력 센서 등이 있다.

가스 센서, 압력 센서, 자력 센서 : 이들은 각각 반도체 표면의 가스 흡착상태, 압력에 의한 부피의 감소, 자속밀도의 변화 등에 따른 전기저항의 변화를 이용하는 것으로서 가스누설 경보장치, 각종 측정장치 등에 사용된다.

광전도체(光傳導體, photo conductor) : ZnO와 같은 광전도체는 정전기 복사에 활용된다. 여기에 사용되는 복사지는 ZnO로 피복한 다음 정전기적으로 대전(帶電, electrification)시킨 것으로서, 복사한 상(image)로 부터 반사되어 온 빛에 노출되면 광전도성에 의하여 검은 부분에만 전하가 잔류하게 된다. 이 종이에 열경화성 잉크 분말을 바르면 대전된 곳에만 묻게 되고, 이것을 가열하여 잉크를 경화시키면 복사가 완료된다.

광전지(光電池, photo cell) : pn 접합체에 빛이 쬐어지면 전자는 n형 반도체, 전자공(電子孔)은 p형 반도체 쪽으로 이동하여 축전지의 역할을 하게 된다(그림 18-22). 이러한 광전지는 광전도체와는 달리 외부전압이 필요 없으며 노출계, 적외선 망원경, 적외선 추적장치, 태양전지 등 그 이용범위가 넓다.

LED : pn 정류 접합중 몇 가지는 가시광선을 발생하는 발광소자로 사용할 수 있다. pn 접합에 정바이어스 전압이 걸리면 전자와 전자공은 서로 상대방쪽으로 이동 및 재결합하여 소멸되며, 이 때 방출되는 에너지는 어떤 환경하에서는 가시광선의 형태로 나타난다(그림 18-23). 이러한 기능을 가진 다이오드를 **LED(발광다이오드**, light emitting diode)라 하며, 광선의 색깔은 반도체 재료의 종류에 따라 다르다. LED는 수명이 길고, 다양한 색상의 발광을 하며, ON/OFF 응답이 빠르며(10만회/sec 정도). 소비전력이 매우 작은 등의 특성이 있어서 각종 조명등, TV 등의 디스플레이, 옥외 대형 표지판이나 교통신호 등에 널리 사용되고 있다.

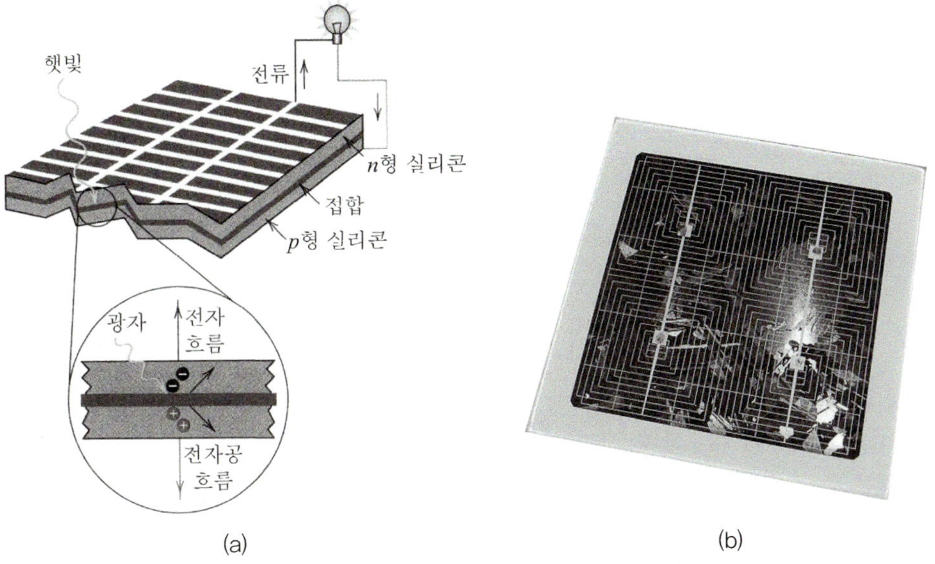

[그림 18-22] (a) 태양전지의 원리. (b) 4×4인치 다결정 실리콘 태양전지[6)]

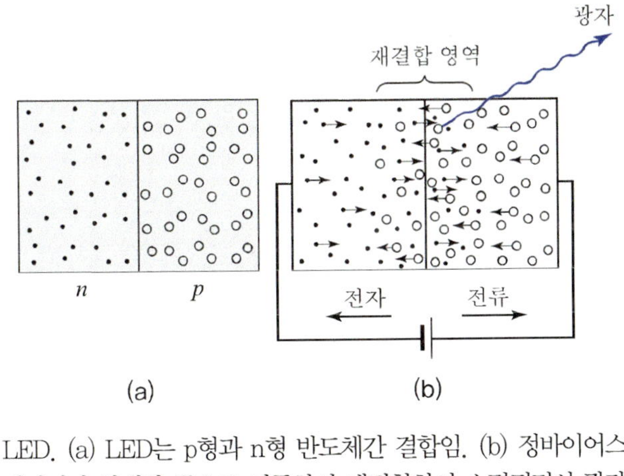

[그림 18-23] LED. (a) LED는 p형과 n형 반도체간 결합임. (b) 정바이어스가 걸리면 양쪽의 캐리어가 상대방 쪽으로 이동하여 재결합하여 소멸되면서 광자(光子, photon)를 방출한다.

18

18.2.3 반도체의 제조

반도체 기술에 있어서 다이오드나 트랜지스터 같은 회로 요소들은 진공관을 대체할 때 이미 상당한 정도의 소형화를 이루었으며, 더 이상의 소형화는 독립된 형태의 반도체를 배제함으로써 이루고 있다. 현재는 단결정(single crystal) 실리콘에 있는 단일 **칩**(chip) 내에 수많은 소자를 만들 수 있도록 n형 및 p형의 **도펀트**(dopant)를 확산시키는 정밀한 패턴를 적용함으로써 미소 전자회로를 만들고 있다. 그림 18-24는 단일 실리콘 **웨이퍼**(wafer) 상에 수많은 칩들이 조립된 모습을 보여주고 있다. 웨이퍼는 원기둥 모양으로 성장된 고순도의 단결정 실리콘을 아주 얇게 잘라낸 것으로서, 그 위에 반도체 장치가 조립되므로 표면은 고도로 정밀연마해야 하며 한쪽 면에는 결함이 없어야 한다. 웨이퍼의 크기는 직경 6, 8 또는 12인치, 두께는 250 μm 정도이며 칩의 크기는 한 모서리가 5~10 mm 정도이다. 반도체는 반드시 단결정체라야 하며 전위가 없어야 한다. 그리고 도핑 레벨이 정확해야 하며, 성형이나 공정이 쉬워야 하며, 시간이 흘러도 변질되지 않아야 하며, 다른 재료나 부품들과 어울려야 한다.

그림 18-25는 반도체 웨이퍼로부터 조립된 전자기기를 만들기까지의 전체 과정을 표시한 것이다. 반도체를 사용하는 모든 전자기기는 우선 실리콘 웨이퍼 위에 미소한 IC(integrated circuit, **집적회로**)를 작성하여 IC칩을 만든 다음 검사, 패키징을 거친 후 PCB 기판에 납접(soldering)한 후 이들 기판을 조립하여 제작한다.

[그림 18-24] 수많은 반도체 소자를 가진 직경 300 mm의 실리콘 웨이퍼[7)]

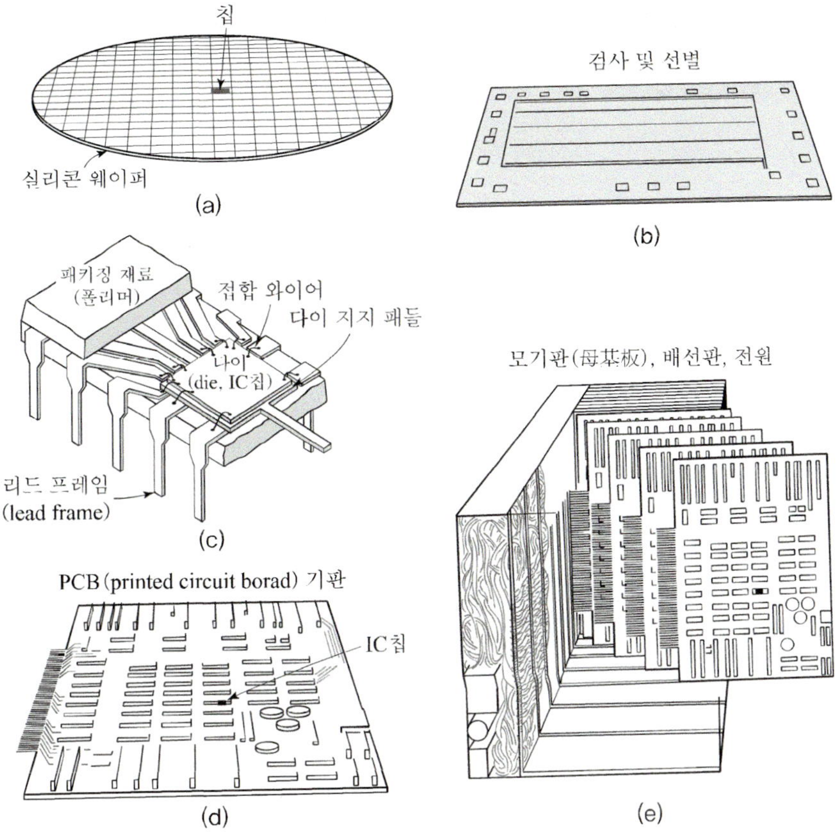

[그림 18-25] 실리콘 웨이퍼로부터 전자기기에 이르기까지의 과정. (a) 실리콘 웨이퍼에 칩 만들기 (b) 검사 및 선별 (c) 패키징 (d) PCB 기판에 IC칩(또는 다이) 납접(soldering)하기 (e) 조립된 전자기기

그림 18-26은 IC의 제작 과정 즉, 그림 18-25의 (a)~(c)에 해당하는 반도체 제조 과정을 보다 상세히 표시한 것이다. 먼저 그림 (a)와 (b)에 표시한 것처럼 단결정 실리콘 웨이퍼의 한쪽 면을 산화처리하여 SiO_2층이 생성되게 한 다음 가장 핵심인 (c) 과정에 들어간다. 이 과정은 **포토리소그래피**(photolithography), **도핑**(doping) 및 **금속화**(金屬化, metallization) 과정으로 구성된다. 리소그래피는 SiO_2층을 원하는 형태로 남기기 위한 과정으로서, 이 SiO_2층은 도핑 공정에서 도펀트의 침투를 막아주는 역할을 하여 도핑이 패턴내의 지정된 영역 내에서만 이루어지도록 한다. 제조된 집적회로가 온전하게 작동하기 위해서는 소자에 내부 연결(interconnection)이 이루어져야 하는데, 전기저항이 작고 절연재에 잘 부착되는 금속(Al, Al-Cu합금, Cu 등)을 사용하므로 **금속화**라 한다.

IC가 만들어지면 **검사**를 한 다음 최종적으로 **패키징**을 한다. 패키징은 회로가 새겨진 반도체 웨이퍼를 개별 칩으로 자르고 밀봉한 다음, 외부 접속선을 연결하고 포장하는 과정으

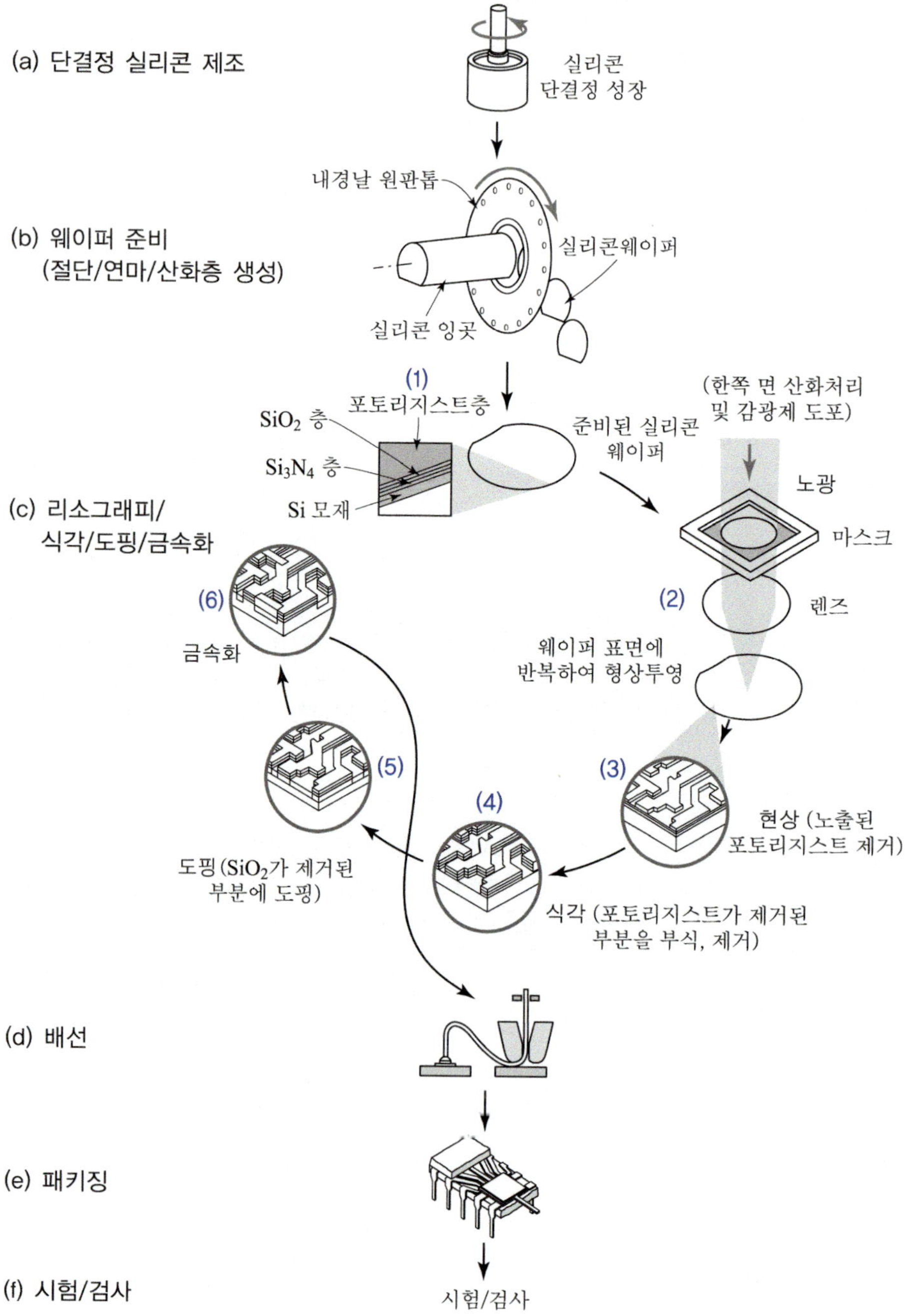

[그림 18-26] 집적회로의 일반적인 제조 과정

로서, 개별적인 작업이라 비용이 많이 들어 반도체의 제조 원가를 좌우한다. 한편 그림 18-26에서 (C)의 웨이퍼에 내부 회로를 만드는 과정을 **전공정**, 이 반도체 웨이퍼를 전자기기 등에 탑재하기 적당한 형태로 만드는, 그 이후의 과정을 **후공정**으로 분류한다.

이상의 공정 중 가장 핵심 기술인 리소그래피와 도핑에 대해 좀 더 자세히 살펴보자.

[1] 리소그래피(photolithography)

미소 전자기술에 있어서 가장 중요한 기술요소중의 하나가 **리소그래피**[*4)]일 것이다. 이것은 확산, 이온 주입, 증착 필름의 제거, 식각 등의 각종 공정이 실리콘 웨이퍼 중에서 정해진 패턴의 영역 내에서만 이루어지도록 한다. 리소그래피 기술은 사진 기술과 동일하지만 종이 위에 평면 이미지를 얻는 것이 아니라, Si, SiO_2, Si_3N_4, Al, 감광제 등에 3차원 요철(凹凸) 형태로 새긴다.

그림 18-27은 노출된 실리콘 기판 위에 SiO_2 절연층을 형성하는 과정을 보여주고 있다. 먼저 실리콘 웨이퍼에 생성된 SiO_2층 위에 **포토리지스트**(photoresist, 감광제)를 도포한다. 이 감광제는 어떤 패턴이 그려진 **포토마스크**(photomask)[*5)]를 통과한 자외선에 노출(**노광**)되는데, 이 때 포토마스크에는 반도체 패턴이 하나만 그려져 있지만 자외선이, 렌즈에 의해 축소되어 감광제상에 작은 크기로 수 십 개 반복적으로 조사(照射)된다(그림 18-28).

감광제는 특수한 용제로 처리하면 감광된 부분만 용해되거나(포지티브형), 아니면 반대로 감광된 부분만 남게 된다(네거티브형). 대부분의 경우 포지티브형을 사용하는데, 이 상태에서 초고순도 불산(HF) 등의 용제로 녹여내면(**식각 또는 에칭**) 감광제가 남아 있는 곳은 식각이 안 되어 SiO_2층이 남아 있게 되며, 감광제는 마지막 단계에서 다른 화학처리에 의해서 제거된다. 이러한 리소그래피 과정은 그 동안 크게 개량되어 최근에는 5nm 굵기의 회로가 제조되고 있으며, 머지않아 1nm 이하의 회로가 일반화될 것으로 예상된다. 18

[2] 도핑(doping)

집적회로에 쌍극자나 **MOS 트랜지스터**(Metal Oxide Semiconductor)와 같은 활동적 회로성분을 형성하기 위해서는 국부적인 n과 p형 영역을 생성하여야 하며, 이를 위해서는 실리콘

4) 원래는 석판 인쇄술에서 유래된 말로서, 사진을 찍어 필름을 감광시킨 후 현상액으로 빛에 노출이 안된 부분의 감광제를 제거하여 음화(陰畵, negative image)를 만드는 과정을 그대로 반도체 제조에 적용한 것임.

5) 포토마스크는 마스크 또는 **레티클**(reticle)이라고도 하며, 식각은 영어 **에칭**을 많이 사용하기도 한다.

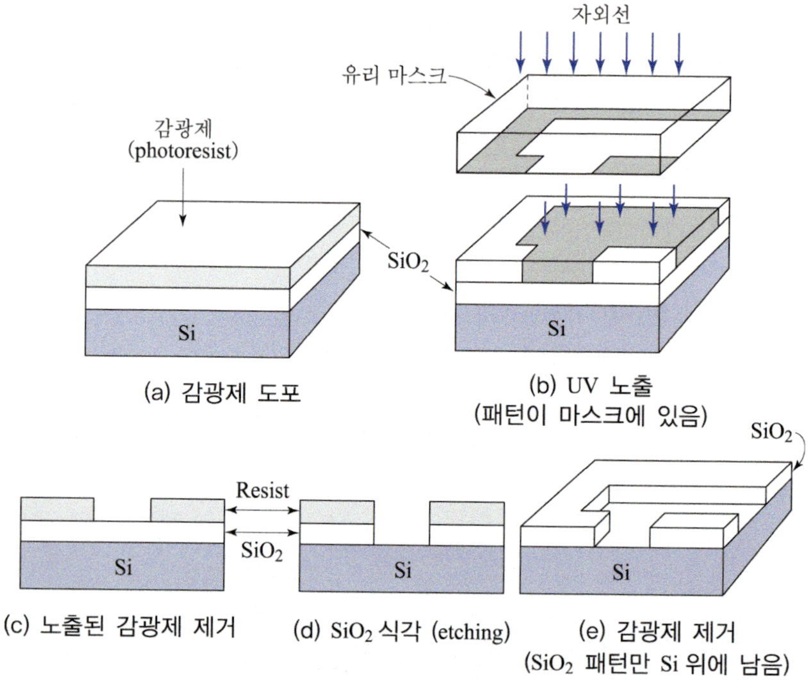

[그림 18-27] 리소그래피에 의해 실리콘 웨이퍼상에 SiO_2 패턴을 생성하는 과정(포지티브형. 자외선에 노출된 부분만 감광제가 제거되며, 식각처리하면 이 부분의 SiO_2층만 제거됨. 네거티브형의 경우는 반대로 노출된 부분의 감광제가 남게 됨)

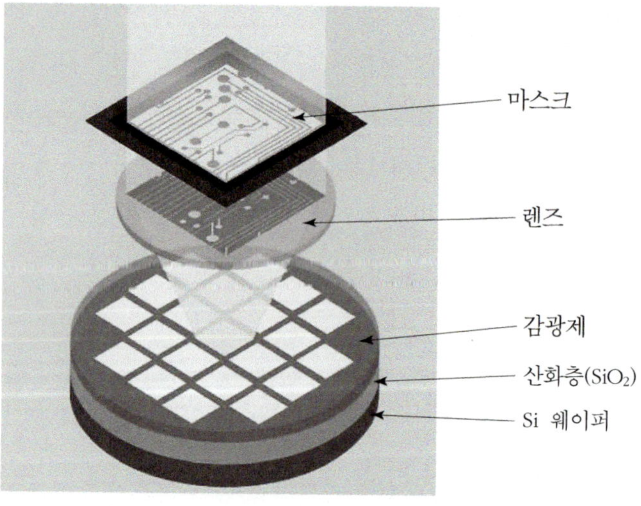

[그림 18-28] 노광 과정[8]. 포토마스크에 새겨진 패턴의 모양대로 통과한 자외선은 렌즈에 의해 아주 작은 크기로 축소되어 수 십 번 반복하여 감광한다. 그 결과 하나의 웨이퍼 위에 극히 미소한 패턴이 많은 개수 새겨지게 되며, 각각의 패턴은 최종적으로는 각각 하나의 반도체 소자를 생성하게 된다.

기판 속으로 **도펀트**를 선택적으로 침투시킬 필요가 있다. 집적회로에서 실리콘 웨이퍼 속으로 **도핑**하는 방법으로는 **확산법**(diffusion)과 **이온 주입법**(ion implantation)이 있다.

이 때 식각 공정에서 용해되지 않고 남아 있는 SiO_2층이 도펀트의 침투를 막아주는 역할을 하여 패턴내의 원하는 영역 내에서만 도핑이 이루어지게 된다.

(1) 확산법

반도체의 도핑을 원하는 형태와 원하는 농도로 하는 것은 단결정 성장 중이나 그 후에 할 수 있는데, 확산법은 결정 성장 후에 시행한다. p형의 실리콘 웨이퍼에 n형 도펀트를 고온 상태에서 확산시켜 다이오드를 만들 수 있다. 이 때 SiO_2 층이 에칭되지 않고 남아 있는 부분은 확산이 방지된다.

그림 18-29의 (a)에 표시한 바와 같이 실리콘 웨이퍼를 인(P), 붕소(B), 비소(As) 등과 같은 도펀트가 포함된 1,000℃에서 1,100℃의 분위기에 노출해 두면 도펀트 원자는 SiO_2 필름으로 보호하지 않은 실리콘 표면으로 확산되어 들어간다. 이 때 침투깊이와 농도를 조절하는 중요한 변수는 온도와 시간이다. 확산법은 접합 깊이가 깊어야 하는 경우, 장치가 예민하지 않은 경우에 적용한다.

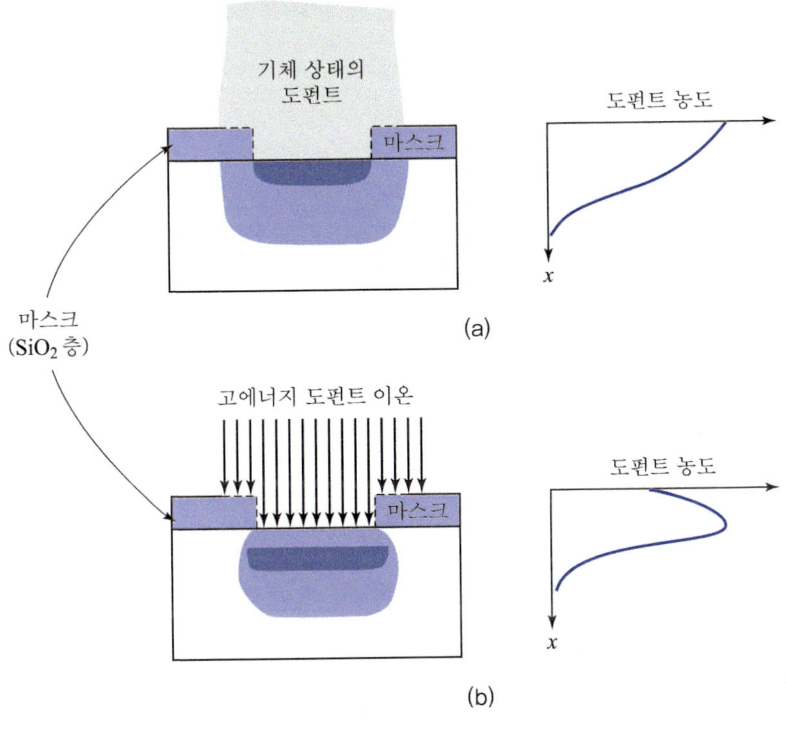

[그림 18-29] 도핑 과정. (a) 확산법-도펀트의 농도는 표면에서 최대치 (b) 이온주입법

(2) 이온주입법

결합 깊이가 얕은 고성능의 장치를 만들 때는 이온주입법이 더 선호되고 있다. 도펀트 원자는 먼저 이온화된 다음 50~100 kV의 고전압에 의해 고에너지로 가속되어 실리콘 표면에 부딪쳐 내부로 침투된다. 이 때, 침투 깊이는 이온의 질량과 에너지 및 실리콘 표면의 보호 형태에 따라 정해지며, 이온이 주입되지 않아야 하는 곳은 포토리지스트나 SiO_2 박막층으로 표면을 보호한다. 가속된 이온의 충돌로 인해 실리콘 기판의 결정격자에 약간의 결함이 발생되지만 처리 후 적당한 온도에서 풀림처리하면 대부분 회복시킬 수 있다. 이온주입법의 또 다른 중요한 장점은 얇은 산화물 층을 통해 도펀트를 도입할 수 있는 능력이다.

이온 주입법은 장치가 비싸고 작업 후 풀림처리가 필요하다는 단점이 있지만, 도핑 레벨 조절의 선택이나 정밀한 조절이 가능하고 작업환경이 청결하며 실온에서 처리가 가능하며 다른 깊이에 새로이 침투시킬 수 있다는 등의 장점이 있어서 **초고집적회로**(超高集積回路, super large scale integration, **SLSI**) 제조의 표준 공정으로 널리 사용되고 있다.

예제 18-1

n형 실리콘 기판에 p형 영역을 형성시키는 리소그래피 과정(포지티브형)을 단면도를 그려서 설명해 보라.

[풀이]

아래 그림 참고

가공단계	단 면	설 명
1		단결정 실리콘 웨이퍼
2	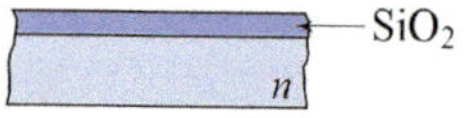	웨이퍼의 한 쪽 면을 산화 처리하여 SiO_2층 생성
3	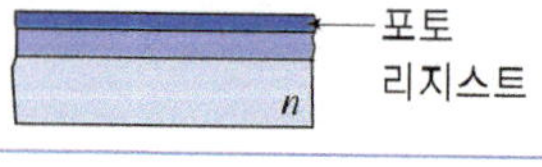	포토리지스트 박막 도포
4	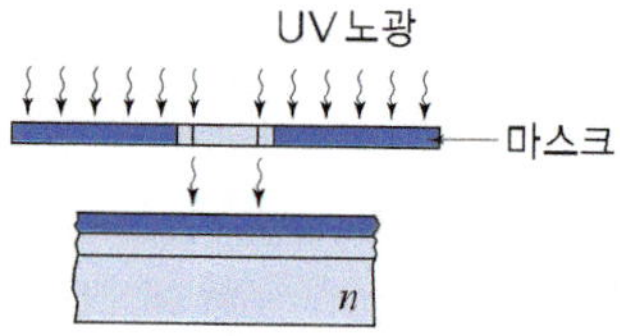	회로도가 새겨진 포토마스크를 사용하여 포토리지스트 노광

가공단계	단 면	설 명
5	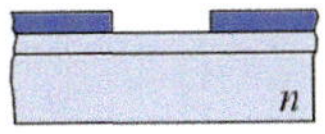	포토리지스트 현상(노광된 부분 제거)
6	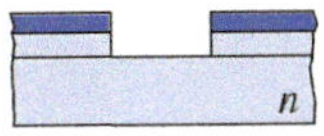	SiO_2층 식각(불산으로 포토리지스트가 제거된 부분만 부식, 제거)
7	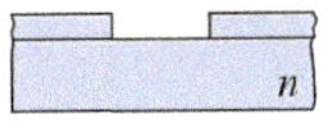	포토리지스트 제거
8	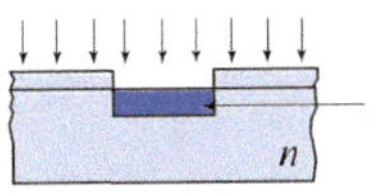	보론 주입
9	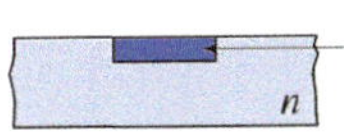	SiO_2층 제거

[그림 18-30] n형 실리콘 기판에 p형 영역을 형성시키는 리소그래피 과정(포지티브형)

18-3 유전재료(誘電材料)

유전체(誘電體, dielectrics)에 전압이 가해지면 극미량의 전류만 통과시키는 한편 일정량의 전하(電荷)를 저장한다. 즉, 유전체는 절연체와 축전기의 역할을 한다. 여기서 후자의 기능은 주어진 전압하에서 재료 분자의 (+) 전하 및 (−) 전하의 중심이 일치하지 않게 되는 분극(分極) 현상으로 인하여 가능하다. 따라서 유전체란 전계(電界)에 의해 분극을 일으키는 절연체(실제로는 교류는 통함)라 할 수 있다. 유전체의 중요한 성질로서 유전강도와 유전상수가 있다.

유전강도(dielectric strength)는 (+), (−) 두 극 사이에 절연체가 놓아졌을 때 전기적 파괴에 견딜 수 있는 재료의 능력을 표시한다. 따라서 유전강도가 작은 재료는 절연재로 사용하기가 어렵다. **유전상수**(dielectric constant)는 두 극 사이에 놓인 유전체가 저장하는 전하량과 두 극 사이가 진공일 때의 전하량과의 비를 나타내는 값이다. 따라서 콘덴서 재료는 유전상수가 커야 한다.

표 18-2는 각종 물질의 유전상수와 유전강도를 표시한 것이다.

18

[표 18-2] 각종 재료의 유전상수 및 유전강도

재질	유전상수		유전강도*
	60 Hz	1 MHz	[V/mil]
	세라믹 재료		
티탄산염 세라믹	-	15~10,000	50~300
운모	-	5.4~8.7	1000~2000
스테아타이트($Mg-SiO_2$)	-	5.5~7.5	200~350
소다석회유리	6.9	6.9	250
도자기	6.9	6.0	40~400
용융 실리카	4.0	3.8	250
	폴리머 재료		
페놀포름알데하이드	5.3	4.8	300~400
나일론 66	4.0	3.6	400
폴리스티렌	2.6	2.6	500~700
폴리에틸렌	2.3	2.3	450~500
PTFE	2.1	2.1	400~500

* 1 mil = 0.001 in. 유전강도 값은 평균치임. 이 값은 시편의 두께와 모양, 그리고 전기장이 작용되는 속도와 시간에 따라서 다름.

18.3.1 절연재료 (絶緣材料)

절연재료는 목재, 종이, 세라믹 등과 같이 에너지 간격이 커야 하며, 절연유와 같은 액체도 있으나 보통은 상온에서 고체이다. 천연재료인 운모나 석면 등은 전기기기의 절연물로서 사용되고 있으며, 유리나 자기류는 애자(碍子), 변압기 등의 절연 구조물에 이용된다. 세라믹 절연체의 주류는 Al_2O_3이며 MgO, BeO도 일부 사용된다. 특히 IC기판 등에는 알루미나(Al_2O_3)계 세라믹이 압도적으로 많이 사용된다. 플라스틱이나 고무 등의 유기질 절연재료는 전선이나 케이블의 피복, 전기기기의 프레임 등에 사용되나, 무기질 절연재료에 비하여 내열성, 열이나 자외선에 대한 저항성이 좋지 않으며, 장기간 사용시 노화 현상이 발생하는 등의 문제점이 있다.

18.3.2 $BaTiO_3$ 콘덴서 재료

$BaTiO_3$는 다른 유전체에 비해 유전율이 특히 높아 고유전율 콘덴서로 잘 알려져 있다. $BaTiO_3$는 단결정의 것도 사용되나, 분말을 1350℃에서 소결 성형한 다결정체의 것이 유전

율이 더 높다. 최근에는 적층형 $BaTiO_3$가 대용량 콘덴서로 사용되고 있으며, 그 밖의 콘덴서로는 고밀도의 세라믹 유전체를 얇게 정밀 연마하여 금 전극을 붙인 마이크로 콘덴서, 소형으로 큰 정전용량(靜電容量)을 갖는 반도체 콘덴서 등이 있다.

18.3.3 압전 재료(壓電材料)

자연상태에서는 전기분극이 존재하지 않으나, 압력을 가하면 결정의 변형, 원자배열의 이동이 생겨 분극을 일으키는 물질을 **압전체**(壓電體, piezoelectrics)라 한다. 결과적으로 압전체는 특정한 방향으로 힘(변형)을 가하면 전하가 발생하고, 역으로 전압을 가하면 기계적 변형이 일어난다. 즉, 기계적 변형을 전기 에너지로 또는 그 반대로 변환시킬 수 있으며, 이러한 기능은 픽업, 마이크, 압전 트랜스, 초음파 발진기, 가속도 센서, 점화장치, 어군탐지기 등 대단히 광범위하게 응용된다. 압전재료로는 $BaTiO_3$가 유명하나, 1960년대 이후로는 $Pb(Zr \cdot Ti)O_3$ 즉, PZT가 더 많이 사용되고 있다.

18.3.4 폴리머의 전기·전자적 성질

제 15장에서 언급한 바와 같이 폴리머 재료는 전기저항이 커서 전기 절연재로서의 특성이 뛰어나다. 이렇게 폴리머 재료가 부도체인 것은 도전 과정에 참여하는 자유전자의 수가 많지 않기 때문이다.

[그림 18-31] 압전소자를 이용한 모터[9]. 압전체 두 개(a, b)가 번갈아 변형함으로써 기계적인 토크를 발생한다.

그런데 근년에 들어 금속에 버금가는 전기 전도도를 가진 고분자 재료가 합성 및 제조되고 있는 바, 이들을 **도전성 폴리머**라고 한다. 이들의 전기전도도는 최고 $1.5 \times 10^7 (\Omega \cdot m)^{-1}$에 달하며, 이것은 부피 기준으로는 구리의 4분의 1 정도이지만, 무게 기준에서는 구리의 두 배에 해당한다. 이러한 도전성은 십여 가지의 고분자 재료에서 관찰되었으며, 여기에는 폴리아세틸렌(polyacethylene), 폴리파라페닐렌(polyparaphenylene), 폴리피롤(polypyrrole) 및 폴리아닐린(polyaniline)이 포함된다. 반도체의 경우와 마찬가지로 이들 폴리머 재료는 도핑 재료에 따라 n형(자유전자 주도형) 또는 p형(전자공 주도형)으로 만들 수 있다. 그러나 반도체와는 달리 도핑 원자 또는 분자는 고분자의 어떠한 원자와도 치환되거나 대체되지 않는다.

고순도의 폴리머는 전기 절연체의 전자띠 구조와 같은 특징을 가지고 있다. 전도성 폴리머 재료에서 많은 수의 자유전자와 전자공이 생성되는 것은, 아주 간단하게 말하자면, 도핑 원자들이 고유성 고분자의 원자가대와 전도대를 겹치는 새로운 에너지 띠를 형성하여 일부만 차 있는 띠를 만들고, 상온에서 많은 수의 자유전자 또는 전자공을 생성하기 때문이다. 합성 과정에서 기계적으로나 자성적으로 고분자 사슬이 방향성을 갖도록 하면 그 방향을 따라 최고 전도도를 갖는 높은 이방성 재료를 얻을 수 있다.

이들 도전성 폴리머는 낮은 밀도와 높은 유연성, 그리고 제조의 용이함 때문에 다방면으로 널리 응용될 수 있는 잠재력을 가지고 있다. 최근에는 고분자 전극을 이용한 재충전용 전지들이 제조되고 있는데, 여러가지 측면에서 경쟁 상대인 금속전지보다 우수하다. 그 외에 항공기나 우주항공 부품의 전기배선과 옷감의 정전기 방지 코팅, 전자파 차단 재료, 그밖에 여러 가지 전자장치들에의 이용을 위한 연구가 활발히 진행 중이다.

18-4 자성 재료(磁性材料)

18.4.1 자성과 자성재료

어떤 물체를 **자기장**(磁氣場, magnetic field) 중에 두면, 또는 물체에 자기장을 가하면 그 물체는 자화되어 자성을 띠게 된다. 이 때 **자속밀도**(磁束密度, flux density) 즉, 자화되는 정도를 B, 자장의 세기를 H라 하면

$$B = \mu H \tag{18-5}$$

의 관계가 성립하며, 여기서 μ는 **투자율**(透磁率, permeability)이라 한다. 그리고 그 자기적 성질은 투자율의 크기에 따라 **반자성**(反磁性, diamagnetism), **상자성**(常磁性, paramagnetism), **강자성**(强磁性, ferromagnetism) 및 **페리자성**(ferrimagnetism)으로 나뉜다. 그림 18-33은 이들 네 가지 자성의 원자 차원의 차이(외부 자장이 작용하지 않을 때)를 도시한 것이다.

반자성체는 내부 자장이 외부 자장에 대하여 180° 반대방향을 향하며, 외부에서 자장이 가해지는 동안만 매우 약하게 밀어내는 비영구적인 자성을 가지고 있다. 이에 비하여 상자성체는 자기 쌍극자 모멘트가 같은 방향으로 배열하며, 외부로부터 자장이 작용되면 서로 약하게 끌어당기고 자장을 제거하면 자성은 곧 사라진다. 강자성체는 외부 자장에 의하여 매우 크고 영구적으로 자화되어 자장이 제거되더라도 영구적인 자기 모멘트가 남아 있게 된다. 그리고 상자성체와 마찬가지로 자기 쌍극자 모멘트가 같은 방향으로 배열하지만 상자성체와 달리 자기 쌍극자가 서로 강하게 상호작용을 한다.

가장 특이한 자성이 페리 자성인데, 몇몇 세라믹의 경우는 강자성체처럼 강한 자성을 갖기는 하나 금속과는 달리 그림 18-33의 (d)에 표시된 바와 같이 결정격자내의 이온의 자기 모멘트가 서로 반대 방향(즉, 역spinel 구조)으로 작용한다. 이러한 자성을 **페리자성**이라 하며, 페리자성을 나타내는 세라믹 재료를 **페라이트**(ferrite)*[6]라 한다. 이러한 물질의 자성은 원자궤도내의 전자 또는 전자의 스핀과 관련된 극히 미소한 전기적 흐름에 기인한다. 페리자성체는 비록 포화자속밀도는 작으나 그 대신 전기절연체라는 장점이 있어서 특히 고주파 변압기 등에 유리하다.

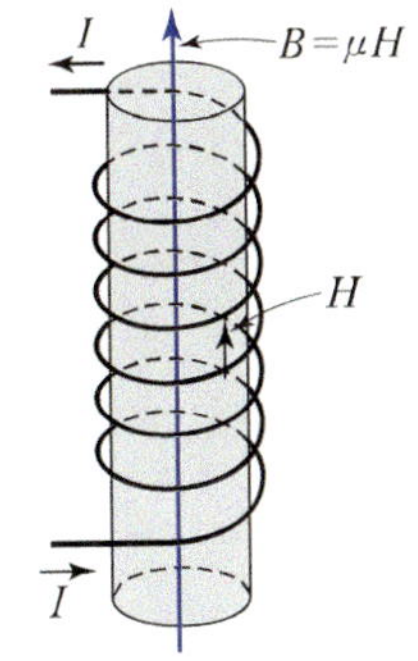

[그림 18-32] 고체내의 자속밀도 B는 자장의 세기 H에 비례한다.

6) α철을 의미하는 페라이트와 혼돈하지 않기 바람.

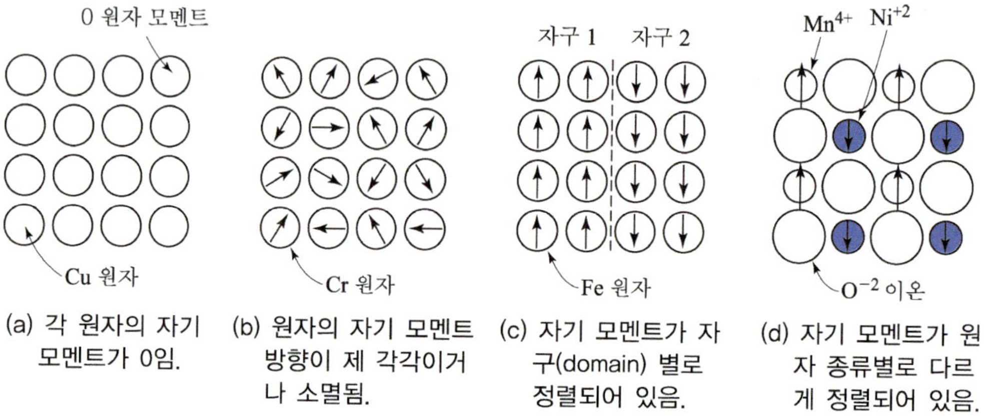

[그림 18-33] 네 가지 자성의 원자 차원의 차이(외부 자장이 작용하지 않을 때). (a) 반자성, (b) 상자성, (c) 강자성, (d) 페리자성

한편 강자성체와 페리자성체는 자기이력(磁氣履歷) 특성에 따라 **경자성체**(硬磁性體, hard magnet)와 **연자성체**(軟磁性體, soft magnet)로 나뉜다. 그림 16-34의 (a)에 표시한 바와 같이 자장의 세기가 0인 상태에서 (+)방향의 자장을 걸어주면 자화의 세기(자속밀도)가 점점 커져서(①) 더 이상 자화되지 않는 포화상태(②)에 도달한다. 여기서 반대로 자장의 세기를 감소시켜 0 상태가 되면 원칙적으로 자화의 세기도 0으로 되돌아가야 할 것이다. 그러나 경자성체의 경우는 그러지 못하고 재료에 Bm만큼의 자기가 남아 있게 되어(③), 반대방향으로 자장을 크게 가해주어야만 자속밀도가 0으로 된다(④). 경자성체는 이렇게 잔류자기와 보자력(保磁力)이 크므로 영구자석 재료로서 음향기기, 통신기기, 계측기기, 제어기기 등에 사용된다.

이에 비해 연자성체의 경우는 완전하게 가역적이지는 않지만 경자성체에 비해 보다 쉽게 포화상태까지 자화되기도 하고 반대 방향으로 자장을 가하면 잔류자기가 쉽사리 소멸되어 보자력이 작다. 이러한 연자성체의 성질 때문에 교류가 인가되었을 때 자계의 방향이 바뀜에 따른 에너지의 손실[*7)]이 작은 장점이 있다.

페라이트는 Fe_3O_4로 대표되는 $MO \cdot Fe_2O_3$가 기본 조성이다. 그 중 **페리 연자성체**(soft ferrite)는 M에 해당하는 금속 원소로 Fe, Mn, Ni 등의 2가 이온이 첨가되며 녹음이나 녹화헤드, 기억소자 등으로 사용된다. 또 **페리 경자성체**(hard ferrite)는 M의 금속 원소로서 Ba나 Sr 이온을 넣어 스피커나 수화기 등의 영구자석으로 사용되고 있다.

7) 히스테리시스 손실(hysterisis loss)이라 함

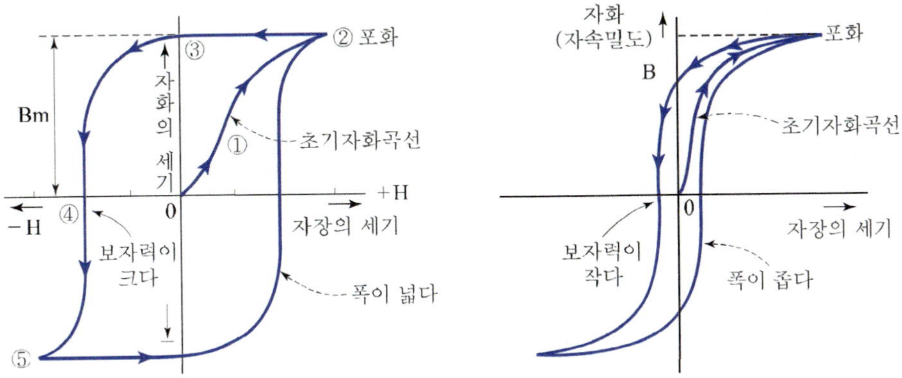

(a) 경자성체 (b) 연자성체

[그림 18-34] 경자성체 및 연자성체의 자기이력곡선(hysteresis curve)

18.4.2 연자성 재료(軟磁性材料)

철계 연자성 재료로는 순철과 규소강이 있다. 이들은 초투자율(初透磁率)은 작으나 비교적 큰 자장에서 사용된다. 특히 저탄소의 규소강은 전력용 기기의 자심재료의 대부분을 차지하여 **전기강**으로 알려져 있으며, 순철 보다 그 성능이 뛰어나다. 보통 1~3% Si의 것은 계전기(繼電器), 발전기, 모터, 등에, 3~5% Si의 것은 변압기용으로 주로 이용된다. 3.25% Si의 강재는 강한 냉간압연과 풀림을 반복하면 압연 면과 방향이 각각 (110)면 및 [001]방향이 되도록 결정격자가 배열하는 선택방위(그림 4-23 참고)를 형성한다. 이러한 방향성 규소강판은 투자율이 높고 철손(鐵損, iron loss)*[8]이 크게 감소되므로 변압기의 자심으로 적당하다. 그 밖에 Fe-9.5Si-5.5Al의 **선더스트**(sundust)는 내마모성이 좋아 자기헤드 재료로서 잘 알려져 있다. 비교적 작은 자장과 고감도가 요구되는 자기 헤드, 자기 증폭기, 소형 변압기, 펄스 변압기 등의 약전(弱電) 및 통신용 기기 등에는 35~80% Ni의 Ni-Fe계 합금인 **펌알로이**(permalloy)나 79Ni-4Mo-나머지 Fe의 **수펌알로이**(supermalloy)가 실용화되고 있다.

연질 페라이트(soft ferrite)는 MFe_2O_4계(M은 금속원소) 금속 산화물의 소결체로서 현재 $(Mn, Zn)Fe_2O_4$, $(Ni, Zn)Fe_2O_3$ 등이 연자성 재료로 실용화되고 있다. 이들은 포화 자속 밀도는 작으나 전기저항이 커서 고주파 손실이 작으므로 고주파 자심(磁心)에 필요 불가결하며 변압기용 자심에도 적당하다. 특히 $(Mn, Zn)Fe_2O_4$는 저신호, 기억소자, 음성 및 화상

8) 시간적으로 변화하는 자화력에 의해서 발생하는 철심의 전력 손실(발열)로서 히스테리시스 손실과 와류 손실이 있음. 와류손실(渦流損失, eddy current loss)은 와전류(교류 자계에서 자성체를 자화하면 자속의 변화로 유도 기전력이 발생하여 이로 인해 발생하는 소용돌이 모양으로 흐르는 전류)에 의한 손실을 말함. 히스테리시스 손실은 p.543 참고

18

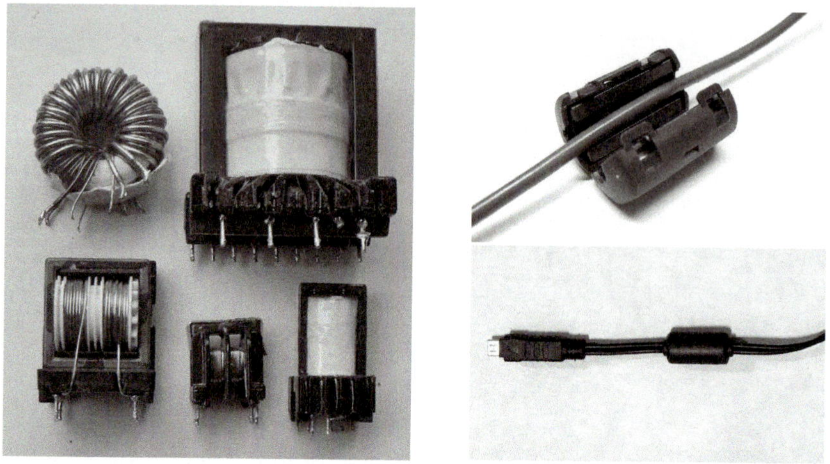

(a) (b)

[그림 18-35] 연질 페라이트의 활용 사례. (a) 소형 변압기[10]. 코일 내부에 페라이트 코어가 들어 있다. (b) 장비 내부에 있거나 들어가려는 고주파 전파간섭(noise)을 제거하기 위한 페라이트 비드(bead)가 부착된 USB 케이블[11]

기록용 자기헤드 재료의 주류가 되어 있는데, 고주파 특성은 선더스트보다는 다소 떨어지지만 내마모성과 가공 성형성이 뛰어나다. 또 **가넷**(garnet, $3M_2O_3-5FeO_3$)과 이트륨-철-가넷(YIG)도 흔히 사용되는 연질 페라이트이며, 특히 후자는 마이크로파 영역용 자성재료로서 널리 알려져 있다. 그 밖에 (Fe, Co, Ni)-(P, C, B, Si, Ge)계 또는 (Fe, Co, Ni)-(Tii, Zr, Hf, RE)계의 각종 비정질 금속은 뛰어난 자기적 성질과 함께 우수한 기계적 강도와 내식성을 겸비하고 있으므로 획기적인 고투자율 재료로서 각광을 받고 있다.

18.4.3 경자성 재료 (硬磁性材料)

경자성 재료는 자기 히스테리시스를 적극적으로 이용하는 것으로서 영구자석 재료이기도 하다. 이것은 전류계, 전압계, 각종 직류 전동기, 스피커, 자기부상 열차 등 전기 에너지를 기계 에너지로 변환시키는 것에 주로 이용된다.

Al-Ni-Co계 주조 합금자석인 **알니코**(alnico)는 포화 자속밀도가 높고 온도 변화에 극히 안정하여 스피커, 통신기, 발전기, 각종 계기, 노출계, 소형 모터 등 적용 범위가 가장 넓으며, 따라서 자석재료의 주류를 이루어 왔다. 그러나 최근에는 Co 품귀와 성능의 열세로 인하여 점차 페라이트 자석으로 전환되어 가고 있다.

경질 페라이트(hard ferrite) 자석은 연질 페라이트와 마찬가지로 금속의 산화물로서 $MO \cdot Fe_2O_3$의 화학조성을 갖으며, $75CoFe_2O_3-25Fe_3O_3$의 Co페라이트, $BaO-xFe_3O_3$,

$SrO-xFe_2O_3$ 등이 알려져 있다. 페라이트 자석은 일반적으로 자속밀도는 낮으나, 보자력이 크고 비중이 작으므로 경량화가 가능하다. 경질 페라이트 자석은 발전기, 계전기, 전동기, 스피커용 자석, 전화기, 고무 자석 등에 적용되고 있다.

Sm－Co 자석(표준 조성 $SmCo_5$, Sm_2Co_{17})으로 대표되는 **희토류 자석**은 보자력이 알니코보다 5배 이상 큰 초고성능의 자석으로서 소형 고효율의 기기의 제조에 적당하다. 근래에는 이보다 더욱 우수한 Nd－Fe－B계 자석(표준조성 $Nd_{15}Fe_{77}B_8$)이 개발 및 실용화되고 있는데, Fe_2O_3의 보자력이 1이라면 Sm－Co 자석은 그 20배, Nd－B－Fe 자석은 50배에 달한다.

[표 18-3] 각종 영구자석의 재질별 자기 특성 비교[12)]

재질		BR(KG)	iHc(KOe)	(BH) max(MGOe)
알니코		5~13	0.5~0.7	1.3~8
페라이트	Ba	3.5~4.2	1.8~2.1	3.4~4.2
	Sr	3.8~4.5	3.2~4.2	3.6~4.6
Sm-Co		9.4~12	5.3~14	20~33
Nd-Fe-B		11.5~13.5	11~25	25~40

기타의 자석으로는 초전도체의 특성을 이용한 영구적인 전자석인 **초전도 자석**(超電導磁石)이 자기부상열차에 적용되고 있으며, Fe_2O_3, Co, Fe 등의 미립자(10 nm 이하)를 각각 물이나 기름, 톨루엔, 수은 등의 액상 중에 분산시킨 **자성유체**(磁性流體, magmetic fluid)와 고무나 플라스틱 중에 분산 분포시킨 고무 자석과 플라스틱 자석 등이 있다.

18

18.4.4 자기기록 재료(磁氣記錄材料)

자성재료의 일반적 특성에 대해서는 앞에서 논했으므로 여기서는 자기기록 관련된 재료 특성에 대해 설명하기로 한다. 그림 18-36은 수직형 자화 방식의 **하드디스크 드라이브(HDD)**의 자기 헤드와 자기기록 매체(magnetic media)의 모습을 표시한 것이며, 이러한 자기기록 기구는 최근까지도 오디오, 비디오, 신용카드 등의 시스템에서 주역을 담당해 왔다.

자기 헤드는 전기신호에 따라 자기 미디어 상의 미소 자석을 자화(기록)하는 기능과, 그 반대로 그 미소 자석의 미약한 자장의 변화에 의거하여 전기신호를 추출(재생)하는 기능을 한다. 따라서 자기 헤드는 기록할 때에는 미약한 전류에 의해서도 자기 미디어 상의 미소 영구자석을 자화하는 데에 충분한 자장을 발생할 수 있어야 한다. 또 재생할 때에는 자기미디어 상의 미소 영구자석열로부터 검출되는 미약한 누설 자장을 충실하게 재생할 수 있어야 하며, 따라서 투자율(μ_o, μ_m)과 포화자기(B_s)가 커야 한다. 그 밖에 전기저항도 커야 하는데, 이것은 자기헤드가 교류자장 중에서 작동하므로 과전류에 의한 손실을 최소화하기 위한 것이다. 자기헤드용 재료에는 퍼말로이, 선더스트, 페라이트 등이 있다.

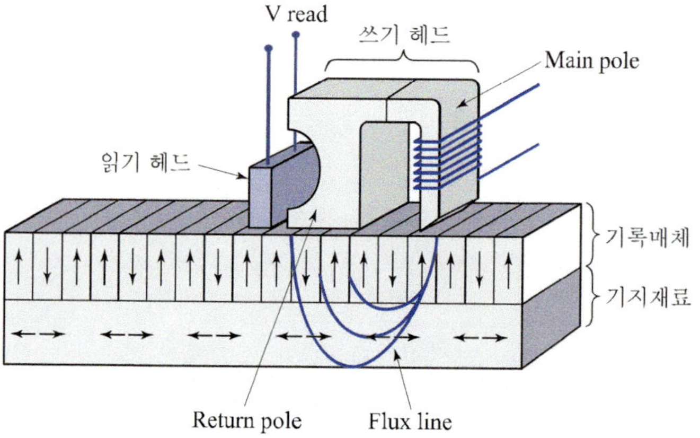

[그림 18-36] 수직형 자기 기록 하드디스크 드라이브와 자기 헤드

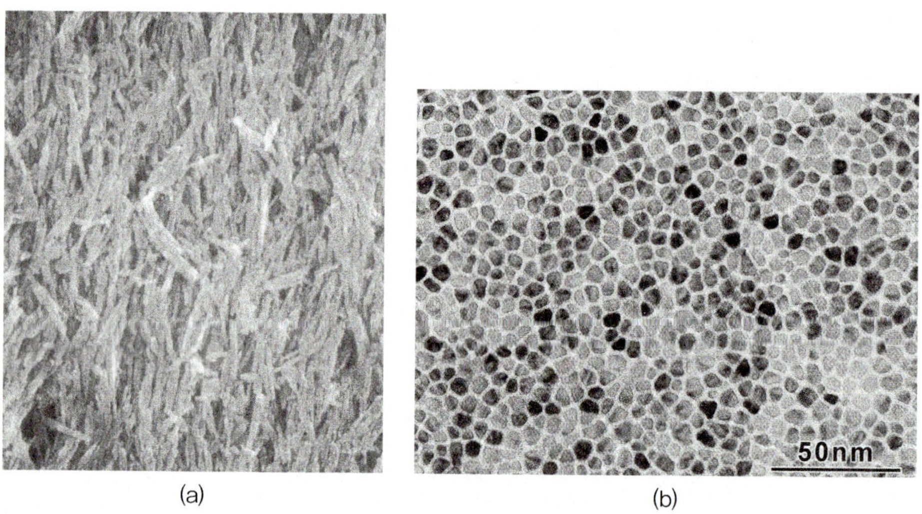

[그림 18-37] 자기기록매체의 표면을 보여주는 전자현미경 사진. (a) 자기기록 디스크[13] : 에폭시 페놀수지 판에 침모양의 미세한 $\gamma-Fe_2O_3$ 페라이트 입자가 박혀 있다. (b) 하드디스크 드라이브[14] : Co-Cr합금(Pt 또는 Ta 첨가) 필름에 수직방향으로 결정립이 나타나 있고 이 결정립 하나하나가 하나의 자구 역할을 함. 각 결정립은 결정립계에 석출된 산화물에 의해 분리되어 있다.

퍼멀로이는 가공성이 좋으나 마모되기 쉽고, 센더스트, 페라이트는 경하여 가공하기 어려우나 내마모성이 좋다.

자기 미디어는 기록된 내용이 난자장(亂磁場)에 의해 쉽게 지워지면 안되므로 보자력이 커야 한다. 또 미소 영구자석 열에서 누출하는 자장은 그 자화의 크기에 의해 결정되므로 잔류자기(殘留磁氣 ; Br)도 큰 편이 좋다. 컴퓨터용 플로피디스크(FDD)나 신용카드의 자기기록 테이프와 같은 자기 미디어는 그림 18-37의 (a)에서 보는 바와 같은 에폭시 페놀수지판에 침 모양의 미세한 $\gamma-Fe_2O_3$나 Cr_2O_3 페라이트 입자가 박혀 있다. 이에 비해 하드디스크는 10~20 nm 두께의 Co－Pt－Cr 또는 Co－Cr－Ta 합금 필름으로 만드는데 여기에는 10nm 이하의 매우 작은 결정립이 무수히 있으며, 이들 결정립이 각각 하나의 **자구**(磁區, magnetic domain)로서 플로피디스크에서의 페라이트 입자와 같은 역할을 한다. 그림 18-37 (b)에서 각 결정립은 결정립계를 따라 석출된 산화물에 의해 격리되어 있으며, 지면에 수직방향이 이 재료의 결정격자인 조밀육방격자의 c축 방향 즉, 그림 1-19의 (d)에서 화살표 방향에 해당한다. 따라서 각 결정립 즉, 자구들은 하드디스크의 저장 필름의 표면에 수직방향으로 서 있는 형태이다.

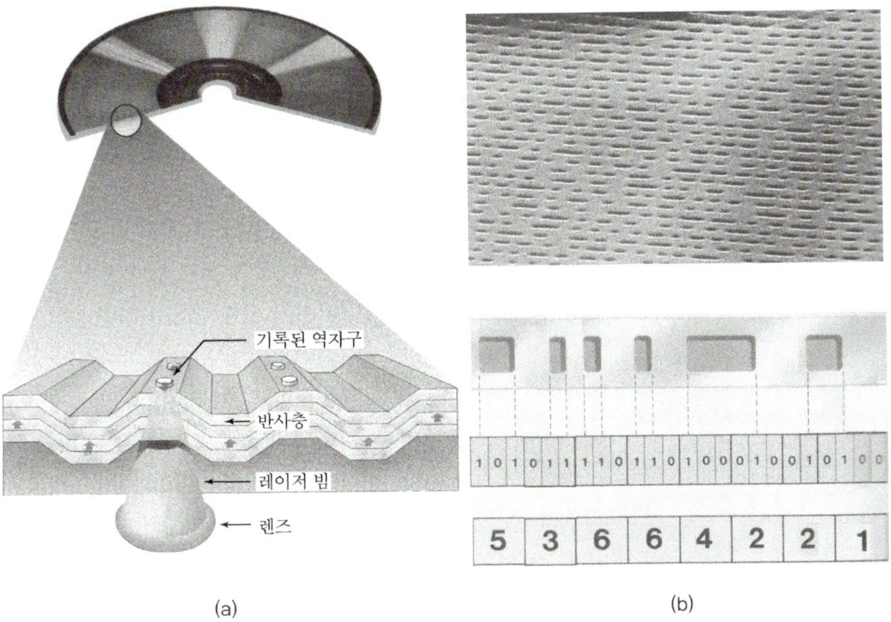

[그림 18-38] (a) CD 리더기의 구조[15]. 레이저 빔을 보내 반사되어 돌아오는 빛의 지나온 길이의 장단, 웨이브의 길이를 측정함. (b) CD에 표시된 피트와 랜드. 피트에서 랜드로 또는 랜드에서 피크로 변화하는 부분은 1, 피트나 랜드 부분은 0으로 해석함.

한편 자기기록매체인 하드디스크와는 달리 **컴팩트디스크**(Compact Disc, **CD**)의 경우는 그림 18-38에 표시한 바와 같이 작은 에너지의 레이저 빔을 아래쪽으로부터 보내 디스크에 기록된 피트(pit)와 평탄한 부분인 랜드(land) 영역을 감지하여 2진수 데이터를 읽어들인다. 컴팩트디스크는 폴리카보네이트제 원판 위에 터븀(Terbium, Tb), 철, 코발트를 주성분으로 하는 합금의 비정질 자기광학 재료가 1/10,000mm 이하의 얇은 층으로 입혀져 있다.

18.4.5 자성 유체

일반적인 자성체에 있어서의 자기 모멘트의 단위는 자성체를 구성하고 있는 개개의 원자이지만, 자성유체는 수 천개의 자성 원자로 된 지름 100Å 정도의 입자가 배열한 강자성 미립자이다. 이러한 미립자들이 서로 붙지 않도록 표면에 길이 수십 Å의 사슬형 유기분자(표면 활성제 분자)나 Sn, Na 등으로 피복하여 물이나 경유 등의 액체 매질 중에 고농도로 분산시킨 안정된 콜로이드 액이 **자성유체**이다. 이러한 구조로 인하여 미립자는 서로 일정한 간격을 유지하며, 입자들은 열운동 때문에 상대적 위치를 끊임없이 바꾸는 상태가 된다. 또한 액체 분자와 비슷한 성질을 가지며, 미립 자계 전체는 점성이 낮은 유동성을 나타낸다.

자성유체는 각종 밀봉 장치로서 진공 회전축 seal(LSI 각종 박막생성장치, 노광장치, dry etching 장치 등의 회전부), OA 기기용 스텝 모터용 댐퍼, 경사 및 가속도 센서 등과 그 밖의 다양한 용도로 사용되고 있다.

18.4.6 비자성강(非磁性鋼)

초전도 자석의 개발에 따라 초전도 코일 전력 저장, 초전도 발전, MHD(magneto hydrodynamic) 발전, 자기부상 리니어 모터(linear motor), 핵융합 등 높은 자장을 사용하는 기술이 많아졌다. 이러한 자장 중에 자성이 있는 재료가 있으면 자계분포를 산란시키고 또 재료 중에 과전류가 발생하여 재료의 가열, 에너지 손실을 일으킬 뿐 아니라 구조물 자체에 위험이 생긴다. 이 때문에 자장의 영향을 받지 않는 투자율 1.5 이하(일반 강재는 150 정도)의 강재가 필요하다. 이러한 비자성강으로는 오스테나이트 조직인 강재가 사용되며, STS304, STS316 등의 Cr-Ni계 스테인리스강과, 고망간강이 여기에 속한다.

참고문헌

1) J. K. Stanley, Electrical and Magnetic Properties of Metals, American Society for Metals, Metals Park, OH, (1963) 등의 자료를 종합하여 그림으로 재구성함.

2) J. K. Stanley, Electrical and Megnetic Properties of Metals, American Society for Metals, Metals Park, OH, (1963)

3) GE Corporate Research and Development

4) A. W. Sleight, "Chemistry of High-Temperature Superconductors", Science, Dec. 16, (1988), vol.242, p.1520 ; Materials at Low Temperatures, R. P. Reed and A. F. Clark ed., (1983), American Society for Metals ; D.R. Clarke, "Advanced Ceramics Materials 2", vol 3B, p.288 (1988) 등을 참고로 작성함

5) 사진 : LS전선 제공

6) Photo by the Wikigraphists of the Graphic Lab(fr)., © CC-BY-SA-3.0

7) Intel Corporation 제공

8) 삼성전자 제공

9) Photo by Jaanus.kalde, © CC-BY-SA-3.0, via www.wikimediacommons.org

10) Photo by me, © CC-BY-SA 3.0 migrated, via www.wikimediacommons.org

11) 위쪽 사진 : Photo by Karl-Martin Skontorp, © CC-BY-SA-2.0, via www.wikimediacommons.org

12) 쌍용양회 제공

13) IBM Corporation

14) Seagate Recording Media

15) 한국과학기술연구원, 새기술, vol.2(1991), p.11

찾아보기

[ㅇ]

[ㅈ]

[ㅎ]

[숫자]

제3판
재료공학 입문

초판발행 | 2013년 8월 30일
3판3쇄발행 | 2025년 3월 7일

저 자 | 김형수·신성호·박재열
발행인 | 이성범
발행처 | 문운당
주 소 | 서울시 종로구 혜화로5길 16 (명륜1가 45-3)
출판등록 | 1962년 7월 4일 제 1-139
전 화 | (02)762-6010
팩 스 | 영업 (02)745-0265 / 편집 (02)762-8758
홈페이지 | http://munundang.co.kr
이메일 | 영업munun2@daum.net
편집 munundang@naver.com

ISBN 979-11-5692-605-4 93550

정가 29,000원